明代宫廷史研究丛书

主编 李文儒 宋纪蓉 执行主编 赵中男

明代宫廷园林史

上

张薇 郑志东 郑翔南 著

故宫出版社

故宫博物院学术出版项目

总序

宫廷史是历史研究中一个非常重要而又比较特殊的内容。故宫即紫禁城是中国明清两代的皇宫，在长达491年的岁月中，先后有24位皇帝在这里生活和执政。始建于明永乐时期的紫禁城，虽然在清代有过不少改建、重建和新建，但总体上仍保持着初建时的格局，并保存有部分明代建筑与明宫文物。因此，研究明清宫廷史是故宫博物院的优势和责任。但长期以来，我们在清宫史研究方面成果比较显著，而对于明宫史的研究则相对薄弱。从故宫学的视角和要求来看，深入开展明宫史研究，不仅对于研究中国历史很有益处，而且对于发掘故宫的丰富内涵，推动博物院事业的发展，也有着十分重要的意义。因此，从2005年开始，故宫博物院采取多种措施加强明代宫廷史的研究，“明代宫廷史研究丛书”就是其中的一项重要成果。

“明代宫廷史研究”是故宫博物院于2005年确定的重点科研项目，对明代宫廷史中的18个重要课题进行探讨，研究成果以丛书的形式集中发布。经过将近5年的不懈努力，这套丛书将在故宫博物院建院85周年之际，陆续与读者见面。

“明代宫廷史研究丛书”是一项规模较大的学术工程，它在内容、作者、研究方法等方面，具有以下几个特点：

一是内容较为丰富，结构较为整齐。它将明宫史中凡是可以相对独立的内容逐一列出，共计18个专题：既有传统的研究项目，如明代宫廷书画史、建筑史、宦官史、陶瓷史；也开辟了一些新的研究领域，如明代宫廷宗教史、戏剧史、工艺史；还涉及部分相对少见的课题，如明代宫廷园林史、图书史、财政史，等等。可以说，这套丛书内容之丰富、全面，结构之严谨、整齐，在史学研究中并不多见。虽然它还无法囊括明宫史的全部内容，但以目前的书目阵容，应该说基本上涵盖了其中的主要部分。

二是作者阵容较强，研究范围较广。丛书作者几乎都是故宫内外、海峡两岸的知名专家，在各自的学术领域成果斐然。同时，作者队伍还超越了传统的明史范围，其中许多人都是跨学科的学者，由此形成了宫廷史研究向多个领域延伸，再以丛书形式组合在一起的研究格局。

三是研究方法较为独到，撰写体例较为新颖。丛书的特色之一，就是传统的史学研究与文物研究并重。书中关注的已不仅仅是单纯的历史个案，也不再是一件或一类文物，而是包含其背后诸多因素的发展过程。其研究方法，在一定程度上做到了文物与文献相结合，学术探索与实地考察相结合，局部研究与系统研究相结合，既发挥了故宫博物院以“物”见长的优势，又拓展了研究的深度与广度。

四是结合相关活动，服务学术研究。自“明代宫廷史研究”课题正式立项和“明代宫廷史研究丛书”的策划、组稿、撰写方案具体落实以来，书稿的撰写就围绕明宫史及相关的重大问题，同故宫博物院内外的展览、宣传、实地考察、学术研讨等活动紧密结合，并在其中发挥了重要作用。与此同时，这些活动也促进了丛书的成书进程。

目前，“明代宫廷史研究丛书”的撰写工作已取得初步成果，这主要反映在以下几点：

第一，填补了明宫史研究领域的一些空白，即首次从宫廷史的角度，对明代宫廷史进行分门别类、系统全面的研究，取得了较为丰富、具有创新意义的成果。

第二，推动了故宫学的发展，促进了故宫博物院自身业务活动的开展，同时也在一定程度上增加了故宫的社会影响力，拓展了故宫与社会相关机构的合作空间。

第三，逐步确立和提高了明代宫廷史相对独立的学术地位，有助于推动相关领域的深入研究，并将促进中外宫廷研究方面的交流与合作。

当然从整体上看，明代宫廷史研究还处于起步阶段，对于许多重要问题仅仅是开始探索，尚未达到全面深入，更未达到如有些领域那样成熟的研究水平。“明代宫廷史研究丛书”尽管已达18种之多，但仍不能说涵盖了明宫史的全部内容。还有一些题目和内容需要列入或补充，即使已经列入丛书的部分，也存在着一定的不足。对此我们将在今后的工作中，有计划地采取一些针对性措施，继续加强明宫史研究工作，以求逐步克服这些不足。

这套丛书是故宫内外众多学者通力合作的成果。故宫博物院对于项目研究和丛书的撰写，始终予以高度重视，曾多次召开会议专门研究、部署和落实，有力地保证了这项工作的顺利进行。在这一过程中，李文儒副院长作为丛书的总策划、主编和整个项目的主持人，对项目的实施和丛书的撰写付出了大量心血。《故宫博物院院刊》编辑部赵中男编审具体组织协调，从落实项目到处理庞杂，竭尽全力，坚持不懈。丛书的编写与出版，也离不开全院相关部门的支持与配合。正是由于他们的不懈努力，才使这套丛书乃至整个项目，有了一个良好的开端并取得了可喜的成就。

在“明代宫廷史研究丛书”陆续面世之际，我们要诚挚地感谢与故宫博物院密切合作的海峡两岸学者，感谢故宫内外所有热情参与、为此付出努力的人们！没有他们的大力支持和艰辛努力，这套丛书的撰写和明宫史的研究项目是无法完成的。

郑欣淼

2010年7月于紫禁城

目录

自序

中国古典园林是世界三大古典园林系统之一，被西方学者誉为“世界园林之母”。中国古典园林滥觞于帝王园林，帝王园林形成于商周之际。而名副其实的中国皇家园林，始于秦始皇统一中国，已有2000多年的历史。在中国历史上，全国性的统一王朝曾有8个，分裂时期的局部王朝有数十个，各类皇帝330多位。历代王朝都曾筑有豪华绝伦的宫殿和如同仙境的皇家园林。

在这漫长的历史岁月中，有关皇家园林的历史文献，包括书籍、文章、绘画和图片等等，可谓丰富。同时，近现代人研究和记述中国皇家园林的著作及文章等也不少。然而，关于皇家园林的专门史，尤其是体例比较完整、内容比较详实、尽可能还原历史本来面目的专门史，我们至今尚未发现，更不知有皇家园林断代史专著问世。当然，有些中国园林史和中国古代建筑史著作，也包括了中国皇家园林史的部分内容，在国内外有影响的如陈植先生著《中国造园史》，汪菊渊先生著《中国古代园林史》（上下册），周维权先生著《中国古典园林史》等等中国古代园林通史，也都将皇家园林史作为中国古典园林的一种类型研究。当然，这些著作，并非属皇家园林专门史。

20世纪80年代以来，国内也出版了一些以皇家园林或明代皇家园林为名的书籍，但这些书籍的内容一般都局限于皇家宫苑及部分祭祀园林类，至于皇家园林的其他类型鲜有涉猎，所以，没有系统性地展现明代皇家园林的全貌。同时，对皇家园林的历史发展脉络及文化内涵，所体现的功能等更广阔领域，深入地探索还不够。这不可不谓是历史研究和园林史研究的一项学术空白或遗憾。

北京故宫博物院将《明代宫廷史》研究丛书作为重点科研和学术出版项目，涵盖18种课题，其中包括《明代宫廷园林史》。这一选题具有非常重要的历史与现实意义。

明代是中国君主专制集权王朝发展链上的重要节点，而明代皇家园林则是中国皇家园林发展的新高地，也是中国古典园林的典型代表，为清代皇家园林的成就奠定了基本规模与规制，至今还展现着昔日的辉煌与魅力。

北京的皇家园林，是从金、元、明、清历代皇家园林相沿、传承、发展而来的，以清代而终结，是世界上现存的辉煌的皇家园林之一，有着近千年的历史。其中，明代皇家园林具有重要地位。我国著名的北京皇家园林研究专家朱偰先生在《明清两代宫苑建置沿革图考》自序中说："有明一代，宫殿苑囿之盛，远逾清世。当时皇城之内，皆为宫苑及内府衙署所占；大内之外，复有'南内''西内'；其规模之宏壮，创造力之伟大，殊非满洲所可比拟。"这个评价也可能有些过誉，但却说明了明代皇家园林应有的重要地位。

然而，现在无论是有关北京皇家园林的著作，或是介绍北京现存皇家园林的读本及导游词中，对明代皇家园林的表述不仅过于简略，甚至一笔带过；而且，往往以清代皇家园林覆盖之，给人一种似乎只有清代皇家园林而不知明代皇家园林的错觉。

因此，出版《明代宫廷园林史》，一则有利于复原明代皇家园林的本来面貌，给人以客观和完整的历史认知。本书将有助于准确了解金、元、明、清等王朝在北京的皇家园林上继承和发展的关联，客观地认知明代皇家园林的历史地位，准确把握中国皇家园林的历史发展轨迹。再则有助于弘扬园林历史文化精华，为建设美丽中国和美好家园服务。明代皇家园林蕴涵着丰富的中国传统文化精粹，特别是“天人合一”观和“道法自然”等尊重自然、与自然环境相和谐的理念，对于当今生态文明时代建设美丽中国，具有十分重要的现实意义；对在国际上宣传和弘扬中国文化，增强中国软实力的影响力也是有裨益的。三则对历史学和风景园林学研究的空白点予以填补，为明代皇家园林史的研究做一些奠基。据作者目前所了解，这是第一部专门的中国皇家园林断代史。所以，它无疑开启了皇家园林断代史学研究的新篇章，对于学术界进一步深入研究中国皇家园林及其历史，是有积极意义的。这些应受益于故宫博物院选题的远见卓识和鼎力支持与精心组织。

我们撰写《明代宫廷园林史》，以写信史为宗旨。为此，搜集、查阅和研究了上百部历史文献和相关著作以及大量的文章，并尽量到现存的明代皇家园林遗迹实地考察，收集图文资料，并提出原真性保护皇家园林遗产的建议和采取的相应措施。在写作中，主要以历史文献记载为依据，凡没有明确记载的，不予采用；更不用“传说”或“戏说”之类，严肃对待历史，力求言之有据。对一些不同记载，尽量旁征博引，以不同的文献相比较，加以求证辨析。同时，注重收集相关的珍贵历史地图、绘图、航拍片和老照片，以利更直观地展现园林布局、景观组合，丰富写实内容，熏陶于园林文化，享受园林美学。由于历史岁月漫长，时易物非，在一些历史文献记载之间存在差异，甚至截然相反。对此，我们力求弄清和矫正，所以也不得不做一些考证，以正本清源，搞清历史本来面貌，尽可能完整准确地展现明代皇家园林的全息风貌。

《明代宫廷园林史》是一部明代皇家园林体系史。所谓体系，就是包括了明代各类皇家园林，即皇家宫苑、祭祀园林、寺观园林和陵寝园林等。作为完整的皇家园林体系，内容庞杂，难以对各个类型园林的每一个体都详写，所以选择具有代表性的作为典型，以微见著来概括园林面貌。如在明代皇家园林中，有记载的皇家道观园林和佛寺园林数以千计，其庞大数据无法准确统计，因此，不可能也没必要一一都写。对明代皇家陵寝园林如十三陵，也选择了不同特点的几座陵寝细述，其余的略写，以表现明代皇家陵寝园林的基本风貌。这样一来，也足以表现明代皇家园林的全貌了。

在写作视野上，从横断空间面与纵深时间轴双向延伸。我们将明代皇家园林史的研究，不仅仅视为一个断代的专门史研究领域，而是将其根植于整个明代社会的大背景之中去考察。因为皇家园林不是一种独立的现象，它与整个明代社会的各种因素息息相关。所以，不能只是单纯地就园林说园林，而有必要简述明代相关的政治、经济、军事、文化等方面的主要史实及相关的重大事件，以作为历史背景，使读者全面准确地了解明代皇家园林的肇始、变化与发展的脉络及其所处的自然生态和文化生态系统。同时，本书开头引论写了“中国宫廷苑囿之滥觞”一章，作为中国皇家园林产生、发展的历史线索，概述了明代皇家园林的源流，以明晰中国皇家园林的概貌及与明代皇家园林的传承联系，也是为使读者便于了解明代皇家园林的“昨天”和“前天”。因此，《明代宫廷园林史》是一部较为“完整”的读本。著书是为了读者，读者就是“上帝”。所以，一切从读者的需要出发，这也是我们的初衷之一。

关于书名的说明：就帝王园林而言，学界以园林属性分类，通常称皇家园林，极少用“宫廷园林”这个概念。因这是一套《明代宫廷史》研究丛书，其中每一本都冠以“明代宫廷”字样，所以，为了统一和规范起见，本书称《明代宫廷园林史》。当然，皇家园林和宫廷园林两种提法，本质上是一致的，因而无大歧义。不过，在书中表述时，一般都用了皇家园林的提法，以符合学术界的专业术语规范。这种所谓“表里不一”的现象，是丛书的规定性带来的一种特色。

尽管我们历经数年酷暑寒冬，殚精竭虑，撰写了此书，但由于学识所限，本书可能还存在不少遗憾，也可能与我们既定目标还有一定差距，疏漏、欠妥之处甚至错误在所难免。望学界同仁不吝赐教，以利于明代专门史、园林断代史的研究，共同为明史和园林史的理论构建做出贡献。

作者　2015年8月于武昌水果湖桃山村书斋

第一章 引论

中国宫廷苑囿之滥觞与发展

中国是具有悠久历史、灿烂文明的世界四大文明古国之一。中华文明的发源，根据西辽河流域的红山文化考古发现，可以上溯到五六千年之前。在这漫长的历史发展进程中，形成比较完整的国家形态，从夏、商、周三代开始，在广袤的中华大地上，曾经依次存在过秦、汉、隋、唐、宋、元、明、清等全国性统一或基本统一的君主专制王朝。从秦始皇建立大秦帝国开始，到最后一个王朝清朝灭亡的2000多年间，曾出现过332个皇帝[1]。这些君主专制王朝的统治者，建国立朝后，都营建雄伟都城、豪华宫殿，以彰显皇权的至高无上、帝王的尊贵无比，享受人间富贵荣华。在帝王生活中，园林生活是必不可少的内容。同时，把这种生活方式推而广之，注入国家制度层面，形成一套完整的皇家园林体系，包括皇家宫苑、祭祀园林、陵寝园林、寺观园林等等，使这些园林成为国家体制的重要组成部分。

中国是世界上最早发展的三大园林系统（亚细亚、欧洲和中国）之一。中国园林，首先从帝王园林发端，随着经济社会的发展逐步形成了种类齐全、发育良好的完备体系。帝王园林，体现着皇家文化，代表着每个朝代园林艺术的最高水准，也是中国传统文化的重要载

[1] 白钢著:《中国皇帝》，社会科学文献出版社2008年，第44页。

体。中国的皇家园林，在中华数千年灿烂文明宝库中，是一串耀眼的明珠，而明代皇家园林是其中璀璨的一颗。

第一节　宫廷园林之界说

一　宫廷释义

宫廷一般指朝廷或皇宫。“宫”按《辞海》的解释：“古为房屋的通称。”《尔雅·释宫》曰：“宫谓之室，室谓之宫。”《诗·豳风·七月》曰：“上入执宫功。”“宫”后来专指帝王居所。“廷”指“古代君主受命布政的地方，朝廷”。所以，宫廷既是帝王的住所，也是由帝王及大臣构成的统治集团，即通常所说的朝廷。在封建社会里，朝廷就是中央政府。

二　宫廷园林概念解析

根据风景园林学分类，在中国古典园林中，按隶属关系可分为皇家（宫廷）园林、私家园林和寺观园林三大类。学界一般称帝王园林为皇家园林，很少用宫廷园林这个概念。当然，二者在本意上是一致的。宫廷园林（皇家园林），则有广义和狭义之分。广义的宫廷园林（皇家园林），则泛指帝王所拥有的各类园林。广义宫廷园林在功能上则分为皇家宫苑（山水风景园林）、祭祀园林、陵寝园林和寺观园林等。

狭义的宫廷园林，则指皇城内外专供皇帝及后宫嫔妃享用的山水风景园林，如北京紫禁城御花园、西苑三海、万岁山（景山）等皇城御园。清华大学周维权教授认为，“皇家园林属于皇帝个人和皇室所私有，古籍里称之为苑、苑囿、宫苑、御苑、御园等的，都可以归属于这个类型”[1]。《中国园林艺术辞典》中国园林类型的皇家园林条目

[1] 周维权著：《中国古典园林史》，清华大学出版社2008年，第19页。

称：皇家园林，又称“苑囿”“宫苑”“苑园”。一般指供帝王居住、游娱之用的园林。[1]这里定义的实际上均指狭义皇家园林。

中国的帝王都城，一般都是城中城结构。这种建筑都城模式，至少从秦汉一直延续到清代。所谓城中城，就是一般由三重结构组成的城市布局：最外围是都城之墙，规定了都城的边界规模；中间层是皇城，一般朝廷的各类衙门及皇亲国戚、朝廷文武百官所办公和居住其中；内层是最核心部分，是皇帝理政和皇帝及后宫嫔妃居住的宫城，就是所谓的“大内”或紫禁城。所以，狭义的宫廷园林，包含两大部分，即紫禁城及皇城之内的御苑和城外的行宫别苑。

由于本书是明代宫廷史研究丛书系列之一，丛书所涉及的“史”，都冠以“宫廷”字样。为了保持丛书的形制规范和一致，本书以《明代宫廷园林史》命名，所采用的是广义的宫廷园林概念。当然，无论是宫廷园林，还是皇家园林，本质上没有什么区别。从广义而言，二者在内涵上也是一致的。

第二节 宫廷园林之发端

宫廷园林始于何时？这个问题的答案，前提是宫廷始于何时？因为先有宫廷，而后才能有宫廷园林。宫廷是帝王所居住和理政的宫殿，其前提又是有帝王，然后才有宫殿或朝廷。可见，宫廷与帝王的出现，是密不可分的。

一 宫廷之始

帝王制度的产生是国家产生的重要标志。根据目前为止的考古发现，我国的文明史可上溯到8000年前，而且具有多个发源地的特点。

---

[1] 张承安主编：《中国园林艺术辞典》，湖北人民出版社1994年，第19页。

在长城以北的西辽河流域红山文化、黄河流域的中原文化和长江中下游的良渚文化为代表的早期中华文化，使中华民族很早就摆脱了茹毛饮血的野蛮状态和洪荒时代，进入了文明时代。在当时，帝王制度和国家的产生，是人类划时代的伟大进步。

在我国史传上最早具有帝王名号的是所谓的三皇五帝。三皇时代，中华民族还未建立严格意义上的国家。虽号称“皇”，但还不能算作真正意义上的“一国之君”，充其量就是一个大部落的酋长而已。在现有的文献记载中，比较公认的说法是，三皇的主要功绩是把野蛮人变成文明人。文献记载：“上古穴居而野处，后世圣人易之以宫室，上栋下宇，以待风雨”。[1]这个“宫室”，只是一种遮风挡雨的简陋房屋，不可能是君王所居的宫殿，更谈不上是朝廷的别称——宫廷了。

历史上所称“三代”，就是我国夏商周的统称。我国历史上最早的国家是大禹所建立的夏朝，并始建宫廷。宫廷者，既是宫殿，又是中央政府。有了朝廷，必有都城。夏代的都城，据文献记载传说，曾建于多处。夏朝从禹算起到最后一个王桀，不到500年，至少在7个以上地方建都筑宫，平均60年左右就迁一次都城。从如此频繁迁都和当时生产力的发展水平分析，夏朝都城规模不可能很大，而且建筑水平也不可能很高，包括夏王宫室也一样。至于夏初的宫殿及宫廷建筑，现无从考据。根据考古发掘报告，夏末都城河南偃师二里头宫殿遗址，东西长约108米，南北宽约100米，占地面积约1万平方米。宫殿布局由堂、庑、门、庭四部分组成。这是朝廷进行集合、祭祀、行礼或发布政令的场所，也是夏王及后宫居住的地方[2]。但是，2006年在安徽蚌埠涂山脚下的禹会村，考古发现了“禹虚”。据《汉书·地理志》注引应劭：“禹所娶涂山侯国也，有禹虚。”大禹娶了涂山氏之女，生启并传位于启。现在发现的“禹虚”，或许是大禹的行宫遗址。当时，

[1] 《周易·系辞下》。

[2] 《河南偃师二里头遗址发掘简报》，《考古》1965年第4、5期。

“禹合诸侯于涂山，执玉帛者万国。”[1]“禹朝诸侯之君会稽之上，防风之君后至而禹斩之。”[2]可见，当时大禹统一诸部落，所谓诸侯国有“万国”之众，俨然是万国之主。不仅声势浩大，而且王者专制，权力如天，把赴会迟到的君主当场斩杀之，生杀予夺，操于一身。据此推断，禹虚在当时的体量相当可观，否则，何以容纳“万国”诸侯集合，何以显示天子威严呢？据新华社2007年6月23日讯，从现在的考古发掘看，禹虚总面积达50万平方米（750亩），其中有2000多平方米的建筑基址，1500平方米面积的夯土台基遗迹，推断是举行大型祭祀活动的场所。可见，考古发现与史料记载是相吻合的。所以，此地可能曾经建有夏初的宫殿。

总之，从夏代开始，作为帝王居所的“宫殿”出现。至于宫廷园林的雏形，应出现于夏代。这是与帝王都城建设，特别是与宫廷建筑同步的。然而，还必须具备其他条件，如生产力发展到有更充裕的物资，建造更舒适的居住和宴乐游逸环境，具备相应的建筑技术和艺术手法，才能建筑名副其实的宫廷园林。显然，夏代的园林，算不上真正意义上的帝王园林。

二　宫廷园林发端原由

园林的产生，是人类生产力发展到一定程度的结果，是与人类文明进步相应阶段相联系的。在原始社会，包括新石器时代中期之前，不可能出现园林。最早的园林，也只能是宫廷园林。从园林产生的基本元素上看：其一，在社会组织结构上，已经出现了国家形态。部落联盟的出现，说明已经产生了掌握经济、政治、军事权力的“统治集团”，后来演变成为国家。其二，从控制和管辖的流域看，部落联盟显然大大超出了以父系为纽带的单个部落，占地面积广阔得多，俨然

[1]《左传・哀公七年》。

[2]《韩非子・饰邪》。

是未称其为“国”之国了。这样，所拥有的自然资源、人力资源和行政资源等丰富得多，足以完成一定规模的基本建设。其三，部落联盟首领必然占有更多的生活资料和生产资料，已积累了一定的物质基础，因而才有可能追求与他人不同的享乐生活。其四，从意识形态和文化的角度上看，部落联盟首领由于掌握了相当大的政治、军事和经济权力资源，特权思想滋长，享乐意识萌生是必然的。在客观和主观条件具备之下，园林正是满足这种欲望或需求的因素之一。这些是判断中国宫廷园林发端和雏形的重要前提。夏禹时代基本具备了这些条件，因此园林雏形萌发是可能的。

三 宫廷园林肇始辨析

关于宫廷园林的肇始形态，学界有多种说法。宫廷园林最早的形态，据文献记载有“圃”“囿”“台”“苑”等等。我国著名园林学家陈植先生认为：我国“园圃之可考者，以豨韦之囿、黄帝之圃为滥觞”[1]。“我国太古史乘帝王苑囿以黄帝之圃、豨韦之囿为最早”[2]。这些指的是三皇时代，属于原始社会，还未进入奴隶制的夏朝。对这一说法，著名园林学家汪菊渊认为不可当信史。因其依据的是《淮南子·墬形训》的记载：昆仑有增城九重……悬圃、凉风、樊桐在昆仑之中，是其蔬；蔬圃之地，浸之黄水。还有《山海经》载：“槐江之间，惟帝之元圃。”元圃即黄帝之悬圃。而《淮南子》是汉代淮南王刘安撰写的，主要是依据传说写成，内容可信度不高。而且，这里指的悬圃是山名。《淮南子·墬形训》卷四载：“昆仑之丘，或上倍之，是谓凉风之山，登之而不死。或上倍之，是谓悬圃，登之乃灵，能使风雨。或上倍之，乃维上天，登之乃神，是谓太帝之居。”所以，汪菊渊十分肯定地说，“很明显，悬圃并不是什么黄帝造的园圃，更不是

[1] 陈植著：《造园学概论》，商务印书馆1934年，第17页。

[2] 陈植著：《中国造园史》，中国建筑工业出版社2006年，第11页。

园林。悬圃、凉风、樊桐都是传说中大禹治水疏导的圃地，把黄水浸入蔬圃之地（或作池）”[1]。对《淮南子》说的悬（元）圃，也有学者理解为不是指山名，而是黄帝的行宫。何谓“圃”？许慎《说文解字》解：“圃，种菜曰圃。”《辞海》解释：种植蔬菜、花果或苗木的土地，周围常无垣篱。如菜圃、苗圃。又引《周礼·天官·大宰》：“园圃，毓（育）草木。”郑玄注：“树果蓏曰圃，园其樊也。”亦泛指园地。《左传·哀公十五年》：“舍于孔氏之外圃。”杜预注：“圃，园。”根据《辞海》的这种解释，黄帝有无圃无法断定。《淮南子》说黄帝有圃，但汪菊渊先生认为这个“圃”指的是山。按黄帝时期社会发展状况分析，黄帝作为部落联盟首领，或许有种植瓜果蔬菜的园地——“圃”，这是对实物而言，是合乎常理的。至于历史文献中的肯定或否定的一些记载，都是后世的人依据传说的记录，只能当作一种说法。因无当时的文字记录或实物为证，都难以断定。而且，所谓昆仑山，应指神仙传说中的仙山，如西王母居住云云，而非今之青藏高原的昆仑山。这是显而易见的。

又说“囿”是最早的园林形式。《说文》解释，“囿，苑有垣也。”《诗·大雅·灵台》：“王在灵囿，麀鹿攸伏。”《辞海》解释“囿”为“古代帝王蓄养禽兽的园林”。《周礼·地官·囿人》郑玄注：“囿游，游之离宫，小苑观处也。”日本学者冈大路认为：

> 筑垣以设境界而于其中饲养禽兽的场所称为囿。但是它并不是像现在的动物园那样集中珍禽奇兽以观赏和教育为目的，而主要是以实用为目的。大量饲养牛马之类以供军用，养禽的目的主要也是供食用，而不是为观赏。……同样是这种饲养禽兽的场所，原本称为囿，到汉代以后就改称为苑了。[2]

---

[1] 汪菊渊著：《中国古代园林史》，中国建筑工业出版社2006年，上卷第11页。

[2] [日]冈大路著，瀛生译：《中国宫苑园林史考》，学苑出版社2008年，第7页。

但这个解释也未举出史据是黄帝时始有“囿”。清华大学周维权教授认为，“中国古典园林的雏形起源于商代，最早见于文字记载的是‘囿’和‘台’，时间在公元前11世纪，也就是奴隶社会后期的殷末周初。”[1]周先生把宫廷园林或最早的帝王园林的产生时间推断为殷商之末，比陈植先生的推断晚了数千年。这个推断，也有一定的文献依据，如《史记·殷本纪》记载：商纣王“好酒淫乐……益广沙丘苑台”。殷商最后一个帝王纣王扩建沙丘苑台，这至少说明商周之际已存在帝王园林是事实。《诗·大雅·灵台》：“王在灵囿，麀鹿攸伏。麀鹿濯濯，白鸟翯翯。王在灵沼，於牣鱼跃。”这里描写的是周文王的灵囿、灵台中有群鹿、禽鸟、鱼虾，这正是当时帝王苑囿的真实写照，说明周文王时期也有囿和台了。据此，至少商末周初已有帝王园林了。

有部分学者认为，中国最早的园林始于“台”。著名园林学家童寯先生认为：

> 公元前1800年，夏桀建“玉台”，似为今日中国园林之始。《诗经》云，此后七百多年，周代开国君主文王造“灵台”，又营“灵沼”、“灵囿”，《诗经》亦论及果园、菜圃和竹林。一俟牧人接受比较稳定的农作方式，园林胚胎就落到沃土之上。[2]

这是园林始于夏末商初论，比周维权教授的定论提前了800年，到夏朝末代君主桀时期。

对“台”是中国古典园林之最初形态，汪菊渊先生持异论。他说：“我们认为这一说法也是不恰当的。商殷时候确已有了台的营造，如纣的鹿台。台是夯土而成的，‘台，持也。筑土坚高能自胜持

[1] 《中国古典园林史》，第40页。

[2] 童寯著：《园论》，百花文艺出版社2006年，第8页。

也'[1]。也有利用天然高地而成，古人所谓'四方而高曰台。'"[2]

> 为什么要建台？据郑玄对《诗经·大雅·灵台》篇所作的注解，营台是为了观天文，察四时；是为了农业生产的丰歉进行农事节气的观察。但也可登台以眺望四野，赏心悦目，或作游乐，调节劳逸。《说文》：台，"观四方而高者"。这样，台也就成为供帝王游乐和观赏享受的设施。然而，单独一个台只是一种构筑物，有时也成为囿中设施之一（如殷沙丘的苑、台并称），但并不成为园林的形式。[3]

其实，汪先生也承认"台"有了一定的园林功能了，这正是园林最初的形式。如"眺望四野，赏心悦目，或作游乐，调节劳逸"，也正是园林的重要功能。《诗经》解释台的功能为"望气祲、察灾祥、时观游、节劳佚"，这几项，基本概括了园林的主要功能。所以，应该将"台"看作园林雏形。

当然，任何事物不可能一开始就以完善、成熟的面貌出现，总要经历由简单到复杂，由单一型到复合型，由低级到高级的发展过程。这就是事物产生发展的一般规律。地球上的生命，包括植物、动物、人类本身也是按照这种轨迹生存发展的，园林也不例外。

汪菊渊先生认为，"我们可以这样说，中国的园林是从商殷开始有的，而且是以囿的形式出现的"。"商殷确已具备营造园林的社会经济和技术条件。""从《周礼》'园囿树之瓜果，时敛而收之'，《说文》'园，所以树果也；树菜曰圃'等解释（这里的'树'作栽培讲），可知园圃是农业上栽培果蔬的场所，并非是游息的园。再从《周礼·地官》'囿人……掌囿游之兽禁，牧百兽'和《说文》'囿，养禽兽也'

[1] 《释名·宫、室》。

[2] 《尔雅·释宫》。

[3] 《中国古代园林史》上卷，第11页。

的解释以及后人对周朝灵囿的描述，可以知道囿是繁殖和放养禽兽以供畋猎游乐的场所，恰好是游息生活的园地。”[1]此论，即“囿”是中国园林确切地说宫廷园林的雏形说，与周维权教授的观点类似。周维权先生认为：“囿和台是中国古典园林的两个源头，前者关涉栽培、圈养，后者关涉通神、望天。也可以说，栽培、圈养、通神、望天乃是园林雏形的源初功能，游观则尚在其次。”[2]但在园林发端的时间上，汪先生与周先生有明显差异，汪论持殷商说，但是时间向前跨数百年。

总而言之，中国宫廷园林的起端，大体有四种说法：①黄帝时期；②夏末；③殷商时期；④商末周初。时间上横跨三代，从公元前四千多年到公元前一千多年，有3000年左右的跨度。园林形态的起源，也有至少四种说法，即“囿始说”“圃始说”“台始说”“圃台或囿台结合说”。可见，宫廷园林或古典园林的起源问题，学界还未取得完全一致的共识。各种说法虽有一定的史料依据，但对这些史料的真实性、客观性的判断上，各有所见。更为重要的是，由于涉及遥远的上古时代，可靠的实物依据，包括对当时的实物遗存遗迹及文字记载等，考古还未发现，所以，所得出的结论，都立于个人的分析判断上，多少都带有一定的主观色彩。据此，“横看成岭侧成峰，远近高低各不同”，仁者见仁，智者见智，存在各种结论的差异性，反映了当前的研究程度，完全符合学术规律。

当然，各种说法都是对中国古典园林发展源头的有益探索。这些不同的结论，也毫不影响宫廷园林成为中华文明斑斓多彩源流的事实。不过，至少可以肯定的是，中国宫廷园林发端于商周之际，最晚时间底线可以划定为西周初期的文王时代，距今已有3000年时间。而从园林类型上看，是单一的帝王园林。周天子有园林，各诸侯也可能有园林，但都属帝王或君主园林。诸侯园林不属于私家园林。因为，

[1] 《中国古代园林史》上卷，第12页。

[2] 《中国古典园林史》，第43页。

西周是诸侯国联盟国家，周王虽为天子，但不是统一中央政权的皇帝；诸侯不是周天子派遣到地方的朝廷命官，而是历代世袭的领地贵族，是小国的君主，不是“民”。所以，他们所建园林，当然是帝王园林类，或称宫廷园林。

第三节 宫廷园林发展概略

如果说中国宫廷园林发端于商周之际，那么，从秦代开始逐步形成为一脉相承的皇家园林体系。历代全国性统一王朝的皇家园林概貌，体现了中国皇家园林发展的基本路径。中国皇家园林体系包括皇家宫苑、祭祀园林、陵寝园林和寺观园林等类型。下面主要以历代统一王朝的皇家宫苑为主线，概述皇家园林发展的主要阶段，作为研究明代皇家园林形成和发展的历史铺垫。

一 秦汉宫廷园林

公元前221年，秦王嬴政结束了绵延几百年的战乱局面，统一了全国，建立了大秦帝国。秦王自以为功盖万世、位尊三皇五帝，于是称“始皇帝”。秦代不仅翻开了我国国家制度崭新的一页，建立了君主专制的中央集权国家，而且，也营造了名副其实的皇家园林，成为历代皇家园林的基础和范式。

大秦帝国虽然仅有14年的国运，但大肆营建宫殿、别馆、苑囿，开创了大型宫殿区和园林相结合的皇家园林新模式。为了显示一统江山的天子威权和享受人间极乐，秦始皇为自己建造了空前宏伟壮丽的宫殿群和附属园林。“始皇二十六年（公元前221年）徙天下高赀富豪于咸阳十二万户，诸庙及台、苑，皆在渭南。”秦代最著名的皇家宫苑是上林苑，其中建有庞大的宫殿群。秦始皇二十七年（公元前220年）投入大量的财力和人力，营建阿房宫。

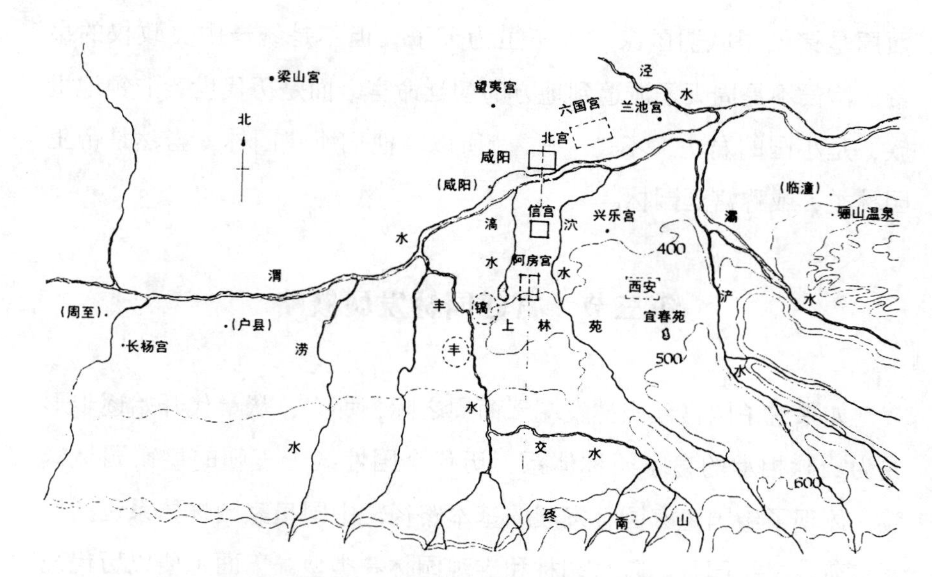

图 1-1 秦咸阳主要宫苑分布图（引自周维权《中国古典园林史》）

> 阿房宫，亦曰阿城。惠文王造，宫未成而亡。始皇广其宫，规恢三百馀里。离宫别馆，弥山跨谷，辇道相属，阁道通骊山八十馀里。表南山之颠以为阙，络樊川以为池。[1]
>
> 先作前殿阿房，东西五百步，南北五十丈，上可以坐万人，下可以建五丈旗。周驰为阁道，自殿下直抵南山。表南山之颠以为阙。为复道，自阿房渡渭，属之咸阳，以象天极阁道绝汉抵营室也。[2]

然而，阿房宫竣工前就被秦末农民战争的烈火烧毁，燃烧三月而不熄，可见其规模令人惊叹。长乐宫“鸿台，秦始皇二十七年筑，高四十丈，上起观宇，帝尝射飞鸿于台上，故号鸿台”[3]。还有兰池宫，《元和郡县图志》说：“秦兰池宫在（咸阳）县东二十五里。”“兰池

[1] 何清谷撰：《三辅黄图校释》卷一《秦宫》，中华书局2005年。

[2] 《史记·秦始皇本纪》。

[3] 《三辅黄图校释》卷三《长乐宫》。

陂，即秦之兰池也，在县东二十五里。初，始皇引渭水为池，东西二百丈，南北二十里，筑为蓬莱山，刻石为鲸鱼，长二百丈。”《秦纪》载：“始皇都长安，引渭水为池，筑为蓬、瀛，刻石为鲸，长二百丈，逢盗处也。”[1]可以说，这是中国皇家风景园林中设计营造“一池三山”的肇始。

秦代还有个较有名气的苑囿叫宜春苑。《三辅黄图》说：“宜春下苑在京城东南隅。”颜师古则在《汉书・元帝纪》中注曰：“宜春下苑即今京师东南隅曲江池是。”宜春苑“出曲江与芙蓉园相连”[2]。不仅秦始皇大造宫殿苑囿，秦二世也不逊色。《三辅黄图》说：“云阁，二世所造。起云阁欲与南山齐。”[3]云阁也在上林苑内。

秦代皇家园林，当然不只这些。据《三辅黄图》：“秦离宫二百”。而《史记・秦始皇本纪》则说：“关中计宫三百，关外四百馀。于是立石东海上朐界中，以为秦东门。因徙三万家丽邑，五万家云阳，皆复不事十岁。”如此空前浩大的工程，仅用十年时间，可见动用了举国人力、物力和财力！“隐宫徒刑者七十余万，乃分作阿房宫，或作骊山（秦始皇陵）。发北山石椁，乃写（运输）蜀荆地材皆至。”[4]以如此大的气魄，办如此惊人之举，真乃江山一统，千古一帝也。可惜，只是为一家天下，一人享乐。

刘邦建立的西汉王朝，沿袭秦代皇家园林，并继续大造宫殿及皇家苑囿。汉长安城在今西安市西北10公里，秦咸阳城东南，人口达到50万，成为一座繁华都市。汉代号称有三十六苑。

> 三十六苑，《汉仪注》：“太仆牧师诸苑三十六所，分布北边西边。以郎为苑监，宦官奴婢三万人，养马三十万匹。

---

[1] 《三辅黄图校释》卷一《兰池宫》注三，第55页。

[2] 《中国造园史》引《太平寰宇记》，第12页。

[3] 《三辅黄图》卷一《秦宫》，第59页。

[4] 《史记・秦始皇本纪》。

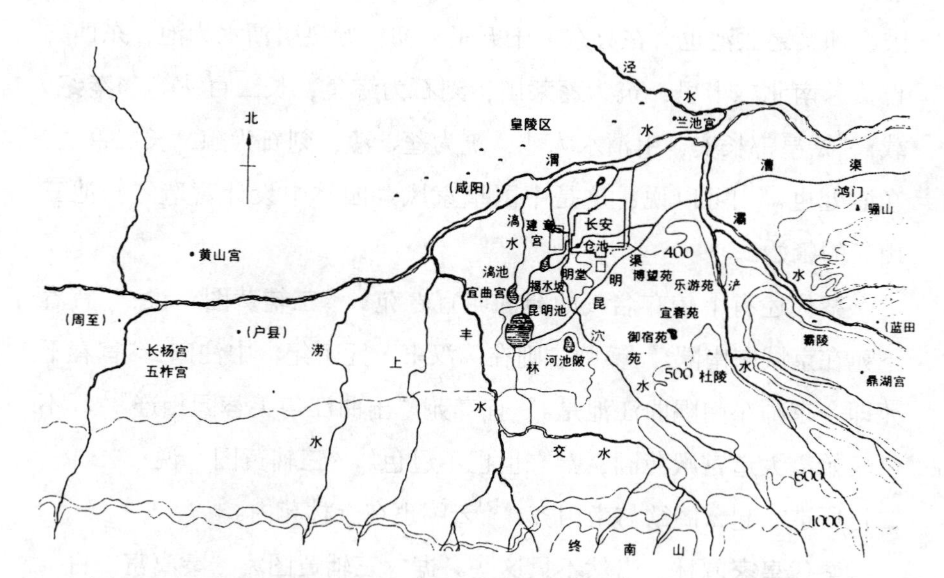

图 1–2　西汉长安及周边主要宫苑分布图（引自周维权《中国古典园林史》）

> 养鸟兽者通名为苑，故谓之牧马处为苑。”[1]

汉代皇家园林，在武帝时最盛，尤以规模取胜。

> 汉上林苑，即秦之旧苑也。《汉书》云：“武帝建元三年（前138年）开上林苑，东南至蓝田宜春、鼎湖、御宿、昆吾，旁南山而西，至长杨、五柞，北绕黄山，濒渭水而东，周袤三百里。”离宫七十所，皆容千乘万骑……《汉旧仪》云：“上林苑方三百里，苑中养百兽，天子秋冬射猎取之。”帝初修上林苑，群臣远方各献名果异卉三千馀种植其中，亦有制为名，以标奇异。

“上林苑中有六池、市郭、宫殿、鱼台、犬台、兽圈。”可见，这

[1]《三辅黄图》卷四《苑囿》。

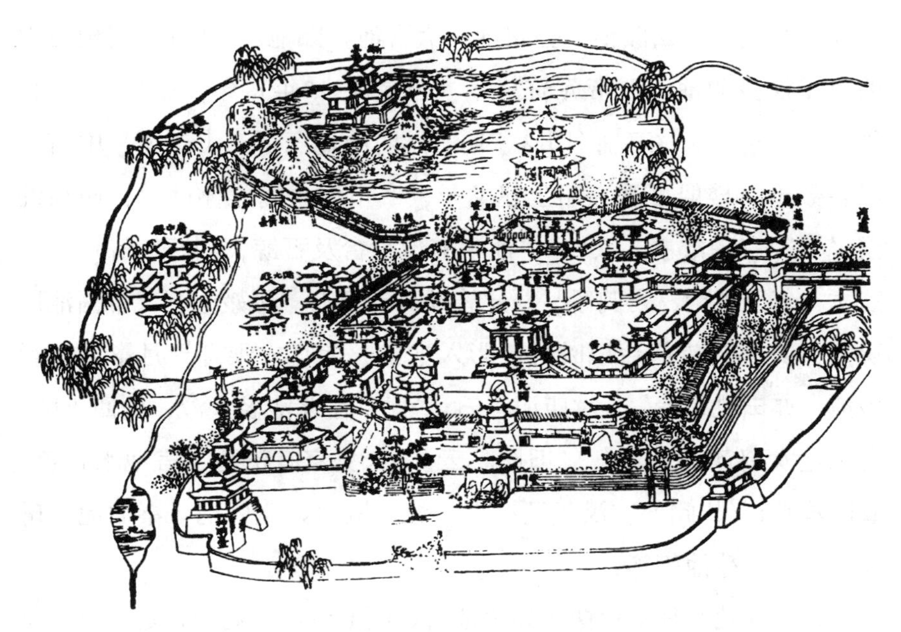

图 1-3　汉代建章宫图（引自（清）乾隆刻本《陕西通志》）

既是大型宫殿区，也是宏大的皇家园林区。“甘泉苑，武帝置。缘山谷行，至云阳三百八十一里，西入扶风，凡周回五百四十里。苑中起宫殿台阁百余所，有仙人观、石阙观、封峦观、鳷鹊观”。苑中有甘泉宫，离长安三百里。

> 博望苑，武帝立子（刘）据为太子，为太子开博望苑以通宾客。《汉书》曰：“武帝年二十九乃得太子，甚喜。太子冠，为立博望苑，使之通宾客从其所好。”又云：“博望苑在长安城南，杜门外五里有遗址。”[1]

汉代宫廷园林注重水体景观营造，大量开凿人工湖泊，仅在上林苑中就有十池：“十池，上林苑有初池、麋池、牛首池、蒯池、积

[1]《三辅黄图》卷四《苑囿》。

草池、东陂池、西陂池、当路池、犬台池、郎池。”此外，规模更大的有“汉昆明池，武帝元狩三年（公元前120年）穿，在长安西南，周回四十里”。“《三辅旧事》曰：‘昆明池地三百三十二顷，中有戈船各数十，楼船百艘，船上建戈矛，四角悉垂幡旄葆麾盖，照烛涯涘。’”“《三辅故事》又曰：‘池中有豫章台及石鲸，刻石为鲸鱼，长三丈，每至雷雨，常鸣吼，鬣尾皆动。’”还有“影娥池，武帝凿池以玩月，其旁起望鹄台以眺月，影入池中，使宫人乘舟弄月影，名影娥池，亦曰眺蟾台”。“《庙记》曰：‘建章宫北池名太液，周回十顷，有采莲女鸣鹤之舟。’”“《旧图》云：‘未央宫有沧池，言池水苍色，故曰沧池。’”[1]此外，汉代还有百子池、镐池、飞外池、秦酒池、琳池、鹤池、冰池等等。

秦汉还建有许多台榭，如鱼池台、酒池台、斗鸡台、走狗台、灵台、柏梁台、渐台、钓台、神明台、通天台、凉风台、长杨榭等等，都是皇家宫苑的重要设施，既有祭祀、拜神作用，又可望风察雨、观测气象，还有登高远眺欣赏风景的用处，因而也是重要的园林景观。

东汉是由光武帝刘秀所建立的。因立都洛阳，史称东汉，又称后汉。洛阳主要宫殿建筑在南北二宫。南宫是旧有建筑。东汉对南宫进行修缮，并扩建前殿，新建北宫作为皇帝临朝听政的政治中枢。东汉宫苑沿袭西汉传统，建有大内御苑和城内外的宫殿别馆。北宫大内御苑叫“濯龙园”，规模最大，位于宫城北墙内。苑内有濯龙殿、濯龙池，向南与津阳门相通。《东京赋》说：“濯龙芳林，八谷九溪；芙蓉覆水，秋兰被涯。”

西园为汉顺帝于阳嘉元年（132年）所建，在城西承明门内御道以北，东连禁掖。园中有水池、殿堂。汉灵帝中平二年（185年）建有万金堂。据《拾遗记》，园中种植荷花，叶大如盖，长一丈，南国所献。

---

[1] 《三辅黄图》卷四《池沼》。

献帝初平三年（192年）游于西园。起裸游馆千间，采绿苔被阶引渠水以绕砌，周流澄澈，乘船以游漾，使宫人乘之……又奏招商之歌，以来凉风。……帝盛夏，避暑于裸游馆，长夜饮宴。宫人年二十七以上，三十六以下者，解其上衣，惟著内服，或其裸浴。诸西域所献之茵墀香以为汤，宫人以之浴浣，以馀汁流渠中，名曰流香渠。[1]

在城外较近的离宫别苑有多处，如平乐苑、上林苑、广成苑、光风园、西苑、显阳苑、鸿德苑、罼圭灵昆苑等。据《洛阳县志》："上西门外，御道之南有融觉寺，寺西一里许有大觉寺。又西三里，渠北有平乐苑，亦称平乐观。西北有上林苑。"汉顺帝"阳嘉元年（132年）起西苑。"[2]《后汉书》载，延熹二年（159年）秋七月初造显阳苑。汉灵帝光和三年（180年）作罼圭灵昆苑。[3]罼圭苑有两个，东罼圭苑位于开阳门外，周一千五百步，中有鱼梁台；西罼圭苑位于津阳门外，周三千三百步，在洛阳宣平门外。上林苑和广成苑都是皇帝的狩猎场。

东汉洛阳城四面都有苑囿。在城东二十里有鸿池，或叫鸿池坡。据《后汉书》："先帝之制，左开鸿池，右开上林。"洛水南有南园，是以种植果树为主的园林。直里园在城西南。

从总体上看，东汉皇家园林，无论从数量、规模和品位上，与西汉时期相比，均明显逊色。东汉从光武帝建武元年（25年）到献帝刘协延康元年（220年），历时195年，历经十三位皇帝而亡，进入魏晋南北朝的分裂割据时代。

---

[1]　汪菊渊著：《中国古代园林史》引《拾遗记》，第65页。

[2]　《后汉书·顺帝本纪》。

[3]　《后汉书·灵帝本纪》。

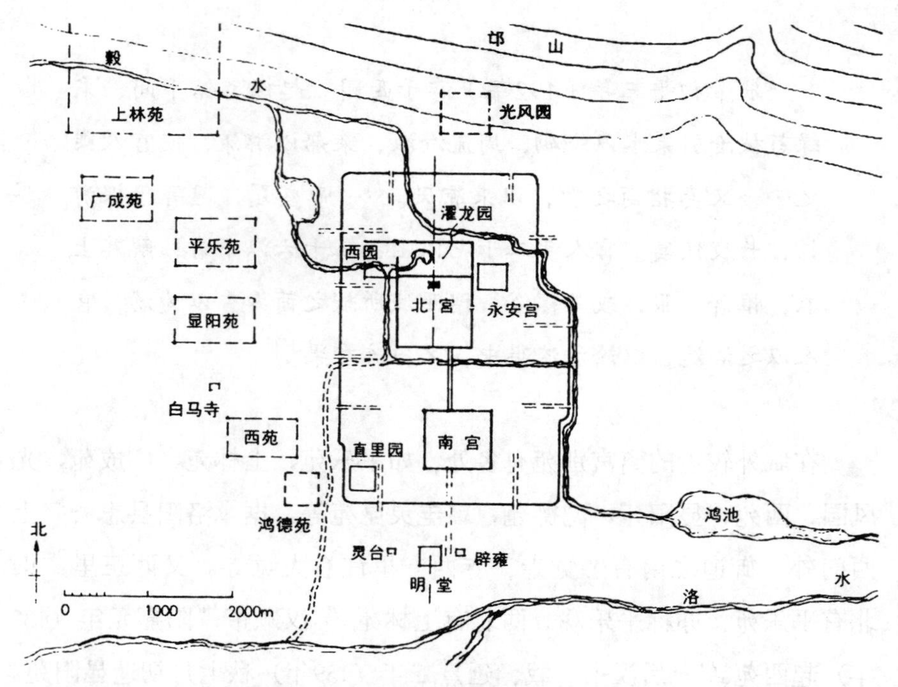

图 1-4 东汉洛阳主要宫苑分布图（引自周维权《中国古典园林史》）

二 隋唐宫廷园林

隋唐时期，特别是唐代是中国社会政治、经济、军事、文化、外交空前发达，在全世界有重大影响力的时期。宫廷园林作为国家经济社会发展水平的一种象征，也发展到了全盛状态。

（一）隋代宫廷园林

581年，北周外戚杨坚逼年仅八九岁的周静帝让位，改国号为隋，建元开皇，仍都长安。文帝于开皇九年（589年）正月攻破南朝都城建康，俘虏陈后主，结束了南北朝分裂状态，统一了全国。

文帝在长安城东南新建大兴城及皇家园林。据《类编·长安志》，宫城以北建有大兴苑，“东西二十七里，南北三十三里，东接灞水，西接长安故城，南连京城，北枕渭水。苑西即太仓，又北距中渭桥”[1]。隋文帝时，兴建皇家园林重大工程避暑行宫仁寿宫，于开皇十三年（593年）二月动工，十五年（595年）三月竣工。文帝每年春来冬还，有时居住时间超过一年，最长为开皇十九年（599年）二月进住，次年九月才返回大兴城。604年，隋炀帝就是在仁寿宫加害其父及兄，篡夺皇位的。其后，仁寿宫渐趋荒废。

隋炀帝杨广，是一个以游乐成性、昏庸腐败著称的皇帝。炀帝一即位，就急急忙忙修筑新都洛阳。大业元年（605年），任命尚书令杨素为营作大监，每月役丁200万人，大兴土木，营建洛阳城。据《资治通鉴》卷一八〇载，炀帝“敕宇文恺与内史舍人封德彝等营显仁宫，南接皂涧，北跨洛滨。发大江之南、五岭以北奇材异石，输之洛阳；又求海内嘉木异草，珍禽奇兽，以实园苑”。

> 五月，筑西苑，周二百里；其内为海，周十馀里；为蓬莱、方丈、瀛洲诸山，高出水百馀尺，台观殿阁，罗络山上，向背如神。北有龙鳞渠，萦纡注海内。缘渠作十六院，门皆临渠，每院以四品夫人主之，堂殿楼观，穷极华丽。宫树秋冬凋落，则剪彩为华叶，缀于枝条，色渝则易以新者，常如阳春。沼内亦剪采为荷芰菱芡，乘舆游幸，则去冰而布之。十六院竞以肴羞精丽相高，求市恩宠。

筑宫城者70万人，建宫殿院者10余万人，土工80余万人，木、艺、金、石工等又10余万人。这些工程总共投入180余万劳役。

洛阳园林，以西苑为最。大业元年（605年）建都城时同时营建，位于洛阳西面，《隋书·地理志》说，“西苑周二百里”。其规模仅次于西汉上林苑。东都宫苑还有许多。据《册府元龟》卷一三记载：“大业元年，建东都于皂涧营显仁宫苑囿连接，北至新安，南及飞山，西

[1] 《中国造园史》，第21页。

至渑池，周围数百里，课天下诸州各贡草木花果、奇禽异兽于其间。”

炀帝极好四处游幸，且巡游处必有行宫华殿丽苑。据《大业杂记》载，大业元年，炀帝“又敕扬州总管府长史王弘大修江都宫”。宫筑有平乐园。

> （大业）十二年（616年）春正月，又敕毗陵郡（今江苏常州）通守路道德集十郡兵近数万人，于郡东南置宫苑，周十二里。其中有离宫十六所，其流觞曲水，别有凉殿四所，环以清流。共四殿：一曰圆基，二曰结绮，三曰飞宇（一作飞雨），四曰漏景。其十六宫，亦以殿名名宫……十二月修丹阳宫，欲东巡会稽等郡。[1]

《潜确类书》云：“离宫在常州府城之东南，隋置苑，有离宫十六，仿洛阳规制，而奇丽过之。”[2]隋炀帝的暴政，导致隋末农民大起义。大业七年（611年）首先是山东邹平县王薄揭竿起义，随后战火燃遍大江南北，天下大乱。大业十二年炀帝第三次巡幸，在江都被困。大业十四年三月，宇文化与禁军将领联手，发动政变，将隋炀帝缢杀宫中，隋朝实际灭亡。

（二）唐代宫廷园林

大业十三年（617年）秋，趁隋末农民起义之机，唐国公李渊在太原起兵反隋，攻入长安，立炀帝之孙杨侑为恭帝，李渊实际控制了政权。第二年炀帝一死，李渊废恭帝，自立皇帝，国号唐，改元武德，定都于长安，开始了大唐帝国的盛世国运。唐初，仍以隋朝大兴城为都，更名长安，进行了扩建和修葺，同时营建皇家园林。

唐代的皇家园林久负盛名，在大内有“三苑”。据《雍录》载：

[1] 《大业杂记》，三秦出版社2006年，第53页。

[2] 《中国造园史》引《潜确类书》，第20页。

“唐大内有三苑，西内苑，东内苑、禁苑，皆在两宫北面而有分别。西内苑并西内太极宫之北，东内苑则包括大明宫东北两面，西内苑北门之外，始为禁苑之南门。”[1]《长安志》记载：禁苑“东西二十七里，南北三十三里……苑中四面皆有监……分掌宫中植种及修葺园囿等事，又置苑总监领之，皆隶司农寺。苑中宫亭，凡二十四所”。禁苑即隋代的大兴苑，唐改今名。

禁苑中主要景物，据《雍大记》载，有大型水面鱼藻池，可乘船游览，“深一丈，在禁苑中。（唐德宗）贞元十三年（797年），诏更淘四尺，引灞河水涨之，在鱼藻宫后，穆宗以观竞渡”。在鱼藻宫东北有九曲宫，宫中有殿舍山池。禁苑内还有未央宫、咸宜宫旧址。《长安志》载：

> 在禁苑内，皆汉之旧宫也。……唐置都邑之后，因其旧址复增修之。宫侧有未央池，汉武库。武宗（李炎）会昌元年（841年），因游畋至未央宫，见其遗址，诏葺之，尚有殿舍二百四十九间。作正殿曰通光殿，东曰诏芳亭，西曰凝思亭。又有南昌国、北昌国、流杯三亭，皆汉旧址，并立端门，录归宅监所。

在禁苑中还有许多宫殿、院、坊桥等，以及圈养虎、马及鸭鹅等水禽之所。禁苑东西还有葡萄园。可见，禁苑占地广阔，宫殿鳞次，亭台楼阁错落，林木繁茂，碧水清波，功能齐全，除供皇帝妃嫔及群臣游戏之外，还供狩猎放鹰等，并兼有供应宫廷瓜果蔬菜和鱼禽野味等副食品基地功能，与汉代的上林苑十分相似。

在禁苑之南有樱桃园，临渭亭。《雍录》记载，园中有著名的梨园，“在光化门北，光化门禁苑南面西头第一门”，“中宗令学士自芳

[1]《中国古代园林史》引《雍录》，第130页。

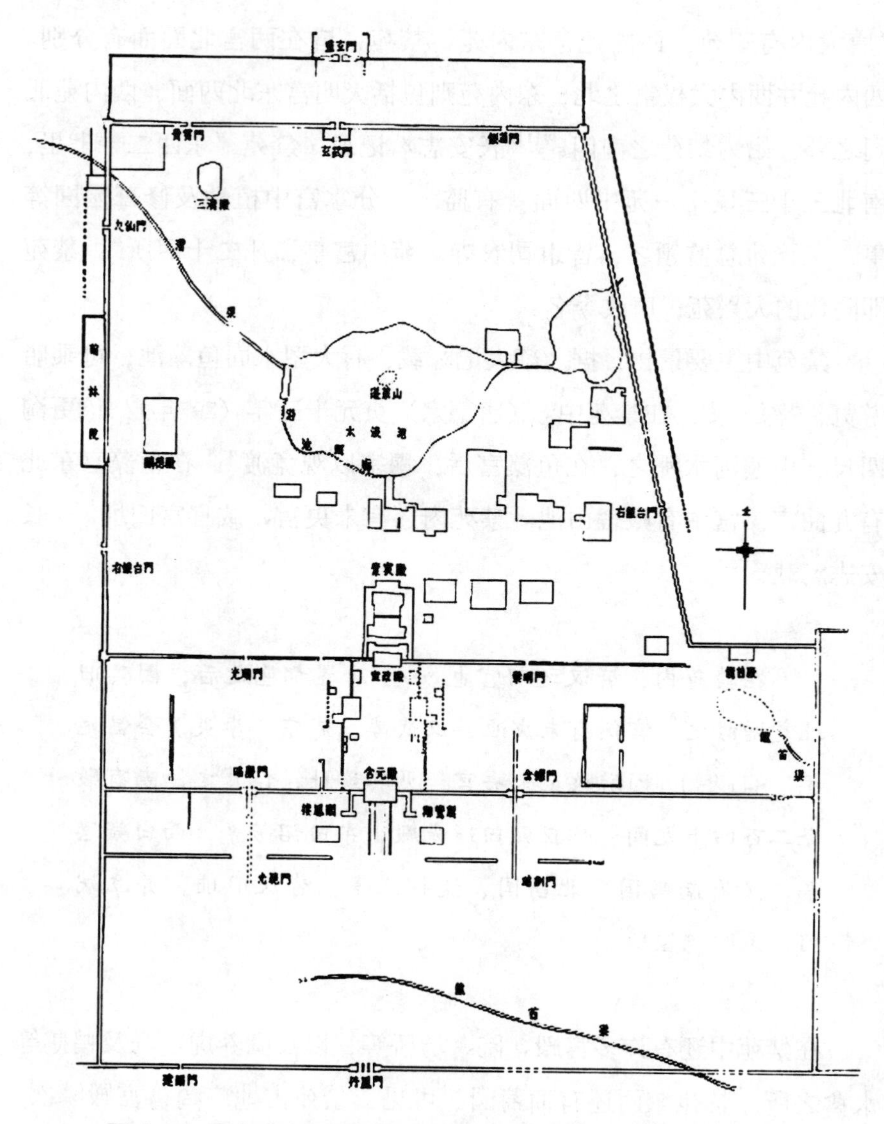

图 1-5　唐大明宫建筑遗址实测图（引自刘敦桢《中国古代建筑史》）

林门入，集于梨园，分朋拔河”。梨园起初只是一种普通的娱乐场所。后到了唐玄宗“开元二年（714年）置教坊于蓬莱宫，上自教法典，谓之梨园子弟。至天宝中，即东宫宜春北苑，命宫女数百人，为梨园弟子。进梨园者，皆按乐之地，予教者名为弟子也”[1]。

[1]《中国古代园林史》引《雍录》，第131页。

唐初最著名的行宫，乃是九成宫。唐太宗贞观五年（631年），李世民下令修复隋朝仁寿宫，规模宏大，壮观华丽，并改称九成宫。《玉海》记载："贞观六年四月己亥，太宗避暑九成宫，以杖刺地，有泉涌出，饮之可以愈疾。秘书监检校侍中魏徵作《醴泉铭》，碑在凤翔。"《醴泉铭》曰："冠山构殿，绝壑为池，跨水架楹，分岩竦阙。高阁周建，长廊四起；栋宇胶葛，台榭参差。"可见，九成宫园林景色之秀美。《唐书·地理志》载："（高宗）永徽二年（651年）曰万年宫，乾封二年（667年）复曰九成宫，周垣千八百步，并署禁苑及府库宫寺。"在唐代，一步约五尺，一尺合31.7厘米。九成宫周垣约合2853米。《元和郡县志》说，唐太宗、高宗"每岁避暑，春往冬还"。可见这里是避暑胜地。

九成宫位于今西安市北350公里的麟游县。九成宫以离县城5里的天台山为中心，随山地形因势而筑。山并不高，阴坡平缓，土层较厚。南邻杜水，西北有马坊河，因涧为池，四山环抱，湖光山色，令人陶醉。加之气候凉爽，离大兴城不远，故隋唐之际帝王作为避暑胜地。唐代著名画家李思训、李昭道父子画有《九成宫纨扇图》，该图为九成宫皇家宫苑的真实写照。

唐代最负盛名的离宫别苑，当属华清宫，又名骊山宫和温泉宫，在今陕西西安市以东35公里的临潼县，骊山北麓。此地自古有温泉涌出，为风景胜地。早在周幽王时，曾修骊山宫，之后秦、汉、隋、唐历代皇帝都在此筑有离宫别苑。秦始皇在此以石筑室砌池，称"骊山汤"。汉武帝在秦汤基础上扩建离宫；隋文帝杨坚也于开皇三年（583年）修建宫苑，广种树木。据《唐书·地理志一》：唐太宗贞观十八年（644年）诏令大匠阎立德营建汤泉宫。

（昭应县）有宫在骊山下，贞观十八年置。（唐高宗）咸亨二年（671年）始名温泉宫。天宝……六载（747年）更温泉曰华清宫。宫治汤井为池，环山列宫室，又筑罗城，置

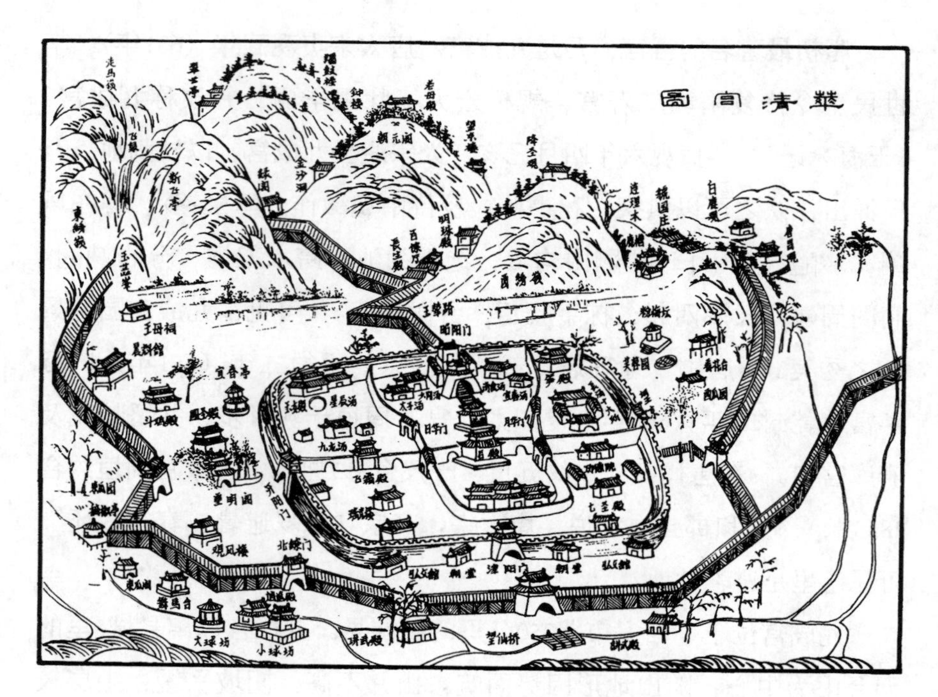

图 1–6 唐华清宫图（引自（清）乾隆刻本《陕西通志》）

百司及十宅。

《雍录》载：“温泉在骊山，与帝都密迩，玄宗即山建宫，百司庶府皆具，各有寓止，自十月往，岁尽乃返。”玄宗和杨玉环每年在此过冬，处理朝政，俨然成了唐朝的另一个政治中心。

华清宫是呈北宫南苑格局的完整的宫殿区，宫城两重城垣，布局方整。宫城坐南朝北，朝廷的各衙门在此都有办事机构，北面正门为津阳门，宫内设有前殿后殿，类似于外朝内朝。宫外有宜春亭、望京楼、朝元阁等建筑。内有瑶光楼，飞霜殿是玄宗的寝宫。宫城的南半部为御汤区，“汤池凡一十八所”，如九龙汤（莲花汤）、贵妃汤（海棠汤）、星辰汤、太子汤、少阳汤、尚食汤、宜春汤、长汤等等，为皇帝、皇后和嫔妃及皇室人员沐浴之所。其中九龙汤设于九龙殿内，规模宏丽，最为豪华，是皇帝的御用浴池，也是唐玄宗与杨贵妃共浴的地方。“第一是御汤，周环数丈，悉砌以白石，莹澈如玉，面阶隐起鱼龙花鸟之状，四面石坐阶级下，中有双白石莲，泉眼自瓮口中涌出，喷注白莲之上。”据《明皇杂录》记载：

安禄山以白玉石为鱼龙凫雁，仍为石梁及石莲花以献，雕镌巧妙，殆非人工。上大悦，命陈于汤中，又以石梁横亘汤上，而莲花才出于水际。上因幸华清宫，解衣将入，而鱼龙凫雁皆若奋鳞举翼，状欲飞动。上甚恐，遽命撤去，其莲花至今犹存。

《津阳门诗注》说：

宫内除供奉两汤外，而内外更有汤十六所。长汤每赐诸嫔御，其修广于诸汤不侔，甃以文虫密石，中央有玉莲捧汤泉，喷以成池。又缝缀锦绣为凫雁，致于水中。上时往其间泛钑镂小舟，以嬉游焉。

芙蓉汤为杨玉环专用，规模略小于九龙汤，却也别致。芙蓉汤“一名海棠汤，在莲花汤西，沉埋已久，人无知者，近修筑始出，石砌如海棠花，俗呼为杨妃赐浴汤”[1]。

华清宫内设置了各类园林建筑，诸如通义宫、太清宫、仁智宫、望春宫、翠微宫、望贤宫、万金宫、永安宫、龙跃宫、九成宫、玉华宫、庆善宫、游龙宫、兴德宫、神台宫、琼瑶宫等等。建筑布局依山面水，鳞次栉比，林木花果繁盛，将自然植被与人工造园有机结合。

华清宫风景奇丽，顺应山麓、山腰、山顶的不同地貌，阶梯式分

[1]《中国古代园林史》引《县志》，第135页。

布着各具特色的景点。有芙蓉园、椒园、石榴园、西瓜园、东瓜园、粉梅台、看花台等。园内奇花异草、珍禽走兽各得其乐。有松、柏、柳、榆、海棠、石榴、紫藤等30余种树木花卉。华清宫是唐玄宗、杨贵妃最中意的行宫，在这里他们享受了一生最快乐的时光。玄宗是道教虔诚的信徒，华清宫多有道观。唐玄宗与杨贵妃于“七夕”在长生殿山盟海誓，来生也做恩爱夫妻。所以，白居易的《长恨歌》曰：“七月七日长生殿，夜半无人私语时。在天愿作比翼鸟，在地愿为连理枝。”“安史之乱”后，华清宫逐渐破败。

唐代的曲江池另具特色。曲江池在长安城东南隅，是皇家与百姓共游之处。曲江池又称芙蓉园、芙蓉池，原为天然水泊。《太平寰宇记》曰，因“其水曲折，有似广陵（扬州）之江，故名之”。秦代曾在这里修筑过离宫宜春苑，汉武帝刘彻多次到这里游乐。隋朝营京城（大兴城）。

> 宇文恺以京城东南隅地高，故阙此地，不为居人坊巷，凿之为池，以厌胜之。又会黄渠水自城外南来，可以穿城而入。隋文帝又恶其名曲，改为芙蓉园，为其水盛而芙蓉言也。[1]

后因战乱，池水干涸。至唐玄宗开元年间，又重修整，引入浐河水，恢复曲江池名，并又修筑楼台殿阁。《剧谈录》载，在曲江池“其南有紫云楼、芙蓉园，其西有杏园、慈恩寺”。芙蓉园周回十七里，原为隋之御苑，唐贞观时赐予魏王李泰。李泰死后，玄宗作为御苑，非特许不准入内。

曲江池作为大型风景胜地，景色优美，成为盛唐时期皇亲国戚、帝王妃嫔、文人墨客、达官贵人甚至普通百姓竞相游赏之地。唐人的

[1] 《中国古代园林史》引《刘炼小说》，第131页。

诗词歌赋，也有许多描绘赞美之作。春夏是曲江池最美的季节。林宽《曲江》云：“曲江初碧草初青，万毂千蹄匝岸行。倾国妖姬云鬓重，薄徒公子雪衫轻。琼镌狒狖绕觥舞，金蹙辟邪拿拨鸣。柳絮杏花留不得，随风处处逐歌声。”卢纶在《曲江春望》中如此歌咏：

菖蒲翻叶柳交枝，暗上莲舟鸟不知。
更到无花最深处，玉楼金殿影参差。
翠黛红妆画鹢中，共惊云色带微风。
箫管曲长吹未尽，花南水北雨蒙蒙。
泉声遍野入芳洲，拥沫吹花草上流。
落日行人渐无路，巢乌乳燕满高楼。

“安史之乱”后，曲江池也日渐荒废，到宋时大部分面积成为田圃，变为历史遗迹。

乐游园也是一个重要别苑。《类编・长安志》载：“乐游原，在咸宁县南八里，秦宜春苑也。汉宣帝起乐游庙，在唐京城内高处。”乐游园也叫乐游原、乐游苑。乐游园为秦宜春苑旧址，秦时称隑洲。“隑”指江岸顺河道走向而弯曲，说明乐游园位于河流弯道上。乐游园在汉宣帝时所建，在杜陵西北的乐游原上，故名。曲江池就在乐游原上。实际上，乐游园与曲江池连成一片，也是一种开放式园林，景物及建筑与曲江池相类。园西有芙蓉园，芙蓉园北即曲江池。

乐游园与当时曲江池一样，也是悠游胜地，游人如织，同样也是唐代文人墨客不惜笔墨大加赞美的去处。李频《乐游原春望》诗写道：

五陵佳气晚氛氲，霸业雄图势自分。
秦地山河连楚塞，汉家宫殿入青云。
未央树色春中见，长乐钟声月下闻。

无那杨华起愁思，满天飘落雪纷纷。

在唐代宫苑中，武则天时期的东都洛阳神都苑久负盛名。武则天于690年废掉睿宗李旦称帝，号称则天大圣皇帝，改国号为周，史称武周，改元光宅元年。光宅元年（690年）九月，武则天将东都洛阳改为“神都”，并在洛阳大兴土木，修建洛阳皇宫及苑囿，迁往洛阳。还在龙门香山之东修万安宫，在邙山翠云峰建避暑宫，在洛阳西南延秋建离宫，在登封石淙建三阳宫，这些行宫别苑都十分华丽壮观。

神都苑是洛阳当时最大宫苑，为隋朝旧物。据《资治通鉴》载：

大业元年（605年）筑西苑，周二百里。其内为海，周十余里，为蓬莱、方丈、瀛洲诸山，出水百余尺。台、观、殿、阁络罗山上。唐改海为凝碧池，隋炀帝之积翠池盖凝碧池也。

唐高祖武德元年（618年）改芳华苑。唐高宗上元二年（675年），在东都苑东部、皇城西南隅修建上阳宫，正殿为观凤殿。此外还有宿羽、高山等宫。“宿羽、高山、上阳等宫，制度壮丽”，“上阳中临洛水，为长廊亘一里”。武则天称帝后，主要在东都听政，晚年常住上阳宫。

武则天将隋代的西苑进行扩建后更名禁苑，又叫神都苑。据《西京记》：“神都苑周回一百二十六里，东面七十里，南面三十九里，西面五十里，北面二十四里。”上阳宫、宿羽宫、高山宫都在其中。神都苑东抵宫城，西至孝水，北负邙山，谷水和洛水会流其间。苑内主要建筑有：最西为合璧宫，东为凝碧池。池东西五里宽，南北三里长，并建有凝碧亭。后来安禄山攻占洛阳时，在此大宴其部将。苑中央为龙鳞宫，隋朝时有龙鳞渠，渠绕流入池，渠之沿岸建有十六院，居渠北岸。与合璧宫隔渠相对有明德宫，隋称显仁宫，南依南山，北邻洛水。高山宫在苑西北，宿羽宫在苑东隅，南临大池，水流盘曲。苑东南隅有望春、冷泉、积翠等宫，都为隋建。苑中还有几十座楼台亭阁堂院，初为隋筑，唐初修葺一新，太宗以奢华怒而拆之。高宗以为“两都是朕东西二宅也”，乃重修。武则天在此基础上又进行了扩建或重修。

唐朝从“安史之乱”后，由盛趋衰。唐末爆发黄巢领导的农民大起义，907年唐朝灭亡，进入“五代十国”乱世。

三　两宋宫廷园林

宋朝是中国重新统一的重要王朝。宋朝的皇家园林，在前朝的基础上又有了新的发展，呈现出新的特色。

960年，五代后周的殿前都点检、统领禁军的赵匡胤，在开封东北的陈桥发动军事政变，“黄袍加身”，逼恭帝退位，登上皇帝宝座，改国号宋，仍都汴京，史称北宋。北宋历经9位皇帝167年。宋太祖赵匡胤和太宗赵光义经过长期战争，统一了全国。特别是经过宋神宗实行王安石变法后，经济发展，国力进一步增强。与此相应，北宋王朝的皇家园林，也进入中国皇家园林的另一个繁盛期。北宋都城汴梁因在西京洛阳之东，故称东京。从春秋开始曾有大小7国建都于此，故有“七朝都会”之称。东京当时约有150万人口，是亚洲乃至世界上最大的都市，繁华而发达，不比盛唐长安逊色。但北宋王朝的皇家园林，无论从规模和数量上都与汉唐无法比拟，可谓小巫见大巫了，而精致与艺术内涵上，却优于汉唐。东京的皇家园林，据《东京梦华录》说：“都城左近，皆是园圃。百里之内，并无闲地。”据有关资料统计，至少有80多处，但这些园林中，大量的属私家园林。

北宋的大内御苑，主要有两处，即延福宫和艮岳。延福宫南临宫城，北抵内城墙，在宫城中轴线上，东西与宫城宽度相同，呈现前宫后苑格局。据《宋史・地理志一》详述：

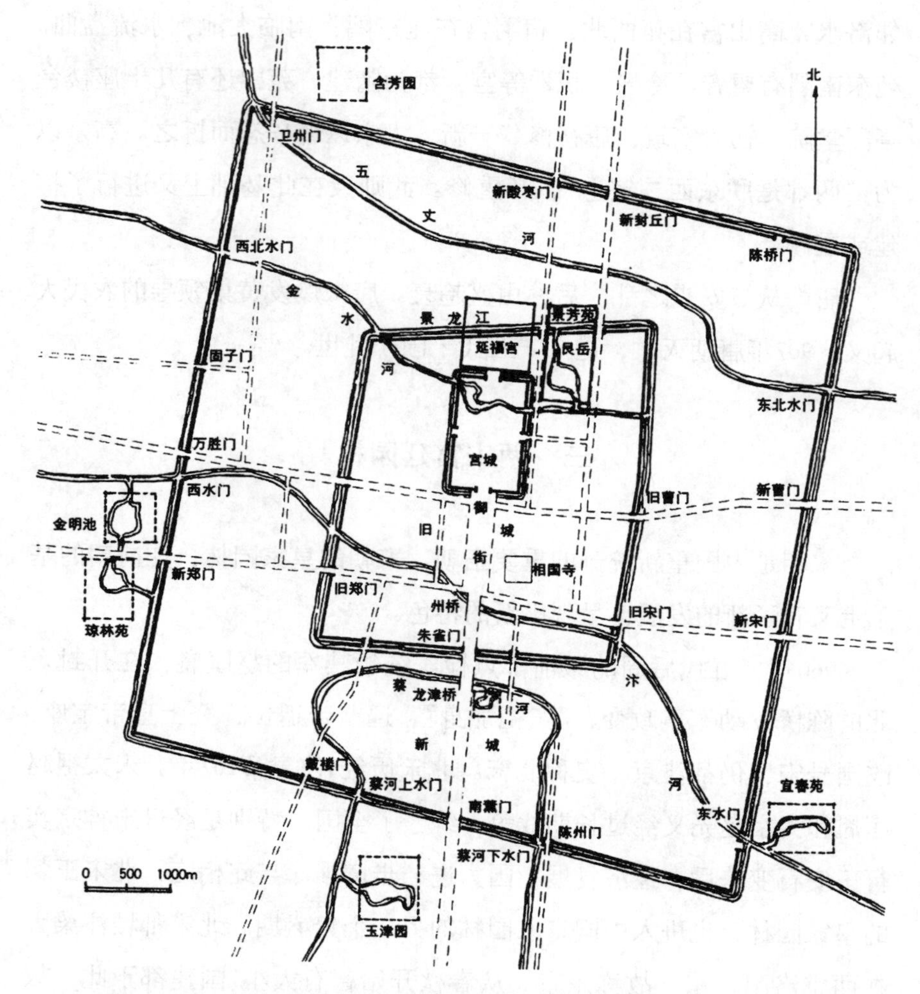

图 1-7　北宋东京城及宫苑平面示意图（引自周维权《中国古典园林史》）

延福宫，（宋徽宗）政和三年（1113年）春新作于大内北拱宸门外。旧宫在后苑之西南，今其地乃百司供应之所，凡内酒坊、裁造院、油醋柴炭鞍辔等库，悉移它处，又迁两僧寺、两军营，而作新宫焉。始南向，殿因宫名延福，次曰蕊珠，有亭曰碧琅玕。……其殿则有穆清、成平、会宁、睿谟、凝和、崑玉、群玉，其东阁则有蕙馥、报琼、蟠桃、春锦、叠琼、芬芳、丽玉、寒香、拂云、偃盖、翠葆、铅英、

> 云锦、兰薰、摘金，其西阁有繁英、雪香、披芳、铅华、琼华、文绮、绛萼、秾华、绿绮、瑶碧、清阴、秋香、丛玉、扶玉、绛云。会宁之北，叠石为山，山上有殿曰翠微，旁为二亭：曰云岿，曰层巘。凝和之次阁曰明春，其高逾一百一十尺。阁之侧为殿二：曰玉英，曰玉涧。其背附城，筑土植杏，名杏冈，覆茅为亭，修竹万竿，引流其下。宫之右为佐二阁，曰宴春，广十有二丈，舞台四列，山亭三峙。凿圆池为海，跨海为二亭，架石梁以升山，亭曰飞华，横度之四百尺有奇，纵数之二百六十有七尺。又疏泉为湖，湖中作堤以接亭，堤中作梁以通湖，梁之上又为茅亭、鹤庄、鹿寨、孔雀诸栅，蹄尾动数千，嘉花名木，类聚区别，幽胜宛若生成，西抵丽泽，不类尘境。……跨城之外浚壕，深者水三尺。东景龙门桥，西天波门桥。二桥之下，叠石为固，引舟相通，而桥上人物外自通行不觉也，名曰景龙江。

延福宫在空间布局上呈六大景区，分别由六个太监负责监督营建。在景龙江两岸成为一道亮丽的风景线，奇花异草、嘉树名木夹岸，殿宇楼阁鳞次栉比，参差延展。延福宫作为皇城御苑，皇帝及后宫妃嫔游赏极为方便，成为皇家生活的重要场所。

另一个更为著名的皇家宫苑是艮岳。宋徽宗为了得子继统，笃信道士堪舆之言建造了艮岳。

> 徽宗登极之初，皇嗣未广。有方士言："京城东北隅，地协堪舆，但形势稍下，傥少增高之，则皇嗣繁衍矣。"上遂命土培其冈阜，使稍加于旧矣，而果有多男之应。自后海内乂安，朝廷无事，上颇留意苑囿。政和间，遂即其地，大兴工役筑山，号寿山艮岳。……竭府库之积聚，萃天下之伎艺，凡六载而始成，亦呼为万岁山。奇花美木，珍禽异兽，

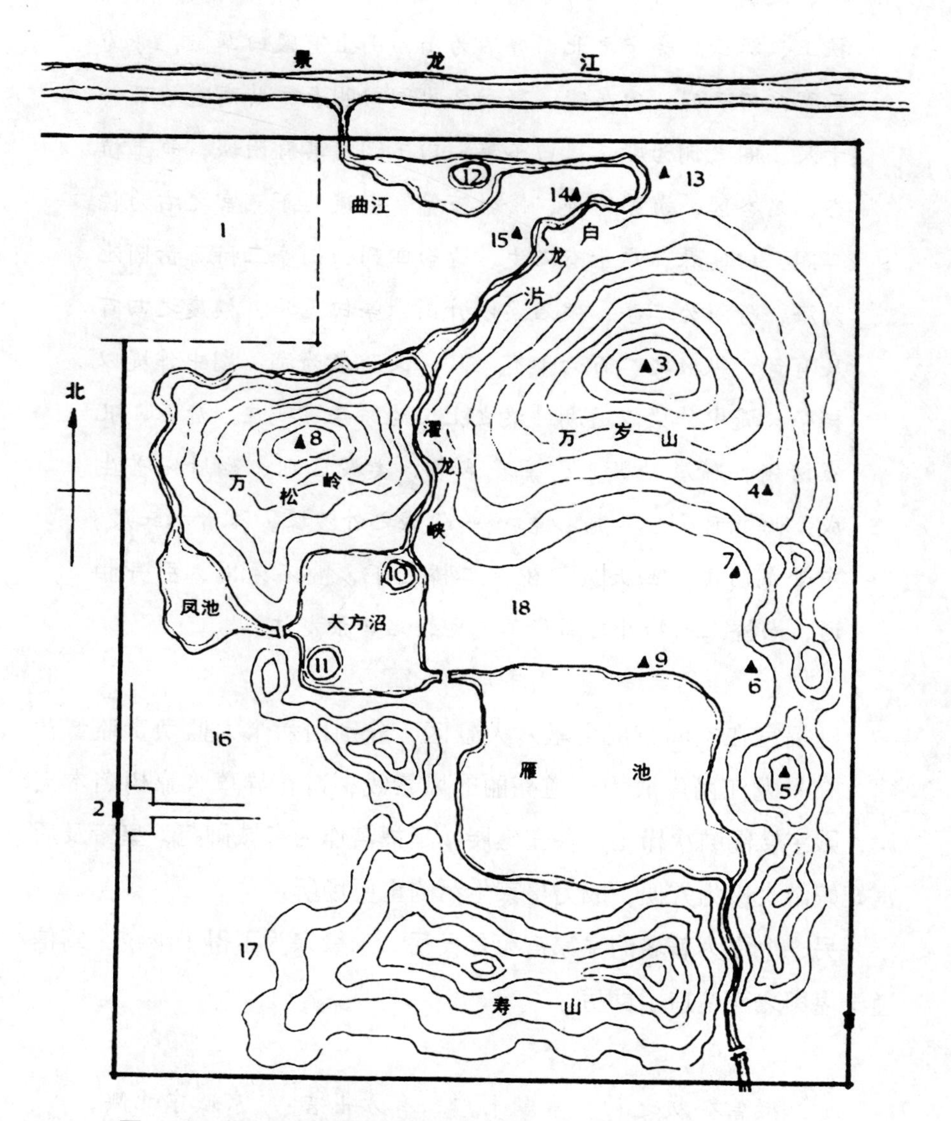

图 1-8 北宋艮岳平面设想图（引自周维权《中国古典园林史》）

1 上清宝箓宫 2 华阳门 3 介亭 4 萧森亭 5 极目亭 6 书馆 7 萼绿华堂 8 巢云亭 9 绛霄楼 10 芦清 11 梅渚 12 蓬壶 13 消闲馆 14 漱玉轩 15 高阳酒肆 16 西庄 17 药寮 18 射园

莫不毕集；飞楼杰观，雄伟瑰丽，极于此矣。

《汴京遗迹志》卷之四也有类似记载：

初，宋徽宗未有嗣，道士刘混康以法箓符水出入禁中，言："京城东北隅，地协堪舆，倘形势加以少高，当有多男之祥。"始命为数仞岗阜。已而后宫生子渐多，帝甚喜。于是命户部侍郎孟揆于上清宝箓宫之东筑山，象馀杭之凤凰山，号曰万岁山，既成，更名曰艮岳。[1]

据蜀僧祖秀所著《华阳宫记》载：

政和初，天子命作寿山艮岳于禁城之东陬，诏阉人董其役，舟以载石，舆以辇土，驱散军万人，筑冈阜，高十馀仞，增以太湖灵壁之石，雄拔峭峙，功夺天造。石皆激怒抵触，若踶若啮，牙角口鼻，首尾爪距，千态万状，殚奇尽怪。辅以磻木瘿藤，杂以黄杨，对青竹荫其上。又随其斡旋之势，斩石开径，凭险则设蹬道，飞空则架栈阁，仍于绝顶增高树以冠之。搜远方珍材，尽天下蠹工绝技，而经始焉。

山之上下，致四方珍禽奇兽，动以亿记，犹以为未也。凿池为溪涧，叠石为堤捍，任其石之怪，不加斧凿。因其馀土，积而为山。山骨暴露，峰棱如削，飘然有云姿鹤态，曰飞来峰；高于雉堞，翻若长鲸，腰径百尺，植梅万本，曰梅岭。……曰杏岫……曰黄杨巘……曰丁嶂……曰椒崖……曰龙柏坡……曰斑竹麓。……驱水工登其顶，开闸注水而为瀑布，曰紫石壁，又名瀑布屏。……曰海棠川。寿山之西，别

[1] 《中国古代园林史》引《汴京遗迹志》，第202页。

治园圃，曰药寮。其宫室台榭，卓然著闻者，曰琼津殿、绛霄楼、绿萼华堂。筑台高千仞，周览都城……东出安远门……曰跃龙涧、漾春陂、桃花闸、雁池、迷真洞。其馀胜迹，不可殚纪。

宋徽宗为了取得天下特异灵石，到全国各地采运大量名石怪石，运来的巨大石材列于新建的华阳宫西门外驰道左右，形成独特景观。

左右大石皆林立，仅百馀株，以神运、昭功、敷庆、万寿峰而名之。独神运峰广百围,高六仞，锡爵盘固侯，居道之中，束石为亭以庇之，高五十尺……其他轩榭庭径，各有巨石，棋列星布，并与赐名……其略曰朝日升龙、望云坐龙、矫首玉龙、万寿老松、栖霞扪参、衔日吐月、排云冲斗、雷门月窟、蟠螭坐狮、堆青凝碧、金鳌玉龟、叠翠独秀、栖烟亸云、风门雷穴、玉秀、玉窦、锐云巢凤、雕琢浑成、登封日观、蓬瀛须弥、老人寿星、卿云瑞霭、溜玉、喷玉、蕴玉、琢玉、积玉、叠玉、丛秀，而在于渚者曰翔鳞，立于涘者曰舞仙，独踞洲中者曰玉麒麟，冠于寿山者曰南屏小峰，而附于池上者曰伏犀、怒猊、仪凤、乌龙，立于沃泉者曰留云、宿雾，又为藏烟谷、滴翠岩、搏云屏、积雪岭。其间黄石仆于亭际者，曰抱犊、天门，又有大石二枚配神运峰，并其居以压众石，作亭庇之。置于寰春堂者，曰玉京独秀太平岩；置于绿萼华堂者，曰卿云万态奇峰。括天下之美，藏古今之胜，于斯尽矣。[1]

宋徽宗善画，造诣颇深，建造艮岳时，亲自参与规划设计，以杭

[1] 祖秀：《华阳宫记》。

州的凤凰山为蓝本，先画出草图，再按图施工。宦官梁师成担任监工，工部侍郎孟揆主持建造。初为万寿山，后改名称艮岳，是取《易经》八卦方位，“艮”在东北位，因万寿山在宫城东北隅，故名艮岳。其西面为延福宫，范围东抵封丘门，上接上清宝箓宫，北跨内城，周围十余里。于政和七年（1117年）动工，到宣和四年（1122年）竣工，工期五年。艮岳曾有许多名称，因其正门曰华阳，故也叫华阳宫。艮岳万寿峰曾产金芝，又名寿岳，又曰万岁山。但常用的乃艮岳。艮岳建成后，宋徽宗亲自撰写了《艮岳记》，详尽地描绘了艮岳的布局及景物。僧人祖秀也写有《华阳宫记》，是记载艮岳的重要文献。《艮岳记》载：

> 最瑰奇特异瑶琨之石，即姑苏武林明越之壤，荆楚江湘南粤之野，移枇杷橙柚橘柑榔栝荔枝之木，金蛾玉羞虎耳凤尾素馨渠那茉莉含笑之草。……冈连阜属，东西相坐，前后相续，左山而右水，沿溪而傍陇，连绵而弥满，吞山怀谷。
>
> 其东则高峰峙立，其下植梅以万数，绿萼承趺，芬芳馥郁，结构山根，号绿萼华堂。又旁有承岚崑云之亭，有屋内方外圆如半月，是名书馆。又有八仙馆，屋圆如规。又有紫石之岩、祈真之登、揽秀之轩、龙吟之堂。
>
> 其南则寿山嵯峨，两峰并峙，列嶂如屏，瀑布入雁池，池水清泚涟漪，凫雁浮泳水面，栖息石间，不可胜计。其上亭曰噰噰，北直绛霄楼，峰峦崛起，千叠万复，不知其几十里，而方广兼数十里。
>
> 其西则参术杞菊黄精芎劳，被山弥坞。……（万岁峰）上有亭曰巢云，高出峰岫，下视群岭，若在掌上。自南徂北，行冈脊两石间，绵亘数里，与东山相望。水出石口，喷薄飞注如兽面，名之曰由龙渊、濯龙峡、蟠秀练光、跨云亭、罗汉岩。

> 又西半山间，楼曰倚翠，青松蔽密，布于前后，号万松岭。……有大方沼，中有两洲，东为芦渚，亭曰浮阳。西为梅渚，亭曰云浪。沼水西流为凤池。东出为研池。……东池后结栋山下，曰挥云厅。复由登道盘行萦曲，扪石而上，既而山绝路隔，继之以木栈，倚石排空，周环曲折，有蜀道之难。跻攀至介亭，此最高于诸山。……下视水际，见高阳酒肆、清斯阁。北岸万竹，苍翠蓊郁，仰不见天。……（艮岳）真天造地设，神谋化力，非人所能为者。此举其梗概焉。

可谓风光旖旎，气势磅礴。赵佶恨不得将天下名山大川集于艮岳，其最高峰达90步，一步6尺，合163米余，巍峨险峻。苑中东西南北中，景色各异。艮岳是人工叠山理水、营造自然式山水园林的高峰。它突破了秦汉以来皇家园林以宫殿建筑为主体，着重依托自然山水形成疏朗宏阔、范围广袤的大型苑囿传统，向小型、精致、典雅的宫廷园林风格转型，在山水园林创作中融入诗情画意，对后世产生了深刻影响。艮岳是有史以来最大规模人工叠山，山体由堆土而成，内埋雄黄、炉甘石以辟除虫害。堆山的土是挖大方沼、芦渚、梅渚、噰噰等沼池的土而成。叠山最具特色的是所用石头为诸如太湖石、灵壁石等。这是第一次大规模使用名石叠造假山。

《华阳宫记》说，宋徽宗对这些巨石赐爵题名，峰石上还刻名填漆，有的如“惟神运峰前巨石，以金饰其字，馀皆青黛而已”。《癸辛杂识》说：“前世叠石为山，未见显著者。至宣和，艮岳始兴大役。连舻辇致，不遗馀力。其大峰特秀者，不特封侯，或赐金带，且各图为谱。”[1]可见，宋徽宗不仅嗜石成癖，叠石造景，还将石景赋予丰富的文化内涵。

宋徽宗是北宋王朝不务正业、奢靡淫逸的皇帝之一。为了筑宫营

[1] 《中国古典园林史》引《癸辛杂识》，第283页。

苑，从南方数千里之外采运名石，名曰“花石纲”。“纲”指唐宋以来专为朝廷和达官贵臣运送货物的组织和活动，有专门的编制和队伍。艮岳不仅以奇石异花闻名于世，珍禽奇兽也为其锦上添花。《汴京遗迹志》记载：宋钦宗靖康元年（1126年），金兵第二次南下，围困汴京。

> 及金人再至，围城日久，钦宗命取山禽水鸟十馀万，尽投之汴河，听其所之；拆屋为薪，凿石为炮,伐竹为篦篱，又取大鹿数千头，悉杀之以啖卫士云。

这些飞禽走兽，都是在艮岳中饲养的，却足以犒师。

北宋帝王行宫御苑，有所谓“东京四苑”，都在北宋初年所筑，分布在东京的四面。东有宜春苑，在外城新宋门外干道之南，原为太祖三弟秦王别墅，因其被贬后收为御苑。本苑主要特色是种植各种花卉。西有琼林苑，在外城新郑门外干道之南，于乾德二年（964年）太祖赵匡胤时始建。太平兴国元年（976年）在干道之北开凿水池，引汴河注水，为金明池，在琼林苑之北，周长九里三十步。南有玉津苑，在南薰门外，后周旧苑，宋时扩建。此园以林木茂盛著称，建筑物不多，园内空旷，“半以种麦，岁时节物，进供入内”[1]。每年夏季，皇帝来此观看刈麦。园中还饲养各种珍奇动物。还有玉津园，有“青城”之称。北有含芳园，在新封丘门外干道之东侧，以竹林的秀美繁茂为特色。宋人曾巩有诗云：“北上郊园一据鞍，华林清集缀儒冠；方塘渰渰青光渌，密竹娟娟午更寒。”因真宗大中祥符三年（1010年）从泰山运来所谓“天书”供奉园内，故改名瑞圣园。

南宋是赵家天下的南迁和延续。北宋末年内忧外患加剧：内有宋江、方腊农民起义；外有辽、金长期的军事压力。东北女真族政权金

[1]（宋）孟元老：《东京梦华录》。

朝，连宋灭辽后，撕毁盟约，于1125年十月分兵两路南犯：一路攻取燕京，直逼汴京；另一路攻太原。宋徽宗惊恐万状，被迫将皇位传给太子赵桓（钦宗），自己带一批宠臣连夜仓皇出逃到江苏镇江避难。金兵围困汴京时，钦宗以割地赔款和以肃王赵枢作人质为退兵条件“议和”；加之宋朝20万援兵到来，金兵匆匆撤退。但第二年，即靖康元年（1126年）八月，两路金兵再次南犯。十一月，两路金兵合围汴京破城，擒获徽、钦二帝。于靖康二年（1127年）三月另立傀儡皇帝张邦昌，国号楚，并带着徽宗、钦宗及后妃、宗室、官员3000余人北撤。北宋王朝灭亡，史称“靖康之耻”或“靖康之祸”。

金兵撤后，徽宗第九子康王赵构于1127年五月在南京应天府（今河南商丘）即位，为高宗，改元建炎。因一路被金兵追杀，南渡长江，最后逃到临安（今杭州）定都，史称南宋。绍兴十一年（1141年）十一月，南宋与金朝签订了“绍兴和议”，向金称臣，保证“世世子孙，谨守臣节”，并以杀掉岳飞等抗金名将，割让大片土地，岁纳大批金钱、物资的巨大代价，换取了偏安一隅的机会，过起了醉生梦死的腐糜生活。

赵构大兴土木，营建都城、宫殿及皇家苑囿。据《舆地纪胜》载，从绍兴八年（1138年）正式定都临安到二十七年（1157年），“大凡定都二十年，而郊、庙、宫、省始备焉”。环绕凤凰山麓，北起凤凰山门，西至万松岭；东自候潮门，南近钱塘江，方圆九里即为宫城。据《武林旧事》载，宫城建筑群及园林包括殿三十、堂三十二、阁十二、斋四、楼七、台六、亭九十、轩一、观一、园六、庵一、祠一、桥四等，极尽华丽。

南宋皇城位于现在杭州市的西南，北靠凤凰山，南面钱塘江。杭州古称钱塘，或称武林，隋始称杭州。据吴自牧《梦粱录》卷七：“杭城号武林，又曰钱塘，次称胥山。隋朝特创立此郡城，仅三十六里九十步。”南宋以临安为都，当初是权宜之计。赵构决心定都杭州后，对旧城进行了扩建，“最终成为南跨吴山，北抵武林门，东南蒙

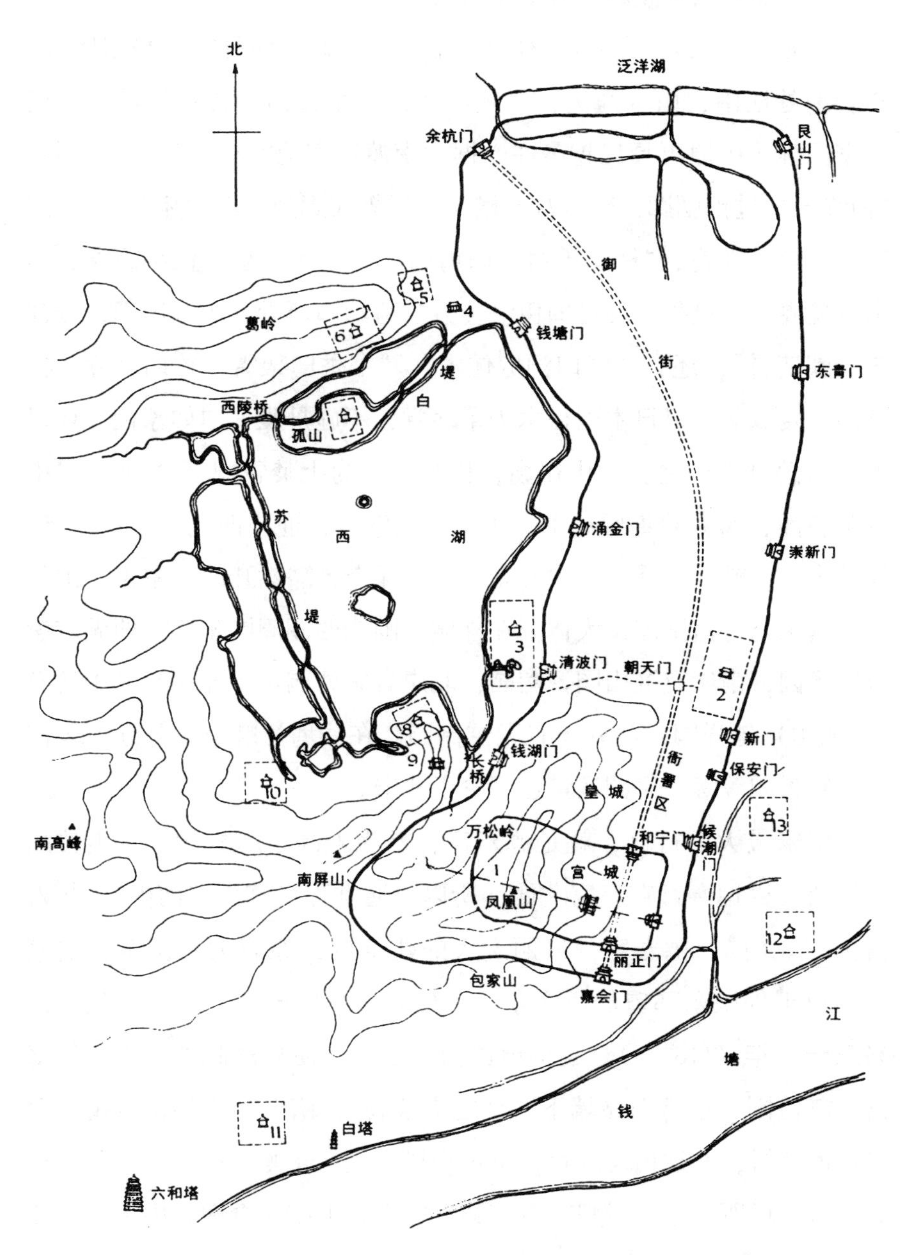

图 1–9　南宋临安城及宫苑平面分布示意图（引自周维权《中国古典园林史》）

1 大内御苑　2 德寿宫　3 聚景园　4 昭庆寺　5 玉壶园　6 集芳园　7 延祥园

8 屏山园　9 净慈寺　10 庆乐园　11 玉津园　12 富景园　13 五柳园

钱塘江，西濒西子湖的气势宏伟的大城”[1]。

同时，从绍兴元年（1131年）十一月开始新建皇宫及皇家园林。临安地处江南，山水秀美，气候温和，雨水充沛，物阜地灵。营造皇家园林比中原更具优越条件。据《南渡行宫记》载，皇宫有后苑，“由绛已堂过锦胭廊，建百八十楹，直通御前廊外，即后苑”。其中四时花木争艳斗奇，“梅花千树，曰梅岗亭，曰冰花亭。枕小西湖，曰水月境界，曰澄碧。牡丹曰伊洛传芳，芍药曰冠芳，山茶曰鹤，丹桂曰天阙清香”，还有“橘曰洞庭佳木”，“木香曰架雪，竹曰赏静，松亭曰天陵偃盖。以日本国松木为翠寒堂，不施丹雘，白如象齿，环以古松。碧琳堂近之，一山崔巍，作观堂，为上焚香祝天之所”。“山背芙蓉阁，风帆沙鸟履舄下。山下一溪萦带，通小西湖，亭曰清涟。怪石夹列，献瑰逞秀，三山五湖，洞穴深杳，豁然开朗，翚飞翼拱”。

南宋的行宫别园，大体都在外城，围绕西湖周围坐落。西湖东岸有取景园，南岸有屏山园、南园，北岸有集芳园、玉壶园，湖中还有（小孤山）延祥园。此外还有天竺御园。在钱塘江畔及东郊还有玉津园、富景园等等，御园数量也不少于北宋。

南宋最大的行宫，就是德寿宫，是为宋高宗赵构和孝宗退位后的居所。因德寿宫在皇宫北面，所以，通常称皇宫为“南内”，德寿宫为“北内”。德寿宫为富丽宏大的建筑群，原属大奸臣秦桧的宫邸，位于外城东部望仙桥之东。秦桧死后收归朝廷，并予扩建。绍兴三十二年（1162年），赵构退位为太上皇，便移居此处，改名德寿宫。其范围，东抵东城墙下（今之夹墙巷），南至今望仙桥直街，西临盐河大桥，北达佑圣观路，可见规模之大。正殿为德寿殿，是为接见百官之场所。还有后殿、灵芝殿、寝殿、射亭、食殿、内书院等建筑。孝宗为奉养太上皇赵构，投其所好，大兴土木，“凿大池，续竹笕数里，引湖水注之；其上叠石为山，象飞来峰，有堂名冷泉，楼名

---

[1] 林正秋、金敏著：《南宋故都杭州》，中州书画社1984年。

聚远。又分四地，为四时游览之所”[1]。宫内以大池（亦曰小西湖）为中心，分四个景区。“东有梅堂，匾曰香远。栽菊、间芙蕖、修竹处有榭，匾曰梅坡、松菊三径。荼蘼亭，匾曰新妍。木香堂，匾曰清新”。南有“芙蕖冈南御宴大堂，匾曰载忻。荷花厅，匾曰射厅、临赋……”“西有古梅，匾曰冷香。牡丹馆，匾曰文杏，又名静乐。海棠大楼子，匾曰浣溪”。“北有椤木亭，匾曰绛叶。清香亭前栽春桃，匾曰倚翠。又有一亭，匾曰盘松”[2]。赵构在位时都怠于朝政，不务正业，退居后更是穷极游乐，无所顾忌了。

纵观南宋，皇家园林遍布临安，“汴州原不及杭州”是也。“杭州苑囿，俯瞰西湖，高挹两峰，亭馆台榭，藏歌贮舞，四时之景不同，而乐亦无穷矣。”[3]

四　元代宫廷园林

13世纪初，成吉思汗统一蒙古部落，建立了蒙古汗国。其第三子窝阔台继任大汗位后，按照成吉思汗“假道南宋”，“联宋灭金”的遗嘱，以归还“三京”（洛阳、开封、归德）为条件，于1232年宋蒙结盟，于1234年正月灭金。

之后，蒙古与南宋之间成为敌对。1258年蒙哥汗分兵三路南下，其弟忽必烈取东路攻（今湖北）鄂州。蒙哥汗在攻四川合州（合川县）钓鱼城时，中炮石身亡，但秘不发丧，匆忙北撤。忽必烈攻鄂州时，得到蒙哥汗死讯，为立即返回争帝位，接受了南宋宰相贾似道的议和条件而北撤。1260年三月，忽必烈在他的领地开平（即上都，今内蒙古正蓝旗境内）宣布继汗位，建元中统。于1264年战胜自己的幼弟阿里不哥，并迁都燕京，改元至元。1271年，他接受汉臣刘秉忠建

[1] 《中国古代园林史》引《南宋古迹考》卷上《宫殿考》，第238页。
[2] 吴自牧：《梦粱录》卷八《德寿宫》。
[3] 吴自牧：《梦粱录》卷十九《园囿》。

议，改蒙古国为大元，取《易经》中“大哉乾元”之意。元朝统一了全国，第一次建立了由少数民族统治的幅员辽阔、民族众多的大一统中央集权专制帝国。至元四年（1267年），忽必烈在金中都燕京（即今北京）东北另筑新城。至元九年（1272年）将燕京改称大都，成为元朝都城。

金中都（燕京）在战争中遭到严重破坏，所以，元大都是以金代的离宫大宁宫为中心新建的。据《金史·地理志上》：“京城北离宫有太宁宫，大定十九年（1179年）建，后更为寿宁，又更为寿安，明昌二年（1191年）更为万宁宫”。大宁宫在燕京东北郊，有大面积水域（今北海），风景秀丽。大都的营建工期较长。据《元史·世祖纪》：至元“八年（1271年）二月丁酉，发中都、真定、顺天、河间、平滦民二万八千余人筑宫城”。直到至元“十八年（1281年）二月戊辰，发侍卫军四千完正殿”。宫城主体工程完成，用时10年以上。元大都仿唐长安、宋汴京的规制所建，皇城坐落于外城南部略偏西处，“宫城周回九里三十步，东西四百八十步，南北六百十五步，高三十五尺，砖甃”[1]。

元代的宫廷园林，主要集中在皇城内。在营建皇城时，把海子和琼华岛容纳进来，置于大内西侧，与大内相通。萧洵《故宫遗录》载：“由浴室西出内城，临海子。”

> 海广可五六里，架飞桥于海中，西渡半起瀛洲圆殿（仪天殿），绕为石城圈门，散作洲岛拱门，以便龙舟往来。由瀛洲殿后北引长桥，上万岁山（琼华岛），高可数十丈，皆崇奇石，因形势为岩岳。

元时，海子称为太液池，至元八年（1271年）琼华岛改称万寿

[1]（元）陶宗仪：《南村辍耕录》卷二十一《宫阙制度》。

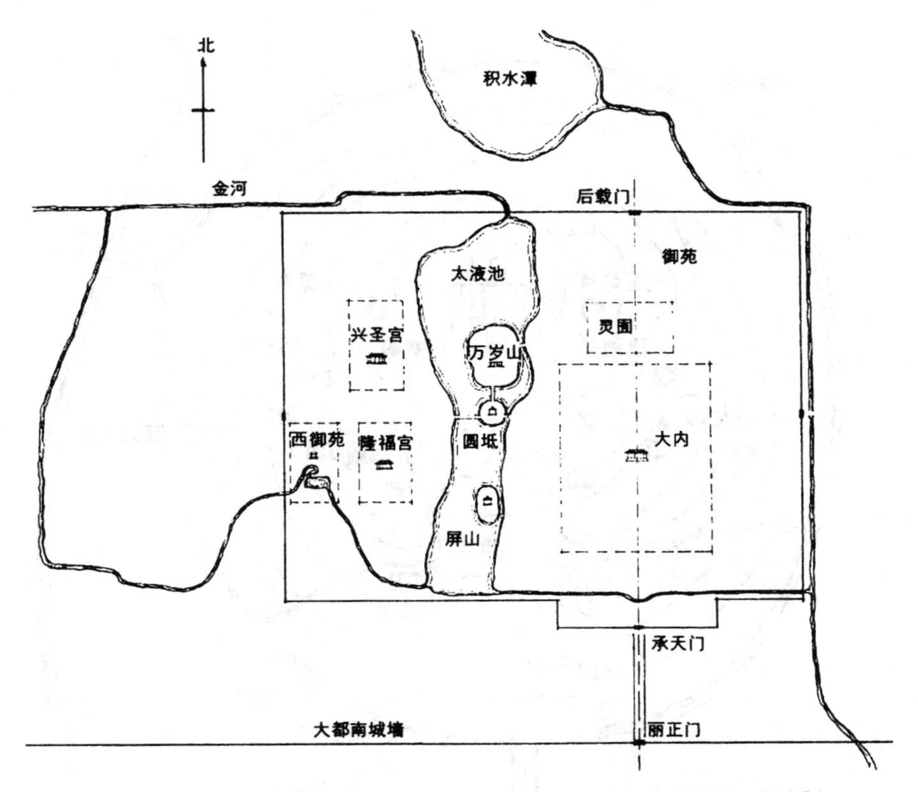

图 1-10　元大都皇城平面示意示意图（引自周维权《中国古典园林史》）

山、万岁山。太液池，当时只包括现今之北海与中海，还未开挖南海。琼华岛位于池的北部，四面环水。万岁山顶上建有广寒殿，其南建有仁智殿，左右两侧是介福殿、延和殿。广寒殿坐北朝南，在东南西三面，有金露亭、方壶亭、荷叶殿、瀛洲亭、胭粉亭等一组建筑。万岁山是由石头和堆土混合筑成，“皆叠玲珑石为之，峰峦隐映，松桧隆郁，秀若天成”，“至一殿一亭，各擅一景之妙”[1]。太液池南部还有一岛，略小，为瀛洲，置于水中。

东为木桥，长一百廿尺，阔廿二尺，通大内之夹垣。西

[1]　《南村辍耕录》卷二十一《宫阙制度》。

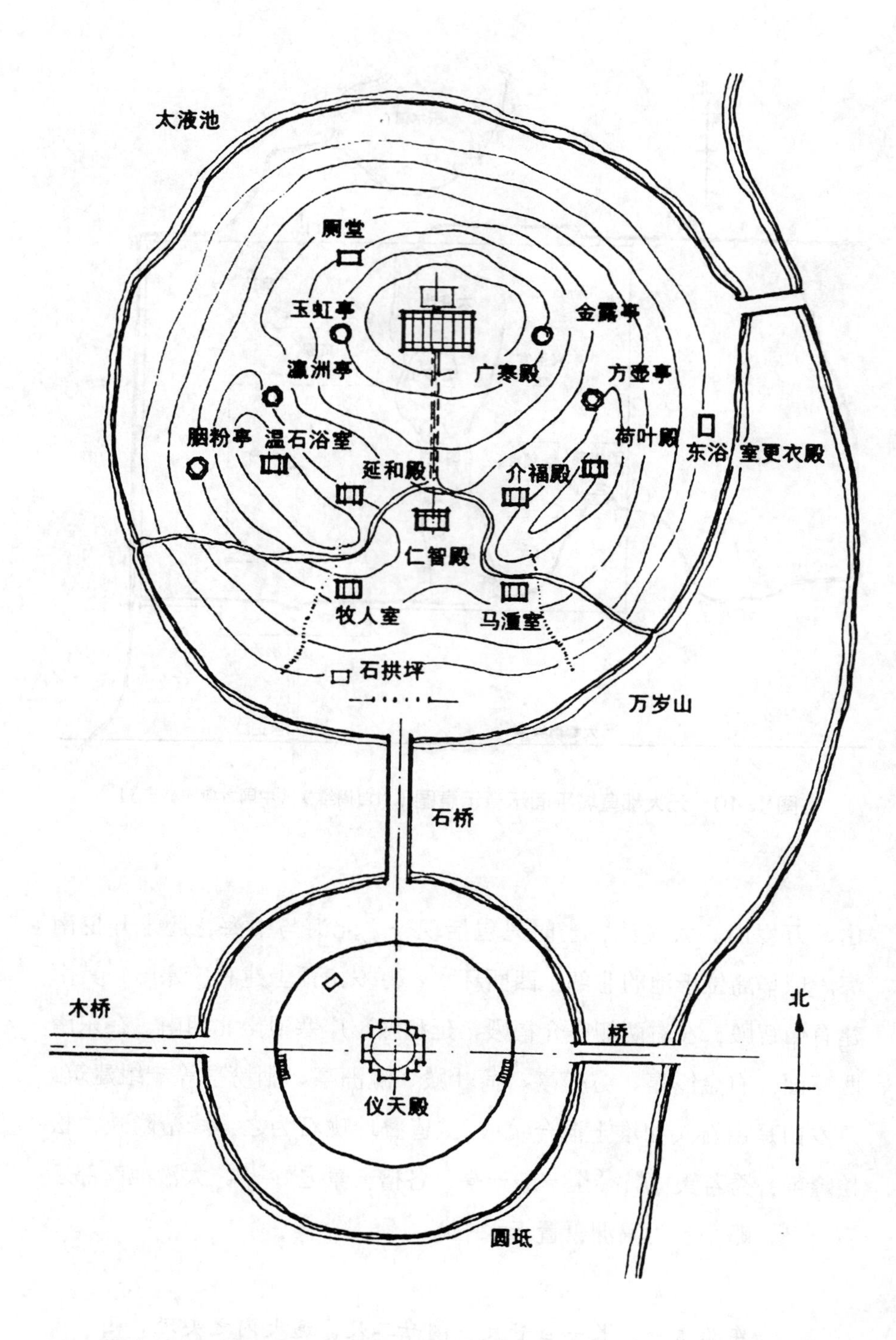

图 1–11　元代万岁山及圆坻平面示意图（引自周维权《中国古典园林史》

为木吊桥，长四百七十尺，阔如东桥，中阙之，立柱，架梁于二舟，以当其空。至车驾行幸上都，留守官则移舟断桥，以禁往来，是桥通兴圣宫之夹垣。

据萧洵《故宫遗录》载，岛上的圆坻（今团城）仪天殿，“十一楹，高三十五尺，围七十尺，重檐，圆盖顶”。北有白玉石桥与万岁山相连。太液池和万岁山，是皇帝非常钟爱的皇家园林，忽必烈的寝宫就在琼华岛上。

在太液池西侧，南边为隆福宫，其西则又一皇家御苑，即西苑。与隆福宫为邻。起初，隆福宫为太子府。《元史·成宗纪》载，至元三十一年（1294年）五月，“己巳，改皇太后所居旧太子府为隆福宫”。可知，此宫是皇太后的寝宫。据《南村辍耕录·宫阙制度》：“在隆福宫西，先后妃多居焉”。“有石假山。香殿在石假山上，三间，两夹二间，龟头屋三间”。“殿后有石台，山后辟红门”。假山前殿后“有流杯池。池东西流水圆亭二。圆殿有庑以连之。歇山殿在圆殿前，五间，柱廊二，各三间。东西亭二，在歇山后左右，十字脊。东西水心亭在歇山殿池中，直东西亭之南，九柱，重檐”。“池引金水注焉”。西苑是宫后苑，有山有水。西苑与太液池中的瀛洲相通，是金水河从西南流注西苑池中，再向东南流注太液池。

飞放泊，是元代皇帝狩猎的苑囿。所谓飞放，“元制，冬春之交，天子亲幸近郊，纵鹰隼搏击以为游豫之度，谓之飞放”。元朝皇室发祥于北方草原，放鹰狩猎是他们的一种生活方式，既能解决日常猎取兽类，以养所需，又能练功习武，保养战力。所以，虽为天子，不弃本分。元朝飞放泊，又称晾（按）鹰台，主要有两处。一处为“下马飞放泊在大兴县正南，广四十顷”[1]。

---

[1] （清）于敏中等编纂：《日下旧闻考》卷七五《国朝苑囿·南苑二》引《元史·兵志》北京古籍出版社1983年。

城南二十里，有囿，曰南海子。方一百六十里。海中殿，瓦为之。曰幄殿者，猎而幄焉尔，不可以数至而宿处也。殿傍晾鹰台……台临三海子，水泱泱……筑七十二桥以渡，元旧也。[1]

另一处在通州漷县，“晾鹰台在（漷）县西南二十五里。高数丈，周一顷，元时游猎，多驻于此”[2]。这里是“原隰平衍，深流芳淀，映带左右”的一片沼泽地。皇帝带领群臣到此放鹰猎物，以纵逸情。南海子原有多处泉眼，《日下旧闻考》称，南苑水泉七十二处。实际上，元大都八百里以内，东至滦州，南至河间，西至中山，北至宣德府，捕猎有禁，是为皇家狩猎区域。

宫城北门后载门以内，大内北端有御苑，也叫后苑。《故宫遗录》载：“后苑中有金殿，殿楹窗扉，皆裹以黄金，四外尽植牡丹百余本，高可五尺。”御苑范围甚广，从现今景山西部及大高玄殿北至地安门一带，内含玄武池，即今北海。《析津志》载，在御苑内“有熟地八顷，内有田。上自构小殿三所。每岁，上亲率近侍躬耕半箭许，若藉田例”。“东有水碾一所，日可十五石碾之。西大室在焉，正、东、西三殿，殿前五十步即花房。苑内种莳，若谷、粟、麻、豆、瓜、果、蔬菜，随时而有。”“海子水逶迤曲折而入，洋溢分派，沿演渟注贯，通乎苑内，真灵泉也。蓬岛耕桑，人间天上，后妃亲蚕，寔尊古典。”可见，御苑也有先农坛之功能。

元代的离宫别苑甚多，诸如西山、西湖、南城（金旧城）等处，不一而足。元朝虽为马背民族之天下，但统治集团从忽必烈开始，注重吸纳汉文化，袭承汉制，一统天下，故有大都宏阔殿宇，奇丽苑园，为明清两朝奠基。

[1] （明）刘侗、于奕正著：《帝京景物略》卷三《南海子》，北京古籍出版社1983年。
[2] 《日下旧闻考》卷一一〇《京畿・方舆纪要》。

第二章
明王朝的建立与定都

明王朝建立在元朝近百年统治大厦倒塌的废墟上，历经16位皇帝，276年的统治，是我国封建社会政治、经济制度更加完备的朝代。与此相应，皇家园林也达到了中国皇家园林的新高度，建立了类型基本齐全、规模宏大、内涵博精、艺术高绝、工艺精湛的皇家园林体系，创造了中国皇家园林的新模式，为清代皇家园林的发展提供了很高的平台。明代皇家园林是伴随着明王朝的建立而产生和发展的。

第一节　明朝立国

一　元末天下大乱

元朝是中国第一个由少数民族建立的大一统中央王朝。世祖忽必烈建立元朝后，继续了君主专制的中央集权制国家体制。元朝初期，实行“汉化”政策，调整生产关系，缓和社会矛盾，重视发展生产，巩固了元朝政权。但是元中期以后，统治集团日益腐败，社会矛盾趋于激化。土地兼并愈发剧烈，迫使农民大量破产。蒙古贵族、色目人和汉族地主以及寺院大量兼并土地，以“赐田”等方式获得大量土地，使农民日益失掉赖以生存的生产资料，生活走向绝路。同时，民族压迫政策，激化了民族矛盾。在统一的多民族国家里，民族矛盾的存在是自然的，更何况由少数民族统治的政权。然而，统治集团实行的民族等级制和民族压迫政策，更容易激化矛盾。元朝实施国人四等级制的目的，就是保证第一等蒙古族的特权，压迫和歧视第三、四等级民族，从而引起汉人和南人等占人口多数民族的强烈不满和反抗。这是元朝社会不稳定的主要原因。民族矛盾和阶级矛盾汇流一处，表现为激烈的阶级斗争。加之统治阶级的腐败和内部矛盾，更促使社会分裂，加剧社会冲突及动荡。

忽必烈做了34年皇帝，创造了元朝的全盛时期，于至元三十一年（1294年）病死。之后进入了统治集团内部争夺皇位、相互残杀的宫廷血腥时期。从元代第二个皇帝成宗（1295年）开始，到元惠宗（1333年）即位，不到40年间换了9个皇帝，其中从致和元年（1328年）到元统元年（1333年），6年中换了4个皇帝。最高统治者的这种“走马灯”似的交替，都是经过父子、兄弟之间相互残杀夺位的。朝臣也结党分派，形成不同利益集团，统治集团内部分崩离析，刀光剑影。元代皇帝挥霍无度，国库空虚。朝廷财政赤字巨大，将经济负担全部转嫁到百姓身上，使百姓一贫如洗。再加之元代的最后40年时间里，人祸未断，天灾不绝，因而使百姓雪上加霜。这些人祸天灾，已形成了一堆堆干柴，遍布于大江南北。从至元三年（1337年）广州增城县民朱光卿起义开始，元朝进入了战火四起的动荡年代。至正十一年（1351年）五月，韩山童首先在家乡河北永年县白鹿庄聚众三千，头裹红巾为号准备暴动，故称红巾军。因为走漏风声被官军镇压，韩山童被捕牺牲。其子韩林儿与母逃往河北武安山中。参与暴动的刘福通突围后逃到颍州（今安徽阜阳），与当地白莲教徒一起攻占颍州，拉开了元末农民大起义的序幕，战火很快以燎原之势燃遍了大江南北。

元末农民起义，经过8年奋战，把元朝江山搅得天翻地覆，四分五裂。然而，推翻元朝统治、统一全国的是朱元璋。当时，红巾军分为北方和南方两大部分。北方红巾军分三路作战均告失败。南方红巾军有陈友谅、方国珍、张士诚和朱元璋四大集团。最后，朱元璋于1367年扫平了南方农民军割据势力，统一了江南，1368年正月初四在应天府称帝，建国号大明，年号洪武。

二　明朝统一全国

1368年朱元璋虽然建国称帝，但并没有统一天下。这时天下仍处于一片混战之中，而且元朝还没有被推翻。所以，在准备建国的同时，朱元璋按照1367年十月亲自制定的北伐战略，利用人民的反元意向，煽动中原百姓的民族主义情绪，提出“驱逐胡虏，恢复中华”的口号，以激化民族矛盾的手段，号召民众同仇敌忾，支持讨元。朱元璋采取的这种文武并用手段，起到了安定民心、瓦解敌人的作用，为北伐营造了有利的社会氛围。因此，1367年十月出师，便势如破竹，节节胜利。

朱元璋北伐军正席卷中原之时，元朝各地军阀却相互火并，成为明军的天赐良机。明军如同风卷残云，各路兵马迅猛向元大都推进，一举攻占了元朝京师大都。元朝的统治实际上已结束，延续17年的农民战争，以朱元璋建立的明朝统一全国而告终结，翻开了中国历史新的一页。

第二节　定都之议

一　定都争论

都城是每个王朝的统治中心，也是皇城和皇宫的依托，又是皇家园林的自然地理条件。换言之，皇家园林是都城的重要组成部分。所以，定都何地，是研究皇家园林的应有之意。明朝定都，几经波折。

1368年正月，朱元璋正式建立大明王朝，开启了276年的朱家天下。然而，定都何地是朱元璋长期举棋不定的一件大事。朱元璋参加红巾军起义，终成大业，有几个关键性转折。其中最关键的一次，是跨过长江，占领集庆即金陵。1355年六月之前，朱元璋所部主要在江北的和州（安徽和县）、滁州等地活动。冯国用、李善长等人投奔朱元璋之后，就建议过江。朱元璋曾与其讨论天下局势，冯国用建议："金陵龙蟠虎踞，帝王之都，先拔之以为根本。然后四出征伐，倡仁义，收人心，勿贪子女玉帛，天下不足定也。"[1]太祖大悦。李善长力赞渡江，认为："秦乱，汉高起布衣，豁达大度，知人善任，不嗜杀人，五载成帝业。今元纲既紊，天下土崩瓦解。公濠产，距沛不远。山川王气，公当受之。法其所为，天下不足定也。"[2]朱元璋采纳了他们具有战略眼光的建议，1355年六月率部渡江，占领太平城（当涂）。

当时，儒士陶安对朱元璋说："方今四海鼎沸，豪杰并争，攻城屠邑，互相雄长，然其志皆在子女玉帛，取快一时，非有拨乱救民安天下之心。明公率众渡江，神武不杀，人心悦服。以此顺天应人而行吊伐，天下不足平也。"并提议："金陵古帝王之都，龙蟠虎踞，限以长江之险，若取而有之，据其形胜，出兵以临四方，则何向不克？"朱元璋采纳陶安建议，置太平兴国翼元帅府，"文移用宋龙凤年号"[3]。

显然，应天（南京）作为当时争夺江山的根据地，是十分理想的。冯国用、李善长、陶安等谋士所言，实践证明是正确的。但作为坐江山的都城，应天是否最理想呢？

初上召诸老臣问以建都之地。或言关中险固，金城天府之国；或言洛阳天地之中，四方朝贡道里适均；汴梁亦宋之旧京；又或言北平元之宫室完备，就之可省民力者。上曰：

---

[1] 《明史》卷一二九《冯胜传》，中华书局1974年。

[2] 《明史》卷一二七《李善长传》。

[3] 《明太祖实录》卷三。

'所言皆善，惟时有不同耳。长安、洛阳、汴京实固。秦、汉、魏、唐、宋所建国，但平定之初，民未苏息。脱若建都于彼，供给力役悉资江南，重劳其民；若就北平，要之宫室，不能无更作，亦未易也。今建业（金陵）长江大堑，龙蟠虎踞，江南形胜之地，真足以立国[1]。

显然，当时定都选项不少，在朝臣中有几种不同意见，主要选择：南京、凤阳、洛阳、燕京（北京）、长安（西安）、洛阳和汴梁（开封）等。如御史胡子祺上书说：

天下形胜地可都者有四。河东地势高，控制西北，尧尝都之，然其地苦寒。汴梁襟带河、淮，宋尝都之，然其地平旷，无险可凭。洛阳周公卜之，周、汉迁之，然嵩、邙非有殽函、终南之阻，涧、瀍、伊、洛非有泾、渭、灞、浐之雄。夫据百二河山之胜，可以耸诸侯之望，举天下莫关中若也。[2]

朱元璋也作了利弊比较，认为，相比之下以金陵为都比较合适，于是将集庆改为应天，作为京师。但是，随着形势的发展，朱元璋对应天为都越来越不满意。因此，多次考虑另选别处，犹豫再三，一时难以下决心。

因为都城是国家的政治心脏，对社会的控制、国家安全、江山社稷的兴衰和长治久安，至关重要。因此，在中国的传统文化中，对都城选择，形成了一整套理论。

一种是"地中"说。《周礼》提出地中建都说："日至之景尺有五寸，谓之地中，天地之合也，四时之所交也，风雨之所会也，阴阳

[1]《明太祖实录》卷四五。

[2]《明史》卷一一五《朱标传》。

之所和也。然则百物阜安，乃建王国焉。”[1]《太平御览》曰：“王者受命创始，建国立都必居中土，所以总天下之和，据阴阳之正，均统四方以制万国者也。”[2]可见，古人建都都十分强调“地中”说。其出发点，主要是便于控制各方，也就是说与王权的幅射半径基本相等，才能有力地控制所管辖的疆域及社会，以避免出现鞭长莫及的死角。这在交通不便、交通工具和传递信息手段落后的古代条件下，是十分重要的原则。当然，“地中”不仅是自然地理概念上的中心，也要天地之合，即“天人合一”，应天顺人；还要气候条件好，风调雨顺，而且物华资丰，人民安居乐业。这样的地方，才最适合建都。这是强调建都之地要有综合优势。

另一种是强调地理优势和军事安全的综合平衡。如《管子·乘马》主要强调微观上的地理优势：“凡立国都，非于大山之下，必于广川之上，高毋近旱而水用足，下毋近水而沟防省。因天材，就地利，故城郭不必中规矩，道路不必中准绳。”这主要是强调军事上的安全因素，都城要有天然屏障，易守难攻，物华天宝，既无旱灾，又无水患，交通便利。根据这些理论看应天，显然很难满足建都的综合优势，倒符合因地之宜原则。

朱元璋之所以定都应天，从当时情况看，只有应天是作为明朝都城最佳选择。

其一，1368年年初朱元璋虽然建国，但只占领了长江以南中下游地区。在这一区域内，没有比应天更适合做都城的地方，包括曾为南宋都城的临安（杭州）。

其二，全国统一大业尚未完成，所以未来局势如何发展，还无定数。在南方，平定闽、广战役正在进行中，云贵川的平定正在筹划中。在北方，北伐战役也在进行中，同年八月才攻克元大都。然而，元顺帝及政权并未被消灭，而只是整体北撤，军事力量仍很强大。正

[1] 《周礼·地官·大司徒》。

[2] （宋）李昉：《太平御览》卷一五六《叙京都下》，中华书局1960年。

如清代谷应泰《明史纪事本末》卷十所云：元朝“引弓之士不下百万众也，归附之部落，不下数千里也。资装铠仗，尚赖而有也；驼马牛羊，尚全而有也”。而且，晋、陕及东北地区，仍为元朝势力范围。战争局势比较复杂，不可能在战区里选择建都。

其三，应天在当时已具备了一定的社会政治基础。朱元璋从占领应天到建都，已经在这儿经营了12年有余的时间。在政治上，朱元璋构筑了比较牢固的社会基础，他麾下集中了一大批地主阶级知识分子，如冯国用、李善长、陶安、刘基、朱昇、叶深、章溢等，构成精英集团。这些人大部分都是江东特别是淮右人士，成为朱元璋集团政治上的中坚力量，在制定各项政策方针方面，对朱元璋的影响力很大。朱元璋攻下集庆后，推行维护富人利益的政策，得到了江南地主阶级的拥护，从而成为朱明王朝的阶级力量和政治基础。因此，朱元璋在江南很快就站稳了脚跟。这种社会基础，在别处尚未形成。

其四，依托江南富庶条件，建立了良好的经济基础。在当时天下大乱的年代，维持庞大的军队进行大规模的长期战争，必须有强大的后方和人力、物力补给能力，特别是粮草物资等后勤供给。这在一定意义上决定着战争的胜败。同时，建立一个政权，并对一定区域进行有效管理，也要有较好的经济保障。在这一点上江左正是一个理想的地方。在农业上，江南是大粮仓，且其他物产也丰富；手工业较发达，纺织业、盐业生产所提供的生活必需品相对充足，所谓“财赋出于东南，而金陵为其会”[1]。位于江南腹地的应天，在经济上的确是得天独厚的。

其五，朱元璋在占领应天后先称吴王，并营建了宫殿、衙署等行政机构，初步满足了当时政治、经济和军事需要。从当时战争环境的实际出发，朱元璋不主张增加民众的负担，另建大规模都城，以免对最后成就统一全国大业产生不利影响。

---

[1] 邱浚：《大学衍义补》卷八十五《都邑之建上》，京华出版社1999年。

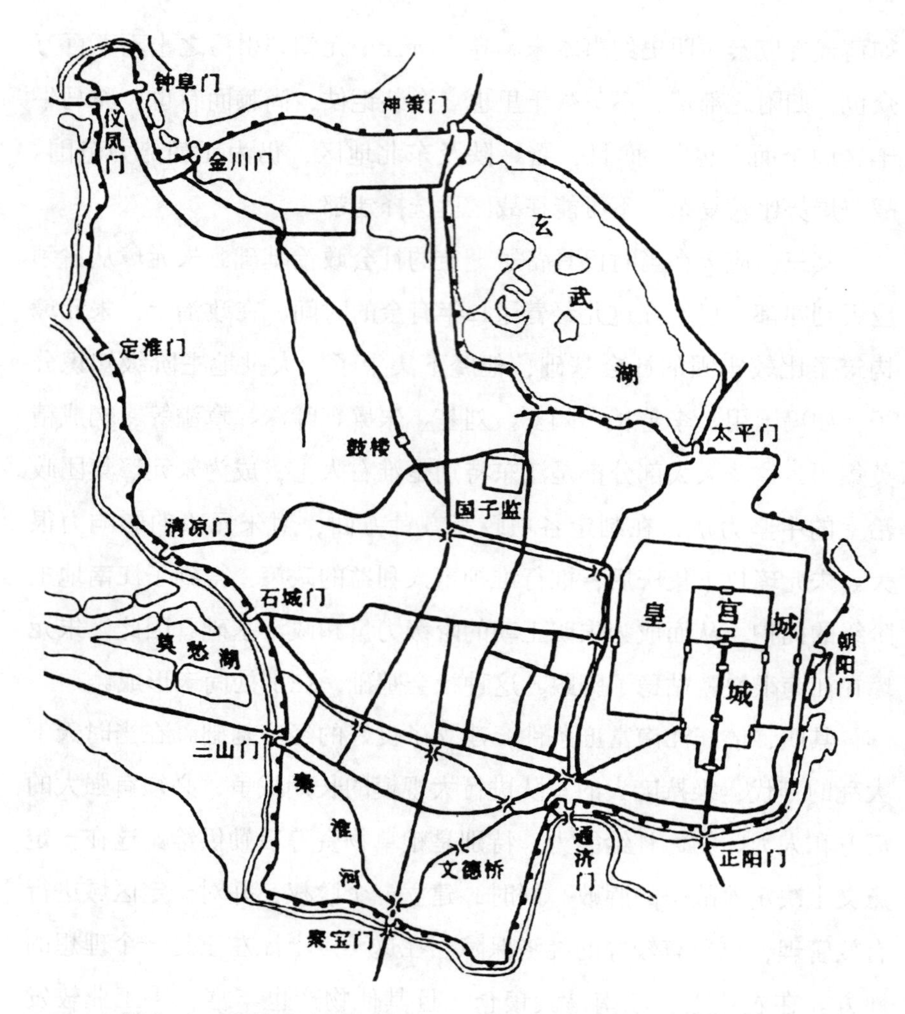

图 2–1 明代南京城复原图（引自潘谷主编《中国古代建筑史》）

然而，随着明军北伐西征的节节胜利，统一全国大业的顺利推进，在明廷内部又出现了另建都城的意见，朱元璋也有所动摇。于是，定都何处为宜，成为建国初期一大难题，朝臣中出现了两派意见，引起定都之争。

明朝建国伊始，置有三都：洪武元年（1368年）八月建南京（即应天）。早在洪武元年五月，明军攻占汴梁（开封）不久，朱元璋亲临汴梁，一方面与徐达、常遇春等北伐将领研究下一步军事行动计划；另一方面为建都对汴梁进行了实地考察，觉得此地虽然地理方位适中（符合地中说），但军事上无险可守，四面受敌，论地势不如应天。[1]考虑到西北未定，北伐正在进行中，需要在中原建立后勤补给基地，于是当年八月将汴京作为北京。洪武二年九月，又以凤阳为中都。但中间犹豫10年，才最后下定决心，实行两京制。

洪武“十一年（1378年）正月改南京为京师”，罢北京（开封）[2]。这说明朱元璋将南京作为京师，并非十分满意。

据史料分析，朱元璋对南京大体有四点感到不理想：

第一，金陵虽说虎踞龙蟠，山川形胜，帝王古都，但历代王气不盛，国运不昌。对此，当过游僧的朱元璋比较迷信，心存芥蒂。国都乃国之心脏、帝王之所，全国政治、经济、文化中心，举足轻重。凡帝王建都，都期望国运长久，乃至万世。在明之前，南京虽曾为孙吴、东晋、宋、齐、梁、陈及南唐等“七朝古都”，但这些王朝都是偏据一隅的小王朝，而非大一统的中央政权，况且都是“短命王朝”。这一现象，或许是历史的偶然“巧合”，不过，对此朱元璋是很清楚的，也许他感到这是个不祥之地。这可称其为以金陵为都不够称心的历史原因。

第二，南京的地理位置，不符合古人建国立都选址的理论原则。国都要选在“地中”，而南京偏在东南，显然犯了地偏的忌讳。在农耕文明时代，都城建在版图中心地带，中央政权对国家的管理，对社会政治、经济、文化、军事甚至外交的控制，十分有利，综合优势显而易见；如偏于一隅，则明显不利。金陵紧靠长江，在冷兵器时代，在军事上有防御意义，特别是对来自北方或中原的军事威胁，它显然是一道坚固的天然屏障。如没有长江，早在三国时期，曹操就不会有赤壁大败而成为统一王朝的帝王了，南宋也不可能有机会偏安一隅上百年，早就被辽或金吞并了，不过在古代，长江有水利的一面，也有

---

[1]　吴晗：《朱元璋传・建都和北边防御》，生活・读书・新知三联书店1965年，第156页。

[2]　《明史》卷四二《地理志一》。

水患的一面。当时抗御自然灾害能力十分低下，长江的水洪之灾是不可小视的问题，特别是对大都市的危险性，不可不虑。据此而论，它又犯了立都“毋近水”的忌讳。

第三，从军事战略上，南京的位置也不理想。当时的国内外情势，主要军事威胁来自北方。明军虽然推翻了元朝政权，并几次出兵征讨，但都没有征服蒙古，更没有消灭元顺帝（北元）势力，他们仍保存着较强军事力量。这是朱元璋对外的最大心腹之患。所以，战略防线，重点在北方，特别是在洪武时期，国力正盛，北部防线推进纵深达到漠北。南京作为都城，在调动军力、后方补给、信息传递等军事战略上，与前方相脱节，距离过于遥远，军事实力鞭长莫及，对保障国家安全，弊多利少。

第四，还有一个直接或具体原因，就是朱元璋对皇宫的选址和建造不满意，对此耿耿于怀。朱元璋忌讳利用先朝宫城。明代南京皇宫是填湖营造的，地基原来叫燕雀湖，又名前湖，宫城紫禁城坐北朝南。宫殿建成后不久，地基开始下沉，形成南高北低、前仰后抑之势，这按风水理论看来是不祥之兆。朱元璋本来对以南京为京师不甚称心，新建的皇宫又出现这种与风水说相背的景象，更促使他下决心迁都。

虽然洪武十一年（1378年）已定都，但过了13年，到洪武二十四年，又起动迁都议题，就是因为新建的皇宫地陷而引起的。本来早些时候不少人就主张定都长安，朱元璋也倾向这个意见，但当时处于战争环境，未实施这一方案，后来就放下了。现在出现新情况，朱元璋开始作迁都的前期准备。

迁都是关系国运盛衰的大事，所以才把这项政治任务交给太子朱标来完成。于是，“洪武二十四年（1391年）八月，敕太子巡抚陕西”，专门考察唐长安能否作为京师事宜。临行前朱元璋还特别嘱咐太子说：“天下山川惟秦地号为险固，汝往以省观风俗，慰劳秦父老子弟。”朱标于当年十一月返京，“献陕西地图”，还在“病中上言经略建都事”[1]。第二年（1392年）四月，朱标病死，这项迁都计划搁浅。

太子朱标的突然病死，打乱了朱元璋的重大战略，包括迁都长安的计划和皇位继承安排，所以对他的精神打击很重，他不得不对迁都计划重作调整，他说：

> 朕经营天下数十年，事事按古有绪。维宫城前昂后洼，形势不称。本欲迁都，今朕年老，精力已倦；又天下新定，不欲劳民。且废兴有数，只得听天。惟愿鉴朕此心，福其子孙。[2]

看来，朱元璋非常无奈，尽管不满意，也只好以南京为都，彻底放弃了迁都长安事宜，而国运兴废之事，就听天由命了。

二　“靖难之役”

或许是朱元璋的预感是正确的，南京作为明朝的京师，前后算起来也只有半个世纪，未能自始至终。明代京师由南京改为北京，是朱棣发动“靖难之役”，夺取皇位的直接后果。

明朝历史上的这一重大变故，祸起于封藩制度。朱元璋当时选址建都时，既考虑惕防外患，又考虑惕防内忧，以保证明朝江山世代相传。故此，虽然未能迁都他方，但也采取了一系列措施，补救都城位置不佳的弱点。其中一条重要措施，就是诸王封藩。朱元璋认真研究中国历代王朝的兴衰，想避免重蹈覆辙，经过长期思考后，自认为这是既能防止外患又能消除内忧的两全其美之策。

实施诸王封藩之策，不是简单地照搬前代的做法，而是针对历史上封藩的弊端，采取了一些改进措施，如只封宗室亲王，而不封异姓

[1] 《明史》卷一一五《朱标传》。
[2] （明）顾炎武：《天下郡国利病书》卷一三《江南一》。

王或大臣；这里既有汉代异姓王分封后发动叛乱的教训，也有唐代大臣封藩，发生“安史之乱”的前车之鉴。封藩也不搞分封制，诸王在封地里建有王府，设置官署，政治地位仅次于皇帝；但不给专门的行政管辖区域，没有属民，不得干预地方政府。王权只在王府里，出了王府，便是朝廷的管辖区。这与分封制大不相同，藩王既无属地，又无属民，也无行政管辖权，所以很难成势，威胁皇帝，从而防止他们与朝廷分庭抗礼。但诸王却有兵权，即可养兵，也可统兵。王府建有护卫使司，养兵少则三千，多则近二万人不等[1]。朱元璋给封藩的儿子们赋以兵权，其用意是既可敌外，如需要，可统兵打仗，保卫国家安全；也可御内，如果国内叛乱，包括藩王或朝臣谋反，可带兵勤王，以保证皇权稳固和朱家天下长治久安。

同时，为防止藩王拥兵自重，对军权也作了约束性严格规定，既防止藩王随便调用守镇的朝廷军队，又防止守镇的将帅拥兵恣肆，权力过重，使藩王与守镇将领相互监督、相互制约，既不能搞独立王国，也不能相互勾结。按这一制度构想，朱元璋将24个儿子分期分批封王就藩。

从封藩的布局上看，针对当时来自外部的主要军事威胁，形成两道防线。第一道防线，分布在边塞上，共有8个藩王沿长城一线东西摆开，控扼北部边疆，形成明王朝的安全屏障。这也可以叫外线防御，主要是针对北元势力。第二道防线，则是围绕京师应天展开，共有11个藩王，成为京师屏障。[2]第二道防线，既御外又御内，主要是防止内部异姓大臣夺取朱家天下，一旦朝廷有变乱，在内线的诸王因离京师较近，可以迅速发兵增援，这就是朱元璋深谋远虑所采取的万全之策。

然而，智者千虑，必有一失。朱元璋这一以亲王“夹辅王室”[3]

---

[1] 《明史》卷九〇《兵志二》。

[2] 何乔远：《名山藏》卷三六《分藩记》。

[3] （清）谷应泰撰：《明史纪事本末》卷一四《开国规模》，中华书局1977年。

的如意算计，可谓抓万漏一，留下重大漏洞，有人早已明察。洪武九年（1376年），山西平遥训导叶伯巨就上书，提出“裂土分封，使诸王各有分地”的弊端：“分封逾制，祸患立生，援古证今，昭昭然矣！”对这一远见卓识的建议，朱元璋不仅不听，反而以为“间吾骨肉”，勃然大怒，抓来要亲手射杀他，最终使叶伯巨囚死狱中。[1]不幸的是叶伯巨的担心，竟变成了事实，燕王朱棣发动了“靖难之役”，以武力夺取了皇位。诸王封藩，不仅未起到“夹辅王室”的作用，反而成了内乱的祸根。

洪武三十一年（1398年）朱元璋死，其长孙朱允炆即位，为建文帝，当时只有16岁。少年皇帝上台执政，面临内忧外患诸多难题。但外患可御，内忧难防。对此，朱元璋生前就已想到。所以，他采取了许多果断的甚至是残忍的手段：一则巩固自己的皇权，废除丞相制，大权集于一身。再则为孙子坐稳江山，扫清政治障碍。他几乎斩尽杀绝将来可能威胁皇权的统治集团内部势力，屡兴大狱，残杀与他一起打江山的重臣，包括开国元勋、宰相、军政大臣、部院大臣以及州府官员等。朱元璋“藉诸功臣以取天下，及天下既定，即尽举取天下之人而尽杀之，其残忍实千古所未有”[2]。

同时，诸王对朝廷的威胁，朱元璋也有所察觉和警惕。到洪武后期，朱元璋的次子秦王和三子晋王先后死去，在世年长者，就数四子燕王朱棣了。而且，朱棣的势力也最强。按明朝规制，燕王扼守北平，是防御北元及其他游牧民族南进的战略要塞，因有护卫军19000人，并节制驻北平的镇守军，位重权大。朱棣本人在诸王中，才能超群，具有雄才大略，屡建战功。朱元璋之所以把北方战略重镇分封给朱棣，因为他了解其才干，当然也了解其心志，特别是太子朱标死后，秦王、晋王、燕王都有机会当太子，所以明争暗斗。

朱元璋为防止诸王子争位，按嫡长立嗣原则，立朱允炆为皇太

---

[1]《明史》卷一三九《叶伯巨传》。

[2]（清）赵翼：《廿二史札记》（订补本）卷三二，中华书局1984年。

孙，明确为皇位继承人。这还不够，还编了《永鉴录》《皇明祖训》《祖训录》等国法家规，规范皇室成员的行为，在制度上确保他所建立的朝廷政治秩序。朱元璋尤其对燕王不放心，特地对长孙朱允炆说："燕王不可忽。"可是，历史的确不以人的意志为转移。朱元璋的努力，终究前功尽弃，一切部署，在"靖难之役"的战火中灰飞烟灭了。

洪武三十一年（1398年）五月建文帝即位，便已感到"诸王以叔父之尊，多不逊"。于是与太常卿黄子澄和兵部尚书齐泰谋划削藩，制定了按先弱后强顺序逐一削藩的策略，决定先削周、齐、湘、代、岷诸王。不到一年时间，连削五藩，诸藩大震，而下一个目标就是燕王。燕王朱棣早有准备，采纳道僧姚广孝（道衍）建议，一方面"练兵后苑中"，"日夜铸军器"[1]，作武力抵抗准备；另方面"佯狂称疾"，尽量躲避风头。建文帝按齐泰的建议，采取一系列措施，步步紧逼。建文元年（1399年）六月，建文帝认为准备就绪，开始动手，密令北平都指挥张信逮捕燕王。而张是朱棣的心腹，将朝廷密令告知朱棣，燕王遂起兵反抗建文帝。

朱棣为了举兵有名，援引《祖训》中新天子正位，"如朝无正臣，内有奸恶"时，"诸王统领镇兵讨平"之意，说"今少主为奸臣所蔽"，所以要"清诛奸臣"，"清君侧之恶，扶国家于既坏"[2]。朱棣将这次起兵目的说成"清君侧"，号称"靖难之师"。历经三年的"靖难之役"，金陵陷落，建文帝下落不明，以改元换帝而结束。朱棣在金陵即皇位，是为太宗（嘉靖时改称成祖），改元永乐。

三 迁都北京

朱棣夺取皇位后，永乐元年（1403年）就定北平为北京，决定迁都。永乐四年下令筹建北京宫殿，十八年北京宫城竣工。成祖遂下诏

[1] 《明史》卷一四五《姚广孝传》。

[2] 《明太宗实录》卷二。

改京师应天为南京，作为留都，北京为京师。永乐十九年，明成祖正式迁都北京。迁都体现了中国政治、军事、外交等中心的北移，直接影响到明朝的发展趋向，甚至对当时与明朝接壤的周边国家地缘政治关系，也产生了新的影响力。这对明代皇家园林的形成和发展，提供了前提。

朱棣夺取皇位后，毫不犹豫地立即决定迁都，并着手北京都城的营建工程。本来明太祖朱元璋以南京为都20余年，如果从渡江以应天（南京）为根据地算起，经营南京前后长达45年多了，朱棣为何非要迁都北京呢？这是长期以来人们非常关切和着力研究的一个问题。因为一个国家政治中心的转移，关系到国家兴衰，非同小可。朱棣迁都北京，概括起来有正反两个方面的原因。

所谓正面原因即主动的理由，主要体现在如下四点：

一是军事斗争或国防战略需要。对一个国家来说，军事上的防御和进攻战略，是国家大计，乃立邦建国之基本方略。因为，这是关系到国家生死攸关的根本问题之一，古今中外概莫如此。从当时明朝的地缘政治环境看，最大的军事威胁在北方。在长城之外，元朝的残余势力作为主要威胁还存在，企图恢复元朝统治的欲望还未放弃，边境并不安宁。所以，把国都北移，对巩固国防更有利。因为，在冷兵器时代，草原骑兵可谓“现代化”军队。其最大优势是兵力投送快，机动性强，进攻和撤退都很迅速。因而，军事指挥中心离军事热点地区近，信息掌握得相对较快，指挥调度兵力便捷，有利于把握战机，克敌制胜。况且，后勤保障距离缩短，有利于保证军队的战斗力。朱棣当时的战略指导思想就是想一劳永逸，彻底解决北部边患，所以曾五次亲征大漠，最后也死在亲征途中。他从北京出发北征，比南京便捷得多。当年朱元璋也从军事战略的角度，曾考虑可否以燕京为都的选项。

二是巩固皇权、固基安邦的治国战略需要。朱棣的政治基础在北京。所谓政治基础，首先是统治集团的政治倾向、立场，是拥护还是不拥护，是支持还是不支持，是同心同德还是离心离德。以燕王朱棣为核心的官僚集团，根基在北京。其次是社会基础，核心是阶级基础。中国君主专制集权国家的社会基础是地主阶级，其对皇帝和朝廷的态度如何，这对皇权能否稳固，朝廷政策、法令的推行能否畅通无阻，朝廷经济和财政能否得到支持，是至关重要的。朱棣于洪武三年（1370年）封燕王，十三年之藩北平。到永乐元年（1403年）即位，经营北平33年之久，打下了牢固的政治社会基础。特别是发动“靖难之役”，并取得胜利，登上皇位，靠的就是他的“北京团队”，以及北方地主豪门的支持。作为有雄才大略的朱棣，对这一点是再明白不过的。靠这种政治基础，他有可能稳坐皇帝宝座，治理天下。所以，他不可能轻易放弃这种政治基础和政治优势。

三是出于朱棣的治国理念和大国战略。迁都北京，从主观而言，朱棣是遵循了中国传统的立国建都理论的，也就是要建立一个强盛的大国，都城必须立于“地中”。按这个原则，南京并非“地中”，而是偏于东南。如果从洪武时期明代实际控制的疆域来说，北京当然也不是“地中”，而是靠北了。可是，朱棣的原本理想，是北边要控制整个大漠，要达到元代的疆域，所以，不辞鞍马劳顿，不避刀光剑影，频频亲征大漠，想征服北撤的“北元”即蒙古。如果他的这个战略实现了，在南北纵向上北京显然成为“地中”了。不仅如此，他还向南用兵，东西出使，又数次派郑和漂洋过海，远赴亚非，拉开了建立大国地缘政治的架势。按此“胃口”，当不逊色于成吉思汗。正如朱棣自称，迁都乃是“英雄之略”。

永乐十九年四月初八，迁都不到半年，大内奉天殿、华盖殿、谨身殿三大殿被雷击烧毁。这时一些曾反对迁都的人，又纷纷提出不该迁都。朱棣震怒，命大臣们跪在午门外辩论，并把户部主事萧仪投进监狱。朱棣说：方迁都时，与大臣密议，久而乃定，非轻举也。“彼书生之见，岂足以达英雄之略哉！”只可惜，他“出师未捷身先死”，宏图伟略一场空。

四是出于发祥地的情感因素。对于身居九五之尊的帝王来说，情感要服从于政治目标。但是，帝王的情感是有特殊属性的，就是为权力服务，为政治目的服务。当政治上需要，就把骨肉之情抛到九霄云外，什么手足之情、父子之情，统统转化为“敌情”。朱棣的“靖难之役”是生动的案例。他虽生于南方，却长于北方，成于北方。北京是他的根基和土壤，他已经融入到这片土地了，更习惯于生活在华夷一体、四海混一的国都里。也就是这种独特的政治氛围、政治气候、政治土壤，使他成功，所以，这种情感是难以割舍的。他回到北京，便是如鱼得水，如龙腾云，得心应手。所以，在迁都问题上，朱棣的情感取向和政治目标完全是一致的。

所谓反面原因即被动而又不得不顺从的理由，主要体现在如下两点：

其一，朱棣夺取皇位后，在朝廷内，君臣政治情感严重对立，建文朝旧臣对新的统治集团存有极度不信任，使朱棣心中无底，不敢久留南京。南京官僚集团，是朱元璋经过多年的清理，精心培植的忠于建文即位坐江山的官僚队伍。凡是朱元璋认为将来对皇位继承人可能构成威胁的朝臣，朱元璋都毫不手软地借故清除掉，为其孙子扫清政治对手。所以，建文朝的大臣们，其政治立场是显而易见的“清一色”。当初建文帝削藩时，南京官僚集团是一面倒，绝大部分都支持这一国策。朱棣登基后，大部分建文朝臣心怀抵触，有的如方孝孺公开反对，认为发动“靖难之役”是“大逆不道”，夺取建文皇位就是“乱臣贼子”。方孝孺对官僚集团的影响力颇大，他的政治立场和态度具有广泛的代表性。所以，朱棣正是看到了这一点，才想从他开始征服建文朝臣，以此来减少对立面。可是，朱棣对建文朝臣的坚定性估计不足。当时他要方孝孺为自己撰写即位诏，方孝孺不仅不遵从，反而当面书写“燕贼篡位”四个大字。这正是击中了朱棣最要害的“痛处”，也表达了建文朝臣们的政治观点和立场。朱棣本想借助方孝孺的政治影响力，为自己营造有利的登基氛围，结果适得其反。于是，极怒之下对方孝孺施行“瓜蔓抄”，“灭十族”，杀873人，“谪戍绝徼死者不可胜计”。对所谓“君侧”之恶臣齐泰、黄子澄、景清等人，也“命赤其族，籍其乡，转相扳染，谓之瓜蔓抄，村里为墟”[1]。

尽管如此，朱棣不可能把旧朝臣斩尽杀绝，也不可能把建文朝的文武百官全部换掉，更何况仇恨的种子是难以干净彻底铲除掉的。特别是朱棣夺位，不符合封建时代的正统观念，属于“篡位”，没有合法性。实际上，朱棣难以改变旧朝臣的这种观念和心存抵触的局面。在这种官僚集团包围下，依靠他们作为执政团队，朱棣感到存在着极大危险，他不可能稳坐皇帝宝座，心安理得地治国理政。所以，要避开这种君臣对立的困境，走为上。

其二，在朝廷外，他对江南政治社会的“水土不服”，使他不得不走。江南是朱元璋的“龙祥之地”，经营了30多年，打下了牢固的政治经济基础。他虽然实行特务统治和高压政策，以“猛”治国，但主要是针对官僚集团的。对社会，特别是对地主阶级及其知识分子，他采取了依靠政策；也注意百姓的休养生息，鼓励发展经济，社会生产力逐步恢复发展，开始形成百业复苏、民众安居乐业的局面。建文帝接过朱元璋的这一政治遗产，同时对洪武时期的政策进行了适度调整，形成了更为宽松的政治、经济环境。所以，社会对建文朝更有好感，逐步形成了特定的有利于建文朝的社会政治生态。朱棣发动“靖难之役”，打乱了这一切，给原有的社会政治生态增加了一个不和谐的因素，所以产生对立和排斥是理所当然的。

首先，社会上普遍认为朱棣以武力夺位就是“篡位”，对其称帝的正当性、合法性并不认同。其次，建文帝实行的政策，朝野都认可，有好感；建文自身有善誉而无恶名，在一般官吏和百姓看来，推翻他，出师无名。而且，当时的好局面被破坏，社会各界不可能是情愿的。其三，朱棣对当时反对他“靖难”的人，采取了报复对策，出手过重，引起朝野的恐惧，更加助长了对他的不信任感。对这种社会政治生态，朱棣感到很不适应，格格不入。所以，他在南京很不舒

[1] 《明史纪事本末》卷一八《壬午靖难》。

服，脱离这种环境，当然是他的最佳选择了。在某种意义上，他是被逼的。总之，无论是主动的还是被动的，朱棣的迁都北京是势所必然。

第三节　明朝都城概略

皇家园林是都城建筑的重要组成部分，因此，了解都城概况很有必要。明朝前后建有三个都城，即应天（南京）、临濠（凤阳）和北京。明朝建国以后，对这三座都城都投入了大量的人力、物力和财力进行建设，其中，南京和北京作为京师，建设规模十分宏大。特别是迁都北京后，新的皇城和宫城雄伟壮丽，从而也带动了皇家园林建设。

一　南京

（一）南京城市沿革

明代京师南京作为长江流域的重要城市，从春秋时期就逐步形成和发展。在春秋时期属越域，战国时属楚地，置金陵邑。秦代置金陵县，属鄣郡，改称秣陵县。据传，秦始皇南巡经过此地，以为金陵地名过于张扬，便改为秣陵，以示贬义。秣者，喂马之草料也。秣陵，意为存放草料之地。古秣陵县治所，在今江苏江宁市南秣陵关南。

在三国时期，东吴孙权先是从武昌（今湖北鄂州市）迁都于京口（今江苏镇江），后又迁都到秣陵，改名建邺。南京作为七朝古都，始于三国东吴孙权黄龙八年（229年）。孙权的都城建邺，筑于石头山上，故又名石头城。新建都城“周回二十里一十九步”，作为偏据东南一隅的小国都城，这个规模已相当可观了。建邺名曰“石头城”，实则一座土城，“旧京邑南北两岸篱门五十六所，盖京邑之郊门也”[1]。孙权十分看重建邺，故有“宁喝建邺水，不食武昌鱼”之说。但作为都城，建邺的防御设施过于简陋，经过了251年，即南齐高帝建元二年（480年），才改筑砖墙。之所以如此简陋，主要是孙权考虑到当时的战争环境，他说：“大禹以卑宫为美，今军事未已，所在多赋，若更通伐，妨损农桑。徙武昌材瓦，自可用也。”[2]孙权作为东吴的开国帝王，有深谋远略，表现了他艰苦创业精神，连自己的皇宫都是用拆撤武昌（今湖北鄂州市）宫殿的旧材料来建造，何况城池呢！

魏晋南北朝时期，建邺改称建康，成为南朝各国都城。西晋在长达16年（291－306年）之久的“八王之乱”中支离破碎，再加上如火如荼的农民起义，于316年灭亡。西晋宗室司马睿被拥立为皇帝后渡江到东南，史称东晋。从晋元帝建武元年（317年）以建康为都城，直到420年东晋灭亡，历任皇帝经营建康城长达103年。

“晋元帝初过江不改其旧，宋、齐、梁、陈皆都之。”[3]东晋元帝仍然使用东吴的旧宫城和宫殿。“晋琅琊王（司马睿）渡江镇建康，因吴旧都修而居之，即太初宫为府舍，及即帝位，称为建业宫，更明帝（司马绍）不改。至成帝（司马衍）缮苑城，作新宫，穷极伎巧，侈靡殆甚”。《六朝事迹编类》记载：“晋谢安作新宫，造太极殿”。太极殿就是晋代建业宫的正殿，皇帝召文武群臣朝会之处。但东晋后代皇帝对都城都有所增建。晋成帝咸和七年（332年）筑新宫，称建康宫，又名显阳宫。都城开有九门。晋穆帝时，把原东海王在台城东南的官邸改建为永安宫。晋孝帝太元三年（378年），对宫殿进行了一次大的修建，新宫殿宇达3500间之多。显然，这在南京的发展史上是一次飞跃。

世人常把南京（建邺）叫作“石头城”，其实孙权所建“石头城”，在建邺城外西边，是沿江南岸所筑军事要塞。《六朝事迹编类》

[1] 《太平御览》卷一百九十七注引《南朝宫苑记》。
[2] 《三国志·吴主传》。
[3] 《景定建康志》卷二〇“古都城条”引《宫苑记》。

载："吴孙权沿淮立栅，又于江岸必争之地筑城，名曰石头。""今石城故基，乃杨行密稍迁近南，夹淮带江，以尽地利，其形势与长干山连接。"石头城的规模，据《舆地志》载："环七里一百步，在县西五里，去台城九里，南抵秦淮口，今清凉寺之西是也。"台城就是宫城。石头城就是军事防御工事，也可以说是建邺城的配套设施。

可见，南京作为都城，始于东吴，盛于东晋，南朝沿之。宋、齐、梁、陈主要在宫殿建筑上各有所异。刘宋元嘉十五年（438年），在东晋永安宫地基上改建东宫；二十三年（446年）在玄武湖中立方丈、蓬莱、瀛洲三神山，扩建皇家园林。孝武帝大明年间（457—464年）拆除了宋武帝时的宫邸，新建玉烛殿，明帝时又造紫极殿。[1]到景和元年（465年），宋刘子业以东府城为未央宫，石头城为长乐宫，北邸为建章宫，南邸长杨宫。石头城第一次成为皇宫的一部分。东府城是东晋时所建，在城外东南隅，也是一处军事防御设施，与西边的石头城在建康城东西两侧形成掎角之势。而这两处军事要塞都成了皇宫的一部分。

南朝齐高帝萧道成，原是刘宋朝的大臣。他听堪舆者言，青溪有天子气，于是在自己旧宅上建造青溪宫。因刘宋朝宗室大臣相互残杀，宫室内乱。萧道成因掌禁军，于479年夺取了政权，登上帝位，改宋为齐，史称南齐。南齐时，建康城改观不大。

在南朝中，南齐最短命，只存在了23年便灭亡了。501年，南齐远房宗室雍州刺史萧衍率兵攻入建康，夺取政权，502年称帝，改国号为梁，年号天监。天监五年（506年），萧衍重建齐末已被毁坏的东宫，十二年（513年）二月，新造太极殿，有十三间，东西二堂各七间。萧衍笃信佛教，在宫殿里以及城内多处建有佛殿、佛寺、佛塔。著名者有紫金山西南坡独龙阜所建开善寺。明初因营建孝陵，迁至山东南坡，改名灵谷寺，有无梁殿、灵谷塔、三绝碑等胜迹。南朝时，

[1] 《南史》卷二十二《王昙首传》。

寺院建筑空前发达，是都城建康的一大特色。

南京的寺院，是随着佛教传入江左而兴起的。东吴时期，佛教传入江左，便开始建造佛寺。《舆地志》载：“吴赤乌十年（247年）沙门僧会自西竺（即天竺国，今印度）来传佛法，吴大帝（孙权）作寺居之，寺自此始”。建康最早的寺院为建初寺。杨修有诗曰：“僧会西来始布金，常闻钟磬伴潮音。江南古寺知多少，此寺独应年最深。”南朝宋、齐、梁、陈皇族信佛，可与北朝比翼，所谓“北窟南寺”，是当时统治者费大量财力甚至倾国之力而兴造。北朝的石窟，南朝的寺院，创造了中国之最。据著名历史学家范文澜统计，就建康一地，晋时有佛寺37所，而到梁武帝时竟增加到700所。据《南史》载：“都下（建康）佛寺五百余所，穷极宏丽，僧尼十余万，资产丰沃，所在郡县，不可胜言。”正如唐代诗人杜牧的诗云：“千里莺啼绿映红，水村山郭酒旗风。南朝四百八十寺，多少楼台烟雨中。”这并不是诗人的夸张，是真实写照，而实际数目已超过了杜牧所说的480寺。这是南京与其他古都显著不同之处。在南朝，建康城的建设以寺院建筑为主要特色，这也是皇家佛寺园林的开始。

在南朝，改朝换代如走马灯，但对建康都城的破坏不大。只是在梁朝时遭到一次大的破坏。那是梁武帝时，侯景叛乱。547年，北朝东魏大将侯景在统治集团的内讧中失利，便投降梁，并以所控黄河以南地区送梁为条件。梁武帝虽犹豫再三，还是同意派兵去接应，但被东魏打得大败，侯景南逃寿春。549年，他与梁武帝侄子萧正德以立其为皇帝做诱饵，内外勾结，顺利渡江，攻打建康宫城（台城），围城达130多天。他引玄武湖水灌城，攻陷石头城，导致尸横遍地。特别是侯景将城内百姓8000余人埋半身土，命士兵驰马射死，将建康城杀掠一空，城内只剩数千人。梁武帝被俘虏，并饿死。繁华一时的建康城几近废墟，富饶的三吴大地变成“千里绝烟，人迹罕见”[1]的悲

[1] 《南史·侯景传》。

惨之地。551年，武帝之子荆州刺史萧绎派兵东下征讨，与从广州率军前来的陈霸先联合进攻建康。侯景兵败，被部将所杀。建康城经过这次战争浩劫，长达320年的建设前功尽弃。到陈朝虽然有所恢复，但与建康鼎盛时期比，不可同日而语了。

559年，隋文帝杨坚灭陈，同时把建康城邑荡平，变成耕垦地，另在石头城置蒋州，管辖该地区。唐朝时，金陵先后改为江宁、归化、白下、上元等县名，或改为丹阳、江宁等郡名，或成为州治。而南朝都城建康还是一片荒凉。所以，唐代不少诗人到金陵古城后，感慨万分，写了许多怀古凭吊诗，对金陵的破败情景，从中可见一斑。李白在唐玄宗天宝年间因在长安失意，漫游金陵时作《登金陵凤凰台》诗云："凤凰台上凤凰游，凤去台空江自流。吴宫花草埋幽径，晋代衣冠成古丘。"可见，这些往日的风景胜地，已经变成了荒丘野路。唐代刘禹锡游金陵，感慨而歌《金陵五题·台城》曰："台城六代竞豪华，结绮临春事最奢。万户千门成野草，只缘一曲《后庭花》。"刘禹锡看到的是，当时繁华富丽的六朝宫城（台城）如今竟成野草遍地的荒凉之处。他认为，造成这种凄凉后果的罪魁祸首是陈后主叔宝。陈叔宝是陈朝最后一个皇帝，也是最腐败无能的昏君。正当隋文帝大兵压境灭陈之际，陈叔宝还大谈"王气在此"，毫无迎战之意，仍与后宫妃嫔们高唱《后庭花》，花天酒地，醉生梦死。他被杨坚俘虏，带到长安后，还在天天喝酒，吃驴肉，甚至还向杨坚讨官做。杨坚骂他"叔宝全无心肝"。刘禹锡的抨击，切中要害，昏君腐败，城破国亡，黎民遭殃。

在五代十国时期，南京得到恢复建设。唐末，902年，淮南节度使杨行密趁天下动荡，军阀混战之机，占据东南一隅，称吴王，建都于广陵（今扬州）。杨行密当初派徐温为金陵尹。927年，徐温病死，其养子徐知诰接任父职，执掌了朝政实权，实行了发展经济的劝农政策，社会经济得到了迅速发展。不到十年时间，出现了"野无闲田，桑无隙地”[1]的局面。937年，徐知诰发动政变，废吴帝杨溥，自立为帝，改国号为唐，建都于金陵，史称南唐。其统治范围包括今江苏、安徽、淮河以南，以及福建、江西、湖南、湖北东部，成为强国。南唐改建金陵城，城周二十五里四十四步，墙上阔二丈五尺，下阔三丈五尺，高二丈五尺，南门一带以巨石砌墙，城东北面依山临江，以为固险，城外还开挖了护城河。这次扩建，比孙权初筑城围，增加了五里，由原来的七个城门变为八个。整个城址南移，“南止于长干桥，北止于北门桥，盖其形局，前倚雨花台，后枕鸡笼山，东望钟山，而西带冶城、石头”[2]。宫殿位于金陵中轴线上，宫城南门外有御河，上有天津桥（今中华路北口的内桥）；皇宫北门外，御河上的桥曰虹桥（今白下路升平桥）；西门外有西虹桥（今羊市桥）。

南唐因国力强盛，而且在东南一隅，在五代十国时期社会相对安定，宫城建筑宏伟壮丽，比南朝时期有过之而无不及。百尺楼、澄心堂、红罗亭等著名建筑，可谓当时之冠，一派繁华景象。“小河四周相通，形迹显明”[3]。徐知诰自称是唐玄宗第六子永王李璘的后代，因改姓李，名昇。他在位仅6年（937—943年），但实行了轻徭薄赋、鼓励开荒、劝勤农桑等积极政策，势力向外扩张，为南唐打下了良好基础。李昇晚年笃信仙道，追求长生不死，服丹中毒死亡。南唐第二代国君李璟，向外用兵失利，国力开始下降，被后周打败，割地称臣。末代君主李煜（937—978年），史称李后主，虽是亡国之君，却是个著名诗人，政治才能低下，而艺术造诣颇深，能书善画，通音律，谙诗词。971年，宋太祖赵匡胤灭南汉后，李后主恐惧万分，主动上表，自愿削去南唐国号，改称自己为江南国主，进贡大批钱物，以图维持原来统治。北宋统一方针既定，不可能接受李后主的条件，于974年元月发兵10万，次年十一月攻陷金陵。李后主被俘，南唐灭亡。成为

[1] 《容斋续笔》卷一六《宋齐丘》。
[2] 《客座赘语》卷一“南唐都城”条。
[3] 《客座赘语》卷一“南唐都城”条。

阶下囚的李后主，在汴梁时常想起金陵的奢靡生活，以词遣愁，如《虞美人》："春花秋月何时了，往事知多少？小楼昨夜又东风，故国不堪回首月明中。雕栏玉砌应犹在，只是朱颜改。问君能有几多愁？恰似一江春水向东流。"

金陵作为南唐国都，重建后只过了38年，又成了被陷落的都城，又一个短命王朝的故都。在两宋和整个元代，金陵已失去往日辉煌。北宋时在金陵设江宁府治，南宋恢复建康名称，则作为行都。元代时，在金陵置集庆路。在两宋和元代，因金陵的政治地位下降，城市建设基本保持南唐旧貌，未有大的改观。但是，金陵的经济却较前繁荣，成为江南经济和文化中心之一；特别是手工业和商业空前繁荣，成为江南的商品重要集散地。因此，金陵也是江南最富庶的地方之一。

（二）明都城及皇宫

1356年朱元璋在应天建立江南政权后，金陵（应天）的政治地位又复活，迎来了都城建设的又一高峰。

从龙凤元年（1355年）到七年，应天只是小明王所建宋政权的江南行中书省的治所，况且战争正在激烈地进行中。所以，对应天不可能进行建设。龙凤七年正月，小明王封朱元璋为吴国公，于是，应天就成了吴国公府邸所在地了。虽然如此，当时朱元璋正与陈友谅决战，也无暇营造。1364年正月，因已消灭了西边的威胁陈友谅，朱元璋称吴王，并建立了王府官署，置中书省左右相国。这样应天又成了王府官邸，但越来越像国家机关了。然而，江南的统一战争还在烽火连天，与江东的张士诚正拼得你死我活，大规模营建自然还未提到日程上。直到1366年六月，朱元璋部署完对张士诚的决战，同时动工吴王府的营建。这是明代对应天都城及宫城进行大规模营建的开始。

之所以在战争局势发展的关键时刻，朱元璋动工营建都城及宫殿，主要基于两个基本战略：一则对战争形势的乐观判断。在江南，西线已消灭陈友谅政权。在东线上，张士诚虽经营浙、淮、闽多年，

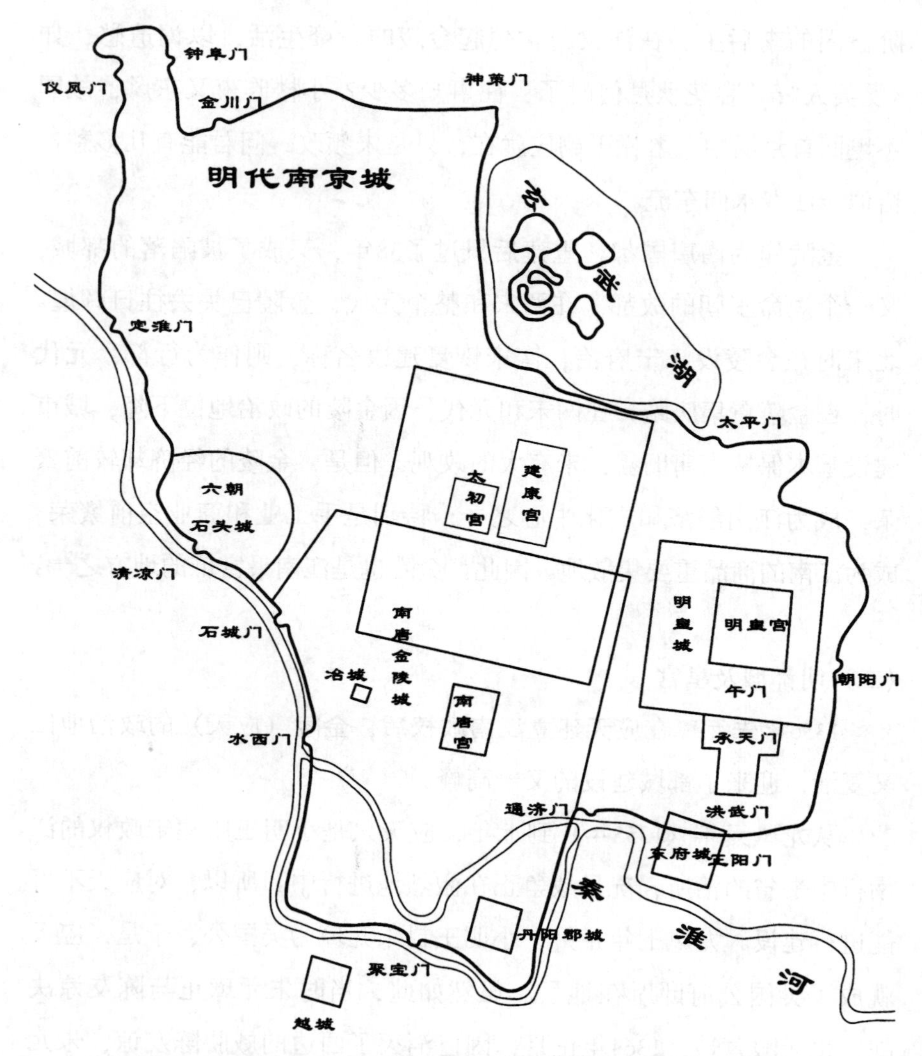

图 2–2 明代南京城及宫城复原示意图（引自《洪武京城图志》）

但他昏庸不理政，部下专权，人心涣散。1365年秋，徐达率兵经半年苦战，已攻占其通州、兴化、盐城、泰州、高邮、淮安、徐州、宿州、濠州、邳州、安丰诸州县[1]，只剩下其统治中心区。这对朱元璋十分有利，扫清江南，指日可待。果然，只过了一年，即1367年六

[1] （清）钱谦益：《国初群雄事略》卷七。

月，就消灭了张士诚。再则谋划建国定都条件成熟。按照朱元璋本人的想法，早该立国称帝了。早在1356年渡江占领集庆（金陵）后，朱元璋就打算建国称帝，只是采纳朱昇“高筑墙，广积粮，缓称王”的建议后，才暂时放下原来打算。后经过十年的浴血奋战和苦心经营，成为最强大的起义军势力，况且占据江南最富庶之地长达十年之久，政治、经济、军事和地理优势，当下无双。所以，立国建都，水到渠成，于是，启动都城和宫城营建，正当其时。事实上，启动都城和宫殿营建工程到建国，只有一年半时间。作为建国准备的重要环节和内容，时间已是十分紧迫了。

南京的都城与宫城建设，从1366年六月开始，到1386年（洪武十九年）基本完成，前后长达20年。南京都城建设，经过了三个阶段。

第一阶段，从元至正十六年（1356年）至洪武元年（1368年）。朱元璋攻占应天后，未建专门官邸，占据富商王彩帛宅第，位于城南。随着江南政权的扩大，官署增多，私宅已不适应，于是迁入了“行御史台”办公地。称王后，这里改称吴王府，位置在今南京城南内桥王府园一带。随着战争形势的发展，朱元璋军队攻城掠地，控制的地域越来越大，政权衙署也日益膨胀，于是兴建新的王宫势在必行。所以，从1366年六月开始，在紫金山南面，营建新的吴王宫，于1367年九月基本完工。这里是朱元璋称帝后的宫城，即都城建设的第一期工程，重点是宫殿建筑，包括太庙和社稷坛。

第二阶段，正式营建皇城和宫城。明南京皇城位于都城的东南角上，钟山的西南方，西北有玄武湖和鸡笼山、五台山，西面有莫愁湖。钟山和鸡笼山、五台山之间形成地势较平坦的小盆地，南唐时皇城位于平坦地带，明皇城则在南唐皇城旧址的东侧。皇城像倒写的凸字形，南北长5里，东西宽4里，周长18里，开有6门，面积达500万平方米。这一阶段，从洪武二年（1369年）开始，应天以陪都而并非按京师规格营建。重点是填湖筑皇宫，新的皇宫选在皇城靠东的燕雀湖。这个湖又名前湖，大内（紫禁城）需要移山填湖营建，所以工程浩大。同时还筑皇城和都城。

都城形似西北向东南放置于地的葫芦状，“蒂把”朝西北向，东北方的玄武湖和西南方的莫愁湖正好在“葫芦”型中间的狭窄处城墙外，皇城则坐落于“葫芦”头的东南方。

> 建康旧城西北控大江，东进白下门外，距锺山既阔远，而旧内在城中，因元南台为宫，稍庳隘。上乃命刘基等卜地，定作新宫于锺山之阳，在旧城东白下门之外二里许，故增筑新城，东北尽锺山之趾，延亘周回凡五十余里。[1]

根据现在的测量，城周37.14公里，墙高14—21米，顶宽4—10米，基宽14.5米，以花岗岩为基石，上面由条石或巨型砖砌成。这些建筑材料是由长江中下游的28府、180个县提供的，包括今天的江苏、江西、安徽、湖北和湖南五省。烧制的瓷砖和土砖规格一致，刻有所制府县、监制人和造砖人的姓名，质量要求很高。开有13个城门，聚宝（今中华门）、三山（今水西门）、石城（今汉西门）、正阳（今光华门）、通济、神策（今和平门）、金川、钟阜（今新民门）、朝阳（今中山门）、清凉、定淮、仪凤（今兴中门）等[2]。

第三阶段，是对皇城、宫城进一步改建，加固玄武湖南岸台城。填湖营造的宫城，因地基下陷，不仅地势变成南高北低，宫城布局上前仰后抑，很不对称，更有悖风水要求，因此，朱元璋很不满意。同时，建筑质量也出现了问题，所以有必要进行修缮改建。当初填湖时，朱元璋调用了几十万民工，所谓“移三山填燕雀”。这次修缮加固，工程也很大，所以陆陆续续进行，直到洪武十九年（1386年）才基本完成。

洪武二十三年（1390年），从军事防卫需要出发，朱元璋在应天

[1] 《明太祖实录》卷二一。

[2] 江苏省考古学会、博物馆学会编：《文博通讯》1983年第一期。

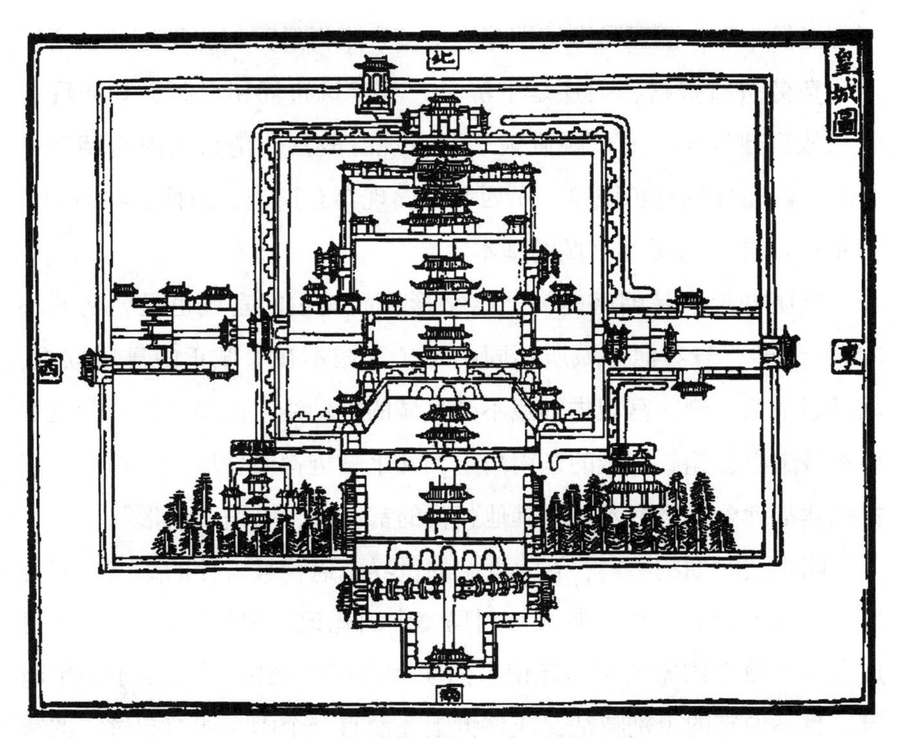

图 2-3　明洪武南京皇城图（故宫博物院提供）

城的外围，利用天然地理环境，构筑了一道外墙，周围达180里。其范围包括东围钟山，南含聚宝山（今雨花台），从西面包向西北直到江边，类似北方长城，使虎踞龙蟠之地变得更加固若金汤。这样，应天城实际上成为四重城，最外是围城，往里是都城，再进一层则是皇城，最里面的就是宫城，即紫禁城（大内）。在外城共开了16个门，以扼险要。由于外围城与都城之间空间较大，所以也包进了耕地和村落。这种城市结构，其他朝代所鲜有，体现了朱元璋的个性特点，即忧患意识十分强烈。

应天宫城规模宏大，占地面积达百万平方米，而北京宫城仅72万平方米，面积比北京宫城大近四分之一。宫殿宏伟而不失壮丽。宫城主体建筑是三大殿，即奉天殿、华盖殿、谨身殿。这些体量庞大的建筑群，正坐落于被填埋的湖中心之上。因当时建筑技术所限，打地基不可能很牢靠，况且是即填即建，地基未来得及沉淀凝结定型，所以尽管费劳费材费财，但还是下沉了。其建筑布局和形制，如同现在北京故宫建筑群，而规模则大于北京现有故宫。南京大内宫墙高大坚固，宫墙外挖有护城壕，东西北三面现存有遗迹，东西宽约850米，南北长807米，可见其宫城的基本轮廓。

皇城外形上是朝南的“凸”字形，而其中的宫城也是朝南的小“凸”字形。与其他都城所不同的是，宫城不在皇城正中靠后位置，而是居中偏东侧；宫城中轴线不是皇城的中轴线，而皇城的位置更偏离都城中心，偏到都城的东南角上，几乎贴近都城城墙了。这与中国古代建都理念格格不入，和其他朝代的都城比，可谓“畸形”。

明洪武时期的皇宫，在14世纪的世界上堪称最宏伟的皇宫。明万历时，西方传教士利玛窦在《利玛窦中国札记》中评价：“我还没见过世界上哪个国家的皇宫像南京的明故宫这样雄伟！”“至于整个建筑，且不说它的个别特征，或许世上还没有一个国王能有超过它的宫殿。”利玛窦是意大利人，曾三次来到中国，对北京皇宫很熟悉，是万历皇帝的座上宾。他的这番感慨，是到南京皇宫参观后写进他的《中国札记》里的。看得出，南京皇宫的宏伟壮丽令他震撼。利玛窦是具有“国际眼光”的，他到过许多国家传教，见多识广。在他看来，明南京皇宫是当时“世界之最”。

不仅如此，作为都城，南京也是当时世界上最大的城市之一。就以洪武二十五年（1392年）的统计，南京人口已达47万余人；到明中叶以后，南京虽降为陪都，但人口大幅上升，曾超过百万人口。这在当时全球也是为数不多的。正如利玛窦所说：

论秀丽和雄伟，这座城市超过世上所有其他的城市；而且在这方面，确实或许很少有其他城市可以与它匹敌或胜过它。它真正到处都是殿、庙、塔、桥，欧洲简直没有能超过它们的类似建筑。在某些方面，它超过我们的欧洲城市。

……在整个中国及邻近各邦，南京被算作第一座城市。[1]

南京宫殿，自永乐十九年迁（1421年）都以后再无增益。正统十四年（1449年）遭一次大火而损毁严重。在明末农民战争中，它又一次遭到破坏，几乎残破。

二　凤阳

明朝开国初期实行“三都制”，以应天为南京，以汴梁（开封）为北京，以临濠（又称濠州、凤阳）为中都。因开国伊始，各项基本制度都在探索之中逐步确立。国都的设立，理所当然地属于基本制度之列。

洪武二年（1369年）九月，朱元璋决定“以临濠为中都”[2]，洪武七年（1374年）临濠改为凤阳。朱元璋认为，临濠前有长江，后临淮水，地势险要，运输方便，也是一个可以建都的地方。其实，以凤阳为中都，很大程度上因濠州（凤阳）是朱元璋的老家。当年他就是从家乡参加红巾军起义，最后当上皇帝的。濠州本是穷地方，位于淮河的支流濠水北面。濠水也称濠梁，庄子与惠子在濠梁上观鱼的著名典故，就发生在这里。《庄子·秋水》载：“庄子与惠子游于濠梁之上。庄子曰：‘鲦鱼出游从容，是鱼乐也’。惠子曰：‘子非鱼，安知鱼之乐？’庄子曰：‘子非我，安知我不知鱼之乐？’”二子充满智慧的对话，成为别有会心、自得其乐的千古经典。濠州于隋朝开皇二年（582年）改西楚州置，因濠水得名。明改为临濠府，辖区相当于今安徽怀远、定远、凤阳、嘉山等地。

朱元璋将临濠作为中都，基础较差，平地起造，所以工程量必然很大。营建工程从洪武二年九月开始，进行了近六年，到洪武八年四

[1] [意]利玛窦：《利玛窦中国札记》卷三第十章，中华书局2005年。

[2] 《明史》卷二《太祖本纪二》。

月，工程还未全部完工就停建了。中都建设的上马和下马，包含着诸多谜团。

对以凤阳为中都，朝臣有两派意见。赞成派以淮右出来的朝臣为主，其主要动机与朱元璋基本相同：一则情感因素，乡土观念；二则满足虚荣心，光宗耀祖，为己谋利。也有部分朝臣不赞成，所以当时提出了多种方案，开封、洛阳、长安、北京、应天等等，就是包含着回避临濠的意图。理由很显然，作为都城，论哪一条，临濠都比不上以上几个曾经的都城。

在反对派中有深谋远虑，颇具战略眼光，为朱明王朝万世基业直言不讳、舍身忘死者，莫过于刘基。他是淮右集团的重要成员，字伯温，浙江青田人，祖籍濠州。刘基"博通经史，于书无不窥，尤精象纬之学。西蜀赵天泽论江左人物，首称（刘）基，以为诸葛孔明俦也"。刘基是朱元璋"四学士"（刘基、章溢、叶琛、宋濂）之中的头号谋士，在许多关键问题上出过重要的谋略和计策，所以深得朱元璋的倚重。朱元璋平时以"老先生"称之，从不直呼其名，说他为"吾子房也"，把他誉为汉高祖刘邦的谋士张良。

早在朱元璋意欲以临濠为都时，刘基就提出过反对意见。洪武四年（1371年）三月，刘基以妻丧为由告老还乡。这时，临濠的都城建设正在热火朝天地进行中。刘基临行前又一次向朱元璋提出："凤阳虽帝乡，非建都地。"[1]但朱元璋还是一意孤行，继续进行宫城建设。其实，在定都问题上，朱元璋充满着矛盾心态。他否定以其他故都为都的理由中就有怕劳民、怕费财、怕工程艰巨的意思；但在临濠建都，从零起步，如白纸作画一般，在劳民、费财、费工方面，远超旧都的改建。所以，朱元璋为何执意建都凤阳，其深层意向无人知晓。

中都建设按京师规格规模宏大，有里外三重城。最核心的，是紫禁城，即大内。城周6里，墙高四丈五尺四寸。皇宫开有四门，正门

[1] 《明史》卷一二八《刘基传》。

即南门午门；东为东华门，西为西华门，北为玄武门。宫城门上筑有门楼，宫城四角上建有角楼。主体建筑是“三殿二宫”。前朝三大殿：奉天殿、华盖殿和谨身殿；后宫两大殿：乾清宫，坤宁宫。宫殿建筑最为豪华、雄奇，仅现存大殿柱基座，见方2.7米，上有蟠龙浮雕，比现在北京故宫太和殿的柱础还大，而且富丽堂皇。规划临濠中都的宫城建筑与应天宫城基本一致，当朱元璋改变以临濠为京师的主意以后，把宫城建设的规划移植到应天。所以说，看到了应天的宫城，就等于看到了未建成的临濠宫城。

宫城外是皇城，周长13.5里，这比应天的小近5里；墙高2丈，以砖石砌成。城开四门，正门（南门）为承天门，还有东安门、西安门、北安门。最外一层即都城，周长50里33步。这比应天都城显然小些，这可能是工程半途下马后缩小了原规划的缘故。中都呈扁方形，城墙高3丈，开9门。皇城位于都城的居中偏西处，地势比较平坦，所以规划比较规整。在宫城和皇城的中轴线上，摆布“三殿二宫”，在中轴线两侧，按左文右武及“左祖右社”的规制营建文武官署坛庙，作为两翼对称布局。在都城规划中，还有28街104坊，十分规范。

中都景致优美，东有独山，西南有凤凰嘴，西北山略大，曰马鞍山、月华山、万岁山等；濠水一条支流由西南向东北，切过中都东南角。中都南有濠水，由西南向东北流入淮河；北面淮水由西向东流去。都城与淮濠之间，还有一条河叫玉带河，为淮河支流，与城南的那条支流在同一地方汇入淮水中。凤阳有山有水，可谓是风水宝地。

但是，朱元璋没有完成中都建设，到洪武八年（1375年）九月，已经进行了近6年，宫城建设已达相当规模时却停止施工，留下了“半截子工程”。究竟是什么原因使他下这么大决心，改变主意了呢？

有人说是因为刘基的反对，这有些牵强。刘基第一次返乡之前一直反对这个计划和工程，但工程照样开始，并继续进行。难道刘基的意见过了四年多才起作用？这显然不是主要的。

还有人说，为了以应天为都，才放弃了临濠工程。这太勉强。因为，中都工程停建两三年后，于洪武十一年（1378年）才做出以应天为京师的决定。这个时间是都城建设的空白期，是对定都举棋不定、犹豫不决时期。不然，一边下马临濠工程，一边立即启动营建应天工程才是。所以，这个理由也缺乏说服力。

再一个就是所谓“压镇法”事件。洪武八年，朱元璋去中都营建工地视察，在宫殿中突然看到有人拿兵器敲击宫殿殿脊，就问工程总指挥、丞相李善长为何。李善长解释，这叫“压镇法”，是一种巫术，表示做工的工匠对所厌恶者以诅咒方式发泄不满或憎恶。朱元璋勃然大怒，将要处死工地上所有相关人员。当时，在此工地上工部所辖工匠近9万人，还有其他方面调用的士兵、民夫及罪徒等共约20万人。要牵涉如此多的人，定会震动社会，引起连锁反应。本来中都营建，用财无计，而且大规模战争刚刚结束，民力还未完全复苏，国家各方面建设正百废待兴，此事如不能妥善处理，将会酿成大祸。所以，当场官员极力劝阻，大难才幸免发生。

此事或许给朱元璋以强烈警示，以农民造反夺天下的皇帝，对此十分敏感。或许这件事直接导致中都营建工程胎死腹中，果断下马。总之，停建中都，令一般人匪夷所思。因为，经过6年的营建，中都皇宫已颇具规模了，宫殿、社稷、日月山川坛、太庙、帝王庙、功臣庙、圜丘、城隍庙、中书省、御史台、国子监、皇陵及城墙，可能都初步落成，现在还存有遗迹[1]。

这些劳民众多，耗财巨大，费时较长的浩大短命工程，没过多久，在营建应天皇宫时，又被拆除，将其主要建筑材料移用于新皇宫建造上，造成了人力、物力、财力和时间上的巨大浪费。这对朱元璋来说，完全事与愿违。最后，凤阳只成了皇族成员获罪或被处分后的“发配地”或“皇家监狱”。

[1] 李治亭、林乾主编：《明代皇帝秘史》，山西人民出版社1998年。

三　北京

（一）北京城市沿革

北京的历史悠久，其文明史与中国五千多年的文明史基本同步。北京地处华北平原北端，东北平原西南角，蒙古高原的南沿，是这三大地理板块的汇合处，自古称幽燕之地。《日下旧闻考》曰："幽州之地，左环沧海，右拥太行，北枕居庸，南襟河济。"这里是中华民族的发祥地之一。50万年前，"北京猿人"曾生息繁衍在这块古老的土地上。自古以来，这里也是北方草原游牧文明与中原农业文明的分界线和碰撞、交流及融合的独特区域。因而，也是北方游牧民族与中原汉民族相互接触、相互竞争、相互学习、相互融合，从而推动中华民族形成的文化记忆之地。

早在"三皇五帝"时代，黄帝部落的活动曾经到过燕、蓟一带。到夏商周三代时期，北京平原上曾出现过孤竹与燕亳等部落，是为商朝的一个方国。宁可恶死，"不食周粟"这一典故的主人公伯夷、叔齐，就是商朝属国孤竹国的王子。公元前1046年武王灭商后，他们二人逃到首阳山（一称雷首山，在山西省永济县南）采薇果腹，不当周民而饿死。伯夷、叔齐是中华文明史开启以来，幽燕最早的历史名人。可见，三代时北京地区的文明已成为中原文明的一部分。周武王灭商后，传说中黄帝后裔召公奭封于燕。从此，北京成为燕国的都邑，也是第一次成为国都。同时又封黄帝后人于蓟，后燕并蓟，于是蓟成为燕国的都城。《汉书·地理志》说，"蓟故燕国，召公所封"。《水经注》载："（蓟）城内西北隅有蓟丘，因丘以名邑也。"

春秋时期，燕是"八百诸侯国"之一。由于地处边缘，远离中原，在"春秋无义战"中，直接卷入中原逐鹿之战的机会少，而伺机发展自己，成为战国"七雄"之一。在战国朝云暮雨的合纵与连横的吞并战争中，燕偏守一方，在强国缝隙中保存势力。到战国末，强秦对燕多次侵袭，所以燕太子丹在下都（今河北易县东南）派荆轲刺秦王。“风萧萧兮易水寒，壮士一去兮不复还！”如此一直坚持到秦始皇统一六国的前一年，即公元前222年才被秦所灭。从西周初期到燕国灭亡（公元前1046—前222年），长达800多年时间里，北京都是燕国的都城，故称为燕京。

在汉代，蓟为广阳郡治所。秦汉时期，北方的主要军事威胁是匈奴的南侵，因而蓟成为抵御匈奴的北方重镇。东汉时置幽州。魏晋时期，北方鲜卑、羯、氐、羌等少数民族相继崛起，进入“五胡十六国”时期。据《晋书·慕容儁》记载，后赵永宁元年（350年），前燕的慕容儁率军攻占蓟城，将北魏鲜卑政权的都城从龙城（今辽宁朝阳）迁到蓟城。北京第一次成为少数民族政权的都城。

隋唐时期，北京或称涿郡、或称幽州。隋炀帝于大业四年（608年）开永济渠，修通大运河，涿郡成为京杭大运河的北面终点。这对北京的大发展，起到重大作用。从此，江南物产可源源不断地运输到北京，明显提高了北京的经济和军事地位，成为中央王朝对北方地区用兵的后勤保障基地。隋炀帝三次出兵高丽，唐太宗东征高丽时，幽州就是兵力集结和后勤补给基地。因此，当时的北京城也有了相当的规模。《元和郡县补志》载：幽州城南北七里，东西九里，周长三十二里，有坚固的城墙，城开十二门。大体位置，“它的东城墙在宣武门西侧，南城墙在今白纸坊大街以南，西城墙在今莲花池东岸，北城墙在今新文华街一线稍南”[1]。可见，幽州城成为当时北方地区的军事和经济中心。

隋唐时期，在北方草原崛起的突厥族，成为唐朝在北方的主要威胁。所以，在唐玄宗时期，在幽州置范阳郡，安禄山为节度使，节制范阳、平卢（治所在今辽宁朝阳）、河东（治所在今山西太原）三镇，从而成为北方军事重镇。安禄山手握重兵，以“备寇御边”的名义在范阳城北另筑新城，曰雄武城，屯兵扩充势力。他以范阳雄厚的经济

[1] 阎崇年主编：《中国历代都城宫苑》，紫禁城出版社1987年，第5页。

和军事实力为资本，于天宝十四年（755年）与史思明一起发动叛乱，攻城略地，横扫中原，占领洛阳，直捣唐朝都城长安。安禄山于756年在洛阳称帝，国号大燕。“安史之乱”后，唐改范阳为幽州。

在五代十国时期，北方游牧民族契丹崛起，在今内蒙古赤峰市巴林左旗南面的临潢府建都立国，为辽朝。936年，辽朝皇帝耶律德光帮助后晋石敬瑭攻占洛阳。石敬瑭当皇帝后，按约将燕云十六州割让给了辽国。938年，辽将幽州作为南京，改称燕京，又曰析津府。辽国有五京，而南京（燕京）为最大。据《辽史·地理志》，南京城周三十六里，城墙高三丈，厚一丈五尺，上筑敌楼，城开八门。城内殿、坊、市，井然有序。商业集中在六街和北市，节日之夜，灯火同昼，游人如织。可见，不仅城市雄伟宏大，而且繁华热闹。这时的燕京，又一次成了北方地区的政治、经济、文化中心。

金代是女真族建立的少数民族政权，后向南发展，联宋灭辽。女真族从黑龙江流域兴起，建国定都。最初，以黑龙江省阿城县境内的都城为上京。在北宋宣和四年（1122年），金兵攻辽，占领其南京（燕京）。1148年，金海陵王完颜亮发动宫廷政变，杀兄夺位，改年号为天德。天德二年（1150年）四月，内使梁汉臣（原为北宋内侍）上言迁都燕京。完颜亮采纳其言，下诏迁都，命右丞相张浩主持修建燕京都城。于是，张浩派遣画工、测绘等技术人员到北宋都城汴梁（开封）实地测绘，绘制宫城、宫殿、楼阁等图样，参照这些资料制定了营建燕京的两套规划建设方案。在辽南京的基础上，经过三年建设完工。1153年，金主完颜亮将都城迁至燕京，遂改为圣都，继改中都，即京师，从而燕京继续保持为中国北方的政治、经济、文化和军事中心，历史地位空前提高。

可见，金代的燕京，基本上是北宋汴梁城的翻版或改进版。修建燕京，工程浩繁，技术难度大，时间也紧迫，所以，征调民夫工匠80万，士兵40万，共120万人。工程耗费巨大，“营南京（燕京）宫殿，运一木之费至二千万，牵一车之力至五百人。宫殿之饰，遍傅黄金而后间以五踩，金屑飞空如落雪。一殿之费以亿万计，成而复毁，务极华丽”[1]。筑城从涿州运土，采用人手传递法，一字排开，一筐一筐地传，往返于涿州至燕京之间，历经三年竣工。这是北京城的第一次大规模建设。据《金史·地理志》记载：“都城四围凡七十五里”。据对其遗址的测量，都城东西3800米，南北4500米。“城门十三，东曰施仁、曰宣曜、曰阳春，南曰景风、曰丰宜、曰端礼，西曰丽泽、曰颢华、曰彰义，北曰会城、曰通玄、曰崇智、曰光泰。[2]”北门即会城门，即现在军事博物馆南会城村；南门丰宜门之南有郊台，即现在丰台地名由来。

皇城坐落于都城中部偏西处，宫城宫殿九重三十六殿，楼阁倍之。皇帝居中，皇后居后，内省在东，妃嫔在西。内城之南，东为太庙，西为尚书省。内城西门（玉华门）外，有同乐园、若瑶池、蓬瀛、柳庄、杏村等园林。张博泉《金史简编》载，皇城“外城周长凡九里三十步，天津桥之北宣阳门为正门。门内东西分设来宁馆、会同馆（为接待宋、西夏等国使臣馆所）”。贞元元年（1153年）二月，完颜亮隆重而华丽地进住燕京。在金代，中都人口达40万，居住有汉、契丹、女真等族。

在元代，北京第一次成为全中国的首都，第一次成为中央统一王朝的政治、经济、文化、军事中心，第一次成为由少数民族建立的统一多民族国家的京师。在12世纪末到13世纪初，生息于额尔古纳河流域的蒙古各部落，由铁木真逐渐统一而崛起，1206年铁木真在鄂嫩河畔建立蒙古汗国，铁木真即帝位，称成吉思汗。1260年，成吉思汗的孙子忽必烈即汗位；1264年八月，忽必烈将开平（今内蒙古锡林郭勒盟正蓝旗东）为上都，以燕京为中都（陪都）。1271年（至元八年）十一月，忽必烈正式定国号为元；次年二月，将中都改为元大都。从此，北京掀开了成为统一多民族国家首都的历史篇章。

[1] 《金史》卷五《海陵本纪》。
[2] 《金史·地理志五》。

金中都燕京，特别是皇城和宫城，在金元战争中遭到毁灭性破坏，成为一片废墟，所以，元朝只能重建都城和皇宫。至元元年（1264年）八月，忽必烈采纳僧人子聪的建议，拟以燕京为中都。至元三年忽必烈命僧人子聪到燕京相地，具体规划中都营建。因为，开平建都时，也是子聪负责规划并营建的。鉴于建都工程繁重，至元二年大臣王鹗上奏忽必烈，说：僧人子聪“久侍藩邸，积有岁年，参帷幄之密谋，定社稷之大计”，所以请求应让其还俗为官，以便于集中精力负责营建。于是，忽必烈诏令子聪还俗，复其刘姓，赐名秉忠，拜太保，参领中书省事。至元四年（1267年）正月，中都的营建工程启动，至元八年动工兴建宫城，至元十年年底大明殿成，到至元十三年皇城内的主要建筑基本完工，至元二十年皇室、贵族、衙署、商铺等相继迁入大都新城。到至元二十七年，整个都城建设基本完工，前后长达23年。忽必烈改国号为元的第二年即1272年，改燕京为大都，1274年开始在新宫城的大明宫听政。

元大都位于金中都旧址东北处，金离宫大宁宫附近。大都的规划，遵循《周礼・考工记》的建都理论，按“匠人营国，方九里，旁三门。国中九经九纬，经涂九轨。左祖右社，面朝后市”的原则布局。按历代都城规制，城三重，里为宫城（即紫禁城），中为皇城，外为都城。据考古勘测，都城城墙周长28600米，东城墙长7590米，西城墙7600米，南城墙6680米，北城墙6730米，基本呈长方形。城墙共开十一门：南面三门，正门为丽正门，左为文明，右为顺承；北面二门，左为安贞，右为健德；东面三门，南为齐化，中为崇仁，北为光熙；西面三门，南为平顺，中为和义，北为萧清。三重城由一条中轴线南北贯穿。在这条中轴线上，从外城的正门丽正门开始，向北经皇城棂星门，宫城崇天门、大明殿、延春阁，出后载门，直到万宁寺中心阁。大都南城墙约在现今北京市西长安街南侧，北城墙在现今德胜门和安定门外小关一线，仍有土城遗址；东西城墙，大体与后来的城墙相重。城墙是夯土夹芦苇，基本未用条石和砖。

皇城在都城中央靠南方位，它的东墙在今南北河沿西侧，西墙在今西皇城根，北墙在今地安门南一线，南墙在今东西华门大街以南。城周长约10公里，基本包括了三海、兴圣宫、隆福宫等主要宫殿设施，对宫城又增加了一层防线。宫城在皇城内靠南又偏东处，呈南北长方形，周长约4公里。大都的中轴线，以宫城的中轴为基准，皇城则偏西。

元大都是当时世界上最大且宏伟壮丽、繁荣先进的都市。西方著名旅行家马可·波罗在他的《马可·波罗行纪》中感叹，元朝的“汗巴里”（皇宫）的豪华壮丽和都城的繁华富庶，简直是举世无双。“城是如此的美丽，布置如此巧妙，我们竟不能描写它了！”这正是当时统一的多民族国家创造的奇迹。

（二）明朝京师北京

明永乐十九年（1421年），成祖朱棣从南京迁都北京。从此，北京第二次成为大一统多民族中央集权制王朝的首都，因而也成为全国的政治、文化、军事和外交中心。

1368年明朝建国后将元大都改为北平。北平虽不是京师了，但仍旧是明朝北方重镇。朱棣于洪武十三年（1380年）三月入住燕王府，府邸是位于紫禁城西侧的元大都的旧宫殿隆福宫。因在战争中有所损毁，朱棣在就藩之前略加修葺，于洪武十二年十一月完工。虽然，燕王的府邸是旧物利用，但在当时诸王府邸中是最好的。所以，建文帝为削藩作准备时，罗织燕王的罪名，曾指责朱棣“越分”。为此，朱棣专门上书辩解，说：

> 谓臣宫室僭侈，过于各府，此盖皇考所赐。自臣之国以来，二十余年，并不曾一毫增益。其所以不同各王府者，盖《祖训·营缮》条云明言：“燕因元之旧有”，非臣敢僭越[1]。

[1] 《明太宗实录》卷五。

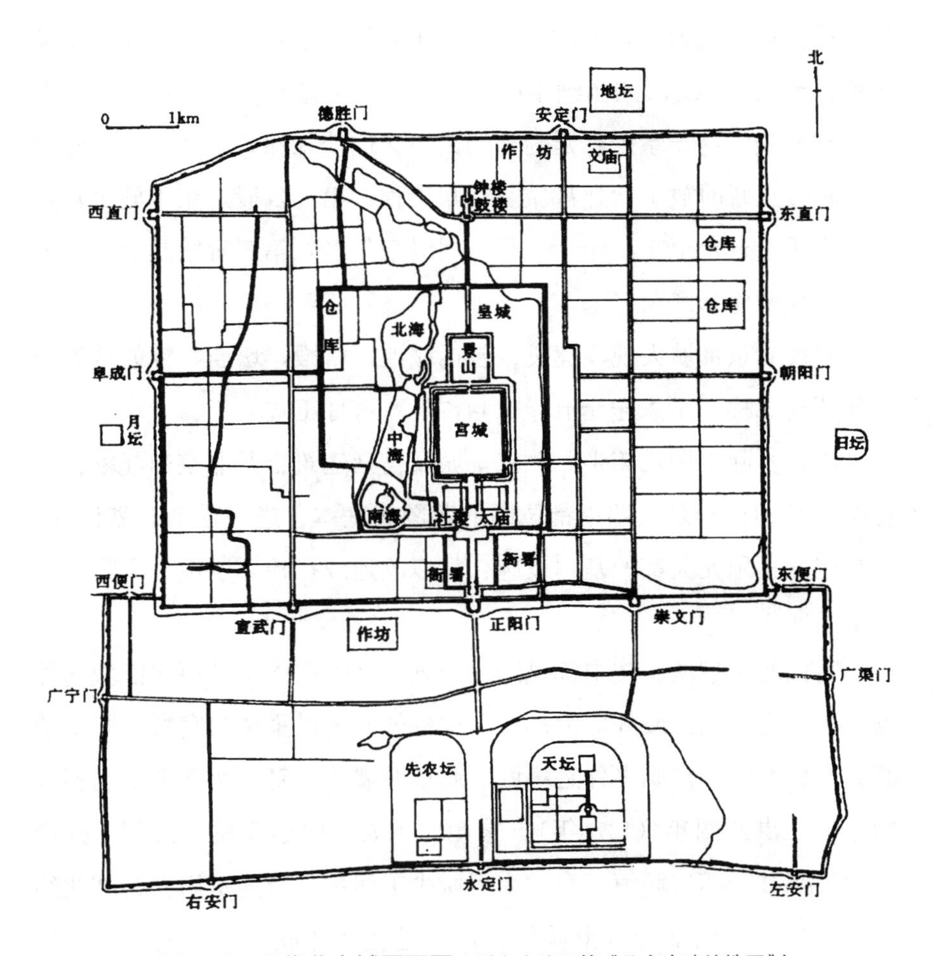

图 2–4　明代北京城平面图（引自李路珂等《北京古建筑地图》）

永乐迁都之前，北京在明代已有半个世纪基本未曾修缮过。永乐元年（1403年）正月，朱棣决定迁都北京，所以北京也称行在。永乐四年（1406年）闰七月，成祖下诏，要从永乐五年五月起开始营建北京都城及宫殿。

北京都城建设，大体分为三个阶段。第一阶段是筹建时期，从永乐四年（1406年）至十五年。如此浩大的工程需要大量的前期准备。同时，施工准备期之所以较长，主要原因是从永乐四年下半年开始，明朝先后出兵征讨安南、蒙古鞑靼、瓦剌等，军事行动频繁，南征北战，耗费巨大，国家财政负担加重。加之永乐五年成祖徐皇后又病死，于是从永乐七年至十四年三月，用7年时间，在北京昌平天寿山修建长陵。这一系列朝廷内外的大事，迫使朱棣调整计划，先修徐皇后陵寝，暂时放下营建都城及宫殿工程。第二阶段是集中施工营建期，永乐十五年至十八年十二月，用时三年多。第三阶段是永乐后各朝的陆续增建修缮期。

明代北京都城大规模建设，包括城池、宫殿、坛庙、钟鼓楼等一系列营建工程，于永乐十五年（1417年）六月正式动工，十八年十二月完工，实际工期三年半。北京都城及宫廷建筑，并非空白起家，原有两个基础：一是按照中都凤阳的蓝图为底本，进行重新规划设计；二是充分利用元大都的基本设施，加以改建或扩建。所以，实际上缩短了工期。

明代北京都城，按中都凤阳的规划，又吸取南京及历代都城的优点，布局为三重：最外层为都城，亦称外城；最里边为宫城，即紫禁城，亦称大内；宫城之外是皇城。北京城墙的修复，实际上从明初开始，早在洪武四年（1371年），朱元璋派大将徐达攻克元大都，并修复元大都被毁坏的城垣。当时为了减少工程量，节约费用，将城北约五里宽较荒凉的部分划出城外，也就是在北边砍了一块出去，从而也缩短了城垣防线。这样，北京实际上从元大都旧址向南缩短了五里。当时，是徐达手下的指挥华云龙具体负责北平的修缮工程，在新筑北城墙时为避开海子（积水潭），在西北角上切了一个斜面，从而在西北角形成了两个墙角。新筑城垣南北取径直，东西宽一千八百九十丈；皇城周围一千二百六丈。在修建北京都城时，在元大都的南城垣外，又往南拓展了一块。东西城墙各向南延伸了一里，即今东西长安街往南移动到前三门一线。这是永乐十七年（1419年）完成的。这样，永乐时期的北京城比元大都在南北长度上小了四里。

元大都的外墙原来都是土墙，永乐修都城时将东西南三面（北面在洪武朝徐达修城时已解决）城墙的外面用砖包砌，而里面包砖是过

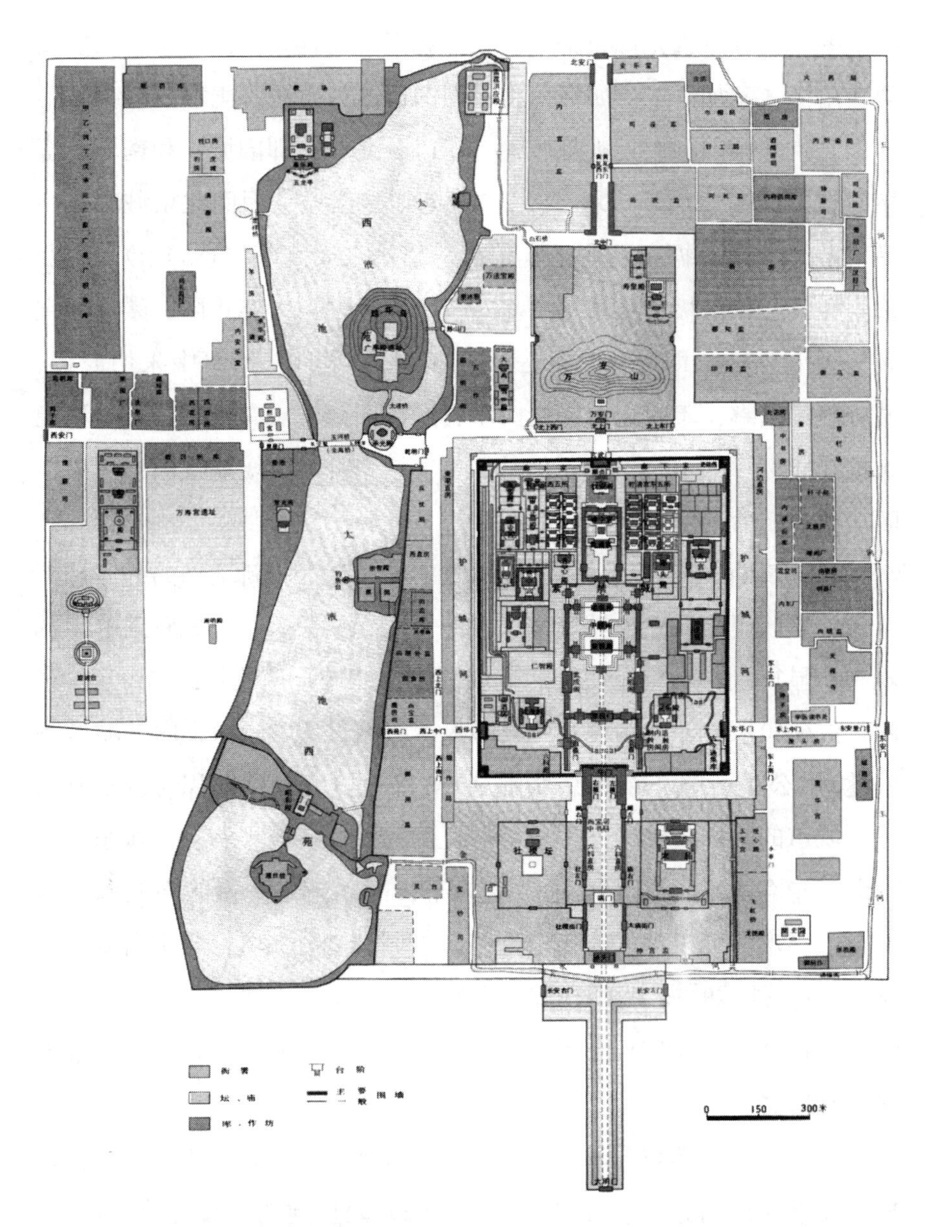

图 2–5　**北京明皇城平面图**（天启至崇祯年间・故宫博物院提供）

了25年后到正统十年（1445年）才完成。城墙内外包砖，中间填土，这样，北京都城进一步加固。永乐时期北京城墙建筑并未完善，正统元年（1436年），安南人太监阮安和都督同知沈青，少保、工部尚书吴中率军夫五万人，修京师九门城楼和门外前楼、门外牌楼，城墙四隅建角楼，又加深了护城河，将上面的桥改为石桥，立水闸。

北京都城因利用元大都改建，所以分北城（即旧城）和南城。嘉靖时在旧城南边加了一块“补钉”，即增建南城，因而北京城郭最终呈“凸”字形。据《明典录》记载，嘉靖二十九年（1550年），因北边告警，在群臣极力要求下，嘉靖帝下令为之：命筑正阳、崇文、宣武三关厢外城，即而停止。三十二年（1553年），给事中朱伯辰言，城外居民繁夥，不宜无以圉之。臣尝履行四郊，咸有土城故址，环境如规，周可百二十余里，若仍其旧贯，增卑补薄，培缺续断，可事半而功倍。乃命相度兴工。

到嘉靖四十三年（1564年）南城工程才完工，新增加的外城墙围全长二十八里。北京外城垣呈现“凸”字形，突破了都城营建的传统规制，显得别具一格。明代北京城旧城（北城）南北长约5350米，东西长约6650米；外城南北长约3100米，东西长约7950米。内外城城围共达31.5公里，略小于南京城围（37.14公里）。京城面积达62平方公里。城市的平面布局，按照皇都“九经九纬”传统规制，全城东西和南北干道各九条，组成三条大道为干，配以与之平行的南北和东西次干道，形成“棋盘式”街道网络。全城共划分36坊，其中内城（北城）28坊，外城8坊。明朝迁都北京后，人口发展很快，到嘉靖、万历年间（1522—1626年）已近百万人，成为全国乃至全世界最大、最繁华的都市之一。

明代皇宫与都城同时兴建，而且重点是营建宫殿。明代紫禁城是拆除元朝大内宫殿后，在其旧址上稍偏东处重建的。在营建皇宫时，派了朝廷大员到各地监督备料，采运木材、石材、砖瓦等主要建筑材料。木材主要采伐高大优质木材，如楠、杉、松等，从川、鄂、湘、赣、浙、闽、晋以及更远的云南、贵州、两广等地运往京城。这些木材的运输，主要靠水路，将木材送入长江，再到淮河转大运河，直达北京，运输用时漫长，以数年计。石材品种主要有汉白玉、青石、花

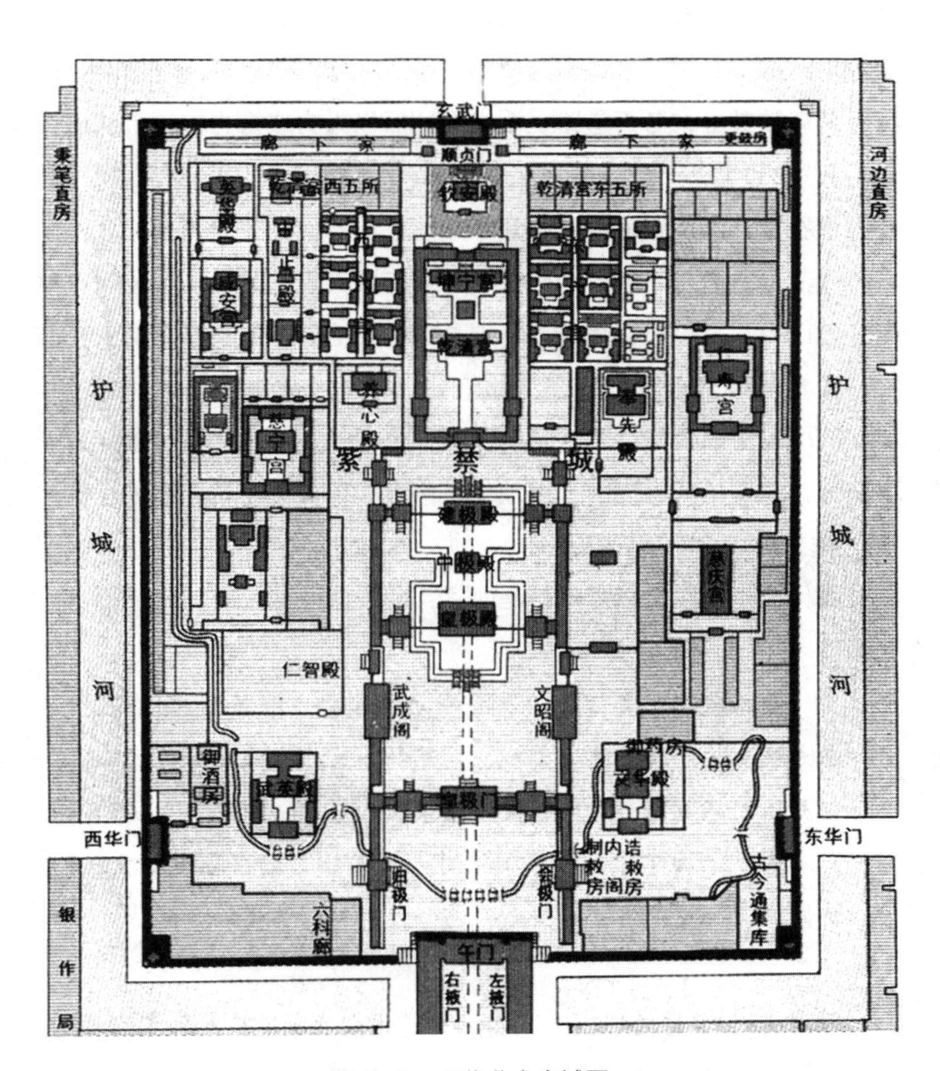

图 2–6　明代北京宫城图

（故宫博物院提供）

岗石、花斑石等。其大小规格不等，最大的如保和殿后的一块云龙石阶，长16.5米，宽3米，整块汉白玉，重达200多吨。石材主要用于宫殿台基、柱础、台阶、栏杆、道路等。朝廷派工部和御史台官员驻地，监督采运石材。汉白玉主要取材于北京房山县大石窝、涿州马鞍山等地。这些石材的搬运，主要靠“旱船”，即以巨大原木捆成木排，将石材载放其上，冬天道路上泼水结冰后以人力或畜力拖运。从房山采运石料150里，一趟需要月余时间才能到北京。整个大内宫殿，需要大量石材，仅运石就需要好几年才能完成。砖瓦主要来自河北、山东、江苏、安徽、江西、湖南各省。还有顺天府的昌平州、通州、涿州、房山等州县也开窑烧砖。特别是山东临清砖，是皇宫用的主要砖材。据清代缪荃孙《云自在龛随笔》记载：考故明各宫殿九层，基址、墙垣俱用临清砖。宫廷建筑所用各色各式黄、绿、蓝、紫、黑等琉璃瓦，主要是就近烧制，用量也是惊人的。可见宫城建造采运建材工程量之大，备料之艰辛。

明代北京宫殿最早营建的是西宫，即改建原燕王府（元隆福宫）。

> 明初燕邸仍西宫之旧，当即元之隆福、兴圣诸宫遗址，在太液池西。其后改建都城，则燕邸旧宫及太液池东之元旧内并为西苑地，而宫城则徙而又东。
>
> 永乐十四年（1416年）八月，作西宫。初，上至北京，仍御旧宫。及是将撤而新之，乃命作西宫，为视朝之所。[1]

西宫仅用8个月便建成，这实际上是北京都城及宫殿施工的开始。西宫用的一些建筑材料，还是拆除元大内的旧物。《两宫鼎建记》说：

> 永乐十五年（1417年）四月，西宫成。其制：中为奉天

[1] 《日下旧闻考》卷三三引《明典汇》。

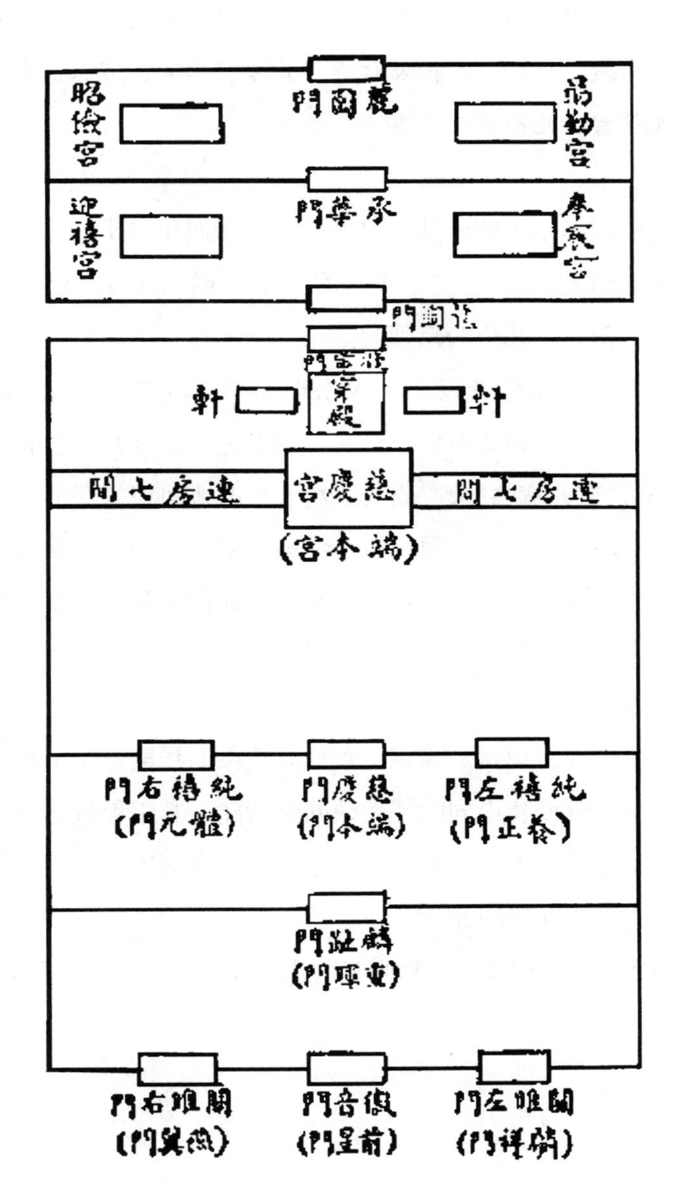

图 2-7　明代北京宫禁图

（引自朱偰《明清两代宫苑建置沿革图考》）

> 殿，殿之侧为左右二殿。奉天殿之南为奉天门，左右为东西角门。奉天门之南为午门，午门之前为承天门。奉天殿之北有后殿、凉殿、暖殿及仁寿、景福、仁和、万春、永寿、长春等宫，凡为屋千六百三十余楹。

俨然是一座缩小了的紫禁城皇宫。永乐十四年“十一月壬寅，诏文武群臣集议营建北京”。“丁亥，永乐十八年‘九月己巳’下诏自明年改京师为南京，北京为京师”[1]。

明紫禁城宫殿建设，于永乐十五年（1417年）六月正式破土动工，至十八年（1420年）十二月，基本完工。紫禁城呈长方形，南北长961米，东西宽753米，周长3428米，占地面积72万平方米，比南京紫禁城小28万平方米。面积虽小一些，基本布局、宫殿规制，包括建筑物的外观设计等，基本都是南京紫禁城的翻版；而南京紫禁城，则是凤阳中都的翻版。

明北京宫殿与中国历代皇宫一样宏伟壮丽，是中国帝王宫殿建筑艺术之集大成，使宫廷建筑达到登峰造极的程度。特别是永乐朝将皇宫、皇城和都城建设同时规划、同时营建，其工程量之巨，其时间之集中，动用的人力、物力、财力之大，在中国历代也是罕见的，其数量至今也无法准确统计。

明代的皇家园林与皇宫同时营建，成为宫廷建筑的重要组成部分。

[1] 《明史》卷七《成祖本纪》。

第三章
明代皇家宫苑

到明代，中国君主专制中央集权国家已发展到晚期。然而，作为专制集权制度的伴生物及皇家生活重要组成部分的皇家园林，却是更加完善，园林艺术炉火纯青，园林文化更加发达。

明代皇家宫苑是皇家园林的核心，主要指皇宫及京城内外供皇帝及后宫妃嫔们休憩、游乐的宫廷园林，包括北京的紫禁城宫后苑、慈宁宫花园、西苑、东苑、万岁山等宫廷花园型园林以及南苑行宫。

第一节　南京宫苑

南京（应天、金陵）是明代的第一个京师，历经洪武、建文及永乐初期，长达半个世纪。朱元璋以应天为京师，也与历代帝王一样，大兴土木，营建都城，填湖造宫。其豪华壮丽，在金陵发展史上达到登峰造极的程度，令世人叹为观止。正如意大利传教士利玛窦所描绘："论秀丽和雄伟，这座城市超过世上所有其他的城市……它真正到处都是殿、庙、塔、桥，欧洲简直没有能超过它的类似建筑。"[1]可见在当时中外绝伦。

[1]［意大利］利玛窦：《中国札记》，中华书局2005年。

然而，明代都城应天及其皇宫，与历朝都城及皇宫相比有个显著特点，就是没有与之配套的相应规模的宫苑。至少在各类文献资料上，对明初两代皇帝即朱元璋和朱允炆以及后宫嫔妃享受园林生活的状况，几乎未有明确记载。作为正式都城，没有营建宫廷御苑是不可思议的。南京和中都凤阳的宫廷营建中，没有宫苑的明确记载，是一种奇特现象。为何会出现这种情况？或许可从朱元璋和朱允炆的个性特点以及他们执政时期的特殊历史背景中，寻得合理的解释。

太祖朱元璋出身贫寒，从小历经磨难。正如他在《御制皇陵碑》文中所说："昔我父皇，寓居是方，农业艰辛，朝夕旁徨"。他父亲作为贫苦农民，朝不保夕，度日十分艰难。加之遭遇瘟疫，其父母及大哥均病死。这对少年时期的朱元璋犹如雪上加霜，逼得他走投无路，十七岁就当了游方僧，流浪讨饭三年。之后回到皇觉寺，先后为僧八年，二十四岁参加红巾起义才改变了命运。贫困家境和艰辛经历给他的思想打下了深深的烙印，为他形成独特的个性，产生了深远影响。他虽然贵为皇帝，但一生勤勉，朴素节俭，不喜奢侈享受。1363年他打败陈友谅后，江西行省将陈友谅所用镂金床送给朱元璋，他不为所动，反而把它砸烂了，并说这个东西与后蜀主孟昶的"七宝溺器"有何区别？陈友谅如此奢侈，如何不亡？方国珍当时也向他进献以金玉点缀的马鞍，以表示投降。但朱元璋说："今有事四方，所需者人才，所用者粟帛，宝玩非所好也。"[1]可见，朱元璋并不看重奇珍异宝。龙凤十二年（1366年）营建吴王宫室时，他将规划中的华丽装饰都给删去。在他心目中，"珠玉非宝，节俭是宝"。所以，在皇宫中的装饰，凡用金处，皆以铜代之，"乾清宫御床，若无金龙在上，与中人之家卧榻无异"。他的床只因有金龙才看得出是御榻，否则与一般富人所用无别。朱元璋以历代兴亡的历史教训警示自己，教育宗室。他在宫殿的屏风上书写唐代李山甫的诗《上元怀古二首》之一：

---

[1] 《明史》卷一《太祖本纪一》。

南朝天子爱风流，尽守江山不到头。
总是战争收拾得，却因歌舞破除休。
尧行道德终无敌，秦把金汤可自由？
试问繁华何处有，雨苔烟草古城秋。

这首诗，论艺术水准，在唐诗里算不上什么上乘，但它却道出了南朝帝王的豪奢腐糜成为烟云衰草的历史教训。对这首诗，朱元璋抬头可见，低头吟诵，警示因浮华而衰败，警钟长鸣[1]。他还命人在后宫嫔妃寝宫墙壁和屏风上画上耕织图；在太子的东宫宫墙上绘制太祖生平事迹图，以记创业艰辛[2]。可见用心良苦。他警惕奢华铺张毫不放松，甚至宫中侍女掉下的一段丝线，都俯身捡起，并严肃训诫：一段丝线虽不足道，但它是百姓血汗[3]。朱元璋不饮酒，也严禁朝臣饮酒作乐。据《国榷》记载，太祖严禁聚众饮酒，违者充军。

朱元璋虽为帝王，却不改农民本色。在宫城的空闲地，不种花草种蔬菜，教人除草施肥，浇水捉虫，甚至亲临指导，以此为乐[4]。他严教宗室子弟，对官宦子弟更是严厉有加。一次，他见到一个官宦子弟穿着价值五百贯的服饰，就当面训诫说：

今汝席父兄之庇，生长膏粱纨绮之下，农桑勤苦，邈无闻知。一衣制及五百贯，此农民数口之家一岁之资也，而尔费之于一衣。骄奢若此，岂不暴殄？自今切宜戒之！[5]

朱元璋的这种品性与作风，与以往历代帝王浸迷于肉林酒池、风

[1] 姚福：《青溪暇笔摘抄》。
[2] 《明太祖实录》卷一一六。
[3] 《国朝典故》卷三《剪胜野闻》。
[4] 《明太祖实录》卷二六。
[5] 《明太祖实录》卷二五六。

花雪月、醉生梦死的生活方式是格格不入的。因而，园林生活显然与他无缘。他真可谓别具风格的“千古一帝”了。

另一方面，朱元璋勤勉务实、从不懈怠的作风，也排斥醉迷于犬马游乐、昏溺于酒香女色的昏庸生活。洪武三十一年（1398年）闰五月，朱元璋在临终前的遗诏中说：“朕膺天命三十有一年，忧危积心，日勤不怠，务有益于民。奈起自寒微，无古人之博知，好善恶恶，不及远矣。”[1]这是他当政31年苦心积虑、勤勉不怠的真心实话。他每天起早贪黑，亲自批阅奏章，处理军国大事，从不耽乐。特别是废除宰相制以后，六部奏章直送皇帝，政务十分繁重，无时可歇。著名明史学家吴晗先生据《明太祖实录》统计，洪武十七年（1384年）九月，从十四日至二十一日8天内，朝臣送阅奏章1660件，有3391件事，朱元璋每天平均批阅207件余，要处理423 件事务。况且，明代官员中八股盛行，一章奏折往往洋洋万言，甚至更多。如洪武九年（1376年），刑部主事茹太素上言5件事，奏章长达1.7万字。所以，朱元璋也自叹：“吁，难哉！”[2]尽管如此，他还是全力以赴，勤勉理政。

他之所以如此，除了长期的战争环境磨炼出不畏艰难的个性外，还有一个重要动因，就是他的忧患意识，即唯恐皇权旁落，唯恐一事不周，酿成巨患。他说：“朕尊居天位，念天下之广，生民之众，万机方殷，中夜寝不安枕，忧悬于心。”[3]他在前廷处理完政务，到后廷休息时，也是坐立不安，满脑子军国大事：

> 朕每燕居，思天下之事，未尝一日自安。盖治天下犹治丝，一丝不理则众绪棼乱……以此不敢顷刻安逸[4]。

---

[1] 《明史》卷三《太祖本纪》。

[2] 吴晗：《朱元璋传》《明太祖文集》卷一五《建言格式序》。

[3] （明）余继登：《典故纪闻》卷一。

[4] 《明太祖实录》卷二九。

因此，朱元璋既无暇在园林中赏花观鱼，纵逸游乐，更无心思营造仙山琼阁，耽误朝政。在他看来，“丧乱之源，由于骄逸。大抵居高位者易骄，处逸乐者易侈。……如此者，未有不亡”。他“在民间时，见州县官吏多不恤民，往往贪财好色，饮酒废事，凡民疾苦，视之漠然，心实怒之”[1]。正是这些经历和认识，促使他将全部精力和时间均用于治国理政上，毫无享乐之念，更无游乐之闲。

皇家园林是为帝王提供休闲游乐、享受高品质生活乐趣的场所，而这恰恰与朱元璋的治国理政理念相悖。朱元璋把“骄逸”生活看作历代灭亡的祸根之一，所以将其当作自己的天敌，这或许是洪武朝不营皇家宫苑的主观原因。客观上，洪武朝处于开国时期，百废待兴，根基未稳。作为开国之君的朱元璋，面临着诸多关乎百年大计的重大问题，无暇顾及笙歌宴娱，也无心游山玩水。

一方面，虽然已建国，但统一大业任重道远。从洪武元年（1368年）开始，平定海内的战争延续了三年多。然而，战事仍未结束，直到洪武二十年（1387年），朱元璋还派冯胜、傅友德、蓝玉率20万大军北伐纳哈出，试图根除北元。另一方面，朝廷统治集团内部矛盾激化，大案要案接踵爆发。朱元璋主要是靠淮西集团为精英，借农民起义夺取天下，建立了大明王朝。当面对最大的敌人元朝政权以及各地割据势力时，精英集团的根本利益是一致的，所以尚能团结一心，同舟共济。然而，夺取了政权后，因分配既得利益，统治集团内部的利益冲突便日益突显出来，淮西集团的一些人，便成为朱元璋的敌对力量。

同时，太子朱标死后，皇位继承人成为朱元璋的最大隐忧。他决定让嫡孙朱允炆成为皇位继承人，但又担心自己死后，那些与他并肩战斗，对大明王朝的建立有卓越贡献的开国元勋们心存不服，甚至谋逆篡权。因此，他决心逐一清除开国元勋尽力铲除他所认为的可能威胁朱家天下的一切政治势力，为孙子顺利执政扫平障碍，于是屡兴大

[1]《典故纪闻》卷二。

狱。

第一个大案，就是胡惟庸案。明初，承袭旧制设宰相。李善长为右相，他多次向朱元璋推荐胡惟庸，而胡惟庸是李善长的亲戚，也是淮右集团的重要人物。洪武六年（1373年）胡惟庸被任命为左丞相，并深得信任。于是，他权势日张，一意专行，对朝政大事如生死人命、官员升降等，有时径自处理，不向皇帝奏报。所以，朝臣们奔走其门径，金钱玉帛、名马珍玩无所不送，形成了小集团，大有架空皇权之势。于是，洪武十三年，朱元璋以“擅权植党”谋反罪，杀了胡惟庸。此案断断续续延续了十多年，诛杀了包括李善长在内的一批功臣宿将，“所连及坐诛者三万余人”[1]。胡党案件对朱元璋的刺激很大，许多当年与他并肩浴血奋战的同乡、战友、开国功臣，几年之间都成了他的政治对手，这使他对一切朝臣都失去了信任，以全部精力和手段对付他所认为的政治对立派。

第二个大案是洪武二十六年的蓝玉谋反案。蓝玉是淮右集团的重要骨干，一员开国名将。但他因功骄纵，被锦衣卫告发谋反。于是，坐诛并株连家族，“族诛者万五千人”。同案被诛者中有一公、十三侯、二伯，称为“蓝党”。胡、蓝两案，在时间上正好衔接，延续十余年之久，杀掉4.5万余人，从而“元功宿将相继尽矣”[2]。此外还有朱亮祖案、胡美案、周德兴案、王弼案、谢成案、傅友德案等等，再有洪武十五年的“空印案”，十八年的户部侍郎郭桓贪污案及多起“文字狱”，几乎每年都有重大案件发生。这不仅使朝廷内外人人自危，文臣武将都成了惊弓之鸟。同时，朱元璋本人也如临大敌，精神极度紧张，不敢安卧。

在这种政治氛围下，朱元璋哪还有放松享乐的心境呢？而且，他的确十分关注治愈战争创伤，恢复经济，稳定社会，以求巩固政权，所以，多次强调“天下始定，民财力俱困，要在休养生息，惟廉者

[1] 《明史》卷三〇八《胡惟庸传》。
[2] 《明史》卷一三二《蓝玉传》。

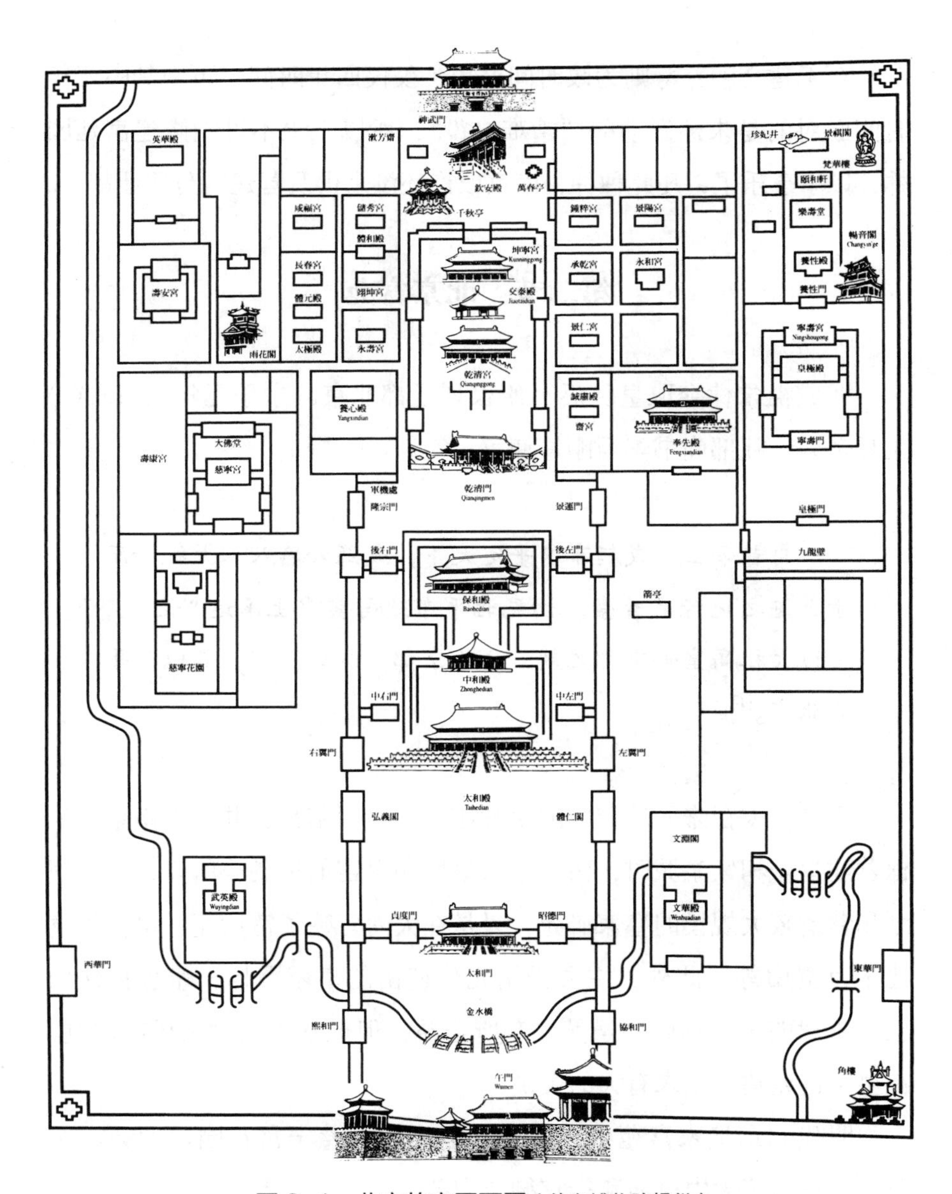

图 3–1 北京故宫平面图（故宫博物院提供）

能约己而利人”[1]。“为君者欲求事天，必先恤民。恤民者，事天之实也。”[2]在这种特殊的国情、政情、心情之下，朱元璋不大规模营建皇家宫苑，是情理之中的事。

[1] 《明史》卷一《太祖本纪二》。

[2] 《明史》卷三《太祖本纪三》。

至于建文朝，一则为政时间过短，仅仅四年时间，再则其中三年时间面对的是朱棣发动的“靖难之役”，所以，更不可能修建宫廷园林，以事享乐了。凡此种种，南京或许还没来得及营建宫苑便迁都了。

第二节　北京宫苑

明成祖朱棣夺取皇位后，便谋划迁都北京。永乐元年（1403年）正月辛卯，礼部尚书李至刚等谏言：

> 自昔帝王，或起布衣平定天下，或繇外藩入承大统，而于肇迹之地皆有升崇。切见北平布政司实皇上承运兴之地，宜遵太祖高皇帝中都之制，立为京都。制曰：可，其以北平为北京。[1]

于是，太祖朱元璋定鼎的京师应天降格为陪都，并改为南京。朱棣营建皇城和紫禁城时，仿造南京皇城和皇宫的形制，所以，也未规划和营造较大规模的皇家御苑，只是在大内营建了宫后苑，皇宫外营建了万岁山等。此外，主要沿用元代遗留的皇家园林，略加扩建而已。朱棣的子孙列朝，虽然也有所增益，但也基本因循永乐朝旧制，在皇家宫苑建造上未有大的突破。

明代北京皇家宫苑中，主要有宫后苑、慈宁宫花园、西苑、东苑、万岁山等大内御苑和行宫御苑南苑。

一　宫后苑

宫后苑是明代北京紫禁城内宫廷主要花园，清代沿用，改名为御

[1] 《明太宗实录》卷一六。

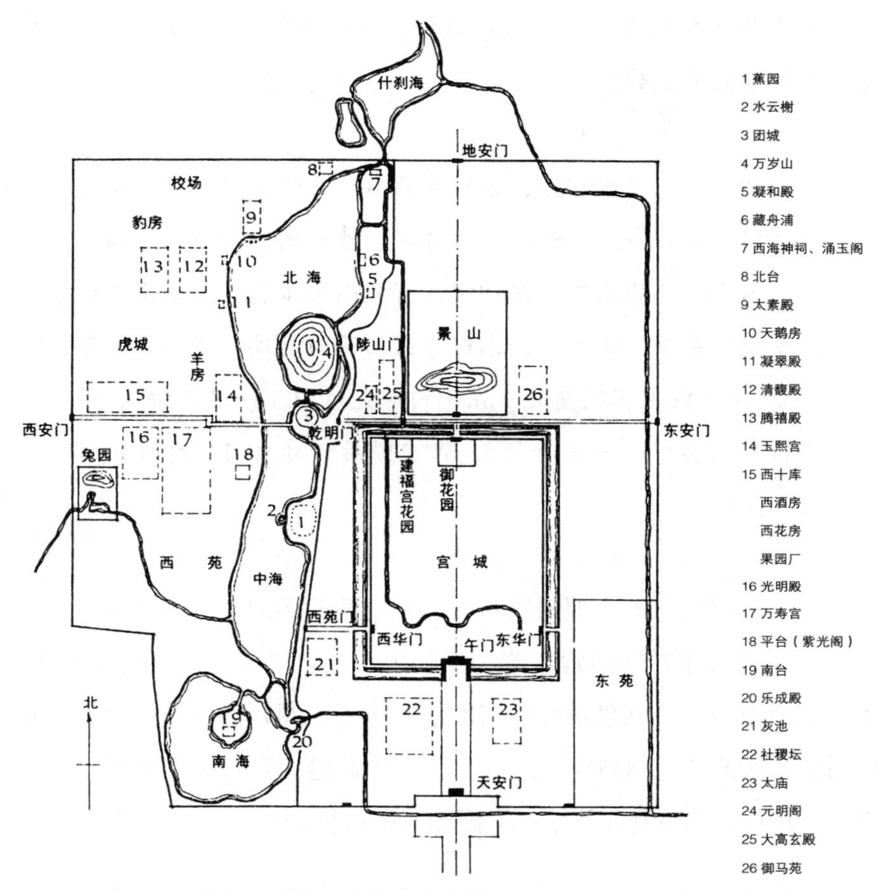

图 3–2 北京明皇城大内御苑分布图（引自周维权《中国古典园林史》）

花园，即现存北京故宫的御花园。据《明宫史》记载：

> 坤宁宫之后则宫后苑也，钦安殿在焉，供安玄天上帝之所也；曰乐志斋，曰清望阁、曲流馆，曰四神祠，有鱼池、山子、奇花、异树，东南曰琼苑左门，西南曰琼苑右门，即东一长街、西一长街之北首。钦安殿后曰顺贞门，其宫墙外则紫禁城之玄武门[1]。

---

[1] 单元士：《明北京宫苑图考》，紫禁城出版社2009年，第115页。

对于明代北京宫后苑的基本概貌，《日下旧闻考》卷三十三《宫室》有较全面的记载：

> 坤宁宫所谓中宫也，宫后则为后苑，钦安殿在焉，曰天一之门，万春亭、千秋亭、对育轩、清望阁、金香亭、玉翠亭、乐志斋、曲流馆、四神祠，有假山曰堆绣山，山上亭曰御景亭。东西二池有亭，东曰浮碧，西曰澄瑞。万历十一年（1583年）毁观花殿垒此。东南曰琼苑左门（一名嘉福），西南曰琼苑右门（一名隆德），钦安殿后曰顺贞门，即坤宁宫门也。

由此，宫后苑的主要景物可见一斑。宫后苑是永乐十五年（1417年）营建紫禁城时规划营造的，于永乐十八年建成。当时建筑不多，比较疏朗空阔。后继皇帝陆续增加了一些亭、阁、假山等。宫后苑建成后，景泰六年（1455年）进行了第一次扩建，到嘉靖、万历年间又进行了增修，其变化情况，《日下旧闻考》卷三十五《宫室》有记载：

> 钦安殿门曰天一之门，嘉靖十四年（1535年）添额。有万春亭、千秋亭。嘉靖十五年添对育轩，嘉靖十四年更玉芳轩。四神祠有观花殿，万历十一年（1583年）毁之，垒石为山，中作石门，扁曰堆秀。山上有亭曰御景，东西鱼池，池上二亭，左曰浮碧，右曰澄瑞。又有清望阁、金香亭、玉翠亭、乐志斋、曲流馆，至万历十九年毁。

宫后苑初建时并非是闭合式园林，坐落于紫禁城中轴线的最北端。从内廷正殿乾清宫及交泰殿和坤宁宫向北，出坤宁宫北门，即可进入宫后苑。在永乐时，坤宁宫与宫后苑之间并无围廊，嘉靖十四年（1535年）增修时，在坤宁宫后面增建了围廊，正中设门称坤宁门。

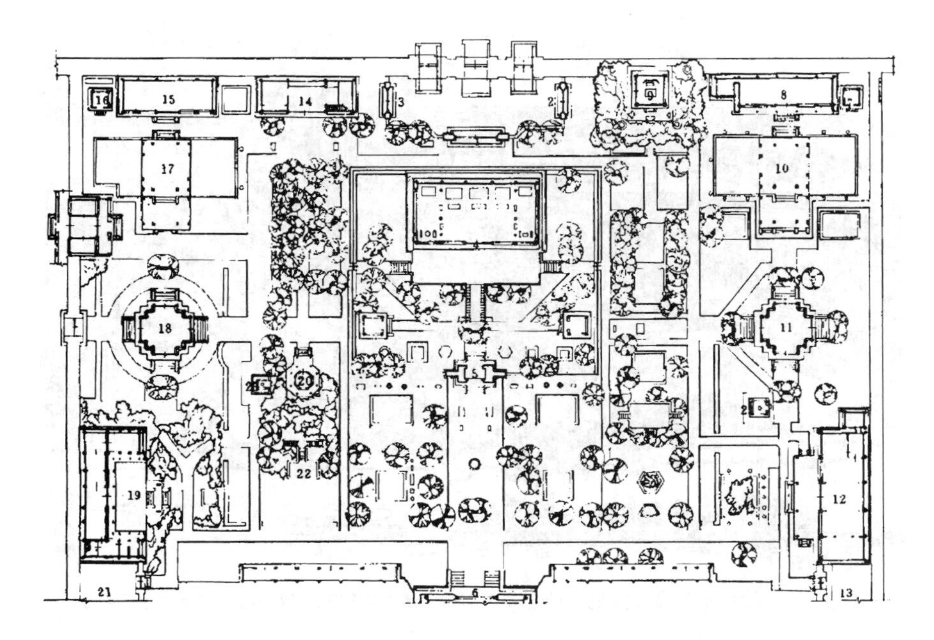

图 3-3　北京故宫宫后苑（御花园）平面示意图

（引自于倬云主编《紫禁城建筑研究与保护》）

它既是后三宫的北正门，也是宫后苑的正南门；其原来的北门（坤宁门）则改为顺贞门。出顺贞门，即达紫禁城北正门玄武门。清康熙时为避讳康熙帝名玄烨之玄字，改称神武门。在宫后苑南加了围廊后，形成了封闭式庭园。清代雍正时，帝、后迁出后三宫，并将宫后苑改称御花园。现存故宫御花园东南角有琼苑东门，西南角有琼苑西门，分别通东西六宫。

明代紫禁城宫后苑规模不甚大，南北长89米，东西宽135米，面积达12000多平方米（对宫后苑的规模，有几种不同数据，在此取其一种）。永乐初建时，宫后苑的建筑物比较少，因而较为疏朗空阔。在景泰、嘉靖和万历时，虽然有所增建，但未突破总体格局。清代沿用并少许扩建或改建，因成现有布局，建筑物达20余座，略显稠密。

明代宫后苑的总体布局，以南北中轴线为基准，东西两侧各种景物严整对称，有序摆布。南北纵向上景观分三路布局，中路上主要是

图 3–4　北京故宫御花园景观绘图（引自（清）岡田玉山等编绘《唐土名胜图会》）

钦安殿和三道门，最南为坤宁门，是宫后苑的正门；向北则是钦安殿院墙的南门，即天一之门；宫后苑的北门为承光门。东西两路上，以殿、阁、亭、轩及假山等园林建筑构筑物为主景，以池、井、草木、花卉为点缀，天然成趣。而东西横向上以中轴线上的钦安殿为中心，形成五个景观组团。

第一景观组团：以主体建筑钦安殿为主体，是宫后苑的核心景观组团。钦安殿为永乐时所建，坐落于中路正中偏北处。面阔五间，进深三间，重檐盝顶，中置镏金宝顶，覆以黄色琉璃瓦。钦安殿坐落于单层汉白玉须弥座上，殿前出月台，四周围以穿花龙纹汉白玉石栏杆，龙凤望柱头。殿后正中的一块栏板雕有双龙戏水图案，十分精美生动。月台前出丹陛，东西两侧出台阶。明间、东西次间开隔扇门，每间四扇，着朱漆。钦安殿坐北朝南，黄瓦、红墙、白玉栏杆，整个建筑庄重威严。

钦安殿是明代皇家道观，内供奉玄天上帝。朱彝尊《日下旧闻》引《芜史》记载：“坤宁宫后则后苑也，钦安殿在焉，供玄天上帝之

图 3-5　北京故宫钦安殿外景（张薇 / 摄）

所也。”于敏中在《日下旧闻考》中说：“钦安殿祀元天上帝。”所谓“元天上帝”、“玄天上帝”，即永乐帝十分崇敬的真武大帝。钦安殿作为皇家祭祀场所，整体建筑庄严宏伟端丽，是宫后苑中的核心景观之一。其内摆设，至今保留着明代成化年间（1465—1487年）的原物。[1]明清两代皇帝经常在此设道场。在明代皇帝中，除了成祖朱棣外，世宗朱厚熜也是对真武大帝崇奉有加。据《日下旧闻》记载，“嘉靖二年（1523年）四月，太监崔文等于钦安殿修设醮供，请驾拜奏青词”。“此乃建醮青词之始也”。钦安殿建成后，在每年的四个节气，即立春、立夏、立秋和立冬之日，皇帝亲临进香行礼；每逢年节，殿内设道场，道官设醮称表，以求四季风调雨顺，天下太平。

钦安殿初建时并无院墙，嘉靖十四年（1535年）增修院墙，之后在宫后苑中自成独立院落。墙体不高，抹红，绿琉璃瓦檐，黄琉璃瓦顶。院内东南置焚帛炉，西南则放置有夹杆石；北面东西两侧各有

[1]　单士元：《故宫史话》，新世界出版社2004年，第41页。

一座香亭。殿前修竹苍翠，松柏掩映。嘉靖时夏言《钦安殿》诗云："钦安殿前修竹园，百尺琅玕护紫垣。夜夜明月摇凤尾，年年春雨长龙孙。"可见当时钦安殿周围景物之一二。"钦安殿后为承光门，北向，列金像二。左为延和门，右为集福门，东西向。正中为顺贞门。其北相对为玄武（神武）门，门外有下马碑石，即紫禁城北门也。"[1]

第二景观组团：位于钦安殿北面，以中轴线北端的承光门为中心，紧依宫后苑北垣一线。东边紧邻堆绣山及御景亭，再往东直至宫后苑东北角依次为摛藻堂、凝香亭；西边与承光门比邻的是清望阁（清代改为延晖阁），再往西直至宫后苑西北角依次为位育斋、毓翠亭（玉翠亭）。凝香亭和毓翠亭体量在宫后苑中最小，且挤于狭小的角落内。

堆绣山（清代改为堆秀山）是一座叠石假山。宫后苑初建时并无此山，其址原为观花殿，万历中将其拆掉置假山。《日下旧闻考》引《明宫殿额名》记载："四神祠有观花殿。万历十一年（1583年）毁之，垒石为山，中作石门，扁曰'堆秀'。山上有亭曰'御景'……"堆绣山北依大内宫墙，坐北朝南，高10米，体量庞大，巍峨险峻，层峦叠嶂，堆秀积丽，集北国山峦之雄伟，汇江南奇峰之峻峭。南面山腰间设有岩洞，内为砖砌穹窿式石雕蟠龙藻井；洞门上额题"堆绣"。之后清乾隆皇帝题匾，"左侧恭镌皇上御书'云根'二字"[2]。山前两侧设有石蟠龙，口出喷泉。这是后宫中所设水法之一，即在山腰处置水缸储水，用铜质管道送水至蟠龙，从龙口喷出。山的东西两侧有登山小道，崎岖蜿蜒，直通山顶。上面的御景亭为四柱方形，四面设隔扇门，一斗二升交麻叶斗拱，攒尖顶，上覆翠琉璃瓦黄剪边，置鎏金宝顶。亭子四周围以汉白玉云龙雕饰栏板。亭内天花藻井，设有云龙宝座，坐北朝南。每当农历九月初九重阳节时，皇帝、皇后登上堆绣山御景亭放眼远眺，攀高赏景。因御景亭是宫后苑中的最高处，故可

[1] （清）于敏中等编纂：《日下旧闻考》卷一五《日下旧闻·国朝宫室》，北京古籍出版社1983年。

[2] 《日下旧闻考》卷一四。

图 3-6　北京故宫堆秀山全景（张薇 / 摄）

俯瞰宫苑，南眺紫禁城，北望万岁山（现景山）及西苑。

堆绣山堪称中国叠山艺术杰作，具有两大特点。第一，它不仅体现了人工叠山的皇家气派，更展现了中国人工掇山的传统技法达到精美绝伦的地步，即“虽由人作，宛自天开”，模仿自然，胜似天然，可谓巧夺天工。中国园林采用人工掇山，已有几千年的历史。此艺始于秦汉，盛于两宋，元明清因制，至今长久不衰。在园林中掇山，对所用石料十分讲究，选用名石，以太湖石为上等。北宋都城汴梁的皇家园林艮岳，名盛海内，主要石材就是大体量的太湖石。

堆绣山的石料，主要也是太湖石。其石特点，不仅质地坚硬，在风吹雨淋日晒中不易风化而破相，而且，因千百年来在水中浪冲波洗，表面光泽滑润，其形千姿百态，嶙峋奇特，尤以“瘦、皱、漏、透、怪”为美，闻名于世，称之为天下奇石，可谓大自然的鬼斧神工。明神宗对太湖石这类奇石，情有独钟，有喜好奇珍异宝之癖。神宗9岁登基，当时内阁首辅张居正独揽大权，神宗的一些本性受到抑

图 3-7 北京故宫堆秀山景观（故宫博物院提供）

制。万历十年（1582年）张居正病死，次年，神宗便大动干戈，耗费巨大的人力和财力，从2000里之外的太湖挖石，运抵北京，建造了这座奇石假山。可见，堆绣山不是普通的假山，而是价值连城的宝石山。只有历史上宋代的艮岳叠山之石可与之相媲美，在当今中国独一无二，全世界也是绝无仅有。当然，这也是明神宗留给后世的珍贵的历史遗产。

堆绣山的第二个特点，是在掇山中运用了"水法"，建造了人工喷泉。所谓"水法"，就是依地势变化营造各种形态的水体，如曲流、瀑布、喷泉、潭池等等，以丰富景观。据单士元先生《故宫史话》中说，明代在皇家园林中运用的水法，于明英宗天顺年间（1457－1464年）南内园林已始，是园有一座石桥，"用白玉石雕镂水旋其上之水法，不知其渊源"。在园林中运用水法，并非中国发明。单士元先生说，据20世纪30年代中国营造学社社长朱启钤先生认为，"此法乃明初三宝太监郑和下西洋时所得引进也"[1]。其实，这个说法并不准确。

[1] 《故宫史话》，第95页。

在中国造园理论中，水法早已有之，只是形制与手法与西方有所不同而已。西方人造喷泉，或称“立体水法”；而中国，在明代之前多用“平面水法”，即凿池或挖渠。如东晋时就有“曲水流觞”，正如王羲之在《兰亭序》中所描述，水在类似天然河道里流淌。或利用水的自然落差，在假山上营造人工瀑布，以咫尺之间表现“疑似银河落九天”的意境。

中国山水风景园林强调，人法自然，“虽由人作，宛自天开”。大自然中，有山必有水。所以，人工造园以山为骨，以水为脉，不可缺一。在园林中以水为景，早在西周文王苑囿就有。堆绣山的营造，也遵循了这个理论，不过明神宗万历时的堆绣山水法，还体现了“洋为中用”中西合璧的特色。

宫后苑东北角上，与堆绣山并排的摛藻堂，依宫后苑北边墙垣而向南，面阔五间，黄琉璃瓦硬山顶。摛藻堂为明代所建。堂前出廊，明间开门，四扇菱花隔扇门，次梢间为槛窗。现存堂西室门外联曰：“左右图书，静中涵道妙；春秋风月，佳处得天和。”门内联曰：“从来多古意，可以赋新诗。”这些门联，“皆御书”，即清乾隆皇帝所题。虽然是清代之物，但说明“摛藻堂向为藏弆秘籍之所，以经史子集四部分置”。乾隆十四年（1749年），乾隆帝《摛藻堂诗》云：“文轩构琼苑，仙柏荫广宇。题额纵自今，考迹亦云古。”乾隆帝注解说“御花园（宫后苑）内殿宇率仍明旧”，证明当时宫后苑还保持着明代旧貌。乾隆四十三年（1778年），乾隆帝又在《题摛藻堂诗》的注解中说：“此堂原为御花园贮书之所，己巳秋即命以经史子集四部分置，并有诗，盖已为之兆矣。”由此可知，摛藻堂在明代也是藏书之所，以备皇帝临憩阅览之用。“摛藻堂东为凝香亭，堂前有池，池上为浮碧亭，亭之南为万春亭。”[1]凝香亭是东路三亭之最北者，建于嘉靖十五年（1536年），方形四柱，攒尖顶，上覆黄、蓝、绿三色相间琉璃

[1] 《日下旧闻考》卷一四《国朝宫室》。

图 3-8 北京故宫摛藻堂景（故宫博物院提供）

图 3-9 北京故宫浮碧亭景观（故宫博物院提供）

瓦，如同棋盘格，玲珑巧丽。

在承光门西侧的清望阁是宫后苑内唯一的阁式建筑，明永乐时所建，清代改称延晖阁。坐北向南，外观呈上下两层，重檐；上层回廊环绕，黄琉璃瓦卷棚歇山顶，高出宫墙。前檐明间开门，有六扇灯笼框隔扇门，两个次间为灯笼框槛窗。下层面阔三间，进深一间，明间开隔扇门和槛窗。整个建筑庄严秀丽。这也是宫后苑内的登高之处。阁内两层之间有一暗层，也可在外面二层回廊中观赏风景。《日下旧闻》说，每当冬日天朗气清时，登临高阁，就可远眺北京西山雪景。正如阁联所题："雪朗西山送寒色，花辉东壁发生馨。""丽日和风春淡荡，花香鸟语物昭苏。"那些明清皇帝及后宫妃嫔佳丽，虽然身居深宫，却能观赏天然野景，此乃佳处。

在清望阁西侧为对育轩。明初无此建筑，"嘉靖十五年（1536年）添对育轩，嘉靖十四年，更玉芳轩"[1]。这个记载或许有谬误，时间顺序可能颠倒了，嘉靖十四年建，次年更名似更合逻辑。清代改为今名位育斋。面阔五间，依苑北墙面南，黄琉璃瓦硬山顶。明间开门，两次间为支摘窗。对育轩为平房式建筑，是明清两代皇帝设斋醮的佛堂。

对育轩西侧是毓翠亭，在宫后苑西北角上，西路三亭之最北边者，建于嘉靖十五年（1536年）。初建时亦称金香，后又称玉翠。万历十九年（1591年）后重建。亭方形，四面各一间，四角攒尖顶，覆以黄、蓝、绿三色相间琉璃瓦，柱子之间设坐凳栏板，亭内天花板五彩百花图案。

第三景观组团：位于钦安殿东西两侧，东边为浮碧亭，西边为澄瑞亭。据《春明梦馀录》，万历十一年（1583年）重修此二亭。浮碧亭是东路三亭之中间者，呈方形四面开，通面阔约8米。覆以绿色琉璃瓦黄剪边，攒尖顶上置黄琉璃瓦宝顶。浮碧亭初建时并无抱厦，清雍正十年（1732年），在前檐增添了抱厦，成为现状。一斗二升交麻

---

[1] 《日下旧闻考》卷三五《明宫室三·明宫殿额名》。

图 3-10 北京故宫万春亭景观（故宫博物院提供）

叶斗拱，檐枋下安华板，方柱。亭四面为石雕栏板，南北两面有两步台阶，乃为出入口。亭内天花板正中为二龙戏珠八面藻井，周围饰以百花图案。檐下苏式彩绘。整个亭子坐落于池桥之上，桥为单券洞石筑。桥下的水池为东西向长方形，池中养鱼。此为观鱼亭，花色斑斓的鱼儿在池中悠然自得，或隐或显，或聚或散，嬉戏欢游。皇帝、皇后及后宫佳丽，不出高墙禁宫，可观赏到濠梁鱼之乐。澄瑞亭是西路三亭之中间者，在钦安殿西侧，北邻对育轩，亭呈方形，三开间，通面阔约8米，三面开敞。该亭与浮碧亭基本相似，可谓姊妹亭。水池中养鱼，以备观赏。

第四景观组团：位于钦安殿东南和西南侧，东南侧为万春亭，西南侧为千秋亭。左右对应的这二亭，是东路和西路三亭的最南者。万春亭始建于明初，嘉靖十五年（1536年）改建，四柱，上圆下方，四面出抱厦，顶部呈伞状圆形，施以单昂五踩斗拱，重檐尖攒顶；下层檐施单昂三踩斗拱。上覆黄琉璃竹节瓦，彩色琉璃宝瓶撑托鎏金华盖宝顶。亭内天花板绘有双凤呈祥图案，藻井则是贴金雕盘龙，龙口衔宝珠。亭子四面开门，周围汉白玉石栏板，设有汉白玉台阶；绿色琉璃槛墙，饰以黄色龟背锦花纹，槛窗和隔扇门的槅心为三角六椀菱

图 3-11　北京故宫千秋亭景观（故宫博物院提供）

花，梁枋施有龙锦彩画。万春亭的造型十分美观，制作精湛，雍容华贵，展现了特有的皇家气派。尤其上圆下方的形制，象征“天圆地方”寓意，取之古代明堂形制，表现了皇家文化。

钦安殿西南侧的千秋亭，与东侧的万春亭对应，其形制雷同。千秋亭在澄瑞亭之南，永乐所建，嘉靖十五年（1536年）改建。千秋亭与万春亭的微妙差异，仅在藻井的花纹上，万春亭藻井有云纹（或称火焰纹）图案，而千秋亭则没有。

这一组景观中，在中轴线东西两侧还有两个井亭，均为明代所

图 3-12 北京故宫绛雪轩景观（故宫博物院提供）

建。二亭曰井亭，顾名思义，亭下有水井，用石板覆盖井口。

东井亭位于万春亭右前方，亭身呈方形，周围汉白玉石栏板，云龙望柱头，覆莲雕花柱础。亭有四柱，朱红色。顶部则呈八面形，因四柱上各架一条与平面四角呈45°的转角桁，其两端各与悬柱外的四根转角桁相接，上得八条脊，从而形成了八面顶，达到方亭八面顶的优美造型。这是从实用出发设计的，既要便于采光，又便于用长竿从井里打水。顶部覆以黄色琉璃瓦，攒尖盝顶，上安四对合角吻；檐下饰以花草枋心苏式彩绘。

西井亭在千秋亭东南方，四神祠之西。其形制与东井亭基本相同，四方亭身八面顶，檐下为海墁斑竹彩画。亭中设有打水用的横木长杠杆。这二亭设计奇特，造型别致，它们既是一个使用功能性很强的设施，也是一个景物，体现了古人的聪明才智。亭井一方面为宫苑花草树木的浇水之用，同时为皇宫用水设施之一；另一方面，井上建亭，也是一个独特风物，为宫后苑景观增色。

第五景观组团：位于宫后苑的最南部，宫后苑东南角上有绛雪轩，西南角上为乐志斋。绛雪轩东靠宫墙，坐东向西，面阔五间，进深一间，黄琉璃瓦硬山顶，前接歇山券棚顶抱厦三间，呈平面“凸”

图 3-13　北京故宫绛雪轩前花坛景观（张薇 / 摄）

字形。明间开门，次间、梢间为槛窗，上面为福寿“卐”字支窗，下面是大玻璃方窗。楠木不加漆饰的门窗，古朴而典雅。梁、柱、框、枋等饰有斑竹纹彩绘，淡雅清丽。绛雪轩正面围以汉白玉雕饰石栏杆，中有一门，曰垂花门。

绛雪轩建于何时，待考。一说清顺治年间建。据《日下旧闻考》卷十四《国朝宫室》载：乾隆帝于三十二年（1767年）《绛雪轩诗》云：“绛雪百年轩，五株峙禁园。”并自注曰：“轩倚御花园东壁，‘绛雪’‘旧额’”。在诗词歌赋中的“百年”不一定是实数，只是说明时间久。从清顺治年间到此时，已有百余年，所以是大致数。所谓旧额，也许指明代旧物。另一说建于明永乐十八年（1420年），距乾隆作此诗时，已过三百多年，当然不能用百年来形容了。不过，可能在清初重修，到乾隆年间也增添了耳房，所以也可说“百年轩”。再从宫后苑的整体布局看，苑内建筑遵循了严格对称的规制。宫后苑西南角上有明代所建乐志斋，与此对称的是绛雪轩。据此，绛雪轩为明代所建的可能性更大。“绛雪轩前多植海棠”。乾隆帝于十五年（1750年）作《绛雪轩海棠诗》云：

丹沙炼就笑颜微，开处春巡恰乍归。

暇日高轩成小立，东风绛雪未酣霏。

乾隆帝于三十五年（1770年）又作《绛雪轩即景诗》，其自注曰："坤宁门后为御花园，轩在东厢，亭前有古海棠数本，以此得名。"海棠初放时颜色殷红，花瓣飘落时色白如雪，宛若雪花缤纷飘落，遂名绛雪轩。

轩前有一座琉璃花坛，玲珑华美。下面是五彩琉璃须弥座，饰以行龙，缠枝番莲图案；上部用翠绿色栏板，绛紫色望柱环绕。基座与栏板之间，用一条汉白玉上枋相连，形成色彩对比强烈的艺术效果。坛内有假山，栽有各种名贵花木，如同大型盆景。

宫后苑西南角上的乐志斋，清代改为养性斋。明代时为二层楼阁式，面阔七间，坐西向东，与绛雪轩对应。清乾隆十九年（1754年），在明代建筑南北两端各增建3间。"养性斋（乐志斋）东向者七楹，南北向相接者各三楹，皆有楼"[1]，从而形成"凹"字形转角楼，并前出一座月台。清嘉庆二十年（1815年）对其重修，月台面改墁金砖。到道光年间，再次修葺。乐志斋黄琉璃瓦转角庑殿顶，上层前檐出廊，下层东西明间开门，次间及南北转角三间均为支摘窗。

宫后苑还有一座建筑——四神祠，明嘉靖十五年（1536年）所建，位于钦安殿西南侧，千秋亭之东南侧。四神祠由一座八角形亭子前出抱厦组成，周围出廊，黄琉璃瓦，八方攒尖顶，上覆黄琉璃宝顶。抱厦券棚歇山顶，黄琉璃瓦。梁枋绘龙锦旋子彩画，天花板上绘锦纹支条缠枝莲图案。不饰斗拱，槛窗用豆腐卦槅心，青砖槛墙。廊下设木坐凳栏杆，上用华板，色彩艳丽。这里是供奉四神的场所。所谓"四神"，说法不一，有青龙、白虎、朱雀、玄武之说；亦有风、云、雨、雷四神说。

---

[1] 《日下旧闻考》卷一四《国朝宫室》。

图 3-14 北京故宫养性斋（乐志斋）景观（故宫博物院提供）

苑内的诸多门，堪称精美景观。天一之门就是一道风景。《日下旧闻考》卷十四《国朝宫室》载："天一之门，嘉靖十四年（1535年）添额"，是增建钦安殿院墙时所建。清代改为天一门，位于宫后苑正中。门西侧还有供人观赏的陨石台座，东侧为含有砺磺砂的岩石；西侧的是作揖拜姿势人像图案的白色石头，称"孔明拜北斗"。天一门主体是用青砖砌成，磨砖对缝，工艺考究。正中单洞券门，内装双扇朱漆宫门，门上嵌有纵横各9颗共81颗鎏金门钉。黄琉璃瓦歇山顶，檐下绿琉璃仿木结构椽、枋、斗拱。额枋旋花彩绘，十分精美。门的两侧为琉璃影壁，并与钦安殿院墙相连。影壁饰以仙鹤、云朵琉璃图案。门前左右置有镀金铜獬与豸，御路正中摆一座青铜香炉，正对天一门。门内有一棵高大而苍劲古朴的连理柏，俨然如一尊门神，计有数百年历史。

宫后苑正北门顺贞门，建于永乐年间，最初称坤宁门。嘉靖十四年（1535年）改称顺贞门，清代沿用。顺贞门开有三个琉璃门洞，每个门洞装有双扇实榻朱漆大门，门上嵌有纵横9路81颗鎏金铜钉。顺贞门在紫禁城中轴线上，向北与宫城北门玄武门相通。门内南向正对承光门，其东西两侧各有一座琉璃门，东曰延和门，西为集福门。这三个门之间，以琉璃顶矮墙相连，与顺贞门一起构成东西、南北相对的四个门洞及合围的一个院落空间，犹如都城城门的瓮城。顺贞门是宫后苑对外的主要通道，平时不开，有时皇帝或皇后出入，走此门。钦安殿举行祭祀活动或设道场时，即时开闭，并只供道士出入，而严禁闲人，稽查甚严，以确保安全。皇帝及皇后到宫后苑赏景游憩，主要从南面的坤宁门进入，而东西六宫的妃嫔及宫女进出宫后苑，主要从东西琼苑门走。

明代宫后苑的许多建筑，到了明晚期因多种原因已经毁坏。据《明宫殿额名》记载：宫后苑“有清望阁、金香亭、玉翠亭、乐志斋、曲流馆，至万历十九年（1591年）毁”[1]，之后又重修。

宫后苑虽为后宫花园，但在规划设计上严格依照皇家建筑营造规制，以中线为轴，左右对称摆布，南北呼应坐落，主次分明，尊卑有定，显得严整有序。这与其他庭院式园林因地制宜，建筑随势而就、自然摆布，追求活泼天然的风格，有着明显不同。它在布局上体现了皇家园林的基本特性。

宫后苑景观，以园林建筑为主体，种类繁多，各具特色，有殿、阁、轩、堂、楼、斋、祠、亭、台门等等。但这些建筑，中心突出，有主有次。重点是钦安殿，规格高、体量大；其他建筑以此为中心，四面分布，形成众星捧月状态。这些建筑虽然造型富有变化，装饰华丽，绚丽多姿，但也有规则。特别是苑内的左右对称的八个亭子，东西向每一对应的形制与造型基本雷同，形成“姊妹花”，在景物的千姿百态中又显现出规律可循。而每座建筑本身就是一处景观，表现出精美的皇家建筑艺术，使人百看不厌。

---

[1] 《日下旧闻考》卷三五《明宫室三》。

宫后苑堪称园林艺术宝库，每个景物都洋溢着美的气息，甚至苑内的平常小路、甬道，均为艺术作品，做到匠心独具。苑中甬道均以各种花色的鹅卵石铺成，上有900余幅构图，图案多样，有花、鸟、虫、鱼，也有人物与珍禽异兽，甚至还有“关公过关斩将”，“张生与崔莺莺花园相会”，“十二美图”，“二老观棋”等等历史故事的瞬间定格，情节生动，构思巧妙，图案逼真，妙趣横生，自成风景。苑内古树参天，桃杏放华，奇花芬芳，异草吐蕊，紫藤攀缘，山耸水鸣，奇石异态，让人娱心悦目，实为人间仙境。《日下旧闻考》记载：“御花园（宫后苑）内珍石罗布，佳木郁葱，又有古柏藤萝，皆数百年物。”所以，清代乾隆皇帝对宫后苑（御花园）的景物，每每触景生情，多有描绘：

秾春何处归来早，堆秀山前绛雪轩。
已许游蜂依蕊簇，未教新燕傍枝翻。

禁松三百余年久，女萝施之因亦寿。
每携春色见薰风，似顾杏桃开笑口。

摛藻堂边一株柏，根盘厚地枝拏天。
八千春秋仅传说，厥寿少当四百年。

禁林崇阁枕红墙，暇日登临喜载阳。
北户景山秀堪揖，南墀古柏俨成行。

除了乾隆的这些诗句外，还有不少楹联对宫后苑风光描景咏物。绛雪轩联：“树将暖旭轻笼牖，花与香风并入帘。”“花初经雨红犹浅，树欲成阴绿渐稠。”清望（延晖）阁联：“丽日和风春淡荡，花香鸟语物昭苏。”“锦座凝香，花敷春苑丽；晴窗挹翠，霞带晓屏舒。”乐志

图 3-15 北京故宫御花园露台景观（故宫博物院提供）

斋（养性斋）联："永日亭台爽且静，雨馀花木秀而鲜。""四季风光无尽藏，百城古帙有馀馨。"[1]这些楹联，绝大多数都是乾隆所题。乾隆的诗与楹联，虽然展现了当时景物，但与明代时无异。嘉靖时期的名臣夏言有《钦安殿诗》云："钦安殿前修竹园，百尺琅玕护紫垣。夜夜月明摇凤尾，年年春雨长龙孙。"[2]可见当时宫后苑的修竹一景。

水是园林的血脉，无水不成园。宫后苑的理水，也是别具匠心的。《日下旧闻》引《芜史》载：

紫禁城内之河，则自玄武门之西从地沟入，至廊下，南过长庚桥里马房桥，由仁智殿西、御酒房东、武英殿前、思善门外、归极门外、皇极门前、会极门北、文华殿西，而北

[1] 《日下旧闻考》卷一四《国朝宫室》。
[2] 《日下旧闻考》卷三五《桂洲集》。

图 3-16　北京故宫御花园一景（张薇/摄）

而东，自慈庆宫前之徽音门外，蜿蜒而南，过东华门里古今通集库南，从紫禁城墙下，地沟亦自巽方出，归护城河，或显或隐，总一脉也。

宫后苑的水系，主要连通金水河水而形成的。其水景的设计和运用也十分独到。借用西方理水手法，在堆绣山上制作了人工喷泉，使这座巨型太湖石假山锦上添花。还利用金水河，将水引到池内，池上建桥，桥上建亭，设计新颖，建造精湛，可谓奇思妙想。宫后苑凿有两口活水养鱼池，通过地下渠道，金水河水从养鱼池壁伸出的龙口流出，进入池中，对地面水的利用堪称极致。同时，也不失利用地下水，苑中挖掘了两口水井，上建小亭，既可打水灌溉草木花卉，也成别具一格的景物，还可饮用，一举三得。在干旱缺水的北京，充分利用水源，既造景，又实用，这在园林中是神来之笔。

明代宫后苑具有十分重要的历史文物价值和造园艺术审美价值。中国延续几千年的君主专制集权社会，皇家庭院式园林现存的只有明代的宫后苑。清代沿用明代旧物。因此，它是独一无二的历史标本，具有不可再生性。同时，它承载着灿烂而厚重的中国文化及皇家文化，举世无双，不可多得。它把中国山水风景园林中庭院式皇家园林的高超艺术推到巅峰，内含深奥的哲理和政治、文化与艺术理念及规制，鬼斧神工般的技艺等元素，成为历史和艺术的精华，传承着中华民族的品格和辉煌，智慧和能量，放射着奇光异彩。

二　慈宁宫花园

明代在紫禁城内共有两座宫廷花园，除了宫后苑外，另一个就是慈宁宫花园，它是慈宁宫的附属建筑。慈宁宫是明代成为遗孀的太后或贵妃们居住、礼佛、休闲之所。

慈宁宫花园位于紫禁城内西北隅，内廷西路隆宗门之西，西靠宫墙，在慈宁宫之南，是慈宁宫的内设花园。南北向长方形，长约130余米，东西宽约50米，占地总面积约6500平方米，比宫后苑略小。慈宁宫位于该花园北边，“慈宁南门为永安门，其右为延禧门，左为揽胜门，右门之内即花园”[1]。花园主体建筑为慈宁宫，建于嘉靖朝。《春明梦馀录》卷六记载：“嘉靖十五年（1536年），以仁寿宫故址并撤大善殿建慈宁宫”。“十七年慈宁宫成”[2]。可见，世宗将仁寿宫及大善殿拆除后，在其宫址上修建了慈宁宫。

明世宗建造慈宁宫，就是为安置其生母居住。这不是简单的行孝道之举，而是有特殊的政治背景。明世宗以旁支入继大统后，就如何对待其父母的问题上，与朝臣（实际上是明武宗的班底）发生了激烈的冲突。世宗即位时，其母亲在世宗父亲兴献王封地安陆府（今湖北钟祥市），所以要接她到北京，但在从北京宫城的哪一门进入、举行什么仪式等问题上，世宗都与朝臣意见相左。朝臣们坚持明制礼仪，

[1] 《日下旧闻》卷一四《国朝宫室》。
[2] 《明史》卷一八《世宗本纪》。

反对世宗为已经去世的父亲及健在的母亲给予“太皇”“太后”礼遇。不承认世宗的正统地位，这就是史称的“大礼仪之争”。这对世宗的执政甚至宫廷生活都产生了巨大影响。因此，世宗大兴土木，专门建造慈宁宫及花园，让生母享受“皇太后”生活待遇，以示“正统”。之后，这里成了专门安排居住皇太后或守寡贵妃们的地方。

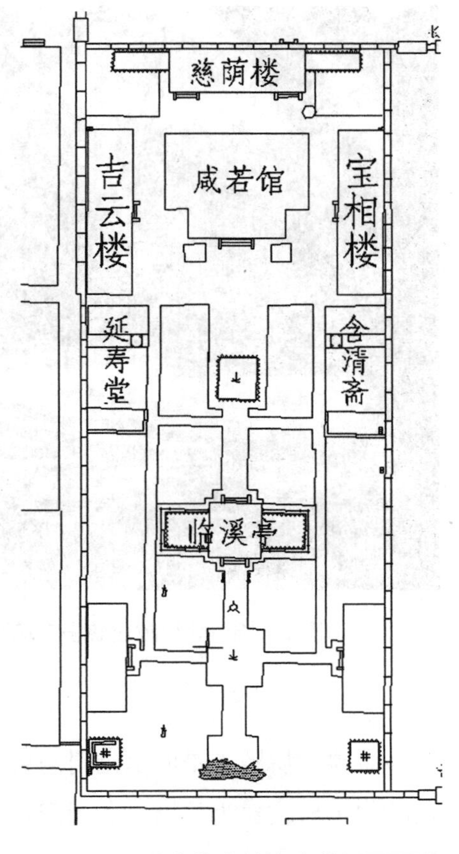

图 3-17　北京故宫慈宁宫花园平面图
（故宫博物院提供）

到万历十一年（1583年）十二月庚午，“慈宁宫灾。”十三年（1585年）“六月辛丑，慈宁宫成”[1]。即慈宁宫灾后重修，神宗也将生母慈圣李太后安排居住。李太后一生好佛，“万历间，外方贡绿刺观音一座，其高六尺。李太后迎供慈宁宫中”[2]。万历四十八年（1620年）神宗死后，其最宠幸的郑贵妃及昭妃等也在此居住。天启七年（1627年），明熹宗死，其皇贵妃等人又移居慈宁宫。所以，明代慈宁宫实际上成了安排皇帝遗孀居住的地方。

到了清代，沿以明制，慈宁宫也成为皇太后居住地。顺治十年（1653年），对慈宁宫进行了修缮，由孝庄皇太后始居。此后成为定制。康熙二十八年（1689年）和乾隆十六年（1751年）又进行过修葺。特别是乾隆三十四年，对慈宁宫进行了大规模增建和改建，将后寝殿

[1]《明史》卷二〇《神宗本纪》。
[2]《日下旧闻考》卷三五《过日集笺》。

图 3-18　北京故宫慈宁宫花园临溪亭景观（故宫博物院提供）

后移重建。后殿本是明嘉靖时与慈宁宫同时兴建的。同时，将慈宁宫正殿的单檐改建为重檐，成为现状。

明代慈宁宫正殿面阔七间，进深三间，居中高台，当中五间各开四扇双交四椀菱花槅扇门；两梢间为砖砌坎墙，各开四扇双交四椀菱花槅扇窗。殿前出月台，正面出三阶，左右各出一阶，台上置鎏金铜香炉四座。整个建筑前后出廊，黄琉璃瓦单檐（清代改成重檐）歇山顶。“殿前东庑门曰徽音左门，西庑门曰徽音右门。后殿供佛像。”“东为永康左门，西为永康右门，正中南向为慈宁门，前列金狮二。”“慈宁宫左殿宇二层，东有门曰慈祥门，与启祥门遥对，慈宁门南为长信门。长信门又南旧为永安门，其左为迎禧门，右为览胜门，今制惟正南有长庆门。”宫殿显得格外雅丽庄重。东西两山（墙）设有卡墙，并各开垂花门通后院。“慈宁宫之西为寿康门，门内为寿康宫。寿康宫南为慈宁右门。”[1]慈宁宫前有一东西向狭长广场，东西两

[1]《日下旧闻考》卷一九《国朝宫室》。

图 3-19　北京故宫慈宁花园内咸若馆景观（故宫博物院提供）

端是永康左门和永康右门。广场南为长信门，北即慈宁门。慈宁宫及花园由一道外墙围住，形成统一的大院落，以广场为界，北面为宫殿区，南面为花园区。

明代慈宁宫花园中建筑不多，总共十余座。慈宁宫坐落于北端，面南；其他建筑物也集中于花园北端的狭窄广场之北，占总面积的五分之一弱。北部地势略高，而南部较为平坦开阔，花园景物多在南部。北部宫殿建筑群，以慈宁宫为主体，围有院墙。院东、西、南为廊庑，南接慈宁门，北连后寝殿、东西耳房。宫殿卡墙将其分为前后二进院。慈宁宫的正门是慈宁门，面南，建于嘉靖十五年（1536年）。清乾隆改建为殿宇式大门，面阔五间，进深三间，坐落于汉白玉石须弥座上，周围环绕石雕望柱栏板。门前出三阶，当中设龙凤石雕御路；阶前左右列鎏金铜瑞兽各一。明间、次间开门，两梢间前檐里坎墙安装槛窗；梁枋绘金琢墨碾玉旋子彩绘，天花沥粉龙凤纹。门内接高台甬道与慈宁宫月台相连。

慈宁宫花园布局，沿中轴线左右对称为主。花园内的主体建筑为咸若馆。《日下旧闻考》记载：“慈宁宫花园前宇为咸若馆，供佛。”《春明梦馀录》记载：“慈宁宫花园咸若亭一座，万历十一年（1583年）五月，内更咸若馆扁。”[1]可见，咸若馆原称咸若亭，万历间改为咸若馆。咸若馆在花园中部，是礼佛之所。咸若馆大殿坐落于汉白玉须弥座，擎檐柱为梅花柱，十分美观别致。大殿面阔五间，黄琉璃瓦歇山顶；前出抱厦三间，平面呈“凸”字形，券棚歇山顶，四面出廊。殿内龙凤和玺彩画，顶部为海墁花卉天花。殿外翘起的六个翼角上各坠一只铜铃。

清代沿用明制，将咸若馆继续作为礼佛场所。乾隆时期对咸若馆进行了较大规模的修葺和改建，乾隆三十六年（1771年）添建了挂龛24座。馆内设佛堂，东、西、北三面墙壁通连式金漆庐帽梯级大佛龛，巍峨庄严，肃穆幽静。咸若馆明间悬挂乾隆御书“寿国香台”匾。

“馆之左为宝相楼，右为吉云楼。宝相楼南为含清斋，吉云楼南为延寿堂。池上为临溪亭。咸若馆后楼宇书额曰‘慈荫楼’。”[2]宝相楼坐东向西，在明代是咸若馆的东配殿。清乾隆三十年（1765年）改建为楼式建筑，二层，面阔七间，覆以绿色琉璃瓦，黄剪边券棚，歇山顶。楼下明间供释迦牟尼佛立像，左右各三间里，每间供一座掐丝珐琅佛塔，款以“大清乾隆壬寅年（四十七年、1782年）敬造”字样。楼上明间供奉金漆木雕宗喀巴像。左右各三间内，供奉九尊佛像，集中了藏传佛教诸派。以此称“六品佛楼”。

咸若馆西侧的吉云楼，坐西向东，与宝相楼对称，也是二层，面阔七间，形制与宝相楼雷同。在明代也是咸若馆的配殿，清代与宝相楼同时改建。楼中各室内也是供奉佛像，在上下二层的中间主室内供奉有大尊佛像，四面墙壁和屋梁上设千佛龛。楼内各种规格、体量的佛像云集，故称“万佛楼”。

---

[1] 《春明梦馀录》卷六。

[2] 《日下旧闻考》卷一九《国朝宫室》。

图 3-20　北京故宫慈宁宫景观绘图（引自（清）岡田玉山等编绘《唐土名胜图会》）

咸若馆后面的慈荫楼，是清乾隆三十年（1765年）添建的。坐北朝南，二层，体量略小于宝相楼和吉云楼；面阔五间，券棚歇山顶，绿色琉璃瓦黄剪边。下面一层的东梢间为过道，前后设门，可通广场及慈宁宫，西墙有门通室内。第二层明间开门，次间和梢间为槛窗，西梢间有楼梯。北面墙上设有经龛，正中供奉释迦牟尼佛等数尊金铜佛像。此楼为藏经楼。咸若馆的这三座配楼，形成“凵”形，环抱咸若馆，成为慈宁宫花园的中心建筑群，为整个花园增添了素雅、庄重、神秘的氛围。是为后宫太后、嫔妃们敬神礼佛的中心区域，也是她们得到心灵安宁、精神寄托的重要场所。

在宝相楼之南为一座独立的小庭院，即含清斋，建于乾隆三十年（1765年）。含清斋坐北朝南，青砖灰瓦，三间三进式勾连搭卷棚顶，不饰彩画，装饰素雅。正如斋前楹联所示：“轩楹无藻饰，几席有馀清。”庭院分前后两部分，中间有天井，在后房西面墙上开有花窗，外设清水砖砌的窗罩，用以观赏室外景物。含清斋是药房，乾隆皇帝在其《建福宫题句》中自注云：“慈宁宫花园葺扑宇数间，以备慈躬或不豫，为日夜侍奉汤药之地方，丁酉正月即以为苫次。”

在花园西侧吉云楼之南，则是延寿堂，紧邻花园西墙，与东边的含清斋对应，亦为独立的院落，与含清斋同时所建。其建筑形制与含清斋相似，主体建筑坐北朝南，青砖灰瓦，三间三进式勾连搭卷棚顶，装饰质朴。主要功用为侍奉待膳，或守制。是为花园的配套建筑。

花园中这些楼宇亭台，都是围绕咸若馆，前后左右对称坐落，布局严整有序，中心突出，主次分明，显出众星捧月之态。馆前有一座花坛，种植四季莳花，以资太后、太妃们观赏。花园南部是风景区，主要景物有养鱼池、石桥、假山、花坛及花草树木等。南部有一个东西狭长的水池，长方形，四面立有汉白玉雕石栏杆，池地铺汉白玉石。池水由水车房供给，池内养鱼。池上当中横跨一座围有汉白玉石栏杆的石桥，桥上建有亭，曰临溪亭，万历六年（1578年）所建，与北部的咸若馆遥望相对。该亭原名临溪馆，万历十一年改为临溪亭。亭体为方形，面阔、进深均三间，亭南北出阶；四角攒尖顶，四面明间开门窗，斜方格隔扇门各四扇。临水两侧门前设木护栏，两侧是斜方格槛窗，可观赏外景及池鱼。窗下为黄绿两色琉璃槛墙。亭内天花板为海墁花卉纹，中心绘蟠龙藻井。临溪亭精致华美，是为夺人目光的景点。

“花园内桥，万历六年（1578年）添盖临溪馆一座；万历十一年五月，内更临溪亭。”[1]临溪亭东侧有小亭，曰翠芳亭，西侧小亭曰绿云亭，均建于万历十一年。清代拆除，在二亭原址上各建有面阔五间的庑房一座。临溪亭南北各有一座花坛，高1米，6.5米见方，砖砌须弥座。花园最南端以太湖石垒成的一座假山，双峰突起，山势崇峻；中有谷壑，中隔一石，下有浅潭。山上瀑布飞落，山下曲径蜿蜒。假山造型别致，奇峰怪石，赏心悦目。绕过假山，则是花园南门。在花园的东墙，设有一座随墙门，即揽胜门，门在花园南北分界线上，北面主要是建筑群。在花园的东、西和南面，各有一座井亭，左右对称，为花园提供水源。

慈宁宫花园花草繁茂，树木葱茏，殿宇馆亭，对称有序，红墙黄瓦和青砖灰顶交错辉映；绿树鲜花，白桥清波，奇石假山构成了别样的风景。整个花园布局，空间疏朗，布局简约明快，营造一种独特的宁静、庄严、清雅、神秘、宜人而又不失皇家气派的氛围。这与花园主体建筑慈宁宫主人的身份地位和生活方式和谐统一，相得益彰，成为紫禁城内闹中取静处。园中绿肥红艳，有牡丹、芍药、玉兰、丁香等各色花卉，争奇斗艳；又有四季古槐匝地，银杏泛金，松柏青翠，池波粼粼，鸟语花香，春华秋实，实为颐养天年的太后皇妃们度过余生的好去处。

三　西苑

在明代宫苑中，西苑的规模最大。所谓西苑，指紫禁城西侧的北海、中海、南海及周边陆地构成的皇家园林之统称，系元代西苑旧址。因其在紫禁城之西，故称之为西苑，其水体面积超过总面积的一半以上。

[1]《春明梦馀录》卷六。

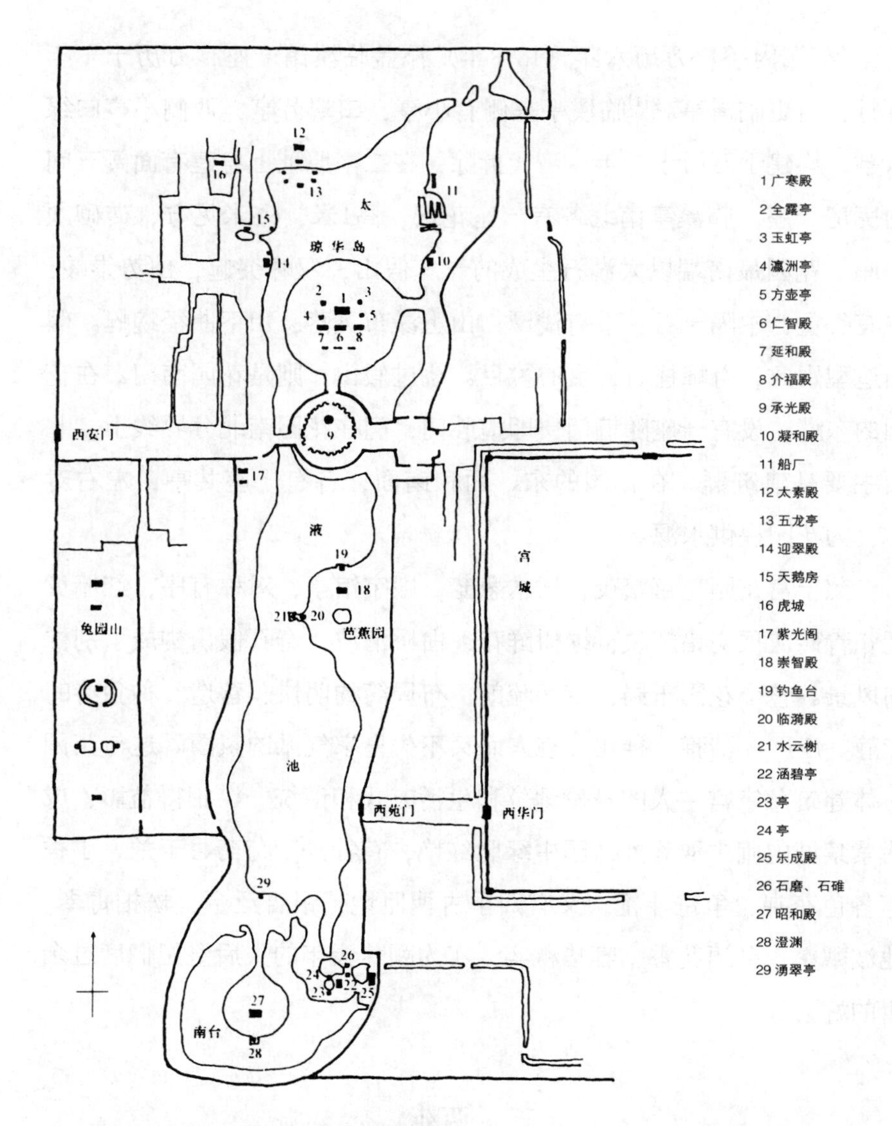

图 3-21　北京明代西苑示意图（引自潘谷西主编《中国古代建筑史》第四卷）

（一）西苑概况

在明代，西苑有围墙，东墙开有三道门，均在太液池沿东岸所筑围墙上。正门为西苑门，朝东，正对紫禁城西华门，位于中海偏南部，也是西苑三道门中最南边的门。西苑中门位于团城附近，面对紫禁城西北角，中海北端，曰乾明门。西苑北边门曰陟山门，位于北海中部偏南处，琼华岛正北面。

西苑的主要景观是三海及其周边景物。中海、北海在金代时称太液池，元时称西海子，明成祖朱棣又改称为太液池。据《日下旧闻考》："西华门之西为西苑。榜曰西苑门，入门为太液池。"

> 西苑太液池，源出玉泉山，从德胜门水关流入，汇为巨池，周广数里。自金盛时，即有西苑太液池之称。名迹如琼华岛广寒殿诸胜，历元迄明，苑池之利相沿弗改，然以供游憩而已。[1]
>
> 积水潭水从德胜桥东下。桥东偏有公田若干顷，中贵引水为池以灌禾黍，绿杨参参，一望无际，稍折而南，直环北安门宫墙左右，流入禁城为太液池。汪洋如海，故名海子。俗呼海子套。[2]

"永乐间周回建置亭榭以备游幸，赐名太液池。"其他文献也有类似的记载：

> 西苑在西华门西，创自金而元明递加增饰。金时祇为离宫，元建大内于太液池左，隆福、兴圣等宫于太液池右。明大内徙而之东，则元故宫尽为西苑地。
>
> （太液池）在西苑中，南北亘四里，东西阔二百馀步。旧名西海子。[3]

按旧制，"步"为长度单位，明代1"步"等于6尺。200余步约等于365米以上。

---

[1] 《日下旧闻考》卷二一《国朝宫室·西苑一》。

[2] （明）蒋一葵著：《长安客话》卷一《皇都杂记·海子》，北京古籍出版社1982年。

[3] （清）吴长元辑：《宸垣识略》卷四《皇城》，北京古籍出版社2000年。

图 3–22　北京西花园景观绘图（引自（清）岡田玉山等编绘《唐土名胜图会》）

太液池的开发史，可追溯到辽代，迄今为止已有1000多年的历史。唐朝末期，政权崩溃，天下大乱，进入五代十国时期。后唐太原节度使石敬瑭为了夺得政权当皇帝，以割让大片土地为代价，求得契丹人的支持。唐后期，北方游牧民族契丹族逐步强盛起来，建立了政权，国号辽。石敬瑭于公元938年将燕、云十六州图籍送到契丹人辽太宗耶律德光手里，俯首称臣。在辽国的援助下，石敬瑭如愿以偿，夺得皇位，建立后晋，甘当儿皇帝（称高祖）。之后，燕京就成为辽代的南京，并逐步开发建设都城北面的海子（太液池），时称瑶屿，作为皇家园林。

继而，金、元两朝也以燕京为都时，进一步扩建太液池。金代沿袭辽代，以燕京为中都，重点在北海营建了离宫别苑。金世宗完颜雍于大定十九年（1179年），在北海建离宫，称大宁宫，后改称万宁宫，西苑当时称琼林苑。《金史・地理志》记载："京城北有大宁宫……（金章宗）明昌二年（1191年）更为万宁宫。琼林苑有横翠殿。宁德宫西园有瑶光台，又有琼华岛，又有瑶光楼。"当时的大宁宫是金朝的离宫，琼林苑是别苑，都在皇城外东北隅。

特别是到元代，以燕京为大都后，将太液池包进皇城内，作为皇家主要园林。元代陶宗仪《南村辍耕录》卷二一《宫阙制度》记载："太液池在大内西，周回若干里，植芙蓉。""万寿山在大内西北太液池之阳，金人名琼华岛。（元）中统三年（1262年）修缮之，至元八年（1271年）赐今名。""太液池在子城西乾明门外，周遭凡数里。其源自玉泉山，合西北诸水，流入都城德胜门，汇为积水潭，亦名海子。至北安门水关，流入西苑，人呼西海子。"[1]

明代在原址上进一步改扩建西苑，将北海、中海、南海及周围的建筑包括在内，统称西苑，其中太液池为核心景区。《日下旧闻》引《戴司成集》记述当时的规模为："太液池在西苑中，南北亘四里，东西二百馀步，东瞰琼华岛。东南有仪天殿，殿前老桧一株，盘回若偃盖。"太液池的主要景观，据明代彭时著《赐游西苑记》：

> （西）苑在宫垣西，中有太液池，周十数里，池中架桥梁以通往来。桥东为圆台（团城），台上有圆殿（明承光殿），殿前有古松数株。其北即万岁山（琼华岛），山皆太湖石叠成，上有殿亭六七所，最高处乃广寒殿也……而西稍南曰南台（清代称瀛台），则宣庙（明宣宗）常幸处也。

这里基本点到了明初西苑太液池中的主要景物。西苑位于明皇城中部偏西处，南、中、北三海以桥连通，南北两端抵皇城南北城墙，呈南北向似长方形，东邻紫禁城西垣。三海总面积达1.2万亩，其中水面积6550亩；中、南海总面积1500亩，其中水面积700余亩；北海面积10500亩，其中水面积5850亩。

水源是西苑及太液池的命脉。元代建大都时，为了解决都城用水

[1]　《日下旧闻》卷二一《燕都游览志》。

问题，大兴引水工程，充实了太液池水量。当时修了两条大的干渠，一是引元大都西北郊玉泉山的泉水，利用金代的旧渠道金河（元代称玉带河）入太液池。“玉河即西苑所受玉泉注入西湖，逶迤从御沟流而东，以注于大通河者。”

> 玉河源出宛平县玉泉山，汇为昆明湖，分流而东，南入德胜门西水关，至皇城内太液池，由大内经金水桥流出玉河桥，达正阳门东水关，东流少北至东便门东水关，出注通惠河，亦名御河。元时曰金水河，以其自西门入，故名也。[1]

也就是从和义门南的水门导入城内，流经宫城而导入太液池。这样既解决了宫廷用水，又充盈了太液池水量。金河又称御沟，是皇家专用水道，不与其他水源交叉混合。“紫禁城有护城河，河外即御沟也。”另一个渠道是引城北昌平县神山白浮泉水，西折再南，注入瓮山南麓的西湖（又称瓮山泊），从西湖南端开凿一条与金河平行的干渠，称长河，从和义门的北水门流入积水潭，再沿皇城东墙内侧向南流入通惠河，以补济大运河，解决漕运的畅通。同时，从皇城东南角上引长河水沿南城墙内侧向西，与南海连通。东北面，从什刹海引水入北海，设闸控水，闸上建有涌玉亭。嘉靖十五年（1536年）在其旁也营建了金海神祠，祀宣灵宏济之神、水府之神和司舟之神。因此，三海水量数百年来一直保持充盈。这是元朝对北京都城建设的一大贡献，给后世留下了宝贵遗产。

西苑景区，主要以海为界划分。元代三海界限不很明确，明代永乐之前，西苑大体布局和建筑基本保持了元代的格局。永乐迁都后开始改变西苑原有格局，之后各朝有所增扩。永乐时期，重点扩增南海；天顺年间（1457－1464年），又大规模开凿南海，向南扩展，增加

[1] 《日下旧闻考》卷四三《城市》。

了三海水面积，形成了明显的北、中、南三海格局。

同时大力经营西苑，天顺四年（1460年）九月，新建西苑殿宇轩馆落成。苑中旧有太液池，池上有蓬莱山（即琼华岛），英宗命即太液池作迎翠、凝和、太素三行殿。此外，还改造圆坻（团城），将土筑高台改建为以砖砌墙，建成团城；圆坻原为水中岛屿，与东岸以木吊桥相通；后在圆坻东边填土，使之与陆地相连成为半岛，并建大型石拱桥，即玉海桥，横跨太液池，使团城与太液池西岸相通，成为北海与中海的分界线。在北海北岸及琼华岛增建了一些建筑，奠定了明代三海景区的基本格局。嘉靖、万历时期，又在中海、南海新增了一些建筑和景物，使西苑成为更为壮阔秀丽、婀娜多姿的皇家大型山水风景园林。

至于“三海”的称呼，应始于明代，清代沿用。据《日下旧闻考》记载：太液池“旧有三海之名，旧明时内监所称，相沿未改。其实两桥隔之耳，经行不过五里……”清乾隆二十二年（1757年）《御制泛舟至瀛台即景三首》诗有：“由来太液一池水，三海何人浪与名？”乾隆帝自注云：“桥北为北海，南为中海，过勤政殿红墙为南海，盖明季相沿即有此名。”[1]这是乾隆皇帝对三海的明确划分，并指出这是沿用明代的称呼。可见，清代沿袭明西苑，也俗称三海，“禁中人呼瀛台（明代的南台）为南海，蕉园为中海，五龙亭为北海”[2]。

（二）南海

南海指太液池南部，其南岸和西岸逼近皇城南、西墙垣，呈圆形，位于皇城的西南隅。在元代，只有中海和北海，南海还未开凿。明代开挖南海时，将挖出的土堆积于海中，形成人工岛，称之为南台，又名趯台陂。清代改为瀛台。“瀛台为明时南台旧址，本朝顺治

---

[1]《日下旧闻考》卷二一《国朝宫室·西苑一》。

[2]《宸垣识略》卷四《皇城二》。

图 3-23　北京中南海航拍景观（引自杨宪金主编《中南海胜迹图》）

年间（1644—1661年）稍加修葺，皇上（乾隆）御书额曰瀛台。”[1]

南台　在明代，南海形成两处园林景观区。一处是在南边，以昭和殿为中心。南台上主要建筑为昭和殿，殿前建有澄渊亭。台下左右廊庑各数十楹，北岸临水一亭，曰涌翠亭，是专门为皇帝用的御用码头，上下南台，均走此地。《燕都游览志》记载：

> 南台在太液池之南，上有昭和殿，北向，踞地颇高，俯眺桥南一带景物。其门外一亭，不止八角，柱栱攒合，极其精丽。北悬一额，直书“趯台陂”三字。降台而下，左右廨宇各数十楹，不施窗牖。又其北滨池一亭，额曰涌翠，则御驾登龙舟之处。[2]

趯台陂之北又有海福祠。清乾隆帝《御制赋得水一方》诗说：“趯台三面水，书室敞南荣。亭接迎薰近，池临太液清。”[3]这说明南台地形是东、西、南三面环水的半岛。

据明英宗时期的李贤作《赐游西苑记》，天顺三年（1459年）四月，英宗赐大臣游西苑，“至于南台，林木阴森。过桥而南，有殿面

[1]《日下旧闻考》卷二一《国朝宫室·西苑一》。

[2]《日下旧闻考》卷三六《燕都游览志》。

[3]《日下旧闻考》卷二一《明宫室·西苑一》。

水曰昭和。门外有亭，临岸沙鸥水禽如在镜中”。这说明南海岛屿上的主体建筑昭和殿，在天顺三年四月或之前已建。天顺是明英宗复辟后二度登基的年号。英宗复辟后，大兴土木，对太液池进行了改扩建，所以，建好后赐朝臣游览，观赏南台风光。不过，当时的南台，风景开发还是很有限的，在昭和殿周围田园景色倒十分迷人。循太液池南海东岸，“从乐成殿度桥，转南一径，过小红亭二百馀步，林木森茂。内有殿曰昭和，皆黄屋。旁有水田村屋，先朝尝于此阅稼”[1]。当然，这不是普通百姓的村舍农屋，是皇家农田及役农的家园。

乐成殿　南海的另一处景区是南海东岸，以乐成殿为中心。太液池东岸与紫禁城西墙之间有一块南北狭长的陆地，其南端，明代称灰池，清代曰南花园。《芜史》记载：“西苑门迤南，向东曰灰池，曰乐成殿，曰水碓、水磨。”[2]

> 南花园在西苑门迤南，东向，明时曰灰池。种植瓜蔬于炕洞内，烘养新菜，以备春盘荐生之用。立春日进鲜萝卜，名曰咬春。本朝（清朝）改为南花园，杂植花树，凡江宁、苏松、杭州织造所进盆景，皆付浇灌培植。又于暖室烘出芍药、牡丹诸花。每岁元夕宴时安放。[3]

灰池之南，与南台昭和殿相遥对的即乐成殿及水碓、水磨等建筑。南台东岸开有水渠，东连金水河，上设有泄水闸，闸北又一小风景点。《日下旧闻考》引《西元集》记载：

> 从芭蕉园南循水，过西苑门半里，有闸泻池水，转北，别为小池。中设九岛，三亭。一亭藻井斗角为十二面，上贯

[1]《日下旧闻考》卷三五《明宫室三・西元集》。

[2]《日下旧闻考》卷三五《明宫室・芜史》。

[3]《日下旧闻考》卷四一《皇城》。

金宝珠顶，内两金龙并降，丹槛碧牖，尽其侈丽。中设一御榻，外四面皆梁槛，通小朱扉而出，名涵碧亭。其二亭，制少朴，梁槛惟东西以达崖际。东有乐成殿，左右楹各设龙床，殿后小室亦设龙榻，皆宣皇（宣宗）游历处也。殿右有屋，设石磨二，石碓二，下激湍水自动，田谷成于此舂治，故曰乐成。

三亭均在乐成殿之西，即涵碧亭、浮玉亭，另一个名称无考。可见，宣德时期就已有乐成殿。靠水流转动的石磨，是用来加工在南海所产稻谷的。

在南台东隅以乐成殿为中心的景区，既是皇帝和妃嫔们游览休憩之处，也是叫朝臣到此“勤农”，种田劳动的“御田”。“乐成”者，即秋后御田庄稼丰收之意，殿名体现了丰收的喜悦。在明中叶之前，每年当稻谷成熟后，就用水磨脱谷舂米；同时还举行农务官员们表演的“打稻谷舞”等活动，以庆丰收。嘉靖时在中海西岸建无逸殿与豳风亭等建筑群，亲蚕劝农活动也随之转到西岸。《明宫殿额名》称：“乐成殿、涵碧亭、浮玉亭，俱万历三十年（1602年）七月添扁。”[1]这说明，乐成殿及水碓、水磨等直到万历后期俱存。

但《日下旧闻考》卷三十五《明宫室三》按语说：

乐成殿、水碓、水磨等处后易为无逸殿、豳风亭。今西苑以东淑清院，即因其旧址改建。所谓灰池，今三座门内沿湖南行百许步，东墙上有门，内屋三楹，犹相沿称灰厂，或其旧址也。

这个说法不够准确。在明代嘉靖、万历时期，无逸殿、乐成殿等

[1] 《日下旧闻考》卷三五《明宫室三・明宫殿额名》。

同时存在，并未拆除乐成殿后，在其旧址上建无逸殿。而且，无逸殿在中海西岸，在成祖潜邸之北，并非在南海东岸灰池。可见，时间、地点俱误。这个记载，本身也不很肯定，所以说“或其旧址也”。

在明代，南台上的亭台楼阁等建筑不止这些。“西苑宫室皆因元朝旧址……若瀛台建于有明，飞阁丹楼，辉煌金碧……”[1]“西苑周不过十里，然以胜朝遗迹，加之国家（指清朝）百馀年延美承平，时复葺缀，一亭一榭，各标胜概。”[2]《日下旧闻·国朝宫室》记载：“瀛台临水为迎薰亭。”乾隆《御制宝月楼记》曰：“宝月楼者，介于瀛台南岸适中，北对迎薰亭。亭与台皆胜国遗址，岁时修葺增减，无大营造。”[3]宝月楼就是现在的新华门。可知迎薰亭位于南台之南的岸边水中，明代遗物。单士元《明北京宫苑图考·西苑》记载，还有飞香亭、翠香亭等，但其位置无考。

对西苑的名胜建筑，朱彝尊《日下旧闻·国朝宫室》记载颇多，其中主要是辽、金、元、明遗迹；对清代的建筑景观，只记载了从顺治到康熙二十六年（1687年）之前所建的。因为，该书此时已定稿。“《日下旧闻》刊刻以后，清廷在北京开始大兴土木——尤其大规模地兴建园林。……乾隆十六年（1751年）……在城内大修三海（北海、中海、南海），修景山五亭……兴建工程在乾隆中期达到了高峰，皇家内务府年年兴建工程。”[4]

对明代南台的旖旎风光，从当时的诗文中可以领略一二。嘉靖时马汝骥《南台诗》描绘：“灌木晴湖合，高花午榭移。尧茨原不剪，周稼欲先知。雨露悬蓬径，风云护竹篱。九重欢豫地，仿佛见龙旗。”[5]从诗中可以看出，当时南台充满着原生态风光。“尧茨”，“周稼”，“蓬径”，属三代之时称道的自然风貌。这虽然是诗赋的夸张语

---

[1] 《日下旧闻考》卷二三《西苑三》乾隆《御制丰泽园记》。

[2] 《日下旧闻考》卷二一《西苑一》。

[3] 《日下旧闻考》卷二三《西苑三》。

[4] 《日下旧闻考》“出版说明”，北京古籍出版社1983年。

[5] 《日下旧闻考》卷三六《西元集》。

言，但说明这里仍是原生态自然风貌及大片田园景色。大名鼎鼎的文徵明也有南台诗，云：“西林迤逦转回塘，南去高台对苑墙。暖日旌旗春欲动，薰风殿阁昼生凉。别开水榭亲鱼鸟，下见平田熟稻粱。圣主一游还一豫，居然清禁有江乡。”[1]文徵明成名于明中叶，此诗描绘的当是明中期的南台风光。这里虽是帝王清禁之地，但清波粼滟、鱼跃鸟唱、稻黍一片的田园风光，犹如江南景色。欧大任的《南台诗》写道：“西内风烟异，南台见水田。艰难曾稼穑，淳朴自山川。农舍朝炊里，江乡夕照前。谷蚕劳睿藻，豳雅定同传。”[2]欧大任是明代晚期著名文人，所以这首诗描绘的当是万历时期南台的风光，展现的仍是一派江南田园风光。由此可见，南台在整个明代虽然先后修建了一些殿宇轩榭、亭台楼阁，但主要还是原生风貌的自然景色和宁静幽深的江南式田园风光。

（三）中海

中海位于南海与北海之间，故称中海。太液池本来是碧水相连，只是以桥为界。蜈蚣桥以南为南海，以北为中海；金鳌玉蝀桥以南为中海，以北为北海。正如清乾隆帝《悦心殿漫题》所云：“夜池只是一湖水，明季相沿三海分。”

太液池本来是个整体，以两座桥相隔，所以明代开始称三海。中海呈南北狭长形，明代对中海一般称椒园，或称蕉园、芭蕉园等。建筑及景物，主要在西岸与东岸及南岸陆地上。在西岸的大片平地，嘉靖之前为“射苑”，即骑马射箭、练武之所。东岸为椒园，是延伸海中、三面环水的半岛。

椒园（蕉园）位于中海东岸中部偏北处，明代中海东岸的主要园林建筑与景观，多集中于椒园。从永乐至正德间，西苑门旁无亭，嘉靖中才添建左右二亭。《明典・礼志》载：“西苑门外二亭曰左临海

[1] 《日下旧闻考》卷三六《甫田集》。
[2] 《日下旧闻考》卷三六《旅燕稿》。

图 3-24　北京中海蕉园景观绘图（引自（清）岡田玉山等编绘《唐土名胜图会》）

亭、右临海亭。”“左临海亭、右临海亭在西苑门外，嘉靖二十三年（1544年）五月建。”[1]“西苑门循池东岸而北为蕉园旧址，向北为蕉园门。”[2]

椒园的主要景观建筑有崇智殿、清暑殿等。“芭蕉园在太液池东，崇台复殿，古木珍石，参错其中，又有小山曲水。”[3]“蕉园即芭蕉园，一名椒园，内有前明崇智殿旧址，稍南即万善门。”[4]崇智殿亦称圆殿，建于宣德八年（1433年），是宣宗为其生母休憩观景而建的。杨士奇《赐游西苑诗序》记载：

宣德八年（1433年）四月，上以在廷文武大臣日勤职

[1]《日下旧闻考》卷四一《皇城·明宫殿额名》。

[2]《日下旧闻考》卷二三《国朝宫室·西苑三》。

[3]《日下旧闻考》卷三六《明宫室四·甫田集》。

[4]《日下旧闻考》卷二五《国朝宫室·按语》。

事，不遑暇逸，特敕公、侯、伯、师傅、六卿、文学侍从游观西苑。偕行凡十有五人。自西安门入，循太液之东而南，观新作之圆殿、改作之清暑殿。二殿皆皇上侍奉皇太后宴游之所[1]。

也就是说，崇智殿是新建的，清暑殿是改建的。到清顺治时将崇智殿改建为万善殿，水云榭、临漪亭依旧。

在明英宗时期，椒园的主要景物，可从当时的游记中领略大概。叶盛《赐游西苑记》记载：

天顺三年（1459年）四月六日，有旨赐游西苑。先饭于左顺门东北廊讫，趋右顺，出西华、西上、西中、西苑四门，北入椒园，至行殿。殿枕太液池，下瞰如镜。出，北行至圆殿，由东城门入上殿。殿前古松极奇怪，又置翠屏岩、郭公砖、木变、太湖石。[2]

韩雍《赐游西苑记》：

天顺三年（1459年）四月，赐公卿大臣以次游西苑，遂由西华门而西，入西苑门，即太液池东南岸也。乃折北循岸而行，至椒园。园内行殿在丛树中，殿之北有钓鱼台，南有金鱼池。又北行至圆殿，观灯之所也。历阶而登，殿之基与睥睨平，古松数株，其高参天。其西以舟作浮桥，横亘池面，北则万岁山（指琼华岛）在焉。[3]

[1] 《日下旧闻考》卷三五《明宫室三・东里集》。
[2] 《日下旧闻考》卷三五《明宫室三・水东日记》。
[3] 《日下旧闻考》卷三五《明宫室三・韩襄毅集》。

李贤《赐游西苑记》：

> 天顺己卯（三年、1459年）首夏月，上命中贵人引贤与吏部尚书王翱数人游西苑。入苑门即液池，蒲苇芰荷，翠洁可爱。循池东岸北行，花香袭人。行百步许，至椒园，中有圆殿，金碧掩映，四面豁厂，曰崇智。南有小池，金鱼游戏其中。西有小亭临水，芳木匝之，曰玩芳。[1]

首夏月（农历四月），从同时游椒园的三份记载中可知，椒园当时的主要园林建筑有崇智殿（俗称圆殿），行殿（清暑殿），钓鱼台，还有水云榭、玩芳亭等。在崇智殿北面临岸有钓鱼台，崇智殿南面有养鱼池。崇智殿西面临太液池有玩芳亭，或曰临漪亭，是为居于水面上的凉亭。《明会典·礼志》说："临漪亭前曰水云榭。"水云榭在临漪亭西边，建于海中，为湖心亭。椒园北抵金鳌玉蛛桥。元代在中海和北海之间，靠东岸和西岸建有木桥，但未横贯东西，中间以舟为浮桥，这就是金鳌玉蛛桥的前身。

水云榭到清代，为"燕京八景"之一，乾隆皇帝御笔"太液秋风"存于其中。据《西元集》记载：

> 承光殿南，从朱扉循东水浒半里，崇闳广砌，中一殿，碧瓦穹窿如盖，又贯以黄金双龙顶，缨络悬缀，雕栊绮窗，朱楹玉槛，八面旋匝，曰崇智殿。殿后一亭金饰，北瞰池水。转西至临漪亭，又一小石梁出水中，有亭八面，内外皆水，云钓鱼台。殿前牡丹数十株，名芭蕉园。[2]

崇智殿是椒园的主体建筑之一，坐北朝南，平面呈圆形，故称圆

[1] 《日下旧闻考》卷三五《明宫室三·古穰集》。

[2] 《日下旧闻考》卷三六《明宫室四·西苑集》。

图 3-25 明代北京中海崇智殿（今万善殿）景观（引自杨宪金主编《中南海胜迹图》）

殿；殿顶覆绿琉璃瓦，上置两条黄金龙，金光闪烁。其周围附属建筑不多，亭榭疏朗，主要是原生环境，树木葱茏，绿荫匝地，花香鸟语，景色幽丽。其南就是行殿即清暑殿。

椒园经过宣宗、英宗时期的大规模扩建，园林景色更加幽静宜人，风光秀丽。到嘉靖时期，对椒园又进行了重建和改建。嘉靖四十四年（1565年）二月，拆掉崇智殿，改建五雷殿，在其左建迎祥馆，在其右建集瑞馆。《芜史》记载：金海“桥东岸再南曰五雷殿，即椒园也，亦名蕉园。再南则西苑门矣”[1]。

明代椒园采用丰富的动植物造景元素，园林景观多彩纷呈，这从当时一些文人宠臣留下的不少诗文中可见一斑。陈沂《拘虚集·芭蕉园》诗曰：“雨后芭蕉苑，春深杨柳宫。绮云悬碧盖，萦雾闭雕笼。辇路回天上，歌台出水中。忽闻人语笑，沙畔起惊鸿。”廖道南《元素集·芭蕉园》诗云：“旖旎芭蕉色，缤纷满御园。午阴便鹿梦，春雨罢蜂喧。绿接芙蓉润，青交薜荔翻。”马汝骥《西苑集》有诗云：“辇道山楼直，宫园水殿低。碧荷香槛出，红药晚阶齐。钓石蛟龙隐，歌台鸟雀啼。翠华当日幸，花木五云迷。”薛蕙《宫词》曰：“荷花簇锦柳垂丝，一片丹青太液池。御榻独留清暑殿，宫娥空唱采莲词。”李贤《赐游西苑记》游西苑有云：“入苑门即液池，蒲苇芰荷，翠洁可爱。循池东岸北行，花香袭人。”

[1] 《日下旧闻考》卷三五《明宫室四·芜史》。

可见，椒园草木繁茂，既有古松、古柏、古槐等高大乔木，还有灌木牡丹、攀缘藤本灌木薜荔等，草本植物芭蕉、芍药等，更有水边杨柳和水生植物荷花、芰（菱）、蒲、芦苇等，可谓满园绿树掩映，花艳香浓。而且，园中不乏律动的身影，鱼翔池水，鸥鹭点波，莺唱燕歌，蝶舞蜂喧。加之各种园林建筑物点缀其间，亭招清风，榭映明月，好一派皇家园林风光，玩芳的绝佳去处。

西内　在中海、北海西侧，西至皇城西垣，有一大片陆地，建有许多宫殿楼阁、亭台轩榭，明代称之为“西内”。宏观上，西内分南北两区，以西苑乾明门、金鳌玉蛛桥直到皇城西安门一线（即今西安门大街、文津街）划分，南到皇城南垣（即今西长安街）为南隅；北到北海北端，抵皇城北垣，为北隅。

西内南隅在元代称为西御苑，主要包括隆福宫、兴圣宫和兔儿山（小山子）等景区。《元史·成宗纪》载：至元三十一年（1294年）五月，“己巳，改皇太后所居旧太子府为隆福宫”。其主殿为光天殿，至正七年（1347年）三月所建，正门为光天门。到明初，朱棣就藩北平，就以隆福宫为藩邸。在营建北京宫城时，首先改建隆福宫，并称为西宫，或曰西内，作为临时视朝宫殿。因此，微观上明初西内指隆福宫。《明太宗实录》卷一七九记载：永乐十四年（1416年）八月，“丁亥，作西宫。初，上至北京，仍御旧宫，及是将撤而新之，乃命工部作西宫为视朝之所”。

> （永乐十五年四月）癸未，西宫成，其制：中为奉天殿，殿之侧为左右二殿；奉天之南为奉天门，左右为东西角门。奉天之南为午门，午门之南为承天门。奉天殿之北有后殿、凉殿、暖殿及仁寿、景福、仁和、万春、永寿、长春等宫，凡为屋千六百三十馀楹。[1]

[1]《明太宗实录》卷一八七。

可见，这组建筑群规模相当可观，实为微缩版的紫禁城。位于中海西侧，大光明殿之东，西南有兔儿山。西宫又称万寿宫。永乐以后，西内就成为西苑的重要园林景区。特别是嘉靖时期，有数次较大规模的修葺和增建。《金鳌退食笔记》载：“万寿宫在西安门内迤南，大光明殿之东，成祖潜邸也。殿东西有永春、万春诸宫，翼而前，为门者三。明世宗晚年爱静，常居西内。”西内成为世宗的重要居住和施政场所。

明世宗即位后，与朝臣的关系一直都很紧张，但是从嘉靖中期以后，笃信道教，迷于斋醮，长期居于西苑，炼丹怠政。据《万历野获编》卷二《西内》记载：

> 世宗自己亥（嘉靖十八年，1539年）幸承天后，以至壬寅（二十一年，1542年）遭宫婢之变，益厌大内，不欲居。或云逆婢杨金英辈正法后不无冤死者，因而为厉，以故上益决计他徙。……上既迁西苑，号永寿宫，不复视朝，惟日夕事斋醮。辛酉岁（嘉靖四十年，1561年）永寿火后，暂徙玉熙殿，又徙元都殿，俱湫隘不能容万乘。

所以，一些朝臣建议他到南内暂住。世宗恶其英宗“当时逊位受锢之所”，即南内是英宗下台倒霉时的居所，十分忌讳，不愿去。于是重修永寿宫，“不三月宫成。上大悦，即日徙居，赐名曰万寿”。具体情况是，“十一月……辛亥，万寿宫灾”，第二年“三月……己酉，重作万寿宫成”[1]。

所谓“壬寅宫女之变”，指宫女因无法忍受世宗的“暴虐”，于嘉靖二十一年（1542年）十月二十日夜里，趁世宗与宠妃端妃曹氏宫中歇息熟睡时，杨金英、杨莲香、张金莲等十六名宫女用绳子勒其脖

---

[1] 《明史》卷一八《世宗本纪二》。

子，试图杀死皇帝。但因慌乱中绳子打了死结未勒紧。中间宫女张金莲见势不妙反悔，报告方皇后。于是方皇后带人救了世宗。事后，在场参与的所有宫女都被“拿绑去市曹，遵奉明旨，俱各依律凌迟处死，锉尸枭首示众”[1]，其亲属也遭到株连。

对万寿宫火灾时间，记载不一，一种是辛亥说，即嘉靖三十年(1551年)，另一种是辛酉说，即四十年（1561年)。《明世庙识馀录》记载：从“壬寅宫女之变”后，“上即移御西苑万寿宫，不复居大内。万寿本成祖皇帝旧宫也。至辛亥，万寿宫灾，上乃暂御玉熙宫。宫近西华门孔道，列屋仅两层”[2]。《万历野获编》对万寿宫火灾有较详细的记载：

> 万寿宫者，文皇帝（成祖）旧宫也。世宗初名永寿宫，自壬寅（嘉靖二十一年，1542年）从大内移跸此中，已二十年。至四十年（1561年）冬十一月之二十五日辛亥夜，火大作，凡乘舆一切服御及先朝异宝，尽付一炬。相传上是夕被酒，与新幸宫姬尚美人者，于貂帐中试小烟火，延灼遂炽。[3]

这次火灾是嘉靖与新来的尚美人寻欢玩火所致。《万历野获编》至少三次提到万寿宫火灾，都说是在嘉靖四十年，在《补遗·宫殿被灾》中说：“嘉靖四十年（1561年）辛酉十一月，万寿宫灾。”两种记载，内容相同，但时间相差十年。看来，辛酉说更准确。

万寿宫火灾后，世宗暂住玉熙宫。“工部尚书雷礼言：玉熙宫湫隘，且地近外，非可久御。万寿宫系皇祖受命重地，宜及时营缮”。但严嵩想让世宗还大内，所以假借“三殿初成，工料缺乏”为由，提

[1] 《万历野获编》卷一八《宫女肆逆》。

[2] 《日下旧闻考》卷四二引《明世庙识馀录》。

[3] 《万历野获编》卷二九《万寿宫灾》。

议“万寿未宜兴复。上不悦，命太常卿徐璠督工”[1]，重建了万寿宫。

> 西宫再建，钦定正宫前堂曰万寿宫，后寝曰寿源宫。宫门曰万寿门，左门曰曦福，右门曰朗禄，后门永绥、含祥、成瑞仍旧。后过廊左曰永康门，右曰永顺门。宫亭名大元，殿名凝一，门名衍庆。殿东本四宫，四十年（1561年）已建万春宫，至是三宫钦定万和、万华、万宁。其西四宫，钦定仙禧、仙乐、仙安、仙明。东西二街门扁，七门随西长街向东，四名自南起，常宁、常和、常喜、常辉，向西金宁若旧，三门自东起，攸顺、攸利、金瑞，后二墙门迎祉、纳康。[2]

这次重修后，万寿宫规模超过了永乐时期。据《春明梦馀录》，嘉靖四十二年（1563年）“更万寿宫为恩寿宫”。《酌中志》卷十七载：“万寿宫、寿源宫，嘉靖四十四年（1565年）更曰‘百禄宫’。”可见，嘉靖后期在西内增建了十来个宫殿，然而，这些宫殿朝名夕改，变化无常。

在中海西岸，元代时本无更多的景观建筑，主要是以繁茂葱茏的树木花草为主的自然生态型风景园林。从明代永乐时期营建西宫开始，历朝有所增添宫殿及亭台楼阁，与原有的自然风光融为一体，成为皇帝及后妃和朝臣游览休憩之所。其中，天顺、正德及嘉靖和万历朝进行了大规模的营建，而尤以英宗和嘉靖朝更为突出。

嘉靖时期在中海西岸增建殿宇亭台等建筑，缘于两大动因：一是与更定祀典有关，二是与办斋醮相应。明世宗以旁支入统，即位后针对武宗朝的各种弊政，锐意求治，“力除一切弊政，天下翕然称

---

[1] 《日下旧闻考》卷四二《明世庙识馀录》。

[2] 《日下旧闻考》卷四二《古和稿》。

治”[1]。“庶几复见唐虞之治。”[2]也就是说，嘉靖初改革收到一定成效。

其中，祀典改革是诸项改革的重要内容之一。嘉靖之所以进行改革，既有客观原因，又有主观意图。客观上，武宗朝的确留下了诸多弊政。明武宗是明代最荒淫无度的皇帝之一。他本性“好逸乐”，迷女色，玩禽兽，屡出游，荒唐事不胜枚举。尤其宦官乱政，政治黑暗，大兴土木，挥霍无度，朝廷内外危机四伏，这为嘉靖留下了一堆烂摊子。嘉靖很想革除这些弊政，成为有作为的皇帝。

主观方面，嘉靖即位后，为了证明自己是“正统”，试图将生父尊为“皇考”，虽然作了许多努力，但遇到了不可逾越的制度障碍，引发了“大礼仪之争”，激化了皇帝与朝臣的矛盾。所以，改革祀典成为燃眉之急。通过祀典改革，嘉靖试图将生父灵位名正言顺地侍奉于太庙。然而，单纯改变祭祀太庙礼制，意图过于明显，所以对祀典进行了多方面改革，在西苑搞了许多重复建设，以此为突破口，想从制度上得到“正统”的认可。其次，嘉靖从“宫婢之变”后移出大内，并迷于崇道斋醮炼丹，将西苑变成了“大内”，大修宫观，长居西内，不务朝政。

亲蚕坛、无逸殿　嘉靖时期改祀典增建的不少建筑，成为西苑新景观。其中，皇后亲蚕是有明一代之首创。《明典·礼志》：“国初无亲蚕礼。嘉靖九年（1530年）敕礼部曰：耕桑重事，古者帝亲耕、后亲蚕以劝天下。自今岁始，朕亲耕，皇后亲蚕，其具仪以闻。”礼部根据古制，提出了具体方案：“初，礼部议于皇城内西苑中有太液琼岛之水，且唐制亦在苑中，宋亦于宫中。”于是，世宗“从礼部议便”。

> 上命筑亲蚕坛于安定门外。十年（1531年）三月，改筑坛于西苑仁寿宫侧。坛高二尺六寸，四出陛，广六尺四寸，

[1]《明史》卷一八《世宗本纪》。

[2]《明世宗实录》卷一六。

东为采桑坛，方一丈四尺，高二尺四寸，三出陛，铺甃如坛制。台之左右树以桑，东为具服殿，北为蚕室，又为从室以居蚕妇。设蚕官署于宫左，置蚕官令一员，丞二员，择内臣谨恪者为之。

《万历野获编》说："世宗更定祀典，遂行皇后亲蚕礼。……嘉靖之制虽未尽合古，然农桑并举，固帝王所重。"[1]皇后亲蚕礼是夏言等逢迎嘉靖本意，谏言提出后被世宗采纳的。实行亲蚕礼，需要建亲蚕坛。亲蚕坛是一组规模不小的建筑群，也是嘉靖时期西苑大规模建设的开始。亲蚕坛的具体位置，据嘉靖时期吏部尚书李默《游西内记》载：

季夏（六月）十六日，望西安门，舍骑步入。过仁寿宫，直北隙地初筑亲蚕坛殿，用前詹事霍韬议也。殿东、西、北上为永福、万春诸宫，正南为门者三，曰仁寿宫门。门外西南数十步筑神祇坛，盖仿周礼王社为之。直东为帝社坊，凡驾临享，特驻此。坊东北为无逸殿，殿南为豳风亭，上著《豳风图记》揭亭中。出门南行，西望黍菽盈畴。[2]

可见，亲蚕殿、亲蚕坛在仁寿宫东北面的空地上，东西北三面是永福宫、万春宫等围住。仁寿宫西南约百余米处还建有神祇坛、帝社坊等等，在其东北方则是北有无逸殿，殿南有豳风亭，与仁寿宫一起，在西苑中海西岸形成了庞大的建筑群。在西苑营建的社稷坛，据《万历野获编》载：

嘉靖十年（1531年），上于西苑隙地立帝社帝稷之坛，

[1] 《万历野获编》卷三《宫闱·亲蚕礼》。
[2] 《日下旧闻考》卷三五《群玉楼稿》。

> 用仲春、仲秋次戊日，上躬行祈报礼。盖以上戊为祖制社稷祭期，故抑为次戊，内设豳风亭、无逸殿。其后添设户部尚书或侍郎，专督西苑农务。又立恒裕仓，收其所获，以备内殿及世庙荐新先蚕等祀，盖又天子私社稷也，此亘古文册所未有。自西苑肇兴，寻营永寿宫其地，未几而玄极、高玄等宝殿继起，以玄极为拜天之所，当正朝之奉天殿；以大高玄为内朝之所，当正朝之文华殿；又建清馥殿为行香之所，每建金箓大醮坛，则上必日躬至焉。[1]

明代本来一开始就在紫禁城内建有社稷坛，嘉靖更定祀典，在西苑中海西岸按《周礼》王舍的规制，又营建了另一套帝社坛、帝稷坛。所以，《万历野获编》称之为皇帝的私人祭坛。在帝社坛、帝稷坛园内还建有无逸殿、豳风亭，再加上专司劝农勤蚕之所，在仁寿宫侧形成了庞大的建筑群，其中不少是带有祭祀功能的。至于玄极殿、大高玄殿不在此处。

无逸殿和豳风亭也是嘉靖九年（1530年）开始营建，十年建成，作为皇帝劝农之所。

> 嘉靖十年（1531年）八月，帝御无逸殿之东室，曰：西苑旧宫是朕文祖（成祖）所御，近修葺告成，欲于殿中设皇祖位祭告之，祭毕宜以宴落成之。又曰：《无逸》之作，虽所以劝农，而勤学之意亦在其中。今用宴以落成之，经筵日讲官俱与，仍各进讲《七月》《诗》《无逸》《书》各一篇[2]。

可见，无逸殿、豳风亭等建筑建成于嘉靖十年八月，永寿宫也是同时修葺竣工。“无逸殿三间，用砖写刻大字《农家忙》诗一首，并

[1] 《万历野获编》卷二《列朝二·帝社稷》。

[2] 《日下旧闻考》卷三六《明世庙圣政纪要》。

记。东西间作沙壁，写《无逸》一篇。豳风亭正面用砖写刻大字，题《豳风》诗一首。东西两边作沙壁，写《七月》诗。”[1]无逸殿和豳风亭建筑风格很朴实，殿和亭的东西间都是土墙垒成，类似于农舍，体现了农家风貌。

嘉靖建无逸殿、豳风亭，目的是标榜皇帝重桑劝农，所以，世宗要在无逸殿举行落成典礼，并要求与会者每人写一篇《七月》诗和《无逸》诗。《万历野获编》卷二《列朝・无逸殿》记载：

> 世宗初建无逸殿于西苑，翼以豳风亭，盖取《诗》《书》中义，以重农务，而时率大臣游宴其中。又命阁臣李时、翟銮辈坐讲《豳风・七月》之诗，赏赉加等，添设户部堂官专领稿事。

“诗书”指儒家十三经中的《诗经》和《尚书》。所谓“七月之诗”，就是《诗经》十五国风中的《豳风・七月》，其内容是歌颂农务的。如“无衣无褐，何以卒岁？”“同我妇子，馌彼南亩，田畯之喜”。“蚕月条桑，取彼父斨；以伐远杨，猗彼女桑。”“无逸”，出自《尚书・无逸篇》曰：“周公曰：‘呜呼！君子所其无逸。先知稼穑之艰难，（乃逸）则知小人之依。相小人，厥父母勤劳稼穑，厥子乃不知稼穑之艰难，乃逸乃谚’。”

无逸殿建成后，世宗命翟銮等十余人模仿诗经《豳风・七月》，作诗颂扬皇帝重桑劝农的功德。樊深《驾幸无逸殿命辅臣进讲无逸豳风颂》有：

> 《书》记《无逸》，艰难可稽。君子所知，小人所依。《诗》载《豳风》，农桑不废。……驾幸无逸，命及元老。文

[1] 《日下旧闻考》卷三六《谕对录》。

武成周，农桑是宝。何以言之，《诗》《书》在即。何以讲之？《豳风》《无逸》。

说嘉靖劝农亲桑如同周文王、武王，可见，当时世宗还是积极为政的。嘉靖时期，西苑不仅是游山玩水的皇家风景胜地，也是皇帝劝农的田园示范地。《万历野获编·帝社稷》记载：

西苑农务，凡占地五顷有馀，役农五十人，老人四人，骡夫八人，每人日支太仓米三升，仍复其身。耕畜则从御马监支粮草。先是工部盖农舍，筑牛宫，造仓廒，顺天府岁进谷种。比其获也，户部以本年所入之数上闻。盖自夏言皇后亲蚕之说行，于是农桑并举，以复邃古神农之政。未几亲蚕礼即废，而农务则终世宗之世焉。

事实上，嘉靖对劝农开始时满腔热忱，“凡播种收获以及野馌农歌征粮诸事无不入御览，盖较上耕耤田时尤详云”。所以，当时西苑农务一派欣欣向荣景象。正如夏言《西苑诗》所云：“龙池西畔苑墙横，碧树朱庭晓望明。岁岁君王深驻辇，百花香里看春耕。”

但后来，世宗迷于炼丹斋醮，对亲桑劝农失去了兴趣，不愿有人再提及无逸之事。如果谁再提这一往事，必将遭到世宗的惩戒。“甲辰年（嘉靖二十三年，1544年）翟銮坐二子中式被议，銮辨疏以‘日值无逸殿’为辞。时上奉道已虔，惟称上玄、高玄及玄威玄功”，对劝农早已抛于脑后。但翟銮不识时务，因其儿子在考试中犯事而牵连，所以“尚举故事”，即提及世宗积极改革，重农劝桑的功德及自己侍君于无逸殿的往事，上疏辩解。此时嘉靖信道入魔，亲桑劝农的事已经不合他的胃口，故而激怒了世宗。于是将翟銮“褫逐之。此后并殿亭旧名无齿及者矣”。也就是，从此以后无人敢再提世宗当年劝农亲桑于无逸殿、豳风亭之事了。

然而，“世宗上宾未期月，西苑宫殿悉毁，惟无逸则至今存”[1]。嘉靖死后不到一个月，他的儿子穆宗将世宗所建西苑建筑基本拆毁，而无逸殿到万历时尚存。到神宗“甲申（万历十二年，1584年）、乙酉（万历十三年、1585年）间，无逸烬于火。辅臣申吴县等奏：皇祖作此殿，欲后世知稼穑艰难，其虑甚远，非他游玩比，宜以时修复。上深然之。今轮奂如新也”[2]。于是，神宗重修无逸殿、豳风亭，一直存在到明亡。

世宗在西苑的这些建筑有三大功能，一个是为斋醮活动服务，另一个是标榜重桑劝农，再一个是标新立异的祭祀。其中，更重斋醮。为此，召一批词臣进驻西苑，为世宗撰写“青词”，即求神拜佛、炼丹成仙的颂词。世宗居西内事斋醮，一时词臣以青词得宠眷者甚众。《万历野获编》卷二《帝社稷》记载：“凡入直撰玄诸幸臣，皆附丽其旁，即阁臣亦昼夜供事，不复至文渊阁。盖君臣上下，朝真醮斗几三十年，与帝社稷相始终。”所谓“撰玄”，就是写青词。当时“世庙居西内事斋醮，一时词臣以青词得宠眷者甚众”，其中，最让世宗称心者如袁炜、董份之辈所写青词，“然皆谀妄不典之言，如世所传对联云：‘洛水玄龟初献瑞，阴数九，阳数九，九九八十一，数数通乎道，道合元始天尊一诚有感；岐山丹凤两呈祥，雄鸣六，雌鸣六，六六三十六，声声闻于天，天生嘉靖皇帝万寿无疆。’此袁（炜）所撰，最为时所脍炙，他文可知矣。”[3]

大光明殿　位于中海西岸西安门内迤南，嘉靖时所建，南有兔园，东有万寿宫。据《明世宗实录》：“嘉靖三十六年（1557年）十一月，大光明殿工成。”

大光明殿，门东向，曰登丰，曰广福，曰广和，曰广

[1] 《万历野获编》卷二《无逸殿》。

[2] 《万历野获编》卷二《无逸殿》。

[3] 《万历野获编》卷二《列朝·嘉靖青词》。

宁。二重门曰玉宫，曰昭祥，曰凝瑞。前殿则大光明殿也。左太始殿，右太初殿。又有宣恩亭、飨祉亭、一阳亭、万仙亭。后门曰永吉、左安、右安。中为太极殿，东统宗殿，西总道殿。其帝师堂、积德殿、寿圣居、福真憩、禄仙室五所，毁于万历三十年（1602年）。后有天元阁，下有阐元保祚[1]。

大光明殿是中海西岸的一座重要景观建筑，也是世宗举行宗教活动的主要场所之一。所以，建筑的名称充满着玄道味道。毛奇龄《西河诗话》载：

旧西内有大光明殿，亦名圆殿，是明世宗炼真处。……壬戌（四十一年，1562年），立帝社帝稷坊牌，安砌（万寿）宫门墙，拓造西连房工成。六月十三日，承祐殿成。七月十八日，祐祥殿、祐宁殿板屋成。十月三日，建洪应雷宫[2]。

可见，这是个庞大的建筑群。到清代雍正、乾隆年间，曾重修大光明殿，作为礼佛殿，内奉玉皇大帝及三清四御等道教神灵。总之，

西苑宫殿自（嘉靖）十年（1531年）辛卯渐兴，以至壬戌（嘉靖四十一年，1562年），凡三十余年，其间创造不辍，名号已不胜书。至壬戌万寿宫再建之后，其间可纪者，如四十三年（1564年）甲子重建惠熙、承华等殿，宝月等亭，既成，改惠熙为玄熙延年殿。四十四年正月，建金箓大殿于玄都殿，又谢天赐丸药于太极及紫皇殿，此三殿于先期创者。至四十四年重建万法宝殿，名其中曰寿憩，左曰福舍，右曰

[1] 《日下旧闻考》卷四二《明宫殿额名》。

[2] 《日下旧闻考》卷四二《古和稿》。

> 禄舍，则工程甚大，各臣俱沾赏。至四十五年（1566年）正月，又建真庆殿；四月，紫极殿之寿清宫成，在事者俱受赏，则上已不豫矣。九月，又建乾光殿；闰十月，紫宸宫成，百官上表称贺。时上疾已亟，虽贺而未必能御矣。[1]

可见，世宗生命不止，营建不停，到了生命的最后一刻，还在营建西苑。然而，嘉靖的一些改革和在西苑的建筑遭到他儿子的否定。世宗宾天不到一月，其子穆宗就着手拆除这些建筑。“自世宗升遐未匝月，先扯各宫殿及门所悬扁额，以次渐拆材木。”穆宗用这些材料另外建自己的宫殿。“穆宗欲以紫极宫材重建翔凤楼，因工科给事中冯成能力谏而止。未历数年，惟存坏垣断础而已。”

总之，“至穆宗绍位，不特永寿宫为牧场，并西苑督农大臣亦裁去矣”。皇后亲蚕，“盖自夏言皇后亲蚕之说行，于是农桑并举，以复邃古、神农之政。未几，亲蚕礼即废，而农务则终世宗之世焉”。这两个皇帝父子，老子乱建，儿子胡拆，极尽挥霍，全不把国财民脂当回事。

对嘉靖时期在西苑所建，除了成祖潜邸是“上意为吉地而安之”外，其余大部分建筑均被拆除。

> 惟清馥殿则整丽如故，外门曰仙芳，曰丹馨，内亭曰锦芳，曰翠芬，流泉石梁，颇甚幽致，且松柏列植，蒙密蔽空，又百卉罗植于庭间，花时则今上亦时一游幸。盖其地又与万寿宫稍隔，故得免焉[2]。

《明史·礼志》记载，隆庆元年（1567年），礼部言，帝社稷之名自古所无，宜罢。穆宗从之。可见，嘉靖为斋醮修炼而建的西苑建

[1] 《万历野获编》卷二《列朝·斋宫》。

[2] 《万历野获编》卷二《列朝·斋宫》。

筑，穆宗即位后拆得所剩无几了。

兔园 在中海西岸南隅还有一处园林景观区，即兔园，又称小山或小山子、赛蓬莱等。兔园在元代即有，位于西安门内南侧，西临皇城西垣，东隅即西内建筑群，与椒园隔海相对。小山子以人造假山而得名。

对兔园的范围，《明清两代宫苑建置沿革图考》说：

> 万寿宫之西，西尽皇城，东包大光明殿者，兔儿山、旋磨台所在，即李默游西内记所谓西内者也。……其东曰柏木殿，曰旋坡台（一作旋磨台），即兔儿山显扬殿也。……西内地原为元西御苑故址。按明代西内兔儿山一带，实即元隆福宫西御苑地；元代所谓假山，即明代所谓兔儿山也。

这座假山是兔园的主要景观之一，为元代遗物。山顶上有清虚殿，为主体建筑。兔园的理水很有特点，人工营造的喷泉及九曲流觞，比宫后苑的水景更大气磅礴。兔儿山在元代称假山，为御苑景物，到明代称小山子。据陶宗仪《南村辍耕录》卷二十一《宫阙制度》描述的元代御苑：

> 御苑在隆福宫西，先后妃多居焉。香殿在石假山上，三间，两夹二间；柱廊三间，龟头屋三间，丹楹琐窗，间金藻绘，玉石础，琉璃瓦。（按：明显扬殿）殿后有石台。山后辟红门，门外有侍女之室二所，皆南向并列。又后直红门，并立红门三。三门之外，有太子斡耳朵荷叶殿二，在香殿左右，各三间。圆殿在山前，圆顶，上置涂金宝珠，重檐。后有流杯池，池东西流水。圆亭二，圆殿有庑以连之。歇山殿在圆殿前，五间。柱廊二，各三间。东西二亭，在歇山后左右，十字脊。东西水心亭在歇山殿池中，直东西亭之南，九

柱重檐。亭之后，各有侍女房三所。所为三间，东房西向，西房东向。前辟红门三，门内立石以屏内外，外筑四垣以周之。池引金水注焉。

可见，元代时这里是后宫嫔妃们的住处。当时兔园的主要建筑，在山上有香殿，为主体建筑，面阔三间，两侧庑各一间。山前有圆殿，其后歇山殿，五间；还有侍女房等等。山后有荷叶殿。围绕假山，还有水池、亭榭等等。《日下旧闻考》卷三十二《元宫室三》按曰："石假山，明《图经志》称小山子，韩雍《赐游西苑记》称赛蓬莱。"在一些文献中，有时也称小蓬莱。从以上记载可见元代御苑之概略。明代在此基础上有所拓展。据现有文献，明代最早修缮兔园的是明英宗。

天顺四年（1460年）九月，新作西苑殿宇轩馆成。苑中旧有太液池，池上有蓬莱山，山巅有广寒殿，金所筑也。西南有小山，亦建殿于其上，规制尤巧，元所筑也[1]。

对这座假山，《西元集》描述：

从南台绕西堤，过射苑，有兔园。其中叠石为山，穴山为洞，东西分径，盘纡而上，至平砌又分绕至巅，布甃皆陶埏云龙之象。砌上设数铜瓮，灌水注池。池前玉盆内作盘龙昂首而起，激水从盆底一窍转出龙吻，分入小洞，由大明殿侧九曲注池中。殿旁乔松数株参立，百藤萦附于上，复悬萝下垂，池边多立奇石，一名小山子。[2]

[1] 《日下旧闻考》卷三六《明英宗实录》。
[2] 《日下旧闻考》卷四二《西元集》。

> 小山在仁寿宫之西。入清虚门，登道盘屈，甃甓皆肖小龙文。叠石为峰，巉岩森耸，元世故物也。中官云，元人载此石自南至燕，每石一，准粮若干，俗呼折粮石。近岁重葺一亭，上扁曰“鉴戒亭”。亭中设橱贮书，上至，以备览。山顶曰清虚殿，俯瞰都城，历历可见。山腰垒石为洞，刻石肖龙，水自龙吻出，喷洒若帘。其前为曲流观，甃石引水，作九曲流觞。又南为瑶景、翠林二亭，中架石梁，通东西两池，金鳞游泳，大者可尺许。[1]

可见，到明代，兔园的主要建筑也都改换名称了。《金鳌退食笔记》记载得更细致入微：

> 兔园山在瀛台（南台）之西。由大光明殿南行，叠石为山，穴山为洞，东西分径，纡折至顶。殿曰清虚，俯瞰都城，历历可见。砌下暗设铜瓮，灌水注池。池前玉盆内作盘龙昂首而起，激水从盆底一窍转出龙吻，分入小洞，由殿侧九曲注池中。乔松数株参立，古藤萦绕，悬萝下垂。池边多立奇石，一名小山子，又曰小蓬莱。其前为曲流观、鉴戒亭。又南为瑶景、翠林二亭，古木延翳，奇石错立，架石通东西两池。南北二梁之间曰旋磨台，螺盘而上，其巅有甃，皆陶埏云龙之象。相传世宗礼斗于此。台下周以深堑，梁上玉石栏柱，御道凿团龙，至今坚完如故。老监云，明时重九或幸万岁山，或幸兔儿山清虚殿登高。宫眷内臣皆着重阳景菊花补服，吃迎霜兔、菊花酒。今山前亭观尽废，池亦就湮，仅馀一亭及清虚殿。[2]

---

[1] 《日下旧闻考》卷四二《钤山堂集》。

[2] 《日下旧闻考》卷四二《皇城》。

兔儿之名，为“堎儿”之误，以误传误，遂约定俗成，称“兔儿山”了。毛奇龄在《西河诗话》中解释兔儿山名称的来历：“旧西内有大光明殿，亦名圆殿，是明世宗炼真处。”又曰：

> 曾见山东徐登瀛一诗，其颔句云：“结客暂回梁父辙，求仙不上堎儿山。”人不识堎儿所出。后余入都，相传旧西内有大光明殿，前有假山巄嵸，名兔儿山，集艮岳石堆垛成洞壑，偏插峰嶂，顶构厂亭，而加以重屋，即世宗焚箓瞻斗之地。则意兔儿者，堎儿之误。山前有旋磨台，如鞶带围绕，由庳而登，逐步渐登，恍履平地，旧时高尽处犹焦心中凸，耸以重台，今亦亡矣。老宫监住此者云：客、魏（指客氏、魏忠贤）时宫人忤意者，安置此地，死相枕藉，洞中骨发秽积，此又在《酌中志》之外者。第缔构过整，洞必双穿，峰不单峙，则宫规制与外稍殊耳。

从这个记载中可知，兔儿山在大光明殿之南，原来称堎儿，音误成兔儿山了。兔儿山原本是一处风景区，尤其是那座假山颇有特点。叠山所用石头，主要为太湖石，又称玲珑石，据传是元世祖忽必烈从北宋都城汴梁的皇家园林艮岳搬过来的战利品。艮岳太湖石，就是宋徽宗当年的所谓“花石纲”，因而称之为奇石。然而，如此壮美的皇家园林，也成为明世宗崇道拜斗的道场。更甚者，竟成为罪恶的阴曹地府。到明天启时期，宦官魏忠贤专权，政治更加黑暗。他与熹宗的乳母客氏相勾结，残害善良，使兔儿山变成了忤意于客、魏之宫女及太监的地狱，冤骨枕藉，令人作呕。这本身也预示着明王朝江河日下、气数已尽的国运。

不过，在这之前兔儿山是个景色迷人的独立园林景区，其北有大光明殿，其东则是仁寿宫。兔儿山本身地势较高，山巅有殿曰清虚殿即元代的香殿，是为兔园主体宫殿，还有大仙都殿等；兔园北门即清虚门。山上还有不少亭台楼阁，犹如人间仙境。兔园的主要景物，除了太湖石假山、九龙喷池等建筑外，殿、亭、门等主要是嘉靖、万历朝添增。《明宫殿额名》载：

大仙都殿，嘉靖二十八年（1549年）三月，更大道殿。前有大道门，入清虚门曰清虚殿、鉴戒亭，俱嘉靖十三年八月建。又有曲流观，翠林、瑶景二坊。旋坡台，嘉靖二十八年三月，更仙台。万历九年（1581年）七月，添筑方亭其上。四十年（1612年）九月，榜曰“迎仙亭”。又有福峦、禄渚二坊。台上牌额七：一玉光、二光华、三华辉、四辉真、五真境、六仙境、七仙台。……朝元馆，嘉靖四十五年（1566年）五月建，万历二十八年（1600年）五月毁。显阳殿，万历二十九年（1601年）五月建。景德殿，万历二十八年十月建。[1]

可见，嘉靖时在兔园添建了不少殿宇亭台等建筑，使兔儿山的体量更加庞大；而且高峻秀丽，登临山顶，都城景色尽收眼底，非同一般人造假山。不过，对兔园景物如亭台的名称，一些记载不甚一致。

旋磨台，《春明梦馀录》载《宫殿额名》作旋波台，朱彝尊又引作旋坡台，其实一也。再考《金鳌退食笔记》云：台下周堑、梁上石栏坚完如故，山前尚有一亭及清虚殿。则兔儿山、旋磨台其时尚存。遗迹今俱毁。其地东犹名拜斗殿。西为今火药库。[2]

旋坡台位于兔儿山之南，其主要建筑就是万历所建方亭，也是兔

[1] 《日下旧闻考》卷四二《明宫殿额名》。

[2] 《日下旧闻考》卷四二《皇城·按语》。

儿山的主要景区。兔园还带有果园。据《明世宗实录》，嘉靖四十五年（1566年）二月，“造御憩等殿于大道厂果园中”。

对兔园的风景，当时的文臣墨吏多有歌咏，从中可鉴赏明代兔园的山水风韵。文徵明有诗曰：“汉王游息有离宫，琐闼朱扉迤逦通。别殿春风巢紫凤，小山飞涧架晴虹。团云芝盖翔林表，喷壑龙泉转地中。简朴由来尧舜事，故应梁苑不相同。”廖道南《清虚殿》诗云：“峻极丹霄上，清虚碧海前。扶桑先见日，若木远含烟。绝色移云石，明河泻瀑泉。仰看元象转，身在蔚蓝天。”陈悰诗说：“美人眉黛月同弯，侍驾登高薄暮还。共讶洛阳桥下曲，年年声绕兔儿山。”[1]

嘉靖、万历时期是兔园发展的巅峰，在整个西苑中别具风情。叠山理水，亭台楼阁，体现了皇家风景园林的典型范式。兔儿山峰峻挺拔，曲径盘绕；奇石幽洞，别有天地。从玉泉山流淌下来的清澈泉水，从皇城西南方向进来，缓缓流经兔园，向东南蜿蜒，在中海的西南角注入海中，在西苑南隅划了一道“～”线型。园中亭台楼榭，宫殿轩宇参差错落，金碧辉煌，气势恢宏；苍松古柏，绿荫匝地；奇石林立，怪形诞状；九龙吐瀑，渠水九曲，环绕山麓，可资流觞；奇花千姿，异果万状，清香满园。绿树葱葱，碧草茵茵；清波粼粼，鱼虾潜底；莺唱高树，燕语竹林；俨然是蓬莱琼山，人间仙境。所以，兔园是明代皇家游憩的重要场所之一，是西苑的园中园。

兔园不仅是明代皇家的游憩之地，也是主要的登高去处之一。每当重阳节，皇帝或登万岁山，或登兔儿山，并有独特的皇家节令习俗。届时宫眷内臣都穿着重阳景菊花补服，吃迎霜兔，喝菊花酒，唱曲献歌。《天启宫词注》载：

> 兔儿山即旋磨台。天启乙丑（五年，1625年）重阳，车驾临幸，钟鼓司邱印执板唱《洛阳桥记·攒眉黛锁不开》一

[1] 以上均引自《日下旧闻考》卷四二《皇城》。

阁。次年复如之。宫人相顾，以期近不祥也。

宫人的预感的确应验了。过了一年，熹宗驾崩了。又过了十余年，1644年大明王朝就轰然倒塌。

可惜的是，如此美景却跟随明王朝灰飞烟灭，荡然无存。如今只剩下“兔儿山”三字，成为这座园林的历史遗迹了。兔园毁于何时，已无可考。据著名园林学家陈植先生的推断，“西内兔儿山之毁，当在雍正、乾隆间”[1]。但未推断具体时间。据有关资料可以断定，兔园在乾隆五十三年（1788年）前已经毁了。如《日下旧闻考》卷四二《皇城·按》就有明确的记载。

《日下旧闻考》出版于乾隆五十三年（1788年）。此书的编者云：兔儿山“遗迹今俱毁”。可见，兔园被毁的时间，最晚也是在此之前。而《金鳌退食笔记》是清代高士奇所著，于康熙二十三年（1684年）刊行时，仍看到“兔儿山、旋磨台其时尚存”。据此，兔园的被毁时间，当在康熙二十三年以后至乾隆五十三年之前的百年时间段内。但为何而毁，无考。

射苑（紫光阁） 在中海西岸偏北处，还有一处有名的建筑景观，就是射苑，即紫光阁。“春藕斋循池西岸而北为紫光阁”。这里初为平台，明武宗正德年间（1506—1521年）为皇家射苑，即皇帝检阅军队，士兵操练骑射的场所。到嘉靖时废台，在旧址上营建了宫殿廊庑，主体建筑为紫光阁。《日下旧闻考》说：“紫光阁在明武宗时为平台，后废台，改为紫光阁，本朝（清朝）因

图 3-26　北京中海紫光阁景观

（引自杨宪金主编《中南海胜迹图》）

[1]　《中国造园史》，第34页。

之。”[1]据《西元集》记载：

太液西堤出兔园东北，台高数丈，中作团顶小殿，用黄瓦，左右各四楹，接栋稍下，瓦皆碧。南北垂接斜廊，悬级而降，面若城壁，下临射苑，背设门牖，下瞰池，有驰道可以走马，乃武皇所筑阅射之地。[2]

武皇指明武宗，在位只有16年，却恶名昭著。《明史·武宗纪》说他："性聪颖，好骑射。"武宗脾性怪诞，行为怪诞，是为十足的败家皇帝。在正德时期，内忧外患加剧，天灾人祸频仍，但他却以社稷国运为儿戏，肆意放纵，极尽淫乐。他本已是万乘之尊，却“自称总督军务威武大将军总兵官”，专门组建一个“威武团营”，直接指挥他们操练。《明武宗实录》记载：

正德十一年（1516年）二月，命右都督张洪监督团营，西官厅复指挥佥事神周官，代洪管勇士营。……上好武，特设东西两宫厅于禁中，视团营，东以太监张忠领之，西以（许）泰领之。……上又自领阉人善骑射者为一营，谓之中军。晨夕操练，呼噪火炮之声达于九门，浴铁文组照耀宫苑。上亲阅之，名曰过锦，言望之如锦也。诸军悉衣黄罘甲，中外化之，虽金绯盛服，亦必加此于上。[3]

射苑就是“威武团营”操练骑马射箭的场所。文徵明有诗曰：“日上宫墙飞紫霭，先皇阅武有层台。下方驰道依城尽，东西飞轩映水开。”李梦阳《内教场歌》与其说是颂扬，倒不如说是讽刺：“雕弓

[1] 《日下旧闻考》卷二四《国朝宫室·西苑四》。
[2] 《日下旧闻考》卷三六《明宫室四》。
[3] 《日下旧闻考》卷四一《皇城》。

豹韃骑白马，大明门前马不下。竟入内伐鼓。大同耶？宣府耶？将军者许耶？武臣不习武，奈彼四夷。西内树旗，皇介夜驰。鸣炮烈火，嗟嗟辛苦。”[1]

嘉靖继位后便废弃射苑，就地营建紫光阁，成为藏书和观赏太液池风光的去处。每年端午节时，皇帝及宫眷登紫光阁，观赏太液池中斗龙舟等水戏活动，有时皇帝在此休憩，或阅书消遣。据《悫书》记载：崇祯壬午（十五年，1642年）九月，崇祯皇帝召部臣入对明德殿，然后到西苑游览，“旋登紫光阁看文书，阁甚高敞。树阴池影，葱翠万状，一佳景也”[2]。在紫光阁上观赏太液池景色：

> 湖心波光闪烁，荷叶尽舒，花皆红白，葭菼苍然，有鸟巢其末，啾唧出芦苇间，湖东列数亭为舣舟处，亭外为西苑门，殿阙参差，可历历指出。[3]

可见，在明代紫光阁周围并无更多的建筑，因为原来是军队骑射操练场地，四周比较开敞。不过，倒是像皇家饲养珍禽异兽的动物园。据《金鳌退食笔记》记载：“太液池北紫光阁旁有百鸟房，多畜奇禽异兽，如孔雀、金钱鸡、五色鹦鹉、白鹤、文雉、貂鼠、舍狸狲、海豹之类。本朝不此是尚，但给饮啄而已。”说明，百鸟房一直到清康熙年间还存在。

清代康熙、乾隆间曾几次重修紫光阁。康熙时，紫光阁成为皇帝的检阅台和武进士考场。“圣祖仁皇帝，常于仲秋集三旗侍卫大臣校射，复于阁前试武进士，至今（乾隆间）循以为例。”[4]现在的紫光阁是清代遗物，高两层，面阔七间，单檐庑殿顶，绿琉璃瓦黄剪边，前

---

[1] 《日下旧闻考》卷四一《皇城》。

[2] 《日下旧闻考》卷三六《明宫室四》。

[3] 《日下旧闻考》卷三五《群玉楼稿》。

[4] 《日下旧闻考》卷二四《西苑四》。

图 3-27 北京北海景观（张薇 / 摄）

有五间券棚歇山顶抱厦，后有武成殿，面阔五间，单檐券棚歇山顶。新中国成立后，紫光阁一直是重要的国务活动场所。

（四）北海

北海园林始于辽代。辽太宗耶律德光于会同元年（938年）建都燕京（称南京）后，就在城东北郊白莲潭营建瑶屿行宫，岛上建凉殿。白莲潭即明代之北海，金朝将凉殿改为广寒殿。《辽史》有“西城巅有凉殿，东北隅有燕角楼、坊市、观，盖不胜收”的记载。据《洪武北平图经》记载：“琼华岛辽时为瑶屿。”金、元进一步扩建瑶屿，金称琼华岛，白莲潭改称西华潭，元改今名。现今北海湖面约有38公顷，湖岸线长3749米，平均水深1米，最深达2.5米。北海已有一千多年的历史，真可谓千年碧水湖中流，百岁松柏岸边秀，是为一幅立体画。

明代北海园林，又称北苑。西苑的主要景点，集中于北海之中的琼华岛及北海两岸。作为景胜，可分为四个景区：一是金鳌玉蛛桥及

图 3–28　北京北海景观（张薇 / 摄）

团城景区，二是琼华岛景区，三是北海西岸景区，四是北海东岸及北岸景区。

金鳌玉蛛桥及团城　中海与北海之间有一座石桥，作为两海之分界。“水云榭之北有白石长桥，东西树坊楔二，东曰玉蛛，西曰金鳌。”

> 金鳌玉蛛桥跨太液池以通行人往来。桥西红墙夹道，两门相对，南即福华门，北为阳泽门，达阐福寺。桥东即承光殿。桥下洞七，中洞南向石刻额曰银潢作界。联曰：玉宇琼楼天上下，方壶圆峤水中央。北向石刻额曰紫海迴澜。联曰：绣縠纹开环月珥，锦澜漪皱焕霞标。[1]

这是嘉靖皇帝御笔所题。金鳌玉蛛桥也称金桥或御桥，因桥的东

[1]《日下旧闻考》卷二五《西苑五》。

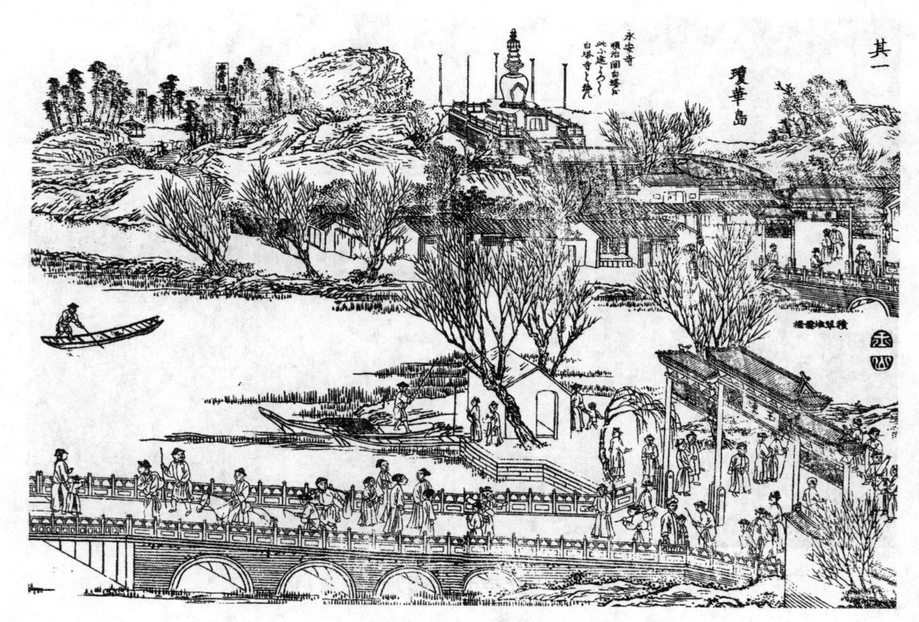

图 3-29 北京太液池金鳌玉蛛桥景观绘图

（引自（清）岡田玉山等编绘《唐土名胜图会》）

西两端各竖有“金鳌”“玉蛛”牌楼，故名。《戴司成集》记载：“太液池中架长桥，两端立二坊，西曰金鳌，东曰玉蛛。天气清明，日光滉漾，清澈可爱。”[1]所谓“金鳌”，指巨鳌。《列子·汤问》说，东海有巨鳌，背驮仙山，浮于海中。金鳌，即石桥如巨鳌，驮仙山琼阁于三海中。“金”在五行方位中在西，故在桥之西头牌楼曰金鳌。玉蛛者，指彩虹。《诗经·鄘风·蝃蛛》曰：“蝃蛛在东，莫之敢指。”《辞海》说，蝃蛛为虹的别称。《毛传》：“蝃蛛，虹也。”故在桥之东头牌楼称玉蛛，比喻石桥如一道彩虹，飞架于中海与北海之间。金鳌玉蛛，即是对桥的比喻和形容，也是对太液池的赞美。

在中海与北海之间，元代时只有木桥。《南村辍耕录》记载：在圆坻“东为木桥，长一百廿尺，阔廿二尺，通大内之夹垣。西为木吊

[1] 《日下旧闻考》卷四一《戴司成集》。

图 3-30　北京北海景观（张薇 / 摄）

桥，长四百七十尺，阔如东桥，中阙之，立柱，架梁于二舟，以当其空，至车驾行幸上都，留守官则移舟断桥，以禁往来。是桥通兴圣宫前之夹垣。后有白玉石桥，乃万寿山之道也。”[1]这就是说在元代时，中海、北海之间没有横贯其上的整桥，而是东头有长十二丈、宽二丈余的木桥，西头有长四十七丈、宽二丈余的木吊桥，在两个断桥之间留有缺口。平时放两只船于此，上铺木板连接东西断桥，需要船只通行时，将中间缺口的两只船移开。

到明弘治二年（1498年），在元代木桥的位置上建石桥，即金鳌玉蛛桥，嘉靖时重修。

> 其石梁如虹，直跨金海，通东西往来者曰玉河桥，有坊二，曰金鳌，曰玉蛛。万历年间，凡遇七月十五日，道经厂汉经厂做法事，放河灯于此。桥之中，空约丈馀，以木坊代石，亦用槲杆。桥之东岸，再南为曰五雷殿，即椒园也。[2]

[1]〔元〕陶宗仪：《南村辍耕录》卷二一《宫阙制度》。

[2]《酌中志》卷一七。

图 3-31 北京太液池承光殿（团城）景观绘图

（引自（清）岡田玉山等编绘《唐土名胜图会》）

当时，金鳌玉蛛桥是皇城东西交通咽喉，一直沿用至整个清代，现今称北海大桥，为交通要道。因在两海之间，金鳌玉蛛桥也是太液池一景。王世贞在《正德宫词》中写道：“金鳌桥畔御柳长，舴艋舱头有柘黄。”董穀《玉蛛桥》诗曰：“正爱湖光澄素练，却看人影度长虹。宫墙睥睨斜临碧，水殿罘罳远映红。宛转银河横象纬，依稀太液动秋风。西华门外尘如海，一入天街迥不同。”区大相《玉蛛桥》诗云：“雕栏宛转度芳溪，映日春旗拂彩霓。碧浪晴开天苑右，青山近出帝城西。潭鱼在沼惊人跃，谷鸟衔花近水啼。惟有岸杨汀草绿，长承玉辇幸金堤。”[1]

团城位于金鳌玉蛛桥之东、今北海公园南门外西侧。辽代时，团城是北海南岸的水中小岛。金代以幽州为中都，在北海建离宫。据

[1] 《日下旧闻考》卷四一《皇城》。

《金史·地理志》记载："京城北离宫有大宁宫，大定十九年（1179年）建。后更为寿安。明昌二年（1191年），更为万宁宫。"[1]金世宗完颜雍在琼华岛上建大宁宫时，将泥土堆积在小岛上，其上建高台，称圆坻，是纳凉观景处，为水中三岛之一。元世祖忽必烈在琼华岛上建广寒殿时，在圆坻也建了面阔十一间的宏伟宫殿，称仪天殿，与广寒殿南北相望。

明永乐十五年（1417年）重建仪天殿，并改称承光殿，还加砖砌城墙。嘉靖重修承光殿。据《明宫殿额名》："承光殿，嘉靖三十一年（1552年）更乾光殿。"城墙东西各有一道门，罩门亭黄琉璃瓦绿剪边，单檐庑殿顶，三踩斗拱，面阔、进深各一间。门内有回旋式登道上城墙，墙上设雉堞。城墙高4.6米，周长276米；因平面呈圆形，故称团城，面积达4500平方米，俨然是一座完整的城池。

承光殿为团城主体建筑，即元代的仪天殿，又称瀛洲圆殿。对元代仪天殿，《南村辍耕录》记载：

> 仪天殿在池中圆坻上，当万寿山，十一楹，高三十五尺，围七十尺。重檐，圆盖顶，圆台址，甃以文石，藉以花茵，中设御榻，周辟琐窗。东西门各一间，西北厕堂一间，台西向，列甃砖龛，以居宿卫之士。[2]

《燕都游览志》载：

> 承光殿一名圆殿，在太液池东，围以瓮城。池有大石桥二，其一跨海子东西，曰金鳌玉蝀，其一跨琼华岛之南，曰堆云积翠。而圆殿则介其南。殿前有古桧一株，传为金时遗植，苍劲夭矫，若虬龙之拏空，真有神物呵护之者。

[1]《日下旧闻考》卷二九《辽金宫室》。

[2]《南村辍耕录》卷二一《宫阙制度》。

《甫田集》记载："承光殿在太液池上，围以瓮城。殿构环转如盖，一名圆殿。中有古栝，数百年物也。"《芜史》："承光殿，砖砌如城墙，以登道分上之，上有楼阁古松，此乾明门西也。曰御河桥，即金海桥。"[1]

对承光殿的细节，《金鳌退食笔记》描述得更具体：

> 承光殿在金鳌玉蛛桥之东，围以圆城，设以睥睨，自两掖洞门而升，中构金殿，穹窿如盖，华榱绮牖，旋转回环，俗曰圆殿。外周以廊，向北，金鳌垂出垣堞间，甚丽。昔有古松三株，枝干槎牙，形状偃蹇，如龙奋爪拏空，突兀天表。金元旧物也，今止存其一。明李文达《赐游西苑记》云："圆殿巍然高耸，曰承光。北望山峰嶙峋崒嵂，俯瞰池波，荡漾澄澈。山水之间，千姿万态，莫不呈奇，献秀于几窗之前"。韩右都御史雍《赐游西苑记》云，"圆殿，观灯之所也。殿台临池，环以云城，历阶而登，殿之基与睥睨平，古松数株，耸拔参天，众皆仰视。时则晴云翳空，炎光不流，暖风徐来，花香袭人。俯睥睨而窥其西，以舟作浮桥，横亘池面。北则万岁山在焉"。殿废于康熙七、八年（1668、1669年）间。云有蝙蝠大尺馀者。南向二亭，尚出雉堞，正门闭塞，久不启。余朝夕骑马过其下，辄爱古栝之夭矫苍翠，而于雪朝月夜，更徘徊不忍去云。[2]

《金鳌退食笔记》所引李贤、韩雍二人游西苑记，写的都是于天顺三年（1459年）四月赐游西苑所见。当时同游、并留有游记的还有吏部尚书王翱以及叶盛等人。天顺年间，在瀛洲小岛与北海东南角上的陆地之间填土，使其成为凸进水中的半岛。

[1] 以上均引自《日下旧闻考》卷三六《明宫室四》。
[2] （明）高士奇：《金鳌退食笔记》卷上。

琼华岛　在北海之中，位于团城之北，辽代最早开发称瑶屿，在此修建了行宫。金朝以燕京为中都后，世宗完颜雍在此修建大宁宫，不久改为寿宁宫、寿安宫、万寿宫等。据《金史》载：“京城北离宫有大宁宫，大定十九年（1179年）建。后更为寿宁，又更为寿安。明昌二年（1191年）更为万宁宫。”[1]对琼华岛，元代称万岁山或万寿山。元代在瀛洲即圆坻与琼华岛之间架一座石桥，用以通行，即明代的太液桥。

琼华岛自辽代开始为北海的主要景区，金、元及明三代在岛上建有许多宫殿及亭台楼阁。琼华岛为金代皇家园林，“西园有瑶光台，又有琼华岛，又有瑶光楼”[2]。据《日下旧闻考》卷二十六《西苑六》按云：“琼华岛周围计二百七十四丈，旧有广寒殿，相传为金章宗时李妃妆台遗址。元改名万寿山，又称万岁山。”据《金史・后妃传》记载：

> 章宗元妃李氏师儿，大定末以监户女子入宫。……宦者梁道誉师儿才美，劝章宗纳之。章宗好文词，妃性慧黠，能作字，知文义，尤善伺候颜色，迎合意旨，遂大爱幸。明昌四年（1193年），封昭容，明年，进封淑妃，已，进封元妃。

也有一种说法，即琼华岛是辽太后萧氏的梳妆台，但《尧山堂外纪》予以纠正：“（金）章宗为李宸妃建梳妆台于都城东北隅，今禁中琼华岛妆台，本金故物也。目为辽萧后梳妆楼，误。”[3]元世祖忽必烈于至元四年（1267年）建大都时，将辽、金故地大宁宫及太液池划进皇城内，成为元代皇家园林，并位于禁宫北垣厚载门之后。“厚载门，乃禁中之园圃也。内有水碾，引水自玄武池（即太液池），灌溉

[1]　《日下旧闻考》卷二九。

[2]　《日下旧闻考》卷二九《辽金宫室》。

[3]　以上均引自《日下旧闻考》卷二九《辽金宫室》。

种花木，自有熟地八顷，内有小殿五所，上曾执耒耜以耕，拟于耤田也。”[1]据《元大都图考》记载：“厚载门北为御苑……考其地望，当在今（清代）景山西部及大高玄殿北至地安门一带，以垣三重及熟地八顷推之，面积颇广。所谓玄武池，盖即今北海也。”[2]厚载门是元大内后门。所谓禁中园圃，就是在琼华岛之东，北海东岸一带。可见，虽为皇家园林，但有大面积水田，一派田园风光。

元代陶宗仪在《南村辍耕录》中对当时琼华岛的景致，记述略细：

万寿山在大内西北太液池之阳，金人名琼花岛，中统三年（1262年）修缮之，至元八年（1271年）赐今名。其山皆叠玲珑石为之，峰峦隐映，松桧隆郁，秀若天成。引金水河至其后，转机运㪺汲水至山顶，出石龙口，注方池，伏流至仁智殿后，有石刻蟠龙，昂首喷水仰出，然后由东西流入于太液池。山前有白玉石桥，长二百馀尺，直仪天殿后。桥之北有玲珑石，拥木门五，门皆为石色。内有隙地，对立日月石。西有石棋枰，又有石坐床。左右皆有登山之径，萦纡万石中，洞府出入，宛转相迷。至一殿一亭，各擅一景之妙。山之东有石桥，长七十六尺，阔四十一尺半，为石渠以载金水而流于山后，以汲于山顶也。又东为灵圃，奇兽珍禽在焉。广寒殿在山顶，七间，东西一百二十尺，深六十二尺，高五十尺。重阿藻井，文石甃地，四面琐窗，板密其里，遍缀金红云，而蟠龙娇蹇于丹楹之上。中有小玉殿，内设金嵌玉龙御榻，左右列从臣坐床。前架黑玉酒瓮一，玉有白章，随其形刻为鱼兽出没于波涛之状，其大可贮酒三十馀石。又有玉假山一峰，玉响铁一悬。殿之后有小石笋二，内出石龙

[1] （元）熊梦祥：《析津志·辑佚·城池街市》。
[2] 朱偰著：《元大都宫殿图考》，北京古籍出版社1990年，第40页。

首，以噀所引金水。西北有厕堂一间。仁智殿在山之半，三间，高三十尺。金露亭在广寒殿东，其制圆，九柱，高二十四尺，尖顶上置琉璃珠。亭后有铜幡杆。玉虹亭在广寒殿西，制度如金露。方壶亭在荷叶殿后，高三十尺，重屋八面，重屋无梯，自金露亭前复道登焉。又曰线珠亭。瀛洲亭在温石浴室后，制度同方壶亭。玉虹亭前仍有登重屋复道，亦曰线珠亭。荷叶殿在方壶前，仁智西北，三间，高三十尺，方顶，中置琉璃珠。温石浴室在瀛洲前，仁智西北，三间，高二十三尺，方顶，中置涂金宝瓶。又曰䐿粉亭，在荷叶稍西，盖后妃添妆之所也。八面。介福殿在仁智东差北，三间，东西四十一尺，高二十五尺。延和殿在仁智西北，制度如介福。[1]

方壶殿右为吕公洞，洞上数十步为金露殿，由东而上为玉虹殿。前有石岩如屋，绕层栏登广寒殿。内列二十四楹，出为露台，绕以白石阑。道旁有铁竿数丈，上置金葫芦三，引铁链以系之，乃金章宗所立以镇其下龙潭。[2]

此载所谓“方壶殿”有误，应为方壶亭。《日下旧闻考》云：“元万寿山即金之琼华岛，陶宗仪《辍耕录》及元史或称万岁山，盖当日相沿互称。”[3]陶宗仪因是元人，他的这个记载应属第一手资料，把元代琼华岛上的主要景观悉数点到，包括主要建筑及其方位和周边自然环境等。这对了解明代琼华岛景观的变化，提供了一个很好的参数。这些记载记录的是元代琼华岛及广寒殿等景物的概貌。其中所云广寒殿是辽代遗物，萧太后梳妆楼等等，均属误传。广寒殿始建于金代，

[1]《南村辍耕录》卷二一《宫阙制度》。

[2]《日下旧闻考》卷三二《元宫室三・大都宫殿考》。

[3]《日下旧闻考》卷三二《元宫室三・按语》。

但明代所建广寒殿，是元代至元年间世祖忽必烈所重建，在万历年间广寒殿倒塌后发现的元代至元通宝可谓佐证。

至于在明代有关文献中提到的万岁山，北京共有两处，一处指琼华岛，另一处是紫禁城玄武门北面的镇山，俗称煤山，即今景山。在明中叶及以前的文献中记载的万岁山,沿用元代的称谓指琼华岛；明后期万岁山，则指煤山即今景山。朱彝尊在《日下旧闻》中说：

> 宣宗《广寒殿记》及杨文贞（士奇）、李文达（贤）、彭文宪（时）、叶文庄（盛）、韩襄毅（雍）西苑诸记所称万岁山，皆本金、元之旧。至马仲房始以煤山为万岁山。迨万历间，揭万岁门于后苑，而纪事者往往混二为一。盖金、元之万岁山在西，而明之万岁山在北也。[1]

对琼华岛，明初至中期亦称万岁山，也称琼华岛。在明代朝臣游西苑笔记中，第一次说煤山为万岁山的是马汝骥，其字仲房，为嘉靖朝臣。故可知，煤山改称万岁山，是从嘉靖时期开始的；这也符合嘉靖帝大量更改各种建筑名称的事实，而对金、元万岁山，称为蓬莱山或琼华岛。

琼华岛上的主体景观建筑为广寒殿，金代始建。金大定三年（1163年）至十九年（1179年），金世宗仿北宋汴梁皇家园林艮岳，营建了琼华岛。当时，将开挖金海即北海的土堆积于湖中心，形成岛屿，称之为琼华岛，湖称西华潭，上修广寒殿。元世祖忽必烈建大都，曾三次扩建琼华岛，重建广寒殿。

> 琼花岛在内苑之北，自山麓至巅百三十余步（一步为六尺，故约合236米以上），周二十馀丈，皆叠石而成者。石

[1] 《日下旧闻考》卷三五《明宫室三》。

磴、阴洞、古桧、乔松，萦纡荫郁，隐然仙府也。顶有广寒殿，四隅各有亭，左曰玉虹、曰方壶，右曰金露、曰瀛洲。山半有三殿，中曰仁智，东曰介福，西曰延和，下临太液池。山上常有云气浮空，细缊五彩，变化莫测。[1]

元末明初，琼华岛及广寒殿一度衰败，但基本景物犹存。《芜史》记载："金海桥之东北岿然若山者，曰广寒殿，俗云辽后梳妆楼也。"《西元集》说：

琼华岛在太液池中，从承光殿北度梁至岛，有岩洞窈窅，磴道纡折，皆叠石为之。其巅古殿结构，翔起周回，绮牖玉槛，重阶而上，榜曰《广寒之殿》。相传辽太后梳妆台。今栏槛残坏，内金刻云物犹弥覆榱栋间，下布以文石。旁一榻亦前朝物。殿前旧有四亭，曰瀛洲、方壶、玉虹、金露，今惟遗址耳。[2]

可见，元代遗留的广寒殿，到明初已面目全非，与元代陶宗仪《南村辍耕录》的记载，不可同日而语了。然而，其中有些原物，如所谓酒瓮，就是世祖忽必烈装御酒的缸，又称大玉海，至今尚存于团城内。忽必烈的"五山珍玉榻"，今存于台北故宫博物院。

明初直至永乐年间，对元代遗留的琼华岛及广寒殿等景物和建筑，既无破坏，又无修缮，采取了原貌保护利用政策，所以出现了破败情形。对此，成祖朱棣有种深谋远虑，"成祖定鼎燕京，命勿毁，以垂鉴戒"[3]。就是留作后世的历史借鉴。据宣宗《御制广寒殿记》：

---

[1]《日下旧闻考》卷三六《戴司成集》。

[2]《日下旧闻考》卷三六《明宫室四》。

[3]《日下旧闻考》卷三六《太岳集》。

> 万岁山在宫城西北隅，皆奇石积叠以成，巉峭峻削，盘回起伏，或陡绝如壑，或嵌岩如屋。左右二道宛转而上，步蹑屡息，乃造其巅。而飞楼复阁，广亭危榭，东西拱向，俯仰辉映，不可殚纪。最高者为广寒殿，轶云霞，纳日月，高明闿爽，北枕居庸，东挹沧海，西挟太行，嵩岱并立乎前，大河横带乎中，俯视江淮，一目无际。寰中之胜概，天下之伟观，莫加于此矣。永乐中，朕侍皇祖太宗文皇帝万幾之暇，燕游于此。天颜悦怿，顾兹山而谕朕曰：此宋之艮岳也。宋之不振以是，金不戒而徙于兹，元又不戒而加侈焉。睹其处，思其人，夏书所为儆峻宇雕墙也。吾时游焉，未尝不有儆于中。昔唐九成宫，太宗亦因隋之旧，去其汰侈而不改作，时资宴游以存监省。汝将来有国家天下之任，政务馀闲，或一登此，则近而思吾之言，远不忘圣贤之明训，则国家生民无穷之福矣。……肆嗣位以来，凡事天爱民，一体皇祖之心……罔间夙夜。比登兹山，顾视殿宇，岁久而陁，遂命工修葺，永念皇祖，俨如在上，敬以所受大训，笔而勒诸石以自省，亦以昭示我子孙于亿万年。[1]

从明宣宗的记述可知，永乐时的确未修缮过琼华岛及广寒殿等园林建筑。朱棣以为这是奢侈腐靡，宋、金、元三朝大兴土木，修建琼苑华殿，皆以奢侈游宴而国亡，留此元旧，以为警戒。由于琼华岛年久失修，宣宗首次修缮广寒殿等处，虽然以资游憩，但勒石警示，勿忘朱棣训诫，汲取前代败亡的历史教训，警戒子孙，用心良苦，意托深远。在整个明代16位皇帝中，有所作为，可书者屈指可数。洪武、永乐可谓创业皇帝，而所谓“仁宣之治”，其业绩可略数一二，其余的或在位过于短暂，或昏庸腐靡，每况愈下，不值道也。

---

[1] 《日下旧闻考》卷三六《明宫室四》。

朱棣对琼华岛采取原封不动的保留政策，有主观和客观原因。从主观而言，朱棣发动“靖难之役”，虽然夺取了皇位，但背上“篡逆”的恶名，心理负担太重，所以，处处谨慎从事，唯恐世人所指，更不愿留下游宴误政的名声。在客观上，由于集中财力营建新的皇宫及都城，同时向北数次用兵，财力、物力、精力都不允许铺更大的建设摊子，因而无暇顾及重修西苑，包括琼华岛的元代遗物。

但从宣德开始，政权日益巩固，国势强盛，皇帝的安逸思想渐兴，游宴日盛。于是到宣宗，特别是英宗、世宗时期，对琼华岛进行了数次大规模重建和增建。明代从宣德朝开始修葺琼华岛景观。据《明宣宗实录》:

> 八年（1433年）四月，上谓杨士奇、杨荣曰：朕于宫中所在皆置书籍楮笔，今修葺广寒、清暑二殿及琼华岛，欲于各处皆置书籍。卿二人可与馆阁中择能书者，取《五经》《四书》及《说苑》之类，每书录数本，分贮其中，以备观览。[1]

可知，此时对西苑数处都予以重修。清暑殿在椒园，是属改建；这次是明代对琼华岛及广寒殿、清暑殿等景观建筑的第一次较大规模的修缮，使之面貌焕然。琼华岛从元代灭亡到宣德间，已有六七十年历史，重修后这里不仅成为西苑的重要游憩之处，还是皇帝藏书读书的好地方。

过了20多年后，天顺时期，明英宗在太液池、琼华岛上又增建、重建和改建了不少园林建筑和景观。

> 天顺四年（1460年）九月，新作西苑殿宇轩馆成，苑中

[1] 《日下旧闻考》卷三六《明宣宗实录》。

旧有太液池，池上有蓬莱山，山巅有广寒殿，金所筑也。西南有小山（兔儿山），亦建殿于其上，规制尤巧，元所筑也。上命即太液池东西作行殿三，池东向西者曰凝和，池西向东对蓬莱山者曰迎翠，池西南向者以草缮之而饰以垩曰太素。其门各如殿名。有亭六，曰飞香、拥翠、澄波、岁寒、会景、映辉，轩一曰远趣，馆一曰保和。工成，上临幸，召文武大臣从游，欢赏竟日[1]。

这次扩建主要以北海为重点。北海东岸，琼华岛东北面向海的是凝和殿；北海西岸，向东北琼华岛的是迎翠殿，西岸向南的是太素殿。这三殿，是英宗作为行殿而建的。明英宗这次扩建太液池，营建三殿六亭一轩一馆，规模空前，是英宗复辟后释放被压抑的情绪和意志的体现，以重整皇家园林山水来弥补曾失去8年的享乐生活。

随着明朝的衰落，到明末，琼华岛及广寒殿也因年久失修而损毁。《太岳集》记载：

皇城北苑中有广寒殿，瓦甓已坏，榱角犹存，相传以为辽萧后梳妆楼。成祖定鼎燕京，命勿毁以垂鉴戒。至万历七年（1579年）五月，忽自倾圮。其梁上有金钱百二十文，盖镇物也。上以四文赐予，其文曰“至元通宝”。按至元乃元世祖纪年，则殿创于元世祖时，非辽时物矣[2]。

广寒殿历经数百年的风霜雨雪，几经重修。元世祖重修广寒殿时，放置元朝通宝金币，作为镇物。“广寒殿万历七年（1579年）五月初四日坍塌，六月初六日拆去牌楼名。”[3]明代宣德年间曾重修广寒

[1] 《日下旧闻考》卷三六《明英宗实录》。

[2] 《日下旧闻考》卷三六《太岳集》。

[3] （清）孙承泽著：《春明梦馀录》卷六。

殿，但到万历七年（1579年）倒塌时，已有146年时间了，此时才发现元世祖通宝，说明明代并未大修广寒殿，更未见在此期间大修的记载。

明代以广寒殿为主体建筑的琼华岛，风景如画。宣德年间重修时，保持基本格局如元旧，山光水色，花香鸟语，殿宇亭台参差，树木茏翠，美不胜收。万岁山（琼华岛）由千姿百态的太湖玲珑石垒成，山顶上广寒殿巍然屹立，富丽堂皇；四隅各有亭，东有玉虹、方壶，西有金露、瀛洲。南边半山腰有三殿，中曰仁智，东曰介福，西曰延和。在天顺三年（1459年）四月六日，韩雍、李贤、叶盛等人赐游西苑，韩雍游记有关于圆殿的记载：

> 北则万岁山在焉。北度石桥（太液桥即堆云积翠桥）登山，山在池之中，磊石为之。山之麓以石为门，门内稍高有小殿，琴台棋局，石床翠屏……上刻御制诗。沿西坡北上，有虎洞、吕公洞、仙人庵，又上有延和，有瀛洲，有金露，皆殿名。瀛洲之西汤池之后有万丈井，深不可测。由金露折而东，上绝顶，则广寒殿也。下至玉虹，又下而南至方壶，至介福，皆与延和诸殿相对峙，而方壶、瀛洲则左右广寒而奇特者也。[1]

从这些记载可知，明代琼华岛上重要景观建筑群的详情及具体方位：广寒殿在万岁山（琼华岛）巅，半山腰上有四亭，分布于四周。在广寒殿东南有瀛洲亭，东北有金露亭，西南有方壶亭，西北有玉虹亭。在广寒殿南半山腰有四殿：正南为仁智殿；仁智殿东北为介福殿，西北为延和殿；在广寒殿东南还有荷叶殿。这些建筑以广寒殿为中心，分布四周，高低参差，错落有致。还有一些配套设施，安排周

[1] 《日下旧闻考》卷三五《明宫室三》。

全。按照朱棣的遗训，明代基本保留了元代琼华岛园林建筑格局及自然风光。《南村辍耕录》卷二十一记载："太液池在大内西，周回若干里，植芙蓉。"绿叶红花，黄瓦朱殿，映衬于碧水青山。对太液池琼华岛的绮丽风光，时人多有吟咏。

宣德间，杨士奇《从游西苑诗》载：

广寒宫殿属天家，晚从宸游驻翠华。
琼液总颁仙掌露，金支皆插御筵花。
棹穿萍藻波间雪，旗飐芙蓉水上霞。
身世直超人境外，玉盘亲捧枣如瓜。

明中叶的文徵明《琼华岛诗》云：

海上三山拥翠鬟，天宫遥在碧云端。
古来漫说瑶台迥，人事宁知玉宇寒。
落日芙蓉烟袅袅，秋风桂树露团团。
胜游寂寞前朝事，谁见吹箫驾彩鸾。

金幼孜《和胡学士春日陪驾游万岁山》云：

凤辇游仙岛，春残花尚浓。
龙纹蟠玉砌，莺语度瑶宫。
香雾浮高树，祥云丽碧空。
五城双阙外，宛在画图中。

胡俨《次韵胡学士陪驾游万岁山》诗曰：

凤辇宸游日，祥云夹道红。

香风传别殿，飞翠绕行宫。

径转千岩合，波回一镜空。

忽看鸾鹤起，声在半天中。

阁道云为幄，仙山玉作台。

更无凡迹到，只有异香来。

柳拂金舆度，花迎宝扇开。[1]

可见，景如仙境，难以言表。到清代，对琼华岛有所更建。

顺治八年（1651年）立塔建刹，称白塔寺，今易名永安寺。……圆城北架石梁，南北树二坊，南曰积翠，北曰堆云，过桥即琼华岛。永安寺为金、元琼华岛，踞太液池中。奇石叠累，皆当时辇致艮岳之遗。[2]

白塔寺在乾隆年间改称永安寺，故太液桥又称永安桥。因在桥的南北两端立有积翠、堆云牌坊，又称积翠堆云桥。该桥位于琼华岛正南，建于元代至元三年（1266年），也就是在元初忽必烈时期所建。当时是一座木桥，后改成石桥。元末明初人陶宗仪《南村辍耕录》记载："万岁山在大内西北太液池之阳，金人名琼花岛。……山前有白玉石桥，长二百馀尺，直仪天殿后。桥之北有玲珑石，拥木门五，门皆为石色。"[3]堆云积翠桥为曲形桥，清代进行了改建。据《北海公园志》："乾隆八年（1743年）三月十日，拆积翠桥一座，改建转弯石桥一座，拆挪堆云牌坊一座，拆修积翠牌坊一座。"改建后拱桥呈三曲三孔，桥上两边有48个汉白玉望柱；桥全长85米，宽7.6米，本身也是一道风景线。

[1] 以上均引自《日下旧闻考》卷三六《明宫室四》。

[2] 《日下旧闻考》卷二六《国朝宫室・西苑六》。

[3] 《南村辍耕录》卷二十一《宫阙制度》。

北海西岸 西安门内以北直至皇城北垣，北海西岸，是太液池的一个重要景区。这里的园林建筑及景观，主要是天顺、嘉靖、万历三朝所营构。据《明英宗实录》:

> 天顺四年（1460年）九月，新作殿宇轩馆成，苑中旧有太液池，池上有蓬莱山，山巅有广寒殿，金所筑也。……上命即太液池东西作行殿三，池东西向者曰凝和，池西向东对蓬莱山者曰迎翠，池西南向者以草缮之而饰以垩曰太素。其门各如殿名。有亭六，曰飞香、拥翠、澄波、岁寒、会景、映辉，轩一远趣，馆一曰保和。[1]

这次集中营建了如此众多的园林建筑，在明代属首次。这些建筑，主要集中于北海，尤以西岸为重点。由于营建项目多，规模宏大，工程浩繁，工期自然不可能短。营建三殿六亭一轩一馆，全部竣工是在天顺四年（1460年），而开工当在天顺初，而主要部分在天顺三年就已完工了。

据李贤《赐游西苑记》说：天顺己卯（三年，1459年）首夏月（即四月）上命中贵人引贤与吏部尚书王翱数人游西苑。先上琼华岛万岁山，再游其他景观：

> 下过东桥，转峰而北，有殿临池曰凝和，二亭临水曰拥翠、飞香。西隅有殿用草曰太素殿。殿后草亭画松竹梅于上曰岁寒。门左有轩临水曰远趣轩，前草亭曰会景。循池西岸南行，有屋，池水通焉，以育禽鸟。有亭临水，曰映晖。又南行，有殿临池曰迎翠，有亭临水曰澄波。东望山峰，倒蘸于太液波光之中。[2]

[1] 《日下旧闻考》卷三六《明英宗实录》。

[2] 《日下旧闻考》卷三五《古穰集》。

从这个记载看，三殿六亭一轩，这时都已建成，即天顺三年（1459年）四月。《明英宗实录》说天顺四年九月新作殿宇建成，这是事后记录了，或许指包括其他配套设施等全部竣工。到嘉靖时，殿、亭、门等基本更名。

在北海西岸新建的这些建筑，最北边的是太素殿，殿后是岁寒亭；太素殿东侧北海西岸上是远趣轩，其南的草亭为会景亭。循西岸南行，养禽鸟的地方就是天鹅房。“会景亭南有屋数连，通池水以育禽鸟，旧名天鹅房。”[1]其东临水为映晖亭，循岸又南行就是迎翠殿，临池有澄波亭。可见，新建的二殿四亭一轩均在北海西岸。

太素殿是一组较为朴素的建筑，正殿屋顶未覆瓦，以茅草覆盖，墙壁也不饰彩绘。太素殿，起初是为皇太后避暑之所，到新年和上元（元宵）节，这里还燃放烟火。正德十年（1515年）依太监的建议，重修太素殿，“比旧尤华侈，凡用银二十余万两，役军匠三千余人，岁支工米万有三千余石，盐三万四千余引。”[2]这一记载与《明武宗实录》略有出入：

（正德十年），重修太素殿，殿旧规垩饰茅覆，质朴，实与名称；新制务极华侈，凡用银二十余万两，役军匠三千余人，岁支工米万有三千余石，盐三万四千余斤，他浮费及续添工程不在此数。[3]

所谓“垩饰茅覆”，就是白墙草顶。武宗重修时改变了原有规制，花费大量金钱、物资、劳力，改造成华丽宫殿。到嘉靖皇帝时，对明代的诸多建筑，包括皇家园林的一些设施，大量改名换姓。在北海如：

[1] 《日下旧闻考》卷三六《金鳌退食笔记》。
[2] 《明通鉴》卷四六。
[3] 《古今图书集成》《明武宗实录》。

图 3–32　北京太液池五龙亭景观绘图

（引自（清）岡田玉山等编绘《唐土名胜图会》）

太素殿前有溥惠门，嘉靖四十三年（1564年）七月，更殿名为寿源，旁有正心斋、持敬斋，后有岁寒亭，嘉靖二十二年三月，更五龙亭。五亭中曰龙潭，左曰澄祥、曰滋香，右曰涌瑞、曰浮翠。二坊南曰福渚，北曰寿岳。三洞上隆寿，中玉华，下仙游。其素左、素右二门，天启七年（1627年）六月塞之。三洞，天启元年毁。

映辉亭，嘉靖二十二年（1543年）四月，更腾波亭。三十五年五月，更滋祥亭，万历三十年（1602年）七月，更香津亭。澄碧（应为澄波）亭，嘉靖二十三年六月更飞霭亭，三十年五月更涌福亭，万历三十年更腾波亭。……会景亭嘉靖二十二年三月更龙泽亭，万历三十年七月更龙湫亭。迎翠殿即承华殿。[1]

“迎翠殿在池西东向，临水有亭曰澄波，明嘉靖时更建浮香、宝月二亭。”[2]可见，明世宗有个癖好，就是最爱对之前的各种建筑更名换姓，对不少典章制度改弦更张，包括对朱棣的尊号由太宗改为成祖，以此留下自己的印记。但这使人往往对一些建筑的名称难以分辨，混淆不清。岁寒亭本在太素殿北面，嘉靖不仅为其改名，实际上拆毁后在太素殿南，临北海岸另建五个亭子，称五龙亭。英宗天顺四年（1460年）所建凝和殿、迎翠殿，嘉靖时修葺改建并更名：“嘉靖四十三年（1564年）三月元熙延年殿成。四月，以元熙、承华、宝月三殿亭工完，赐工部尚书雷礼等银币。”[3]《明宫殿额名》记载：“凝和殿，嘉靖二十三年六月更惠熙殿，四十三年三月更元熙殿。……迎翠殿即承华殿。”“金海桥之北曰玉熙宫，曰承华殿，曰元熙殿，曰宝月亭，曰清馥殿，曰腾禧殿。”[4]“远趣轩更神应轩，又更元雷居牌。”[5]这些便是北海西岸的主要宫殿亭榭等建筑。

玉虚宫是一处规模较大的建筑群，在北海大桥之西，今国家图书馆分馆（古籍馆）。《金鳌退食笔记》载：

> 玉熙宫在西安门里街北，金鳌玉蛛桥之西。明神宗时选近侍三百馀名于此学习宫戏，岁时陞座则承应之。各有院本，如《盛世新声》《雍熙学府》《词林摘艳》等词，又有《玉蛾儿词》名《御制四景玉蛾郎》。

这是皇宫戏班学习表演宫戏之所，实为皇家梨园。《芜史》记载：

[1] 《日下旧闻考》卷三六《明宫殿额名》。
[2] 《日下旧闻考》卷三六《金鳌退食笔记》。
[3] 《日下旧闻考》卷三六《明世宗实录》。
[4] 《日下旧闻考》卷三六《明宫殿额名》。
[5] 《春明梦馀录》卷六《金鳌退食笔记》。

“神庙（神宗）设玉熙宫，选近三百余员学宫戏，驾升座则承应之，刘荣即其一也。”对玉熙宫的主要建筑，《明宫殿额名》载：“玉熙宫二坊，曰熙祥、熙瑞，后殿曰清仙宫，东寿祺斋，西禄祺斋。又有凤和居、鸾鸣居、仙辉馆、仙朗馆。”可见，这一建筑群规模庞大，而且是皇家在西苑的一个重要休闲娱乐场所。在嘉靖四十年（1561年）万寿宫火灾后，世宗曾临时居住过玉熙宫。《金鳌退食笔记》记载：在崇祯年间，“愍帝每宴玉熙宫，作过锦水嬉之戏。一日宴次报至，汴梁失守，亲藩被害，遂大恸而罢。自是不复幸玉熙宫矣”。[1]

汴梁即开封城破失守，当指崇祯十五年（1642年）“夏四月癸亥，李自成复围开封”。这是农民军第三次围攻开封，达数月之久。到九月十五日，黄河突然决口。对此，史书记载有差异。《明史》认为是农民军所为：崇祯十五年“九月壬午，贼决河灌开封。癸未，城圮，士民溺死者数十万人”[2]。这对崇祯来说，是巨大的噩耗，预示着明王朝已日暮西山，无力回天，他当然再无雅兴寻欢作乐了。到清代后，玉熙宫荒废，变成了皇家马厩。“玉熙宫久废。按《金鳌退食笔记》，玉熙宫在金鳌玉蝀桥之西，本朝（清）改为厩，豢养御马。今阳泽门内小马圈即其地也。”[3]

北海西岸的清馥殿，是嘉靖时期添建的，亭台映碧水，花树溢芳馨。“清馥殿前有丹馨门，锦芳、翠芬二亭，嘉靖十一年（1532年）三月建。”[4]也有锦芳、翠芳二亭说。嘉靖时期的权臣严嵩游清馥殿后曾写有《赐游清馥殿》诗云：“十里宜春苑，金堤覆绿杨。水涵瑶殿碧，花簇锦亭芳。”可见，风景旖旎。清馥殿在天鹅房之西，离太液池西岸较近。

其西侧就是腾禧殿，为明武宗的淫乐场所之一。《金鳌退食笔记》

[1] 《日下旧闻考》卷四一《皇城》。
[2] 《明史》卷二四《壮烈帝》。
[3] 《日下旧闻考》卷四一《皇城》。
[4] 《日下旧闻考》卷四一《明宫殿额名》。

说：“腾禧殿覆以黑琉璃瓦，明武宗西幸，悦乐伎刘良女，遂载以归居此，俗呼为黑老婆殿。”[1]在腾禧殿、清馥殿之东，“会景亭南有屋数连，通池水以育禽鸟，旧名天鹅房”。天鹅房在英宗时期就存在。天顺间，韩雍在《赐游西苑记》中说：天鹅房“有蓄水禽之所二，皆编竹如窗，下通活水，启扉以观，鸟皆翔鸣”。同游的叶盛记载：“至养牲房，所养皆珍禽。”[2]

天鹅房也是北海西岸的一处景观，它既是皇家观赏珍禽祥鸟的地方，也是供应宫廷御膳之需的养殖场，与现代动物园禽鸟馆显然不同。正德十年（1515年）重修天鹅房等许多建筑，“皆一新之”[3]。天鹅房的寿命，到嘉靖时就结束。“天鹅房，嘉靖二十五年（1546年）七月十八日拆，盖腾禧殿。”[4]所谓盖腾禧殿，其实是重修。因为腾禧殿即明武宗的所谓“黑老婆殿”，本建于武宗时期，嘉靖重修时扩建，故拆掉了天鹅房。

在玉熙宫北面有羊房、虎城等，是为圈养牲畜、猛兽之所，类似动物园。据《芜史》记载：

> 由金海桥玉熙宫迤西曰棂星门，迤北曰羊房夹道，牲口房、虎城在焉，内安乐堂在焉。成化间，万贵妃专宠，孝穆纪皇后有娠，托疾居此，诞生孝宗。[5]

“虎城在太液池之西北隅，睥睨其上而阱其下，阱南为铁门关而实其南为阱，小阱内有铁栅如笼，以槛虎者。虎城西北隅有豹房。”“百兽房在虎城之后，连楹南向。”[6]天鹅房、虎城、百兽房、羊

[1] 《日下旧闻考》卷四二《金鳌退食笔记》。

[2] 《日下旧闻考》卷三六《明宫室四》。

[3] 《明通鉴》卷四八《天顺三年》。

[4] 《春明梦馀录》卷六。

[5] 《日下旧闻考》卷四一《芜史》。

[6] 《日下旧闻考》卷四二《燕都游览志》。

房等构成了西苑的独特景观，所以豢养珍禽异兽，成为这一区域的一大特点。这里简直成了皇家“动物园”，在铁笼里圈养着虎、狼、熊、豹、白狐之类凶猛异兽。周代“穆天子得白狐以为异，以天下无粹白之狐也。今西内有白狐，居笼中甚驯”。牲口房里还有羊、骆驼、鹿之类动物。

这些猛兽珍禽，享有尊爵殊荣，分级别次。“内监虫蚁房，虎、豹、犀、象，各有职秩，有品科，如虎食将军俸，象食指挥俸，不甚于秦松之大夫、汉柏之将军乎？”[1]这堪比秦始皇封松为大夫，汉代封柏为将军。看来，帝王都有封官赐爵的癖好。北海西岸的这些设施，再加上紫光阁之北的百鸟房，这里既可以观赏到各种珍奇动物，又为皇家提供美味佳肴，可谓一举两得。

但是到明末，国势已颓，江河日下，大江南北纷纷举义，战火遍地燃烧，大明二百余年的社稷已岌岌可危。所以，末代皇帝崇祯，此时已经没有他那祖辈列朝的雅兴，对那些珍禽异兽之类，也索然无趣了。《明崇祯遗录》载：

> 西内有虎城畜虎豹，旁有牲口房，养珍禽奇兽。上曰：民脂民膏，养此何用！遂杀虎以赐近臣，馀皆纵之。

陈沂有《放内苑诸禽》诗云：“多年调养在雕笼，放出初飞失旧丛。只为恩深不能去，朝来还绕上阳宫。”[2]

在北海西岸承华殿迤北，有狭长地带称羊房夹道。《芜史》所说：“由金海桥玉熙宫迤西曰棂星门，迤北羊房夹道，牲口房、虎城之焉，内安乐堂在焉。”《明宫殿额名》说：“羊房夹道旧有贞庆殿，万历三十一年（1603年）八月毁。”[3]到万历中后期，明代西苑的一些建筑陆

---

[1] 《日下旧闻考》卷四二《露书》。

[2] 《日下旧闻考》卷四二《皇城》。

[3] 《日下旧闻考》卷四一《皇城》。

续倒塌或严重损毁，但因国势已走下坡路，国库枯竭，无力再进行大规模建设了，所以只能顺其自然，任由倾圮了。

在玉虚宫之北，并排有二殿，西为腾禧殿，东则清馥殿。在腾禧殿之北，则是明武宗臭名昭著的淫乐场所豹房；清馥殿之北为虎城，豹房与虎城并列。据《明武宗实录》："正德二年（1507年）八月，盖造豹房宫廨前后庭房，并左右厢歇房。上朝夕处此，不复入大内矣。""七年（1512年），添修豹房屋二百馀间，费银二十四万两。"[1]《日下旧闻考》卷四十二按说："镇国寺今无考，据李忠疏在豹房之地。腾禧殿久废，高士奇《金鳌退食笔记》谓在栴檀寺西，则正与豹房毗连。稍南有北极庙，相传亦明代古刹云。"可见，在北海西岸还建有一些寺庙。

嘉靖、万历间，于北海西岸又增建了不少宫殿楼阁等建筑，西苑的营建达到最后一次高峰。"嘉靖十一年（1532年）建清馥殿前丹馨门锦芳、翠芳二亭。"[2]这实际上是重修二亭。据《明宫殿额名》记载：除了修葺原有的建筑外，新建的如"浮香亭，嘉靖十三年五月建，三十年六月更芙蓉亭。宝月亭，嘉靖十一年三月移建。延年殿，嘉靖四十三年建"[3]。所谓移建宝月亭，就是将原在迎翠殿前临水的澄波亭拆掉，再建浮香、宝月二亭。嘉靖时，在太素殿南新建了一处供奉列祖圣神的殿宇，曰雩殿。

> 嘉靖癸卯（二十二年，1543年）夏四月，新作雩殿成。其地汇以金海，带以琼山，规构闳伟，地位肃严。前为雩祷之坛，后为太素殿，以奉祖宗列圣神御。斋馆列峙，临海为亭，曰龙泽，曰龙湫。东为宏济祠，经始昨秋，至是而告成焉。[4]

---

[1]　《日下旧闻考》卷四二《明武宗实录》。

[2]　《古今图书集成·职方典》《明宫殿额名》。

[3]　《日下旧闻考》卷三六《明宫殿额名》。

[4]　《日下旧闻考》卷三六《钤山堂集》。

所谓“经始昨秋”，指雩殿始建于去年秋天，即嘉靖二十一年，仅半年多即完工，可见营建之速。该殿在太素殿之南，距西岸较近，是一个祭祀祖先的场所，功能与太庙相同。按封建帝王“左祖右社”的规制，大内午门前东边太庙，西边社稷坛，从西周开始定制，历代沿承。明代紫禁城午门外设太庙，但嘉靖特别热衷于“重复建设”，不少祭祀场所都建成两套，所以朝臣常常说他“违制”。然而他从不理会，我行我素，以为是革新，这也是嘉靖朝的一个特点。

在北海西岸北端，有一阁曰乾祐阁，俗称北台。这是因为乾祐阁是太液池最北端的宫殿建筑，与南台遥遥相对，故称。《芜史》记载：

金海桥之东北，岿然若山者，曰广寒殿，俗云辽后梳妆楼也。河上有乾祐阁，俗云北台是也。高八丈一尺，广十七丈。天启二年（1622年）毁平之，就其地为嘉乐殿。其门曰延景门，其西则内教场也。稍南有坊曰象祥桥，其东则北闸口也。

据《金鳌退食笔记》：

乾佑阁建自明万历年间，在太液池之北，高八丈一尺，广十七丈，磴道三分三合而上。倒影入水，波光荡漾，如水晶宫阙。天启时毁之，即其处为嘉乐殿，其门曰延景门。再西则亲军内教场也。

《明神宗实录》记载：

万历二十九年（1601年）于禁城内乾方筑一高台，台名乾德，阁名乾佑，亦称乾德阁。……万历二十九年六月，新筑大内乾德殿，御史林道楠董其工。至三十年四月，道楠上言：三殿两宫高不过一十二丈，今台高八丈一尺，加以殿宇又复数丈，其势反出宫殿之上，禁中岂宜有此？不报。

这个记载中，有几个提法需要明确：一是所谓禁城，非指紫禁城，是指皇城。二是说大内乾德殿，其实乾德殿不在大内，而在皇城。三是所谓禁城内乾方，指皇城的西北隅。按《周易》八卦方位，乾方在西北。乾德阁高出紫禁城三大殿，破坏了宫城建筑的总体布局，冲击了主体建筑的独尊地位。所以，当初就有人反对建北台。当然，这是神宗钦定的，不容更改。可见，乾佑阁是北台主体建筑，体量庞大，高20多米，面阔50余米，坐落于高台上。《闾史掇遗》记载得较具体：

乾佑阁，宫中谓之北台，高八丈余，广一十七丈，磴道三分三合而上，俯临闾井，繁猥毕见。钦天监言风水不利，议毁之。天启元年（1621年）十一月十三日，工部疏请得旨。时吾乡高工部道素初授虞衡司主事，于次日始督坼北台。适禁中有洼池，公请兼领筑填，即以所毁台基积土补之，事半功倍，省费甚多。此事本在元年，而刘氏《芜史》谓是二年事，误也。

据《春明梦馀录》卷六记载：“北台，万历二十九年（1601年）六月十三日添盖，天启元年（1621年）十一月初四日拆。”看来，拆毁北台的时间，当在天启元年更可信。

北台的建筑有多种称谓，往往容易混淆，如乾德殿、乾德阁、乾佑阁、北台等等，其实同一建筑。《明宫殿额名》载：“万历三十三年（1605年）八月，更乾德殿为乾德阁。天启元年（1621年）八月毁之，四年五月，添建嘉豫殿。”不过，对乾佑阁的拆毁具体时间，说是天启元年八月，与前面所引记载有差异，取《实录》记载更具权威性。

神宗营建乾德殿时，国势已颓废，国库空虚，所以拆东墙补西墙。迎翠殿是天顺时期所建，嘉靖重修改承华殿，神宗为了营建乾德阁，将承华殿拆掉。“万历三十年十月初六日拆去（承华殿），乾德阁工作所用。”[1]乾德阁在太素殿的旧址上，在北海西岸北部。如此宏伟壮丽的建筑，才经过短短几十年，就听信一句风水不利的信口雌黄，便毁于一旦，实属荒唐，可谓一群败家子。这样的人，为君治国，大明江山不倒塌，天理不容。“乾”者，天也；“佑”，乃保佑、保护也。就按风水迷信而论，将上天保佑的象征物废弃掉，大明岂有不亡之理！事实上，拆除乾佑阁时，离大明灭亡只有20年的时间了。

纵观明代太液池西岸，园林建筑鳞次栉比，风光绮丽。从最北端数，主要建筑包括太素殿（旧址建乾佑阁）、迎翠殿（承华殿）、凝和殿（即惠熙殿、元熙殿）、远趣轩、宏济祠、天鹅房、雩殿、豹房、镇国寺、清馥殿、腾禧殿、虎城、羊房、玉熙宫、仙辉馆、仙朗馆、延年殿以及岁寒亭（五龙亭：龙潭亭、澄祥亭、滋香亭、涌瑞亭、浮翠亭）、映辉亭（腾波亭、滋祥亭、香津亭）、澄波亭（即飞霭亭、涌福亭、腾波亭，拆除改建为浮香亭和宝月亭）、会景亭（即龙泽亭、龙湫亭）、拥翠亭、飞香亭、熙祥坊、熙瑞坊、锦芳亭、翠芳亭、浮香亭（即芙蓉亭）等等，还有大量的配套建筑。

这些宫殿轩馆亭坊，都可成其为独立景观，而置于北海西岸的整体布局中，又可成其为不可分隔的子景区。经过英宗、世宗及神宗诸朝上百年的营建，殿宇楼阁、亭台轩榭遍布于西岸，竞相辉映；黄瓦红墙，耀眼夺目；绿树成荫，异花飘香；清波粼粼，烟霞浩渺；虎啸鹿鸣，珍鸟欢歌；山光水色，胜似仙境。琼华岛镶嵌于绿水碧波之中，广寒殿高居万岁山巅，俯瞰太液，旖旎风光尽收眼底。雄阔、辉煌、典雅、幽静，浑然一体，一派皇家气度，举世无双。

北海东岸　此处园林景观，比之西岸，略显疏朗。在东岸最北

[1] 以上均引自《日下旧闻考》卷三六《明宫室四》。

端，积水潭流入太液池的河上有水闸，称北闸口，此处有亭曰北闸口亭。《明宫殿额名》记载："北闸口亭，嘉靖十三年（1534年）六月更涌玉亭，二十二年（1543年）更汇玉渚西。龙渊亭，万历三十年（1602年）七月建。"即指重建。《春明梦馀录》卷六："北闸口亭，嘉靖十三年（1534年）六月初六日更涌玉亭，嘉靖二十二年三月初六日更汇玉渚扁。"这些建筑，到清乾隆年间时已不复存在。《日下旧闻考》卷三六按曰："北闸口亭基即今北海之东隅，蚕坛以北，近皇城墙，为积水潭进水处。"

再稍南，有一组建筑群即金海神祠。这是嘉靖召礼部尚书夏言于无逸殿提出建祠，谕之曰：

> 西海子以午日奉两宫游宴，止行望祀，宜特建祠宇。（夏）言退，疏曰：海子出源西山，绕出瓮山后，汇为七里泺，东入都城，潴为积水潭，南出玉河，入大通河，转漕亦赖其利。比之五祀，其功较大，礼宜特祀。请于闸口涌玉亭后隙地建祠。……金海祠以仲春、仲秋上壬日用事，遣太常卿行三献礼。[1]

北闸口亭（涌玉亭）与闸口之间有一定的距离，形成空地，就此建金海神祠。这是祭祀水神的祠宇。

> 嘉靖十五年（1536年），建金海神祠于大内西苑涌泉亭（注：疑涌玉亭之误），以祀宣灵宏济之神、水府之神、司舟之神。二十二年（1543年），改名宏济神祠。[2]

金海神祠位于涌玉亭北，夏言《苑中寓直记事》诗云："涌玉亭

[1]《日下旧闻考》卷三六《嘉靖祀典》。

[2]《日下旧闻考》卷三六《明典汇》。

前夜泛舟，碧荷香静雨初收。遥看北岸红烟里，水殿珠帘尽上钩。”[1]

这里还有雷霆洪应殿，位于北闸口之南，水殿附近（今北海幼儿园）。《明世宗实录》载：“嘉靖二十二年（1543年）四月，新作雷霆洪应殿成。”《明宫殿额名》载：

> 雷霆洪应之殿有坛城、轰雷轩、啸风室、嘘雪室、灵雨室、耀电室、清一斋、宝渊门、灵安堂、精馨堂、驭仙次、辅国堂、演妙堂、八圣居，俱嘉靖二十三年（1544年）悬额。[2]

但《春明梦馀录》卷六称：“以上嘉靖二十二年三月初六日悬额。”二者略有出入。如此庞大的建筑群，随着改朝换代，也烟消云散了，到清代被拆除。据《日下旧闻考》卷二六按称：“今紫禁城西有昭显庙，即其旧基。”也就是说，清代的昭显庙是建在雷霆洪应殿旧址上。据天启至崇祯年间（1621—1644年）的明代皇城地图，昭显庙在中海东岸椒园内，而雷霆洪应殿则在北海东岸，北闸口迤南。故《日下旧闻考》所按有误。

清代先蚕坛于乾隆七年（1742年）在雷霆洪应殿旧基上所建，占地1.7万平方米。乾隆先蚕坛至今尚存。《日下旧闻考》卷二八按云：

> 先蚕坛在西苑东北隅。……先蚕坛乾隆七年（1742年）建，垣周百六十丈，南面稍西正门三楹，左右门各一。入门为坛一成，方四丈，高四尺，陛四出，各十级。三面皆树桑柘。西北为瘗坎。我朝（清）自圣祖仁皇帝设蚕舍于丰泽园之左，世宗宪皇帝复建先蚕祠于北郊，嗣以北郊无浴蚕所，因议建于此。

[1] 《日下旧闻考》卷三六《明宫室四》。

[2] 以上均引自《日下旧闻考》卷三六《明宫室四》。

在琼华岛东北，洪应殿之南，临海有水殿，又称藏舟浦，天顺年间所建。据《芜史》：“北闸口东岸曰船屋，冬藏龙舟之所。”《金鳌退食笔记》记载：“自琼华岛东麓过石桥，由陟山门折而北，循岸数百步，有水殿二，深十六间，藏龙舟、凤舸。”这里的一“步”等于六尺。《西元集》：

> 琼华岛东北过堰有水殿二，一藏龙舟，一藏凤舸。舟首尾刻龙凤形，上结楼台以金饰之。又一浦，藏武皇所造乌龙船。岸际有丛竹荫屋，浦外二亭横出水面。[1]

这既是存放御用船只的殿宇，也是除冬季之外停靠船只的船坞，为明代北海东岸临水的一组重要的景观。天顺三年（1459年）四月韩雍《赐游西苑记》说：“又下至山（当时万岁山即琼华岛）之东麓，过石桥，复折而北，循岸数百步，至九间殿，门外系五六小舟。稍北有船房，苫龙船其中，又北行数里至北闸……”[2]据此，以上所谓船房、水殿、九间殿者，可能均为一处。

龙舟和凤舸，是皇帝和皇后游幸太液池时所专用的大型船只，豪华绝伦。因北京的冬天寒冷，水面结冰，所以每到冬季，就将船只存放于水殿内，到春暖花开，冰消雪融时才把船只放出，随时准备皇帝游幸使用。太液池龙船，武宗所造曰乌龙船，放置于太液池水边屋内。嘉靖时期重修水殿和龙船凤舸，清乾隆年间还在沿用。乾隆三十三年（1768年）《御制太液池杂咏》注云：“夜池中有瀛海飞龙船，层楼飞甍，势甚闳丽，盖明时旧制。历年修葺，壮观而已。”[3]船只的具体规格和数量，据《日下旧闻·水部备考》：

---

[1] 以上均引自《日下旧闻考》卷三六《明宫室四》。

[2] 《日下旧闻考》卷三五《明宫室三》。

[3] 《日下旧闻考》卷二一《国朝宫室》。

> 方船制长十丈九尺，阔二丈九尺五寸，为方形。嘉靖十七年（1538年）于禁苑成造，以备御用，置坞居之。龙凤船肖龙凤形，饰以五彩，置坞二处居之。采莲船三，系司苑局于西湖采鲜所用者。

可见，水殿中存放船只，不只是龙凤船，还有采莲船等其他船只。水殿者，实为宫殿式船坞，专为御用。每当春夏秋季节，帝、妃在太液池水上游览时，乘坐龙船凤舸，其他随从乘坐采莲船。届时龙凤竞渡，锣鼓喧天，彩旗招展，笙歌曼舞，热闹非凡。

欧大任《龙舟浦》诗云："箫鼓中流发，秋风散浦烟。淋池新乐府，汾水旧楼船。赏胜观涛日，游非习战年。甘泉思户从，回首濯龙川。"马汝南诗曰："凤殿临瑶水，龙船锁白云。楼台疑上汉，箫鼓忆横汾。池岂昆明鉴，波犹太液分。昔年浮万里，兰桂咏缤纷。"[1]

对明代水殿，或曰藏舟浦，清乾隆五年（1740年）予以挪建，二十四年（1759年）又改扩建，总建筑面积达572平方米，其中船坞面积527平方米，面阔11间，重檐。

在北海东岸，琼华岛东北，于"天顺四年（1460年）九月，新作西苑殿宇轩馆成……池东向西者曰凝和……"[2]《金鳌退食笔记》："凝和殿在池东西向，有二亭临水，曰涌翠，曰飞香。"这是当时所建三殿六亭中的一殿二亭。"凝和殿，嘉靖二十三年（1544年）六月更惠熙殿，四十三年（1564年）三月更元熙殿。"[3]北海东岸南端，有几处较大规模的建筑，主要是嘉靖年间世宗修道炼丹之所。《芜史》载："过北中门迤西，则白石桥万法等殿。"北中门是万岁山（煤山）北正门。万法殿又称万法宝殿，位于琼华岛东北，煤山西北，东岸偏南处。《明世宗实录》记载："嘉靖四十四年（1565年）十二月，定新建

[1] 《日下旧闻考》卷三六《明宫室四》。
[2] 《日下旧闻考》卷三六《明英宗实录》。
[3] 《日下旧闻考》卷三六《金鳌退食笔记》。

万法宝殿，名中曰寿憩，左曰福舍，右曰禄舍。”[1]《春明梦馀录》卷六记载：“过北中门迤西，则白石桥，万法殿、大高元殿……等处皆供奉仙道。”嘉靖去世后，其子穆宗拆毁了西苑内不少用于供奉仙道的建筑，万历时已无力或无心恢复。原因是多方面的，其中，世宗与神宗的宗教信仰不同，前者信道，后者信佛。“万法宝殿被毁，二十九年（1601年）五月二十五日添盖佛殿连房，万历三十年（1602年）十一月初四日佛殿添额名祖师殿牌。”[2]也就是说，神宗在万法宝殿的旧址上添盖了佛殿及牌楼。大高玄殿是明嘉靖间西苑的一处重要建筑，也是世宗修道的重要场所之一，位于煤山（景山）西侧毗邻。详情见第五章《明代皇家寺观园林》。

明代隆庆以后西苑无大营建，西苑作为皇家园林其规模定型，已经形成完整的景观布局，为清代沿用并进一步改扩建和完善，留下了坚实的基础。特别是以“一池三山”的经典模式营造出仙境般的园林美景，成为以自然山水风景与宫殿亭台融为一体为特色的中国皇家园林的“活化石”，成为中华传统文化乃至世界文化的重要遗产。

四　东苑

东苑，在明代还有南城、南内或南园等称谓。东苑位于皇城东南隅，“考其地当在今（清乾隆时期）东华门外之东南。（明）景泰间英宗居之，称小南城，盖东苑中之一区耳。（英宗）复辟后又增置三路宫殿，因统谓之南城云。”[3]《明清两代宫苑建置沿革图考》载：

南内——自东上南门迤南街东，曰永泰门，门内街北，则重华宫之前门也。其东有一小台，台有一亭，再东南则崇

[1]《日下旧闻考》卷四一《明世宗实录》。

[2]《春明梦馀录》卷六。

[3]《日下旧闻考》卷四〇《皇城·按语》。

质宫，俗云黑瓦厂，景泰年间英宗自北狩回所居，亦称小南城。按南内有广狭二义，狭义之南内，仅指崇质宫，即今之缎匹库。《啸亭续录》云："睿忠亲王府，旧在明南宫，今为缎匹库。"《日下旧闻考》云：明英宗北还，居崇质宫，谓之小南城。今缎匹库神庙，有雍正九年（1731年）重修碑云："缎匹库为户部分司建，在东华门外小南城，名里新库"，则里新库亦小南城也。东南为普胜寺，寺前沿河，尚有城墙旧址。广义之南内，则并包皇史宬迤西龙德殿一带宫苑而言。《明英宗实录》："初，上在南内，悦其幽静，既复位数幸焉，因增置殿宇，其正殿曰龙德。正殿之后，凿石为桥，桥南北表以牌楼，曰飞虹，曰戴鳌。"吴伯舆内南城纪略云："自东华门进至丽春门，凡里许，经宏庆厂，历皇史宬门，至龙德殿，隙地皆种瓜蔬，注水负瓮，宛若村舍。"兹依据《酌中志》卷十七，叙述如下：皇史宬之西，过观心殿射箭处，稍南曰龙苍门，其南则昭明门，其西南则嘉乐馆，其北曰丹凤门，列金狮二。内有正殿曰龙德，左殿曰崇仁，右殿曰广智。正殿后为飞虹桥（《春明梦馀录》）。桥以白石为之，凿狮、龙、鱼、虾、海兽，水波汹涌，活跃如生，云是三宝太监郑和自西域得之，非中国石工所能造也；桥前右边缺一块，中国补造，屡易屡泐云。桥之南北有坊二，曰飞虹、戴鳌，姜立纲笔。东西有天光、云影二亭。又北垒石为山，山下有洞，额曰"秀岩"。以磴道分而上之，其高高在上者，乾运殿也；左右有亭，曰御风、凌云，隔以山石藤萝花卉，若墙壁焉。又后为永明殿，最后为圆殿，引流水绕之，曰环碧。再北曰玉芝馆……其东墙外，则观心殿也。以上所述宫殿，皆在今南池子迤西太庙迤东之地，今日犹有飞虹桥地名也。[1]

[1] 朱偰：《明清两代宫苑建置沿革图考》，北京古籍出版社1990年，第55－57页。

这是对东苑较完整的记述。据此可知，东苑在天顺之前只是皇城东南隅的一小块地方，天顺后因英宗对小南城进行了改扩建，成为相当规模的皇家山水园林。其范围北端以东华门至东安门一线，南端到皇城南垣，东边达玉河东侧，西边到紫禁城东墙，相当于紫禁城面积的四分之一略强。所谓东苑，相对于西苑而谓，居皇城东南而言的。天顺时期虽然进行了扩建，但整体规模和景观上，与西苑不可同日而语。

东苑以英宗被软禁所居而著名。《日下旧闻考》卷四十按云："明英宗北还，居崇质宫，谓之小南城。"早在永乐间建都时，这里是广阔的草地和茂密的树林覆盖，是一片原野风光，建有皇家射箭、打马球、跑马的游戏场地，只有极少的建筑。《明会典》记载："永乐十四年（1416年）端午节，上御东苑观击球射柳。"从王直《端午忆去年从幸东苑击球射柳赐诗赐宴》诗中，可了解到东苑当时的一些风貌：

千门晴日散祥烟，东苑宸游忆去年。
玉辇乍移双阙外，彩球低度百花前。
云开山色浮仙仗，风送莺声绕御筵。
今日独醒还北望，何时重咏柏梁篇。[1]

诗里展现了击彩球、设御筵、吟柏梁诗等场景。"柏梁台，武帝元鼎二年（前115年）春起。此台在长安城中北阙内。《三辅旧事》云：'以香柏为梁也。'帝尝置酒其上，诏群臣和诗，能七言诗者乃得上。"[2]柏梁体是一种诗体，始于汉武帝。据传汉武帝在柏梁台与群臣联句，共赋七言诗，每人一句，每句入韵，一句一意，世称柏梁体。可见，永乐皇帝也曾在东苑游幸。

到宣德时期，也基本保留了永乐时期东苑的面貌。宣宗因遵循成祖的遗训，不搞大兴土木，营建皇家园林，故东苑无大改观。据《翰

[1]　以上均引自《日下旧闻考》卷四〇《皇城》。
[2]　《三辅黄图》卷五《台榭》。

林记》:

宣德三年(1428年)七月,召尚书蹇义、夏原吉、杨士奇、杨荣同游东苑。夹路皆嘉树,前至一殿,金碧焜燿。其后瑶台玉砌,奇石森耸,环植花卉。引泉为方池,池上玉龙盈丈,喷水下注。殿后亦有石龙,吐水相应。池南台高数尺。殿前有二石,左如龙翔,右若凤舞,奇巧天成。上御殿中,语(蹇)义等曰:"此旁有草舍一区,乃朕致斋之所,卿等盍往遍观?"于是,中官引至一小殿,梁栋椽桷皆以山木为之,不加斫削,覆之以草,四面阑楯亦然。少西有路,纡回入荆扉,则有河石甃之。河南有小桥,覆以草亭。左右复有草亭,东西相望。枕桥而渡,其下皆水,游鱼物跃。中为小殿,有东西斋,有轩,以为弹琴读书之所,悉以草覆之。四围编竹篱,篱下皆蔬茹匏瓜之类。观毕,上临河,命举网,得鱼数尾,命中官具酒馔赐鱼羹。既而召至前,赐以金帛、绦环、玉钩等物,又赐宴于东庑,被旨令各尽醉而归。[1]

可见,朱棣之孙朱瞻基时期的东苑,像样的宫殿极少,连宣宗致斋之所也是茅屋草舍而已。这种草舍柴扉,草亭竹篱,水池河渠,树木花卉,蔬菜瓜果等自然风光和田园景物,正是永乐时期的风貌。东苑的扩建,主要在英宗时期。据《涌幢小品》记载:

南城在大内东南,英宗北狩还,居之。其中翔凤等殿石阑干,景皇帝方建隆福寺,内官悉取去,又伐四围树木,英皇甚不乐。既复辟,下内官陈谨等于狱。[2]

---

[1] 《日下旧闻考》卷四〇《翰林记》。

[2] 《日下旧闻考》卷四〇《皇城》。

英宗北狩还，指的是正统十四年（1449年）英宗亲征，被蒙古也先部俘虏后放归的重大历史事件。宣德十年（1435年），宣宗病逝，朱祁镇以太子身份即位，为英宗，年号正统。英宗登基时只有九岁，所以，托孤大臣“三杨”辅政，朝政事务“遵遗诏大事白太后而行”。正统七年（1442年）张太后病逝；辅政的“三杨”中，杨荣先死，杨士奇被连累到其子杀人案而“坚卧不出”，唯有杨溥虽在朝廷，但人老势单，所以太监王振当权乱政。王振是英宗儿时的前朝老宦官，英宗对他心存敬畏，“呼先生而不名”。而王振以先朝老内臣自居，干预朝政，大权逐步落入手中，开始专权。当时，北部蒙古瓦剌部开始强盛，其首领也先多次率军南下，北疆局势吃紧。

正统十四年（1449年）七月，也先又率军南下，分三路进攻。他亲率一路攻大同。英宗听信王振主张，不顾朝臣反对，亲率五十余万大军到大同迎战，而实际指挥权在王振手中。王振不懂军事，但又独断专行，结果落入也先的圈套大败，撤到宣府附近的土木堡后被也先伏击，明军溃败，英宗成了俘虏，史称“土木堡之变”。故此，英宗弟弟朱祁钰继位，为代宗，亦称景帝，改年景泰；“遥尊（英宗）帝为太上皇”。[1]

也先抓获明英宗后，以为有了向明朝要高价的大本钱，但明朝不仅有了新皇帝，而且对英宗的安危并不太在意。于是，英宗在也先手中没有多少利用价值。从明朝廷的讨价还价中，也先断定新皇帝内心并不希望英宗返回，更怕复位。而也先部内部矛盾也尖锐，与明朝讲和心切，所以有条件放英宗回归。英宗当了整整一年的阶下囚后，于景泰元年（1450年）八月回到北京。景帝遂将英宗送进南宫，也称南内，实际上软禁在崇质宫。

昔日的帝王，此时的“太上皇”，只能被幽禁在黑瓦宫殿了，在

---

[1] 《明史》卷一〇《英宗前纪》。

礼遇上与庶民无异。景帝不仅限制其人身自由，而且连他所居殿宇的石栏杆也拆走，用于营建隆福寺；周围的树木也被砍去，这实在是欺人太甚。《万历野获编》记载：

> 南内在禁城外之巽隅，亦有首门二门以及两掖门，即景泰时锢英宗处，所称小南城者是也。二门内亦有前后两殿，具体而微，旁有两庑，所以奉太上者止此矣。其他离宫以及圆殿石桥，皆复辟后天顺间所增饰者，非初制也。[1]

“巽隅”为《周易》八卦方位，指东南隅。从这一记载可见，天顺前东苑宫殿建筑不多，崇质宫只占东苑的一小部分。所以，整个东苑比较空阔，主要以自然风光为主。

所谓“英宗复辟”，指的是英宗第二次登基事件。英宗被禁锢期间，景帝唯恐被英宗重新夺回皇位，采取了一系列的防范措施，限制其行动自由。专门指派靖远伯王骥守备南宫，实行监视；不许朝臣与英宗接触，也不许英宗与朝臣联系。代宗还废除了英宗太子，立自己的儿子为太子。还严厉镇压为英宗说情的朝臣，有的杖死，有的关锦衣卫大牢。

但景帝的好景不长，只当了七年皇帝，便于景泰八年（1457年）正月，重病。而被立为太子的儿子早在景泰四年（1453年）十一月，也突然病死。这在当时朝廷内产生了极大的恐慌，危机四伏。英宗在正统间当过14年的皇帝，朝廷里心腹很多，他们希望英宗重新登基；而另一些被景帝重用的人，却害怕朝廷变故，英宗复辟。

按规制，正月十二日，皇帝应到南郊举行郊祀礼。景帝身带重病，到南郊后，命石亨代行郊祀礼。石亨观察到景帝已是病入膏肓，不可能康复。于是，他从南郊回来后，便与同党都督张軏、左都御史

---

[1] 《万历野获编》卷二四《南内》。

杨善及太监曹吉祥等密议，决定请出英宗。当时正好边防报警，于是正月十六日夜，以局势“非常”为名，乘机行动，调兵4000人到长安门外待命。当晚，石亨收了各城门的钥匙，深夜四鼓时放进张軏率领的4000士兵进入皇城，又将门锁住，以防外援。他们直奔南内，但门锁而不得入，便以大木撞门，毁墙而入，将英宗扶上辇，到东华门。守门卫兵要他们停住，但英宗亲自喊话：“朕太上皇帝也！”遂入大内，直接到奉天殿，扶英宗升宝座，并高呼万岁，敲响钟鼓，大开诸门。这时已是东方大白，到十七日凌晨了。此时，群臣正准备等景帝临朝，但听徐有贞宣布“上皇帝复位矣！”[1]并催群臣朝贺。英宗便宣谕，“众始定”[2]。史称“夺门之变”，也称南宫复辟，英宗时年30岁。

英宗复辟后改元天顺，大封特赏夺门有功人员，也增建扩建了幽禁他八年的东苑。在他被幽禁期间，凡是善待过他的，日后都得到了丰厚的回报。据《濬县志》记载：

> 英宗在南城，一日饥甚，索酒食，光禄官弗与。濬县人张泽以吏办事光禄寺，曰：晋怀、愍，宋徽、钦，天所弃也，上北狩而还，天有意乎！若复位而诛无礼，光禄其首矣。乃潜以酒食进，英宗识之。后复位，光禄官皆得罪，即日拜（张）泽为光禄卿。[3]

“晋怀、愍”，指的是西晋最后两位皇帝，即怀帝和愍帝。永嘉五年（311年）六月，后汉将领刘曜、王弥攻下洛阳，晋怀帝司马炽被俘。于是，其子司马邺在长安被立为愍帝。建兴四年（316年）十一月，刘曜又围攻长安，愍帝投降，西晋灭亡。“宋徽、钦”，指的是北宋徽宗和钦宗，为北宋最后两位皇帝。在“靖康之变”中被金所俘

[1]　《明史》卷一七一《徐有贞传》。

[2]　《明史纪事本末》卷三五《南宫复辟》。

[3]　《日下旧闻考》卷四〇《濬县志》。

虏的徽宗、钦宗死于异国。所以，张泽认为，以上悉为亡国之君，天所抛弃；而英宗被俘而回国，也是天意，因而善待，果然得到了回报。

对东苑，英宗“复辟后又增置三路宫殿，因统称谓之南城云”[1]。扩建后的南城景物，据《可斋笔记》载：

> 天顺三年己卯（1459年）七月，赐游南城，中有宫殿楼阁十馀所，是秋新作行殿。东为苍龙门，南为丹凤门，中为龙德殿，左右曰崇仁、广智。殿之北有桥，桥皆白石，雕水族于其上。南北有飞虹、戴鳌二牌坊，东西有天光、云影二亭。又北叠石为山曰秀岩，山上有圆殿曰乾运。其东西二亭曰凌云、御风。山后为佳丽门，又后为永明殿，最后为圆亭，引流水绕之，曰环碧。移植花木，青翠蔚然，如夙艺者。工既毕，遂命同学士李贤、吕原往观焉。

这是天顺三年秋竣工的一组建筑群，正殿为龙德殿，这可能是英宗复辟后所建第一批东苑建设工程。在天顺期间大兴土木，东苑营建有两街三路宫殿。据《明宫殿额名》记载：

> 南城中路曰永聚门，曰观心殿，曰昭祥门，曰端拱之门，曰昭德门，曰重华门，曰广爱门，曰咸熙门，曰重华殿，曰中圆殿，曰肃雍门，曰康和门，曰后殿，曰丽春门，曰清和阁，曰迎春馆，曰圆殿。其东长街曰广顺门，曰中和门，曰景华门，曰宜明门，曰景明门，曰洪庆门，曰洪庆殿，曰后殿，曰膳房，曰库，曰景和门。其西长街曰兴善门，曰丽景门，曰长春门，曰清华门，曰宁福宫，曰延福宫，曰嘉福宫，曰高明门，曰明德宫，曰永春宫，曰永宁宫，曰宜春宫，

[1] 《日下旧闻考》卷四〇《按》。

曰延嘉宫，曰延春宫，曰御前作。河东有崇德殿，即回龙观。有玩芳亭，有集祥门，有桂香馆，有翠玉馆，有浮金馆，有撷秀亭，有聚景亭，有吕梁洪，有左右漾金亭，有含和殿，有澄辉阁，万历中更名曰涌福阁。有秋香馆。

这两个文献基本涵盖了天顺间新建的东苑全部建筑及园林景观，范围包括玉河东西两侧较广地域；在掇山理水形成山水石景的基础上，设置各种园林建筑，包括宫、殿、馆、阁、亭、牌坊、门、屋宇等等，还有颇多的景观构筑物桥梁等等。这是天顺时期形成的东苑的基本格局，可谓蔚为壮观。

在天顺时期扩建的东苑园林建筑中，最重要是龙德殿。英宗虽然在南城被幽禁，度过了漫长的不舒心岁月，但毕竟是龙潜之地，很有感情，所以，复位后还经常光顾，更热衷于大力扩建。《明英宗实录》云：

初，上在南内，悦其幽静；既复位，数幸焉。因增置殿宇，其正殿曰龙德，左右曰崇仁、曰广智。其门南曰丹凤，东曰苍龙。正殿之后，凿石为桥。桥南北表以牌楼，曰飞虹，曰戴鳌。左右有亭，曰天光，曰云影。其后垒石为山，曰秀岩。山上平，有圆殿曰乾运。其东西有亭曰凌云曰御风。其后殿曰永明，门曰佳丽。又其后为圆殿一，引水环之，曰环碧。其门曰静芳，曰瑞光。别有馆曰嘉乐，曰昭融，有阁跨河曰澄辉，皆极华丽。天顺三年（1459年）十一月工成，杂植四方所贡奇花异木于其中。每春暖花开，命中贵陪内阁儒臣赏宴。[1]

也就是到天顺三年年底时，东苑的扩建工程基本完工。《春明梦

[1] 以上均引自《日下旧闻考》卷四〇《皇城》。

馀录》的记载，与《明宫殿额名》基本相同，但更详实：

> 自东上南门之东曰重华宫，制度如乾清宫。有中路，有两长街。中路门曰永泰、昭祥、端拱、昭德、重华、广爱、咸熙、肃雍、康和、丽春，殿曰重华圆殿，阁曰清和，馆曰迎春。东长街门曰广顺、中和、景华、宣明、景明，殿曰洪庆。西长街门曰兴善、丽景、长春、清华、高明，宫曰宁福、延福、嘉福、明德、永春、永宁、宜春、宜喜、延春；又东则内承运库，再东南则崇质宫，俗云黑瓦殿。景泰年间英宗居此，所谓南城也。再南则皇史宬，藏贮历朝宸翰及实录。左右小门曰皇（書皇）历，再东则追先阁、钦天阁，嘉靖中御制钦天颂石碑，再南则御作也。皇史宬之西过观心殿稍南则嘉乐馆，东为苍龙门，南为丹凤门，中为龙德殿，左右曰崇仁、广智。北有桥，玲珑精巧，来自西域；桥之南北有飞虹、戴鳌两坊，大学士姜立纲书。东西有天光、云影二亭，又北叠石为山，曰秀岩，山上有圆殿，曰乾运，其东西二亭曰凌云、御风，山后有佳丽门，又后为永明殿，最后为圆殿，引流水绕之，曰环碧。再北则玉芝宫，门曰宝庆，曰芝祥，曰景神殿，曰永孝殿，曰大德殿，其东墙外则观心殿也。自皇史宬东西有门通河，河上有涌福阁，原名澄辉。稍北则吕梁洪东安桥，再北桥亭曰涵碧，又北曰回龙观，其殿曰崇德；观内海棠每春开，如堆绣。[1]

这一记载，对东苑的三路建筑景观布局说得更清晰。提到的宫殿多达20余座，还有馆、阁、亭、坊等10余座，中路门10座，东、西路阁5座。显然，这比天顺年间第一次扩建东苑，又增加了一些建筑，

[1] 《春明梦馀录》卷六。

主要是嘉靖时期所增建。重华宫是南内的主体建筑之一，体量庞大，规制同乾清宫，位于东上门东侧，即东华门外迤南，在南北方位上与午门基本处于一条东西横线上。永乐和宣德时期，游东苑时皇帝赐宴，可能就在重华宫。因为当时围以白玉栏杆的殿宇，只提到一处；而且，记述英宗营建的东苑建筑中，都未提到重华宫。《芜史》记载：

> 东上南门之东曰重华宫，犹乾清宫制，有两长街。西则有宜春等宫。重华宫之东曰洪庆宫，供番佛之所也。又东则内承运库，再东则崇质宫，俗云黑瓦殿是也，景泰间英庙所居。再南则皇史宬，藏太祖以来御笔实录。……再东则追先阁、钦天阁，勒世庙钦天颂于碑，再南则御作也。

重华宫东有洪庆宫，为佛殿；再东就是承运库，又东则是玉河；而重华宫西侧、毗邻东上南门的是宜春宫。这几个宫殿，基本位于东西一条线上。在这一排宫殿之南，靠近皇城南垣又有一排宫殿。皇城东南角上，就是崇质宫，即幽禁英宗的黑瓦殿，在其东南角，玉河绕皇城墙90° 向西。在崇质宫西侧稍北为皇史宬。在这一排建筑中，还有追先阁、钦天阁等。这些建筑不仅包括了天顺期间所建，还有嘉靖年间所建，已经大大超过了明初规模了。

显然，《芜史》记载所述，因提到了皇史宬，故为嘉靖时期形成的东苑园林建筑格局。《大政记》记载：

> 嘉靖十三年（1534年）秋七月，命建皇史宬于重华宫西，欲置金匮石室其中也。敕阁馆诸臣重书九庙宝训实录藏之。复于钦天阁建石镌钦天记颂，追先阁建石纪祖德诗，已而宴儒臣于谨身殿。

关于史宬二字，《燕都游览志》解释：“皇史宬，藏宝训实录处也。按宬与盛（音chéng）同义，庄子以匡宬矢。《说文》曰：“宬，屋所容受也。然殿宇命名，于斯仅见耳。”宬字，乃嘉靖皇帝所造。所说“九庙”，指嘉靖皇帝改扩建太庙，在原址上为9位皇帝各建其庙。《明清两代宫苑建置沿革图考》云：

> 自皇史宬东南，有门通河，河上曰涌福阁，旧名澄辉阁，俗云骑马楼也。迤东沿河再北，则吕梁洪东安桥，北有亭居桥上，曰涵碧。又北则回龙观，殿曰崇德，观中多海棠，每至春深盛开时，帝王多临幸焉。河东又有玩芳亭、桂香馆、翠玉馆、浮金馆、撷秀亭、聚景亭，以及含和殿、秋香馆左右漾金亭，盖皆为南城离宫云。

可见，这条河即金水河，涌福阁在皇史宬南面的河上；玉河从北安门外沿皇城东墙内向南流，在崇质宫外分叉，形成拐直角，一支向西，为金水河；吕梁洪东安桥、涵碧亭等，都在皇城东侧的玉河上。

嘉靖时期，世宗皇帝在东苑为其生父兴献帝建造了世庙即玉芝宫。

> 嘉靖四年（1525年）五月，礼部尚书席书等上言：皇考既为天子之父，当祭以天子之礼。但观德殿在禁严之地，各官不得陪祀，太常不得行礼，当于太庙之东、南城之北或东，别立一庙。得旨：“礼、工二部会同司礼监，内阁领钦天监官相度。”太庙右边地狭，不堪建造，随于庙东切近处所，南城稍北环碧殿地方，自御前作后墙起，至永明殿静芳门里，南北深五十丈，东西阔二十丈，与午门甚近，太庙后隔一沟。合于本址建造新庙。六月，诏兴工。[1]

[1] 《日下旧闻考》卷四〇《大礼集议》。

建成后称世庙，过了40年后才改称玉芝宫。《明典汇》记载："嘉靖四十四年（1565年）六月，作玉芝宫，名宫门曰芝祥，前门曰宝庆，后寝曰大德殿。"这里说作玉芝宫，实际上并非新建，而是改名。嘉靖为生父献皇帝建庙之后不久，就关了门。因尘封40年，木结构殿宇已陈旧不堪，后来庙宇的柱上长出了菌类，就以为是所谓的灵芝，视为祥瑞之兆。于是重修，更名复祀。据《万历野获编》卷二：

> 初，世宗之建世庙也，先名世室，以奉皇考献皇之祀，既以世字碍后世称宗，改建献皇帝庙，既而献皇祔庙称宗，遂闭世庙不复祀。至嘉靖四十四年，旧庙柱产芝，上大悦，更名玉芝宫。钦定祀仪，日供膳如内殿。

但仅过了半年，世宗病逝。穆宗即位后，并不死守父规，凡先皇所为不符祖制的，他都废弃，显得更开明和规范。而世宗对献皇帝的礼遇问题，始终未能妥善处理，显得过分，"大礼仪之争"造成的心理创伤，至死未愈治。而且还笃信道教，达到痴迷的程度，以至祭祀泛滥，无所不祭。穆宗敢于正本清源，按礼臣建议，因献皇"已同列圣临享，则玉芝之祀可罢"[1]，穆宗准议。据《日下旧闻考》卷四十按考，到清代乾隆时期，"玉芝宫久废，以《大礼集议》所记地界考之，当在南池子西北"。嘉靖时期，还更改了东苑一些建筑的名称，如"吕梁洪，嘉靖十三年（1534年）五月二十二日更漾金左亭，漾金右亭"[2]。

总之，东苑在玉河西边的两街三路和河东的宫殿、馆亭等建筑及园林布局，天顺时期定型，到嘉靖时期更趋完善，之后就没有大的建树。万历时期，主要是对东苑建筑景观进行修葺或改建，但规模都很小，勉强维持东苑的基本格局和风貌。到明末，由于国力衰弱，财力

[1]《日下旧闻考》卷四〇。

[2]《春明梦馀录》卷六。

枯竭，神宗只能采取拆东墙补西墙的办法，无力大兴土木，如新建观心殿，重修乾运殿。“崇德殿即回龙观，万历二十八年（1600年）六月初四日拆去，盖造观心殿，修补乾运殿。万历三十二年（1604年）三月十六日添盖崇德殿牌。”可见，万历时在东安桥以北增建了崇德殿牌坊，但拆了该殿，在重华宫西侧新营建了观心殿。乾运殿是在飞虹桥南的秀岩假山上，万历间修葺。“凤翔之殿，嘉靖四十一年（1562年）八月初六日被毁，地基万历二十八年（1600年）四月初七日添盖库座。”“玩芳亭，万历二十八年四月十四日更。玩景亭，万历二十九年八月十七日更。”“玩芳亭，万历三十二年三月十六日添盖牌。”“桂香馆，万历二十八年六月初四日拆去，盖造观心殿，修补乾运殿。”同日拆去膳房，“盖造观心殿，修补乾运殿”。营建的观心殿和修缮的乾运殿，其建筑材料都是拆掉旧建筑，东拼西凑所得。还新建了几座牌坊。“澄辉阁，万历三十年（1602年）四月二十九日更涌福阁。”[1]到清乾隆间，“涌福阁诸处今俱废”，包括漾金亭、涵碧亭、崇德殿等等[2]。

东苑的园林景观，以中路靠北的重华宫和西路靠南的龙德殿为重点，整个苑区各类宫殿馆阁鳞次栉比，错落有致；亭榭、牌坊、桥梁、流水、假山及林木花卉、果蔬园圃纷繁密布，成为皇家游憩、宴乐的重要去处，既是一个游览风景区，也是一个宫殿区。从明代人的游记中，对东苑的风光可领略一二。

宣德时的廖道南《南内翔凤楼》诗曰：“南内依鳌极，中天起凤台。锦屏霞外出，碣石海东来。嘉树晴相映，名花昼自开。宣皇会览眺，玉几五云回。”又《澄辉阁》诗有：“层台凌碧落，磐石蹑丹梯。卷幔西山入，凭栏北斗齐。朝霞浮藻拱，夕景挂璇题。独立高寒处，微茫思欲迷。”这些诗极力渲染了澄辉阁的高耸，直入碧空，可揽北斗，登楼远眺，尽收西山美景。《紫芝轩》诗云：“后皇游息处，尚

[1] 《春明梦馀录》卷六。
[2] 《日下旧闻考》卷四〇《皇城·按语》。

有紫芝轩。珍果垂枝熟，琪花接叶繁。晴云团翠盖，丽景照彤垣。翻忆东方朔，挥毫金马门。”可见，皇后曾游览东苑，休憩于紫芝轩；此处有奇花异果，林木繁盛。金马门，汉代宫门，十分著名，留下了许多脍炙人口的历史传说。龚用卿《乾运殿》诗云：“团团小殿古阴斜，石槛玲珑映水花。翠辇不来金锁合，绿杨深处有啼鸦。”这里有绿水清波，杨柳如烟，鸟啼花繁。

朱维京《度飞虹桥》言：“鲸海遥涵一水长，清波深处石为梁。平铺碧甃连驰道，倒泻银河入苑墙。晴绿乍添垂柳色，春流时泛落花香。微茫迥隔蓬莱岛，不放飞尘入建章。”[1]飞虹戴鳌桥是东苑龙德殿景区的一处景观，记载说该石桥是由西域运来的材料所建，玲珑精巧，别具风格，横卧碧水，状如彩虹。飞虹桥东侧，则是当年永乐帝观马球、射柳枝的射箭场和驰道。还有清波环碧蓬莱岛，这里指龙德殿后的假山及水渠，形容这里是与太液池媲美的人间仙境。建章宫，为汉代皇宫。水是园林的生命之源。东苑虽然没有西苑太液池那样大规模水量，但水源充足，其东西两侧有玉河、筒子河，南有金水河，中间水渠纵横，滋润动植物生机勃勃。正如天启时的陈悰所咏：“河流细绕禁城边，疏凿清流胜昔年。好是南风吹薄幕，藕花香冷白鸥眠。”[2]可见，当年在东苑殿宇轩昂，金碧辉煌；亭台楼阁，参差错落；玲珑峰耸，飞瀑如虹；玉桥横波，杨柳垂岸。水域里种植有荷花、芦苇等水生花卉，清香漫盈，鸥鹭成群，金鳞欢游。

对游览东苑的路径，一些游记描述得也很具体。《吴伯与内南城纪略》记载：

> 自东华门进至丽春门，凡里馀，经宏庆殿，历皇史宬门，至龙德殿，隙地皆种瓜蔬，注水负瓮，宛若村舍。过此则飞虹桥，石刻黑虎禽鸟状，传为西洋僧载而来。桥之南北

[1]　以上均引自《日下旧闻考》卷四〇《皇城》。

[2]　《日下旧闻考》卷四〇《天启宫词》。

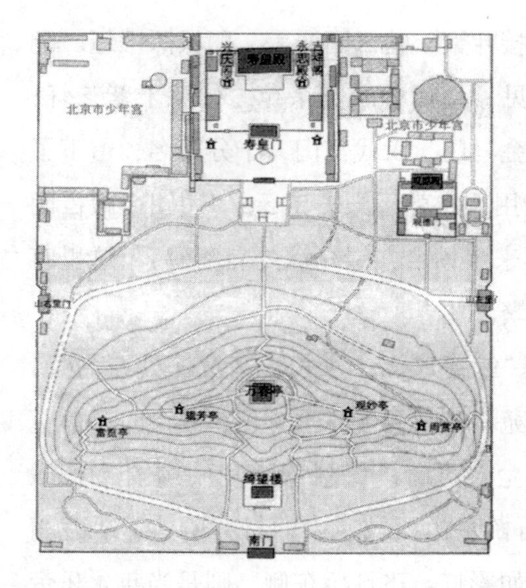

图 3-33　北京景山（万岁山）平面图
（引自李路珂等《北京古建筑地图》）

柱石题曰戴鳌、曰飞虹。有洞嵌石壁，壁上刻“秀岩”二字，石磴数十级，有方邱焉。最上为乾运殿，古松大柏覆之。

这是从西路开始，到中路的丽春门，再到东路的宏庆殿，然后向西南到皇史宬、龙德殿，再往北到假山秀岩，上乾运殿，又北至飞虹桥的游历路线。一条景观环线，一路疏朗空旷，一派殿宇鳞次，一片田野风光，这是万历时期东苑游览胜境。

到清乾隆年间，“东苑久废”，明代的许多园林景观已经不复存在了。于敏忠在《日下旧闻考》中作了一番考证，力图找准东苑的范围。《日下旧闻考》卷四〇按曰：“龙德殿诸处在今南池子西南，旧迹俱废。”可见，到乾隆年间东苑已经成遗迹了。

五　万岁山

万岁山，在明初称煤山或镇山，至明中叶后名万岁山，清代顺治十二年（1655年）改称景山，至今沿用。万岁山在明初称煤山，据传明代宫廷用的煤，平时都堆积于山前，所以俗称煤山。镇山称谓之缘：明代北京皇宫建在元皇宫旧址上，元朝残余势力北退漠北后又时时威胁着明朝，所以，明朝前期对北元总有一种挥之不去的隐忧。于是，为了压住元朝王气，在大内皇宫之北的延春阁旧址上将拆毁元皇宫的瓦砾堆积，用开挖筒子河的泥土覆盖其上，称之为镇山。《西元集》说："万岁山在子城东北玄武门外，为大内之镇山，高百馀丈，周回二里许。林木茂密，其巅有石刻御座，两松覆之。山下有亭，林木阴翳，周回多植奇果，名百果园。"《日下旧闻考》卷三五引朱彝尊语：

> 宣宗《广寒殿记》及杨文贞……西苑诸记所称万岁山，皆本金、元之旧。至马仲房始以煤山为万岁山。迨万历间，揭万岁门于后苑，而纪事者往往混二为一。盖金、元之万岁山在西，而明之万岁山在北也。

文中提及的马仲房者即马汝骥，字仲房，陕西绥德人，正德十二年（1517年）进士，曾任泽州知州。世宗初召复编修，拜礼部右侍郎，侍读学士，"卒赠尚书"[1]。马汝骥在严嵩当政时受到器重，入阁称之。据此推断，镇山改称万岁山，当在嘉靖时期。这也符合嘉靖时期大量更改以往的许多宫殿设施名称的历史事实。

据现在的测量，历史上景山外墙东西宽547米，南北长623米，占地面积34万余平方米[2]，合34000公顷；山高为42.6米，海拔高度为88.35米（一说山高45.7米，海拔89.2米）。万岁山是明代皇家重要园林之一，位于紫禁城正北，南对紫禁城北正门玄武门（清代康熙间为避讳玄烨名，改为神武门），其主峰正坐落于紫禁城中轴线上，直达皇城地安门。其西为北海，万岁山与琼华岛隔海相望。

万岁山始建于永乐年间，成祖朱棣决定以北京为京师后，于永乐十四年（1416年）开始营建北京宫城，全部拆除元大内三大殿及其他宫殿，将这些宫殿的建筑废料、渣土以及开挖明紫禁城护城河的泥土一并堆积于大内北面的青山上，其地就是元代延春阁的旧址。延春阁是元代的重要宫殿建筑，也被拆除。据《南村辍耕录》卷二一《宫阙

---

[1] 《明史》卷一七九《马汝骥传》。

[2] 景山公园管理处编：《景山》，文物出版社2008年，第239页。

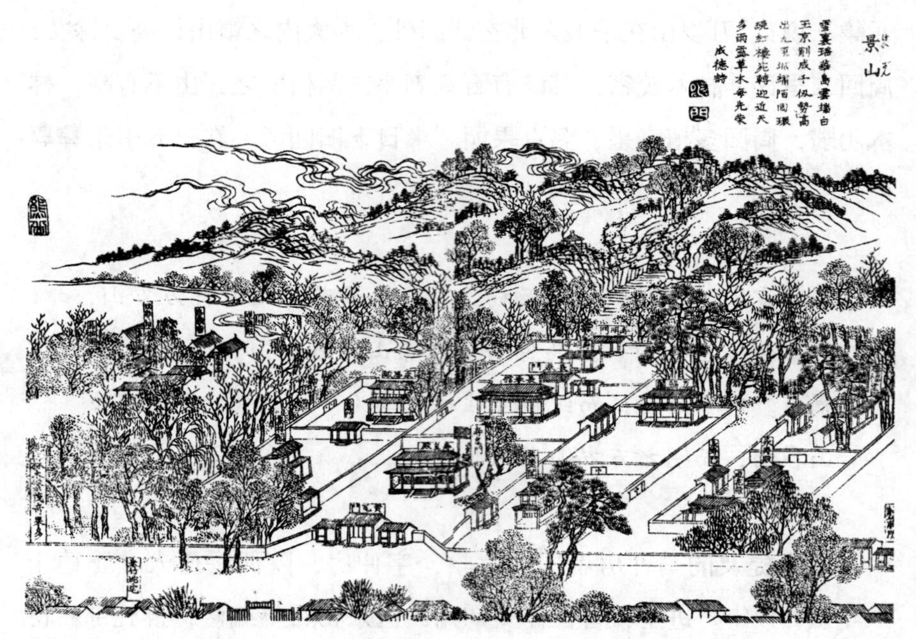

图 3-34　北京景山（万岁山）景观绘图（引自（清）岡田玉山等编绘《唐土名胜图会》）

制度》记载：元“大内南临丽正门，正衙曰大明殿，曰延春阁。”

> 延春门在宝云殿后，延春阁之正门也，五间三门。东西七十七尺，重檐。懿范门在延春左，嘉则门在延春右，皆三间一门。延春阁九间，东西一百五十尺，深九十尺，高一百尺，三檐重屋。柱廊七间，广四十五尺，深一百四十尺，高五十尺。寝殿七间，东西夹四间，后香阁一间，东西一百四十尺，深七十五尺，高如其深。重檐，文石甃地，藉花毳裀，檐帷咸备。白玉石重陛，朱阑铜冒，楯涂金雕翔其上阁上御榻二，柱廊中设小山屏床，皆楠木为之，而饰以金。寝殿楠木御榻，东夹紫檀御榻，壁皆张素画，飞龙舞凤，西夹事佛像。香阁楠木寝床，金缕褥，黑貂壁幛。

“又考延春阁下为延春宫，东为慈福宫，西为明仁，后为宫寝殿香阁，又后为清宁宫。”[1]可见，延春阁是元代皇帝的寝宫之一，规模庞大。明代万岁山利用延春阁旧址，故范围较广，北至景山后大街，南临玄武门，东抵景山东大街，西达西板桥大街。

明代万岁山是皇家主要山水风景园林之一，山上及周围营建了不少亭台楼阁等景观建筑和奇花异果，风景旖旎，也是登高远眺的皇城制高点。《万历野获编》载：“今京师厚载门南逼紫禁城，俗所谓煤山者，本万岁山。其高数十仞，众木森然，相传其下皆聚石炭以备闭城不虞之用者。”明末时，其殿宇亭台的布局，《明宫殿额名》记载：

> 崇祯七年（1634年）九月，量万岁山，自山顶至山根，斜量二十一丈，折高一十四丈七尺。万岁山左门、山右门于万历十八年（1590年）八月添牌。有玩芳亭，万历二十八年（1600年）更玩景亭，二十九年再更毓秀亭。亭下有寿明洞，又有左右毓秀馆、长春门、长春亭。寿皇殿万福阁下曰臻禄堂，康永阁下曰聚仙室，延宁阁下曰集仙室。万福阁东曰观德殿，又有永寿门、永寿殿、观花殿、集芳亭、会景亭、兴隆阁，万历四十一年（1613年）更玩春楼。万福阁西曰永安亭、永安门，乾祐阁下曰嘉禾馆、乾祐门，兴庆阁下曰景明馆，外为山左里门、山右里门。

这里基本都点到了万岁山的主要建筑。据这一记载，在当时万岁山御苑中，宫殿、楼阁、亭台参差分布，在空间布局上，围绕山体及四周展开：山的上下左右都有建筑，布局自然错落，产生景观的序列立体效应。万岁山上建有玩芳亭（毓秀亭）、长春亭、集芳亭、会景亭、永安亭等五亭，左右对称有毓秀馆等。据明代崇祯时期皇城地图所标示，寿皇殿在山后东北处，有万福阁、臻禄堂、康永阁、聚仙室

[1] 《日下旧闻考》卷三〇。

等，山西北有延福宫、延宁阁、集仙室等。观德殿、永寿殿、观花殿、兴隆阁等，位于万岁山东侧偏北处，在寿皇殿之南。与此相对，西侧有乾祐阁、嘉禾馆、景明馆等。北墙东西侧门里，西为兴庆阁，东为集祥阁，是为形制相同的皇家谷仓，二层木结构楼阁，下层四面通体实墙，墙厚2.2米；上层为亭阁式木结构，四周围廊，廊外四周木围栏；单檐四角攒尖顶，黄瓦绿剪边，琉璃宝顶，四角安置装饰角兽，至今尚存。这些建筑，以万岁山为中心，基本对称布局；山上的建筑也是对称坐落，体现了明代皇家园林建筑布局的规制。

寿皇殿原称奉先殿，是奉祀历朝皇帝画像的地方，也是为皇帝举行追悼仪式处，是一座庞大的建筑群。现存寿皇殿，为清乾隆十五年（1750年）所建，将明寿皇殿拆除，向西移10余米，位于北中门之南，坐落于紫禁城南北中轴线上，其建筑格局也明显有别。其东有永思殿。《燕都丛考》记载：寿皇“殿东为永思门，门内为永思殿，为列代苫芦地。凡临瞻谒日，必于永思殿传膳，办事，盖孝思不匮意也”。这是停放皇帝灵柩处，也是在寿皇殿举行追思仪式时，皇帝为先帝守灵和休息、用膳之处，是寿皇殿的重要组成部分，占地面积5000平方米。殿面阔五间，用金丝楠木构建。

寿皇殿东为毓秀亭，西为育芳亭。观德殿在金、元建筑旧基上所建，是皇帝观赏臣子们骑马射箭的地方，也是一个庞大的建筑群。四进式院落，围以黄琉璃顶红墙，坐北朝南，占地面积6000多平方米。殿前院场空阔，南门面阔五间，黄琉璃瓦覆顶，大门两侧有随墙。正殿观德殿在第二进院落中，靠北向南，面阔五间，黄琉璃瓦屋殿顶，前廊后厦，庄严华丽；两侧各有三间配殿。观德殿大门南面，有一条约百米长弓形小河，河上架有三座汉白玉石桥，河道四周围以汉白玉石栏。其南为永寿殿。

明代的万岁山，四周有内外两道院墙，两道院墙中为御道。东侧御道宽62.5米，南面御道宽41米，西侧御道宽57米，北面御道宽61米。两道院墙，四面设门，外墙正南门曰北上门，与紫禁城玄武门相对，

图 3-35　北京景山（万岁山）景观

新中国成立后已拆除；北正门曰北上中门，东侧曰北上东门，西侧曰北上西门；东外墙上为北上左门，西外墙上为北上右门。内墙南门曰万岁门，即今景山门，门内则红殿，面阔五间，清乾隆十五年（1750年）将其拆除，建绮望楼；东内墙上有山左里门，西内墙上为山右里门。至于明代万岁山这些建筑的具体位置，据《芜史》载：

北中门之南曰寿皇殿，曰北果园。殿之东曰永寿殿，曰观德殿，与御马监西门相对者。寿皇殿之东门，万历中年始开者也。殿之南则万岁山，俗所云煤山也。山之前曰万岁门，再南曰北上门，左曰北上东门，右曰北上西门，西可望乾明门，东可望御马监也。再南过北上门，则紫禁城之玄武门也。

从这一记载中可以看出万岁山主要建筑之间的方位关系。《尞书》记载：

崇祯癸未（十六年，1643年）九月，召对万岁山观德殿。出东华门入东上北门，绕禁城行，夹道皆槐树，十步一

> 株。折而西，则万岁山在望焉矣。复折而北，入山左里门。上御观德殿，皇太子侍立，诸臣趋过永寿殿，至观德殿阶下。……观德殿在北安门内、玄武门外、万岁山东麓也。……山北有寿皇殿、北果园。山南有扁曰“万岁门”，再南曰北上门，再南曰玄武门，入门即紫禁城大内也。山左宽旷，为射箭所，故名观德。山左里门之东即御马监，两门相对，一带有杆子房、北膳房、暖阁厂，皆西向也。永寿殿在观德殿东南相近，内多牡丹芍药，旁有大石壁立，色甚古。[1]

可见，万岁山的主要建筑群大多集中于山东侧、山左里门以北处。万岁山的许多建筑都是万历年间重建或添建的。据《春明梦馀录》卷六记载：

> 长春亭牌、长春门牌、寿皇殿牌、左毓秀馆扁、右毓秀馆，万历三十八年（1610年）六月二十九日添盖扁。万福阁牌、下臻禄堂牌，永康阁牌、下聚仙室牌，延宁阁牌、下集仙室牌，以上万历三十年（1602年）闰二月初八日添盖。

万历三十（1602年）年添盖牌坊的还有永寿殿、永寿门、观花殿、会景亭、寿安室等；三十一年添盖牌坊的有寿春亭、寿明洞、集芳亭、永安亭、永安门、乾祐阁、嘉禾馆、乾祐门等。可见，万历时，利用极其有限的财力，集中修葺和营建了万岁山园林建筑，到明末时使其达到明代最完整的程度，为清代留下了宝贵的园林遗产。

万岁山在万历之前建筑不多，主要景观是奇花异草、苍松翠柏、奇果珍品等绿色植被及禽鸟珍兽，生机盎然。《万历野获编》说：“万岁山嘉树郁葱，鹤鹿成群。”《西元集》记载：万岁山“林木茂密，其

---

[1] 以上均引自《日下旧闻考》卷三五《宫室》。

颠有石刻御座，两松覆之。山下有亭，林木阴翳，周回多植奇果，名百果园。”[1]可见当时鹿鸣鸟唱，百花争艳，珍果飘香，风光宜人。万历开始，随着各种殿宇亭台楼阁的增多，在绿树环抱中，红墙黄瓦，隐现其间，风光更加旖旎。山左观德殿前还有小桥流水，空阔的平地上驰马射箭，成了皇家乐园。正如欧大任《万岁山》诗所咏：“五岳来朝日，三山路不迷。长杨秦苑北，卢橘汉园西。珠斗凌空近，瑶峰入望齐。万年同圣寿，何用访丹梯？”[2]

明代万岁山不仅园林景观丰富，而且是大内制高点，最佳登高观景处，在山巅上，近可俯瞰紫禁城，金碧辉煌的皇宫建筑，碧波荡漾的太液池，犹如绿掩碧螺的琼华岛，均可一览无遗；远眺可收气势磅礴的京师大观，甚至西山烟云也可尽收眼底。

万岁山既是明代皇家的行乐之园，也是明代亡国之君的归天之处。崇祯十七年（1644年）三月，李自成率农民起义军攻入北京城。十八日，崇祯一方面命令抵抗到底，另一方面逼迫皇后自尽，亲手杀死几位妃嫔及公主，十九日五更时分只身逃出紫禁城，上了万岁山。他见到满城火光四起，宫殿燃烧，杀声震天，知道大势已去，便咬破手指在衣襟上写下遗书：“朕凉德藐躬，上干天咎，然皆诸臣误朕。朕死无面目见祖宗，自去冠冕，以发覆面。任贼分裂，无伤百姓一人。”[3]于是在一棵树上自缢。当时，只有太监王承恩随侍。他临死，还把大明江山的垮台归咎于臣下。崇祯自缢处，成了景山上后人追思历史的一个独特景点。

六　南苑

明代的南苑，亦称南海子，但这不是西苑太液池（三海）中的南

[1] 以上均引自《日下旧闻考》卷三五《宫室》。

[2] 《日下旧闻考》卷三五《旅燕稿》。

[3] 《明史·庄烈帝本纪二》。

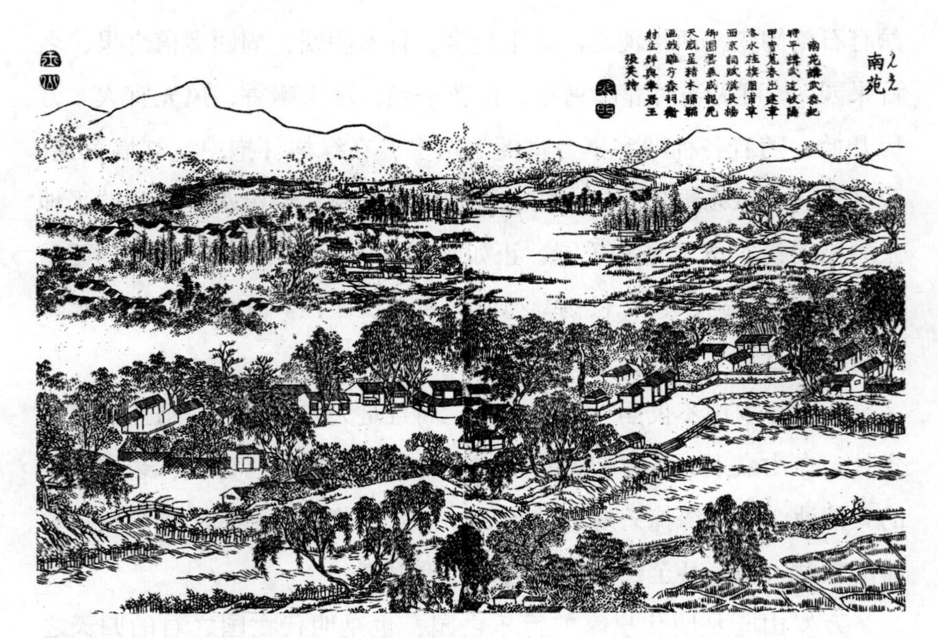

图 3-36 北京南苑（南海子）景观绘图（引自（清）岡田玉山等编绘《唐土名胜图会》）

海。因为太液池南海明代称南台，而不称南海子。其实，在元、明、清时代称海子的大型水域有数处。清代乾隆间的《日下旧闻考》卷七五说："海子今有五处。"元、明时期实际上也不止五处。太液池也称海子，南苑也称海子，积水潭也称海子。"南海子即南苑，在永定门外，元时为飞放泊。"[1]因其在京城之南，称南苑。"中有海子三，以禁城北有海子，故别名南海子。"[2]"禁城外北海子即今城外之积水潭。"[3]南苑本身也有三个海子，分别称下马飞放泊、北城店飞放泊和黄埃店飞放泊。"下马飞放泊在大兴县正南，广四十顷，北城店飞放泊、黄埃店飞放泊，俱广三十顷。"[4]可见，南苑中的三个飞放泊，共达百顷之广。

[1] 《日下旧闻考》卷七四《国朝苑囿·南苑一按语》。

[2] 《日下旧闻考》卷七五《国朝苑囿·南苑二·明一统志》。

[3] 《日下旧闻考》卷七五《国朝苑囿·南苑二》。

[4] 《日下旧闻考》卷七五《国朝苑囿·南苑二·(元)·混胜览》。

所谓南海子，原本是一个自然湖泊，从元代开始成为皇家骑射、狩猎、游乐之所。“飞放”就是用驯养的鹰隼进行狩猎、游乐活动。“元制，冬春之交，天子亲幸近郊，纵鹰隼搏击以为游豫之度，谓之飞放。”[1]

元代皇室是北方草原游牧民族，骑马射箭，驯养猎犬、鹰隼打猎，是他们的生活方式之一，入主中原后仍保持着这种习俗。所以，从元武宗开始，在京师大都周围数处建有晾鹰台，以供飞放鹰隼游猎。“呼鹰台，元至大（元武宗年号，1308—1311年）间所筑也。元人以鹰坊为仁虞苑，秩正二品，使首相领之。”[2]他们不仅在城南南海子飞放狩猎，其他地方也有。如在通州漷县也有晾鹰台。“至大元年（1308年）七月，筑呼鹰台于漷州泽中，发军千五百人助其役。”[3]呼鹰台即晾鹰台。“晾鹰台在（漷）县西南二十五里。高数丈，周一顷，元时游猎，多驻于此。”[4]

明代的南海子，指大兴县的下马飞放泊等三个海子。

南海子在京城南二十里，旧为下马飞放泊，内有按鹰台。永乐十二年（1414年）增广其地，周围凡一万八千六百六十丈，中有海子三，以禁城北有海子，故别名南海子。[5]

这三个海子，在元代时水域面积就非常广，加起来达1万亩。永乐时又扩建，使其更加广阔，浩瀚如海。到明宣宗时期，对南海子又进行了整治。“明宣德三年（1428年）十一月，命太师英国公张辅等拨军修治南海子周垣桥道。七年（1432年）八月，修南海子红桥等

[1] 《日下旧闻考》卷七五《国朝苑囿·南苑二·元史》。
[2] 《日下旧闻考》卷一一〇《京畿·谷城山房笔座》。
[3] 《日下旧闻考》卷一一〇《京畿·元史》。
[4] 《日下旧闻考》卷一一〇《京畿·方舆纪要》。
[5] 《日下旧闻考》卷七五《国朝苑囿·南苑二·明一统志》。

闸。”[1]

通过这些扩建和整治，南海子作为皇家园林，其园墙、道路、桥梁、闸口等基础设施更加完善。南海子虽然是自然湖泊，但元明时期都筑有围垣，并开垣门，有专人管理。“南海子旧辟四门，本朝（清朝）增之为九门。”[2]明代南苑的四门，东面的称东红门，南面的称南红门，西面的曰西红门，北面的曰北红门即南苑正门。

在明英宗时期，对南海子的整治和建设，达到鼎盛时期，重修了不少设施。“正统七年（1442年）正月，修南海子北门外桥。八年（1443年）六月，修南海子红桥。”[3]正统十年（1445年）正月，“修南海子北门外红桥。十二年（1467年）六月，修南海子北门大红桥。天顺二年（1458年）二月，修南海子行殿大红桥一，小桥七十五”[4]。嘉靖时期，在南苑也有所增建。“关帝庙建自明嘉靖年间，在德寿寺西南里许。本朝乾隆三年（1738年）重修，山门南向。前殿奉关帝，二层殿奉真武，后殿奉三世佛。”[5]

元明时期，皇家对南海子制定了严格的律令加强管理，不允许私人擅自进入捕猎或砍伐草木。

> 南海子本元之飞放泊。元制：大都八百里以内，东至滦州，南至河间，西至中山，北至宣德府，捕兔有禁。以天鹅、鸗鸫、仙鹤、鸦鹘私卖者，即以其家妇子给捕获之人。有于禁地围猎为奴婢首出者，断奴婢为良民……自正月初一日至七月二十日禁不打捕，著之令甲。[6]

[1] 《日下旧闻考》卷七五《国朝苑囿·南苑二·明宣宗实录》。
[2] 《日下旧闻考》卷七四《国朝苑囿·南苑一·按语》。
[3] 《日下旧闻考》卷七四《国朝苑囿·南苑二·明英宗实录》。
[4] 《日下旧闻考》卷七五《国朝苑囿·南苑二·明英宗实录》。
[5] 《日下旧闻考》卷七四《国朝苑囿·南苑一·按语》。
[6] 《日下旧闻考》卷七五《国朝苑囿·南苑二》。

可见，元代时南海子的管理严格有序。

但明宣德后期到正统前期，朝廷对南海子的管理有所松弛。于是，正统八年（1443年）十月朔，英宗谕都察院："南海子先期所治，以时游观，以节劳佚。中有树艺，国用资焉。往时禁例甚严，比来守者多擅耕种其中，至私鬻所有，复纵人刍牧。"虽然规定不允许外人进入，但守护人员违规胡为。因此，英宗当即下令："其即榜谕之，戒以毋故常是蹈，违者重罪无赦。"[1]之后，进一步加强了对南海子的管理。

明代的南海子规模宏大，建有宫殿屋宇、亭台桥廊、官署衙门，也有守护南海子的籍户人等。《帝京景物略》记载：

> 城南二十里，有囿，曰南海子。方一百六十里。海中殿，瓦为之。曰幄殿者，猎而幄焉尔，不可以数至而宿处也。殿傍晾鹰台……台临海子，水泱泱，雨而潦，则旁四淫，筑七十二桥以渡，元之旧也。……四达为门，庶类蕃殖，鹿、獐、雉、兔，禁民无取，设海户千人守视。[2]

所谓海户，就是朝廷派驻，专门守护南海子的民户。朝廷专设管理衙门，在小红门西南。"旧衙门，宫门三楹，前殿五楹，二层、三层殿宇各五楹。"[3]

南海子内的宫殿，就是皇帝到此游猎时的行宫，这是明代在城外的唯一一处行宫御苑。三处水域间，河流纵横，水泉漫布，港汊交错，道路蜿蜒，以七十余座桥梁相连。"海子内泉源所聚曰一亩泉，曰团河。""考一亩泉在新衙门之北，曲折东南流经旧衙门南，入海子北墙，至此又南流，流出海子东墙。""团河在黄村门内，导而东南流

[1] 《明英宗实录》卷一〇九。
[2] 《帝京景物略》卷三《南海子》。
[3] 《日下旧闻考》卷七四《国朝苑囿·南苑一·南苑册》。

经晾鹰台，南过南红门，五海子之水自北注之，又东流出海子东南，是为凤河。”[1]“凤河其形如凤，河源在南苑，中流出东南隅……河身深广。”[2]“凉水河即大红门外绕垣之水，源出右安门西南凤泉，复合南苑之一亩泉及三海子诸水，由马驹桥入运河。”[3]“凉水河在宛平县南，由水头庄泉发源，东流入南苑内，经马驹桥，又东经通州南，曰南新河，至张家湾城南入白河。”[4]新衙门，也称新衙门宫，是明代所建。“新衙门宫在镇国寺门内约五里许，建自前明。宫门前铁狮子二，上镌延祐元年（元仁宗年号，1314年）十月制，元时旧物也。”[5]“新衙门宫三楹，左右垂花门对面房十间，前殿三楹，后殿五楹。”[6]

南海子除了广阔的水域外，周边还有相当广袤的陆地，明代建有二十四座园，从而形成巨大的郊野园林。

> 南海子周环一百六十里，有水泉七十二处，元之飞放泊也。晾鹰台，元之仁虞院也。明置二十四园。[7]

这二十四园，现在已无详考。但可想见，御苑鳞次，可谓蔚为壮观。在南苑“国朝辟四门，缭以周垣，设海户守视”。朝廷采取严格的保护措施，南海子内树木葱茏，花草繁茂；烟波浩渺，鸥鹭翻飞；碧水荡漾，鱼翔浅底；獐鹿鸣林，雉兔成群，保持了完美的野生生态景观。

南海子是明朝历代皇帝多次临幸，练兵、阅兵、狩猎或游历的行宫御苑。南苑“獐鹿雉兔不可以数计，籍户千人守视。自永乐定都以

---

[1] 《日下旧闻考》卷七四《国朝苑囿·南苑一》。
[2] 《日下旧闻考》卷七五《国朝苑囿·南苑二·畿辅通志》。
[3] 《日下旧闻考》卷七五《国朝苑囿·南苑二·按语》。
[4] 《日下旧闻考》卷九〇《郊垧·大清一统志》。
[5] 《日下旧闻考》卷七五《国朝苑囿·南苑二·按语》。
[6] 《日下旧闻考》卷七五《国朝苑囿·南苑二·南苑册》。
[7] 《日下旧闻考》卷七五《国朝苑囿·南苑二·梅村集》。

来，岁时蒐猎于此”[1]。《明一统志》：“南海子内有晾鹰台，亦称‘按鹰台’。每值大阅之典，在晾鹰台举行。”晾鹰台“台高六丈，径十九丈有奇，周径百二十七丈。恭值大阅之典，例于晾鹰台举行”[2]。据《帝京景物略》记载：

> 永乐中，岁猎以时，讲武也。天顺二年（1458年），上出猎，亲御弓矢，勋臣、戚臣、武臣应诏驰射，献禽，赐酒馔，颁禽从官，罢还。正德十二年（1517年），上出猎。隆庆二年（1568年）三月，上幸南海子。先是，左右盛称海子，大学士徐阶等奏止，不听。驾至，榛莽沮洳，宫幄不治，上悔之，遽命还跸矣。[3]

可见，从成祖朱棣开始，宣宗、英宗、武宗、穆宗等皇帝，驾临南海子，阅兵、狩猎、游憩。特别是英宗和武宗，对南海子情有独钟。武宗最喜游历，好骑射。据《明武宗实录》：“正德十二年（1517年）正月己丑，大祀天地于南郊，礼毕车驾遂幸南海子。”[4]可惜，隆庆时南海子的宫殿等设施，已长期未修，管理不善，出现荒废迹象。

对南海子的风光及皇帝临幸时的场景，当时的儒臣武将留下不少诗文，对其盛况，可以有所领略。何景明《驾幸南海子》云：

> 铙音发桂畤，春狩践兰区。
> 水尽缇城合，山回帐殿孤。
> 公卿随八骏，虎旅备三驱。
> 如闻后车载，倘遇渭川夫。

薛蕙《驾幸南海子》曰：

---

[1] 《日下旧闻考》卷七五《国朝苑囿·南苑二·大政记》。

[2] 日下旧闻考》卷七五《国朝苑囿·南苑二按》。

[3] 《帝京景物略》卷三《南海子》。

[4] 《日下旧闻考》卷七五《国朝苑囿·南苑二·明武宗实录》。

诏幸芙蓉苑，传言羽猎行。

三驱偕上将，四较出神兵。

列戟围熊馆，分弓射虎城。

风云日暮起，偏绕汉家营。[1]

这些诗，记录了皇帝在南海子练兵、狩猎的轶事。欧大任《出郊至南海子》诗云：

万树周陆起夕烟，汉家宫囿带三川。

夸禽幾幸长杨馆，讲武曾驱下杜田。

敕使日调沙苑马，诏书春散水衡钱。

西游不数诸侯事，尚忆词臣扈从年。[2]

这些诗文中，也点出了当时一些园林景观，如芙蓉苑、沙苑、熊馆、虎城、长杨馆、杜田等等，显然是南海子二十四园之列。

清代沿用南海子，更加大了对南海子的开发和建设，尤以顺治、康熙、雍正和乾隆四朝为甚，增建了诸多宫殿楼宇，理水架桥，园林景观更加完善，成为清代在城南的重要行宫御苑，历朝皇帝特别是康熙、乾隆帝曾多次驾临。清代的南苑比明代大有改观，可谓沧桑变迁。所谓"二十四园泯遗迹，耕地牧场较若画"[3]。二十四园是明代在南海子的主要园林，到乾隆年间已经成为农田和牧场。不过，南苑新的景致比比皆是。"翼翼堆场皆早稑，累累悬架足秋壶。豳风底用丹青笔，十里烟郊入画图。""北红门里仲秋天，爽气游丝拂锦鞯。行过雁桥人似画，踏来芳甸草如烟。""榆槐黄染野花殷，策渡时过水一

[1] 《帝京景物略》卷三《南海子》。

[2] 《日下旧闻考》卷七五《国朝苑囿・南苑二》。

[3] 《日下旧闻考》卷七四《国朝苑囿・南苑一・乾隆三十六年御制海子行》。

湾。千朵青莲万章锦，却教人忆塞中山。”[1]

可见在中秋时节南苑的景物，天高云淡，爽风习习；稻粱早熟，果实累累；清波涟涟，碧荷锦蕊；树叶染金，野花殷红；原草如烟，雁桥似虹；信马由缰，陶醉画中。当然不只是这些原野自然风光，更有诸多宫殿建筑风景。“杰阁横霄峻，清都与汉翔。规模开壮丽，星宿灿辉光。碧瓦浮空翠，金铺映日黄。门当啼鸟静，户有异花香。细草沿阶发，新槐拂槛凉。迂回疏辇路，藻彩绘雕梁。警跸临仙境，瞻依问谷王……茫茫扶大造，暤暤体穹苍。”[2]这些诗文可谓是对清代皇家行宫御苑之一南苑的真实写照。

[1]《日下旧闻考》卷七四《国朝苑囿·南苑一·乾隆七年御制射猎南苑即事诗》。
[2]《日下旧闻考》卷七四《国朝苑囿·南苑一·圣祖御制南苑元灵宫诗》。

第四章
明代皇家祭祀园林

第一节　祭祀园林概述

祭祀是人类最早的重要社会活动之一。无论是中国还是外国的远古时代，人类普遍都举行祭祀活动。从祭祀的客体即对象上来说，可分为三大类：一是祭祀自然，包括天地日月星辰、风雨雷电、山川河流、树木花草、猛兽珍禽等等自然物。二是祭祀神灵，早期是祭祀原始神灵即超自然力的崇拜，包括各种图腾；之后是宗教神灵祭祀。三是祭祀人类自己的祖先。从祭祀的主体而言，则也可分为国家祭祀（包括帝王祭祀）和民间祭祀两种。

人类先民们举行祭祀，应是始于祭祀自然。天地自然是支配人类生活的客观力量。远古时代的人们，由于对大自然特有的现象如日出日落、月圆月缺、昼夜交替、四季轮回、风雨雷电、火山爆发、山崩地裂、洪水猛兽等等，缺乏科学认识，因而产生了强烈的畏惧心理。因为，这些自然现象往往影响甚至威胁到人类的生存，所以认为是天的威力造成的。于是，畏天心理驱使人们祭天，祈求天的保佑，平息天的发怒。祭天有具体对象，正如《国语·鲁语》所云："天之三辰，民所瞻仰也。"所谓三辰，即指日、月、星辰。在古人看来，这些天地、日月、星辰等等，不仅是一种天体或自然物体，而且均由神灵所主宰，所谓“天生万物，必有神主之”。于是，又有敬天心理驱使人们祭祀超自然力。“万物本乎天，人本乎祖，此所以配上帝也，郊之祭也，大报本反始也。”[1]所以，要敬天尊祖，祭祀天地和祖先。这是在中国礼仪制度中最重要的内容之一。

中国古代祭祀，最广泛的是民间祭祀；而帝王祭祀，则代表国家祭祀，是一种重大的礼仪制度。帝王祭祀，既有畏天、敬天之意，而更重要的是通神悦天心理，即告慰天地神灵，以求安社稷保江山，巩固家天下万世不替。在古代，帝王为最高统治者，称“天子”，所谓“君天下曰天子”[2]。其权力，不是百姓所赋，而是“君权神授”。而天是万神之主，所以皇权也是天授。《尚书·洪范》曰：“天子作民父母，以为天下王。”孟子说：“舜有天下也，孰与之？曰：天与之。天与之者，谆谆然命之乎？曰：否。天不言，以行与事示之而已矣。……使之主祭而百神享之，是天受之；使之主事而事治，百姓安之，是民受之也。”[3]他认为，舜有天下，是天给的。天虽然不说话，不下达命令，但以实际行为来表达其意志。因此，帝王重视祭天祀神，将祭祀作为最重要的政治活动和礼仪制度。

中国古代帝王的祭祀活动，应始于三皇五帝，而成为国家礼仪制度，则是从三代开始。特别是到了西周，成为定制，并已基本完善。《周礼》，原名《周官》，是西周典章集册，其记载国家礼仪由六官，即天官、地官、春官、夏官、秋官和冬官分掌。其中，天官象天，统摄万物，在六官中居首，统管六官所属一切官职，也司占卜祭天。西周以后各朝历代，对祭祀制度有所增益，虽形式与内容不尽相同，但不离其宗。所谓“礼有五经，莫重于祭”。也就是说，在所有礼仪中，祭祀是最重要的礼仪，祭祀主要是天地、日月星辰、社稷、山川林泽、祖先等。到了明代，皇家祭祀礼仪制度更加完备。

---

[1] 《礼记·郊特牲》。
[2] 《礼记·曲礼》。
[3] 《孟子·万章》。

中国古代帝王的祭祀活动一旦形成规制后，便与皇家园林密不可分了。在某种意义上，园林发端于人类的祭祀活动。从现在考古发掘得知，远古时期人们祭天地、日月星辰以及神灵或祖先，一般选择高处，即自然形成的土包或山丘作为祭祀场所。这样，或显示被祭客体的崇高，或祭祀者对他们的敬仰与谦恭，或表达与天地、神灵、祖先等更为接近，以便沟通。在辽宁省凌源县城子山发现的红山文化遗址，其祭祀场所就在山坡上，以石头垒成圆圈。这种利用自然地形而为的祭祀场所，就是当时的祭台。进入阶级社会后，随着人类生产力的提高，出现了人工垒台的祭祀场所。统治者沿袭远古习俗，建造更为复杂、环境更为优美的祭台，称灵台。《史记·殷本纪》记载：商纣王“好酒淫乐……益广沙丘苑台”。沙丘在今河北省平乡县，商纣王扩建沙丘，以供淫乐。可见，早在商代，祭祀场所已与帝王园林融为一体了。据此，有学者认为园林发端于台。

帝王园林称为“台”的时间较早，但后来不仅有台，还出现了苑、圃、园等园林称谓。《诗经·大雅·灵台》曰：“经始灵台，经之营之。庶民攻之，不日成之。”这是周文王调用民力营建灵台的记载。“王在灵囿，麀鹿攸伏。麀鹿濯濯，白鸟翯翯。”显然，这个灵台已经不是单纯进行祭祀的场所了。文王在灵台，也不是在举行祭祀，而是游览，他看到母鹿带着小鹿或悠然休息，或在河水中撒欢，白鹭在空中上下翻飞。可见，这个灵台兼有明显的园林功能。所以，灵台又称苑台。《三辅黄图》记载：“周文王灵台在长安西北四十里，高二丈，周围百二十步。周灵囿，文王囿也。”

不过，商周时期，虽然祭祀场所有园林化成分，但还未出现专门的祭祀园林。换言之，帝王园林功能还未明显分工，未形成专供帝王游乐的宫廷风景园林和专门进行祭祀的祭祀园林。所以，灵台就成为祭祀场所和宫廷园林的统称。祭祀园林与宫廷风景园林的分离，当在“坛”出现以后。《说文解字》云：“坛，祭场也。”台是一个点的概念，即古代祭祀场所中所建高台，或圆，或方。而坛是点面结合的概念，包括祭坛以及其他配套设施和所属环境，如宫殿、楼台亭阁、水池桥梁、花草树木等等，实则早期的园林。所以，坛成为祭祀园林的专门称呼，祭坛是由祭台演变而来的，而且是由人为所筑的专用祭祀场所。

明代皇家祭坛，已不是简单的祭祀建筑了，而配备有完整的园林设施和配套环境，是完全园林化了的祭祀场所。这是历代祭祀制度发展的必然结果，“王者事天明，事地察，故冬至报天，夏至报地，所以顺阴阳之义也”[1]。“报”指的是祭祀的内容，即报告、祈祷。祭祀园林虽属园林，但主要功能与皇家宫苑有天壤之别。祭祀园林不是为帝王提供游乐、休憩的环境，而是通过祭祀建筑与园林环境的有机结合，营造既庄严肃穆，又赏心悦目、心旷神怡的神秘与幽雅氛围，表达对神明的尊崇与敬畏。其主要特点就在于建筑风格和空间布局的独特性上。

明代皇家祭祀园林，有所谓“九坛八庙”之说，是皇家祭祀园林的主要代表。明初规定，国家祭祀分三等，即大祀、中祀和小祀。

> 明初以圜丘、方泽、宗庙、社稷、朝日、夕月、先农为大祀，太岁、星辰、风云雷雨、岳镇、海渎、山川、历代帝王、先师、旗纛、司中、司命、司民、司禄、寿星为中祀，诸神为小祀。[2]

所以，与这种祭祀制度相匹配，在南京和北京营建了完备的皇家祭祀场所——坛庙。

[1] 《明史》卷四八《礼志二》。

[2] 《明史》卷四七《礼志一》。

第二节 祭祀坛壝园林

一 天地坛

(一) 洪武圜丘坛、方丘坛

古人云“万物本乎天，人本乎祖，此所以配上帝也”[1]。祭天是古代帝王最重要的祭祀礼仪。明代帝王当然不例外，祭天地礼制，始于开国皇帝朱元璋，最初是实行天地分祀制。“明太祖未即大位之先，已建圜丘于正阳门外钟山之阳，建方丘于太平门外钟山之阴，分祀天地。”这是根据宰相李善长的建议所行：

> （洪武）元年（1368年）李善长等进方丘说，曰：按三代祭地之礼，见于经传者，夏以五月，商以六月，周以夏至日祀之于泽中之方丘。盖王者事天明，事地察，故冬至报天，夏至报地，所以顺阴阳之义也。祭天于南郊之圜丘，祭地于北郊之方泽，所以顺阴阳之位也……今当以经为正，拟今岁夏至日祀方丘，以五岳、五镇、四海、四渎从祀。上是之。四年（1371年）三月，复改筑圜丘、方丘二坛。七年（1374年）七月，增圜丘、方丘从祀，更定其仪。十年（1377年）以分祭天地。[2]

洪武最初，明代最早在南京所建圜丘坛和方丘坛，分别为祭天和祭地场所：

> 圜丘坛二成。上成广七丈，高八尺一寸，四出陛，各九

[1] 《礼记·郊特牲》。

[2] 《春明梦馀录》卷一六。

> 级，正南广九尺五寸，东、西、北八尺一寸。下成周围坛面，纵横皆广五丈，高视上成，陛皆九级，正南广一丈二尺五寸，东、西、北杀五寸五分。甃砖阑楯，皆以琉璃为之。壝去坛十五丈，高八尺一寸，四面棂星门，南三门，东、西、北各一。外垣去壝十五丈，门制同。天下神祇坛在东门外。神库五楹，在外垣北，南向。厨房五楹，在外坛东北，西向。库房五楹，南向。宰牲房三楹，天池一，又在外库房之北。执事斋舍，在坛外垣之东南。坊二，在外门外横甬道之东西。燎坛在内壝外东南丙地，高九尺，广七尺，开上南出户。[1]

到“洪武四年（1371年）改筑圜丘，上成广四丈五尺，高五尺二寸。下成每面广一丈六尺五寸，高四尺九寸。二成通径七丈八尺。坛至内壝墙，四面各九丈八尺五寸。内壝至外壝墙，南十三丈九尺四寸，北十一丈，东、西各十一丈七尺。方丘，上成广三丈九尺四寸，高三尺九寸。下成每面广丈五尺五寸，高三尺八寸，通径七丈四寸。坛至内壝墙，四面皆八丈九尺五寸。内壝墙至外壝墙，四面各八丈二尺”。这次改建，尺寸比原先的圜丘坛普遍缩小。

> （洪武）十年（1377年）改定合祀之典。即圜丘旧制，而以屋覆之，名曰大祀殿，凡二十楹。中石台设上帝、皇地祇座。东西广三十二楹。正南大祀门六楹，接以步廊，与殿庑通。殿后天库六楹。瓦皆黄琉璃。厨库在殿东北，宰牲亭井在厨东北，皆以步廊通殿两庑，后缭以围墙。南为石门三洞以达大祀门，谓之内坛。外周垣九里三十步，石门三洞，南为甬道三，中神道，左御道，右王道。道两旁稍低，为

[1] 《明史》卷四七《礼志一》。

从官之地。斋宫在外垣内西南，东向。其后殿瓦易青琉璃。（洪武）二十一年增修坛壝，坛后树松柏，外壝东南凿池二十区，冬月伐冰藏凌阴，以供夏秋祭祀之用。成祖迁都北京，如其制。[1]

这是明代第一次改变祭天地规制，由天地分祀改为合祀，在原来的圜丘坛上盖了大祀殿。同时，增加了配套设施，圜丘坛更加完备，从而奠定了从洪武到嘉靖前期的祭天祀地场所的规制。

明代南京圜丘坛，初建到定型前后长达二十年时间。明太祖初定天下便“建圜丘于钟山之阳，方丘于钟山之阴。三年（1370年）增祀风云雷雨于圜丘、天下山川之神于方丘。七年（1374年）增设天下神祇坛于南北郊。九年（1376年）定郊社之礼……十年（1377年）秋，太祖……命作大祀殿于南郊。……十二年（1379年）正月始合祀于大祀殿”[2]。到洪武二十一年增修坛壝，圜丘坛的建设才全部完工。

圜丘坛整体布局，坐北朝南，四面围以两道墙垣，形成独立院落。墙垣北圆南方，表示天圆地方理念。垣内以南北贯穿的神道为中轴线，建筑基本对称分布；主体建筑坐落于神道北部，两侧为配套设施。坛区内每组建筑都围以墙垣，成为独立院落，内部建筑之间以步廊连接。

整个坛区沿神道由南到北，可分为四段景区。第一段景区：坛区南墙中为南门，即正门；进入南门，便是神道向北延伸。神道南端西侧即斋宫，坐西朝东，覆以青琉璃瓦，位于坛区西南角上。神道南端东侧，与斋宫相对者，为大型水池，即所谓海。斋宫和海之北有东西横贯的路，与神道下面通东西墙垣之棂星门。再往北为第二段景区，包括神道东侧为四渎、神祇、山川、帝王、太岁等祀殿，位于一个院落内；与此对称，神道西侧有中岳、中镇、风雨雷电、南岳、南镇、

[1] 《明史》卷四七《礼志一》。

[2] 《明史》卷四八《礼志二》。

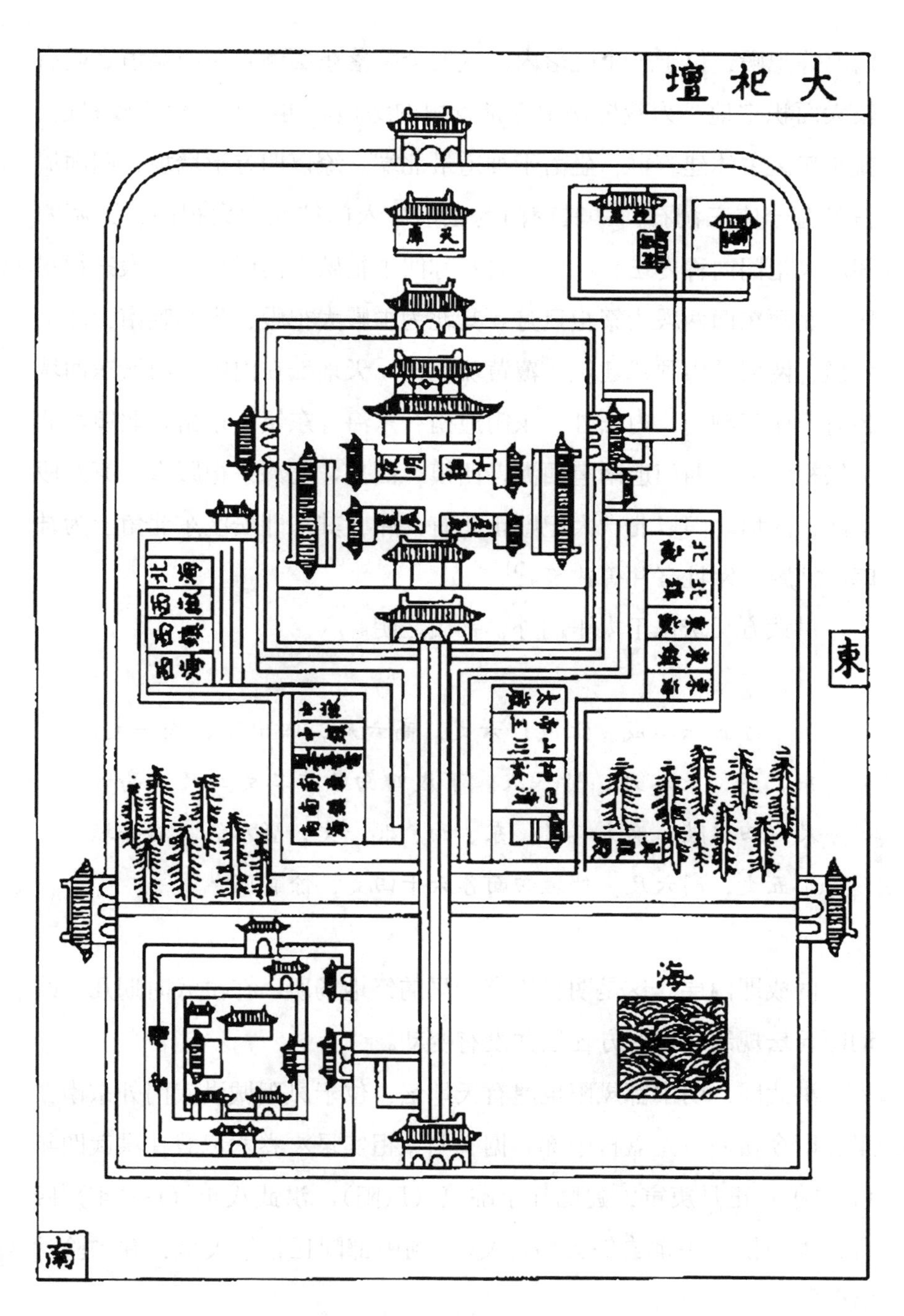

图 4-1　南京明初大祀坛图（引自《洪武京城图志》）

南海等祀殿，位于一个院落内。这两个院落东西侧到东西墙垣之间有较大面积空地，为栽植松柏等常青树的绿地。再往北即第三段景区，就是坛区主体建筑群，坐落于神道最北端。缭以四方形墙垣，四面墙垣各有一座三洞石门。其南门为正门。入门往北为大祀门，面阔六间。大祀门内称内坛，门内左右对称四个祀殿，南面东西两殿祭祀星辰，北面东西两殿为祭祀日月。其北为主殿大祀殿，坐北朝南，面阔六楹，两层歇山顶式建筑，覆黄琉璃瓦。天地坛在内中，内坛东西墙各有一座三洞门。内坛外，东门迤南有东海、东镇、东岳、北镇、北岳祭祀殿堂，西门迤南有西海、西镇、西岳、北海祭祀殿堂。第四段景区，内垣北门以北，大祀殿正北有天库，其东即坛区东北角上为神库、神厨、宰牲亭井等建筑。[1]

洪武方丘坛位于太平门外，钟山之阴。

> 方丘坛二成。上成广六丈，高六尺，四出陛，南一丈，东、西、北八尺，皆八级。下成四面各广二丈四尺，高六尺，四出陛，南丈二尺，东、西、北一丈，皆八级。壝去坛十五丈，高六尺。外垣四面各六十四丈，馀制同[2]。

两成即两层。这是明代南京最早的祭地场所。在洪武时期几次改动圜丘坛规制，但对方丘坛并没有变动。

洪武间，明中都凤阳也建有天地坛，位于凤阳城洪武门外东南二里，即今城西乡龙盘村中部。据《明太祖实录》卷六记载，洪武四年（1371年）正月庚寅，建圜丘于临濠（凤阳）。洪武八年（1375年）四月，太祖撰《中都告祭天地祝文》，到中都圜丘告祭天地，并“验功赏劳”[3]。

---

[1] 潘谷西主编：《中国古代建筑史》第4卷《明初南京大祀坛图》。

[2] 《明史》卷四七《礼志一》。

[3] 《凤阳新书》卷四。

凤阳圜丘坛形制，与南京的相同，坛为二层，有内外两道壝墙，神库、神厨、斋宫、天池等俱全。到明末，圜丘“殿垣久废，基址存，松柏森立，留守中卫官军巡守”[1]。到天启初年，凤阳的圜丘坛建筑已经倾圮，只剩基址。所以，清代康熙年间在其旧址上建造了圜丘寺，现早已无存。20世纪80年代，滁县文物研究所勘探发现，凤阳圜丘旧址范围为圆形，直径达1.1公里，以石块铺就的四条宽20米的甬道等。[2]

对中都凤阳圜丘遗址规模，还有一种说法，即圜丘呈圆形，南北长238米，东西宽234米，外围有周长1824米的一道深沟。[3]中都方丘坛与圜丘坛同时所建。《明太祖实录》卷六记载，洪武四年（1371年）正月，建方丘于临濠，位于中都城后左甲第门外东北三里，也就是今凤阳县城门台镇陈嘴村东。其规制与南京方丘坛相同，为二层，有内外两道墙垣、神库、神厨、斋宫、水池等俱全。据《凤阳新书》记载，保存情况与圜丘坛相同。但因其地势较低，且近淮水，曾多次淹没，到万历末也已久废。清乾隆《凤阳县志》说：“按今土名方邱湖，夏秋水发，浩瀚直薄山根，水落则一片平芜，略无方邱形迹。”现在，方丘坛址没入湖中，斋宫殿台遗址尚存，呈长方形高平台状。北部为祭祀殿台遗址，东西宽60多米，南北长30米，高出地面近2米。[4]

（二）永乐天地坛

永乐迁都北京后，南京作为陪都，各种祭祀场所逐步衰落，而北京取而代之。北京的天地坛，建于永乐十八年（1420年），是皇家最主要的祭祀园林之一，位于正阳门外五里许，永定门内大街东侧，街西则是先农坛。初建时称天地坛，因当时实行天地合祭制度，故名。

---

[1] 《凤阳新书》卷三。

[2] 孙祥宽著：《凤阳名胜大观》，黄山书社2005年，第151页。

[3] 王剑英：《明中都研究》，中国青年出版社2005年，第349页。

[4] 孙祥宽著：《凤阳名胜大观》，黄山书社2005年，第151页。

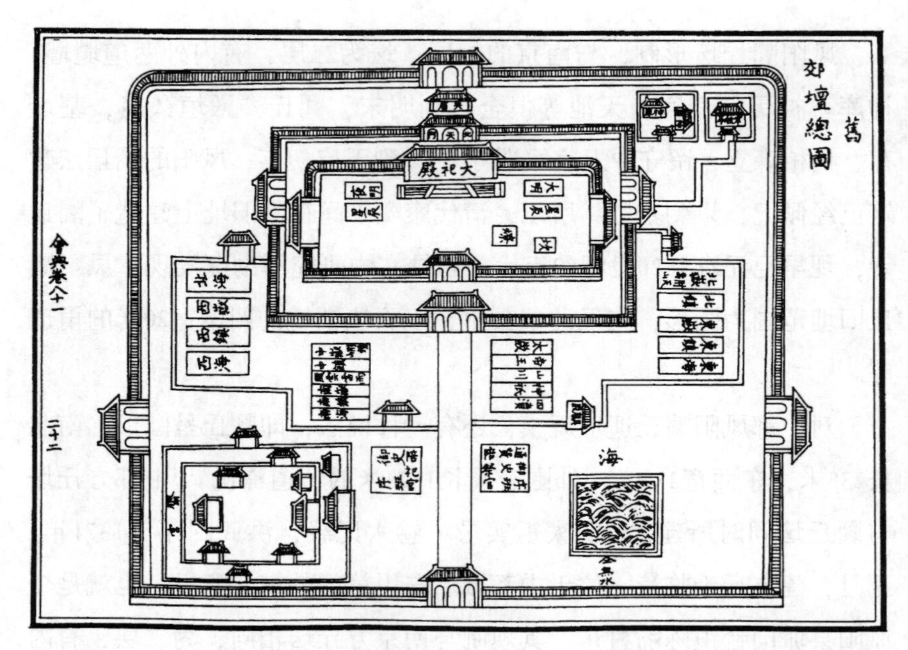

图 4-2　北京明永乐天地坛平面图（载于《大明会典·永乐郊坛总图》，故宫博物院提供）

北京的祭祀场所，延续太祖成制。据载，“成祖迁都北京，如其制”[1]。“永乐建天地坛于南郊，一如太祖更定之制。”[2]所以，明代北京天地坛是南京圜丘坛的“复制版”，其布局、规制和用材完全相同。天地坛主要由圜丘坛、大祀殿（清代称祈年殿）、斋宫和辅助设施等建筑群及坛内花园林木、花卉等组成。

据《明太宗实录》卷二百三十二记载，北京天地坛始建于永乐十五年（1417年）六月，永乐十八年（1420年）十二月癸亥（二十九日）完工，工期为三年半，建成后一直延续到嘉靖时期。

> 天坛在正阳门南之左，永乐十八年（1420年）建，缭以垣墙，周回九里三十步。初遵洪武合祀天地之制，称为天地坛，后既分祀，乃始专称天坛。……祈谷坛大享殿，即大祀

[1] 《明史》卷四七《礼志一》。
[2] 《春明梦馀录》卷一六。

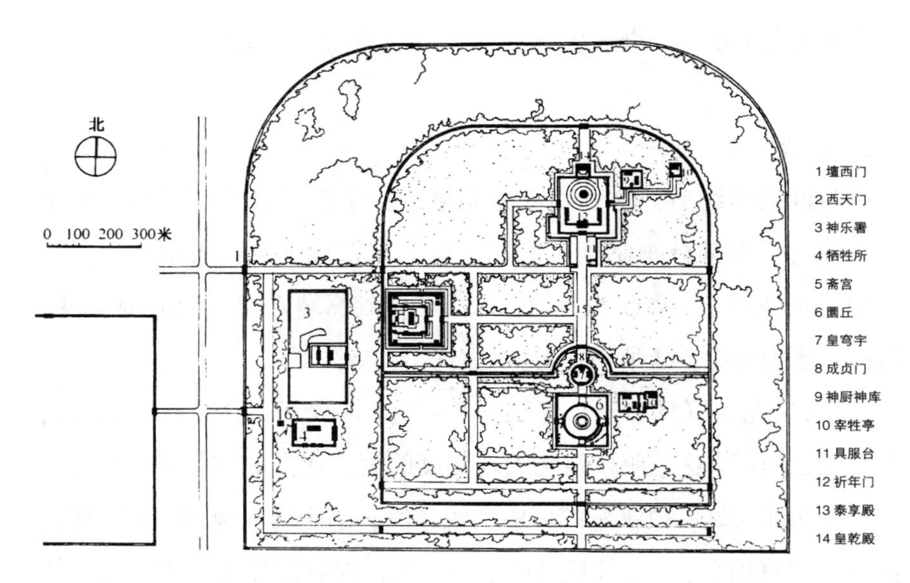

图 4-3 北京天坛总平面图（引自潘谷西主编《中国古代建筑史》）

殿也。永乐十八年建，合祀天地于此。其制十二楹，中四楹饰以金，馀施三采。正中作石台，设上帝皇祇神座于其上。殿前为东西庑三十二楹。正南为大祀门，六楹，接以步庑，与殿庑通。殿后为库，六楹，以贮神御之物，名曰天库，皆覆以黄琉璃。其后大殿易以青琉璃瓦。坛之后树以松柏，外壝东南凿池，凡二十区。冬月伐冰藏凌阴，以供夏秋祭祀之用。[1]

天地坛大体位置与金、元时期的祭坛相近。《日下旧闻考》卷五七《按》曰："考元史祭祀志，中统十二年（1271年）于丽正门外东南七里建祭台，设昊天上帝、皇地祇位。成宗即位，始为坛于都城南七里……又考析津志，郊天台在京城之南五里，即金大定时拜郊所建。"当然，金元皇城都在明代皇城偏西位置，所以，南郊祭天台稍微远些。

[1] 《春明梦馀录》卷一四。

永乐所建天地坛，一直延续到嘉靖九年（1530年），长达110年之久。

（三）嘉靖天坛

明世宗继统后，对明朝部分制度进行了改革。特别是对祭祀制度，实行了四郊分祀制度。所以，祭天与祭地分设。天地祭祀，洪武时期先是分祀，后改为合祀，一直延续到嘉靖之初，沿用160余年。嘉靖又改为分祀，正所谓“分久必合，合久必分”。

“嘉靖九年（1530年）复改分祀。建圜丘坛于正阳门外五里许，大祀殿之南。”[1]这是明代祭祀天地制度的第二次大的改革。明代北京的圜丘坛即天坛，位于紫禁城中轴线东侧，永定门内南郊，整个建筑群围有两重墙垣，总面积达273万平方米，内有圜丘坛、大享殿（祈年殿）、皇穹宇、斋宫等建筑群，以及苍松翠柏、奇花异草遍布其间，形成了规模宏大的祭天园林。

天地分祀，是世宗采纳夏言的建议而为。

> 嘉靖九年（1530年）正月，吏科都给事中夏言请更定郊祀，言国家合祀天地于南郊，又为大祀殿而屋之，设主其中，弗应经义。古者祀天于圜丘，祭地于方丘。圜丘者，南郊地上之丘，丘圜而高，以象天也。方丘者，北郊泽中之丘，丘方而下，以象地也……此分祭天地，各正其所。[2]

夏言的这个建议，是对明朝已经实行了160余年的祭祀制度的重要改动。所以，世宗也很慎重，没有直接决断，“诏博采公议”。于是，有300余名朝臣参与讨论，“主分祭者”206人，“无所可否者”198人。最后，世宗依据多数朝臣的意见，同意夏言建议，“敕建圜丘于

[1] 《明史》卷四七《礼志一》。

[2] 《日下旧闻考》卷五七《明典汇》。

大祀殿之南”[1]。当年“五月，作圜丘于天地坛，稍北为皇穹宇”[2]。

天坛、地坛的正式称呼，始于嘉靖时期。《明嘉靖祀典》记载：“嘉靖十三年（1534年）二月奉旨：圜丘、方泽，今后称天坛、地坛。”嘉靖时所建圜丘坛，既不与洪武朝最初的圜丘坛规格一致，也不与永乐间所建圜丘坛尺寸相同。《存心录》记载：

> 圜丘第一层，坛阔七丈，高八尺一寸，四出陛。正南陛阔九尺五寸，九级；东西北面陛俱阔八尺一寸，九级；坛面及坛脚用琉璃阑干。第二层坛面周围俱阔二丈五尺，高八尺一寸。正南陛一丈二尺五寸，九级；东西北面陛俱一丈一尺九寸五分，九级；坛面及坛脚用琉璃砖砌，四面用琉璃阑干。壝去坛一十五丈，高八尺一寸，用砖砌。正南棂星门三座，中门阔一丈二尺五寸，左门阔一丈一尺五寸五分，右门东面棂星门阔九尺五寸，北面西面尺寸同。燎坛一座，在坛外东南丙地，高九尺，阔七尺，上开南出户。坛脚东西南三面设陛，周围外墙去壝一十五丈。正南棂星门三座，中门阔一丈九尺五寸，门外正甬道阔丈尺同，左门阔一丈二尺五寸，门外左甬道丈尺同，右门阔一丈一尺九寸五分，门外右甬道丈尺同，东西北棂星门阔一丈一尺九寸五分，甬道丈尺同。

在《存心录》的这个记载中，圜丘坛的第一层、第二层的高与宽，都与《大明集礼》的规定不一致。《明嘉靖祀典》记载：

> 圜丘之制，《大明集礼》坛上成阔五丈，《存心录》则第一层坛阔七丈；《（大明）集礼》二成阔七丈，《存心录》则

[1] 《日下旧闻考》卷五七《明嘉靖祀典》。

[2] 《日下旧闻考》卷五七《明典汇》。

第二层坛面周围俱阔二丈五尺。[1]

所以，嘉靖皇帝建圜丘坛遇到了规制上的难题。《存心录》是明初太祖组织编纂的历代祭祀礼典及经验汇编。

（太祖于）洪武元年（1368年）命中书省暨翰林院、太常司定拟祀典。乃历叙沿革之由，酌定郊社宗庙议以进。礼官及诸儒臣又编集郊庙山川等仪及古帝王祭祀感格可垂鉴戒者，名曰《存心录》。

可见其具有法典地位。《大明集礼》则是明代礼仪法典。太祖于洪武“二年（1369年）诏诸儒臣修礼书。明年告成，赐名《大明集礼》”[2]。这两部法典对圜丘坛的规定存在不一致，新建的圜丘坛究竟采取哪一种尺寸规定？礼臣感到为难，于是报请世宗裁定。最后，“奉旨：圜丘第一层径阔五丈九尺，高九尺；二层径一十丈五尺，三层径二十二丈，俱高八尺一寸，地面四方，满垫起五尺”[3]。这就是嘉靖时期所建圜丘坛的实际尺寸，突破了以上两部法典的规定，是一种新的尺寸规制。

值得提出的是，对嘉靖圜丘坛的规制，几种历史文献记载不甚一致，包括《明嘉靖祀典》《春明梦馀录》《天府广记》等主要差异有两点：一是圜丘坛究竟是二层还是三层？二是二层和三层的面径到底多大？如《春明梦馀录》记载：“嘉靖九年（1530年）从给事中夏言之议，遂于大祀殿之南建圜丘，为制三成……坛制一成面径五丈九尺，高九尺；二成面径九丈，高八尺一寸；三成面径十二丈，高八尺一

[1] 《日下旧闻考》卷五七。
[2] 《明史》卷四七《礼志一》。
[3] 《日下旧闻考》卷五七《明嘉靖祀典》。

图 4-4　北京天坛祈年殿（大祀殿）景观（张薇 / 摄）

寸。”[1]这与清代孙承泽所著《天府广记》记载相同：“坛制：一成面径五丈九尺，二成面径九丈，高八尺一寸，三成面径十二丈，高八尺一寸。”[2]但是，以上记载与《明嘉靖祀典》的记载不尽相同。其中，除了圜丘坛的层数上一致，都说三层外，在二层和三层的面径上有差异。《明嘉靖祀典》曰二层面径为一十丈五尺，三层面径为二十二丈。至于圜丘坛的层数，《明史》的记载又不同：

> 嘉靖九年（1530年）复改分祀。建圜丘坛于正阳门外五里许，大祀殿之南……圜丘二成，坛面及栏俱青琉璃，边角用白玉石，高广尺寸皆遵祖制，而神路转远。[3]

在这个记载中，圜丘坛为二层，与洪武圜丘坛相同；但是嘉靖圜

[1] 《春明梦馀录》卷一四。

[2] 孙承泽：《天府广记》卷六《郊坛》，北京古籍出版社2001年。

[3] 《明史》卷四七《礼志一》。

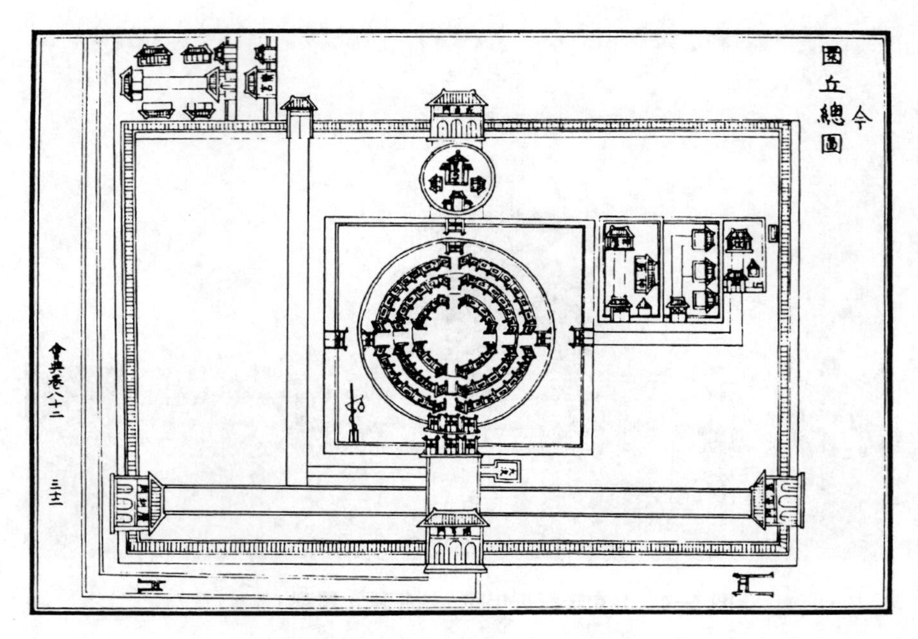

图 4-5　北京嘉靖圜丘总图（载于《大明会典》，故宫博物院提供）

丘坛尺寸突破了祖制，另新规定，并非“皆遵祖制”。据《大明会典》所载嘉靖《圜丘总图》、《明嘉靖祀典》及《春明梦馀录》等文献，嘉靖圜丘坛有可能为三层。

据有关文献记载，嘉靖天坛对永乐天地坛的空间格局，进行了明显改动。在嘉靖九年（1530年）营建的圜丘坛，实际上位于永乐天地坛南墙之南，其原来的南门变成了嘉靖圜丘坛的北门即成贞门。嘉靖三十三年（1553年）增建北京南外城时，将天坛包进城内，改建坛壝。西坛墙外阔至临街，南坛墙外移到城墙，将坛外的神乐观等也包进其内；而东坛墙和北坛墙未动，与新建的西墙相连，形成天坛外垣。同时，在东墙、北墙内又新筑内墙，与原西墙、南墙相连，形成天坛内垣，从而形成了内外两道坛墙。外墙开有西门（坛区正门）和南门；内墙四面开天门，称南天门、北天门、东天门和西天门。这样，坛区向西、向南较大幅度扩展，坛区占地面积几乎增加了一倍。整个坛区，南面呈方形，北面为圆形，平面呈“U”字形，以示“天圆地方”理念。坛区南北长1650米，东西宽1725米；内坛南北1228米，东西1043米。天坛占地面积约273万平方米。

天坛坛区内有东西南北纵横四条干道，将坛区分割成九大块。最主要的干道是中轴线偏东处贯穿南北的一条大道，即神道，又称丹陛桥或海墁大道，南起外墙南门即圜丘门，经内坛南天门、圜丘坛、皇穹宇、祈谷坛、大享（祈年）殿，一直延伸到内坛北天门。海墁大道由巨大青石板与砖铺就，路基垫高出地面2.5米，最高处3.35米，全长约360米，宽约29米。路面分三道，中间最宽为神道，用青石板铺就，是天神专用通道，凡人包括皇帝均不可享用；东侧为御道，是皇帝御用专线；西侧为王道，是王公大臣及其他人员的通行线路。海墁大道北高南低，高耸地面，由南到北延伸，给人以犹如通天大道的视觉感受。

与海墁大道横向交叉的是从天坛西门（正门）向东经内坛西天门直线延伸至东天门的大道。这一连接东西天门的横道，在大享殿之南与海墁大道交叉，路基上设有曲尺形拱券顶隧道，形成拱桥，丹陛桥因此得名。这个隧道称走牲门，俗称“鬼门关”，是为祭祀所用牺牲之通道。

天坛作为皇家祭祀园林，以建筑群为核心，分为四大景区，即圜丘坛、大享殿、斋宫和神乐观等。其中，圜丘坛、大享殿、斋宫建筑群分布于内坛中，而神乐观在外坛西侧。据《明史》记载，嘉靖圜丘坛：

> 内门四。南门外燎炉毛血池，西南望燎台。外门亦四。南门外左具服台，东门外神库、神厨、祭器库、宰牲亭，北门外正北泰神殿。正殿以藏上帝、太祖之主，配殿以藏从祀诸神之主。外建四天门。东曰泰元，南曰昭亨，西曰广利。又西銮驾库，又西牺牲所，其北神乐观。北曰成贞。北门外西北为斋宫，迤西为坛门。坛北旧天地坛，即大祀殿也。

（嘉靖）十七年（1538年）撤之，又改泰神殿曰皇穹宇。二十四年（1545年）又即故大祀殿之址，建大享殿[1]。

对圜丘坛建筑群，《春明梦馀录》记载得更为详细：

大祀殿之南建圜丘，为制三成，祭时上帝南向，太祖西向，俱一成上。其从祀四坛，东一坛大明，西一坛夜明；东二坛二十八宿，西二坛风云雷雨，俱二成上。……各成面砖用一九七五阳数及周围栏板柱子皆青色琉璃，四出陛，各九级，白石为之。内壝圆墙九十七丈七尺五寸，高八尺一寸，厚二尺七寸五分。棂星石门六，正南三，东西北各一。外壝方墙二百四丈八尺五寸，高九尺一寸，厚二尺七寸。棂星门如前。又外围方墙为门四，南曰昭亨，东曰泰元，西曰广利，北曰成贞。内棂星门南门外东南砌绿磁燎炉，傍毛血池，西南望灯台，长竿悬大灯。外棂星门南门外左设具服台，东门外建神库、神厨、祭器库、宰牲亭。北门外正北建泰神殿，后改为皇穹宇，藏上帝、太祖之神版，翼以两庑，藏从祀之神牌；又西为銮驾库，又西为牺牲所，北为神乐观。北曰成贞门，外为斋宫，迤西为坛门。坛稍北，有旧天地坛在焉，即大祀殿也，嘉靖二十二年（1543年）改为大享殿。殿后为皇乾殿，以藏神版。[2]

这个记载与《天府广记》所记载基本相同。这些就是当时天坛的主要建筑及布局。

内坛中的圜丘坛（包括皇穹宇）、大享殿（祈年殿）和斋宫等以“品”字形布局，圜丘坛位于内坛偏南处，内坛南墙、东墙、西墙及

[1] 《明史》卷四七《礼志一》。
[2] 《春明梦馀录》卷一四。

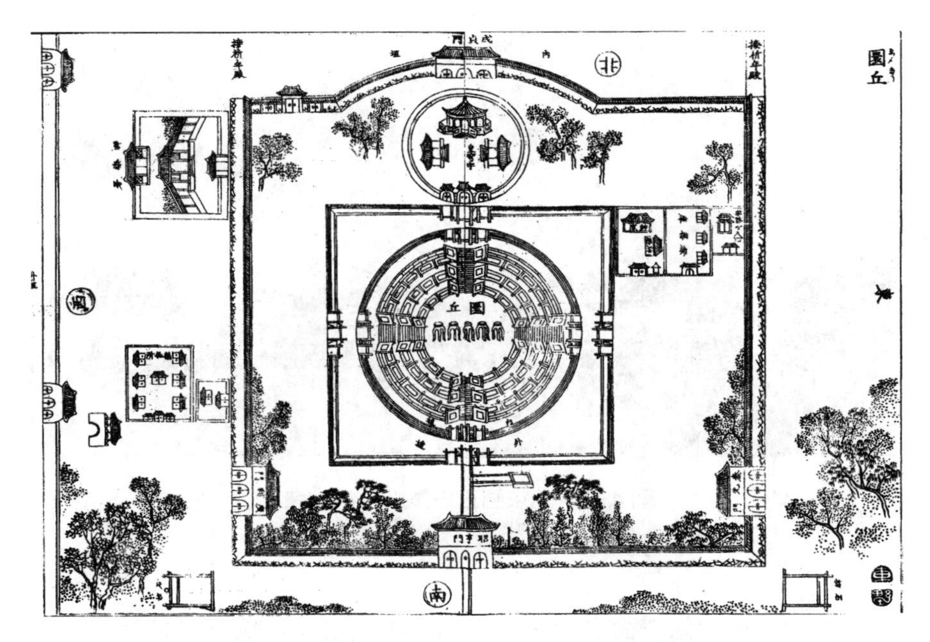

图 4-6　北京圜丘坛景观绘图（引自（清）岡田玉山等编绘《唐土名胜图会》）

皇穹宇北面连接东西内壝的墙垣形成四面围墙，围墙上四面设门即所谓内门，东西二门在东西墙垣的南端（而不居中）。四门东曰泰元，南曰昭亨，西曰广利，北曰成贞，取《易经》乾卦辞“元亨利贞”之义。对这四个字，《集解》引《子夏传》曰：“元，始也。亨，通也。利，和也。贞，正也。”圜丘四门以元亨利贞命名，即颂天之大德。圜丘又围以两道墙，外墙正方形，内墙圆形；内外壝四面均设棂星石门六扇，南为三门，东西北各一门。南门三洞之中为神门，皇帝祭天时走左门，其他随从则走右门。

圜丘坛北门外的泰神殿，建于嘉靖九年（1530年），嘉靖十七年（1538年）“又改泰神殿曰皇穹宇”[1]。皇穹宇外围以圆墙，俗称回音壁，南面开有三个琉璃顶砖券门，与圜丘坛北棂星门相对。皇穹宇坐落于院内靠北处，是为圆形建筑，圆形琉璃瓦攒尖顶，汉白玉石台基，围

[1]　《明史》卷四七《礼志一》。

图 4-7 北京圜丘坛景观（张薇 / 摄）

以石护栏，东西南三面有台阶，南面台阶上二龙戏珠浮雕丹陛石。皇穹宇南面东西两侧有配殿。皇穹宇北面半圆形墙正中即成贞门。《大明会典》载嘉靖《圜丘总图》表明，皇穹宇北边的东西向横墙是一堵直线墙。据《明万历实录》，万历十四年（1586年）至十六年（1588年）间大修圜丘、斋宫、皇穹宇时，将皇穹宇背后的一段墙改成半圆形[1]，之后，一直保持至今。圜丘坛建筑群，祭天设施俱全，包括具服台、神库、神厨、祭器库、宰牲亭等等。

从成贞门往北到丹陛桥北端即永乐十八年（1420年）所建大祀殿。据《明史》，圜丘"坛北，旧天地坛，即大祀殿也。（嘉靖）十七年（1538年）撤之……二十四年（1545年）又即故大祀殿之址，建大享殿"[2]。大享殿初称泰享殿，后改称大享殿，清代又改称祈年殿。"祈年殿、祈年门旧名大享殿、大享门，乾隆十六年（1751年）改今名。"[3]可见，嘉靖十七年拆除大祀殿后并没有立即修建大享殿，而是停了两年，于嘉靖十九年（1540年）才动工新建泰享殿。但其间因太

[1] 《傅熹年建筑史论文集》，文物出版社1998年。

[2] 《明史》卷四七《礼志一》。

[3] 《日下旧闻考》卷五八《外城南城二》。

图 4-8 北京天坛皇穹宇景观（张薇 / 摄）

庙遭雷击失火，大享殿工程暂停，到嘉靖二十二年（1543年）继续兴建，二十四年才建成。大享殿坐落于原方形高台偏北处，底座为三层圆台，称祈谷坛，其形制与圜丘坛类似。坛上建大享殿，殿呈圆形，攒尖顶，三层檐，其上分别覆青、黄、绿三种颜色的琉璃瓦，象征天、地、万物，殿顶为鎏金宝瓶。

大享殿的配套建筑，殿北有皇乾殿，又称祈谷坛寝宫，是奉祀皇天上帝牌位之处。东西有神厨、神库、宰牲亭等，以72楹长廊与大享殿相连，用以存放祭器、祭品、乐器等等，其形制与圜丘坛的同类设施相同。

斋宫位于丹陛桥西，西天门之南，紧邻内坛西墙，与圜丘坛、大享殿形成品字形格局。斋宫是皇帝在举行祭天典礼时居住，并行斋戒沐浴之所。斋宫形制定于洪武朝，永乐十八年（1420年）与天地坛同时建，嘉靖九年（1530年）重修，万历十四年（1586年）至十六年（1588年）间又一次较大幅度修葺。《春明梦馀录》记载：

> 斋宫在圜丘之西，前正殿，后寝殿，傍有浴室，四围墙垣以深池环之。皇帝亲祀散斋四日，致斋三日于斋宫。……斋宫东西悬大和（太和）钟，每郊祀，候驾起则钟声作，登坛则止，礼毕升驾又声之。[1]

斋宫占地4万平方米，建筑群平面呈正方形，东向，有两道与紫禁城相似的高大围墙。此次修葺，在斋宫外围又加一道很宽的御河环绕，作为斋宫的安全防卫设施，所以将外围墙向南移动了约90米。院中正殿坐西朝东，面阔五间，红墙绿瓦，拱券形砖石结构，无梁柱，故又称无梁殿。殿坐落于汉白玉台基上，形制庄严，气宇轩昂。无梁殿是皇帝在祭天郊祀期间，举行礼仪或接见朝臣的场所。殿后有皇帝寝宫及随从人员居住房屋60余间。在御河内岸，还有长回廊160余间，为侍卫警卫所用。正殿前丹墀上左右各一座石亭，左为放置斋戒铜人、右为放置时辰牌之用。斋宫前（东面）留有一大片空旷地带，直抵丹陛桥。斋宫实际上是皇帝在祭天期间的政治中心和生活场所，所需一切一应俱全，俨然是皇帝的行宫。

在外坛，西天门和天坛西门一线迤南，北为神乐观，其南为牺牲所。神乐观建于永乐十八年（1420年）。“神乐观在天坛内之西，设提点知观，教习乐舞生。内有太和殿，遇祭则先期演乐于此。”[2]清代沿用神乐观，多次修葺。据《大清会典则例》记载：

> 神乐署东向，正中凝禧殿五间，崇基三出陛，各六级，左右步廊各二间。后显佑殿七间，左右各三间。殿后袍服库二十三间。典礼署奉祀堂南北各三间，左右门各三间，左门东通赞房、恪恭堂各三间，正伦堂、候公堂各五间，南转穆侑所三间。右门东掌乐房、协律堂各三间，教师房、伶伦堂

[1] 《春明梦馀录》卷一四。
[2] 《春明梦馀录》卷一四。

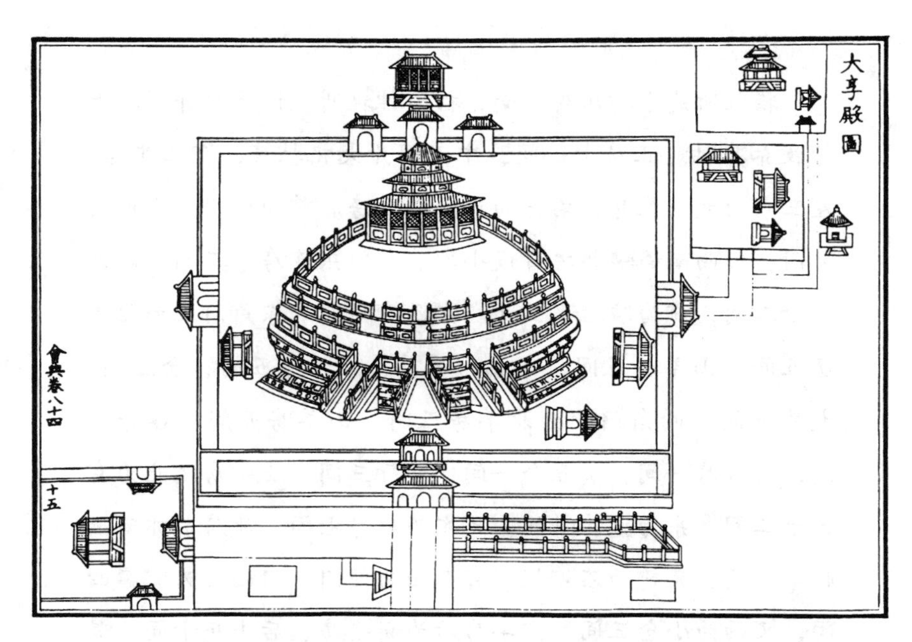

图4-9 北京明嘉靖大祀殿图（载于《大明会典》，故宫博物院提供）

各五间，北转昭俯所三间。前后均联檐通脊。正门三间，三出陛，各四级。围墙东西四十四丈四尺，南北二十丈七尺二寸。[1]

神乐观清代改为神乐署，其正殿太和殿，改为凝禧殿。《日下旧闻考》卷五八按云：“神乐署旧名神乐观，乾隆二十年（1755年）改今名。凝禧殿旧名太和殿，康熙十二年（1673年）改今名。”太和殿是正殿，红墙黄瓦。神乐观占地面积较大，外围南北长方形院墙。神乐观是管理祭天时演奏祀乐的部门，平时在此有数百人的乐舞队。

在神乐观之南是牺牲所，这里饲养着为祭祀所备牲畜。《春明梦馀录》卷一四记载：

[1] 《日下旧闻考》卷五八《大清会典则例》。

> 牺牲所建于神乐观之南，初为神牲所，设千户并军人专管牧养其牲。正房十一间，中五间为大祀牲房，即正牛房，左三间为太庙牲房，右三间为社稷牲房。前为仪门，又前为大门，门西南遇视牲之日设小次。大门东连房十二间，西连房十二间，前为晾牲亭三间。东西有角门。东角门北为北羊房五间，山羊房五间，又北为暖屋、涤牲房五间，仓五间，大库一间。西角门北为北羊房五间，山羊房五间，谷仓二间，看牲房一间，黄豆仓一间，官厅三间。正牛房之北为官廨十二间，东为兔房三间，又东为鹿房七间。鹿房前亦为晒晾亭三间，又前为石栅栏。官廨西为便门，门西又为官廨四间，又西为小仓三间。东羊房后为新牛房、后牛房十间，喂中祀、小祀牛。正北为神祠，西羊房后正南房五间为大祀猪圈，西房十间为中祀、小祀猪圈，北有井。又草厂东北为司牲祠。……旧制：岁以十二月朔旦驾亲临阅，以后每夕轮一大臣继视之。……凡兔房、鹿槛、羊栈、牛枋、猪圈，周行历视，出入皆骑卒火甲人等护卫。

这一制度，“自宣德年始”[1]。可见，牺牲所建筑规模相当可观，喂养祭祀所需牺牲有牛、羊、鹿、猪、兔等等，可谓六畜兴旺。

明代的牺牲所，清代沿用，功能不变。“牺牲所南向，大门三间，内花门一座，正房十有一间，中三间奉牺牲之神，左右牧夫房各二间……墙外垣前方后圆，周千九百八十七丈五尺，高一丈一尺五寸，趾厚八尺，顶厚六尺，西向门一，三间，角门一。”[2]可见，清代祭祀所用牺牲，与明代相同。

天坛从万历朝以后未有大的修葺，直到清代前期，长达150余年。

---

[1] 《春明梦馀录》卷一四。

[2] 《日下旧闻考》卷五八《大清会典则例》。

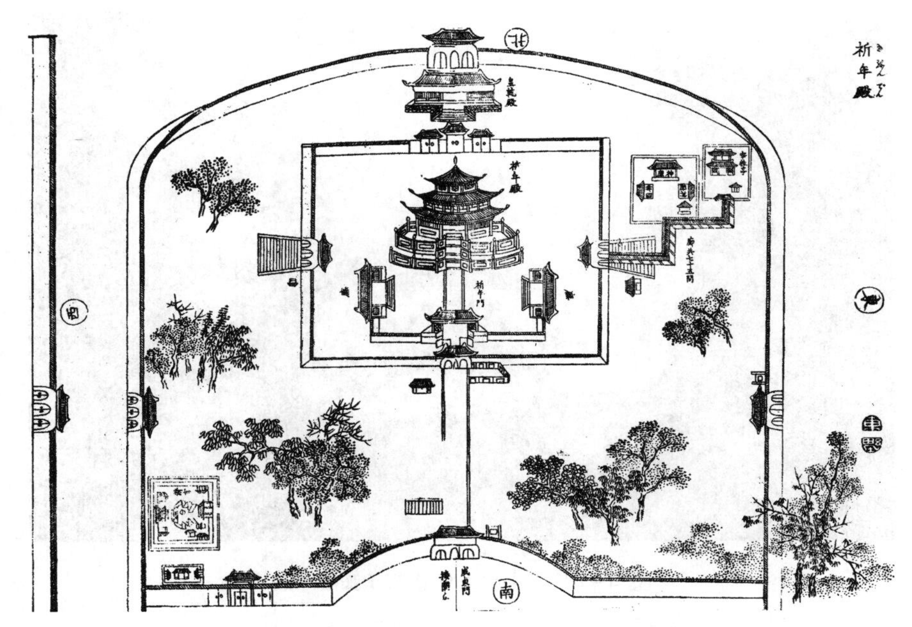

图 4-10　北京天坛祈年殿（大祀殿）景观绘图

（引自（清）岡田玉山等编绘《唐土名胜图会》）

所以，“乾隆七年（1742年）谕：天坛、地坛，旧制建有斋宫，年久倾圮，未经缮修。朕意于大祀前期，致诚赴坛斋宿行礼。其应如何修建之处，该部即前往相视，绘图呈览”[1]。于是，按乾隆旨意，对明代天坛进行了改建重修，形成了现存状态。《日下旧闻考》卷五七《城市》按云：

> 明嘉靖九年（1530年）定分祀天地之议，于大祀殿南建圜丘，本朝因之，重加缮治，其制益备。乾隆十四年（1749年），上以圜丘坛位张幄次陈祭器处宜量加宽广，命仍九五之数而展拓焉。十八年（1753年），复鼎新南郊坛宇，一切规模禀承指示，凡崇卑之制，象色之宜，无不斟酌尽善，仰

[1]　《日下旧闻考》卷五八《大清会典则例》。

图 4-11　北京天坛景观（张薇 / 摄）

见圣心昭格之虔至周至悉云。

重修和改建后，建筑形制基本承袭明旧。

据《清会典事例》，乾隆十五年（1750年），对皇穹宇也进行了重修，主要是对建筑外表的装饰予以改变。如明代“皇穹宇旧制，台面前檐镶砌青白石，周围接墁天青色琉璃砖一路”，乾隆改为青白石铺墁。皇穹宇门楼、围墙原来覆以绿琉璃瓦，改为青色琉璃瓦；门左右扇面墙上半截原为青灰，改为青色琉璃砌墁等等。乾隆十七年（1752年）十二月，又将皇穹宇绿琉璃瓦重檐殿顶改为蓝琉璃瓦圆锥形殿顶，地面铺墁青石等等。[1]从而形成了现存式样。

乾隆十六年（1751年）不仅改大享殿为祈年殿，并且对祈谷坛、大祀殿进行了修葺，但未改其形制。据《大清会典》：

[1]　《清会典事例》卷八四六。

祈年殿在成贞门北，坛圆，三成，南向。上成径二十一丈五尺，二成径二十三丈二尺六寸，三成径二十五丈。面甃金砖，围以石。石阑四百二十。南北三出陛，东西一出陛。上成二成各九级，三成十级。坛上建祈年殿，制圆，内外柱各十有二，中龙井柱四，檐三重，上金顶。左右庑各九间，均覆青琉璃。前为祈年门，崇基石阑，前后三出陛，各有一级。门外东南燔柴炉一，瘗坎一，燎炉五，制如圜丘。……内壝周百九十丈七尺二寸，门四。北门后为皇乾殿五间，上覆青琉璃，南向。正面三出陛，东西一出陛，各九级，石阑五十有九。……内壝东门外长廊七十二间，二十七间至神厨、井亭，又四十五间至宰牲亭，为祭时进俎豆、避雨雪之用。壝外围垣东西北三面各有门，南接成贞门。[1]

这就是现存祈年殿的基本状况。乾隆重修，只是将大祀殿上、中、下三重檐青、黄、绿三色琉璃瓦一律改为蓝色琉璃瓦，其余仍旧明制。

天坛作为皇家重要的祭祀园林，与花园式风景园林相比，具有明显的特点。

一是在空间布局上十分空阔疏朗，景观群集中而规整，错落有致。圜丘坛、大祀殿、斋宫等内坛三个建筑群以品字形分布，相互间距离较远，留有大片空间，视觉效果开敞，使人心旷神怡。外坛西南只有神乐观、牺牲所建筑群，其余南北东三面全部是空地。在内外坛的所有空地上都栽种苍松翠柏和四季花卉，尤其春、夏、秋三季到处郁郁葱葱，绿肥红艳。天坛的建筑除了大祀殿略高外，其余建筑都不高，从而更显得坛区上穹的开阔与深邃，蓝天白云，天高九重，使人感受到高高在上的天可以控制一切，同时也显得天、地、人关系的

[1]《日下旧闻考》卷五八《大清会典》。

图 4-12　北京天坛古树林景观（张薇 / 摄）

紧密。特别一提的是，天坛建筑群宏观布局一改皇家建筑严格遵循中轴线对称分布的理念，从永乐开始建坛到嘉靖扩建，都未强调中轴线和对称布局，圜丘坛、大祀殿及相连的海墁大道，都在坛区中轴线东侧，这更耐人寻味。

二是坛区景观集中突出敬天祈神主题。祭祀园林的景观，核心是建筑，而其他风景如树木花草等等只是映衬，营造宜人环境。天坛的建筑，无论是设计理念还是具体布局，所有建筑形制、规格、尺寸甚至颜色和装饰等等微观元素，都以不同的形式表达着敬天祈神的主题。天坛在设计理念上极力表现天的至高无上。在中国的传统文化中，认为在宇宙中存在三大系统，即《周易》所说的天地人“三材”，而三者的关系是人法地，地法天，天法自然，自然是万物，实际上形成了循环。其中，天是最高层级的。所以，天坛祭祀设施的功用，有严格的等级差别，而表达天的至高无上地位的方式也很多。如丹陛桥、棂星门等都设有天神专用通道，连皇帝都不得使用。又如《周易》理论认为，宇宙是由阴阳二元素构成的，所谓“一阴一阳之谓道”。而道生万物。阳代表天，涉及数字，则一三五七九等奇数为阳数，也称天数。因此，天坛建筑的尺寸规格，都以直接或倍数的形式体现了阳数，以示敬天。在这些阳数中，九为极数，在人间代表皇权，而在宇宙中代表天，天有九重，以数字符号表达敬天理念。作为祭天场所，更是不遗余力地体现了“天圆地方”理念。天坛围垣北圆南方，圜丘坛、祈谷坛、皇穹宇、大祀殿等建筑，均为圆形，其围墙或圆，或内圆外方，从而形象地体现了天的存在和敬天主旨。总之，天坛作为皇家祭祀主题园林，其主题具有强烈的指向性。

三是天坛以独特的建筑形制及空间布局，营造出十分庄严肃穆、神秘幽静的氛围，与皇家宫苑形成鲜明对照。天坛从内涵而言，既是一种祭祀场所，也是一种政治场所，从某种程度上还可以说是特殊的宗教场所。因此，氛围十分肃穆，与以心神愉悦为功能的皇家宫苑决然有别。建筑以庄重为本色，不求富丽堂皇的皇家气派；没有令人流连忘返的山光水色，也无奇花异草和珍禽异兽，又无观赏自然风光的亭台楼阁和用以游乐的小桥流水。园林环境以苍松翠柏等常绿乔木为主，布局简约，景观单纯。每组建筑群周围及坛区空阔地带，种植树木，形成安闲恬淡、恢宏壮阔的气氛。

天坛在明代的皇家祭祀园林中地位十分突出，这不仅由于其祭祀对象的崇高性，也在于园林艺术的精湛和完美。整个坛区规划，意境高远，设计精巧，主题突出，布局合理，规模宏阔，建筑造型奇丽庄重，工艺精辟华美，与人造自然环境浑然一体，集中蕴涵了中国传统文化的许多极为重要的代表性元素。它代表着中国古代祭祀园林的最高艺术成就，是中国乃至人类文化最宝贵的遗产之一。

（四）嘉靖地坛

地坛是皇帝祭祀地神的场所。大地在中国的传统文化中，位置仅次于上天。所以从远古开始，十分崇拜大地。古人认为，宇宙万物，由阴阳二元素构成，阳代表乾即天，阴代表坤即地，阴阳结合乃生万

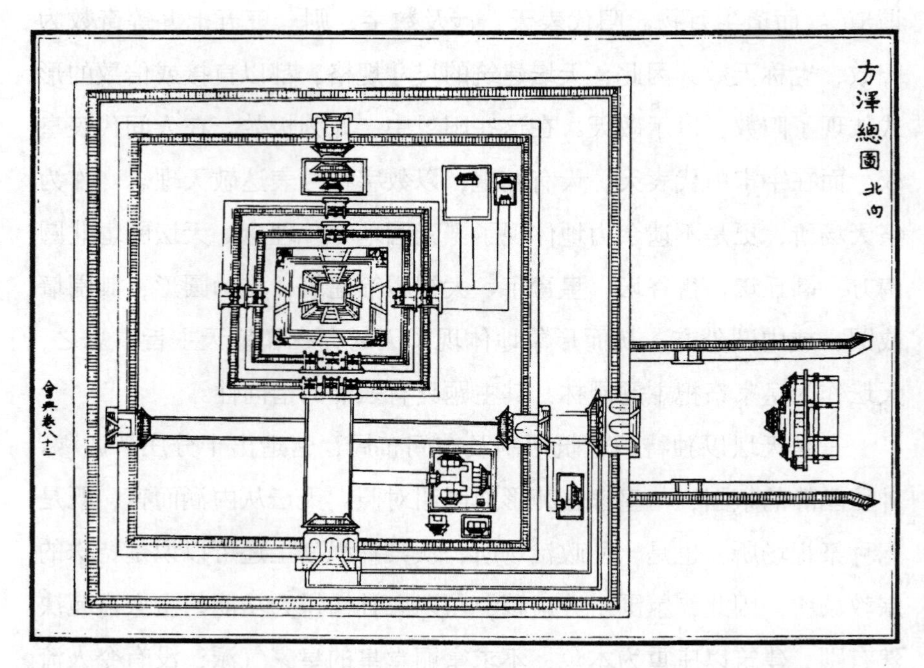

图 4-13 北京明嘉靖方泽（地坛）总图（载于《大明会典》，故宫博物院提供）

物。因此，大地如同人的母亲。正如《周易》所云：“乾，天也，故称乎父。坤，地也，故称乎母。”[1]人类进化出现的第一个社会形态，就是母系社会。母亲崇拜，在人类发展史上占有漫长的时段，而崇拜大地与崇拜母亲是同义语。崇拜大地的重要表达形式就是祭祀。祭地之礼源于三代。西周有“祭地于泽中方丘”之礼。在西汉成帝时建造祭地之坛，成为帝王郊祀通礼，历代因之。

“方丘者，北郊泽中之丘，丘方而下，以象地也。”在明代，地坛称方丘或方泽。洪武初期实行天地分祀制度。所以建“方丘于太平门外，钟山之阴”。这是明代第一个方丘。后来天地合祀，取消了方丘。永乐迁都北京后，完全效法洪武成制，天地合祀于天地坛中。嘉靖九年（1530年）五月，“复改分祀”天地，营建专门的祭坛：

[1] 《周易·说卦》。

> 方泽坛于安定门外之东……方泽亦二成，坛面黄琉璃，陛增为九级，用白石围以方坎。内，北门外西瘗位，东灯台，南门外皇祇室。外，西门外迤西神库、神厨、宰牲亭、祭器库，北门外西北斋宫。又外建四天门，西门外北为銮驾库、遣官房、内陪祀官房。又外为坛门，门外为泰折街牌坊，护坛地千四百余亩。[1]

北京的方泽坛与圜丘坛坐落于一条南北直线上，遥相呼应。

从洪武开始长达160余年间，地坛一直称作方丘或方泽，到“嘉靖十三年（1534年）二月奉旨：圜丘、方泽今后称天坛、地坛”[2]。于是，天坛、地坛称谓沿用至今。因北京地坛始建于嘉靖朝，故称嘉靖地坛。地坛中除了方泽坛外，还有配祀的地祇坛。所谓地祇，就是大地上的诸神，即“岳、镇、海、渎，地祇也”[3]。岳指五岳，镇指东西南北中五方之镇山；海指四海，渎指江河。对北京地坛，《春明梦馀录》记载较为详实：

> 地坛在安定门外之北，缭以垣墙。嘉靖九年（1530年）建方泽坛，为制二成，夏至，祭皇地祇，北向，太祖西向，俱一成上。东一坛中岳、东岳、南岳、西岳、北岳，基运山、翊圣山、神烈山，西向；西一坛中镇、东镇、南镇、西镇、北镇、天寿山、纯德山，东向；东二坛东海、南海、西海、北海，西向；西二坛大江、大淮、大河、大汉，东向；俱二成上。坛制，一成面方六丈，高六尺；二成面方十丈六尺，高六尺。各成面砖用六、八阴数，皆黄色琉璃，青白石

[1]《明史》卷四七《礼志一》。

[2]《日下旧闻考》卷五七《明嘉靖祀典》。

[3]《日下旧闻考》卷五五《明嘉靖祀典》。

> 包砌，四出陛，各八级。周围水渠一道，长四十九丈四尺四寸，深八尺六寸，阔六尺。内壝方墙二十七丈二尺，高六尺，厚二尺。内棂星门四，北门外西为瘗位，瘗祝帛，配位帛则燎之；东为灯台。南门外为皇祇室，藏神版……外棂星门四，西门外迤西为神库、神厨、宰牲亭、祭器库，北门外西北为斋宫。又建四天门，西门外为銮驾库、遣官房，南为陪祀官房，又外为坛门，又外为泰折街牌坊，护坛地一千四百七十六亩。[1]

可见，嘉靖方丘坛的规模已经大大突破了洪武时期的方丘。

地坛内所祀岳、镇，都是山岳之神。五岳即东泰山、南衡山、西华山、北恒山、中嵩山。镇指为一方之镇的大山。《周礼·春官·大司乐》以四镇五岳并举。据郑玄注，山东青州的沂山为东镇，浙江绍兴的会稽山为南镇，冀州的霍山（在今山西霍县）为西镇，幽州的医巫闾山（在今辽宁北宁市）为北镇。明代多一镇，即中镇，改霍山为中镇，以雍州吴山（在今陕西陇县）为西镇。还有从祀者基运山、翊圣山、神烈山、天寿山、纯德山等五座山，都是明代皇陵所在地。四渎为古人对独立流入大海的四条大河的总称。唐朝以淮河为东渎，长江为南渎，黄河为西渎，济水为北渎。明代四渎中没有济水，以大汉（汉江）取而代之。四海为东西南北四海，其实是虚指。

据以上文献记载，明代地坛的空间布局，从外到里共有四道围墙，占地面积1476亩，仅次于天坛和先农坛。最外是坛区院墙，西面和北面设坛区门，西门有牌坊，称泰折街牌坊，体量高大雄伟；清代重修并改称广厚街牌坊。坛区西门内迤北为銮驾库、遣官房、祀官房等建筑。

再往里为第二道壝墙，红墙绿瓦，四面设天门，正门朝北，称北

---

[1] 《春明梦馀录》卷一六《地坛》。

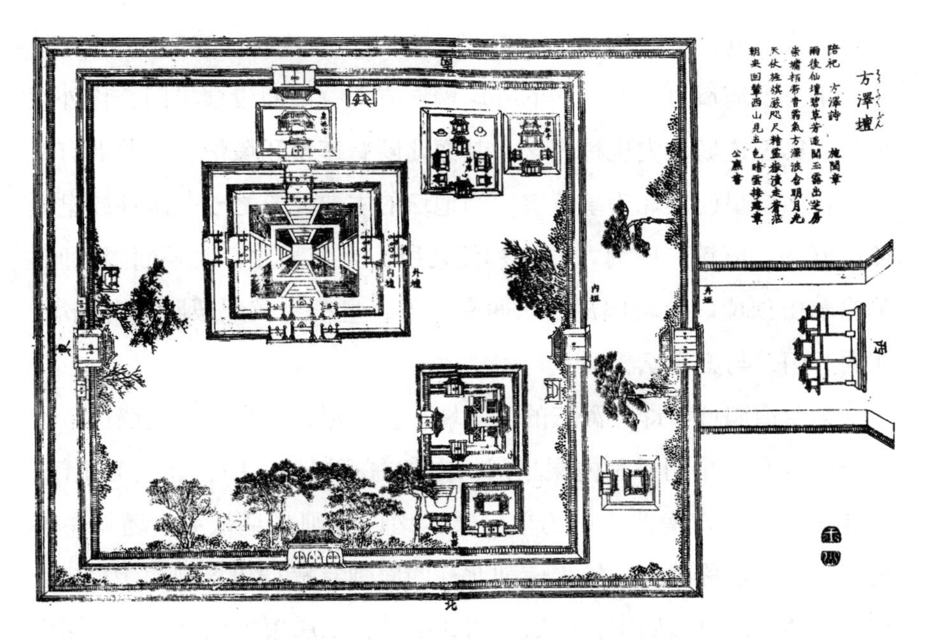

图 4-14 北京方泽坛景观绘图（引自（清）岡田玉山等编绘《唐土名胜图会》）

天门，位于院墙中心偏东处，与南天门直线相对。因为天为乾，为阳，而地为坤，为阴，在方位上南为阳，北为阴，所以地坛的正门为北门。第二道壝墙内也称外坛。其西北隅，北天门内迤西、连接东西天门的大道北边有斋宫，其北有神马殿，再东为钟鼓楼等。斋宫为皇帝的寝宫，坐西朝东，形制与天坛的斋宫相同，但规模略小。坐落于一米高的台基上，正面三路汉白玉丹墀，正殿面阔七间，单檐歇山顶，覆以绿琉璃瓦；左右有配殿，围有壝墙。神马殿面阔五间，围有院墙，悬山式绿琉璃瓦顶。钟、鼓楼均面阔三间，绿琉璃瓦歇山顶。在这一组建筑群东边，南北神道两侧有宽敞的空地，主要是花圃。外坛东北隅，与斋宫等建筑对应有灯台。在西天门内迤南，方泽坛外壝西南有宰牲亭，其东为方泽轩，再南为神库建筑群，向北，围以院墙。神库正殿为五间，绿琉璃瓦悬山屋顶，是存放迎送神位时所用的凤亭、龙亭之所。神库前井亭一，位于正门（北门）内东侧。东配殿为祭器库，面阔五间，绿琉璃瓦悬山顶，西配殿为神厨，形制、规模与东配殿相同。

第三道壝墙也是方泽坛的外壝墙，方形，四面设棂星门，称外棂星门。第三道壝墙内也称内坛，其西北隅有瘗坎和燎炉，东北隅有灯台。在南棂星门之北为皇祇室，为地坛的主要建筑之一，是存放皇祇神，五岳、五镇、四海、四渎神位之所，坐南朝北，大殿面阔五间，单檐歇山顶覆以绿琉璃瓦，东西有配殿。皇祇室及配殿四面有院墙，北面开门，与方泽坛相通。

第四道壝墙，即方泽坛的内壝墙，呈方形，墙身比外壝墙矮；也是四面设有棂星门，称内棂星门。内外白石棂星门中，北门为正门，四柱三门式，东南西三门为单门式。南门外则是皇祇室。壝墙中心是方泽坛，也称祭台，坛坐南朝北；四面围有宽2米的泽渠，因方形，故称方泽。方泽坛居中，两层，四面出陛，上层覆黄琉璃砖。下层南半部的左右两侧各立一个山形纹石雕座，上设15个山形纹石神位，即五岳、五镇和五陵神座。下层北半部的左右两侧各立一座山形纹石雕座，上设8个山形纹石神位，即四海、四渎神座。《春明梦馀录》所说的方泽坛东边二坛，西边二坛，指的就是这些山形纹石座。

整个坛区未追求对称布局形式，其神道在中轴线东侧。南北天门和东西天门分别由一条直道相连，在坛区内偏东处十字交叉，将坛区分割成四大块。祭台在连接东西天门的大道之南，中轴线东侧，位于连接南北天门的神道靠南处。

清代沿袭明制，雍正、乾隆二朝虽曾大规模重修地坛，但形制仍旧。《日下旧闻考》卷一〇七按云："方丘旧址为明嘉靖九年（1530年）定。本朝因之，屡加宽广，规模制度益昭隆备。"《大清会典》记载：

方泽在安定门外北郊，形方象地，方折四十九丈四尺四寸，深八尺六寸，阔六尺。泽中贮水。方丘北向，二成，上成方六丈，下成方十丈六尺，均高六尺；上成正中六六方甃，外八方，均以八八积成，纵横各二十四路；二成倍上成八方八八之数，半径各八路，以合六八阴数，皆甃以黄色琉璃。每成四出陛，各八级，皆白石。二成上南左右设五岳、五镇、五陵山石座，凿山形；北左右设四海、四渎石座，凿水形；均东西向。水形座下凿池，贮水以祭。内壝方二十七丈二尺，高六尺，厚二尺。壝北（棂星）三门六柱，东西南各一（棂星）门二柱，柱及楣阈皆白石，扉皆朱棂。壝北门外东北镫杆一，西北瘗坎壹，燎炉五。外壝方四十二丈，高八尺，厚二尺四寸，门制与内壝同。东西门内从坛瘗坎南北各二。壝南门外皇祇室五间，北向，覆黄琉璃。围垣正方，周四十四丈八尺，高丈一尺，北向设一门。外壝西门外神库、神厨、祭器库、乐器库各五间，井亭二。又西为宰牲亭，亭前井亭左右各一。西北为斋宫，东向。正殿七间，崇基石阑五出陛。左右配殿各七间，内宫门三间，左右各一。外宫墙周百有十丈二尺，门三，东向。门东北钟楼一。坛内垣周五百四十九丈四尺，北西各三门，东南各一门。外垣周七百六十五丈，西向门三，角门一。[1]

这是清代重修后的地坛详情，即现存地坛概貌。

对比明清地坛，清代方泽坛与明代在尺寸规模上基本一致，只是用材方面有所改换。如明代坛壝及皇祇室覆以绿色琉璃瓦，清代改为黄色琉璃瓦；清代将方泽坛面黄琉璃砖改为叶青石；明代祭祀有五岳、五镇、五陵，而清代也依然；但清代的五陵是另外五座山，即启运山、天柱山、隆业山、昌瑞山和永宁山。乾隆十四年（1749年）重修地坛时，增建神库西井亭和乐器库，斋宫是雍正八年（1730年）所重建。总之，清代几次重修后未改变明地坛的基本格局和主要建筑，只是增加了极少辅助建筑而已。所以，现存的地坛保留了明代的基本

[1] 《日下旧闻考》卷一〇七《大清会典》。

风貌。值得提出的是，清代有关文献说，对地坛“屡加宽广”。但明代地坛的规模，如占地面积1476亩，远大于清代现存地坛559.5亩。

地坛作为明代皇家祭祀园林，建筑和景观有自身的特色。它既保持了祭祀园林的基本风格，庄严肃穆，朴实无华；又突出了布局简洁明快，疏朗空阔，建筑及其他景观不求宏大雄奇，金碧辉煌；而集中体现（天圆）“地方”理念和崇敬大地的主旨文化。建筑的一切结构尺度，均采取阴数，建筑色彩突出黄色或绿色，体现大地颜色或万物生命之色，以契合中国古代阴阳学说。景物的黄、绿、红、白等基本色调和建筑的低矮体量，以及空阔布局，营造了雅静、安详、平和又神秘的氛围。坛区上穹空间更加辽阔深邃，地平线更显厚实博大，使人对皇天后土肃然起敬，崇天敬地之感悠然而生。

在方泽坛外壝周围和建筑群之间的隙地，以及坛区北部大片空地上，种植许多高大乔木，尤其苍松翠柏、古桧国槐、银杏榆树等郁郁葱葱，犹如森林公园，浓阴婆娑。在祭祀园林中植树，不仅是为了美化环境，更重要的是体现自古形成的礼制文化。自三代以降，祭“社”都种植树木，“夏后氏以松，殷人以柏，周人以栗”[1]，即夏朝植松、殷商植柏、周朝植栗树等，其目的是敬神警民，“使民战栗”，“尊而视之，使民望即见敬之”。地坛至今仍存168株松、柏、桧、银杏等树龄大几百年的古树，成为主要景观之一。

现在，地坛的北部还有专门的花园，如牡丹园、月季园、集芳园等，使园林景观更加丰富多彩。在明代地坛周围一片泽国，碧波荡漾，鸥鹭成群。因此，方泽坛犹如琼岛，人间仙境。但平时人迹罕至，每年夏至方丘祭皇地祇时，皇帝才来此。故而这里是空旷如野的皇家另类园林。总之，地坛园林景观的营造不是为了使帝王赏心悦目、观赏游乐，而是营造严肃、雅致、幽静的自然环境，以取悦于神灵。

[1] 《论语·八佾》。

二　日坛月坛

(一) 日月祭礼沿革

天地日月是人类最早崇拜的自然物。有关太阳和月亮的种种神话，在中国古代典籍以及民间传说中十分丰富，成为中国传统文化的一部分。在古代，人类对所崇拜的对象，都以祭祀的形式来表达敬意。中国古人祭祀太阳的活动，很早就出现了，而到夏商周三代时逐步形成为礼制。《礼记·祭义》记载：

> 郊之祭，大报天而主日，配以月。夏后氏祭其暗，殷人祭其阳，周人祭日，以朝及暗。祭日于坛，祭月于坎，以别幽明，以制上下。祭日于东，祭月于西，以别外内，以端其位。日出于东，月生于西，阴阳长短，终始相巡，以致天下之和。

对日月虽有祭祀之礼，但是，一直到秦汉时期，还未成为规范的制度。

> 自秦祭八神，六曰月主，七曰日主，雍又有日月庙。汉郊太乙，朝日夕月改周法。……(汉）宣帝于神山祠日，莱山祠月。魏明帝始朝日东郊，夕月西郊。唐以二分日，朝日夕月于国城东西。宋人因之，升为大祀。元郊坛以日月从祀。其二分朝日夕月，（元）皇庆中议建立而未行。[1]

可见，所谓朝日夕月，即祭祀太阳和月亮的礼仪制度，历代有别。祭祀日月于京师之郊之礼，成制于魏晋；升为国家大礼，则始于

[1]　《明史》卷四九《礼志三》。

北宋。

明代朝日夕月坛制，始于洪武。但这一祭祀制度的最终确立，几经变更，一直到明中叶还有较大变动。所以，朝日、夕月坛经历了由合祀到分祀，再由分祀到合祀，又由合祀到分祀的过程。合祀和分祀日月制度各延续了110余年。最初实行天、地、日、月合祀，后礼部建言：按古之正礼，日月应“各设专坛祀。朝日坛宜筑于城东门外，夕月坛宜筑于城西门外”。太祖“从之”[1]。于是，南京的“朝日夕月坛，洪武三年（1370年）建。朝日坛高八尺，夕月坛高六尺，俱方广四丈。两壝，壝各二十五步”[2]，即合150尺，约45.45米。

但日月分祀制度未维持多久便罢。洪武“二十一年（1388年），帝以大明、夜明已从祀，罢朝日夕月之祭”[3]。大明、夜明即日月，因合祀于天地坛，故罢专祀。之后，明代南京没有朝日夕月坛了。成祖朱棣迁都北京后，坚持“规制如南京”的原则，所以从永乐开始北京一直没有日月专祀之礼，日月合祀长达110年，始终与太祖保持了一致。从嘉靖九年（1530年）开始实行日月分祀制度，直到明亡，也延续了114年。

（二）嘉靖朝日坛

到嘉靖九年（1530年），世宗改革祭祀制度，提出：

> 大报天而主日，配以月。大明坛当与夜明坛异。且日月照临，其功甚大。……遂定春秋分之祭如旧仪，而建朝日坛于朝阳门外，西向；夕月坛于阜成门外，东向。坛制有隆杀以示别。朝日护坛地一百亩；夕月护坛地三十六亩。朝日无从祀，夕月以五星、二十八宿、周天星辰共一坛，

[1] 《明史》卷四九《礼志三》。

[2] 《明史》卷四七《礼志一》。

[3] 《明史》卷四九《礼志三》。

南向祔焉[1]。

日坛旧址为锦衣卫指挥萧韺的封地。《明嘉靖祀典》记载："嘉靖九年（1530年），礼臣率钦天监正夏祚等，会勘得朝阳门外三里迤北锦衣卫指挥萧韺地，东西阔八十一丈，南北进深八十一丈，堪建朝日坛。"[2]《春明梦馀录》记载：

朝日坛在朝阳门外，缭以垣墙。嘉靖九年（1530年）建，西向，为制一成，春分之日祭大明之神。……坛方广五丈，高五尺九寸，坛面用红琉璃，阶九级，俱白石。棂星门西门外为燎炉、瘗池，西南为具服殿，东北为神库、神厨、宰牲亭、灯库、钟楼，北为遣官房，外为天门二座。北天门外为礼神坊，西天门外迤南为陪祀斋，宿房五十四间。护坛地一百亩[3]。

朝日坛，俗称日坛，坐东朝西，位于北京东郊朝阳门外靠南，东西方向上基本与紫禁城午门在一条线上。清代沿用明代朝日坛，但多次重修。清代的日坛，据《大清会典》记载：

日坛在朝阳门外东郊，制方，西向，一成，方五丈，高五尺九寸，面甃金砖，四出陛，皆白石，各九级。圆壝周七十六丈五尺，高八尺一寸，厚二尺三寸。壝正西（棂星）三门六柱，东南北各一（棂星）门二柱，柱及楣阈皆白石，扉皆朱棂。壝西门外燎炉一，瘗坎一，西北钟楼一，壝北门外东为神库、神厨各三间，宰牲亭、井亭各一，北为祭器库、

[1] 《明史》卷四九《礼志三》。

[2] 《春明梦馀录》卷八八《嘉靖祀典》。

[3] 《春明梦馀录》卷一六《朝日坛》。

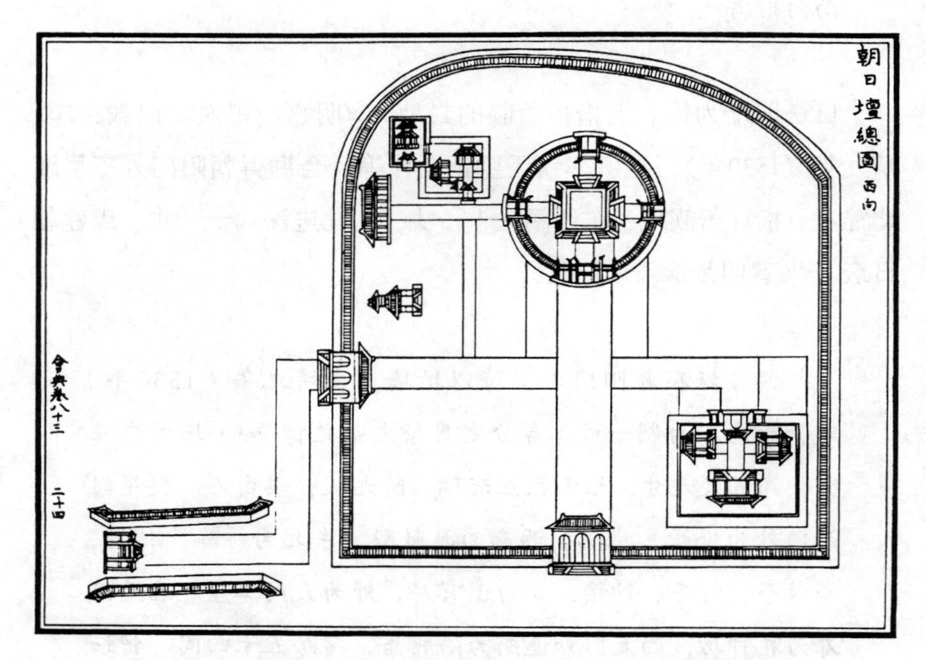

图 4-15 北京明代朝日坛总图（载于《大明会典》，故宫博物院提供）

乐器库、棕荐库各三间，西北为具服殿，正殿三间，南向，左右配殿各三间。卫以宫墙，宫门三，南向。坛垣周二百九十丈五尺，西北各门一，皆三门，北门西角门一，覆均绿色琉璃。[1]

现存日坛依然如故。

明代朝日坛布局较为简洁，坛区坐东朝西，外围筑有院墙，院墙东北和东南两角为圆角，从而形成了东边圆形、西边方形的非规范性正方形平面，象征“天圆地方”理念。按《周易》理论，日月为太阳和太阴。圆形，则象征太阳。明代祭坛在坛区中部偏东处，一层，正方形，每边五丈，高五尺九寸，四面出陛，各九级；五和九均为阳

[1] 《日下旧闻考》卷八八《大清会典》。

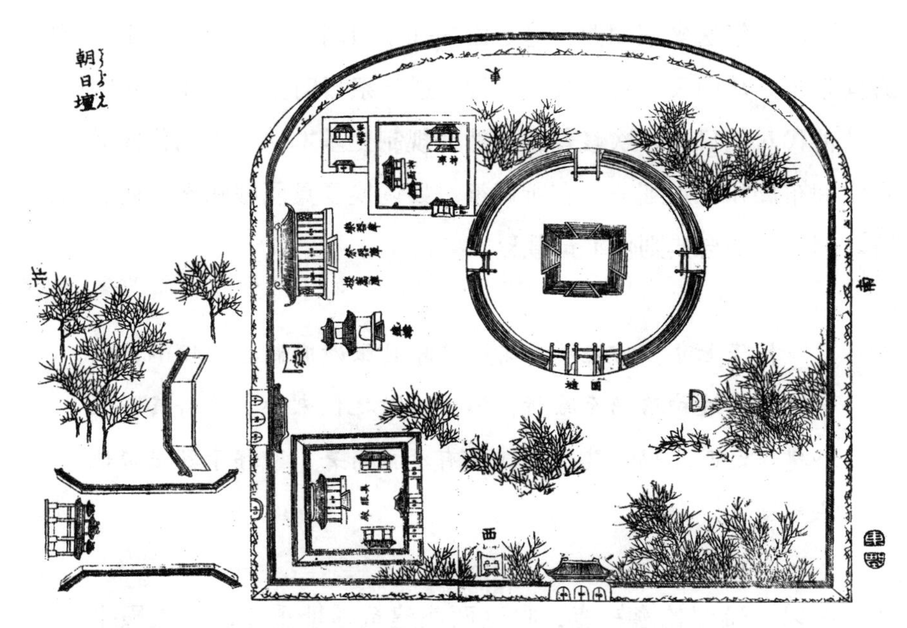

图 4-16　北京朝日坛景观绘图（引自（清）岡田玉山等编绘《唐土名胜图会》）

数，象征太阳；坛面铺就红色琉璃砖，象征太阳的颜色。在祭坛之外，环以圆形矮墙，红墙覆绿琉璃瓦，形同太阳。四面设白石棂星门，正门朝西，为六柱三门；南北东三门各二柱一门。环形墙内为内坛，之外为外坛。外坛建有两座天门，北边为北天门，西边为西天门。

明代朝日坛建筑群，集中于外坛南、西、北三面。西南有具服殿、陪祀斋宿房等，西门外有燎炉、瘗坎等，西北隅有奉祀衙署。北面有礼神坊、祭器库、钟楼、遣官房等，祭器库坐北朝南，与乐器库、棕荐库连檐通脊，均面阔三间。皇家建筑群，一般均设钟楼和鼓楼，但日坛只设钟楼，无鼓楼。因为，日坛在东，故设“晨钟”。钟楼朝南，砖木结构，两层楼，红墙绿瓦，内有大钟一口。东北有神库、神厨、宰牲亭、灯库等，为独立院落，坐东朝西，平面方形；神库西向，面阔三间，绿琉璃瓦悬山顶；神厨南向，面阔三间，绿琉璃瓦，悬山顶；宰牲亭在院落北面，坐东朝西，绿琉璃瓦重檐歇山顶，四面开门。祭坛坐东朝西，这是因为在祭日时，人要跪向太阳升起的方向朝东。从西天门到西棂星门为神道，祭日时皇帝由此进入内坛。

清代对朝日坛多次修葺，虽然在规制上基本保持了明代面貌，但在空间布局和个别细节上有所调整。如调换了具服殿和奉祀衙署的位置。据《大清会典则例》记载：

> 乾隆七年（1742年）谕：日坛具服殿旧制建于坛南，临祭时必经过神路始至殿所，似于诚敬之仪未协。著将具服殿移建坛之西北隅。其西北隅见有奉祀衙署，即移于具服殿地基盖造。[1]

所以，遵照乾隆旨意，将这两座建筑移址重建。具服殿坐北朝南，平面方形；正殿南向，面阔三间，绿琉璃瓦悬山顶。殿两侧有东西配殿，均面阔三间，绿琉璃瓦硬山顶。同时，将祭台坛面的红琉璃砖改换成金砖。所谓金砖，就是紫禁城三大殿墁地用的那种特制砖。祭坛的尺寸，表面看来原封未动，但实际尺寸，清代的比明代的略大些。因为，明代的一尺合31.10厘米，坛面边长15.55米；而清代的一尺合32厘米，祭坛边长16米。现存的祭坛是新中国成立后复建的，尺寸比清代的还大一些，祭坛每边长17米。其他尺寸，以此换算亦然。

朝日坛作为皇家重要祭祀园林，与其他皇家祭祀园林一样，具有共性特点，即从空间布局、建筑形制、园林景观诸方面，十分突出被祭祀对象的特征，有着强烈的内涵表征意蕴。同时，日坛园林有自身的个性特点。整体布局十分简约，建筑少而精，突出象征崇拜太阳的古老文化这一主题。明代祭坛表面铺就红色琉璃砖，更具象征性。在布局上，只设西、北两个天门，为三个门洞，红墙，单檐歇山顶，覆绿琉璃瓦的单体建筑，左右没有延伸墙相连接。这与天坛、地坛等祭

[1] 《日下旧闻考》卷八八《大清会典则例》。

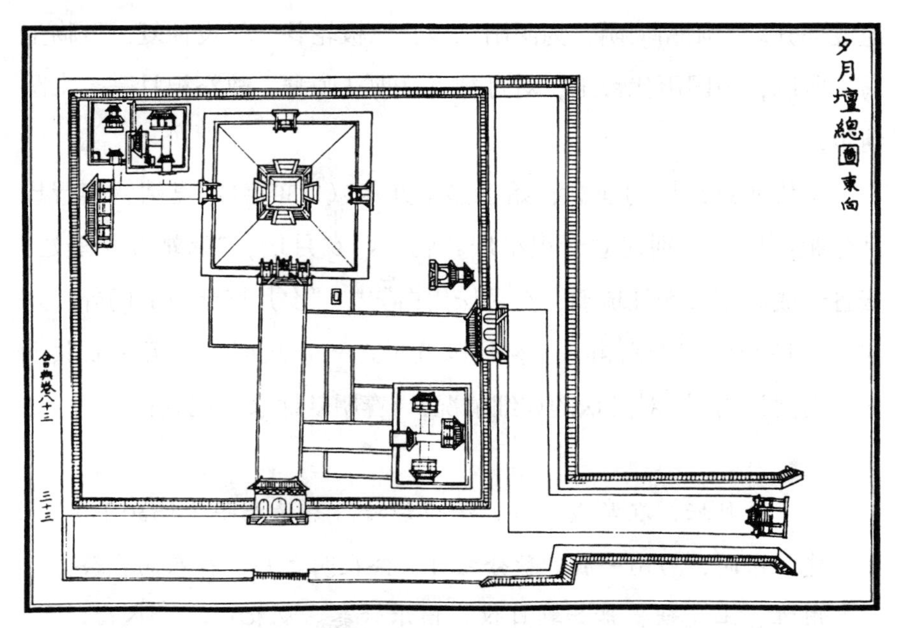

图 4-17　北京明代夕月坛总图（载于《大明会典》，故宫博物院提供）

祀场所的四面设有天门明显不同，既不对称，也不求全。在外坛古木参天，翠荫如盖，形成静谧、安详、雅丽、幽辟的环境。日坛的园林意境单纯而庄重，肃穆而闲雅，表现了古人从帝王到庶民，均崇敬太极即太阳的观念，传递出尊敬自然、天人合一的意识。

现今的日坛，虽然保持了明清时代的主体风貌，但与古时的祭坛大不相同，成为城市公园。一些主要建筑，因年久失修，早已倾圮荒废。新中国成立后作为文物重新修复，许多园林景观、游乐场所、景观设施都是20世纪80年代才建成的。

（三）嘉靖夕月坛

明代夕月坛，又称月坛，位于阜成门外西郊，即今西城区南礼士路西侧，与东郊的日坛遥遥相对。月坛是祭祀夜明神即月神的场所。中国人自古崇拜和向往月亮，对月亮始终保持着一种神秘感和浓厚兴趣。有关月亮的许多神话传说和文学描绘，已经成为中华文化的重要组成部分。太阳和太阴，为阴阳二极，二极轮替，日夜往复，万物生焉。所以，中国历代帝王，对月神也是顶礼膜拜，故祭祀月亮与太阳同步。

明代北京月坛的建立，始于嘉靖九年（1530年）。嘉靖朝实行日月分祀制度，分别建立专祀祭坛。朝日、夕月坛，“嘉靖九年复建，坛各一成。朝日坛红琉璃，夕月坛用白”[1]。“夕月坛于阜成门外，东向……护坛地三十六亩。”“夕月以五星、二十八宿、周天星辰共一坛，南向祔焉。”[2]对月坛的详细情况，《春明梦馀录》记载：

> 夕月坛，在阜成门外，缭以垣墙。嘉靖九年（1530年）建，东向，为制一成。秋分之日，祭夜明之神，神东向。祭用牲、玉、献、舞如朝日仪，惟乐六奏。从祀：二十八宿，木火土金水五星、周天星辰。……坛方广四丈，高四尺六寸，面白琉璃，阶六级，俱白石。内棂星门四，东门外为瘗池，东北为具服殿，南门外为神库，西南为宰牲亭、神厨、祭器库。北门外为钟楼、遣官房。外天门二座，东天门外北为礼神坊。护坛地三十六亩。[3]

按明代祭祀规制，“秋分祭夜明于夕月坛。夜明之神东向，二十八宿之神，周天星辰之神，木、火、土、金、水星之神南向。夜明之神位版黄地素书，五星、二十八宿、周天星辰之神俱绿地金字”[4]。皇帝每三年亲祭月神，其余时间由武臣代祭。

月坛空间具体布局，坛区坐西朝东，四面围以土墙，平面呈方形，占地面积三十六亩，为日坛面积的三分之一强。坛区建筑布局规

---

[1] 《明史》卷四七《礼志一》。

[2] 《明史》卷四九《礼志三》。

[3] 《春明梦馀录》卷一六《夕月坛》。

[4] 《日下旧闻考》卷九六《明嘉靖祀典》。

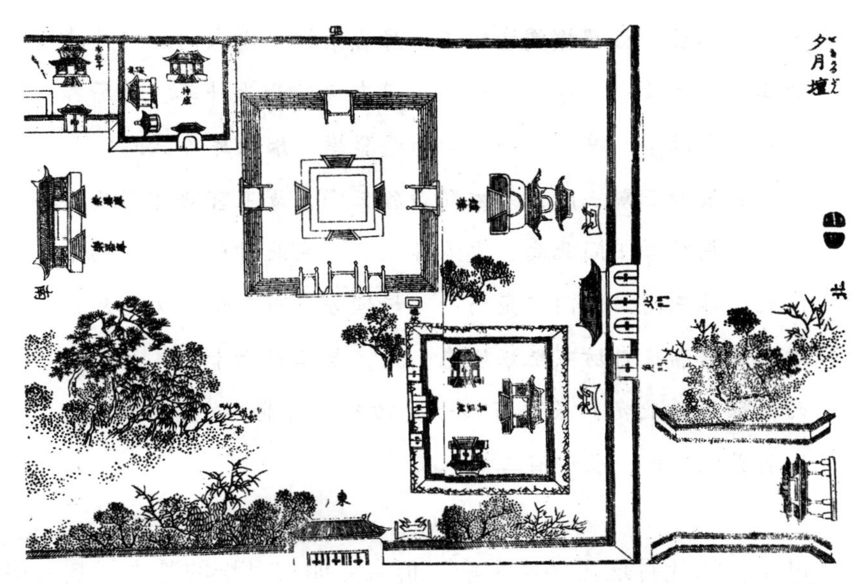

图 4-18　北京夕月坛景观绘图（引自（清）岡田玉山等编绘《唐土名胜图会》）

制，与日坛基本相同。祭坛方形，一层，位于坛区中线靠西处，坐西朝东；四面围有方形矮墙，四面设棂星门。东棂星门为正门，六柱三门；其余三个门各两柱一门，均为白石。坛面为白琉璃瓦，四出陛，皆白石。东棂星门与坛区东门间为神路。神路北面，即坛区东北隅有燎炉、瘗坎，北门外有钟楼等。东北有具服殿，为方形独立院落。坛区西南角有神库、神厨各三间，围以院墙；其南为宰牲亭、井亭等；宰牲亭东侧，即祭坛正南有祭器库、乐器库各三间。坛区内设有北天门和东天门两座天门，东天门外北有礼神坊，天门之外为坛区门。月坛的建筑，均红墙绿琉璃瓦，建筑物和构筑物形制与日坛基本相同。

清代沿用明代月坛，并曾多次重修，保持到清朝灭亡。乾隆时期的夕月坛，据《大清会典》记载：

> 月坛在阜成门外西郊，制方，东向，一成，方四丈，高四尺六寸，面甃金砖，四出陛皆白石，各六级。方壝周九十四丈七尺，高八尺，厚二尺二寸。壝正东三门六柱，西南北

各一门二柱。柱及楣阈皆白石，扉皆朱棂。壝东门北门外燎炉各一，瘗坎一，东北钟楼一。壝南门外西为神库、神厨各三间，宰牲亭、井亭各一，南为祭器库、乐器库各三间。

具服殿正殿三间，左右配殿各三间，周卫宫墙宫门三间南向，祠祭署三间北向，左右各三门，东北钟楼一座。坛东门北门各三门，北门东角门一。坛垣方二百三十五丈九尺五寸，外围墙东自坊东抵坛垣东南角，长二百六十丈，西自坊西抵坛垣西北角，长二百四十丈四尺。直北为光恒街牌坊，坊前界以朱栅，长十有二丈八尺。[1]

可见，清代月坛虽多次重修，但未变明代月坛的基本规制和格局。在重修时，只更换了某些建材，如坛面原为白琉璃砖，更换成青色金砖；明代的壝墙原为土墙，清代改为城砖；另在文献资料中未提及明代月坛在东天门、北天门外还有外院墙，而清代有一些微小的变化，无妨大局。月坛到清末变得破旧不堪。新中国建立后，一些机构作为办公场所占用;20世纪80年代辟为城市公园，增建了一些景点。

明代月坛整体规模比日坛小，虽然小巧玲珑，但规制相同。中心建筑拜坛，以白色为主调，象征月亮洁白如雪的特点；同时陪祀五行、二十八宿、周天星辰等。在中国古人看来，广阔无际的苍穹，星斗满天；每颗星都对应世上一个人，所以天人合一。而月亮是照亮大地的第二个天体，因而敬畏有加。

月坛作为皇家重要祭祀园林，在规划设计上极尽突出敬月意蕴，展现了阴阳观念。日出月落，日落月出，昼夜更替，时间延展，万物兴废。月为太阴，所以祭坛尺寸采用二、四、六、八等阴数，如坛面方四丈，高四尺六寸，四面出陛，均为六级等。坛区建筑红墙绿顶，庄重肃穆，组成四大建筑群。坛区东北隅有具服殿建筑群，中心靠北

---

[1] 《日下旧闻考》卷九六《大清会典》。

处为祭坛，南部为祭器库、乐器库建筑群，西南角上为神库、神厨建筑群等，布局简洁疏朗。在坛区东南隅和西北隅空旷处及建筑周围，种植了松、柏、桧、银杏等常绿或长寿树种，营造了幽静、闲淡、神秘的氛围，成为典型的皇家祭祀园林。

三　先农坛

明代的先农坛，最初称山川坛，主要祭祀神农氏，始建于洪武时期京师南京。永乐迁都北京后，按南京模式营建了山川坛。嘉靖朝大规模更定祀典时，改建山川坛，后称先农坛。

(一) 先农祭祀由来

先农者，即上古时代三皇五帝之一的炎帝神农氏。传说神农氏为远古时代最早开创和从事耕种五谷者，为中华农耕文明的先驱，祀之以为神。刘昭注引《汉旧仪》:“春始东耕于耤田，官祠先农；先农即神农炎帝也。”《史记·补三皇本纪》曰:“炎帝神农氏姜姓……长于姜水，因以为姓。”《白虎通义·号》云:“古之人民皆食禽兽肉。至于神农，人民众多，禽兽不足。于是神农因天之时，分地之利，制耒耜，教民农作。神而化之，使民宜之，故谓之神农也。”神农也称田祖、先啬等，汉代以后统称先农。

我国古代，经过漫长的渔猎文明后才逐渐进入了农耕文明阶段。这是人类社会的第二个文明形态，而中国是最早进入农耕文明的国家之一，并且持续时间最长，具有数千年的历史，其间一直把农业作为立国之本。这种状况，延续至今。因此，作为农耕文明的开拓者神农氏，无论是在历代帝王还是黎民百姓的心目中，具有崇高的神圣地位。所以，将其作为农神来崇拜和祭祀。《国语》云:“农正陈耤礼”。韦昭注曰:“祭其神，为农祈也。”也就是，祭祀神农，就是期望风调雨顺，五谷丰登，为农祈福。

然而，祭祀神农作为国家制度，则形成于西汉。《春明梦馀录》记载："郑氏（玄）曰：田祖始耕田者谓神农也，汉立官社，文帝令官祠先农。"[1]"汉郑玄谓王社在耤田之中。""至汉以耤田之日祀先农，而其礼始著。由晋至唐、宋相沿不废。"[2]可见，汉代为先农立祠，是在皇帝亲耕的耤田里。魏晋南北朝时期，已出现了先农坛。《汉仪》载："坛于田，以祀先农如社。"就是说，先农和社神、稷神一样，立祠建坛祭祀。朝廷"制地千亩，开阡陌，立先农坛于中阡西陌南，御耕坛于中阡东陌北"。[3]之后，历朝历代都建坛祭祀先农，成为国家重要的祭祀制度。

（二）洪武山川坛

北京的先农坛是由山川坛演变而来的。明代的祭祀先农礼，始于洪武初。"洪武元年（1368年）谕廷臣以来春举行耤田礼。……二年（1369年）二月，帝建先农坛于南郊，在耤田北。"[4]因为当时实行诸神合祀制度，先农坛与其他神坛一起建在山川坛内。洪武三年（1370年）"合祀太岁、月将、风云雷雨、岳、镇、海、渎、山川、城隍、旗纛诸神"。

> （山川坛）正殿七间，祭太岁、风云雷雨、五岳、五镇、四海、四渎、锺山之神。东西庑各十五间，分祭京畿山川，春夏秋冬四季月将及都城隍之神。坛西南有先农坛，东有旗纛庙，南有耤田。[5]

此时诸神合祀于一处，先农坛只是山川坛的一部分。就山川坛坛

[1] 《春明梦馀录》卷一五《考先农》。

[2] 《明史》卷四九《礼志三》。

[3] 《南史·宋书》卷一四。

[4] 《明史》卷四九《礼志三》。

[5] 《明会典》卷八五。

区布局而言，还不完善，礼仪未备。“洪武二年（1369年）以太岁，风、云、雷、雨及岳、镇、海、渎，山川、城隍诸神祇合祀于城南，诸神享祀之所未有坛壝等，祀非隆敬神祇之道。”[1]这些祭坛当初还未筑围墙。

由于明朝立国不久，百废待兴，洪武初期各种礼制还处于草创阶段，因未定型而常有变化。祭祀制度亦然。

> 建山川坛于正阳门外天地坛西，合祀诸神。凡设坛十有九……九年（1376年）复定山川坛制，凡十三坛。正殿，太岁、风云雷雨、五岳、五镇、四海、四渎、锺山七坛。东西庑各三坛……十年（1377年）定正殿七坛，帝亲行礼。[2]

这些诸神合祀的地方，统称山川坛。

> 山川坛，洪武九年（1376年）建。正殿、拜殿各八楹，东西庑二十四楹。西南先农坛，东南具服殿，殿南耤田坛，东旗纛庙，后为神仓。周垣七百馀丈，垣内地岁种谷蔬，供祀事。[3]

这是当时山川坛基本布局。

当然，诸神祭坛，也不是同时建齐的，而是有先有后。《春明梦馀录》记载：“洪武三年（1370年）建山川坛于天地坛之西，正殿七，坛曰太岁、曰风云雷雨、曰五岳、曰四镇、曰四海、曰四渎、曰锺山之神。”[4]当时的山川坛，是一个综合性的祭祀场所。洪武元年提出，

[1] 《春明梦馀录》卷一五《太岁坛》。

[2] 《明史》卷四九《礼志三》。

[3] 《明史》卷四七《礼志一》。

[4] 《春明梦馀录》卷一五。

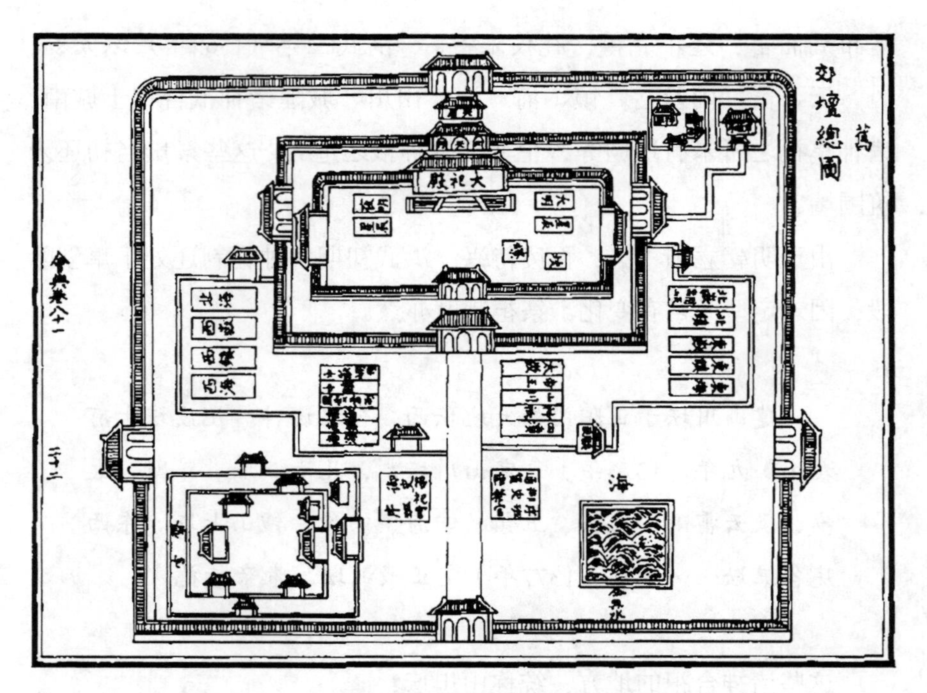

图 4-19　北京明永乐《郊坛总图》(引自《大明会典》)

二年开始营建，三年建成，之后又更定坛制。先农坛建于洪武二年(1369年)，可见是诸神坛中最早的一个。

(三) 北京山川坛

明成祖迁都北京后，也建有山川坛，但完全是南京山川坛的复制品。《明太宗实录》永乐十八年（1420年）十二月癸亥记载，成祖“初营建北京，凡庙、社、郊祀坛场、宫殿、门阙，规制悉如南京，而高敞壮丽过之”[1]。所以，也在北京南郊复制了山川坛。《春明梦馀录》记载：“山川坛在正阳门南之右，永乐十八年（1420年）建。缭以垣，周回六里。”[2]

[1] 《明太宗实录》卷二三二。

[2] 《春明梦馀录》卷一五《山川坛》。

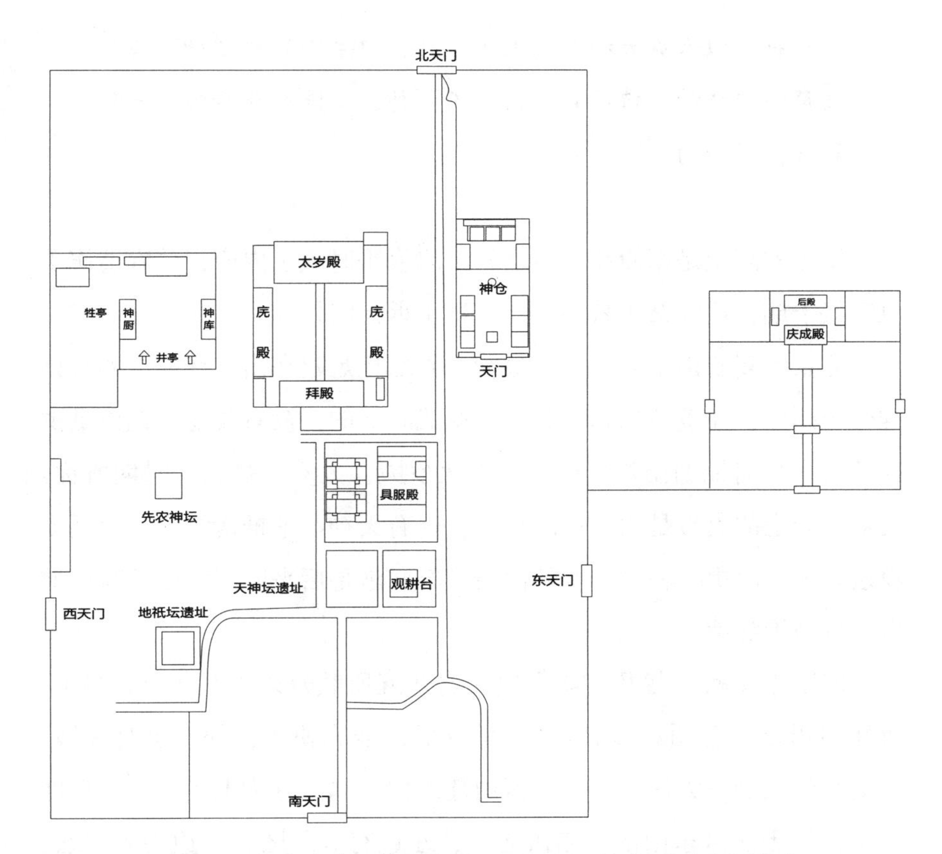

图 4-20 北京先农坛总平面图（引自李路珂等《北京古建筑地图》）

永乐中建坛京师，如南京制，在太岁坛西南。石阶九级。西瘗位，东斋宫、銮驾库，东北神仓，东南具服殿，殿前为观耕之所。护坛地六百亩，供黍稷及荐新品物地九十余亩。[1]

神仓，永乐时为旗纛庙。

旗纛庙建于太岁殿之东，永乐建。规制如南京，神曰旗

[1] 《明史》卷四九《礼志三》。

头大将，曰六纛大神，曰五方旗神，曰主宰战船之神，曰金鼓角铳炮之神，曰弓弩飞鎗飞石之神，曰阵前阵后神祇五猖等众，皆南向。[1]

旗纛实际上是军旗和兵器之神，旗纛平时藏于内府，仲春遣旗手卫官祭于庙，霜降祭于教场，岁暮祭于承天门外。

北京因复制南京先农坛，最初先农坛还是建在山川坛内；实行诸神合祀制度，建筑布局和规制照抄洪武时期的，没有改变。无论是洪武还是永乐时期的山川坛内，并无太岁殿，太岁殿是嘉靖时期所称。太岁殿址上的大殿是山川坛的正殿，内有天神、地祇诸祭坛，包括太岁坛。因《明史》和《春明梦馀录》等文献是后来所撰，以后时记前事，故易于混淆。

据以上文献记载及《明会典》卷八五所载永乐十八年（1420年）所建山川坛《总图》，坛区平面呈方形，坐北朝南，外围筑有院墙。正南有门三洞，为坛南门。坛区内建筑群布局，分为七组。入门后即耤田，位于坛区东南部。耤田之北，左边有具服殿；右边为先农坛，坛方形，四面有台阶。其东为斋宫和銮驾库，坛西有瘗位。这三组建筑，左右分布，形成第一道建筑景观。其后，第二道建筑景观分为四组。中为山川坛正殿建筑群，围以墙垣，闭合式院落。正殿靠北，坐北朝南，建筑体量最大，内有七坛；东西有廊庑，南有门楼。左边一组是旗纛庙（后改为神仓）等，围以南北长方形院墙，成独立院落。正殿右边一组为神厨、神库、井亭等建筑群，也是围以南北长方形院墙，成独立院落。再右一组，为宰牲亭。坛区北墙偏东处为北门。

先农坛坐落于山川坛内，“先农坛，高五尺，广五丈，四出陛。御耕耤位，高三尺，广二丈五尺，四出陛”[2]。据《天府广记》，先农坛：

[1] 《春明梦馀录》卷一五《旗纛庙》。

[2] 《明史》卷四七《礼志一》。

> 建于太岁坛旁之西南，为制一成，石包砖砌，方广四丈七尺，高四尺五寸，四出陛。西为瘗位，东为斋宫、銮驾库，东北为神仓，东南为具服殿。殿前为观耕台，用木，方五丈，高五尺，南东西三出陛。台南为耤田，护坛地六百亩，供黍稷及荐新品物。[1]

这两种记载，先农坛的尺度略有不同。但综合这些文献记载，洪武及永乐所建先农坛的基本状况，包括规模、形制、规格、布局等，已基本清晰可见。

山川坛规模宏大，但由于坛区内建有诸神坛，建筑略显密集，然而布局井然有序，主次分明，规制严整，空间紧凑，气度宏阔。其中的先农坛，占地面积最为广阔，护坛地达六百亩。在坛区隙地以及建筑周围广泛种植松柏等常青树木，使山川坛殿宇建筑掩映于绿荫，又有田畴阡陌，稻香黍气，蛙声阵阵，增加了几分田园景色，构成了独特的祭祀园林风光。山川坛的这种格局，从永乐十八年（1420年）始一直延续了百余年。

（四）嘉靖先农坛

嘉靖更定祀礼，不仅简化了祭祀礼仪的繁文缛节，而且改变了诸神合祀造成的重复行礼、混乱无序状态，建造专门祭坛，分祀各类神灵。

> 嘉靖九年（1530年），改定风、云、雷、雨神牌次序，曰云、雨、风、雷。上曰：云、雨、风、雷，天神也；岳、镇、海、渎，地祇也；城隍，人鬼也；焉可杂于一坛而祭之？[2]

[1] 《天府广记》卷八。

[2] 《日下旧闻考》卷五五《明嘉靖祀典》。

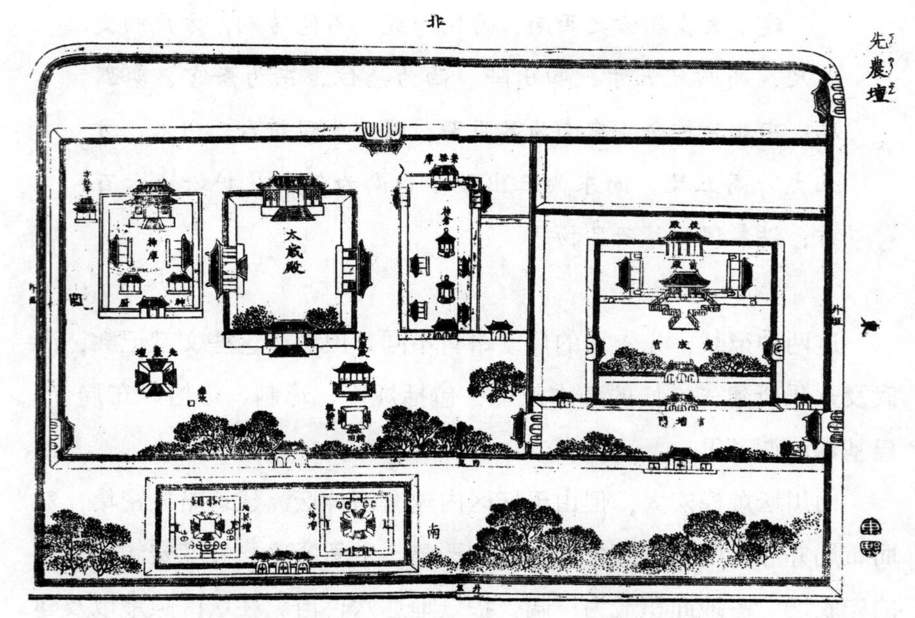

图 4-21 北京先农坛景观绘图（引自（清）岡田玉山等编绘《唐土名胜图会》）

于是，将奉祀于山川坛的诸神坛逐一分开，建专门祭坛分坛以祀。据《宸垣识略》，嘉靖十年（1531年）建天神地祇坛于山川坛垣墙内，先农坛垣墙之南。天神、地祇二坛并列，南向，四面围以墙垣，呈东西长方形。

> 东为天神坛，制方，南向，一成，方五丈，高四尺五寸五分，四出陛，各九级。坛北设青白石龛四，镂以云龙，各高九尺二寸五分，祀云、雨、风、雷之神。壝方二十四丈，高五尺五寸。壝正南三（棂星）门六柱，东、西、北各一（棂星）门二柱，柱及楣阈皆白石，扉皆朱棂。西为地祇坛，制方，北向，一成，广十丈，纵六丈，高四尺，四出陛，各六级。坛南设青白石龛五，内镂山形者三，祭五岳、五镇、五山之祇；镂水形者二，龛下四周凿池，祭则贮水，祭四海、四渎之祇，各高八尺二寸。坛东从位石龛山水形各一，

祭京畿名山大川之祇……各高七尺六寸。壝方二十四丈，高五尺五寸。壝正北三（棂星）门六柱，东、西、南各一（棂星）门二柱，柱及楣阈皆白石，扉皆朱棂。[1]

天神、地祇二坛是从原来的山川坛分离出来的专祀坛，又称神祇、地祇坛。对嘉靖分设数坛，《春明梦馀录》记载得也颇为详实：

神祇坛方广五丈，高四尺五寸五分；四出陛，各九级。壝墙方二十四丈，高五尺五寸，厚二尺五寸。棂星门六，正南三，东西北各一；内设云形青白石龛四于坛北，各高九尺二寸五分。

地祇坛面阔十丈，进深六丈，高四尺；四出陛，各六级。壝墙方二十四丈，高五尺五寸，厚二尺四寸。棂星门亦如神坛，内设青白石龛山形水形二坛于北，各高八尺二寸。左从位山水形各一于坛东，右从位山水形各一于坛西，各高七尺六寸。[2]

嘉靖十年（1531年）命礼部考太岁坛制。礼官言："太岁之神，唐、宋祀典不载，元虽有祭，亦无常典。坛宇之制，于古无稽。太岁天神，宜设坛露祭，准社稷坛制而差小。"从之。遂建太岁坛于正阳门外之西，与天坛对。中，太岁殿。东庑，春秋、月将二坛。西庑，夏冬、月将二坛。

所谓"太岁，木星也，一岁行一次，应十二辰而一周天"[3]。原来

[1] 《宸垣识略》卷一〇。
[2] 《春明梦馀录》卷一五。
[3] 《明史》卷四九《礼志三》。

图 4-22 北京先农坛景观（张薇 / 摄）

太岁坛的规模，在山川坛中最大。

> 太岁坛在山川坛内，中为太岁坛，东西两庑，南为拜殿。殿之东南砌燎炉，殿之西为神库、神厨、宰牲亭，亭南为川井。外四天门，东门外为斋宫、銮驾库，外为东天门。[1]

嘉靖将太岁坛分离出来，所谓在正阳门外之西重建，规模缩小，实际上还是在原位上，只是实行专祀罢了。

对于祭祀先农，“嘉靖十年（1531年），帝以其礼过繁，命礼官更定”。主要更定祭祀礼仪，对先农坛的建筑设施都没有大变，按礼部官员的建议，只增“建观耕台一”。同时，对祭祀先农，皇帝劝农，另作布局。“命垦西苑隙地为田。建殿曰无逸，亭曰豳风，又曰省耕，

[1] 《春明梦馀录》卷一五。

曰省敛，仓曰恒裕。”嘉靖在西苑空地上另辟耤田，举行躬耕礼，以此表明劝农重桑。当然，这又是一项重复建设。朝廷从永乐迁都开始，在北京南郊山川坛内建造先农坛，开耤田，举躬耕礼，已有110年了，但嘉靖又另搞一套。这与他更定祀典、化繁就简、避免重复的要求是相悖的，所以，不可能成为定制。到“隆庆元年（1567年）罢西苑耕种诸祀，皆取之耤田”[1]。

嘉靖更定祀典，对山川坛的称谓也进行了更换。

> 嘉靖十一年（1532年）改山川坛名为天神地祇坛，改序云师、雨师、风伯、雷师。天神坛在左，南向，云、雨、风、雷，凡四坛。地祇坛在右，北向，五岳、五镇、基运翊圣神烈天寿纯德五陵山、四海、四渎，凡五坛。……其太岁、月将、旗纛、城隍，别祀之。十七年（1538年）加上皇天上帝尊称，预告于神祇，遂设坛于圜丘外壝东南，亲定神祇坛位，陈设仪式。[2]

也就是将原来山川坛内的诸神祇坛宇，重新调整布局；改称山川坛为天神地祇坛，或神祇坛；其中天神作为一坛，地祇也为一坛，太岁为一坛；先农坛基本未动。这些坛宇各自形成独立院落。城隍庙移建别处。这样，嘉靖以后的神祇坛定型，直到明亡。虽然调整坛宇，但还是在原有山川坛坛区内，形成新的格局。

其实，永乐时山川坛内原有布局基本保留，主要变化在于新建神祇坛。新建的神祇坛，位于外坛，二坛左右并列，南向，形制基本相同，围以墙垣。每坛又有壝墙，南开三门；内壝墙四面设棂星门，南棂星门为正门。祭坛在壝墙内居中。神祇坛内没有其他殿宇设施，比较单一。太岁坛仍在原位，正殿太岁殿，靠北南向，面阔七间，黑琉

[1] 《明史》卷四九《礼志三》。

[2] 《明史》卷四九《礼志三》。

璃瓦，绿剪边，歇山顶，崇基三层，三出陛。左右廊庑各十一间，南面为拜殿，面阔七间，与正殿相对，从而形成四合院式庭院。

山川坛调整后，先农坛的地位更加突出了。山川坛虽然改称神祇坛，但通常都以先农坛代之。所以，《宸垣识略》卷十云：

先农坛，一名山川坛，在正阳门外西南永定门之西，与天坛相对。缭以垣墙，周回六里。中有天神坛、地祇坛、太岁坛、先农坛、耤田俱在其内。

在先农坛之东，有嘉靖时增建的观耕台，方广五丈，高五尺，由黄、绿琉璃砖包砌，面甃金砖。台上四面汉白玉石栏板，围绕有雕刻云龙的50根望柱；台东、西、南三出陛，各九级。这使祭祀先农，举躬耕礼，更加规范、严谨和威严。可见，现在称北京先农坛，并非单指先农坛；它包括了天神坛、地祇坛、太岁坛以及附属设施，如斋宫、具服殿、观耕台、神库、神厨、宰牲亭、神仓等等，是一个完整的综合性祭祀坛区。整个坛区耕地有1700亩，其中以200亩由坛户种植五谷菜蔬。坛区内广植苍松翠柏，绿荫森森，庄严肃穆，成为明代皇家祭祀园林中仅次于天坛的佼佼者，具有代表性和典型性。

清因明制，沿用先农坛。顺治、康熙年间曾多次维修；到雍正、乾隆时期曾大规模修缮先农坛。《大清一统志》载：“先农坛在太岁殿西南，明嘉靖中建，本朝因之，乾隆十九年（1754年）重修。”[1]但先农坛保持了明代的基本格局，一直延续至今。

四　社稷坛

社稷坛也是古代帝王的一个重要祭坛，祭祀社稷始于三代。明代

[1] 《日下旧闻考》卷五五《城市》。

的社稷坛，则是皇家重要的祭祀园林之一。

（一）社稷名谓简释

在古代，江山和社稷往往连用，并等同于“国家”这一概念。社，古代指土地神，或指祭祀土地神的地方或节日。稷，本指谷物；古人还将谷物之神称为稷。社稷则指土地神和谷物神，还指国家。《礼记·祭法》云：“是故厉山氏之有天下也，其子曰农，能殖百谷；夏之衰也，周弃继之，故祀以为稷。”可见，三代之时就将稷作为五谷之神祭祀了。《白虎通·社稷》说：“封土立社，示有土也。”土，这里指疆土或疆域，有疆域才有国家。同样，有了五谷，才有生民；有生民才有国家。作为国家，土地和五谷二者缺一不可；土地和粮食与人民，是国家的根本。故此，古代帝王建坛祭祀社稷。正如《白虎通·社稷》所言：

> 王者所以有社稷何？为天下求福报功。人非土不立，非谷不食。土地广博，不可遍敬也；五谷众多，不可一一祭也。故封土立社示有土也。稷，五谷之长，故立稷而祭之也。

可见，自古以来，社稷坛就是祭祀土地神和五谷神的场所。

（二）洪武社稷坛制

明代的祭祀社稷制度，始建于洪武朝，设坛于南京。据《通考》：“吴元年（1367年）八月癸丑，建社稷坛于宫城西南，北向，异坛同壝。”[1]在同一个围墙内建有社坛和稷坛，社稷坛还称太社坛和太稷坛。明朝不仅朝廷建有社稷坛，而且，地方也建社稷坛，成为定制

[1]　《明会要》卷八《通考》。

颁布于天下。洪武元年（1368年）“十二月己丑，颁社稷坛制于天下。郡邑皆建于本城西北，右社、左稷。祭用春、秋二仲月上戊日”。

> 太社稷坛，在宫城西南，东西峙，明初建。广五丈，高五尺，四出陛，皆五级。坛土五色，随其方，黄土覆之。坛相去五丈，坛南皆树松。二坛同一壝，方广三十丈，高五尺，甃砖，四门饰色随其方。周垣四门，南棂星门三，北戟门五，东西戟门三。戟门各列戟二十四。[1]

据此，明代最初的社稷坛，分为社坛、稷坛，位于宫城西南，而且配套设施还不完备。洪武“三年（1370年），于社稷坛北建享殿，又北建拜殿五间，以备风雨”[2]。可见这时社稷坛祭祀制度还未最后定型。

到洪武“十年（1377年）八月癸丑，太祖以社稷分祭，配祀未当，下礼部议。尚书张筹历引《礼经》及汉唐以来之制，请改建于午门外之右，社稷共为一坛；罢句龙、弃配位，奉仁祖配享。遂升为大祀”[3]。于是，

> 洪武十年（1377年）改坛午门右，社稷共一坛，为二成。上成广五丈，下成广五丈三尺，崇五尺。外壝崇五尺，四面各十九丈有奇。外垣东西六十六丈有奇，南北八十六丈有奇。垣北三门，门外为祭殿，其北为拜殿。外复为三门，垣东西南门各一。永乐中，建坛北京，如其制。[4]

---

[1] 《明史》卷四七《礼志一》。

[2] 《明会要》卷八《通典》。

[3] 《明会要》引《明史·张筹传》。

[4] 《明史》卷四七《礼志一》。

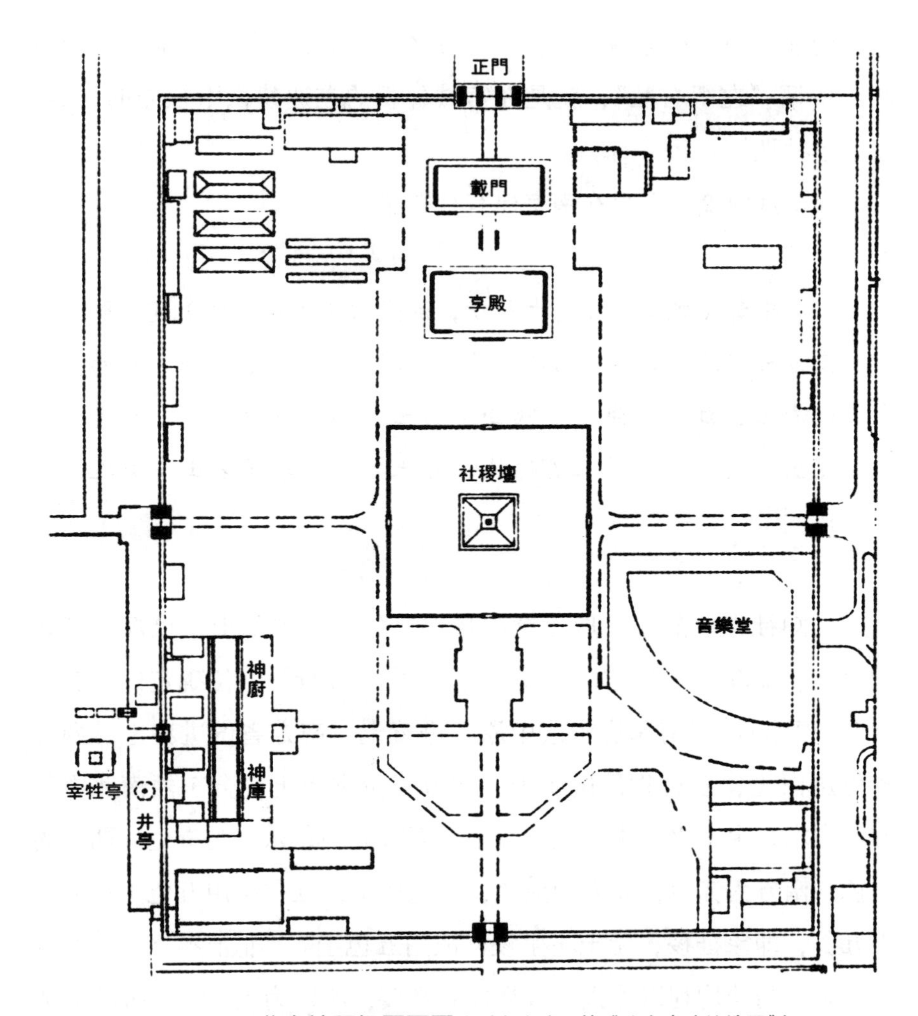

图 4-23　北京社稷坛平面图（引自李路珂等《北京古建筑地图》）

这次改建社稷坛，据《洪武实录》，“外墙崇五尺，东西十九丈二尺五寸，南北如之。……外为围垣，东西广六十六丈七尺五寸，南北广八十六丈六尺五寸”。这两种尺寸基本一致，后者更准确。

可见，南京的社稷坛，建于朱元璋正式登基的前一年，开始时在宫城西南，社坛在左，稷坛在右，二坛分开但在同壝。这显然不符合古制。《周礼·考工记》曰：“匠人营国，方九里，旁三门。国中九经九纬……左祖右社。”所以，洪武十年（1377年）改建社稷坛，移到午门前右侧，左边为太庙，以合古之“左祖右社”的规制，从而定制。所谓“左祖右社”，就是在宫城外朝的左边建供奉祖先的太庙，右边建社稷坛。

在洪武时期，不只在南京建有社稷坛。

> 中都（凤阳）亦有太社坛，洪武四年（1371年）建。取五方土以筑。直隶、河南进黄土，浙江、福建、广东、广西进赤土，江西、湖广、陕西进白土，山东进青土，北平进黑土。天下府县千三百馀城，各土百觔，取于名山高爽之地。[1]

可知社稷坛的土，取自全国各地，代表全国疆土，也寓意“普天之下，莫非王土”。五方土的来源是按“五行”方位确定的，直隶（南京周围）、河南属居中或中原，进黄土；南方省份进赤土，西部省份进白土，东边省份进青土，北方省份进黑土，合东西南北中五方。在木、金、火、水、土五行中，五方的颜色东方为青色，西方为白色，南方为赤色，北方为黑色，黄色居中。社稷坛用五色土，还代表五谷，即象征稷，无土不生稷，故用五色土。“非土不立，非谷不食，以其同功均利以养人。故祭社必及稷，所以为天下祈福报功之道也。”[2]

（三）北京的社稷坛

中国的帝王，将社稷看作与祖先同等尊崇。因此，明成祖朱棣在营建北京宫城时以“左祖右社”作为主要原则来布局。永乐一切照搬南京成制，所以，北京的社稷坛成为南京社稷坛的复制品。

北京社稷坛，与紫禁城同时营建，永乐十八年（1420年）十二月

---

[1] 《明史》卷四九《礼志三》。

[2] 《春明梦馀录》卷一九《社稷坛》。

癸亥，北京社稷坛工程完工。

> 社稷坛亦如南京在阙右，与太庙对。坛制二成，上成用五色土，随方筑之。坛西瘗座位，四面开棂星门，西门外南建神库，库南为神厨，北门外为拜殿。外天门四座，西门外为宰牲亭。[1]

“永乐十九年（1421年）正月，北京社稷坛成，制如南京。”[2]这是社稷坛启用时间。阙指午门，社稷坛位于紫禁城午门外中轴线西侧，与东侧的太庙相对。《春明梦馀录》对北京社稷坛有较详细的记载：

> 社稷坛在阙之右，与太庙对，坛制二成，四面石阶各三级。上成用五色土随方筑之，坛西瘗瘗位，四面开棂星门，西门外西南建神库，库南为神厨。北门外为拜殿，外天门四座，西门外南为宰牲亭。

社稷坛与太庙建立于此，尊其古制。“盖古者，天子社以祭五土之祇，稷以祭五谷之神。其制，在中门之外，外门之内，尊而亲之，与先祖等。”[3]北京社稷坛建成后，一直沿用到明亡。其间，弘治、万历年间虽曾修葺，但无所增建。

明代北京社稷坛址，原是唐代幽州城东北郊的一座古刹，后为辽代的兴国寺，元代称万寿兴国寺。明成祖迁都北京时，在此基础上改建成社稷坛。清代沿用明社稷坛，也曾数次重修，乾隆二十一年（1756年）大修。据《大清会典则例》记载：

[1] 《明太宗实录》卷二三二。

[2] 《明会要》卷八《太宗实录》。

[3] 《春明梦馀录》卷一九《社稷坛》。

社稷坛在阙右，北向。坛制方二成，高四尺，上成方五丈，二成方五丈三尺，四出陛，皆白石，各四级。上成筑五色土，中黄、东青、南赤、西白、北黑。土由涿、霸二州，房山、东安二县豫办解部，同太常寺验用。内壝四面各一门，楔阈皆制以石。朱扉，有棂。门外各石柱二，壝色亦各如其方。壝北门内西北瘗坎二，北为拜殿。又北为戟门各五间，戟门内列戟七十有二，均覆黄琉璃，崇基三出陛。壝外西南神库五间，神厨五间，井一，均东向。坛垣周百五十三丈四尺，内外丹雘，覆黄琉璃。北门三间，东西南门各一间。循垣东北隅东向正门一，左右门各一，相对阙右门为乘舆躬祭出入之门。坛西门外宰牲亭三间，东向，井一，垣一重，门一，北向。西南奉祀署东西各三间，垣一重，门一，东向。东遣官房一间，南向。东南为社稷街门五间，东北为社稷左门三间，均东向。[1]

这是乾隆时期社稷坛的基本情况，与明代社稷坛比，基本规制和布局相同，但拜坛及一些建筑的尺度和用材略有差异。如拜坛高度，明代为五尺，而清代为四尺。拜坛四出陛台阶，明代的皆三级，而清代的为四级，如此等等。现存的社稷坛，虽然基本规制未变，但几经重修，与乾隆时期又有所不同，如拜坛由原来的二层变成了三层，总高一米。可见，这种情况可能是后来重修时形成的。

现存的社稷坛在规模和空间布局上，与明代无大变化。明代社稷坛坛区平面呈不规则南北长方形，坐南朝北，实际上筑有三道围墙。对最外面的围墙，除了相关地图示意外，其他文献罕有记载其尺度。现存的社稷坛南北长470.3米，东西宽其南为345.5米，北约375米，呈梯形，占地面积360亩。这与明代相同。外围墙形成封闭型院落，只

[1] 《日下旧闻考》卷一〇《大清会典则例》。

在东边围墙开三道门，东向；最北边的为东北门，即在午门前阙右门，砖石结构，三门洞，黄琉璃瓦歇山顶。在端门南为社左门，砖石结构，黄琉璃瓦歇山顶，面阔三间，进深一间。皇帝祭祀时，由午门出，入社左门，再由北天门进入内坛行祀。外墙东面靠南为社稷街门，在端门与天安门之间御路西侧，砖石结构，黄琉璃瓦歇山顶，面阔三间。朝臣行祀时由此门进入，再进南天门，到内坛。

第二道围墙，即文献所云外壝，南北长八十六丈六尺五寸，约合269.48米；东西宽六十六丈七尺五寸，约合207.59米（明代一尺约合31.10厘米）。红墙，黄琉璃瓦顶。这与现存社稷坛外壝基本一致。四面开天门，北天门为正门，砖石结构三洞券门，黄琉璃瓦顶。因“社”代表土，为坤，属阴，故北向。东南西三个天门，均一个门洞，砖石结构，黄琉璃瓦顶。第二道围墙内也称内坛。外坛东北隅有门，称大北门，午门前阙右门之西，面阔三间，黄琉璃瓦悬山顶。

第三道围墙，又称内壝，是四面均十九丈余的方形矮墙，壝色亦如其方，即四面壝墙四种颜色，与相应方位的坛土颜色一致，北面黑色，东面青色，南面红色，西面白色。内壝四面设棂星门，正门北门为白石六柱三门，朱扉；其余三门均为白石二柱一门，朱扉。祭坛位于内壝中偏北，正方形，二层；四面出陛，各三级（这与清代四级略有不同）。上层坛面覆五色土，厚二寸；从弘治五年（1492年）开始改为覆土一寸。每年春秋二季祭祀时，都要更换一次五色土，按明初定制由相关地方供土，太常寺验用，由顺天府负责更换。

现存的社稷坛与明代不同，主要在于祭坛层次和出陛台阶，明代为二层，出陛各三级；现存为三层，出陛各四级。何时更改为现状，待考；但乾隆五十二年（1787年）之前，仍为二层。因为，《日下旧闻考》记载为二层，而此书最晚在这一年刊印问世，故此可推定。但记录出陛，却是四级，说明此时已变了明代出陛。

在建筑空间布局上，明代社稷坛与现存社稷坛无大差别。祭坛北棂星门外为享殿，也称祭殿，是供奉社神稷神牌位的场所，面阔五

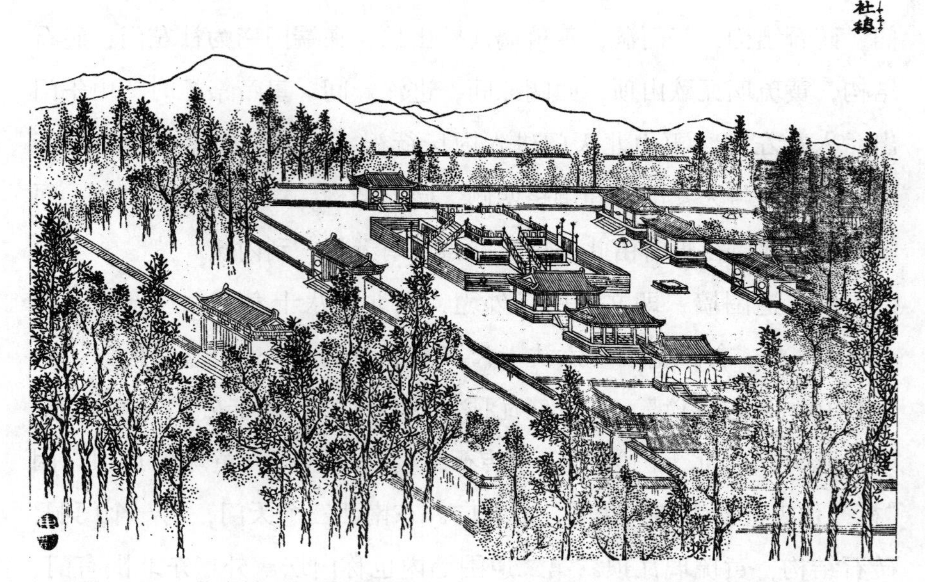

图 4-24 北京社稷坛景观绘图（引自（清）岡田玉山等编绘《唐土名胜图会》）

间，进深三间，黄琉璃瓦单檐庑殿顶，木结构，殿内无天花板。殿坐落于约一米高的汉白玉台基上，清代称拜殿。始建于永乐十九年（1421年），竣工于洪熙元年（1425年）。现存的享殿，为明代旧物，1925年孙中山先生逝世时，作为停灵场所，之后称中山堂。享殿之北为拜殿，祭祀时为避风雨而建；与享殿一样始建于永乐十九年，建成于洪熙元年；面阔五间三门洞，黄琉璃瓦歇山顶。清代因在三个门洞各置二十四杆、共七十二杆鎏金长戟，故称大戟门，为社稷坛正门。北天门、拜殿（清代戟门）、享殿（清代拜殿）、北棂星门和祭坛及南天门，均在社稷坛神道即中轴线上。西棂星门外，内坛西南隅北为神厨、南为神库，东向各五间，黄琉璃瓦悬山顶，围以院墙。西天门外迤南为宰牲亭和井亭，围成独立院落。再南有奉祀署及遣官房。

社稷坛作为皇家重要祭祀园林，具有与其他皇家祭祀园林类似特征。建筑庄严肃丽，雄奇典雅。空间布局上简洁疏朗，严谨规整，突出重点，主要建筑在中轴线上摆布，形成主体景观。特别是运用象征手法，强烈展现社稷坛崇敬土地、崇敬五谷的神韵；也突出“普天之下，莫非王土”的皇权至上理念；还融入了阴阳理论、五行学说等传统文化元素，使祭祀园林的独特意境更加深邃和博大精深。同时，运用树木装点和美化环境，营造出古朴、幽静、肃穆的氛围。社稷坛依古制，其中必种松、柏、栗、桧、槐等高大乔木，以示庄严。社稷坛古木葱茏，荫翳蔽日，与红墙黄瓦的低矮建筑相互映衬，使空间层次更加明朗。在比较开阔的隙地，以树木植物充实，郁郁苍苍，使这一寂静的环境变得充满了生机，又将这个紧靠大内的祭祀园林更显神圣和神秘。

辛亥革命后，国民政府将社稷坛开辟为中央公园，新中国成立后开放成中山公园，增添了一些新的景观设施，成为首都的重要景点和著名的历史文化遗迹。

第三节　祭祀庙宇园林

一　太庙

宗庙制度是中国一项古老制度，是从血缘关系主导的原始社会发端为祖先崇拜，形成并维系宗法制度，成为贯穿中国数千年社会历史发展过程中的文化现象。帝王宗庙规制，源远流长，有文字记载的，“周制，天子七庙。而《商书》曰，‘七世之庙，可以观德’，则知天子七庙，自古有之”[1]。帝王建祖庙，主要是将过世的祖先牌位供奉于祠庙中，以示敬祖。据《周礼·考工记》，天子祖庙按“左祖右社”的规制，建于宫城左前方。历代帝王无不如之。

（一）南京太庙

明代太庙始建于洪武间。明太祖朱元璋于“明初作四亲庙于宫

[1] 《明史》卷五一《礼志五》。

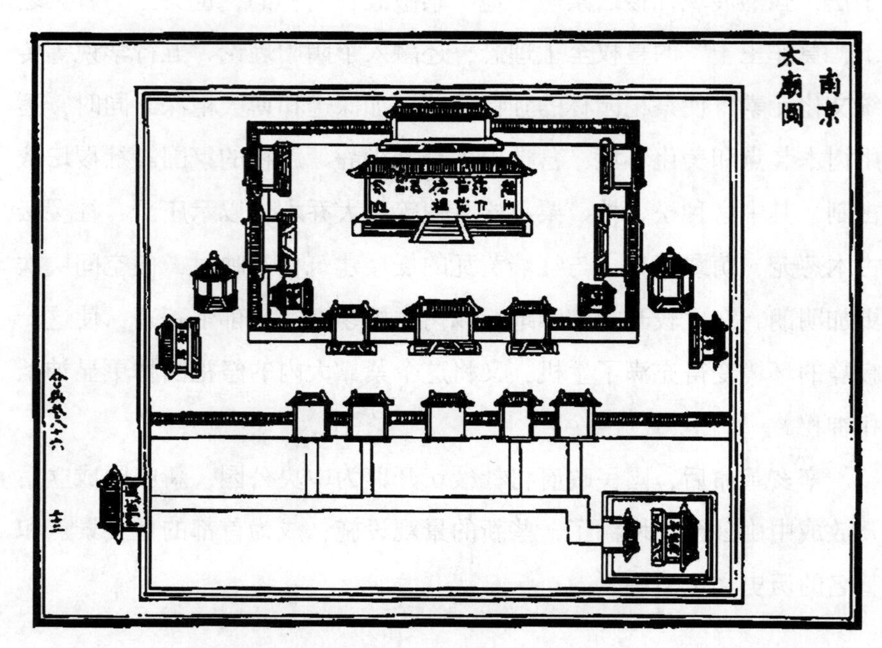

图 4-25　南京明初太庙平面图（引自潘谷西主编《中国古代建筑史》第四卷）

城东南，各为一庙”[1]，就是供奉朱元璋上四代祖亲的庙宇。据《吾学编》记载：“吴元年（1367年）九月甲戌朔，太庙成。四世祖各为一庙……皆南向。东西有夹室，旁两庑、三门，门设二十四戟，缭以周垣，如都宫之制。”[2]

（洪武）八年（1375年）改建太庙。前正殿，后寝殿。殿翼皆有两庑。寝殿九间，间一室，奉藏神主，为同堂异室之制。九年十月，新太庙成。[3]

所谓“同堂异室”之制，就是将所有祭祀神位都集中于一个殿堂

[1] 《明史》卷五一《礼志五》。
[2] 《明会要》卷九《吾学编》。
[3] 《明史》卷五一《礼志五》。

内，并划分为若干单间，一室一位以奉祀。

根据《明会典》所载，改建后的南京太庙图，平面呈东西长方形，南向；外围墙形成封闭型院落，在西面围墙南部开有一门，称庙街门。整个太庙，从南到北分成三个院落。进入庙街门，为第一层院落，在东南隅有牺牲所，围以院墙。这一院落的北墙，即第二道院落的南墙。这道墙东西横贯，将庙区分割成南北部分；墙上设五座门，即斋次。第二层院落，也称“都宫”，东南角有神库，面阔五间，西向；西南角有神厨，面阔五间，东向。在神库、神厨北侧，在第二层院落偏北居中处为第三层院落，即太庙壝墙。在东西壝墙外各一井亭。南壝墙中部设三道门，即戟门，为太庙正门，门前设二十四戟。入门内便是太庙正殿，坐北朝南，内奉祀四祖神位；东西有配殿各两座，东西向。正殿后为寝殿九间，每间奉祀一主。这种布局，与后来的太庙有较大差别。

（二）北京太庙

成祖朱棣营建北京皇宫时按“左祖右社”的古制和南京的模式，于永乐十八年（1420年）在午门左前方建成太庙，奠定了北京太庙的基本格局和规模。《春明梦馀录》记载：

> 太庙在阙之左，永乐十八年建庙、京师，如洪武九年（1376年）改建之制。前正殿，翼以两庑，后寝殿九间，间一室，主皆南向，几席诸器备如生仪。[1]

这就是明代北京太庙的基本格局，一直沿用百余年，无大改变。其间，只是在弘治年间增建了祧庙。宪宗死后，“成化二十三年（1487年）八月，宪宗将升祔，而九室已备，始奉祧懿祖、熙祖而下，

---

[1]《春明梦馀录》卷一七《太庙》。

皆以次奉迁”[1]。所谓祧庙，就是供奉远祖的庙。因宪宗死后祔太庙，而此时太庙九室已满，于是在如何安排上经过朝臣的一番礼仪争论。孝宗采纳周洪谟等人的建议，最后决定在太庙寝殿后增建祧庙，并将朱元璋的懿祖（曾祖父）、熙祖（祖父）、仁祖（父亲）等从正殿奉迁至祧庙，原来供奉的四祖中只留了高祖德祖的神主未动。这样，为宪宗祔庙腾出位置。弘治四年（1491年）祧庙成，之后四十年间再无变化。

明代北京太庙，变化最大的是嘉靖时期。嘉靖即位后就遇到了如何定位其生父兴献王问题，为此与朝臣展开了旷日持久且激烈的对抗。因在礼制及朝臣的认同等方面遇到不少障碍，这让世宗感到十分苦恼和纠结。因而，他采取了许多具体步骤，逐步接近目的。从嘉靖九年（1530年）开始，世宗对祭祀制度进行了大范围、一系列改革，其最终目的就是为其生父兴献王争得正统地位，与明代其他皇父一样，堂堂正正地供奉于太庙，俨然若帝王。

明代皇家宗庙，实际上有两种。一个是太庙，只有那些正统继位，一统天下的皇帝才有资格死后祔太庙。另一个是奉先殿，供奉除皇帝以外的直系先祖，属皇帝家庙，这在礼仪上当然次一等。按明代礼仪，世宗生父神位只能奉祀于奉先殿。但对此世宗绝不接受。世宗即位后，先是将生父神主从湖北钟祥奉迎到北京。嘉靖三年（1524年）二月，在奉先殿内修观德殿，作为临时奉祀生父神位的地方，第一步实现了“生父神位进京”的目的。

所谓观德殿，其实就是改造后的奉先殿的西室，而非新建。取名观德殿，体现周代天子“七世之庙，以观德”之意。世宗为了表明其父与其他奉祀于奉先殿的先祖不同，虽入奉先殿，但另称观德殿。嘉靖“五年（1526年）七月，谕工部以观德殿窄隘，欲别建于奉先殿左”。他虽然将生父神位奉祀于观德殿，但知道实质上还是在奉先殿

[1] 《明会要》卷九《明会典》。

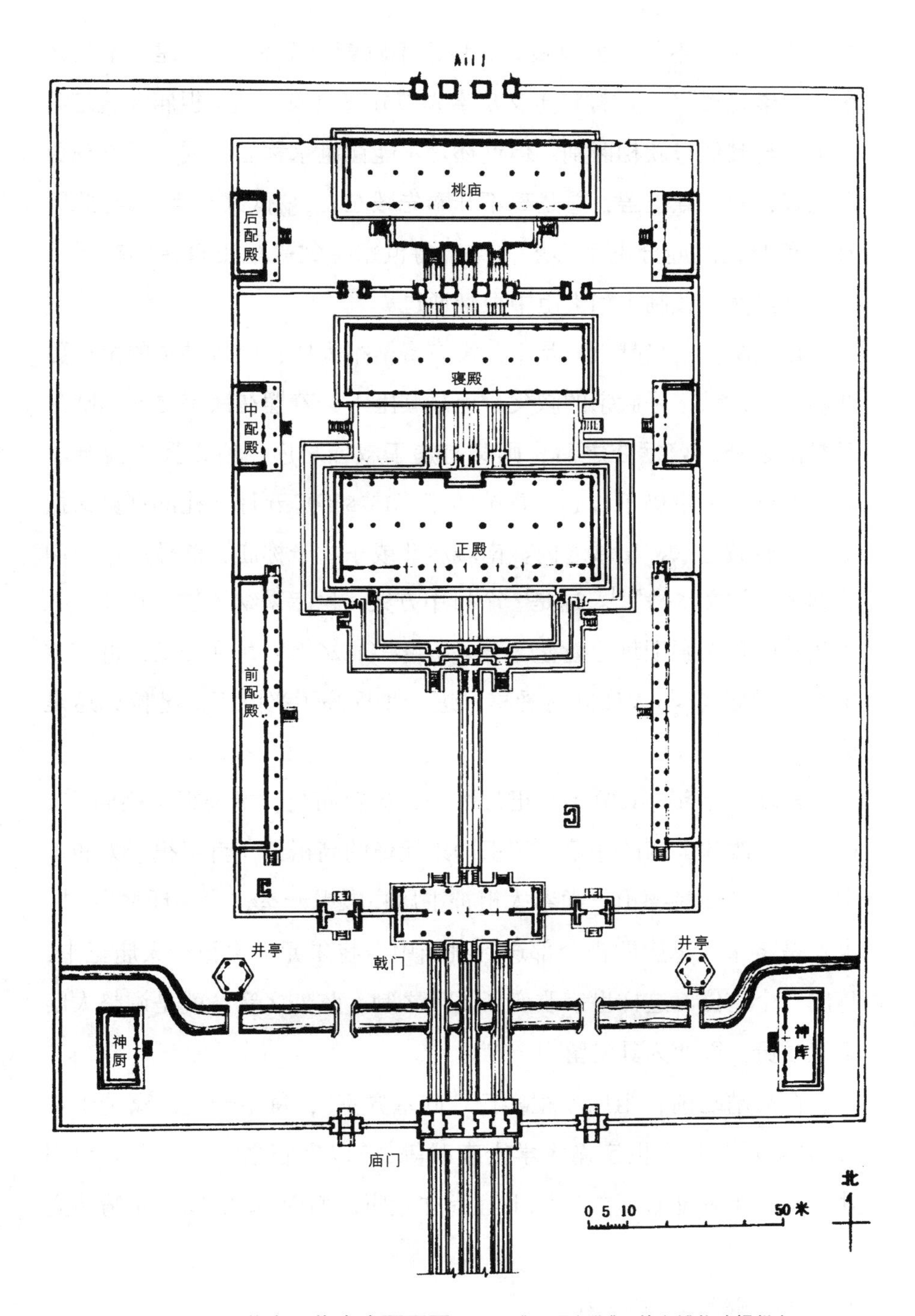

图 4-26　北京明代太庙平面图（载于《大明会典》，故宫博物院提供）

内，所以于心不甘，另建殿宇。世宗不顾朝臣反对，“乃建于奉先殿东，曰崇先殿”[1]。这样将生父从奉先殿分离出来，独享祖庙。这是第二步，与其他皇族相区别。但这还是不能让世宗称心，因为无论观德殿也好，崇先殿也罢，总是离不开奉先殿左右，“低人一等”。与此同时，有的大臣迎合世宗心思，提出将世宗生父兴献王直接奉祀于太庙。这当然在礼制上和大臣中很难通过。

在礼制上，兴献王只是臣，没有资格祔太庙；而且神主的位次更难确定，兴献王是武宗的叔父，但是其臣下。若摆在武宗之前，则乱了君臣之礼；若摆在之后，则又有违于叔侄之序，所以置于两难境地。不过，世宗仍不甘心。嘉靖四年（1525年）五月，礼部官员又提出“于砖城之东、皇城之内、南城尽北或东立一祢庙，前殿后寝，门墙廊庑，如文华殿”[2]。这是一个折中方案。世宗采纳了这个建议，在太庙外的环碧殿旧址上营建。嘉靖五年（1526年）九月竣工，世宗钦定称“世庙”，与太庙同时受享，进一步提高了兴献王的地位。这是第三步。

嘉靖“十年（1531年）正月甲午，更定庙祀，奉德祖于祧庙”[3]。这拉开了改建太庙的序幕。德祖即朱元璋的高祖，一直奉祀于太庙正中。嘉靖“命祧德祖，而奉太祖神主居寝殿中一室，为不迁之祖”[4]。也就是将朱元璋上四祖全部送到祧庙中，将朱元璋奉祀于太庙正中，腾出一个空位。这样世宗改变了永乐之制，弦外之音，就是调整太庙奉祀成员，以便为其父留出一席之地。

在嘉靖之前，祖庙奉祀实行“同堂异室”，每室一主。嘉靖十年（1531年）九月，世宗谕大学士李时等，“以宗庙之制，父子兄弟同处一堂，于礼非宜。太宗以下宜皆立专庙，南向”。所以，嘉靖建立

[1] 《明史》卷五二《礼志六》。

[2] 《明世宗实录》卷五一。

[3] 《明史》卷一七《世宗本纪》。

[4] 《明会要》卷九《明会典》。

“都宫别殿”制，在同一个大院落中分别建九座殿，一主一殿。德祖祔祧后，太庙只有八主，尚有一主空位。嘉靖改革庙祀制度，就是围绕这一空位做文章，意在将生父入太庙。但直接入太庙还是有难度，所以，采取先扩建太庙的策略。对此，礼臣夏言等谏言：“太庙两旁隙地无几，宗庙重事，始谋宜慎。”[1]

这样，围绕如何改建太庙，在大臣中又引起争论。此时，正逢嘉靖“十三年（1534年），南京太庙灾”。夏言等谏言：“京师宗庙，将复古制，而南京太庙递灾，殆皇天列祖佑启默相，不可不灵承者。”说这是先祖在默许改建太庙，这正中世宗下怀。“帝悦，诏春和兴工。”

> （十四年）二月尽撤故庙改建之。诸庙各为都宫，庙各有殿有寝。太祖庙寝后有祧庙，奉祧主藏焉。太庙门殿皆南向，群庙门东西向，内门殿寝皆南向。十五年十二月，新庙成，更创皇考庙曰睿宗献皇帝庙。[2]

新庙仅用两年时间就建成，一庙变成群庙。世宗终于将生父堂而皇之地放进太庙院落内。改建太庙，嘉靖更注重其父世庙的建造。内阁及礼、工二部先提出了建新庙的具体方案：

> 遂于太庙南左为三昭庙，与文祖世室而四，右为三穆庙。群庙各深十六丈有奇，广十一丈有奇，世室寝殿视群庙稍崇而纵横深广与群庙等。列庙总门与太庙戟门相并，列庙后垣与太庙祧庙后墙相并。

这个方案中，兴献王庙的寝殿比其他皇帝庙在尺度上更大些。但

[1] 《明史》卷五一《礼志五》。
[2] 《明史》卷五一《礼志五》。

对此世宗还不很满意，主要是：

上以世室当隆异其制，谓诸臣所拟未尽，令再议。于是（夏）言等请增拓世室，前殿视群庙崇四尺有奇，深阔半之；寝殿视群庙崇二尺有奇，阔深如之，规制宏巨，夐与群庙异，上乃报允。[1]

世宗不仅要在太庙院内为生父建世庙，而且世庙的前殿、寝殿都比其他群庙更高大宏伟，异军突起。《明会典》记载：嘉靖“十四年（1535年）更建世室及昭穆群庙于太庙之左右，其制皆正殿五间，寝殿三间，各有门垣，以此而南，统于都宫。”[2]《春明梦馀录》记载：

（世宗）从（廖）道南议，撤故庙，祖宗各建专庙，合为都宫。先是，上既追尊献皇帝建世庙于太庙之东南，以四孟享。十五年（1536年）改世庙为献皇帝庙，十二月九庙成。十七年九月，上尊皇考庙号睿宗，祔享太庙。

世宗生父庙有几种称谓：世庙、睿庙、献皇帝庙等等。改建太庙，由于“上谕太庙三殿勿撤”[3]，即太庙原有的前殿、寝殿和祧庙仍旧，但总体规模扩大，格局有了明显变化。

嘉靖新建太庙，空间基本布局平面呈南北长方形，里外分割成三重院落，环环相套。最里面院落，原有太庙三殿居中。最前面为享殿即大殿，亦称前殿，南向；其后为寝殿，二殿外有壝墙。这是专用于奉祀太祖的。寝殿后一道隔墙，中设有门通后院祧庙，奉祀四世上祖。大殿院落的正门，即戟门。其南有东西横向水渠，上有五座石

[1] 《明世宗实录》卷一六七。
[2] 《明会典》卷八六。
[3] 《春明梦馀录》卷一七《太庙》。

桥，桥南即太庙南门。三殿坐落于太庙的中轴线上。

在三殿院落外为第二层院落，即“都宫”，内有群庙。在享殿的东侧有成祖、仁宗、英宗和孝宗等四庙，西侧有宣宗、宪宗、武宗等三庙；均由北到南一字排列，俱南向，每庙成独立院落，前殿后寝布局。

最外一层院落，即都宫外比较空旷，就是太庙外墙以内，群庙院落外的空间。这里只有一座庙，在群庙东墙外东南，即都宫之外为世宗生父睿宗庙，又称玉芝宫，有四面围墙，前为享殿，后为寝殿。院落和殿宇的规模，都大于其他群庙。虽然嘉靖皇帝处心积虑，将生父神位挤进太庙内，但还是内外有别，未能将睿庙与其他皇帝庙一起建于群庙院落内，孤立地摆在都宫外，不免有些另类。

在太庙外西墙上有三道门，南为庙街门，中为神厨门，靠北为阙左门。庙区东南隅有牺牲所，其西南隅有奉祀署。新建太庙金瓦曜日，红墙映辉，庙宇鳞次，松柏苍翠，更显得宏伟气派，肃穆庄严。

然而，天不遂人愿。新庙建成不久，嘉靖二十年（1541年）四月辛酉，一场雷火后尽成灰烬。

> 辛酉夜，宗庙灾，成庙、仁庙二主毁。是日未申刻，东草场火，城中人遂讹言火在宗庙。薄暮雨雹风霆大作，入夜火果从仁庙起，延烧成庙及太庙，群庙一时俱烬，惟睿庙独存。[1]

这场天火，烧毁了太庙，只剩都宫外的睿庙，即嘉靖生父庙。因此，新建太庙昙花一现，未能传承。火灾后，嘉靖帝又着手重建太庙。《春明梦馀录》载，重建太庙，开始时世宗还想扩建，但未得到朝臣的广泛迎合，之后才不得已改了主张：嘉靖“二十二年（1543

[1] 《明世宗实录》卷二四八。

年）十月壬戌，上以旧庙基隘，命相度规制。议三上，不报。久之，乃命复同堂异室之制”。

其实，嘉靖对旧的“同堂异室”之制并不欣赏，对改制后的“都宫别殿”之制也不满意，认为：“我皇考睿宗，庙于都宫之外。朕每事庙中，考庙未备。虽于祫祀同享，而奉主往来，深为渎扰。”但他将这次火灾看作“往者回禄之警，天与祖宗实启朕心”。所以，“兹当重建之辰，所宜厘正，以图新制”。但考虑到“祖考列圣惟聚一堂，斯实时义之顺者。兹当建立新庙，仍复旧制。前为太庙后为寝，又后为祧，以藏迁主”[1]。

之所以太庙回归到同堂异室旧制，除了怕“天怒祖怨”外，当时朝廷财力也有限，无法再大规模重建九庙。同时，时间也不能拖得太长，按旧制重建，投资少，工期短。还有重要的原因是，尽管世宗对皇考“庙于都宫之外”还不太称心，但毕竟已入太庙，与其他皇帝祫祀同享，因而就不那么苛求了。

太庙重建工程，于嘉靖二十三年（1544年）十一月启动，二十四年六月竣工，工期一年半。这是明代在北京第三次营建太庙。

> 庙制间座、丈尺宽广俱如旧，惟起土培筑，寝庙内分九间，连前间隔，如古夹室制。祧庙前改除甬道，添置中左右三间并墙一道，东西量移宽广，北移进七尺，南移出丹墀三丈。[2]

重建后的太庙，成为明代太庙的最后规模与格局。还是三重院落，三殿居中，前殿、寝庙、祧庙尺度与灾前同。寝殿分九室，一室一主。拆除祧庙前的甬道，增建三间殿庑，南北略有扩展。取消都宫九庙，归入九室，其余无大变化。重建的太庙，反而为世宗将皇考奉

[1] 《春明梦馀录》卷一七《太庙》。

[2] 《明世宗实录》卷二八一。

祀于太庙，提供了天赐良机。在安置神位时，将皇考睿宗排到宪宗之后，武宗之前，纠结于心的“正统”地位，终于实现。

嘉靖重建后的太庙，成为清代继承的历史遗产，奠定了现存太庙的基本格局。

清代入关后，直接沿用了明代太庙，只作了修缮和调整，未进行大的改建。据《清世祖实录》卷八记载，顺治元年（1644年）壬子奉太祖、太宗神主于太庙，可见对明太庙未加修缮便直接利用。此时的太庙，据《清朝文献通考》记载：

> 端门左，南向，朱门丹壁，覆以黄琉璃，卫以崇垣，大门三，左右门各一，戟门五间，崇台石阑，中三门，前后均三出陛，中九级，左右各七级，门内外列戟百有二十。左右门各三间，均一出陛，各七级。前殿十有一间，重檐脊四，下沉香柱，正中三间饰金梁栋，阶三成，缭以石阑，正南及左右凡五出陛，一成四级，二成五级，三成中十有二级，左右九级。中殿九间，同堂异室，内奉列帝、列后神龛，均南向。后界朱垣，中三门，左右各一门，内为后殿，制如中殿，奉祧庙神龛，均南向。前殿两庑各十有五间，东为配飨诸王位，西为配飨功臣位。东庑前、西庑南，燎炉各一。中殿、后殿两庑各五间，藏祭器。后殿东庑南，燎炉一。戟门外东西井亭各一，前跨石桥五，翼以扶阑，桥南东为神库，西为神厨，各五间。庙门东南为宰牲亭、井亭。庙垣周二百九十一丈六尺，西南太庙街门五间，西北太庙右门三间，均西向。[1]

这一记载证明，顺治年间的太庙，就是明嘉靖所重建的原物。清

[1] 《清文献通考》卷一〇八。

代重修太庙，最早是顺治“五年（1648年）四月以重修太庙……六月工成，奉安神位于正殿”[1]。所谓重修，仅用了两个月，所以只是简单整理了一下。到乾隆初期修缮太庙，也与明代太庙无大变化。《大清会典则例》记载：“乾隆元年（1736年）谕：国家式崇太庙，妥侑列祖神灵，岁时祗荐明禋，典礼允宜隆备。今庙貌崇严，而轩棂榱桷久久未增饰，理应敬谨相视，慎重缮修，以昭黝垩示新之敬。著该部会同内务府详议具奏。”于是，乾隆三年（1738年）二月正式开工：“壬申，谕本年二月初二日兴工修理太庙。”[2]“缮修太庙，于乾隆四年（1739年）工竣。”[3]这次重修，工期也不长，开工后总共才用了一年半多一点儿时间，所以也不可能大动干戈。《大清会典则例》记载的太庙，修缮后整体上与明末时基本相同，特别是基本格局和主要建筑，均保留了原样。须澄清的是太庙前殿在明代就是十一间，不是有些文献所说的九间；乾隆初修缮时只有对三层崇基的第三层台阶减少了一级，成十一级，其余均同，包括前殿两庑仍十五间。“中殿九间，后殿九间，两庑各十间。”可见，两庑增加了各五间。这与现存的太庙基本一致。

明代太庙坐北朝南，平面呈南北长方形，筑有三重围墙，形成封闭型院落。红墙黄琉璃瓦顶，外围西墙即御道东墙，与午门、承天门（今天安门）东庑相合，开有三道门，俱西向；南为太庙街门，在承天门与端门之间；中为庙右门，又称神厨门，在端门北；北为阙左门，在午门前。太庙外墙正南为正门，称前门，三间，庑殿顶琉璃砖门，两侧各有一侧门；门前是玉带河，上有石栏三孔石桥。东面外墙中，南池子街路西有太庙东门，也称神库门。外墙北面正中有后门，北向三个门洞。由前门到后门，一条中轴线贯穿南北。主体建筑都坐落于中轴线上，配套建筑对称坐落其左右，空间布局非常规整。

[1] 《清朝通典》卷四五。

[2] 《清高宗实录》卷六一。

[3] 以上引自《日下旧闻考》卷九《国朝宫室》。

第一道围墙与第二道围墙之间空间很大，占据太庙总面积的一半以上。前门内往北有一道水渠，上有东西排列共七道石桥。明时渠内无水，乾隆二十五年（1760年）引御河水入渠中。桥北左右对称有两个六角形井亭。东侧有神库，西侧有神厨，左右对称。太庙主体建筑即三大殿和配套建筑，均在第二道围墙内，并分隔为两个院落。前一个院落最南为琉璃门，正门面阔三间，黄琉璃瓦庑殿顶，砖石结构，左右各一旁门。再往北跨过一字排开的五座汉白玉石桥，即到戟门，门面阔五间，砖石结构，黄琉璃瓦单檐庑殿顶，汉白玉须弥座，中饰丹陛。门内外列朱漆戟架八座，上插银镦红杆金龙戟120支。再往北，就是太庙正殿，又称前殿，面阔十一间，进深四间，重檐庑殿顶，覆以黄琉璃瓦；三层汉白玉须弥座，围以汉白玉石栏，望柱头浮雕龙凤纹，五出陛；两庑各十五间。前殿后为寝殿，又称中殿，奉祀神位，黄琉璃瓦庑殿顶，面阔九间；两庑各五间。第三层院落，即祧庙。在寝殿后面，以一道隔墙间隔，自成院落，规制如寝殿。三殿的基本功能，明清两代均同。前殿主要是举行祭祀仪式之用；寝殿是安放前辈皇帝神位之所，以同堂异室分置；祧庙即后殿，是安放皇祖神位之所。

可见，北京太庙在明清两朝经历三次大的变化，嘉靖时期前后有两次，清乾隆时期一次。太庙是明代十分重要的皇家祭祀园林，空间布局严整，建筑雄伟壮丽，金碧辉煌，规制与紫禁城三大殿基本相同，只是规格稍逊。院落层层递进，幽谧深邃；门庭森严，殿宇肃穆，气势轩昂，令人仰止。院内御桥横列，井亭肃立。苍松古柏挺拔，浓荫掩映，整体布景显现出气势磅礴的皇家气派和神圣而典雅的气质。现为劳动人民文化宫，为北京的重要古典园林。

二 皇家孔庙

影响中国两千多年封建制度的主流文化或意识形态，主要是儒释道三种。释和道，即佛教和道教是宗教意识形态，而儒是由孔子为代表的文化流派，本质上不是宗教。但是，从西汉武帝“罢黜百家，独尊儒术”以后，儒学一直成为中国社会占统治地位的意识形态，被顶礼膜拜，推崇得几乎成为宗教，所以，也称儒教。于是，孔庙遍地。但皇家孔庙是国家级孔庙，也是重要的皇家祭祀园林之一。

（一）明代帝王的尊孔

孔子是儒家学派的创始人和最主要的代表人物。他在春秋时期创立的儒学，从汉武帝以后成为历代封建帝王的治国理论，因而孔子被捧为“圣人”，身价地位与时俱增。无论是历朝历代的帝王，还是书生百姓，都对他顶礼膜拜，逐朝封官加爵，屡加光环，达到无以复加的程度。“汉、晋及隋或称先师，或称先圣、宣尼、宣父。唐谥文宣王，宋加之圣号，元复加号大成”[1]。于是，孔子便升堂入庙，绵延两千多年，香火不断，愈燃愈旺。

明代皇帝尊孔、祭孔，是由太祖朱元璋开先河。据《明史·礼志四》：

> 明太祖入江淮府，首谒孔子庙。洪武元年（1368年）二月诏以太牢祀孔子于国学，仍遣使诣曲阜致祭。临行谕曰：“仲尼之道，广大悠久，与天地并。有天下者莫不虔修祀事。朕为天下主，期大明教化，以行先圣之道。”……又定制，每岁仲春、秋上丁，皇帝降香，遣官祀于国学。

对朱元璋的尊孔，甚至汉武帝都汗颜。汉武帝只是“独尊儒术”，而朱元璋“诏革诸神封号，惟孔子封爵仍旧”。可见，尊孔盛于尊神。不仅祭孔子，同时还规定以孟子为首的所谓十哲为配祀者。“又诏天

[1] 《明史》卷五〇《礼志四》。

下通祀孔子，并颁释奠仪注。”[1]朱元璋为子孙定下了尊孔祭孔的基本制度。

明代其他帝王将太祖的定制作为祖宗之法，基本照行，只是在一些枝节问题上有所增益。如宣德以后，各朝逐步增加了从祀人数。但到嘉靖时朝廷内部发生了一场所谓“易号毁像”的争论。起因是嘉靖九年（1530年）大学士张璁上言：“先师祀典，有当更者。”说颜路、曾皙、孔鲤是颜子、曾子、子思的父亲，而三子享受朝廷配祀待遇，即在正殿里设位祭祀；但他们的父亲连同孔子的父亲叔梁孔纥，却在两庑即侧殿从祀。因此提出，将他们的父辈“从祀两庑，原圣贤之心岂安？”这实际上是“尊父论”，正合嘉靖帝心意，所以当然赞同，说：“圣人尊天与尊亲同。”同时认为，对这些先师先哲的祭祀，“全用祀天仪，亦非正礼。其谥号、章服悉宜改正”。也就是提高圣贤们的父亲的待遇，同时削减圣贤们的头衔等礼遇。在嘉靖之前，祭孔礼仪与祭天礼仪基本相同，现在要改过来，祭孔不能用祭天礼，要降格。这个举措在朝臣中立即引起强烈反响。因为，祭孔礼仪是当时重大的政治问题，涉及基本制度，非同小可。

嘉靖的这项“改革”举措，触动了如何对待孔圣人这个重大问题。张璁顺着嘉靖帝的心思进一步提出了“改正”的具体方案：“孔子宜称先圣先师，不称王。祀宇宜称庙，不称殿。祀亦用木主，其塑像宜毁。……配位公侯伯之号亦削，止称先贤先儒”，等等。就是要对孔子及以下先哲的谥号，进行削减，去冠夺爵。对此，嘉靖帝要礼部会翰林诸朝臣讨论，从而在朝臣中引起激烈争论。

对嘉靖帝和张璁的意见，只有个别人赞同，而绝大多数人反对。特别是御史黎贯说得最激烈：

圣祖初正祀典，天下岳渎诸神皆去其号，惟先师孔子如

[1] 《明史》卷五〇《礼志四》。

> 故，良有深意。陛下疑孔子之祀，上拟祀天之礼。……自唐尊孔子为文宣王，已用天子礼乐。宋真宗尝欲封孔子为帝。……莫尊于天地，亦莫尊于父师。陛下敬天尊亲，不应独疑孔子王号为僭。

这句话强烈刺激了皇帝的敏感神经。嘉靖大怒，“疑（黎）贯借此以斥其追尊皇考之非，诋为奸恶，下法司会讯，褫其职”。嘉靖帝只要怀疑有影射“大礼仪之争”的事，绝不手软，无情打击。所以，对挑头反对的徐阶、黎贯等予以严厉处罚，或降职，或下狱。最后，礼部还是按皇帝的意见办：

> 人以圣人为至，圣人以孔子为至。宋真宗称孔子为至圣，其意已备。今宜于孔子神位题至圣先师孔子，去其王号及大成、文宣之称。改大成殿为先师庙，大成门为庙门。

还有对配祀、从祀者的称谓也相应进行了调整，祭祀礼仪也相应改动，拆除孔子塑像，改用小尺度的木雕像为神主等等，并为定制。

虽然嘉靖朝对孔子的谥号及祭孔礼仪有所更改，但明代帝王的尊孔基本制度没有变，反而从祀人数越来越多，到嘉靖末年时已达“凡九十一人”[1]。之后，隆庆、万历、崇祯时期又有所增易，而基本如前。

（二）明代皇家孔庙的沿革

孔庙，又称文庙。明朝开国，先定都于南京。因建国伊始，百废待兴，洪武初还未来得及建孔庙，祭孔在国子监举行。

---

[1] 《明史》卷五〇《礼志四》。

（洪武）十五年（1382年），新建太学成。庙在学东，中大成殿，左右两庑，前大成门，门左右列戟二十四。门外东为牺牲厨，西为祭器库，又前为棂星门。

太学就是国子监，为国家最高学府。孔庙在太学东侧，两个建筑连在一起。这是明代的第一个皇家孔庙。到洪武三十年（1397年）“以国学孔子庙隘，命工部改作，其制皆帝所规画。大成殿门各六楹，灵星门三，东西庑七十六楹，神厨库皆八楹，宰牲所六楹”[1]。朱元璋嫌原来的孔庙太狭小，所以亲自规划，重修规模更大的孔庙。

成祖迁都北京后，“永乐初，建庙于太学之东”[2]。《帝京景物略》记载：“都城东北艮隅，瞻其坊曰‘崇教’，步其街曰‘成贤’，国子监。国初本北平府学，永乐二年（1404年）改国子监。左庙右学，规制大备。”[3]洪武时期，将元代的孔庙改为北平府学，永乐初改为国子监，即朝廷办的太学。后在其东建孔庙，与国子监比邻，位于现北京市安定门内大街东侧成贤街里，西边是首都图书馆，东边是雍和宫。这是按照“左庙右学”的礼制建造的。

永乐国子监，是旧物利用，始建于元代，是由元世祖时的丞相鄂勒哲首先提出并得到批准，由宣抚王檝具体实施营建的。据《元名臣事略》记载：元代初期“京都未有孔子庙，而国学寓他署。丞相兴元忠宪王鄂勒哲喟然曰：‘首善之地，风化攸出，不可怠。’乃奏营庙学”。元初“燕京始平，宣抚王檝请以金枢密院为宣圣庙”。“时都城庙学既毁于兵，（王）檝取旧枢密院地复创立之。”[4]“王巨川于灰烬之馀草创宣圣庙，以己丑（元世祖至元二十六年，1289年）二月八日丁酉率诸士大夫行释典礼。”[5]

[1] 《明史》卷五〇《礼志四》。

[2] 《春明梦馀录》卷二一《文庙》。

[3] 《帝京景物略》卷一《城北内外·太学石鼓》。

[4] 《日下旧闻考》卷六六《元史·王檝传》。

[5] 《日下旧闻考》卷六六《湛然居士集》。

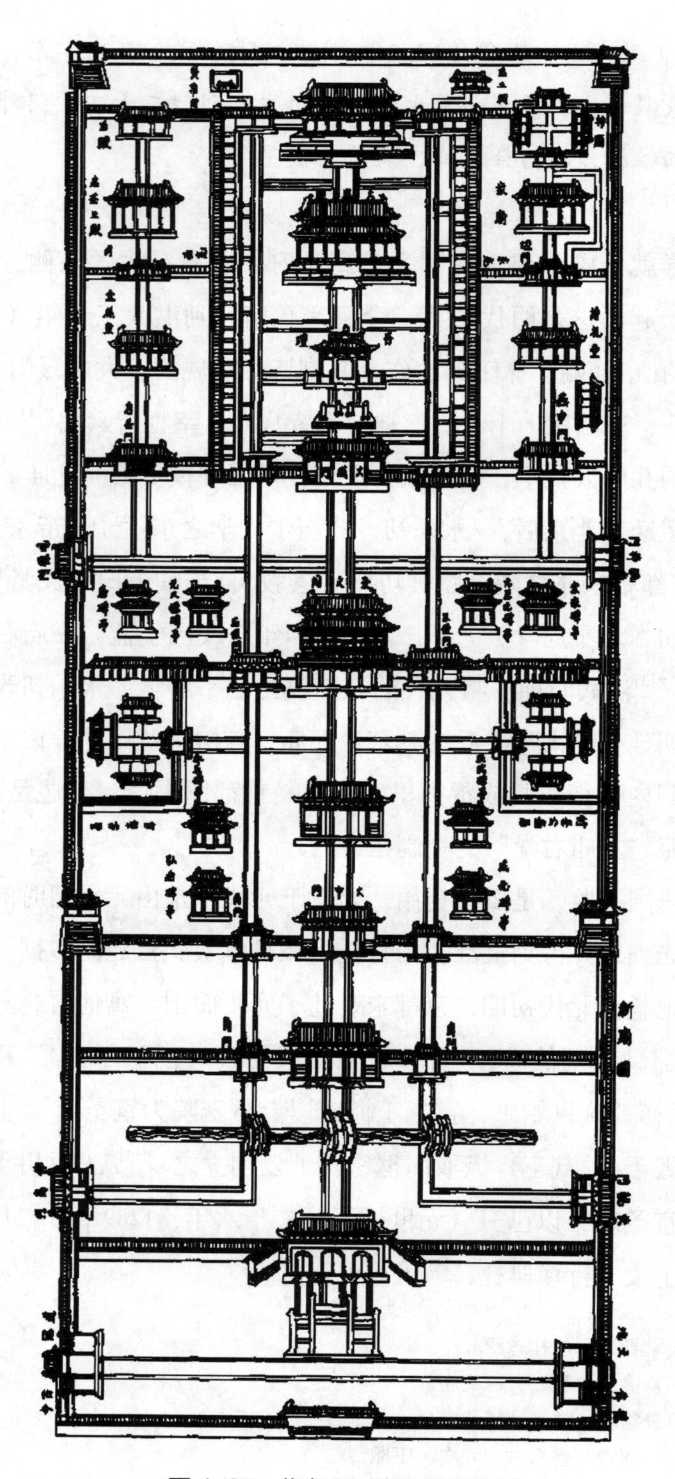

图 4-27　北京明正德孔庙平面图

王檝曾是成吉思汗麾下的汉臣，后事世祖忽必烈。

> 王檝字巨川，凤翔虢县人。……甲戌（元世祖至元十一年，1274年）授宣抚使，兼行尚书六部事。……时都城庙学既毁于兵，檝取旧枢密院地复创立之，春秋率诸生行释菜礼，仍取旧岐阳石鼓列庑下。[1]

《春明梦馀录》记载：北京“文庙在城东北国学之左。元太祖置宣圣庙于燕京，以旧枢密院为之。成宗大德十年（1306年），京师庙成”[2]。《春明梦馀录》所谓元代北京宣圣庙（孔庙）建于太祖（成吉思汗）时期的说法不准确，或许是笔误，将世祖说成太祖。太祖成吉思汗建蒙古大汗国，未曾定都北京，于1227年就病逝于宁夏境内六盘山，离元代建国定燕京为大都还早34年。所以，与北京孔庙无涉。忽必烈于至元元年（1264年）以燕京为中都，八年（1271年）改国号大元，九年改中都为大都，正式迁都燕京，这时才涉及建孔庙之事。至于说孔庙建于元成宗大德十年（1306年），或许是指重修，或扩建，而并非始建。

元代的孔庙于至元二十四年（1287年）二月在金代枢密院的旧址上落成，是元朝迁都到燕京以后15年。元末太学毁于战火。到明洪武间，对元代的孔庙继续沿用，但只当作地方学府。

> 明太祖改为北平府学，庙制如故。永乐元年（1403年）八月，遣官释奠，仍改称国子监孔子庙，寻建新庙于故址。中为庙，南向，东西两庑丹墀；西为瘗所，正南为庙门。门东为宰牲亭、神厨；西为神库、持敬门，门正南为外门。正殿初名大成殿，嘉靖九年（1530年）改称先师庙；殿门为庙

[1] 《元史》卷一五三《王檝传》。

[2] 《春明梦馀录》卷二一《文庙》。

门。[1]

洪武时，皇家孔庙在南京。永乐初还未迁都，但是，成祖还是把北平府学急忙改称国子监孔庙。这事实上造成了南北两个皇家孔庙。《明史》和《春明梦馀录》所说永乐初建孔庙于太学东，指的是永乐九年（1411年）在元代庙学的旧址上重建孔庙。这是迁都北京，重建宫城庞大计划的一部分。

北京孔庙位于皇城东北隅安定门内成贤街里，按“左庙右学”的规制，孔庙在东，国子监在西，一墙之隔，所以习惯上往往将二者相提并论。永乐后历朝，都对北京皇家孔庙及时进行了规模不等的修葺，使皇家孔庙始终保持完好。“宣德四年（1429年）八月，修北京国子监大成殿前两庑。”[2]其实，国子监没有大成殿，一些文献往往把国子监与孔庙统称为庙学或以国子监代之。所以，宣德年间所修缮的是孔庙大成殿和两庑。据《明太学志》：

> 庙学建于正统癸亥（八年，1443年），至弘治十四年（1501年），尚书曾鉴请修堂宇垣墙并会馔堂，十六年工竣。棂星门前旧有小巷，横沟积秽。乃买刘福、姚浩等地，东西阔七丈五尺，深入四丈，高筑屏墙，上覆以青琉璃瓦，两旁筑小红墙，前为阑干以拥护之。

所谓正统时建庙学，应指重修国子监与孔庙，主要是增建了垣墙，扩建和整理了棂星门前场地。可见，之前堂宇没有垣墙，殿宇用的是青琉璃瓦。

嘉靖九年（1530年）增建了崇圣祠，祭祀孔子五代先祖。同年十一月癸巳，调整了孔子名号及孔庙殿宇名称。改称孔子为“大成文

[1] 《春明梦馀录》卷二一《文庙》。
[2] 《日下旧闻考》卷六六《明宣宗实录》。

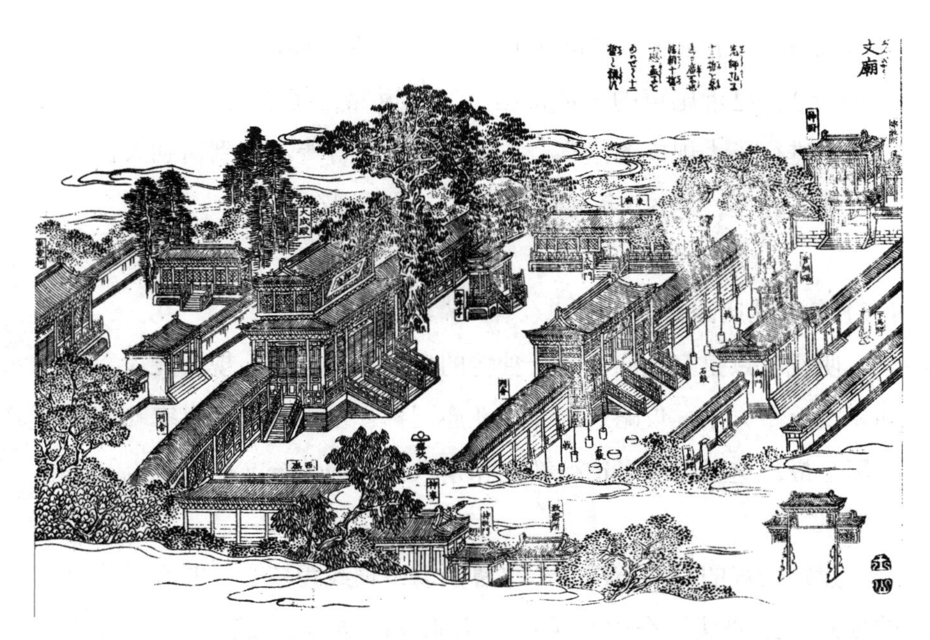

图 4-28　北京文庙（孔庙）景观绘图（引自（清）岡田玉山等编绘《唐土名胜图会》）

宣”先师，“改大成殿为先师庙，大成门为庙门”[1]。到万历时期，也修葺过孔庙，并将殿宇的青琉璃瓦改成绿琉璃瓦。《国史唯疑》载：“两京孔子庙易琉璃瓦，自万历庚子（二十八年，1600年）始，从司业傅新德请也。”[2]

清代沿用明孔庙，顺治十四年（1657年）第一次重修。顺治皇帝谕工部：“文庙崇祀先师孔子，所关典礼甚重。今已年久倾圮，若不速为整理，后渐颓坏，葺治愈难。朕发内帑银三万两，特加修葺，尔部即传谕行。”雍正九年（1731年）因“恐历岁既久，有应加修葺之处”，皇帝下令“凡文庙殿宇廊庑及讲堂学舍，务须整理周备，俾庙貌聿新，以伸敬慕”。这次重修规模较大。乾隆二年（1737年）对明代的孔庙进行了重修，“阙里文庙，特命易盖黄瓦，鸿仪炳焕，超越前模。……大成门大成殿著用黄瓦，崇圣祠著用绿瓦，以昭展敬至

[1]《明会要》卷一一《三遍》。

[2] 以上均引自《日下旧闻考》卷六六《官署》。

意”。乾隆三十三年（1768年）又一次重修文庙。[1]清光绪三十二年（1906年），已近尾声的大清帝国，回光返照，将祭孔礼仪升为大祀，对孔庙进行了大规模的修葺，扩建了大成殿等等。直到清朝灭亡，该工程还未完成，到1926年才最终竣工，形成现存规模。

（三）皇家孔庙园林

明代北京皇家孔庙，是个独特的皇家祭祀园林，规模庞大，占地面积2.2万平方米，仅略逊于曲阜孔庙园林，但规格上是皇家孔庙，为全国之最。这里充满了道德教化和崇教重文的传统文化气息以及皇家气派。

建筑景观的空间布局，严格尊崇以中轴线为核心，两面对称布局的模式。主要建筑在中心甬道上南北纵深摆布，层次分明，重点突出，使主体建筑大成殿更显居高临下，唯此独尊。三进院落，层层递进，由浅入深，中心院落形成高峰。在中轴线两侧，对称布局配套建筑，使整个院落规整有序，轻重分明，尊卑有别，贵贱守分，从而突出了皇家园林的等级规制。院内每座建筑，堪称传统建筑艺术的结晶。特别是大成殿和大成门，宏伟壮丽，从宏观形制到微观制作，都称得上是精美绝伦的艺术品。

孔庙由三进院落组成，坐北朝南。最南面是连国子监一起，并排有四座高达牌坊，一字排开，十分壮观。第一进院落为先师门到大成门之间；第二进院落为大成门与大成殿之间；第三进院落为启圣祠，在大成殿之后。整个建筑群由南北中轴线贯穿，东西对称布局，表现为皇家建筑的基本规制。建筑从南到北依次是先师门（棂星门）、大成门、大成殿、启圣门（清代改称崇圣门）、启圣祠（清代改称崇圣祠）坐落于中轴线上；先师门内，东侧有碑亭、牺牲亭、神厨等等，西侧有碑亭、致斋所、神库等等。

---

[1] 以上均引自《日下旧闻考》卷六六《官署》。

主体建筑大成殿，面阔七间，进深三间（清道光间扩建为面阔九间、进深五间），坐落于台基上，有宽大月台，围以汉白玉石栏杆。月台东南西三面出阶，南面石阶中部嵌有二龙戏珠青石浮雕，中间为一条盘龙青石浮雕，长7米，宽2米。大殿覆以绿色（清代改为黄色）琉璃瓦，建筑形制与皇宫建筑相同，巍峨壮观，庄严肃丽。殿内奉祀孔子及四圣十哲。大殿东西两庑，从祀历代名儒。

皇家孔庙与其他皇家祭祀场所不同的是，文化氛围十分浓厚，至今还保存着许多珍贵文物。其中，明代富有盛名的如石鼓，即石鼓文。这是西周时期的古物，其命运蹊跷而传奇，是为不可多得的国宝。《春明梦馀录》有较详细的记载："庙门之石鼓，周宣王猎碣也。"所谓猎碣，就是记述周宣王进行田猎活动的石刻。

> 庙门内之石鼓也，其质石，其形鼓，其高二尺，广径一尺有奇，其数十，其文籀，其辞诵天子之田。初潜陈仓野中，唐郑余庆取置凤翔之夫子庙，而亡其一。（北宋仁宗）皇祐四年（1052年），向傅师得之民间，十数乃合。

陈仓（今属宝鸡市），即刘邦"明修栈道，暗度陈仓"之陈仓。石鼓曾被埋没于其荒野，唐代发现。北宋皇帝在石鼓阴刻文字上镶嵌了黄金，并置于皇宫保和殿。在"靖康之变"时，金兵掠得，剔取其金，将它置于大兴府学。金灭亡后，石鼓一度失踪。

> 元（成宗）大德十一年（1307年），虞集为大都教授，得之泥草中，始移国学大成门内，左右列矣。石鼓，自秦汉无传者。郡邑志云：贞观中，吏部侍郎苏勉纪其事曰："虞（世南）、褚（遂良）、欧阳（询），共称古妙。"[1]

[1]　《帝京景物略》卷一《北城内外·太学石鼓》。

唐代的这些大书法家十分推崇石鼓文其字，即籀文，也就是大篆体。石鼓因形状类似鼓而得名，共有十个。石鼓唐初出土后，历代帝王和文人都视为瑰宝，上面书满了籀文，即以大篆体书写的诗，每鼓一首，共计465个完整的字。其内容，包涵着远古的许多重要信息。但是文意难以准确破解，所以连同石鼓为哪朝之物，记载了什么内容等等问题上，众说纷纭，莫衷一是，至今无法定论。不过，对石鼓文是中国历史的重要史料、书法发展史的重要标志等意义，是确定无疑的。自唐以来，历代诸多的文人名臣，对石鼓文颂扬不绝，相关诗词歌赋，汗牛充栋。

还有“十三经”刻石，存有189块，立于孔庙与国子监之间夹道内两侧，为我国保存最完整的儒家经典刻石。所刻“十三经”包括《周易》《尚书》《诗经》《周礼》《礼记》《仪礼》《春秋左传》《春秋公羊传》《春秋穀梁传》《论语》《孟子》《尔雅》《孝经》等，这是乾隆时期的遗物。由雍正年间江苏金坛贡生蒋衡书写，用时12年，63万余字，到乾隆五十九年（1794年）才完成。还有元明清三代进士题名牌，立于先师门内两侧，石碑体量高大，共有198块，记载51624人。这些遗物具有重要的历史文物价值，同时也成为皇家孔庙重要的景物，吸引着游人。

明代文庙地处京城东北域，远离市井，幽静安和。《帝京景物略》说：“稽古虞商在郊、夏周在国之制，建太学南都之鸡鸣山，去朝市十里。我成祖文皇帝，建北太学，虽沿元址，其去朝市如之。”当时确属幽闭安静之处。而且自然风光迤逦，长松挺拔，古槐葱郁，绿荫环绕，绿瓦红墙，雕栋画梁交相辉映。在大成殿右前方，有棵古柏，虬枝龙蟠，苍翠繁茂。“彝伦堂之松，元许衡植也。”[1]许衡（1209—1281年）在元代国子监祭酒任上的时间有三段：中统二年（1261年），至元七年至十年（1270—1273年）、至元十三至十七年（1276—1280

[1] 《帝京景物略》卷一《北城内外·太学石鼓》。

年)。他所栽这株柏树，到明初也有百岁左右，而距今至少已有735岁高龄了，仍焕发青春。

文庙建筑无论是空间布局还是个体建筑，本身都有极高的艺术性和观赏价值。其规制几与紫禁城相比，雄伟壮丽，严谨有序，体现皇家宫廷建筑典型风格，令人仰视，肃然感慨。尤其文庙的氛围，充满着深厚而浓郁的儒家文化气息，吸引并感染一切慕名而来的人。这是孔庙园林所特有的文化风光。不仅大圣人孔子及先贤令人仰慕，还有绝世文物石鼓，使人叹为观止。明代许多达官文人为之留下了大量诗词歌赋。邓宗龄有《太学石鼓歌》云:

朝从群彦入成均，戟门翼室自嶙峋。
何物荦确蟠素壁？云是石鼓留遗迹。
古画诘曲几千秋，苔藓为衣云作帻。
鸟剥虫雕迹未湮，我今读之长太息。[1]

明代大书法家董其昌《石鼓歌》云:

世间相传墨薮书，五十六种名目奇。
中有岐阳石鼓迹，籀文千载存风规。

何景明《观石鼓歌》云:

我来太学谒孔庙，下观戟门石鼓陈。
之罘诅楚已埋没，此石照耀垂千春。[2]

可见，石鼓是孔庙园林的一处闪亮的景观。

[1] 《长安客话》卷一《皇都杂记·石鼓》。
[2] 《帝京景物略》卷一《城北内外·太学石鼓》。

总之，北京孔庙营造出庄重、文静、严谨氛围，使人感受到传统文化的沐浴，精神和心灵的洗礼，崇尚道德、注重教化的精神冲击，悠然而生。这里不是为人提供舒适闲逸的生活环境为宗旨，而是享受浓烈的中国儒家主流传统文化熏陶之最佳场所。

三 历代帝王庙

在中国数千年的历史长河中，曾经出现过各种类型的帝王，包括三皇五帝、天子、君主、皇帝等等。有皇帝称谓者，“从秦始皇到清末溥仪，在漫长的2132年间，中国历史上先后出现了332个皇帝”[1]。可见，中国近代之前的历史，从某种视角上看，就是一个帝王统治的历史。因此，历代帝王都非常重视美化和神化帝王，以利于巩固统治，愚弄百姓。他们宣扬自己是“上天之子”，“君权神授”，所以号称“奉天承运”，“替天行道”，代表上天来统治天下，以此表明其地位和权力的合法性。正是基于此，他们建庙立祠，供奉历代帝王，捧若神灵。

（一）明代南京历代帝王庙

朝廷专设祭祀历代帝王礼，始于隋朝：

> 隋始制为常祀，各庙所都。唐天宝间，乃以群臣议置三皇五帝庙各一于京师。高皇帝定鼎金陵，缘先王之意，采隋唐之制，立庙鸡鸣山阳，以三皇、五帝、三王、汉唐宋及胜国创业诸主祀焉。[2]

历代帝王庙是明代重要的皇家祭祀坛庙园林之一。明代供奉中国

[1] 白钢著：《中国皇帝》，社会科学文献出版社2008年，第44页。

[2] 《日下旧闻考》卷五一载《同野集》。

历代帝王，始于洪武初期，当时称历代帝王陵庙。随着大明王朝的巩固，对各种基本制度逐步探索和完善，历代帝王庙也经历了不断完善的过程。据《明史》卷五〇《历代帝王陵庙》记载：

> 洪武三年（1370年）遣使访先代陵寝，仍命各行省具图以进，凡七十有九。礼官考其功德昭著者，曰伏羲、神农、黄帝……唐尧、虞舜、夏禹、商汤……凡三十有六。各制衮冕，函香币。遣秘书监丞陶谊等往修祀礼，亲制祝文遣之。每陵以白金二十五两具祭物。陵寝发者掩之，坏者完之。庙敝者葺之。无庙者设坛以祭。

由此可见，洪武初还没有历代帝王庙，明朝对所选择的三十六位所谓“功德昭著”的先代帝王，派官员到有关帝王陵寝上进行祭祀。同时，也对需要维修的帝王陵寝，给予相应的修葺，以此表达对那些帝王的尊崇。

当然，这样祭祀比较麻烦。因为，虽然需要祭祀的只有三十六个帝王，但其陵寝非常分散，对其进行祭祀时花费的人力、物力、财力和时间，都相当可观。于是，洪武四年（1371年）“礼部定议，合祀帝王三十五”。这种合祀，实际上是将全国分成七大片，相对集中祭祀。其中，陕西十五位，河南十位，北平三位，山东、湖广、浙江各二位，山西一位。“于是遣使诣各陵致祭”。后来受祭者又有所增减，“其所祀者，视前去周宣王，汉明帝、章帝，而增祀娲皇于赵城，后魏文帝于富平，元世祖于顺天，及宋理宗于会稽，凡三十六帝”[1]。调整后，总数增加了一名。

后来，洪武朝对历代帝王的祭祀，又进行了一次更改，在南京专门营建了祠庙，称历代帝王庙。据《明史》卷五〇记载：

[1] 《明史》卷五〇《礼志四 · 历代帝王陵庙》。

> 六年（1373年），帝以五帝、三王及汉、唐、宋创业之君，俱宜于京师立庙致祭，遂建历代帝王庙于钦天山之阳。仿太庙同堂异室之制，为正殿五室：中一室三皇，东一室五帝，西一室夏禹、商汤、周文王，又东一室周武王、汉光武、唐太宗，又西一室汉高祖、唐高祖、宋太祖、元世祖。……七年（1374年）令帝王庙皆塑衮冕坐像，惟伏羲、神农未有衣裳之制，不必加冕服。八月，帝躬祀于新庙。

钦天山即鸡鸣山。据《万历野获编》卷一记载："太祖洪武六年（1373年）建帝王庙于金陵，七年始设塑像，未几遇火。又建鸡鸣山之阳。"之后，在南京的历代帝王庙一直存在到明嘉靖初期。

（二）明代北京历代帝王庙

成祖朱棣迁都北京后，历代帝王庙并没有移建到北京。"永乐迁都，帝王庙，遣南京太常寺官行礼。"[1]永乐迁都后，南京降格为陪都，但仍保留与北京同样的一套官僚机构。所以，就由南京太常寺来负责历代帝王庙的祭祀与管理事宜。这种局面一直保持到嘉靖初期。《春明梦馀录》卷二〇《帝王庙》记载：

> 永乐定鼎北京，诸祀毕举，惟帝王无庙。嘉靖十年（1531年）中允廖道南请改大慈恩寺，兴辟雍以行养老之礼。撤灵济宫徐知证、知谔二神，改设历代帝王神位，仍配以历代名臣。

于是，礼部官员认为："灵济二神当时已得罪名教，固宜撤去。

[1] 《明史》卷五〇《礼志四·历代帝王陵庙》。

图 4-29　北京历代帝王庙景观绘图（引自（清）冈田玉山等编绘《唐土名胜图会》）

但所在窄隘，不足以改设帝王寝庙，宜择地别建。得旨。”所以，由工部另外择地相址：

> 因言阜成门内保安寺故址，旧为官地，改置神武后卫，而中官陈林鬻其馀为私宅。地势整洁，且通西坛，可赎还而鼎新之。诏可。遣工部侍郎钱如京提督工程，名景德崇圣之殿，东西两庑，南砌二燎炉，殿后为祭器库，前为景德门，门外东为神库、神厨、宰牲亭、钟楼，又前为庙街门，东西二坊曰景德，立下马牌[1]。

这个记载，与《万历野获编》的记述基本相同，只是个别细节有所不同：

[1]　《春明梦馀录》卷二〇《帝王庙》。

> 及文皇都燕，未遑设帝王庙，仅于郊坛附祭。至嘉靖十年（1531年），始为位于文华殿而祭之。其年，中允廖道南请撤灵济宫二徐真君，改设历代帝王神位及历代名臣。上下其议于礼部。时李任邱为春卿，谓徐知证、知谔得罪名教，固宜撤去，但所在窄隘，不足改设寝庙，宜择善地。上以为然，令工部相地。以阜成门内保安寺故址整洁，且通西坛，可于此置庙。上从其言。次年夏竣役。上亲临祭，今帝王庙是也。[1]

可见，北京的历代帝王庙是嘉靖皇帝进行祭祀制度改革的产物。他接受朝臣的建议，把历代帝王的祭祀礼仪纳入改革之列。

> 嘉靖九年（1530年）罢历代帝王南郊从祀。令建历代帝王庙于都城西，岁以仲春秋致祭。后并罢南京庙祭。十年（1531年）春二月，庙未成，躬祭历代帝王于文华殿，凡五坛，丹陛东西名臣四坛。……十一年夏，庙成，名曰景德崇圣之殿。殿五室，东西两庑，殿后祭器库，前为景德门。门外神库、神厨、宰牲亭、钟楼。街东西二坊，曰景德街[2]。

至于历代帝王庙的具体竣工时间，文献记载有所差异。《明典汇》记载："嘉靖十年（1531年）三月，历代帝王庙成。"[3]《帝京景物略》也有类似记载："世宗肃皇帝之九年，命建历代帝王庙，如留都。越岁庙成，上亲诣致祭。"[4]留都，即指南京。看来，这些记载不够准

[1] 《万历野获编》卷一《京师帝王庙》。
[2] 《明史》卷五〇《礼志四·历代帝王陵庙》。
[3] 《日下旧闻考》卷五一《城市》引《明典汇》。
[4] 《帝京景物略》卷四《帝王庙》。

确。据其他几份文献记载，嘉靖九年罢南京帝王庙祭礼；十年二月，世宗还在文华殿举行祭祀帝王礼，所以才由廖道南提出营建帝王庙。据此可知，北京的历代帝王庙始建于嘉靖十年，成于十一年。这样，结束了延续了150余年的南京历代帝王祭祀礼仪，开启了北京历代帝王庙及祭祀礼仪，成为京师皇家重要祭祀园林之一。

对祭祀历代帝王，明世宗进行了两点明显改革：一是罢除南京的帝王庙祭祀礼，在北京营建了新的历代帝王庙，并致祀；二是撤掉洪武时期制定的相祀制度，即为受祀者塑像，并衮冕，以立神主位取而代之。

明代北京历代帝王庙的规制，“如留都”，即完全复制南京帝王庙，规模宏大，富丽堂皇，园林化程度堪比孔庙。

> 庙在阜成门内，大市街之西，故保安寺址也。庙设主不像。庙五室：中三皇伏羲、神农、黄帝座。左帝少昊、帝颛顼、帝喾、帝尧、帝舜座。右禹王、汤王、武王座。又东汉高祖、光武。又西唐太宗、宋太祖，凡十有五帝。庑从祀臣四坛：东一坛九臣……。二坛十臣……。西一坛八臣……。二坛五臣……。凡三十有二臣。[1]

据上述文献和有关资料，可见明代历代帝王庙的空间布局，整个建筑群坐北朝南，主体建筑为景德崇圣殿，位于院落的中间靠后中轴线上，面阔五楹，坐落于崇台之上，重檐庑殿顶，上覆绿琉璃瓦，巍峨庄重。其后有祭器库。景德殿两侧为配殿。景德殿前为景德门，门外两侧有神库、神厨、燎炉、宰牲亭、钟楼等配套建筑，再南为祠庙大门，前有三座汉白玉石桥。外为景德街，跨街对称立有牌坊等。木质牌坊十分精美，三间四柱七楼式，上覆绿琉璃瓦，中间顶为四坡

[1] 《帝京景物略》卷四《帝王庙》。

顶，有十攒斗拱承托，雄伟壮丽。两座牌坊是统一规制的姊妹坊。整个祠庙有红墙合围，体现着皇家祭祀园林的统一规格。

在院落内古木参天，松、柏、槐等长寿树木绿影婆娑，营造出宁静、肃穆而又祥和的氛围。各类建筑井然有序，以中轴线为核，对称布局；主体建筑鹤立鸡群，主次分明，景观景物简略、疏朗，布局层次鲜明，体现了皇家祭祀园林的庄严、凝重、安详的特色。

（三）北京历代帝王庙的变迁

对明代的历代帝王庙，清代沿用。清代皇室曾数次修葺，并进行了一些改建，同时对受祀者进行了调整。据《日下旧闻考》卷五一按云：

> 帝王庙在阜成门大街北，明嘉靖间建。本朝顺治二年（1645年）及康熙六十一年（1722年）叠奉钦定增祀。雍正二年（1724年），世宗宪皇帝亲诣行礼，七年（1729年）重修，有御制碑文。乾隆二十九年（1764年）又修，易盖正殿黄瓦。

可见，清朝入关后，嘉庆之前的历代皇帝都对帝王庙进行了修葺。其中，雍正于七年(1729年)和十一年修葺过两次，而乾隆年间修葺的规模和力度最大。乾隆二十九年（1764年）《御制重修历代帝王庙碑文》中说：

> （帝王庙）自雍正癸丑（十一年，1733年）缮葺，距今且三十载。爰以乾隆壬午（二十七年，1762年），出内帑金庀而饬之。故事瓴甋甃以纯绿，兹特易盖正殿黄瓦，用昭舄

奕。工告讫功，适届甲申季春吉祀。[1]

据此，乾隆间重修，从二十七年（1762年）开始到二十九年（1764年）春末，用时两年多，将景德殿的绿瓦改成黄琉璃瓦，大小殿庑及其他建筑等都焕然一新。

另一方面，对入祀者从顺治开始进行了调整，有所增减。顺治二年（1645年）"增辽太祖、金太祖、金世宗、元太祖、明太祖五帝"，以及一些名臣。康熙六十一年（1722年）十月，"谕：明愍帝无甚过失，国亡由伊祖所致，愍帝不可与亡国者列论。而万历、泰昌、天启三君不应入祀"[2]。乾隆帝更是大规模调整了入祀名单。

北京的历代帝王庙，经过清朝历代皇帝的多次重修或修缮，虽然保持了明代的基本格局，但也发生了明显变化。清代《礼部则例》记载得较为具体：

> 历代帝王庙在阜成门内，南向。庙门三楹，左右门各一，前石梁三。景德门五楹，崇基石栏，前后三出陛，中十有一级，左右各九级。左右门各一。正中景德崇圣殿，九楹，重檐崇基，石栏，南三出陛，中十有三级，左右各十有一级，东西一出陛，各十有二级。两庑各七楹，一出陛，均八级。庑前燎炉各一。殿南御碑亭一，殿后祭器库五楹，均南向。景德门外其东神库、神厨各三楹，均西向，井亭一，其西为承祭官致斋所，庙门内东南钟楼一。围垣周百八十六丈三尺八寸。庙门外东西下马牌各一，景德街牌坊各一。正殿覆黄色琉璃，两庑青色琉璃。[3]

[1]《日下旧闻考》卷五一《城市》。

[2]《日下旧闻考》卷五一《城市》。

[3]《日下旧闻考》卷五一引《礼部则例》。

据此，清代帝王庙与明代比，空间布局未有大的改变，但是有些建筑的体量扩大了，如正殿明代时为五楹，清代扩大为九楹；殿顶由绿琉璃瓦改为黄琉璃瓦。两庑，明代的文献虽无明确规模，但随着正殿体量增加，其他配套设施相应也会扩量。总体上看，北京历代帝王庙在清代形成的这种格局，基本保留至今。占地总面积约一万八千平方米，其中建筑面积达六千平方米。可惜的是，景德街牌坊和门前的三道汉白玉石桥，已经荡然无存了。

1911年清王朝灭亡后，历代帝王庙逐步废弃。1931年，陶行知等教育家在此开办了慈幼院实验学校，后改为北京女三中，1972年改变为北京市第159中学，对重要建筑进行了整修。现在，历代帝王庙被列入全国重点文物保护单位。

明代宫廷史研究丛书

主编 李文儒 宋纪蓉 执行主编 赵中男

明代宫廷园林史

下

张薇 郑志东 郑翔南 著

故宫出版社

故宫博物院学术出版项目

第五章
明代皇家寺观园林

寺观园林指佛寺园林和道观园林，实质上是中国宗教园林的主体。中国宗教，还包括基督教、天主教、伊斯兰教等等，其中有些宗教场所，也有园林环境。在中国，寺观的园林化程度一般都较高，即寺观建筑与园林环境融为一体，形成独特景观。中国寺观园林，按隶属关系，还分为皇家寺观园林和民间寺观园林两种。

所谓皇家寺观园林，是指皇室（帝王、后妃及朝廷）所建或拥有的寺观园林，是皇家所有、皇家管理或皇家使用。中国历代帝王，基本都有宗教信仰。然而，他们的宗教信仰，主要局限于佛教和道教。道教是中国本土宗教，而佛教是东汉时期从印度传入的外来宗教。尽管还有其他众多宗教，但佛、道二教占有主导地位，影响力最强，信徒也最多。因中国的帝王信教，非佛即道，所以，皇家宗教园林主要是佛寺园林和道观园林。

明代的皇帝既有信奉道教的，也有信奉佛教的，所以，皇家寺观园林相当发达。北京原为金、元旧都，此二朝帝王俱信佛教，也扶持道教，利用道教为其统治服务。因此，北京的佛寺和道观很多。随着明成祖迁都北京，这里的佛寺和道观进一步增多。据周维权所著《中国古典园林史》载：

> 永乐年间撰修的《顺天府志》登录了寺一百一十一所，院五十四所、阁二所、宫五十所、观七十一所、庵八所，佛塔二十六所，共计三百所。到成化年间，京城内外仅敕建的寺观已达六百三十六所，民间建置的则不计其数。[1]

显然，《顺天府志》所记载的永乐时期的寺观，基本都是前代所建，其中一部分明代沿用为皇家寺观，因为成祖在京城敕建寺观极少。但到成化年间仅皇帝敕建的寺观就达636座，可见发展之快。到明中晚期如嘉靖、万历时期，皇帝敕建的寺观更甚于前期，所以明代皇家寺观遍布于京城内外，绝不少于上千家。其中，相当部分寺观的园林化程度都颇高，称得上皇家寺观园林。故此，只能就规模较大、园林化程度较高、具有影响力和代表性的皇家寺观园林，作为一种范式考述如下。

第一节　皇家道观园林

明代皇家道观园林，或称宫观园林，在洪武时期鲜有记载，从永乐朝开始逐步增多，但具体数字难以统计。其规模最大、文献记载较详实者，首推武当山。

一　武当山皇家宫观园林

明代真正大型的皇家道观园林，首屈一指者，当属武当山。

（一）武当山与道教

武当山的道教源远流长，几乎与道教早期组织同步。关于道教的

[1] 《中国古典园林史》，第438页。

起源，历来众说纷纭。作为科学涵义上的宗教，道教产生于中国社会发展的历史进程中，是当时社会各种因素基本具备了孕育道教的环境后自然产生的社会组织，是中国社会不可或缺的必然的结构性产物。任继愈总主编，卿希泰、唐大潮所著《道教史》认为：

> 我们所说的“道教”，是指在中国古代宗教信仰的基础上，沿袭方仙道、黄老道的某些宗教观念和修持方法而逐渐形成，以“道”为最高信仰，相信人通过某种实践经过一定修炼有可能长生不死、成为神仙的中国本民族的传统宗教。它尊老子为教主，奉老子的著作《道德经》为主要经典，并对其进行了宗教性的阐释。[1]

作为宗教的道教，形成于东汉中后期民间。最早由五斗米道和太平道发展而成。五斗米道又称天师道、正一道或正一盟威之道，由沛国丰（今江苏省丰县）人张陵（字辅汉、生卒年不详）在东汉顺帝时期（126—144年）所创立。张陵又称张道陵、张天师、正一真人等。早先他在汉明帝时，曾出任巴郡江州（今重庆）令。后隐居北邙山学道，到顺帝时在蜀中鹤（或鹄）鸣山开始传播五斗米道。《三国志·张鲁传》说：张道陵“客蜀，学道鹄鸣山中，造作道书以惑百姓，从受道者出五斗米，故世号米贼。陵死，子衡行其道。衡死，鲁复行之。”[2]当时该教首领张鲁割据陕西汉中，建立政教合一的政权和基层传教组织，积极向外扩大势力。从此时始，“临近汉中的武当山便有了道教活动。从三国到南北朝时期，入山修道者逐渐增多”[3]。武当山的道教，最早修道的主要是天师道即后来的正一派。

当然，道教任何派别的兴衰，都与当时帝王的推崇与否有着十

[1]　卿希泰、唐大潮著：《道教史》，江苏人民出版社2006年，第1页。
[2]　《三国志》，中华书局1959年，第263页。
[3]　武当山志编纂委员会:《武当山志》，新华出版社1994年，第89页。

分重要的关系。武当山受到帝王关注，是从唐代开始的。唐初，太宗李世民就关注到武当山。新编《武当山志》记载："据旧志及有关碑文记载，唐贞观年间（627－649年），均州（今湖北省丹江口市）守姚简奉旨上山祷雨，后就其地建五龙祠。"[1]五龙祠又称五龙宫或五龙观，是武当山最早的道教宫观之一。宋代，在武当山修道者日益增多。

> 宋末元初兵乱之后，武当宫观荒芜衰败，道众四处流散。直到（元）至元十二年（1275年），才有在北方访道的武当道士鲁洞云和全真道士汪真常等人回到武当山修复五龙、紫霄等处坛宇。不久，南方盛行的清微派叶希真也来到五龙宫，使武当山出现了南北道派交汇融合的新局面。[2]

道教三大主流派别之一的全真道，早在金代就进入了在南北方交界处的湖北武当山。全真道由陕西咸阳大魏村人王重阳所创立。王重阳（1112－1170年）原名中孚，字允卿；又名世雄，字德威，入道后改名喆，字知明，道号重阳子。家庭虽属资财颇丰的地主，自己也中甲科，当了酒税小吏，但他于金海陵王正隆四年（1159年）弃官出家，在终南山筑穴洞，名"活死人墓"。修道二年余后放火烧洞，只身北上到山东胶东一带传教，收徒七人，史称"七真"，并建立了"三教七宝会"，以"全真"称其教。全真名称又有"全精、全气、全神，谓之全真"之说。全真道主张儒释道三教归一。《重阳全真集·永学道人》称："心中端正莫生斜，三教收来做一家。"《孙公问三教》："儒门释户道相通，三教从来一祖风。"[3]全真道也分为若干派，所以圣山也有多处。随着全真道发展的中心从元初开始向南逐步转移，到明代又一次得到空前发展的机遇，特别是将武当山作为最主

[1] 《武当山志》，第139页。

[2] 王光德、杨立志著：《武当道教史略》，华文出版社1993年，第122页。

[3] 《道教史》，第212－213页。

要的基地，武当山逐步成为全国著名的道教名山。

金末元初，随州应山（今属湖北）人鲁大宥（？—1285年）初入武当学道。鲁号洞云子，“隐居五龙观，草居菲食四十余年”。汪真常（生卒年不详），名思真，号寂然子，祖籍安徽歙县，出生于安庆，嗣全真教法，入武当山。这二人是元代最早在武当山修道者，他们率众徒修复紫霄宫和五龙宫等宫观，并各度徒弟百余人。“此后，武当山紫霄宫、五龙宫即成为全真道的重要基地。”[1]元朝统治者对武当山道教也予扶持，从鲁、汪二人的弟子张守清和张道贵开始，武当山全真道有了长足发展，揭开了武当山成为道教圣地的序幕。

关于武当山的道教派系，据新编《武当山志》记载，有大大小小18种之多，中国道教的主要派别几乎备齐。到元代时，武当道教的主要派别除正一派、全真派以外，还有清微派、玄武派、三丰派等五大派别。清微派创立于何时无详考。据张宇初《道门十规》载：“清微自魏、祖二师以下，则有朱、李、南、黄诸师，传衍犹盛。凡符章经道斋法雷法。率多黄师所衍。”这里所说黄师，指的就是元代清微派领袖人物黄舜申(1224—？)。至元二十三年（1286年），元世祖忽必烈召黄舜申入阙，授予“丹山雷元广福真人”。据《清微仙谱》记载：黄舜申门下有近百人，“所度弟子，皆立石题名，立石之前者三十人，立石之后者五人而已”。忽必烈赐封之后，清微派得到有力发展，立石之后五人分两路，向南北方向传教。其中一路由张道贵以湖北武当山为中心传行于北。“而向北传的这支颇为兴盛，而且是有一批全真道士兼行因而其内炼特点更为彰明，并且还受到元室的看重。因其所在地为南传的基地，固武当山道教在元代也颇为兴盛。”[2]

元代至元年间，叶运来、刘道明、张道贵等先后入武当山，同拜清微派第十代宗师、清微雷法集大成者黄舜申为师[3]。张道贵（生卒

[1]　《道教史》，第254页。

[2]　《道教史》，第278页。

[3]　《武当山志》，第91页。

年不详)，名云岩，号雷翁，长沙（今属湖南）人。元至元（1264—1294年）年间入武当山，礼全真道人汪贞常为师。随后“同云莱、洞阳谒雷渊黄真人得先天之道。归五龙宫，潜行利济，门下嗣法者二百余人。得其奥旨，惟张洞囦焉，终于自然庵”。可见，张道贵是兼全真派和清微派的道士。

张守清（生卒年不详），名洞渊，号月峡叟，宜昌（今属湖北省）人。31岁时上武当山，拜全真道士鲁大宥为师。后又得到张道贵、叶运莱、刘洞明之传。张守清得到元朝皇帝的宠信，曾数次奉诏进京，为皇室服务。于元武宗至大三年（1310年）皇后遣使，召其进京建箓醮。元仁宗皇庆元年（1312年）春，奉诏进京，祷雨有验，赐号“体玄妙应太和真人”。他在京师待了整整两年，于元仁宗延祐元年（1314年）春，奉诏返回武当山，兼领教门公事。[1]张守清也一样兼全真派与清微派的道士，这也说明武当山的道教派系壁垒的淡漠。

武当玄武派，据新编《武当山志》记载：“创始人及创立时间不详。其派有众多经籍，以《真武经》为主要经典，奉真武为‘玄天上帝’。主张三教合一，尊真武为‘三教祖师’……称真武为‘万法教主’。此派古称‘真武玄武派’。”[2]实际上，凡在武当山修道者，皆奉真武玄帝，所以均可称玄武派或本山派。“元代武当山本派、全真派、清微派等道派同时并存，教徒长期杂处一起，传承关系较为复杂；总的趋势是交叉影响，逐渐融合。”[3]20世纪八九十年代的武当山主持、湖北省道教协会会长王光德认为，“张守清是武当山道教史上承上启下的关键人物……他是武当派传人鲁洞云的嫡传弟子，又吸收元初传入武当地区的全真派、清微派及正一派的长处，形成内炼金丹大道，外行清微雷法的‘新武当派’……而且他广收弟子，门徒多达四千人，十方皈向，四海流传，壮大了武当道教的教团组织，扩大

[1] 《道教史》，第278页。

[2] 《武当山志》，第91页。

[3] 《武当道教史略》，第131页。

了武当道教的社会影响”[1]。新编《武当山志》也认为：“元代武当道士张守清以清微道法为主，博采正一、全真诸派之长，形成并完善武当派，亦称武当清微派。其派崇奉真武神，讽颂有关真武经书，注重内丹外法，主张三教合一。张守清在二十余年中授徒近四千人。元代中期以后，天一真庆宫、紫霄宫、太和宫等宫道士，多为张守清弟子。”[2]

到了明代，又出现了张三丰派，但影响力不大。

（二）武当山与玄武崇拜

武当道教崇奉的玄武神，即玄天上帝或真武大帝，来源于道教产生之前的古代宗教的玄武崇拜。但对其演化，学界说法不一。“玄武”之谓，最早见于《楚辞·远游》：“时暧曃其曭莽兮，召玄武而奔属。”意为：季节变暖、天黑无光时，召来玄武活动。曭莽，《辭海》解：“王逸注：日月暗黮而无光也。”

何为“玄武”？古人大体有三种解释：一是指龟，即风水学中的四灵或四象之一。《礼记·曲礼上》：“前朱鸟而后玄武，左青龙而右白虎。”唐代孔颖达注释云：“玄武，龟也”。[3]《讳略》：“龟，水族也。水属北，其色黑，故曰玄；龟有甲，能御侮，故曰‘武’。”二是指龟蛇。北宋洪兴祖注释《楚辞·远游》：“玄武谓龟蛇，位在北方，故曰玄；身有鳞甲，故曰武。”[4]唐代李贤注《后汉书·王梁传》曰：“玄武，北方之神，龟蛇合体。”李善《文选》注云：“龟蛇交曰玄武。”等等。三是指北方天神。随着四象崇拜的发展，玄武成为道教神灵系统中北方之神。道教将周天星宿分成五域，每域都有一位天帝。北极紫微垣的紫微大帝，下有四御之神，玄武就是其中之一，是玉皇大帝

---

[1] 《武当道教史略》，第128－129页。

[2] 《武当山志》，第92页。

[3] （唐）孔颖达：《礼记注疏》卷三《曲礼上》。

[4] 《楚辞四种》，上海国学整理社1936年，第169页。

指掌天经地纬、日月星辰、四时更替的御神之一。而玄武成为帝王保护神，主要是从北宋皇帝开始。

宋朝以为“天造皇宋，运膺火德”[1]。宋朝皇帝以为，宋朝国运属火，而玄武为北方水神，水克火。为了大宋“永为火德”，江山永固，宋朝将“四圣真君”，即北极紫微大帝管辖下的天蓬、天猷、翊圣、真武四将作为皇室的保护神来供奉。真武原本称玄武，因宋太祖赵匡胤之父名赵玄朗，故北宋第三个皇帝“宋真宗避讳，改为真武”。这是帝王第一次明确赐封玄武神。对真武，北宋皇帝屡加封号。北宋最后一个皇帝钦宗于“靖康初，加号佑圣助顺灵应真君”[2]。

继北宋皇帝之后，南宋皇帝也赐封了玄武。南宋第二个皇帝孝宗热衷于神化自己，按照自己的模样塑造玄武神像，并专门建造宫观奉祀。这是玄武神第一次以皇帝真人形象呈现于世。据李心传著《建炎以来朝野杂记》甲卷二载：“佑圣观，孝宗旧邸也。……淳熙三年（1176年）初建，以奉佑圣真灵武应真君，十二月落成。或曰真武像，盖肖上御容也。”无论北宋还是南宋，其帝王都是赵匡胤的后代，是赵家天下。所以，他们把玄武当作宋朝的护国神来奉祀，后续皇帝为其不断添字加封。

其实，玄武与武当山相联系，是从将玄武神人格化开始的。武当山崇奉的真武大帝，既不是龟或龟蛇，也不是北极星宿，而是在武当长期修炼后得道成仙的人。传说真武大帝是净乐国太子，在武当修炼成仙。北宋时期的《玄天上帝启圣录》卷五载：武当山上清紫极观是太上老君来教净乐太子修炼成道之处。“净乐太子金阙先生者，即真武是也。观内有北极紫微殿，是叶华真人未升天时，亲为真武缘化建造。”这是北宋人所谓西晋时期有关传说，真武曾在武当山修炼成仙。北宋时期的《太上说真武本传妙经》等书还记载，玄武在武当山修炼42年成仙之说。南宋魏了翁《成都府灵应观赐号记》说：“臣窃惟北方

[1] （宋）李焘《续资治通鉴长编》卷七九。
[2] 《明史》卷五〇《礼志四》。

真武，自武当飞升，受命帝所，为民祓不祥，隋唐以来，威灵显著。”

可见，真武从魏晋开始在武当山修炼的种种传说，盛行于宋朝。所以，宋代的地理志如《舆地纪胜》煞有介事地说：“《图经》引道书载：真武生于（隋文帝）开皇元年（581年），居武当山四十一年，功成飞升。今五龙观即其隐处。”《方舆胜览》更进一步，说：

> 《图经》引道书载，真武开皇三年（583年）三月三日生，生而神灵，誓除妖孽，救护群品，舍俗入道，居武当山四十三年，功成飞升，遂镇北方。人召而至，语以其故，妖气遂息。……五龙观即其隐处。

可见，真武从净乐太子变成了西晋人，又变成了隋代人。这些记载虽有出入，但大同小异，真武由凡人修炼成仙。由于北宋皇帝将真武当作护国之神，因而武当道教顺理成章地将真武当成崇奉的主要神灵。

唐代将道教当成皇家宗教，宋朝皇帝将真武当成皇室护国之神，并将武当山作为真武道场。很显然，这对明代皇帝产生了深刻影响。

（三）明成祖与武当山

在明代之前，道教圣地主要有龙虎山、茅山和阁皂山。武当山真正成为道教名山，是从明代永乐朝开始的。明成祖朱棣崇奉武当山主神真武大帝，并将他作为护国神，大兴土木，营建道教宫观后，武当山才真正成为皇家宫观，视为道教名山。

在元代中后期，道教特别是正一派在民间影响颇大，尤其在江南一带势力很强。因此，于龙凤六年（1360年），朱元璋便积极争取正一派领袖的支持，出榜招正一教主张正常。于是，张正常“遣使者上笺，陈‘天运有归’之符”。这正是朱元璋想听的话，需要得到的答复。因为，当时在民间影响力最大的道教领袖都认为朱元璋将称霸天下，这对民心的归附有强大的号召力。所以，朱元璋立即“以手书赐答”。在朱元璋成为大明开国皇帝的洪武元年（1368年），张正常当即入贺，受到厚待，制书授予“正一教主嗣汉四十二代天师、护国禅祖通诚崇道弘德大真人”之号，并领道教事，给银印，授二品官阶；设其僚佐曰赞教、掌书，赐白金十二镒，以新其宅第。从此，朱元璋几乎每年都召见张正常。于洪武三年，还增赐其父张嗣成为“正一教主太玄弘化明成崇道大真人”，改封其母为“恭顺慈惠淑静玄君”。之后，屡加封赐，正一道在道教界成一统天下之势。但是，在洪武时期武当山的道教，其地位还不算显要；在明代道教事务的管理格局中，武当山的位次较为靠后。当时，“龙虎山设正一真人一名，正二品；法官、赞教、掌书各二名，以佐其事。三茅山、阁皂山各设灵官一名，正八品。武当山设提点一名。分掌各山道教事”[1]。但是，到了永乐朝情况发生了变化,武当山一跃成为五岳之上道教第一名山，皇家宫观园林的经典。

永乐初期，朱棣继续奉行太祖制定的道教政策，优待江西龙虎山的正一派。据《明史·张宇初传》：正一道首领张宇初于“建文时，坐不法，夺印诰”。成祖即位后，便器重他，常予召见，并于永乐元年（1403年）令其陪祀天坛，还让其为自己举行斋醮祀祷等等。永乐八年（1410年）张宇初去世后，即令其弟张宇清嗣教，并授“正一嗣教清虚冲素光祖演道大真人”，掌道教事务。还两次拨款修葺龙虎山上清宫[2]。但后来朱棣的政策发生了变化，更推崇武当道教了。这与他崇奉真武大帝有直接关系。

其实，朱棣崇道而不信道，他只是特别崇拜玄武神。那么，朱棣为什么如此崇拜玄武神并且大修武当山呢？这与他发动“靖难之役”，以武力夺取皇位有直接的关系，即利用玄武保佑的神话发兵，但其具体原委有诸多说法。据《鸿猷录》卷七载：朱棣将发兵“靖难”，与道士道衍（姚广孝）多次商讨起兵的具体日期时，道衍总说不可，直

[1] 《明史》卷七四《职官志三》。

[2] 《道教史》，第289页。

到举兵的前一天，道衍对朱棣说“明日午召天兵应，可也”。第二天及期，“众见空中兵甲，其帅玄武也。成祖即披发仗剑应之”。显然，这是精心编造的神话故事。当然，朱棣也十分需要这样的神话，以制造舆论，企图证明他举兵造反是“天命神助”，尊天道合人心，名正言顺的正义行动，以便掩饰违背封建道统、大逆不道的事实。其实，在道教崇拜的庞大神灵谱系中，玄武神的地位并不高。但朱棣为何偏偏选择玄武予以特别崇拜并大兴土木，重修武当山呢？这是一些明史专家学者多年来探讨的一个问题。其研究结论，提出如下一些原因：

首先，朱家皇室与北宋一样，将玄武当作朱家王朝的保护神。此举始于太祖朱元璋。早在元末战争期间，群雄争霸，局势混乱。朱元璋认为之所以能够扫平群雄，夺得天下，是因得到真武神的显灵保佑。他称帝后为感谢神恩，在京师南京建造庙宇祭祀真武神，并作为正祀，纳入祀典。据《明史》记载：“国朝御制碑谓，太祖平定天下，阴佑为多，尝建庙于南京崇祀”[1]。这里所说“阴佑”，当然包括真武神。因此，朱棣为了表明他继承太祖国策，遵循祖训，大肆宣扬真武是保护神。他企图以此来证明其“正统性”。

其次，朱棣宣称真武神与对太祖一样，“阴佑”其夺取天下，以此表明他推翻朱元璋钦定的皇位继承人行为的合法性，企图掩人耳目。永乐十年（1412年）三月，成祖敕右正一孙碧云曰：“重惟奉天靖难之处，北极真武玄帝显彰圣灵，始终佑助，感应之妙，难尽形容，怀报之心，孜孜未已。”[2]这里朱棣想证明一种逻辑，凡是天命所归的帝王都能得到真武神的庇佑；也就是说，只有得到真武神阴佑者，才是天命有归的“真命天子”。他发动“靖难之役”是天意，是天助神佑的合法行为；他当皇帝与朱元璋当皇帝一样，都是“君权神授”。

[1]　《明史》卷五〇《礼志四》。

[2]　《武当山志》卷九《文献选录》，第332页。

其三，神化自己，附会自己是北方之神、玄武化身。真武神是北方之神，“奉上帝命镇北方。被发跣足，建皂纛玄旗”[1]。朱棣也一样，封藩于燕，镇守北疆。所以，他宣称自己是真武在世。他的谋士们如道衍（姚广孝）、袁珙、金忠等人，也大肆神化他，鼓动和协助他发动以“清君侧”为名的“靖难之役”。朱元璋的嫡孙建文帝开始“削藩”后，“道衍遂密劝成祖举兵。成祖曰：‘民心向彼，奈何？’道衍曰：‘臣知天道，何论民心。乃进袁珙及卜者金忠。’”朱棣便决意起兵反抗建文帝。在誓师发兵当天，“适大风雨至，檐瓦堕地，成祖色变。道衍曰：‘祥也，飞龙在天，从以风雨。瓦堕，将易黄也。’”[2]道衍把风雨雷电等自然气象变化，解释成对朱棣起兵有利的祥兆。袁珙以善于相人著称，“珙在元时已有名，所相士大夫数十百，其于死生祸福，迟速大小，并刻时日，无不奇中”。道衍推荐袁珙给朱棣相面，袁说：“龙行虎步，日角插天，太平天子也。年四十，须过脐，即登大宝矣。”[3]朱棣正好顺水推舟，宣扬自己是天运有归，真命天子。他夺位迁都后，在紫禁城宫后苑建造钦安殿，专门奉祀真武大帝，并按照自己的形象作为原型，铜塑一尊真武大帝像，披发、跣足、仗剑，以此象征自己是真武化身。

正因如此，他为感恩真武神助，将真武神封为武当神，大兴土木，重修宫观。据《明史》说：“图志云：‘真武为净乐王太子，修炼武当山，功成飞升。奉上帝命镇北方。’”虽然也承认这是“道家附会之说”，但该利用的还是利用：“国朝御制碑谓，太祖平定天下，阴佑为多，尝建庙南京崇祀。及太宗靖难，以神有显相功，又于京城艮隅并武当山重建庙宇。”[4]净乐国是西周时期的一个诸侯国。所谓真武神已经不是天上星斗了，而是凡间真人修道成仙的。按朱棣自己的说

[1] 《明史》卷五〇《礼志四》。

[2] 《明史》卷一四五《姚广孝传》。

[3] 《明史》卷二九九《袁珙传》。

[4] 《明史》卷五〇《礼志四》。

法，大修武当宫观的动机正如《明永乐十年七月十一日黄榜》所云：

> 武当天下名山，是北极真武玄天上帝，修真得道显化去处，历代都有宫观，元末被乱兵焚尽。至我朝真武阐扬灵化，阴佑国家，福被生民，十分显应；我自奉天靖难之初，神明显助威灵，感应至多，言说不尽。……及即位之初，思想武当正是真武显化去处，即欲兴工创造，缘军民方得休息，是以延缓到今，而今起倩些军民，去那里创建宫观，报答神惠……
>
> 朕闻武当紫霄宫、五龙宫、南岩宫道场，皆真武显圣之灵境。今欲重建，以伸报本祈福之诚。[1]

这对于为什么崇奉真武神、为什么选择武当山而不是别的山，以及即位十年后才起心修武当的理由，说得已经再清楚不过了。

还值得一提的是，朱棣除了崇奉真武大帝以外，还十分推崇张三丰。张三丰一直是武当道教的神秘人物，生卒年不详。据《明史》记载：

> 张三丰，辽东懿州（今辽宁阜新县塔子营村东北）人，名全一，一名君宝，三丰其号也。以其不饰边幅，又号张邋遢。颀而伟，龟形鹤背，大耳圆目，须髯如戟。……尝游武当诸岩壑，语人曰："此山，异日必大兴。"时五龙、南岩、紫霄俱毁于兵，三丰与其徒去荆榛，辟瓦砾，创草庐居之，已而舍去。太祖故闻其名，洪武二十四年（1391年）遣使觅之不得。后居宝鸡之金台观。

后来似乎死而复活，"乃游四川，见蜀献王。复入武当，历襄

[1] 《武当山志》，第332页。

（江）、汉（水），踪迹益奇幻。永乐中，成祖遣给事中胡濙偕内侍朱祥赍玺书香币往访，遍历荒徼，积数年不遇”。“或言三丰金时人，元初与刘秉忠同师，后学道于鹿邑之太清宫，然皆无考。”[1]这些记载，看起来神乎其神，扑朔迷离，闪烁其词，也承认“然皆无考”，难免有道听途说、牵强附会之嫌。但是，朱棣却对张三丰崇信不疑，不仅多次派人寻访，而且将大修武当的动机之一也归于为张三丰建造道场，以示敬仰之诚。早在永乐十年（1412年）二月，给右正一虚玄子孙碧云下圣旨，说：

> 朕敬慕真仙张三丰老师，道德崇高，灵化玄妙，超越万有，冠绝古今。愿见之心，愈久愈切。遣使祗奉香书，求之四方，积有年岁，迨今未至。朕闻武当遇真（宫），实真仙张三丰老师修炼福地。朕虽未见真仙老师，然于真仙老师鹤驭所游之处，不可以不加敬。今欲创建道场，以伸景仰钦慕之诚。

朱棣甚至还给张三丰公开写《敬奉书》说：

> 朕久仰真仙，思亲承仪范。尝遣使致香奉书，遍诣名山虔请。真仙道德崇高，超乎万有，体合自然，神明莫测。朕才质疏庸，德行菲薄，而至诚愿见之心，夙夜不忘。敬再遣使，谨致香奉书虔请，拱俟云车凤驾，惠然降临，以副朕拳拳仰慕之怀[2]。

可见，朱棣把张三丰当做武当山的活神仙，到处寻觅，在世人面前展示他对武当神的无比虔诚。

[1] 《明史》卷二九九《张三丰传》。
[2] 《武当山志·文献选录》，第332页。

在武当道教中，确实有三丰派。张三丰无疑是一个修炼有成的全真派道士，在武当道教中影响颇大。然而，在永乐时期他是否还活着，众说纷纭，难以肯定。《道教史》分析："据《明史》《名山藏》《明史稿》以及李西月《三丰全集》等，至洪武初时，张三丰已有120岁。其传承隐逸风范来看，大约与陈抟却有渊源关系。"[1]陈抟是北宋大哲学家，也是著名修道者。以此推测，在永乐十年（1412年）决定为张三丰修建武当道场时，他应有160岁以上高龄了。对此，朱棣未必不知道。所以，他不厌其烦地派人四处寻访，要么是作秀一场，要么另有隐情，或许假托寻访张三丰，暗地里另找他人。故此，有暗访失踪的建文帝之说。不过，朱棣崇奉张三丰的结果，倒是进一步提高了张三丰的知名度。

总之，不管朱棣如何大造"真武信仰"舆论，把信仰的理由说得多么充分而又冠冕堂皇，编造的神话故事多么生动而又逼真，但最终的目的只有一个，就是企图证明以武力夺取皇位的正当性，即皇权交替结果是完全符合正统规范的。他之所以如此，是他当了皇帝反而内心十分恐惧，恐惧天下人指责他"弑君夺位，大逆不道"的舆论，恐惧青史留下他"谋逆篡权"的恶名。所以，拿真武大帝和武当山当遮羞布，拿道教来瞒天过海。

当然，朱棣大修武当，还有一个重要原由。他说：

> 朕仰惟皇考太祖高皇帝、皇妣孝慈高皇后，劬劳大恩，如天如地；惓惓夙夜，欲报未能。重惟奉天靖难之初，北极真武玄帝显彰圣灵，始终佑助，感应之妙，难尽形容，怀报之心，孜孜未已。又以天下之大，生齿之繁，欲为祈福于天，使得咸臻康遂，同乐太平。[2]

[1]　《道教史》，第308页。

[2]　《武当山志·永乐十年三月敕右正一孙碧云御旨》，第332页。

图 5-1 武当山宫观分布图（据《太岳总图》绘制）

一方面，他把对上报答真武阴佑之恩与父母养育之恩并列起来；另一方面，把为黎民百姓和天下太平祈福挂起钩来，说的真是滴水不漏，天衣无缝。而所有这一切，都是围绕“靖难之役”的合理化、合法化展开的。其结果，营造出了一个天下第一道教名山，皇家巨型宫观园林。

正由于明成祖与真武大帝及真武大帝与武当山的这种特殊关系，武当山从永乐朝开始，真正成为中国首屈一指的道教圣地、天下名山。朱棣把武当山的地位抬高到五岳之上。他重新赐名武当山和金殿：“武当山古名太和山又名大岳，今名为大岳太和山。大顶金殿，名大岳太和宫。钦此。”[1]

[1] 《武当山志·永乐十五年敕隆平侯张信的御旨》，第332页。

（四）武当皇家宫观园林

1. 明代武当皇家宫观园林营建概略

武当山作为明代皇家道教圣地，其道教宫观园林规模达到了空前程度，不仅重建或扩建了以往毁于兵乱或因年久失修而损毁的建筑，还有不少是新建的。永乐大修武当山的宫观建筑及园林，一开始就是由皇帝钦定的，工程的一切重大事项，均由皇帝下旨。因此，南修武当是典型的帝王工程。

明成祖即位后，在基本建设上作了两件大事，就是“北建皇宫，南修武当”。其中，北建皇宫是为迁都北京作准备；而南修武当，则是为崇奉真武大帝。但是在具体施工安排上，先修武当，后建皇宫。看起来南修武当似乎更紧迫一些，这是令人深思的。

本来，北建皇宫的事因与迁都北京相连，提出在前。早在改元永乐之时，即元年（1403年），礼部尚书李至刚顺应朱棣的心思，建议立北平为京都，说：北平“为皇上承运兴王之地，宜遵太祖中都之制，立为北京”[1]。这个建议正中成祖下怀，于是改北平为北京，称行在。永乐四年（1406年），丘福等大臣建议在北京新建皇宫，得到成祖赞成。同年闰七月，成祖颁诏：“以明年五月建北京宫殿，分遣大臣采木于四川、湖广、江西、浙江、山西”[2]，开始筹备北京工程。

但事不凑巧，永乐五年（1407年）徐皇后去世。于是紧迫任务就是安葬许皇后，便调用营建皇宫的施工队伍用以修建陵寝。按理，南京是当时的京师，皇后应安葬南京才是。但朱棣却选择了北京北面的昌平，修建长陵安葬皇后。永乐十一年（1413年）安葬徐皇后，但直到永乐十四年（1416年）长陵工程才全部竣工。修建长陵，显然是北建皇宫、南修武当之间的重要插曲。由于临时启动长陵工程，北京工程的筹备工作受到影响，两大工程难以相继动工。于是决定先启动修建武当工程。毕竟北京皇宫工程要求更高，难度更大，所以需要更充

[1] （明）朱彝尊《日下旧闻》卷一。

[2] 《明史》卷六《成祖本纪二》。

分的准备；而武当工程相对而言稍微容易。于是，安葬徐皇后的前一年，就启动了南修武当工程，永乐十年（1412年）三月初六，成祖对孙碧云下御旨：

> 朕闻武当紫霄宫、五龙宫、南岩宫道场，皆真武显圣之灵境。今欲重建，以伸报本祈福之诚。尔往审度其地，相其广狭，定其规制，悉以来闻。朕将卜日营建，以体朕至怀。故敕。[1]

这是正式决定修建武当山，并开始进行实地勘察、编制规划设计等前期准备，只是具体时间尚未确定。这时长陵工程已进入后期，所以，可调部分人力修武当工程，两个工程交叉进行。

永乐十年（1412年）七月十一日，成祖黄榜诏示天下，修建武当宫观开工，“特命龙平侯张信、驸马都尉沐昕等，把总提调管工官员人等，务在抚恤军民夫匠”[2]。九月，朱棣命张信、沐昕及礼部尚书金纯、工部侍郎郭进以及京官郎中、主事、都指挥、参政、知府、州同知等400多个朝廷命官为钦差把总提调官员，率领军民、工匠号称30万人（包括到各地筹备木料、石材、砖瓦等建筑材料等辅助人员在内），营建武当山宫观。从永乐十年（1412年）九月至二十二年（1424年），历经13年，如从派人勘察算起，则长达14年而完成。“当文皇造五宫时，用南五省之赋作之，十四年而成，此殆不可以万万计者。”[3]修建工费以亿计。

工程可分为三个阶段，第一阶段为准备。从永乐九年（1411年）到十年九月，主要是派人实地勘察，规划设计，调集工匠、军民役夫和建筑材料的采集等前期筹备。第二阶段，从永乐十年至十六年

[1] 《武当山志·文献选录》，第332页。

[2] 《武当山志·文献选录》，第332页。

[3] （明）王士性《广志绎》卷四《江南诸省》。

（1412—1418年）主体工程的营建。20多万军民、工匠、役夫在武当山周围数百里范围的崇山峻岭中开山劈岭、修路建桥、运石搬木、营建宫观殿宇，植树造园，“建成了八宫、二观、三十六庵堂、七十二岩庙”[1]。包括紫霄、南岩、玉虚、五龙、遇真、清微、朝天、太和等宫及元和、回龙、太玄、复真、仁威、威烈、八仙、龙泉等观。永乐十五年（1417年）朱棣重新命名五大宫：称“玄天玉虚宫、太玄紫霄宫、兴圣五龙宫、大圣南岩宫、大岳太和宫”。到永乐十六年“十二月丙子朔，武当山宫观成。……上亲制碑文以纪之”[2]。也就是主体工程已完成。第三阶段，从永乐十七年正月至二十二年（1419—1424年）七月，完成辅助工程。主要是“补充修建了大小宫观十余处，增设了一些亭台庵庙等点缀性小建筑，垒筑了石磴神道及沿途桥梁”[3]等。

在营建过程中的一些大事要事，朱棣都要亲自把关定夺。永乐十五年（1417年），成祖为武当山改名：大岳太和山；金顶金殿改为大岳太和宫。是年二月，就武当山附近即湖广襄阳府均州军民因工程而减免赋税问题下旨：“合无将那本州该管军民人户，与免科差，分派轮流前去玄天玉虚宫等处，守护山场，洒扫宫观。……税粮依旧着办，其余科差都免了。”是年三月，就清理武当山道士问题，下御旨：

> 大岳太和山玄天玉虚宫那几处大宫观，不许无度牒的道士混杂每居住。只着他去其馀小宫观里修行、差去采药。道士而今在山做提点的，原领香书，不要销缴。

这些事，看起来是具体琐碎，但涉及朝廷的经济、宗教政策。所以，他事无巨细，亲自过问定夺，可见用心良苦。

至于武当山宫观园林的具体问题，成祖也是十分关心，适时决

[1]　《道教史》，第291页。

[2]　《明太宗实录》卷二〇七。

[3]　《武当道教史略》，第176页。

策。如永乐十七年（1419年）四月，就建造紫云亭下御旨：

> 净乐国之东有紫云亭，乃玄帝降生之福地。敕至即于旧址，仍创紫云亭，务要弘壮坚固，以称瞻仰。其太子岩及太子坡二处，各要童身真像，尔即照依长短阔狭，备细画图进来。

武当山紫禁城是整个宫观建筑群的一个重点工程，从设计理念到建筑质量，成祖都提出了具体要求。永乐十七年（1419年）五月，成祖敕建武当紫禁城，对隆平侯张信、驸马都尉沐昕下旨："今大岳太和山顶砌造四周墙垣，其山本身分毫不要修动。其墙务在随地势，高则不论丈尺，但人过不去为止。务要坚固壮实，万万年与天地同其久远。"从这里可以看出，朱棣不仅是具有雄才大略的政治家，而且对园林及建筑艺术也颇有造诣。他懂得园林建筑不要破坏山体，而要随地势而建。这一造园意境，为营建武当山的皇家园林，制定了一条重要指导原则。武当山现存的宫观建筑与自然环境融为一体，充分展现的"天人合一"风貌，与朱棣这一思想的指导作用密不可分。总之，朱棣为修建武当宫观投入了大量心血，颁布了60余道圣旨、敕谕，涉及工程建设的方方面面，使其真正成为名副其实的帝王工程。

武当山道教宫观及园林建成以后，主要是管理和维护问题。历史证明，这个问题并不比修建更简单、更容易。武当道教园林，对永乐以下的历朝皇帝，是祖传基业的重要一部分。所以，每位皇帝都专为武当山下若干御旨，维护武当宫观及园林环境。其中，少则几道，多则几十道御旨。较多的如宪宗，在位23年，颁布60道御旨；世宗在位45年，下御旨140道。[1]可见他们对武当山宫观园林的重视与维护。

武当山宫观建筑园林，在中国乃至世界的宗教园林中，无论是建造规模规格，还是艺术水准，都是首屈一指的，称得上是人类园林建

[1] 《武当道教史略》，第164页。

设的典范。因此，1994年被联合国教科文组织列入世界文化遗产名录。

据新编《武当山志》记载，武当山古建筑，始于秦汉；唐宋以后逐年增多。作为宗教建筑，最早是晋代隆安年间（397—401年）建有石鼓庵。唐、两宋都有所建构，主要有五龙、紫霄、南岩等庙宇。到元代有所谓“九宫八观”，即五龙、南岩、紫霄、太和、王母、玉虚、紫极、延长、天宫等九宫和佑圣、元和、云霞、威烈、回龙、仁威、太玄、三清等八观。再加上其他一些小型观、庵、庙等，共有70余处。但是，这些建筑在元末天下大乱中，基本都毁于战火，仅存元代的铜殿和部分石殿。

明永乐朝大规模修建武当山，是从元末宫观废墟上开始的。而且，修建规模空前，不仅恢复了以往著名的重要宫观，还重新规划、布局并建造了一大批新的宫观、桥梁、道路等建筑及基础设施。据《武当山志》，经十二三年的建设工期，共建成“9宫9观33处建筑群，大小为楹1800多间”。永乐朝以后，成化朝于二年（1466年）增建迎恩宫建筑群280间。特别是嘉靖重修，其规模仅次于永乐时期。嘉靖三十一年（1552年）二月，世宗下旨重修武当山宫观。对重修的缘由，世宗说：

> 朕惟大岳太和山，乃北极玄天上帝修真显化成道之所。……朕皇考封藩郢邸，实当太和灵脉蜿蜒之胜，岁时崇祀惟谨。肆朕入承大统以来，仰荷垂佑，洊锡庥祥，祗念帝功，报称莫罄，深虑岁久，宫殿圮坏，宜加修饰。爰发内帑，申命部臣往督其役。以嘉靖壬子年（三十一年、1552年）六月肇功，于凡宫殿门庑斋堂，藉以妥灵而供祀者，悉鼎新之，仍揭以坊额曰“治世玄岳”。[1]

[1]　《武当山志》引《世宗御制重修大岳太和山玄殿纪成之碑》，第192页。

当时 派遣巡抚都御史屠大山，会同巡抚湖广监察御史胡宗宪等官员，到武当山“勘视应合修理处所，估计工费，限四十日以内回奏工部知道”。同年四月，世宗敕谕拨银十万零六十六两余，作为修山经费。

这次大修，到嘉靖三十二年（1553年）十月竣工，耗时近一年半。主要维修太和、紫霄、南岩、五龙、玉虚、遇真、迎恩、净乐等主要宫观，以及元和、复真、回龙、仁威、八仙、威烈等道观和附属的岩庙、庵堂、神祠等955座，大小为楹2441间，范造神灵金像5尊等；还有道路、桥梁等设施，特别增加了诸如玄岳石坊之类新的标志性建筑物。在嘉靖时期，太和、南岩、紫霄、五龙、玉虚、遇真、迎恩、净乐等八大宫殿建筑群，房屋达6266间[1]，从而使武当山皇家宫观园林面貌焕然。之后，直到明亡，对武当山再也没有如此规模的修缮。

2. 武当山主要宫殿园林

明代武当山从整体而言，是一座巨型的皇家宫观园林，它是由诸多的宫殿道观组成，而每座宫观本身就是一处独立的宫观园林。其中最著名的宫殿园林有：

（1）大岳太和宫园林

这一建筑群分布于天柱峰及周围峰峦上，是武当皇家园林的精华。太和宫位于武当山主峰天柱峰顶上，其建筑群分布于海拔1500米左右高度上，在约2平方公里范围内。这一宫殿群，包括金殿、灵官殿、朝圣殿及左右鼓楼、元君殿、父母殿、皇经堂、真宫堂、朝圣堂等等，共计78间。天柱峰之北，重建一天门、二天门、三天门，道房、斋堂、灵官祠等，以及带有石栏杆的云梯式登山道。到嘉靖时，太和宫建筑扩大到520间。按武当道教内部管理体制，本宫管领清微宫、朝天宫、黑虎庙、文昌祠等。

金殿是太和宫建筑群主体建筑，建于永乐十年至十四年（1412—

[1]《武当山志·古建筑》，第124页。

图 5-2　武当大岳太和宫航拍图（武当山旅游经济特区提供）

1416年）间。在天柱峰顶上有一块面积约160平方米的石头平台，上平台要经过一段迂回曲折的岩筑石栏登道，即“九连磴”。永乐十四年（1416年）建成，嘉靖三十一年（1552年）局部修整殿基、石栏台阶，增设殿外朱漆木栅。

金殿是武当山的最重要的核心建筑，也是绝妙的园林景观。因此，对金殿的铸造、运送、安放，成祖都极为重视，事无巨细亲自抓。永乐十四年（1416年），敕谕工部建造金殿，“冶铜为殿，重檐叠拱，羽飞瓦立，饰以黄金范玄帝金像，左右灵官玉女，捧剑执旗天将”。全部构件先在北京铸造完成，并派兵护送。永乐十四年（1416年）九月初九，成祖《敕都督何浚》：“今命尔护送金殿船只至南京。沿途船只务要小心谨慎，遇天道晴朗、风水顺利即行。船上要十分整理清洁。故敕。”[1]金殿以运河水路运输至南京，从南京溯长江而上到汉

[1]　《武当山志·敕建大岳太和山志》，第332页。

图 5-3　武当山天柱峰顶景观绘图（引自（清）周凯《周凯及其武当纪游二十四图》）

口，经转汉江运达均州（今丹江口市），最后运到武当山上组装而成。

金殿居于平台中央，坐北朝南，偏东南8度，海拔1612.1米。这是一个铜铸仿木结构宫殿式建筑，金殿面阔三间4.4米，进深也三间3.15米，高5.54米。四周有12根立柱，宝装莲花柱础，柱上叠架额、枋及重翘重昂与单翘重昂斗拱分别承托下檐部，构成重檐庑殿式屋顶。正脊两端，铸龙吻对峙；垂脊圆和，翼角舒展，其上饰仙人和龙、凤、狮子、海马、天马等灵禽瑞兽，有序排列。四壁与立柱之间，满装四抹头隔扇，明间正中两扇铸门轴纳于户枢，以用于开合。额枋施线刻有错金旋子彩画图案，工艺精湛；殿内顶部作平棋天花，铸浅刻流云纹，流畅生动；地面以紫色纹石墁地，洗磨光洁。殿内中堂供铜铸鎏金真武大帝坐像，披发跣足，着袍衬铠，体态丰润，身姿魁伟，神采奕奕。左侍玉童捧册，右侍玉女端宝；两侧有水火二将，执旗仗剑，威严拱卫。铜案下置龟蛇合体型玄武一尊。坛前香案上，置有供器。到清代，康熙御题鎏金匾额“金光妙相”四字，高悬于殿内后壁上方。殿外正面檐际，立悬盘龙斗边鎏金牌额，上面铸有“金殿”二字。殿外铜铸栅栏柱，其上刻有云龙盘绕图案，栩栩如生。

金殿全部构件，均按宫殿式法制仿铸。整个宫殿榫卯拼装，结构严谨，天衣无缝，看起来似乎是整体铸造而成。殿下台基和殿前露台，由精琢石材叠砌而成。露台前端左右两侧分列二亭，曰金钟、玉磬，并配有宝鼎式焚帛炉，为嘉靖年间增设。台周围绕以石雕莲花望柱钩栏，正面铺有石阶御路。武当山金顶称谓，就是因金殿而得名；而金顶金殿是所有上山朝拜或是游览者的终极目标。

位于金殿东南侧有灵官殿。从南天门而上，便进入灵官殿石砌长廊，顺石阶攀登到达一小平台，上筑灵官殿，以石材构建，殿内置有明代所造锡质小殿，内奉一尊锡制灵官像。宫殿与下面陡坡上的长达64米、212级，饰以石栏铁链的“九连磴”相连。上金殿，必经“九连磴”、灵官殿，而该殿在紫禁城墙内。

紫禁城又称红城，因城墙饰以朱红色而得名，是天柱峰顶建筑的围墙。因其为围护金殿的宫墙，故名。永乐十七年（1419年）建。城墙在天柱峰“脖颈”处险壁悬崖上顺沿地形所建，高低起伏，落差一般都有数丈以上；城墙厚薄有别，南城门城墙基厚2.4米，墙顶厚1.26米；城墙全长344.43米，围墙内面积34443平方米。墙体由每块重达千斤的条石砌成。从外部仰视，因按成祖关于大岳太和山顶砌造四周墙垣，“其山本身分毫不要修动，其墙务在随地势”而建的御旨，城墙沿山顶平台边缘，低昂起伏、蜿蜒回绕，犹如一条巨龙，在金顶上回旋盘卧。城墙与山体浑然一体，雄伟、险峻、坚固、神秘，使人感觉高不可攀，肃然敬畏。城墙上，在东西南北四方，各建一座仿木石结构天门，分别称东、西、南、北天门，象征天阙；南天门为紫禁城正门。在紫禁城墙内只有金殿和灵官殿两座主要建筑，太和宫建筑群的其他建筑，均在紫禁城外。

位于南天门下有朝圣拜殿，简称朝拜殿，明永乐时所建。今名太

图 5-4 武当山金顶景观（武当山旅游经济特区提供）

和宫，是清康熙时改称，并御书“大岳太和宫”匾额。本殿砖石结构，歇山顶式，绿琉璃瓦屋面，内为券拱，墙体底部为石雕须弥座，面阔及进深均一间，深阔各8.3米，呈正方形，通高9.45米。殿内供奉真武大帝、金童玉女和八尊官神像。殿门两侧置有明代圣旨、功德铜碑各一块。殿前两旁为钟鼓楼，内置一件“大明永乐十三年造”龙钮“永乐大钟”。其工艺精湛，造型美观，体形硕大，声音洪亮悦耳，击之万壑回应。

在朝拜殿右下有皇经堂，坐北朝南，永乐年间所建，清代和民国曾两次重修。堂内供有真武、三清、玉皇、观音、吕洞宾、灵官、侍童等神像。殿堂三间，砖木结构，硬山顶，抬梁式木结构，小青瓦屋面，前廊后封檐，正面为全开式格扇门，面阔和进深均为三间，面阔10.13米，进深9.20米，通高9.90米。额有“白玉京中”匾。在阑额、木制隔扇上，以浮雕形式刻有众多道教人物故事和珍禽异兽。另外，殿堂旁还建有一座木楼，九间。

在太和宫原有一座铜殿，元代大德十一年（1307年）所铸。永乐

图 5-5　武当山头天门景观绘图（引自（清）周凯《周凯及其武当纪游二十四图》）

十四年（1416年）建太和宫时，将铜殿与基石一并移置到天柱峰东北侧的小莲峰顶，海拔1156.5米。此殿是在湖北武昌铸造，通过汉水运抵武当，放置于峰顶。铜殿与金殿相比，体积较小，脊高2.44米，面阔和进深均2.615米。殿基为浮雕琼花石须弥座，悬山顶，铜铸仿木结构，瓦鳞、榱角、檐牙、栋柱、门槅、窗棂、壁隅、门限等，诸形毕具，造型古朴凝重。殿体上镂刻许多铭文，记载道士名称，以及众多募资造殿者姓名、地址。

在太和宫西有一座天鹤楼，始建于明代，1966年后坍塌。1989年，武当山道教协会集资重建26间，建筑面积893平方米，用以接待客人。

在大莲峰，始建于明代的还有天云楼，又名太和高楼。有庙房36间，在清光绪十三年（1887年）的大地震中全部坍塌。十五年（1889年）道士胡继云修房16间，二十三年（1897年）周信春建廊房5间。1915年王龙海建大门楼3间，厢楼房6间；1920年又在朝圣门下建天云楼，旁边建圣楼5间，1949年后倒塌。1986年，武当山道教协会集资重建16间，建筑面积达404平方米。

到天柱峰要经过三天门和朝圣门，均在天柱峰西北处。明永乐十年（1412年）在元代旧基上重建。此四座门均为砖石结构，歇山顶，石雕须弥座。各开双拱门一孔，仿木结构石雕冰盘檐，方圆檐椽各一层，额匾书有“一天门”“二天门”“三天门”和“朝天门”。四座门在天柱峰北坡偏西北方蜿蜒迂回，向上攀缘的磴道上依次耸立，由两边饰有青石栏杆的数千级台阶相连，最下是朝天门，最上为三天门。这些门象征着天阙，对登山者而言，沿陡峭的台阶向上攀登，每到一门，犹如登天一般艰难，名曰天门实不为过。三座天门，在清康熙四十二年（1703年）曾重修。

太和宫建筑群和金顶是天柱峰的终极风光，所有登武当者，皆以上金顶为最终目标；明代文人墨客对此独特风光感叹不已，正如明人顾璘所咏《天柱峰》：

> 天柱峰高白日晴，华嵩相对最分明；
> 扶桑倒射东溟影，银汉平留上界声。
> 空里金宫陈帝座，云边铁锁度人行；
> 不缘旌节巡方岳，孤负尘埃过此生。[1]

天柱峰高耸入云，每当天朗气清时，可西望华山，北眺嵩山；影射东海，似闻天人说话之声。明代著名旅行家徐霞客描绘：

> 由三天门而二天门、一天门，率取径峰坳间，悬级直上，路虽陡峻，而石级既整，栏索钩连，不似华山悬空飞度也。太和宫在三天门内。……山顶众峰，皆如覆钟峙鼎，离

[1] 《武当山志》载（明）顾璘《天柱峰》，第365页。

离攒立，天柱中悬，独出众峰之表，四旁崭绝。峰顶平处，纵横止及寻丈。金殿峙其上，中奉玄帝及四将，炉案俱具，悉以金为之。……天宇澄朗，下瞰诸峰，近者鹄峙，远者罗列，诚天真奥区也。[1]

明代王在晋游记记载：

过欢喜坡，而太和金顶乃灿然在目。又折二三里过飞嶮，曰六十塔。蛇行委曲，悉从右堑挽越，竭蹶攀跻。……整衣朝谒圣殿，复折而左为太和宫。宫如帝寝，环以金城，重云拥护，以象天阙。宫之左盘旋而上，傍列历朝御制碑。石梯经几转，重累而度之，足摇摇不胜战栗，而始陟天柱之巅。四维石脊如金银色；飞鸟不集，间生异草，细叶蔓延，秋冬弗凋。怪松数株，盘桓如结，高不满丈。绝顶甃以花石，金殿兀突，供案皆铜质，液金为之。殿制精巧浑成，疑为鬼工。因思明初，物力甚饶，乃能为之。……因伏谒载拜，步入金殿，展拭圣容，光明润泽，而道士并发金柜之藏，出所为上赐丹书玉像。游者往来万亿，此不可得而窥其元扃也。出殿门汛阅野望，群峰万壑，偃伏蹲息，如尊帝高居，上罗三阙，下列九门。冠盖云合，四海八荒，献珍贡琛，俯伏辇下，不敢仰视。童山四绕，如惊涛汩浪，如奔赴雷门，排空震荡，其青紫分行，黛绿成队，则又似翡翠画屏，芙蓉细褥，倩秀艳冶，美丽闲都，光彩眩目。[2]

明代王世贞记述金顶风光云：

[1] 《武当山志》载（明）徐霞客《游太和山日记》，第383页。

[2] 《武当山志》，第378－379页。

由南岩右折而下，半里许为北天门。出北天门稍折而上，曰滴水岩。若肺覆，时时一滴，下小池承之，即不以雨暵缓速。有涧，傍以饶奇石。……自是壑益深旷，树益老，高者径百尺，大可数抱，而根皆露，交纵道上，数百千万条，其粗者若虬蟒，次为蛇，为擘为虺，且树得风簌簌鸣，则根皆应而鳞起；若啮人趾者。岩巅怪石俯下欲坠，亡所附丽。其涧石又突起，若象、若狮、若龙、若雕鹗之属，意似攫人。

遂登绝顶曰天柱峰，由太和而望天柱，高仅百丈耳，而行若数里者。左挽悬而右肩息，不能得悬之十一，辄喘定乃复上，遂礼金殿。殿以铜为之，而涂以黄金。中为真武像者一，为列将像者四，凡几座供御，皆金饰也。已出，而顾所谓七十二峰者，其香炉最高，然犹之乎榻前物耳。……余峰多不能胪述，而其大都皆罗列四起，若趋谒者，又若侍卫者。时乍晴，蒙气犹重，不能得汉江，而三方之山，若大海挟银涛，层涌叠至，使人目眩不暇接。古语云："参山轻霄盖其上，白云当其前。"有味乎言哉！诸山皆嶂嵝，独南一山最高，意不肯为天柱下者，而又外向。问其名，曰外朝峰，乃在房陵官道也。凡山所有峰涧岩泉之属，不可指数，而其名即道流辈剽他志被之。[1]

由此可见，太和宫及金顶可谓是天上园林，超凡脱俗。园林布局，以金顶为中心景观，依山势而为，因地制宜，自然分布建筑，形成众星捧月态势。其特点鲜明，中心突出，尊卑有序，层次分明，错落有章，浑然天成。虽曰紫禁城，但不死守中轴线对称布局的规制，体现道法自然，章法更显高绝，如同鬼功。同时，太和宫及紫禁城与

[1] 《武当山志》，第381－382页。

图 5-6　武当山南岩景观（卢家亮 / 摄）

周围自然环境融为一体，形成天然图画。近则雄殿金光灿灿，红墙朱阙，与蓝天白云相映生辉。远看翠峰碧峦，四面拱卫，绿树成荫，鲜花织锦，淡烟缭绕，如画仙境。这是最典型的园林借景手法，体现了规划营建武当山宫观园林的高超艺术境界和神来之笔。

（2）南岩宫园林

南岩宫全称大圣南岩宫，建于南岩而得名，位于西神道上。从现在的武当山森林公园大门进入，沿西神道向上攀登，经娘娘庙、仁威观、隐仙岩（将军庙）、五龙宫、华阳岩、驸马桥、下元、中元、上元、太常观（雷神洞），便到达南岩宫。南岩宫是这组建筑群的主体，始建于元代。

元代在南岩凿岩平谷，广建宫殿大庭，积工累资巨万计，历二十余年竣工。至大三年（1310年），皇太后赐额

“天乙真庆万寿宫”。延祐元年（1314年）赐额“大天乙真庆万寿宫”。

元末毁于战火。南岩海拔964.7米，离紫霄宫2.5公里，“峰岭奇峭，林木苍翠，上接碧霄，下临绝涧”[1]，被誉为武当山三十六岩中最美的一岩。南岩宫整体建筑充分利用山体、峭壁、岩垭、岩洞等特殊的地形地势特别是险峻形势，劈岩凿石，在绝壁断崖上营造了宫室、亭台、山门等，使这些建筑显得格外险峻，与环境融为一体，独具魅力。

永乐十年（1412年）重修南岩宫，建玄帝大殿、山门、廊庑，赐额“大圣南岩宫”。南岩宫建筑群，坐落于岩壁东侧，其南边为悬崖峭壁；在南北朝向上，依北低南高地势布局建筑。在南北长方形院落的最南端，也是最高处，是大殿即元君殿；中部为甘露井，最北端是龙虎殿，形成中轴线；其东西两侧是配房和配殿。其他零星建筑物，围绕山势地形，撒落各处。岩前有祖师石殿、父母殿、左右亭馆，宫前左右建有圣旨碑亭、五师殿、真官祠、圆光殿、神库、方丈、斋堂、厨堂、云堂、钵堂、圜堂、客堂，还有南天门、北天门、道众寮室、仓库等150间。建筑群完全按照皇家祭祀场所规制，配套设施完善。到嘉靖三十一年（1552年）重修后，此宫房间达640间，并始带管太玄观、乌鸦庙、榔梅祠、雷神洞、滴水岩、仙侣岩等。清代从同治初开始，曾多次修葺。现存遗迹和建筑，占地面积61187平方米，庙房83间，建筑面积3539平方米。[2]

在南岩东西碑亭之间，坐东朝西的有龙虎殿和元君殿 。经北天门进入到东碑亭，再过崇福岩，到龙虎殿。此殿硬山顶，砖木结构，二层楼，抬梁式木结构，五架椽屋分心三柱，黑筒瓦屋面，前后为檐墙。明间为穿庭，有进出大门；次间、稍间前后为檐墙，左右稍间青

[1] 《武当山志》，第129页。

[2] 《武当山志·南岩宫》，第129页。

龙、白虎殿，基为须弥座。面阔五间16.75米，进深三间9.05米。龙虎殿南面是青石墁地的院落，院中有一口六角饰石栏水井，名曰甘露井。再向南登重重丹墀崇台，到元君殿，这是南岩宫的主体建筑。面阔、进深均五间，建筑仅存遗迹。殿基上有一座神台，石雕须弥座，座上还有泥塑金身玄帝像。殿基上存有石凿柱、磴、香炉等遗物。

建在南岩悬崖中有天一真庆宫石殿，坐北朝南，元代至元二十三年（1286年）建造。永乐时重修，石造构件、砖木结构，歇山顶式，屋面为石板，杂式构架，前为廊后倚岩，殿前建有三间抬梁式木结构凉亭。殿内四根圆雕石柱，立于明间金柱前后。明间分里外二室，倚岩建佛龛。正脊桁上楷书阴刻“国泰民安”“风调雨顺”字样。石殿面阔三间9.77米，进深三间6.65米，通高6.85米，建筑面积71平方米。其梁柱、檐椽、斗拱、门窗均用青石雕琢，榫卯拼装。整个石殿刻工精细，技艺高超，乃武当山现存最大石殿。石殿左神龛内置有一条长2.1米的木雕饰金盘龙，栩栩如生，神奇十足。木雕少年真武头枕金龙/和衣而卧像，生动自若。这是著名的“太子睡龙床”造像。石殿位于南岩宫东南侧面南的悬崖绝壁上。

位于石殿西侧有两仪殿，石殿与两仪殿中有万圣阁相连，建在悬崖上。砖木结构，歇山顶，绿琉璃瓦屋面，方砖墁地。后倚岩为神龛，正面为棱花格扇门，按在前金柱上，与檐柱形成内走廊，直通石殿。此殿面阔三间10.03米，进深三间3.9米，通高7.29米。殿前为著名的龙首岩，俗称“龙头香”，朝北面对金顶。龙首岩是从悬崖侧面横空伸出的约2米长的条状石头，远处看，像是伸脖子的乌龟头，誉称“龙首”。下面是万丈深渊，但一些胆大信客爬到龙首岩前端上香，故称龙首香。殿前有八卦亭，西侧有皇经堂、藏经阁等建筑。岩前崛起一台，建有礼斗台。南岩宫西面还有梳妆台、飞升台等建筑。南岩宫有南、北两道天门，作为进入南岩宫的必经之路。

实际上，两道天门均在南岩宫的东侧，北天门偏东北，南天门偏东南。永乐十年（1412年）建，造型与天柱峰天门相同。到南岩宫，经过蜿蜒陡峭磴道，先到位于乌鸦岭北山头的南天门，再往上登攀到达北天门，然后进入碑亭。这两道天门，与南岩宫距离比较远。

位于南岩宫龙虎殿东侧和西北侧有两座碑亭，而东侧的碑亭离宫较远，离北天门较近。永乐十年（1412年）所建，砖石结构，顶为九脊歇山重檐。有砖砌四方形院墙，四面各开券拱门。亭高10.40米，面阔11.17米，围以石栏，铺有地墁。亭建于两层台基上，南北两出门。亭前有天乙池，周围有五师殿、真官祠、圆光殿、斋堂、方丈、南薰亭等。这些建筑，依山顺势，宏台崇基，错落有致。

南岩宫可谓武当宫观园林中的“险景”，风光奇秀。它的一些建筑悬浮于万丈深渊之上，周围断崖绝壁，树木苍翠，白云缭绕于下，的确使人不由产生飞升之感。明代的王在晋游南岩宫，描绘其风景说：

> 行之南岩，曙霁忽开，紫霞红霰，旭轮涌出珊瑚堆，如绘如缕，金光闪倏，烛龙荧照，暧昒渐收，而飞鸟嘈嘈，声出林丛间。徙倚南岩宫门，凭高望之，恍惚身在阊阖。目瞬八极，羲和之鞭可执也。……路从几折而经南岩宫……从大殿左折过元君殿，为南薰亭。亭外有石枰，纵横十八道。复从元君殿折而下，过独阳岩石室。岩前刻龙头横槛外，下临不测深渊。朝礼者辄步虚踏石龙进香，以白至诚。道士遥指舍身台，孤危若坠，而太和金顶，正当岩前，缥缈金光，灿烂欲射。岩旁有石壁穹窿高起，如堆云积雪，层层停压，用片石刻五百灵官像，仅可半尺，乱置石窍间。又东为风月双清亭，上有石枰，亭倚岩窟，如筑成。[1]

徐霞客游南岩宫，尽赏其旖旎风光：

---

[1] 《武当山志》，第378－379页。

> 造南岩南天门，趋谒正殿。右转入殿后，崇崖嵌空，如悬廊复道，蜿蜒山半，下临无际，是名南岩，亦名紫霄岩，为三十六岩之最，天柱峰正当其面。自岩还至殿左，历级坞中，数抱松杉，连阴挺秀。层台孤悬，高峰四眺，是名飞升台。[1]

> 从（真武）殿后历元君殿、南薰亭、独阳、紫霄诸岩室徘徊顾望，诸峰争雄，而趣太和，若游龙。天柱金色煜煜射目。所谓礼斗、飞升台、舍身岩，其奇壮诡卓，无论道流鼓掌，玄帝事若觌也。[2]

明代人钱岱《登天柱下游南岩》咏曰：

> 天柱孤撑万壑奔，南岩雄绝境平分；
> 飞泉倒泻半空雨，怪石危悬千嶂云。
> 风递梵音虚谷静，香飘龙鼎洞门春；
> 惭余底事浮名系，归路匆匆日已薰。[3]

当时文人骚客的这些记述，正是南岩宫绮丽风光的真实写照。

（3）紫霄宫园林

紫霄宫建筑群是武当山规模较大的宫观园林，位于东神道上，展旗峰下，海拔804米，坐北朝南。沿东神道从太子坡（复真观）向西南攀登，经剑河桥、猕猴谷、财神庙，便可到达紫霄宫。其背后的展旗峰，犹如迎风展开的一面绿色巨旗，成为天然布景。对面有

---

[1] 《武当山志》，第383页。

[2] 《武当山志》，第381－382页。

[3] 《武当山志》，第364页。

图 5-7　武当山紫霄宫景观绘图（引自（清）周凯《周凯及其武当纪游二十四图》）

三公、五老、宝珠、照壁、福地诸峰。后有太子岩、太子亭，右为雷神洞，左为蓬莱第一峰；周围山势形成二龙戏珠状，紫霄宫就是一颗璀璨明珠。

紫霄宫是武当山较早的建筑，于北宋宣和年间（1119－1125年）创建。元代称“紫霄元圣宫”。明永乐十年（1412年）重建，各类建筑160余间，赐名“太玄紫霄宫”。嘉靖三十一年（1552年）重修时，扩大到806间，管领福地殿、威烈观、龙泉观、复真观等。现存建筑及遗址面积7.4万平方米。

紫霄宫建筑群相对比较集中，平面形成十字形建筑群落，依山纵横摆开。主要建筑是三大殿，即紫霄殿、朝拜殿、龙虎殿，在由南到北长方形三进式院落中，阶梯式布局。主要建筑都是红墙碧瓦，与青山绿树浑然一体，犹如仙境。配套建筑比较齐全，除上述之外还有配殿、配房、东宫、西宫等等，是武当山道教宫观建筑中比较完整的建筑群，也是典型的皇家宫殿式建筑群。

第一层院落为龙虎殿，也称前殿，是紫霄宫三大殿之一。紫霄宫院墙南面有条小渠，曰金水渠，上有金水桥，过桥为龙虎殿南门。此殿面阔三间15.5米，进深二间7.26米，通高9.64米，海拔774.10米。悬山顶，砖木结构，“分心柱”木构架，绿琉璃瓦屋面，前后檐有斗拱。殿门外建有八字墙，墙上饰以琉璃琼花、孔雀等图案。殿内两侧置有高丈余的泥塑青龙、白虎像，是元代著名雕塑家刘元一派的传世作品。穿过明间，出后门，中轴线上依陡坡地势建石栏石阶磴道，可达朝拜殿。龙虎殿后石栏石阶磴道两侧对称建有两座碑亭。永乐十年（1412年）所建，基座高4.5米，宽20米，亭高10.15米，方形，重檐歇山顶，围以红墙翠瓦，四面各开拱门一孔，门高5.1米，宽3.55米。亭内置赑屃托御碑，巨石雕造，另有数块明代圣旨碑。

在紫霄宫中轴线上的第二层殿为朝拜殿，又称十方堂，是紫霄宫三大殿之一，海拔794.10米，永乐十年（1412年）所建。面阔三间，进深二间；砖木结构，抬梁式木结构悬山顶。明间为穿厅，前后为廊。殿门南向，两侧建有八字墙即照壁，中心盒子雕作琉璃琼华、珍禽图案如凤凰、牡丹、灵芝等，表现吉祥如意、富贵长寿等寓意；壁下为琉璃须弥座。殿北面是青石墁地的大院，其东北角有直径丈余的圆池，称日池；池中常年存水，从未干涸，并喂养五色小鱼，乃宫中闻名一景。日池西侧有七星池，朝拜殿前平台东南角有琉璃化香炉，歇山顶式，坐落于石雕须弥座上。院落南端两个角上，开有东、西侧门，即东华门、西华门。

紫霄宫第三层院落为紫霄大殿，称正殿，海拔804.1米；重建于永乐十年（1412年）。紫霄殿院落在南北中轴线靠北部纵深处，地势最高。坐落于三层饰栏丹墀崇台之上，像北京紫禁城太和殿一样，高高在上，俯视其他建筑。砖木结构，大式九脊重檐歇山顶，绿琉璃瓦屋面，按内槽外槽营造。用外五踩重昂斗拱撑托檐廊，正面为全开式三交六椀槅扇为回廊。面阔、进深均为五间，面阔26.31米，进深18.39

图 5-8　武当山紫霄宫景观（卢家亮/摄）

米，通高18.69米。正脊、垂脊、角脊上饰以各种琉璃飞禽走兽。正脊两端饰鸱吻吞脊，脊中立宝瓶；垂脊和角脊饰以天马、狮、龙、凤、行什、斗牛、獬豸、押鱼、狻猊、海马等动物琉璃造像，形象生动逼真，庄严神奇，可与紫禁城皇家建筑相媲美。殿内额枋、斗拱、昂、天花板，彩绘旋子、流云、神仙人物故事图案，藻井浮雕二龙戏珠，两侧绘制八卦图等图案。殿内神龛上，置有数以百计的像器，其中除元代的以外，都是明代制品，铜铸鎏金，造型生动，工艺精美，具有很高的艺术价值和观赏价值。殿前是方石墁地的露台，围以青石护栏；殿后有真一泉、金沙坑、银沙坑、龙王庙、龙井、龙池即龟脖吐水等胜景。紫霄殿两侧有对称的东、西配房及东、西配殿。

位于紫霄大殿院落外左右对称坐落、形如两翼的有东、西道院，与紫霄宫同时建造。东道院殿名为香火殿，硬山顶，砖木结构，面阔三间，海拔801米。殿前两层木楼组成四合院，楼为硬山顶，砖木结构，外走廊及院内用青石墁地，院门外有福字照壁。院前及朝拜殿东侧，有一大片地为花圃。东宫东侧，还有许多道房及神厨、斋堂等附属设施。西宫有前后两座四合院、一座殿堂，建筑法式与东宫相同。院外有众多道房、榔梅园等。西院现为武当山道教协会办公地点。

坐落于紫霄正殿北面的崇台上有父母殿，海拔811米。砖木结构，三层，复合式顶，杂式木构架，小青瓦屋面。面阔五间22.22米，进深11.95米。前为廊后封檐，方砖墁地，殿外露台为青石海墁，台护以石栏。殿内神龛上供奉着真武父母、三霄娘娘、观音老母等像。父母殿东侧还有月池。

对紫霄宫风光，明人徐霞客记述："过太子坡，又下入坞中，有石梁跨溪，是为九渡涧下流。上为平台十八盘，即走紫霄，登太和大道……峻登十里，则紫霄宫在焉。紫霄前临禹迹池，背依展旗峰，层台杰殿，高敞特异。"[1]明人王在晋憩紫霄宫，"乘月出步庭除，残星依稀，若明若灭。翘首望天，见黑云压屋，讶其欲雨。道士谓，此展旗峰也。峰铁色，崖若累峗，不翅百丈，如军中旗纛，隤然落半空中。紫霄背负展旗峰，崔嵬岸耸，高出诸宫"。[2]明人汪大绶有《紫霄宫》诗曰：

峭壁山中展翠峰，琼台垒垒紫虹霓；
金光殿阁明霞烂，瑞气峰峦远汉移。
六月杉松深带雪，千年芝草净依池；
忽闻仙乐从空下，恍觉身游玉帝墀。

明人桂荣有诗《登天门》：

山石离奇雪骨生，紫霄何处听鸾笙。
孤云不锁玄关梦，卧看松枝扫月明。

[1] 《武当山志》，第383页。
[2] 《武当山志》，第378页。

图 5-9　武当山朝天宫景观（武当山旅游经济特区提供）

（4）朝天宫园林

朝天宫位于天柱峰北侧西神道上，在一天门下，黄龙洞上，上拱天柱峰，下瞰南岩宫，海拔1400.3米。沿神道从南岩宫向上攀登，经榔梅祠、七星树（斗姆阁）、黄龙洞，便到达朝天宫。永乐十年（1412年）建，有玄帝殿宇、廊庑、山门、道房等17间，赐匾额“朝天宫”。此宫坐南朝北，偏西北40度左右；背后（南面）是峭壁悬崖，宫殿依山而建。而殿前有一块三角形平台，对面山峦连绵，整个建筑群由群山包围。朝天宫主体建筑玄帝大殿坐落于高台上，经21个台阶方能上；其前方台阶下，有左右配殿，与大殿形成品字形布局，并围以院墙，再下21个台阶才能下来。大殿面阔三间，内祀神像。院墙外西北处还有两座配殿。宫下有黄龙洞亭，木结构，歇山顶，小青瓦屋面，下有16根柱子支撑，正方形，回廊式，亭内上方有6块木匾。

大殿右后方，即东南处山上有品字形摆布的三座亭子，掩映在绿树丛中；最高处是别具一格的扇形亭。从南岩宫经一天门到金顶，必经朝天宫；而到朝天宫，从北面攀登100级台阶才能到小亭平台，再登60级台阶才能到玄帝大殿院墙下。

朝天宫废于清末民初，现恢复部分建筑，其建筑遗迹占地10200平方米。朝天宫的殿宇亭台与周围的自然环境和谐统一，在群山环抱中，绿瓦红墙、苍松翠柏相得益彰，显得格外幽雅恬静。

（5）玉虚宫园林

全称玄天玉虚宫，永乐年间大修武当时，这里是大本营。因明清时期这里驻有军队，亦俗称老营；位于武当山北麓山下，处于东西两个神道之间，（武）汉十（堰）铁路紧邻其北通过，路南为武当山镇。玉虚宫建筑群坐落于约5平方公里的小盆地里，四面环山，群峰围护，九渡涧环绕，东侧有剑河、西侧为螃蟹夹子河由南到北流过，地势比较平坦开阔，海拔才189米。其主要建筑都是永乐十年（1412年）始建，是明成祖封禅武当，修醮总坛所在地，所谓“山中甲宫”，“太和绝顶化城似，玉虚仿佛秦阿房”[1]。大小庙房534间，占地面积12万平方米。嘉靖时进一步扩建。建筑群利用平坦地势，严格按宫廷建筑法式，以中轴线为准左右对称布局，并围以宫墙，形成五进三路三城（外城、内城、紫禁城）格局，曾有房2200间。建筑群飞金流碧，富丽堂皇，宏伟庄严，皇家宫观气派十分突出。基本布局为：

玉虚宫第一道院落为前院，呈长方形。大院正门即山门，或曰宫门；坐南朝北，砖石结构，歇山顶双拱三孔券门；永乐时所建。两侧建有八字墙，上嵌琉璃琼花图案，下为琉璃琼花和石雕须弥座。门前后为青石墁地平台，周饰石栏。门外两侧对称建有碑亭，明嘉靖三十二年（1553年）重建。亭台为方形石质须弥座，台高1.61米，上有周护石栏。台上建方亭，砖石结构，九脊歇山顶，亭宽12.45米，厚2.65米，高9.14米。体量略小于永乐所建。亭内各置巨石雕作赑屃驮御碑。在大院内，中轴线两侧还对称建有碑亭，规制与山门外的相同。亭台高1.6米，亭宽13.23，厚3.28米，高11米。宫外还有东、西、北三道天

[1]《武当山志》载王世贞《武当歌》，第359页。

图 5-10　武当山玉虚宫景观绘图（引自（清）周凯《周凯及其武当纪游二十四图》）

门。以上均为永乐十年（1412年）所建。山门到碑亭比较空旷。山门外左右有真官祠、东岳庙、祭祀坛等。

在院内中轴线上共有五座大殿，最前面的为龙虎大殿，坐落于长19.6米、宽10.94米、高出地面3.68米的台基上。院外月台前方两侧对称摆布若干花坛。龙虎殿之南为十方堂，再南为朝拜殿。右配殿、十方堂、朝拜殿及龙虎殿一起形成长方形四合院。此院又称里乐城。龙虎殿与十方堂之间，左右对称置有琉璃化纸炉。里乐城前，有条月牙形小河，叫玉带河，从西向东绕过；小河北边是碑亭和山门建筑群。现存大殿是清代所建。

玄帝大殿是主体建筑，明永乐十一年（1413年）修建。整个玉虚宫院落坐南朝北偏东北，大殿也朝北。玄帝大殿位于中轴线南端，坐落于三重青石高大台基之上。崇台长40.72米，宽24.24米，高出前面（北面）院落地面4.17米；其石雕须弥座长7.45米，宽4.28米。砖木结构，歇山重檐庑顶，覆以绿色琉璃瓦。周护五道壝墙，青砖结构，高6.22米，厚1.2米。

玄帝大殿背后为父母殿，在整个建筑群的最南端。现存建筑为清代所重建。二层，砖木结构，硬山顶，穿斗式木结构，小青瓦屋面，面阔三间19.78米，进深两间12.6米，通高9.84米。

位于宫院东侧和西侧对称建有东道院、西道院，亦称东、西宫。东宫为生活区，有坐东朝西、品字形布局的三座建筑即云堂，正殿二层面阔三间，砖木结构，左右是配殿；南北两侧建有道众寮室、神厨、神库、方丈、斋堂、厨堂、仓库、浴堂、井亭、云堂、圜堂、客堂等等。西宫建有圣师殿、祖师殿、仙楼、仙衣亭、仙衣库等等。东西宫建筑共计大小房舍534间，为永乐十年（1412年）所建；嘉靖扩建后达到2200间。该宫管领关帝庙、太上观、玉虚岩、回龙观、八仙观。

玉虚宫被古人号称“八宫之首”，规模宏大，气势磅礴。其景观瑰丽，风景如画。对玉虚宫的园林景观，明人王世贞有入微描述：“由遇真宫五里为玉虚宫。曰玉虚者，谓真武为玉虚师相也，大可包净乐之二，壮丽屣之。”[1]

> 始入玉虚宫，周遭类一大县。其中虹柱龙云，榱藻井砌，以文石梁，覆以碧瓦，绮寮云楼，飞阁雾连；其外金宇银书之亭，真官羽客之宇，皆可为他山宫殿；其左右道宇玄观，绮错綦布，幽宫闳室，千门万户。流水周于阶砌，泉声喧于几席。姹花异草，古树苍藤，骈罗列植，分天蔽日。海上三山，忉利五院，依稀似之。若夫山裹田间，泉周塍外。花里有耕耩之客，云中闻鸡犬之声。能使芙蓉城中失其芳妍，桃花源上让其幽邃矣。[2]

[1] 《武当山志》，第380页。

[2] 《武当山志》，第386页。

图 5-11　武当山玉虚宫遗址景观（武当山旅游经济特区提供）

周回龙观五里许，千峦收敛，眼前磈磊尽去，惟荒山旋绕，脉络未断，皆岣嵝耳。透出原田旷野，景色渐舒。忽有层宫广宇千间，兀落平畴，如郡城都市。……玉虚广辟雄峙，甲于诸宫，与王者离宫别苑相埒。西坞西山下，曰望仙楼，楼有纯阳祖师像，下楼入后庑观石鱼，敲之铿然有声。殿有铜鼓，曰：此开山时物也。览毕出东天门，流水湾湾，苍松古桧，倏然数里，神闲意广，由此达遇真宫，皆非人间境也。[1]

近玉虚宫松杉茂密，有大溪汇众流，界道石桥壮丽，即九渡涧及诸涧下流也。溪绕宫右，两岸道院栉比，时有小桥，俨若村里小市。过宫门壮等宸居。昔文皇帝以十余万众，凿石开道，缮治宫殿，皆屯集于此地，凡十二年而后落

[1]《武当山志》，第377页。

成。故此地名老营矣。[1]

玉虚宫在武当山类型多样、特色纷呈的宫观园林中，是典型的皇家宫苑式园林。在相对开阔而平坦的环境中，建筑群按皇家园林通常的规制，有序布局。主要建筑坐落于中轴线上，配套设施左右对称，主次分明，错落井然。宫殿区占地广阔，殿宇楼阁、亭台轩榭鳞次，建筑群体量宏巨，气势雄浑，金碧辉煌，如同紫禁城。区内青松翠柏繁茂，与建筑的绿瓦红墙互映，形成壮丽、凝重、威严的独特氛围。园林格调华丽壮观，风格凝练，意境高古。周围青山环抱，绿水长流，还有桑麻田畴，农舍茅庐，炊烟缭绕，鸡犬相闻。“玉虚宫之田庐楚楚，殆类鸡犬桑麻，桃源风物，与紫霄、南岩、五龙又自别矣。”[2]可见内外景观互为背景，互相借鉴，相互交融，相得益彰。据此，玉虚宫园林真可谓皇家气派十足的大手笔之一。

（6）五龙宫园林

该宫位于西神道灵应峰下，面对金锁峰，右绕磨针涧，地处清幽，风景秀丽。从现在武当山森林公园大门进入，向南沿西神道经娘娘庙、仁威观、隐仙岩（将军庙）、姥姆祠，便到达五龙宫，基本处于西神道的中部。据有关文献记载，五龙宫始建于唐贞观年间，均州守姚简奉旨上山祷雨应验，后就其地建五龙祠。北宋真宗赐匾“五龙灵应观”，废于1127年“靖康之祸”。后本山道士孙元政重修，但又毁于金末兵火。元始祖至元二十三年（1286年）诏改其观为“五龙灵应宫”，元仁宗赐额“大五龙灵应万寿宫”。元末又毁于兵祸。可见，五龙宫命运多舛。明洪武五年（1372年）重修，永乐十年（1412年）建帝殿、山门、廊庑、玉像殿、父母殿、启圣殿、神库、神厨、左右圣旨碑亭、榔梅碑亭、方丈、斋堂、客堂、钵堂、圜堂、道众寮室、仓

[1] 《武当山志》，第386页。

[2] 《武当山志》，第385页。

图 5-12 武当山五龙宫明代遗址残缺景观（卢家亮 / 摄）

库等215间，并赐额“兴盛五龙宫”。到嘉靖年间已有850间，并管领五龙行宫、仁威观、姥姆祠等。

五龙宫为按中轴线对称布局的三进式长方形院落，坐西朝东。最前面为照壁，其右侧为化纸炉；左侧是小山门，门外连接九曲墙，俗称“九曲黄河墙”。从山门进入，照壁后对称立有两座碑亭，其结构、法式、造型与玉虚宫碑亭相同。亭内各有巨大石雕赑屃驮御碑。前殿为龙虎殿，坐西朝东；砖木结构，硬山顶，抬梁式木构架；小青瓦屋面，面阔三间17米，进深二间9.1米，通高10.05米。殿内摆设青龙、白虎神像，各高丈余。主体建筑是元君殿，汉白玉须弥座，殿耸立于九重台基上，迈153层石阶方能上台，显得十分巍峨庄严。殿内供奉铜铸鎏金真武金像，高1.95米，是武当山现存最大的真武铜像。殿前台基下左右对称有天池、地池，水从龙嘴喷出。大殿左边为玉像殿，供有两尊玉石神像；殿右山坡下立有六块石碑，为元代所建；还有明清所立碑碣，记述本宫兴衰历史。在龙虎殿与大殿之间，与东西中轴线十字交叉，建有南、北二宫，即南北道院。五龙宫于1930年又毁于火灾，到20世纪90代初，剩存有山门、龙虎殿、红墙、碑亭、北道院、斋堂、道房、殿基等，庙房42间。该宫建筑群面积2975平方米，占地面积25万平方米，宫墙251米，在武当山宫观中，也属规模较大者。

五龙宫园林景色迷人。明人王世贞《游太和山记》载：

其岗岭故已皆土，忽复石，石遂多奇。而桎杉松柏之属，忽尽伟蔚整丽……入（宫）门为九曲道，丹垣夹之，若羊肠蟠屈。其垣之外，则皆神祠道士庐也。美木覆之，阴森综错，笼以微日，犹之步水藻中。其台殿因山独峻，出宫表紫盖、金锁诸峰仿佛栏槛间物矣。庭左右有池二，以螭口出泉。旁复有井五，所谓五龙者也。庑之西复有池二，若连环，名曰日月池，日池黛，月池赭，云其色亦以时变，不可知也。[1]

明人杨鹤《参话》有云：

五龙山势巃嵸，宫阙壮丽，然不如南岩。自是洞天福地，奄有众山之美。南岩望天柱咫尺，然太了了，又不如五龙回顾有情。启圣殿、榔梅台并对峰面，望之端丽秀削，绿峭摩天，真奇绝也。山中虽雨而不雾，云气触石，如以轻绡薄縠，蒙罩苍烟，觉菁葱之色，沾湿转好。两宫台殿相望，金碧陆离，若日射火珠，当不减海市蜃楼矣。[2]

（7）遇真宫园林

该宫位于武当山北麓山下，东神道北端，离丹江水库不远，海拔174.7米。从玄岳门进入，往西便到遇真宫。北依凤凰山，面对九龙

[1] 《武当山志》，第382页。

[2] 《武当山志》，第384页。

图 5-13　武当山遇真宫景观
（张薇 / 摄于 2002 年 8 月 6 日，2003 年 1 月 19 日遇真宫主殿遭火灾）

山，左为望仙台，右为黑虎洞。山环水绕，景色秀美，故有黄土城旧名。永乐十年（1412年）至十五年（1417年）建山门、廊庑、东西方丈、真仙殿、斋堂、厨堂、道房、仓库、浴堂等，大小为楹97间，建筑群初具规模；到嘉靖年间，扩建至396间。三进式长方形院落，按中轴线对称布局，院落宽敞规整。宫墙高3.85米，厚1.15米，全长697米。宫殿坐北朝南，前门琉璃面墙八字开；院内有东西配殿、左右廊庑、斋堂等。大殿为真仙殿，砖木结构，绿琉璃瓦歇山顶，抬梁式木构架，四周饰以斗拱；面阔三间20.30米，进深三间11.15米，高11.23米。单檐飞展，彩栋朱墙，高居崇台，石栏围护。遇真宫气象万千，独具风韵。明人王在晋《游太和山记》有云：

过治世玄岳坊，盖肃皇帝颜之，以冠五岳，棹楔於皇灿烂。已折而北为会仙桥。于路勒石标题，嵩祝圣寿者以万万计。桥之阴则宫殿嵯峨，广厦千落，是为遇真宫。仙人张三丰结庐黄土修真处也。宫负鸦鹊诸岭，左望仙台，右黑虎洞。成祖革命，数使都给事中（胡）濙访张仙人，而仙人不可致，今御书宛然在焉。入山诸宫以遇真为托始……乃登环舆而行，石街逶迤，浓阴黝儵，辇可适，马可驰，仰首瞰空，不知亭午。[1]

明代沈晖咏《遇真宫》云：

缥缈珠宫映翠微，灵风长日满龙旆。
函关伊昔青年去，华表何年白鹤归。
落花石坛春不扫，露零仙掌晓还晞。
楼船海外无消息，山下闲云万古飞。[2]

（8）清微宫园林

该宫位于妙华岩东，离太和宫1.5公里。坐北朝南，群峰环列。永乐十年（1412年）建玄帝大殿、山门、廊庑、方丈、道房、斋堂、圜堂、厨堂、仓库等31间。后因失修而荒废。现存大殿、配房、琉璃瓦化纸炉等21间，建筑面积605平方米，占地面积5390平方米。此外，还有青微行宫，为清微宫的别馆，在青微铺村。坐西朝东，现存殿堂、配房、门楼等11间，均为砖木结构，硬山顶。占地面积2800平方米。可见，当年气势宏大，殿宇鳞次，群山环抱，绿树常荫，恬静幽闭，实为修炼学道之佳境。

（9）净乐宫园林

据新编《武当山志》，净乐宫位于均州城内。相传真武大帝的父亲为净乐国王。永乐十七年（1419年），朱棣御旨在均州城里建净乐宫，有玄帝殿、父母殿、左右圣旨碑亭、神库、神厨、方丈、斋堂、

[1] 《武当山志》，第378页。

[2] 《武当山志》，第363页。

图 5-14 武当山净乐宫景观（丹江口市旅游和外事侨务局提供）

道房等197间，并赐额“元天净乐宫”。嘉靖重修，扩建为520间，占地面积约182亩。旧《志图》记载，净乐宫按皇宫建筑规制，以中轴线为基准对称布局。建筑类型与其他宫观相同，建有四重殿，依次是龙虎殿、朝拜殿、正殿和父母殿。各殿均坐落于高台崇基上，庄严华贵，规模宏大，宫殿空间布局规整，如同皇宫金碧辉煌。

宫殿坐北朝南，最南端为六柱华表式石牌坊。牌坊前有一对铸铁狮子，造型生动，工艺精湛。可惜，1958年被砸毁。穿过牌坊为宫门，歇山顶三开大门，砖石双拱结构，石雕须弥座，石台基高1.5米，长41米，宽3.3米。石雕冰盘檐，饰琉璃檐椽，覆以琉璃瓦。门两侧琉璃八字墙。墙中施椭圆形琉璃双凤和牡丹图案。

正殿称祖师殿，又称玄帝殿，坐落于护栏崇基上，面阔和进深均五间，砖木结构，重檐歇山顶，红墙翠瓦，翼角飞展，雕梁画栋，金碧辉煌。其规模与法式，与现存紫霄宫正殿相似。清代曾数次重修，但到清末因年久失修，最终倾圮。

在中轴线四殿两侧，对称布局有两路建筑，即东道院、西道院，

图 5-15　武当山太子坡航拍图（武当山旅游经济特区徐增林提供）

也称东宫、西宫。东道院有小东宫、真官祠、预备仓、进贡厂和道房等；西道院有正殿、斋堂、浴堂、神厨、神库、道房、配房等等。这两路建筑规模也很大，其正殿面阔五间，真官殿面阔三间。此外，还有亭台轩榭等配套设施。到明末，李自成农民军攻入均州城后，净乐宫遭到兵火毁损。

明代的净乐宫，本身就是一处名胜，许多文人墨客、进香朝拜者或游历者慕名而来，记述其胜景。明代著名的地理学家、旅行家徐霞客游武当，记述云：

> 又十里，登土地岭，岭南则均州境。自此连逾山岭，桃李缤纷，山花夹道，幽艳异常。山坞之中，居庐相望，沿流稻畦，高下鳞次，不似山陕间矣。……净乐宫当州之中，踞城之半，规制宏整。[1]

[1]　《武当山志》，第382－383页。

图 5-16 武当山太子坡景观绘图（引自（清）周凯《周凯及其武当纪游二十四图》）

王在晋记载：净乐宫“宫制闳丽轩敞，朱甍碧榱，凌霄映日，俨然祈年，望仙不啻也”[1]。“规均州城而半之，皆真武宫也。宫曰净乐，谓真武尝为净乐国太子也，延柔不下帝者居矣。真武者，玄武神也。自文皇帝尊崇之，而道家神其说，以为修道于武当之山，而宫其巅。山之胜既以甲天下，而神亦遂赫奕，为世所慕趣。”[2]

3. 武当山主要道观园林

除了这些大型道教宫殿外，武当山更多的是道观建筑，且早于宫殿建筑。宋、元、明、清四朝共建道观37座。明永乐年间在元代旧址上重建9处，嘉靖年间修葺。道观规模虽小于宫殿，但园林特点一脉相承。明代皇家道观主要有复真观、太常观、元和观、回龙观、八仙观、威烈观等。

[1] 《武当山志》，第377页。
[2] 《武当山志》，第380页。

（1）复真观园林

复真观又名太子坡，在东神道中段上，位于青龙岭一带。太子坡复真观相传是净乐国太子经姥姆磨针超度后，复回在此修炼成真，故名。永乐年间所建，坐东朝西，背靠东面的狮子山，面朝西面的千丈幽壑，右临天池，飞瀑垂挂；左为下十八盘，古道如带。其北为老君堂，其南为龙泉观。建筑群坐落于峭壁间一片狭长的缓坡上，纵横布局，是在武当山道观中规模较大的一座。现存建筑较为完整，为楹105间，建筑面积16000平方米。由于地势局限，主体建筑不居于建筑群的中心，而在边缘即最南边，其他建筑依次向北铺开。主体建筑群在东西向长方形院落内，院墙南侧又套建一堵略短于院墙的外墙，与院墙间形成东西长廊式空地。

沿东神道从老君堂向南往上攀登，经多级台阶，过复真桥，进入开于北侧的第一道山门，海拔476.4米。门为砖石结构歇山顶，下为石雕琼花须弥座，红墙紫瓦，拱门上额书有“太子坡”匾。门前为石墁平台，围以石栏；门内南北向依山势建有回转夹墙复道，墙为砖结构，脊饰琉璃绿瓦。夹道上从进门到出门，建有造型相同的四座山门。从前山门进入，沿复道向南走到底，便到二道山门。此门开于宫观大院西端，朝南。进入二道门，便是方石墁地的院落，也就是主体建筑院落的最西端。内有左边即南边是石砌祀坛，右边即北边建有砖雕焚香炉，造型玲珑精巧；坛、炉南北对称，立于龙虎殿前。

大院内主体建筑，由西向东、由低到高三重布局。一重，从坛、炉小院上台阶，便是龙虎殿，坐东朝西，二层，砖木结构硬山顶，绿琉璃瓦屋面，抬梁式木构架，前有廊；面阔三间13.25米，进深二间5.20米，通高8.45米。殿前即西面月台上，北面立有重修复真观石碑；南面立有重修神路龟碑，二碑对称伫立。穿过龙虎殿，上第二重院落，方石墁地，有一圆池曰滴泪池，直径有丈余，围以石栏。院内南北两侧，建有配殿。从院内再上台阶，即到大殿，坐东朝西，与龙虎殿坐落于中轴线上，立于崇台，海拔499米。殿为砖木结构硬山顶，

图 5-17　武当山太子坡景观（卢家亮 / 摄）

绿琉璃瓦屋面，抬梁式木构架。单翘重昂斗拱有11组，正面为全开式格扇门，面阔三间17米，进深三间9.05米，通高11.20米。殿前后为廊，全部柱、梁、枋、门、窗遍饰彩绘，雕梁画栋，粉彩饰金，格外华丽。在大殿背后即东边，为第三重院落，有太子殿，海拔499.60米。大殿与太子殿之间有一小块平地，方石墁地。再上数十级饰有石栏的台阶，到太子殿，这是全观最高点。此殿为砖木结构，绿琉璃瓦硬山顶，面阔一间4.10米，进深3.90米。

大院内的三大殿，都坐落在一条中轴线上，形成对称布局，体现了皇家建筑的基本特点。在三大殿右侧即北边，紧邻大院分布有许多配套建筑，组合成诸多封闭形小院，依地势起伏多变，层叠有序地摆开。其主要有藏经阁、皇经堂、道房、照壁、五云楼等。藏经阁在大殿北侧，阁后是皇经堂，基本与太子殿平行。这两栋建筑各自围以院墙，南北向上次第布局。再往北是最后一组建筑，即道房和五云楼，东西排列。其中五云楼亦称五层楼，在道房西北，与山门复道相垂直。木结构，硬山顶，小青瓦纹屋面，抬梁式木构架，依岩壁而建。

面阔五间21米，进深8.15米，通高15.8米，建筑面积544.47平方米，占地面积224.92平方米。顶层有梁枋12根，交叉叠搁，其下仅用单柱支撑，形成“一柱十二梁”法式。建筑师计算精确，巧妙运用了几何学与力学原理，充分体现了我国古代建筑艺术水准，也是武当山建筑之杰作之一，令人叹为观止。太子坡景观，别具魅力。“再望之于太子坡，如一片青芙蓉涌出绿波，瓣萼可数。”[1]复真观虽为观，但其规模与形制不逊于宫殿。

（2）太常观园林

位于紫霄宫之南、展旗峰背后峻岭上，东西神道的汇合处，海拔1047.8米。从西神道经下元、中元、上元，向南攀登，即到此观；从东神道向南攀登，过紫霄宫也可到此观。建于元代，永乐十六年（1418年）重建玄帝殿、斋堂、道房等计19间，后又有所增建。现存正殿、配方、山门等12间，建筑面积393平方米，占地面积5000平方米。建筑按中轴线对称布局，依山而建。正殿玄帝殿为砖木结构，硬山顶，抬梁式木构架；小青瓦屋面，前廊后封檐。面阔五间20.85米，进深二间7.62米，通高7.2米。殿内陈列各种像器。

（3）元和观园林

全称为元和迁校府，在武当山北麓山脚，东为遇真宫，西为玉虚宫，隔五华里。元代所建，永乐十年（1412年）在其旧址上重建玄帝殿、山门、廊庑、东西方丈、斋堂、道房、厨房、仓库等44间。嘉靖曾改建和增建。此观规模在道观中是较大的，坐南朝偏东北。建筑群沿东北、西南中轴线上对称布局，呈方形院落，二进式。从故道上，登石阶到前殿龙虎殿，砖木结构，硬山顶，抬梁式木构架，面阔三间13.2米，进深二间5.1米，通高6.47米；明间为穿厅和进出大门，方砖墁地。过龙虎殿便是大院，方石墁地，院两侧是配房。院后端为大殿即玄帝殿，坐落于高台，砖木结构，五脊硬山顶，黑筒瓦屋面，抬梁式

[1] 《武当山志》，第384页。

图 5-18　武当山元和观景观（武当山旅游经济特区提供）

木构架；前为廊后封檐，前檐饰斗拱，正面为对开槅扇门；殿内所有柱、梁、枋、壁都饰以彩绘山水人物画。殿外平台，围以石栏，青石墁地。大院外两侧对称建有东西道院，道院也是二进式，前栋是二层楼。整个布局对称，规制严整，庄重肃穆，环境清幽，与青山绿树浑然一体。现存庙房37间，建筑面积1479平方米，占地面积10467平方米。

（4）回龙观园林

在玉虚宫东南浩瀚坡上，海拔450.6米，位于东神道上。从元和观向西南到玉皇阁，再向西南到回龙观，其西面是上山大路。此观建于永乐十年（1412年），有玄帝殿、山门、廊庑、方丈、道房、益泉亭、仓库等14间。清代重建和增建。现有山门、龙虎殿、十方堂、配房等25间，建筑面积844平方米，占地面积2007平方米。

（5）八仙观园林

原是元代祠宇旧址。在东神道东侧，从磨针井沿上山公路经关帝庙、老君堂即达，在太子坡东南。对面为灶门峰，左边是太上岩，谷深地幽，风景秀美。永乐十年建有玄帝殿、山门、廊庑、方丈、斋

图 5-19　武当山回龙观景观（卢家亮 / 摄）

堂、仓库18间。清代又重建。建筑面积545平方米，占地面积3300平方米。二进式院落，前面是龙虎殿，砖木结构硬山顶，抬梁式木构架，面阔三间10.04米，进深二间4.27米，通高7.19米。龙虎殿后为大院落，青石墁地，两侧为配房，正中是玄帝殿，结构和法式与龙虎殿相同。面阔三间12.93米，进深三间8.75米，通高8.1米。

（6）威烈观园林

在紫霄宫东天门内，通会桥上，海拔778.2米。宋初建，明初存有庙宇，永乐十年（1412年）建殿堂、山门、威烈王像及道房、厨房22间。嘉靖时重建和扩建 。建筑布局及法式与其他道观相同，按中轴线对称布局，规整庄严。现存正殿、配殿、配房、山门等8间，建筑面积232平方米，占地面积2233平方米。

4. 其他道教建筑园林

在武当山，元明清三代修建了大量的独立庙宇、祠庵等建筑。其中，明代所建庙、庵、楼阁、祠堂等，遍布全山各地，有的规模较大。

玉虚宫泰山庙 又名东岳庙，在玉虚宫前，永乐十年（1412年）建。由大门、大殿、配殿组成三合院，主体建筑大殿坐落于高台之上，为砖木结构，硬山顶，抬梁式木构架；脊饰大吻，殿角饰以仙人走兽。屋面全为六样绿色琉璃构件，正面为全开式隔扇门；殿外有月台，周护石栏。面阔三间10.8米，进深一间5.94米，通高9.65米。主体建筑建有红墙围护，青石墁地。现存庙房15间，建筑面积345平方米，全庙占地面积3506平方米。

关帝庙 在东神道上，磨针井上一里许，海拔494米。元代有庙，曰崇宁祠，永乐十年（1412年）重建。现存大殿、配房12间，均为砖木结构，硬山顶。建筑面积337平方米，占地面积1213平方米。庙旁有“饮马池”“一泓泉”等景观。顾名思义，此庙是侍奉关公的场所。

火星庙 在武当山镇东南方，（武）汉十（堰）铁路南侧，玉虚宫东边。明代所建，有大殿、配房、山门等建筑10间，均为砖木结构，硬山顶，抬梁式木构架，小青瓦屋面。建筑面积211平方米，占地面积1394平方米。

红庙 在芝河红庙岭，明代所建庙宇30余间。现存有大殿、火星楼、牛王殿、关帝殿等庙房9间，建筑面积达215平方米，占地面积2625平方米。

榔梅仙祠 在西神道上乌鸦岭下，因榔梅树得名。明代所建，正殿砖石结构，屋面一间，还有配殿、厢房、山门、宫墙等，建筑面积257.5平方米。榔梅祠地势高，下临深壑，“仰而睇，俯而瞰，无非以奇售者”[1]。“谒榔仙祠，祠与南岩对峙，前有榔树特大，无寸肤，赤干耸立，纤芽为发。傍多榔梅树，亦高耸，花色深浅如桃杏，蒂垂丝作海棠状。梅与榔，本山中两种，相传玄帝插梅寄榔，成此异种云。”[2]明代魏良辅《题武当榔梅》诗云：“冻梅偷暖着枯芽，石径云封第几家？雪色风香尤会意，青鸾衔出过墙花。”

[1] 《武当山志》，第380页。

[2] 《武当山志》，第383页。

图 5-20　武当山榔梅祠景观绘图（引自（清）周凯《周凯及其武当纪游二十四图》）

冲虚庵　俗称金花树，位于东神道的最北端，玄岳门正北。坐北朝南，北依终南山，背后是丹江水库。地势向阳，青山环抱，绿水长绕，风光宜人。主体建筑为祖师殿，面阔五间19.89米，进深四间11.5米，通高9.6米。砖木结构，五脊硬山顶，六格屋架，小青瓦屋面；前廊后檐，建筑峻拔庄重。后紧靠山坡有皇经楼二层，砖木结构，硬山顶，抬梁式木构架，前为廊后封檐。小青瓦屋面，面阔五间11.95米，进深三间8.39米，通高9.7米。皇经楼西侧有吕祖楼，二层，木结构，抬梁式木构架，前面是木装修，后面封护檐。面阔四间12.53米，进深三间6.81米，通高7.78米。皇经楼东边为三官阁，二层，砖木结构，硬山顶，四面青砖筑墙。面阔三间12.61米，进深三间6.84米，通高7.1米。庵内还有明代石碑。三进式院落，主体建筑沿中轴线布局，对称规整，充分展现了明代皇家建筑风格。冲虚庵自然风光旖旎。明代著名文人袁中道在《玄岳记》中描述："至冲虚庵，流泉细细，溢于衢路

图 5-21 武当山明嘉靖治世玄岳石坊景观（卢家亮 / 摄）

上。有桧一株，开黄花如金粟，山中仅此一株。”[1]

襄府庵 位于玄岳门内，遇真宫旁，明代所建。建筑坐北朝南，规模可观。大殿砖木结构，大式硬山顶，抬梁式木构架；小青瓦屋面，面阔三间12.9米，进深三间7.9米，通高7.3米。大殿后是皇经楼，二层，砖木结构，小青瓦屋面，面阔五间21米，进深三间9.45米，通高10.4米，大殿前是配房，左右对称，砖木结构，硬山顶。主要建筑沿中轴线布局，配套建筑与其他同类建筑一样。现存大殿、皇经楼、配房等27间，建筑面积1139平方米，建筑及遗址占地面积5927平方米。

治岳石世玄坊 又称玄岳门，位于遇真宫西一里许，北临丹江水库。位于东神道上山的垭口入口处。嘉靖三十一年（1552年）建，为三间四柱五楼式石构建筑。高12米，宽12.36米，顶饰鸱吻吞脊。正中坊额镌刻有“治世玄岳”四字，为嘉靖皇帝书赐；其额坊、檐椽、栏

[1] 《武当山志》，第385页。

柱上以浮雕、镂雕、圆雕等手法刻有仙鹤、卷云、道教人物图案，精美生动。檐下坊间饰以各种花鸟图案，坊下巨鳌相对，卷尾支撑。五檐飞举，宏伟壮观，是为现存武当山标志性建筑之一。

（五）武当皇家园林的特点

一个完美的园林，必定是优美的环境与相应的建筑完美结合的复合体。其中，建筑是骨架，环境是血肉，二者相互依存，相辅相成，缺一不可。武当山宫观园林各自都具有自身的特点，但从宏观整体而言，其共性的主要特点是：

1. 创作意境的政治性

明代武当山道教宫观建筑，是皇家寺观园林的特定骨架。它的建筑规模、形制、风格、空间布局等，都表现出皇家园林的特质和气派，彰显着特定时代的皇家道观园林的本色。武当山宫观园林体现出用建筑园林的一切元素表达一个统一的指导思想，即真武崇拜；试图以此到达一个终极目标，证明真武神的保佑无处不在，包括“靖难之役”的胜利是“天意神助”的，推翻建文朝是“正当”的，永乐帝的皇权是“神授”的，从而解决当时社会舆论不利、人心未归问题，以达到巩固皇权以至百世。然而，达到这一目的，却是一大难题。当时是永乐朝建立不久，经过数年的战乱和改朝换代，经济社会百业待兴的转型期，社会和统治集团均面临着极不稳定的局面。在这种局面下，朱棣不惜花费巨大的人力、物力、财力，耗时费事，百业当首，甚至先于北京宫殿急于营建武当宫观，可见其紧迫性；也说明武当山宫观建设是经过精心谋划、精心设计、精心实施的发挥独特功能的谋略性或战略性工程。永乐王朝的这种特定动机，深深地隐藏于宫观建筑的各种内涵中；特别是以全山宫观建筑的大格局，予以充分体现。

在朱棣看来，解决上述难题是当时朝政压倒一切的头等大事。然而，如何解决呢？当然，途径和方式的确很多。但为何采用在武当山建造大规模宫观的方式？这或许是朱棣的高明之处，体现了他的深谋远虑和雄才大略。对此，我们现在也可以简单化解读。解决朱棣当时所面临的难题，借助当时最有社会影响力的道教力量，可能是既简单而最有效的方式。因此，他把真武宗教信仰与皇权至尊的政治理念融为一体，成为建造武当山道观建筑园林一以贯之的指导思想。将这种意念转化为宫观园林的创作意境，贯穿于武当宫观建筑园林的一切元素中。

道教崇奉的整个神灵系统，队伍庞大，其中真武神并不占主要地位。但在武当山不同，真武大帝却是这里的主宰，无处不在。明代武当山道教诸多建筑群中，特别是所谓“九宫八观”等大型宫观，最具代表性和典型性。这些建筑的主殿即大殿，所供奉的主神是真武大帝。由于这些大型宫观分布在武当山最具特色的景点上，再加上星罗棋布的庵、庙、祠、堂、楼、洞等等，点缀于这些大型宫观之间，不厌其烦地重复建造，并以崇奉真武神为已任，十分自然地营造出真武神无处不在的神秘氛围，给人以强烈的精神冲击。尤其是在武当山的制高点——天柱峰上建造金殿，供奉真武大帝，强烈地显示真武神的至高无上、主宰一切的主体思想。而这个主宰一切的神，正是明朝皇家的保护神，特别是朱棣及其子孙的保护神。从朱棣开始的明代皇权继承序列，就这样以真武信仰的意识形态得以合法化、正统化和神圣化。尤其高明的是，朱棣把这一指导思想和目的用建造武当宫观的方式予以物化，使世人不仅能看到，也容易想到，从而信之、服之，潜移默化地被征服，足见其独具匠心。

从历史事实看，朱棣大建武当宫观，收到了他所想要的奇效。真武信仰和皇权至上，成为武当皇家道教宫观建筑园林所守护和宣扬的灵魂。由此可见，武当山是名副其实的皇家道教主题园林。

2.“天人合一”的哲理性

“天人合一”，是中国传统文化包括道家和儒家文化的基本理念之一，是中国古典哲学中人与自然关系的核心理念，也是中国风景园林所表现的最高境界。毫无疑问，武当山宫观园林达到了这一完美境界。

道教是从中国传统文化中孕育出来的中国特色的宗教文化，它所崇尚的哲学观，就是道法自然、天人合一。这种哲学观也以独特的含义突出地表现在武当山的宫观园林之中。在武当山宫观建筑中，“天”的含义包括两个层面，其一是自然环境，即山峦、河流、植物、日月星辰、风云气候等自然物所构成的客观环境；其二是超越于自然的神灵，主要是道教所崇奉的神灵系统，中心是真武大帝。而“人”，当然是红尘中的芸芸众生，即社会的自然人。但是，这个“自然人”也不是一般的自然人，首先是以朱棣为首的明代帝王，其次是那些信众，再次则是慕名而来的游者。宫观建筑则是人与自然结合、融为一体的中介：它既代表人，因为它是人的主观创造；也代表神，因为它是祭神的场所。明成祖朱棣将个人的意志通过数十万建设者的辛勤劳作变成武当山大规模的宫观园林，而这些园林建筑则象征对神灵特别是对真武大帝的敬仰尊崇。在这些建筑里，帝王的精神世界与神这个“天”结合得如此天衣无缝。这是一个层面上的“天人合一”。

另一个层面上，已经物化了的人的意志，即宫观建筑，与自然地理及客观环境这个“天”的有机融合。这种“天人合一”概念，在风景园林语境中的表达，就是“虽由人作，宛自天开”[1]。这是中国风景园林，不论是皇家园林还是私家园林，世俗园林还是寺观园林都追求的最高境界。应该说，武当山宫观园林完美体现了这一最高境界。武当山的自然风光，本身是一幅立体的山水画。宫观建筑已经成为这幅画中的不可或缺的重要组成部分。从全山宫观建筑的总体布局到每组建筑的选址及分布，建筑物的落地都恰到好处与具体的自然环境融为一体；这些建筑对周围环境，起到了画龙点睛的妙用。如果没有这些建筑，这幅山水画将大大逊色，不可能有美不胜收的风光。显然，园林建筑融入自然山水，才能最简单地体现人与自然的结合。而武当山的宫观园林刻意与自然环境相融合，就是人通过自身的行为（建筑）

[1]（明）计成：《园冶》卷一《园说》。

与天（自然环境）合二为一。天柱峰上的金殿及紫禁城，构成为武当山的“金顶”，使这个最高峰不仅是自然的绝顶，同时也是宫观建筑的顶峰。其他宫观、庙堂、祠庵等，从选址到建筑形制，与所处自然地理环境有机结合，二者相辅相成，相得益彰。如南岩宫建在悬崖峭壁间，建筑与岩壁浑然一体；紫霄宫坐落于群山环抱中，使自然山水锦上添花。而那些大大小小的各类建筑，犹如星光万点，洒落在山间壑谷，或依山面壑，与峰峦一体，或坐落于缓坡平川，山环水绕，与山水一气呵成，给单纯的野景加入人气，对自然风景添光增彩。那些宫观建筑的绿瓦，与周围的青山绿水溶为一色，使其更加浓墨重彩；而建筑的红墙粉壁，在满山青翠中起到“万绿丛中一点红”的点缀奇效。因此，武当山的宫观建筑“虽由人作，宛自天开”，如同大自然的造物，与客观环境水乳交融，完美结合。这是建筑物的外形所表现的天人合一理念。

武当山宫观建筑不仅如此，它还通过其内涵来表现这一理念。如每个建筑群都有自身的主体功能，而这些功能又与真武大帝某个传说相联系，所以，这种功能就成为人与神相联系的环境与桥梁。人们进入这些宫观，马上就会感受到强烈的神灵气场。这时不管你是主动还是被动、自觉还是不自觉，人与神（天）在这里已经“合”到一起了。又如，不少宫观建筑直接营造出“天界”的环境，使人亲临其境。如金顶、紫霄宫、一天门、二天门、三天门等，这些建筑或名称，本身就是天界的建筑或称谓，人们进入其中，自然会感到虽在凡间，如同天上仙境，于是人的精神已经进入“天人合一”的状态。

登天门，身临其境，也能感受到天上人间的差异。正如明代杨鹤所体验的：

> 自一天门至二天门，道中奇峰突兀，远岫参差，游者戒心畏途，往往当面错过，不知身在陆探微画中也。……盘数折，始陟三天门，息神厨洗沐。登顶，拈香谒帝毕，解衣四

眺，此身在千叶宝莲之上，千峰万峰如海波自潮，一层堆叠一层，有回涛卷雪之势。峰起天马岩，真如天马行空，昂首万里，风鬃雨鬣。烟雾青冥中，有真人骑风御气，五丁六甲，拥矛仗剑从之也。……暝色欲来，四山尽紫；夕阳既收，翠重红敛。忽见东方月白，光彩澄鲜，烟消镜净，令人骨蜕欲仙矣。[1]

3. 工程浩繁的艰巨性

武当山皇家宫观园林，用地规模超大，堪称大格局、大手笔。人力、物力、财力巨额投入，用度极其昂贵，同时建筑周期耗时漫长，可谓一切以“之最”来定位。明成祖朱棣也承认：“用期绵延，以敷利于无穷。然工作浩繁，事皆天下军民之力，辛勤劳苦，涉历寒暑，久而后成。凡所费粮钱，难以数计。”单一建造金殿所用黄金就达二百万两。[2]武当山绵亘800里，面积达312平方公里。在这广阔的自然环境中，仅明朝永乐初所“敕建大岳太和山宫观大小三十三处，殿堂房宇一千八百余间”[3]。其中，大型建筑群九宫九观和其他附属建筑达33处，36座庵堂，72座岩庙，近百座石桥、牌楼等[4]。宫观、庵庙、祠堂等建筑，仅在东西两条神道上分布的，就绵延于二三百华里范围；再加上成祖之后各朝特别是嘉靖朝的重建和大规模修葺，宫观建筑进一步增加，整体规模不断扩大，最后形成800里武当皇家宫观园林的大格局。成祖大修武当，动用军民工匠等“丁夫三十余万人，大营武当宫观，费以百万计”[5]。历时13年余。到嘉靖重修武当，用时一年多，一次性下拨内帑10万余两，对主要宫观、庵庙、祠堂等进行了大规模

[1] 《武当山志》，第386页。

[2] 《武当山志》，第333页。

[3] 《武当山志》，第333页。

[4] 祝笋、祝建华：《武当山古建筑群的形成与明皇家庙》《故宫·武当山研讨会论文集》，故宫出版社2012年。

[5] 《明史》卷二九九《张三丰传》。

修葺。当时有近百名朝廷官员负责提督工程，湖广60多个府、州、县军民工匠参与。其实，朱棣也承认，大修武当，“凡所费钱粮，难以数计”[1]。类似武当山宫观建设，在明代宫廷园林建设历史上是绝无仅有。它与北京皇城建设相提并论，所谓“南修武当，北修皇宫”，可见其分量。因此，永乐大修武当规模之浩大、工程之艰巨，可谓皇家园林建设天下之最，也与汉唐皇家园林的规模一比高低。

4. 空间布局的适宜性

从宏观看，明代武当山道教建筑的分布，十分有规律，主要是根据真武大帝出生、成长、修炼、成仙的传说故事，沿着东西两条神道由下而上、由北到南有节奏地序列布局。在东神道上，最北端冲虚庵开始，向南往上，依次是玄岳门、遇真宫、元和观、玉皇阁、回龙观、回心庵、复真观（太子坡）、紫霄宫、太常观，与西神道汇合。东神道从复真观也可以继续往南，经下观、中观、上观，经太和宫直达金顶。在西神道上，最北端五龙行宫开始，往上依次是娘娘庙、仁威观、隐仙岩、姥姆祠、五龙宫、华阳岩、下元、中元、上元到太常观，再到南岩宫、榔梅祠、朝天宫，经一天门、二天门、三天门，到达金顶。两条神道的最后的汇合点在金顶金殿。在东神道上，从金顶到古均州城全程120华里，玄岳门是中心点；上至金顶，下至均州，各有60华里。仅从均州城至玄岳门之间，就有100多座宫、观、庵、堂。可见，武当山宫观建筑以东、西两条神道为轴线，用真武大帝的神话为线索，将建筑群贯穿起来，形成回环，建立以金殿为中心的全山宫观建筑相互协调呼应的大格局。

武当山道观建筑空间布局的规整性和建筑物的规范性，充分体现了皇家园林的主要特点和气派。中国的皇家园林建筑，具有独特的规制和特定的法式，以体现皇家规格与标志，区别于其他类型的园林建筑。其中，空间布局体现皇家规制，就是建筑群严格地按中轴线对称

[1] 《武当山志》，第333页。

布局，主殿在中轴线上居中靠后，坐落于高高的崇台之上，以我为中心，居高临下，象征皇帝为万民之主、皇权至高无上与神圣不可侵犯的理念。但明代武当山宫观园林，更遵循道法自然原则，因地适宜，宜规整则必规整，宜灵活则灵活，因地制宜，因势利导，不强求千篇一律。这一点与其他皇家园林有所区别。然而，万变不离其宗，在空间布局上始终突出皇家气派，主体建筑居于核心地位，居高临下、众星捧月，形成严格的磴极层次。虽然是宗教建筑，但也是严格按这一规制建造的。所以，它与别的道教建筑有着明显的区别，表明它们属于皇家。尽管武当山宫观建筑的地形地势复杂，一般都在狭窄的山坡甚至是悬崖峭壁上建造，山上极少有平坦舒展的地方可用，但还是坚持皇家建筑的规制。就是那些规模较大的建筑群和体量较大的建筑，也是如此。如山上的五龙宫、紫霄宫、南岩宫、复真观、仁威观、元和观等等，无不如此。在极其有限的建筑用地条件下，千方百计地坚持皇家建筑规制，使建筑以微见著，气象万千，顽强地表现皇家属性。这些建筑与北京紫禁城的皇家建筑相比，在规模和体量上小巫见大巫，但贯穿的规制是一样的。特别是金顶上的红墙，直接命名为紫禁城。一般认为天柱峰上的宫殿是神仙所居，与皇帝所居的紫禁城是不可同日而语的。皇帝的紫禁城，三宫六院，而作为神仙的真武大帝却并不需要。但其宫殿却与北京皇宫“同名同姓”，更明确地表明这个建筑就是姓“皇”。加之在宫观建筑中使用的龙凤等造型或图案，是皇家建筑的独特标记，通过这种建筑符号语言，将皇权与神权巧妙地等同起来，借助神威宣扬皇权，不动声色地沾上神光。

武当山宫观建筑布局有机地将统一性与多样性相结合，形成既有共性又有个性的园林建筑景观群。道教建筑群虽然庞大，大小规模不等，但具有统一性。主要表现在：一是建筑空间布局的统一。特别是那些大型的宫观群，一般都以主殿为中心，按中轴线对称布局，并巧妙地依托所处的高低、宽窄、大小不同的地形，配置相关功能性建筑。二是建筑形制的统一。大型宫观，一般都采用三进四殿式院落格局，由龙虎殿、方丈（朝拜殿）、主殿、父母殿组成主体院落，再配备附属建筑。主体建筑都坐落于崇台之上，鹤立鸡群，居高临下，十分突出。屋面多数为三间，最大的为七间。屋面的三、五、七间阳数，也是宫殿建筑常用的形制之一，以示帝王所谓“九五之尊”。武当山宫观宗教建筑，虽然也属皇家建筑，但与皇宫不能等同，所以一般不好用最大阳数“九”，而用低级别的阳数。建筑群主体建筑的色调，一般采用红墙绿瓦，其余的则是灰墙青瓦。三是建筑法式的统一。无论是大型宫殿，还是一般的庵庙，基本都采用官式建筑的宫殿建造法式。砖木结构，抬梁式木构架；大型宫观一般采用绿色琉璃瓦屋面，歇山顶式重檐，其余的则一般是硬山顶式，小青瓦屋面；主要建筑坐落于高台须弥座上等等。四是建筑功能区划分的规范化。无论大小建筑群，一般都有祭祀区、修炼区和生活区之分。大的建筑群祭祀区设在中轴线上，包括龙虎殿、十方堂、主殿和父母殿。在中轴线的右边一般是修炼区，包括皇经楼、神堂等；左边则是生活区，包括斋堂、客堂、神厨、库房等。规模较小的建筑，由于体量所限，配套设施不一定齐全，但“麻雀虽小，五脏俱全”，基本功能区也是分明的。建筑要素的这些统一性，体现出皇家园林建筑的规整性和规范性，通过建筑体现出皇权“一统天下”的权威性，宣扬其正统观念，也表现出建筑群威严、庄重的皇家气派；同时，也为武当山道教建筑以真武神为主神的设计理念服务。

武当山宫观园林坚持中国风景园林的传统风格，因地制宜，景到随机，展现建筑元素的多样性，从而使统一性与多样性有机结合。多样性表现在：一是建筑选址的多样性。武当山本身地形环境千差万别，园林景观建设采取因地制宜原则，因而建筑环境也呈现了明显的差异性。有的建在山顶上，如紫禁城金殿；有的建在悬崖峭壁间，如南岩宫；有的建在平缓的山坡上，如回龙观；有的建在深壑幽谷中；有的则建在小盆地中，如净乐宫、玉虚宫等等。由于选址的差异性，形成了各具特色的地貌景观。二是建筑类型的多样性。明代武当山道教建筑，类型繁多。虽然都是道教建筑，但是并不单一，有宫殿、道观、庵、庙、祠、堂、院、坊、楼、阁等各种类型的园林建筑。园林建筑的多样性，本身就构成了武当山绚丽多彩的建筑风景线，极大地丰富了园林景观。三是建筑风格的多样性。武当山道教建筑，其主体风格是官式宫观建筑，但并不千篇一律。在建筑形制与法式的基本统一前提下，也十分注意追求建筑风格的适度变化。如中轴线的采用，由于地形条件和空间面积的限制，有的建筑不能沿中轴线对称布局，则以变通方法，采用之字形轴线，左右参差布局，形成另一种层次分明、错落有致的建筑布局。复真观就是如此。建筑法式上，宫殿建筑一般都采用官式为主，抬梁式木构架；而庵堂、厢房等附属建筑，则采用南方地方特色的穿斗构架。还有些建筑是悬崖峭壁间建造，其地基呈现斜面的，则采用南方吊脚楼式建筑形制，建筑体一部分坐落在岩体上，一部分则用石柱或木柱悬空支撑。有的如南岩宫，直接采取劈岩凿石，如同开凿洞窟。这样，体现了地方特色，避免了整个武当山道教建筑风格的单调与呆板。还有不同建筑物甚至同类建筑物的装饰、图案标识、色彩运用等方面，也尽量各具特色。这种建筑形式的多样性，异彩纷呈，丰富了武当山园林建筑景观，令人更加赏心悦目。

5. 景观组合的自然性

武当山本身就是一座巨型风景园林，其自然环境与皇家宫观人文环境和谐共存，构成了奇美的天开园林，美冠天下。

（1）起伏的山地风貌

武当山处于秦岭褶皱系，属大巴山脉东延支脉，是地球上神秘的北纬30°区域范围内。山系基本东西走向，最高点为天柱峰。全山以天柱峰为中心，东西方向一字排开，东侧峰势西陡东缓，西侧峰坡东陡西缓，形成两侧群峰向天柱峰朝拜之势，展现出“七十二峰朝大顶”的神奇态势。由于冰川、水流的长久溶蚀，以鬼斧神工造就了悬崖峭壁遍布、奇峰怪峦嶙峋、二十四涧纵横、三十六岩参差的壮美地貌奇观。正如明代杨琚在《大岳太和山赋》中所描绘的：

维大岳之为山兮，形肇奠于鸿荒。乃浑沦而磅礴兮，钟秀气于玄黄。顾发源于嶓冢兮，拥翠浪于武当。肆连峰而接岫兮，复积岭而重冈。峙汉水之南兮，跨均房之两疆。控翼轸之分野兮，应列宿于上苍。羌回旋乎地轴兮，扼天关于古襄。衍脉络于荆山兮，析支派于内方。七十有二峰，根盘八百里。崔嵬巑岏，岧峣峛崺，厥叆如对，森列如俟……或俯焉而复昂，或仰焉而崛起。或蜿蜒兮如龙如蛇，或蹲踞兮如虎如兕。或尖锐兮如笔如锋，或正直兮如屏如几。若乃三十六岩之幽虚，二十四涧之迤逦，五台五井之悠悠，三泉二潭之漭漭。厥石则有金星、银星……

千峰竞秀构筑了武当山雄奇磅礴的气势美。武当山奇峰屹立，著名者所谓朝大顶的七十二峰，诸如金童峰、玉女峰、蜡烛峰、绣球峰、香炉峰等等，峰峰都是好风景。主峰天柱峰巍然高耸，俯视群峰，“一览众山小”。正如杨琚所赋：

有若大顶之峰端然正位，处乎其中，吾不知其几千万仞？但见形威峻极，与天而为柱；气象巍峨，杖地而撑空。其高无并，其旁靡从。匪衡、匪岱、匪华、匪嵩，既匪医闾之可拟，亦匪恒霍之可同。前有五老，后有五龙；右有搢笏、九卿，左有手扒、三公；东有始老、展旗、九渡、金锁；西有隐仙、叠字、千丈、鸡笼；北 有皇崖、显定、贪狼、狮子；南有隐士、伏魔、降龙。又有聚云、香炉，大明、蜡烛，大莲、小莲，文曲、武曲，天马、玉笋之重重，丹皂、灶门之矗矗，千峦万嶂，各献幽奇。四面群峰，互相倚伏，乃独孕秀居奠，盱眭骇目。上接青云，下临深谷。其视众山之周遭回绕，拱向环簇，有如王者临诸侯，大宗之俯族属。是乃五岳之长兄，四镇之伯叔。远若苍梧之九疑，巫山十二峰并呼为家督；近则赤龙、宝炮、横黄、方界皆目为干仆。此我皇明所以表章，谓之大岳太和，而咸五为六也耶！是宜玉台高叠，石槛玲珑，辟以门阙，缭以垣墉。金殿据乎其上，焕栋宇之穹窿；天帝宅乎其内，蹑龟蛇之玄踪。捧剑兮玉女，执旗兮青童；侍从兮灵官，导引兮先锋。照日月兮层构，映上下兮天宫；耀金光兮灿烂，洞遐瞩兮昭融。飞复槛兮霄际，缥云灵兮曈昽；信贞仙兮所栖，岂尘俗兮可容。[1]

如果说这是文学作品的夸张，那么明代人也有游记记述云：“大岳天柱诸峰，挺然森秀，岎崟回丛，紫云万片，一涌隳地，旷野招摇，妍丽更绝。”[2]而徐霞客记述：天柱“山顶诸峰，皆如覆钟峙鼎，离离攒立，天柱中悬，独出众峰之表，四旁崭绝。峰顶平处，纵横止及寻丈。金殿峙其上……”[3]天柱峰的雄奇之美在清代人沈冠笔下是：

不尽幽奇次第逢，劳劳应接仗苦筇。
飞流直界千寻壁，怪石斜盘百尺松。
饱我烟霞留洞壑，移人情性幻声容。
徘徊莫禁飞扬意，影落遥天翠万重。[4]

武当山第二高度是位于天柱峰北侧的显定峰，号称副顶，因在《道藏》中说：“上应显定极风天”，道众就命名为显定峰。峰势巍峨，

[1]《武当山志》，第375页。
[2]《武当山志》，第377页。
[3]《武当山志》，第383页。
[4]《武当山志》，第49页。

雄峙碧空，云雾缭绕。天柱峰北侧还有一峰，曰皇崖峰，峰凌霄汉，紫气浮空，白云悠悠，每逢夕阳西照，雨霁虹飞，与金殿霞光灿然交映，美不可喻。正如明代王世贞所吟："雨脚霏霏暖不收，皇崖风起忽成秋；浮云半卷青天外，一线襄江抱日流。"[1]皇崖峰高耸入云，一望尽收襄江（汉水流经襄阳称襄江）风光。

天柱峰东，在紫霄宫前，有二峰笔直高耸于莲峰之间，巅顶涂黛抹黄，犹如双笔齐立。因其下临蜡烛涧，原称蜡烛峰，而因状如巨笔，改称大笔峰、小笔峰。海拔1458米。二峰耸于紫霄宫前，为其增添了几分文风雅气。此处早在元代已有名气："撑天柱地管城君，脱颖缄封五色云；一纸青霄供翰墨，星辰日月炳乾文。"[2]大笔峰以白云青霭为纸张，泼墨书写日月天文大文章，不可谓不奇秀。"谁制纤毫顿碧云，王家无用草书人。仙翁拟写笺天表，翰染浮香达紫宸。"[3]小笔峰以纤毫碧云写草书，因此，再也不需要东晋王羲之家族的草书了。

武当山名岩三十六，实则千岩万壑，乃武当山地风貌的重要特征之一。南岩为武当第一岩，又名紫霄岩，在天柱峰之北，上依云霄、下临虎涧，石如玉莹，形似鸾凤，实为奇岩。如明代王世贞所描绘："从（南岩）宫门旁左折逶迤，上行百步，有岩曰歘火。石文若焰起，树作龙爪，其中洼深，而旁有灵池，水甚甘，传以为雷师邓君修真地也。"

玉虚岩，又名俞宫岩，在仙关之东，剑河桥上约三里。相传真武在此修炼，后得道被封为玉虚师相，因得名。昔日道人俞圣哲在此诵经，故又名俞公岩。元泰定元年（1324年）在此修建庙宇，永乐十年（1412年）敕建殿宇，祀奉真武。"抵玉虚岩，岩若青玉，下覆楼阁，流水绕之。喘定复下，穿涧水，稍狭流愈壮，百武一息，即拣石而卧。一日间，行、住、食、息皆对怪石，爪齿缨足，俱贵乳雪，生

[1] 《武当山志》卷二载（明）王世贞《皇崖峰》，第50页。
[2] 《武当山志》卷二载（元）罗霆震《大笔峰》，第51页。
[3] 《武当山志》卷二载（元）罗霆震《小笔峰》，第51页。

平观水石之变，无过于此者。”[1]

总之，武当山起伏的山地风貌，书不胜书，千峰奇态，万岩怪状，天造地设，鬼斧神工，堪称一幅巨幅立体画卷。

（2）温和的气候条件

气候是塑造自然山水风光的雕塑大师。武当山气候四季分明，风霜雨雪，应有尽有。武当山处于北亚热带季风气候区，具有南北过渡气候属性。同时，也具备了自身的小气候。武当地处北纬30°范围内，而且最低海拔300米以上，日照充足。由于处于南北气候的分界地带，故具备了二者所拥有的优势；加之远古的造山运动为武当山塑造出险峻雄奇的山峦地势风貌，温和而湿润的气候也为它提供了春雨夏风、秋霜冬雪及纵横流淌的大川小溪，滋润了这里的千山万壑，孕育了这里旖旎风光和奇花异草，参天树木，飞禽走兽，使之成为万物天堂。

湿润多雨是武当山气候的重要特征之一，年降水天数110天左右，几乎达到三天一雨，年均降雨量（山上中层）达995毫米～1106毫米，降水量随高度而增加。春夏的武当山云蒸雾罩，形成变幻莫测的景观。冬季雾锁群峰，忽隐忽现，景色迷幻，尤其从金顶俯瞰，如同临海观潮，故有“陆海奔潮”美誉。云寮雾绕，变幻迷离，倒海翻江，万马奔腾的磅礴气势，乃武当山五色斑斓景色中的一大特色。云雾不仅滋润了山峦万物，也造就了迷人的武当风光。

（3）洁净的水体资源

水是一切生命的源泉，也是一切园林景观的决定因素之一。武当山水资源十分丰富，川流纵横，溪涧潺潺，飞瀑悬崖，潭渊遍布，因而不仅给这座庞大的天然园林以无穷的生命活力，也为其添光增色。以武当山为发源的水系有三条，即剑河、东河、九道河，其下支流有五条，即观音堂沟、冷水沟、黄连树沟、沙沟河、东沟河等，共有大

[1] 《武当山志》卷十载（明）袁中道《玄岳记》，第386页。

图 5-22 武当山剑河景观绘图（引自（清）周凯《周凯及其武当纪游二十四图》）

小八条河流。由于雨量充沛，为这些河流溪涧提供了生命的源泉，转而又滋润了这里的万物。

武当二十四涧，不仅是重要的水资源，也是不可或缺的自然风景线。如青羊涧，其在青羊峰下，又名青羊河。上有石桥横跨，称青羊桥。它承接万虎、桃源二涧水，又汇入淄河。涧水奔流湍急，吼声震耳，冲刷乱石，雕出千姿，琢成百态。水中怪石错落，色白玉洁。两面峻崖如壁，山水相映成晖，别具风光。青羊涧风光幽清，怪石奇观目不暇接。据明人谭元春《游玄岳记》载：

> 涧上置桥，高壁成城，相围如一瓮，树色彻上下。波声为石所迫，人不得细语。桃花方自千仞落，亦作水响。听涧自此桥始快焉。沿涧而折过仙龟岩，如龟负苔藓而坐，泉从中喷出溅客。此而上石多怪：向外者，如捉人裾；向下

> 者，如欲自坠；突起者，树如为之支扶；中断者，树如为之因缘。其为杉、松、柏尤奇。在山上者，依山蹲石，根露狞狞，必千寻抱而后已；其在深壑者，力森森以达于山，千寻数抱才及山根；而望其顶，又亭亭然与高树同为一。盖此殆不可晓。觉山壑升降中，数千万条，皆有厝置条理。[1]

如从山下往上攀登，明人袁中道《玄岳记》载：

> 过磨针涧，流水交会震历，皆青羊涧、桃源涧水汇集处也。盖蜡烛涧之水，下汇为溪，其地坦迤，无所遮越，游人不惟闻其声，多餐其色。此地两山中，蚀一缕路，溪林茂菁，白昼似宵，骄阳疑月。青羊、桃花诸涧之水，四面奔流，如草中蛇，如绕中线，疾趋而过，不知所之。故游人不见水色，但闻水声，风林雨涧，互答相和，荒荒冷冷，殆非人世。[2]

由上而下，“过白云、仙龟诸岩，共二十余里，循级直下涧底，则青羊桥也。涧即竹巴桥下流，两崖蓊葱蔽日，清流延回，桥跨其上，不知流下之所去。仰视碧落，宛若瓮口”[3]。

以上明人游记中提及的磨针涧，在姥姆祠前，上有磨针石。相传真武出家修炼，一度有所动摇，于是他的老师紫元君（姥姆）在这里以铁杵磨针的精神鼓励并超度真武，使其修成正果，羽化成仙。明永乐十年（1412年）敕建姥姆祠。磨针涧发源于五龙顶，合黑虎涧水汇入白龙潭。磨针涧不仅以神奇的景致成为武当胜景之一，还以姥姆磨针的传说笼罩一幅神秘色彩，正如元代人罗霆震诗云：“淬砺功多粗

[1] 《武当山志》卷十载（明）谭元春《游玄岳记》，第387页。
[2] 《武当山志》卷十载（明）袁中道《玄岳记》，第386页。
[3] 《武当山志》卷十载（明）徐霞客《游太和山日记》，第384页。

者精，圣师邀请上天京；我心匪石坚于石，小器成时大道成。”

（4）多样的植物王国

植物是风景园林的主要构成要素之一。武当山风光的雄奇秀丽，其丰富的植物种类和茂密的植被覆盖，功不可没。武当山是名副其实的植物种类宝库。它处于北亚热带常绿落叶阔叶混交林地带，秦岭大巴山地丘陵栎类林、巴山松、华山松林区。

武当山植物分布，因山势高低而有所不同，可分为三个森林气候区：在海拔500米左右，即在剑河、查家河、草店一带，主要是少量的常绿阔叶树种、马尾松、栓皮栎林带，包括杉木、圆柏、铁坚杉、宜昌楠、青冈栎、天竺桂以及柑橘、柿子、桃、梨、油桐、乌柏、棕榈等等。海拔750米～1200米，即紫霄宫到朝天宫一带，主要有茅栗、亮叶桦、千筋树、武当木兰等近20种林木构成混交林。海拔1200米～1612米，即朝天宫至金顶一带，林相整齐，主要有乔木、灌木如巴山松、锐齿栎林、华榛、领春木等等。特别是还有种类颇多的稀有树种，如水杉、珙桐、银杏、香果树、金钱松、山白树、榧树（红豆杉科）、水青树、青檀、天目木姜子、楠木、刺五加等数十种。此外，还有榔梅、猕猴桃、苹果、葡萄、枇杷、桃、李、橘子等数十种野生或栽种的各类果树，或成片成林，或散落斜坡深谷，或点缀悬崖峭壁，春夏秋冬花香沁人，果实累累，不仅给人以实惠，又增添了景致。

武当山的花卉也可谓万紫千红，种类繁多，其中有大量野生花卉，仅20世纪90年代《武当山志》所记录的野生花卉就多达39种，诸如武当木兰、天目木兰、月季、棣棠、秋海棠、湖北海棠、紫荆、萱花、石竹、玉簪、杜鹃花、剪秋罗、山梅花、蕙兰、建兰、南天竺、太平花。金丝桃、四照花、海桐、菱叶海桐、芫花、紫薇、迎春花、栀子、连翘、紫金牛、桂花、女贞、小叶女贞、青夹叶、忽地笑、虎耳草、翠兰绣线菊、疏毛绣线菊、绣球绣线菊、土庄绣线菊等等。还有野生和人工栽培的具有药用价值的大量花草。据1985年药材普查，武当山拥有药用植物618种，主要有：七月一枝花、天麻、绞股蓝、何首乌、巴戟天、延龄草、八角莲、天竺桂、千年艾、灵芝、毛脉蓼、黄连、牛皮消、盾叶薯蓣、党参、红参、黑木耳、白木耳、血耳、卷柏、细辛、三七、川芎、曼陀罗、白果、卷丹[1]等等。满山遍野的药用植物，春华秋实，交相竞发。这些千姿百态的烂漫山花，一年四季装扮着青峰翠峦，幽香四溢，使得鸟语蝶舞，更使武当山婀娜多姿，景观胜似锦绣。

武当山植物如此丰富而茂盛，除了它们享有得天独厚的地理和气候条件外，还有两条重要原因：一是因为它是皇家宫观园林，以皇权威力加以保护。在永乐始建武当宫观时，明成祖就严令保护山上的草木，不准滥伐。凡建筑所用木料，全部在外采购，并派礼部尚书金纯负责从四川、陕西、山西、河南等地购置木料事宜。因此，武当山的树木，特别是那些珍稀树种和古树名木得以有效保护。武当宫观建设完成后，永乐帝又颁发了一系列的法令法律和御旨，严禁军民人等对武当山的建筑及自然环境进行侵扰，违者严惩不贷。其后历朝也尊崇其祖宗之法，注重保护。二是因武当山从唐宋以来逐步成为道教圣山，特别是明永乐以后，被极端神化。这里的一草一木都带有浓烈的神秘色彩，因而进山者在精神上产生敬畏感。尤其是那些随处可见的数人合抱的高大古木，被视为神灵，顶礼膜拜，这也似乎是宗教的精神力量保护了这里的花草树木。

（5）庞大的动物乐园

在中国古典风景园林“天人合一”境界中，不仅包含着人与环境的和谐，同时也包括人与动物的和谐共处。动物是园林环境的不可缺少的元素之一，可以成为园林景观的一项亮点。武当山的秀美环境养育了许多珍稀动物，也成为它们自由自在、繁衍生息的天堂。

据《武当山志》记载，当时的主要动物有虎、豹、熊、罴、野猪、狼、鹿、獐、羚羊、山羊、猿、金丝猴、穿山甲、蟒等十多种走

[1] 《武当山志》卷一《自然环境·花卉》，第34—35页。

兽；灵鸟、仙鹤、白鹇、金鸡、杜鹃、竹鸡、画鸡、寒号鸟等十多种飞禽，以及大量水族，如五色鱼、鳊鱼、鲤鱼、龟、鳖、鲢鱼等等。可见，天上飞的、地上跑的、水里游的应有尽有，不愧是野生动物乐园。武当山的这些珍禽异兽，调节了生态系统，丰富了生物多样性，保证了生物链的健康延续；同时为巍峨武当带来了无限生机与活力，使旖旎风光锦上添花，瑰丽多彩；使人与自然的关系更加和谐，成为活动的景观。

（6）世界的景观遗产

武当山作为世界文化遗产、国家级风景名胜区、国家森林公园、5A级旅游景区，天开园林，满眼绮丽，风光无限。古往今来已形成最著名的“武当十八景”，即：

> 天柱晓晴、陆海奔潮、平地惊雷、雷火炼殿、祖师映光、空中悬松、海马吐雾、飞蚁来朝、祖师出汗、避风仙珠、龟脖吐水、日池观鱼、双瀑悬空之、金蛙叫朝、抽动金椽、飞来钟、紫禁城、赑屃驮御碑等。[1]

这些美景，都是武当山自然风光与宫观建筑交相辉映而构成的完美的园林景观。正如明代人洪翼圣所咏：

> 五里一庵十里宫，丹墙翠瓦望玲珑；
> 楼台隐映金银气，林岫回环画镜中。
> 门裂双岩容马度，天开一径许人通。
> 当年丹灶传犹在，羽翮何由矗碧空。[2]

明人杨鹤云：

[1] 《武当山志》卷二《山水胜景》第83－86页。
[2] 《武当山志》卷十《艺文》载（明）洪翼圣《武当道中杂咏》，第359页。

余游参山（武当旧名）者再矣。相传此山发源秦陇，蜿蜒东来，不知几千里，突起均（州）、房（县）间。孤耸天柱，崚硥七十二峰。出入风雨，呵护百灵，盖神明之居也。其内隐隐紫翠千重，外以屏风九叠障之。天晴日霁，眉目分明，远势峨峨，秀可揽结。惟是层峦亏蔽，隐见不常，元气空濛，常如浑沌，游人入山，至有不得见其面者。譬之绝代佳人，倾城一顾，百媚横生，然自非流波将澜，欲一启其嫣然笑齿，杳不可得。至于嵚崎九折，登道盘纡，上出青天，下临绝壑，深林怪石，时似虎蹲，老树苍藤，多如猿挂，殆非人间之境矣。……独此山一气融结，绵亘八百里，皆如勾陈之护紫微，远近色同点黛，所以胜也。……雨后千山飞瀑，万流俱响，耳中如闻三峡流泉，可补山灵缺陷。[1]

明人徐霞客《游太和山日记》载：

太和则四山环抱，百里内密树森罗，蔽日参天。至近山数十里内，则异杉老柏合三人抱者，连络山坞，盖国禁也。[2]

明人袁中道《玄岳记》载：

太和琼台一道……乃行涧中，两山夹立处，雨点披麻，斧劈诸皴，无不备具。洒墨错绣，花草烂斑，怪石万种，林立水上，与水相遭，呈奇献巧。大约以石泥水而不得往，则汇成潭；以水间石而不得朋，则峙而为屿。石遇诎而水赢，

[1]《武当山志》卷十载（明）杨鹤《参话》，第384－385页。
[2]《武当山志》卷十载（明）徐霞客《游太和山日记》，第384页。

则纡徐而容与；水遇诎而石羸，则颒叠而吼怒。水之行地也迅，则石之静者反动，而转之为龙、为虎、为象、为兕；石之去地也远，则水之沉者反升，而跃之为花、为蕊、为珠、为雪。……望七十二峰，皆如屏息拱立，髻盘鬟绕，云驶雾腾，亦不暇问其孰为七星、三公、千丈、万丈也。[1]

如西神道，一路佳境，目不暇接。从净乐宫出发，明人谭元春《游玄岳记》载：

行四十里而为迎思宫。宫外石桥蜿蜒跨涧，水声潺潺，如叩丝滴溜。……踊距向前，将落村市，则林条幼靡，莽气晻暧，忽杳然不知其所向。由草店折而西，径益修广纾斥。两旁杉榆松桧，摩云翳日，蓊荟郁葱，道中无点尘，潇洒逸神。南部洲有此极乐境，其于阎浮世界，恐不可数数得之。是时秋高木脱，霜筱吹籁，败叶吟风，四野廖索，而此境中犹重阴广翠，交眉映睫，不知秋之逋、寒之界也。[2]

过（仁威）观十余里，桃李花与映山红盛开如春；接叶浓阴，行人渴而息，如夏；虫切切作促织吟，红叶委地，如秋；老槐古木，铁杆虬蜷，叶不能即发，如冬。深山密径，真莫能定其四时。有猿缀树间自嬉，众仆呼于后，猿挂自若。……自姥姆祠而上望天柱、南岩诸峰，岚光照人，层浪自接者为一重；而其下松柏翼岭，青枝衬目，稍近而低者，又为一重。两重山接魂弄色于喧霁之中，万壑树交盖比围于趾步之间。目不得移，气不得吐。[3]

[1] 《武当山志》卷十载（明）袁中道《玄岳记》，第385－386页。
[2] 《武当山志》卷十载（明）王在晋《游太和山记》，第377－378页。
[3] 《武当山志》卷十载（明）谭元春《游玄岳记》，第387页。

当时人的亲历观赏文献记忆着武当皇家宫观园林风貌，今天的人们在此穿越时空，亲临其境，更觉心旷神怡，美妙无比。真可谓武当风光甲天下，景观遗产传万世。

二　北京白云观

在明代皇家寺观园林中，道观园林在数量上虽然不占多数，但有些道观园林颇具影响力。明代帝王中少数人信奉道教，太祖和成祖虽然不是真信道教，但由他们开始营建皇家道观，特别是大建武当山，开了皇家崇奉道教神灵尤其崇奉真武大帝的先河。之后，历朝皇帝，尤以宣宗、宪宗、世宗为甚。在明朝北京皇家道观园林中，除了在西苑的大型宫观以外，白云观则是最大的皇家道观园林，保存至今。

（一）白云观之历史沿革

北京白云观是道教全真派十方大丛林制宫观之一，始建于唐玄宗时期，名天长观。（唐）刘九霄《再修天长观碑略》记载：

> 天长观，开元圣文神武至道皇帝斋心敬道，以奉元元大圣祖。建置年深，倾圮日久。伏遇太保相国张公……察此观宇久废，遂差使押衙兼监察御史张叔建董部匠作，功逾万计。[1]

唐王朝把老子崇为李氏远祖，将道教崇为国教，大兴道观建筑。唐玄宗于天宝二年（743年）“春正月丙辰，追尊玄元皇帝为大圣祖玄元皇帝”[2]。“玄元”“元元”就是老子李聃，即道教崇奉的太上老君。唐玄宗崇奉道教，故在幽州修建天长观，供奉老子。之后，辽、金、

[1] 《日下旧闻考》卷九四《元一统志》。
[2] 《旧唐书》卷九，中华书局1975年，第216页。

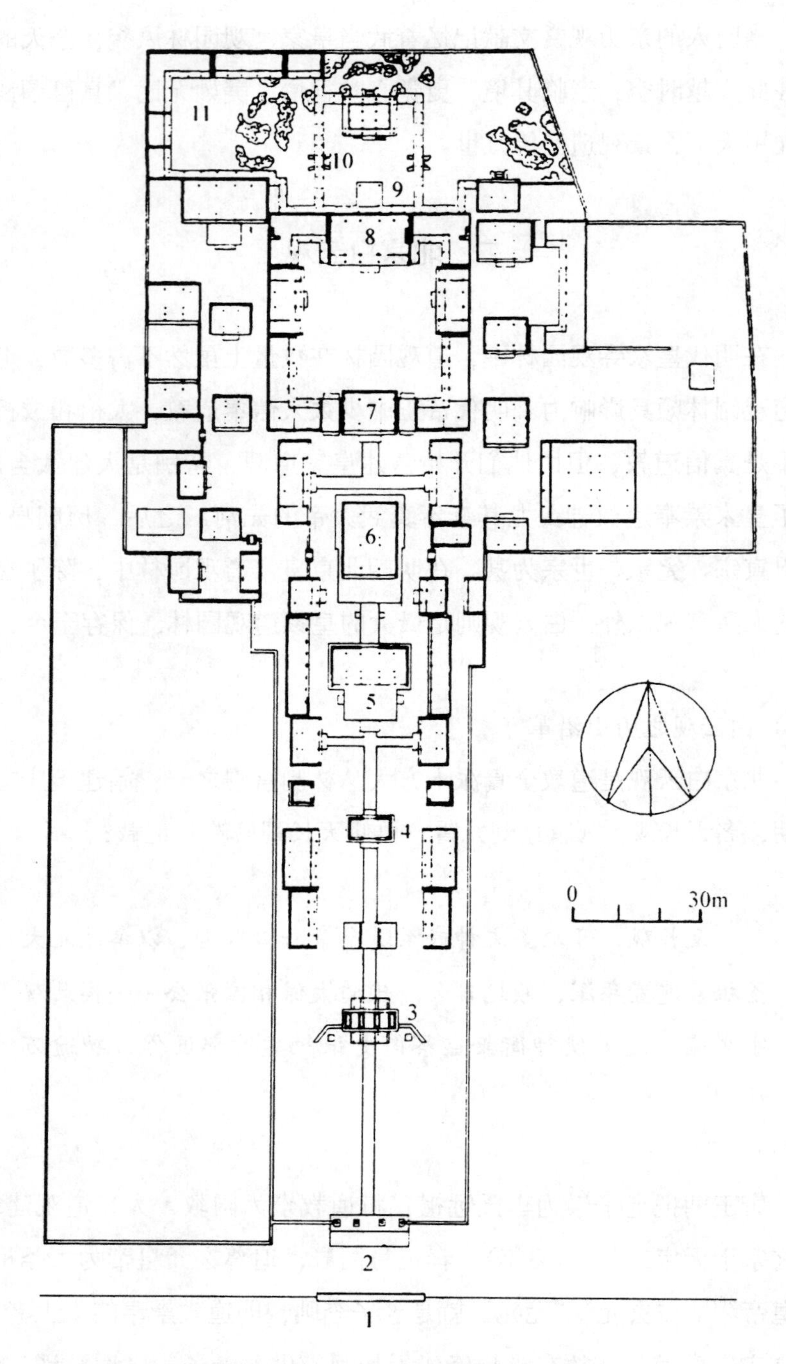

1 影壁　2 牌楼　3 山门　4 灵官殿　5 玉皇殿　6 老律堂
7 邱祖殿　8 四御殿　9 戒台　10 云集山房　11 花园

图 5-23　北京白云观平面图（载于《大明会典》故宫博物院提供）

元沿袭。据《帝京景物略》载：

> 白云观，元太极宫故墟。出西便门，下上古隍间一里，麦青青及门楹者，观也。中塑白皙皱皴无须眉者，长春邱真人像也。观右有阜，藏真人蜕。[1]

据李养正《新编北京白云观志》："现在的北京，在唐代为幽州治所，因而在开元年间也尊帝命在这里建立了祭祀'老君'的玄元皇帝庙，又因皇帝的诞辰为天长节，故奉祀族祖玄元皇帝的庙便改称为'天长观'。这天长观，便是现在北京白云观的前身。"[2]

天长观在辽代时倾圮，到金世宗时又重修，改称十方大天长观。据金代翰林侍讲郑子聃奉敕所撰《中都十方大天长观重修碑》记载：

> 臣谨按图经及旧碑，盖肇迹唐玄宗开元中，命之曰天长，颇极壮丽。岁久不葺，颓圮滋甚。至（唐懿宗）咸通七年（866年）卢龙节度使张允伸（秉权）缮而新之。五季及辽，咸所严奉。国朝正隆之际，政役繁兴……或有橐奸者狙火之，数百年之缔构，一夕而尽。……（金世宗）大定七年（1167年）秋七月二十三日，乃诏复兴。以今户部尚书张仲愈、劝农使张仅言董其役，且命勿亟。自经始迄于落成凡八年。[3]

重修后，皇室在此曾举行过多次大型斋醮活动，从而也成为当时北方道教的最大丛林，兴盛了数十年。元代的王鹗《重修天长观碑略》也记载："燕京之会仙坊有观曰天长，其来旧矣。肇基于唐之

[1] 《帝京景物略》卷三《白云观》。

[2] 李养正著：《新编北京白云观志》，第5页。

[3] 李养正著：《新编北京白云观志》，第6页。

开元，复于咸通七年（866年），及辽摧圮。金（世宗）大定（1161—1189年）初增修，（金章宗）泰和壬戌（1202年）正月望日，焚毁殆尽。”[1]于是金章宗重修，并于“泰和三年（1203年）十二月，赐天长观额为太极宫”。[2]

到元代，太极宫又改称为长春宫。《日下旧闻考》卷九四《郊坰》按云：

> 元一统志，天长观在旧城内，有唐再修天长观碑，节度衙推刘九霄撰，咸通七年（866年）四月道士李知仁重摹。金（章宗）明昌三年（1192年）重建，元（成宗）元贞二年（1296年）重修。[3]

元代将太极宫改称长春宫，与全真道龙虎宗大宗师邱处机有关。

> 大宗师长春真人姓邱氏，名处机，字通密，号长春子，登州栖霞县（今山东栖霞市）滨都里人。金皇统戊辰（金熙宗皇统八年、1148年）正月十九日生。……贞祐乙亥（金宣宗三年、1215年），金主召，不起。己卯（南宋宁宗嘉定十二年、1219年）宋遣使来召，亦不起。是年五月，太祖（元太祖成吉思汗）自奈曼国（在阿富汗境内，所谓雪山）遣近侍刘仲禄持手诏致聘。[4]

邱处机虽然拒绝金主宋帝的邀请，但应成吉思汗聘请赴雪山，南宋宁宗“庚辰（嘉定十三年、1220年）正月北行，二月至燕，欲候驾

[1] 《日下旧闻考》卷九四《郊坰》《元一统志》。
[2] 《日下旧闻考》卷九四《金史·章宗纪》。
[3] 《日下旧闻考》卷九四《山中白云祠》。
[4] 《日下旧闻考》卷九四《日下旧闻》。

回朝谒”。由于路途遥远，且还要穿越沙漠雪山，加之其本人已七十有二，年事已高，不便长途跋涉，想等太祖回朝拜谒。但太祖执意要他前往，所以邱处机历经千辛万苦，经蒙古高原，过镇海（今蒙古国哈拉乌苏湖南岸），向西南翻越金山（新疆阿尔泰山）到达天山，穿越将军戈壁，西行过北庭故城轮台，再沿天山北麓西行到达唐朝北庭都护府驻地庭州（别失巴里），又西经赛里木湖（今新疆博尔塔拉蒙古族自治州境内）、伊利果子沟，渡伊犁河而西进入中亚，于辛巳（1221年）十一月“至赛玛尔堪城”，即今乌兹别克斯坦国撒玛尔罕市。“壬午（1222年）三月，过铁门关，四月达行在所。时上在雪山之阳，舍馆定入见。”

成吉思汗向邱处机求教治世长寿之道，“上悦，命左史书诸策。癸未（1223年）乞东还，赐号神仙，爵大宗师，掌管天下道教”。“太祖深契其言，锡之虎符，副以玺书，不斥其名，惟曰神仙。甲申（1224年）三月至燕，八月奉旨居太极宫。丁亥（1227年）五月，特改太极为长春。”[1]

邱处机初到天长观时，道观已是满目疮痍，破旧不堪。因金宣宗“贞祐（1213—1217年）南迁，止馀石像，观额为风雨所剥，委荆榛者有年。圣代龙兴，元风大振，长春应聘，還命盘山。栖云子王志谨主领兴建，垂二十年。建正殿五间，装石像于其中，方丈庐室舍馆厨库焕然一新。凡旧址之存者罔不毕具，永为圣朝万世祈福之地”[2]。天长观因金宣宗迁都后被损毁，邱处机带弟子重修。

所谓“贞祐南迁”指的是成吉思汗的蒙古军队于1213年对金发动第一次军事进攻，攻占了山西、河北、山东近百个城池；次年又进逼金中都（燕京）城下。金宣宗完颜珣被迫纳贡，以大批金帛、马匹等物资求和。蒙古军队撤退不久，金宣宗感到中都不安全，便迁都南京（今河南开封）。于是，成吉思汗军队以求和不诚心为借口，于1214年

[1]《日下旧闻考》卷九四《日下旧闻》。

[2]《日下旧闻考》卷九四载（元）王鹗《重修天长观碑略》。

再次发动进攻，并于1215年攻占了金中都燕京。所以，安排邱处机居住天长观，后改为长春观。从此，长春观成为全真道的祖庭。

1227年七月九日，邱处机在长春观羽化，翌年“戊子（1228年）春正月朔，清和（邱处机嗣教弟子尹志平道号）建议，为师构堂于白云观。……自四月上丁，除地建址，历戊己庚，俄有平阳、太原坚代蔚应等群道人二百馀，赍粮助力，肯构其堂，四旬而成”[1]。邱处机的弟子尹志平用40天时间为师修建了安放遗体的灵堂，称处顺堂。又据《白云观处顺堂会葬记》：

> 长春宗师既逝，嗣其道者尹公，乃易其宫之东甲第为观，号曰白云。明年四月，除地建址，凡四旬堂成，榜之曰处顺。[2]

由此可见，白云观是元代长春宫的一个附属建筑，位于长春宫东侧，其处顺堂则是安放邱处机仙骨之所，后以白云观称长春宫。而白云观及处顺堂的营建，都是道众集资完成的，并非朝廷或皇家所助。由于成吉思汗和邱处机同年去世，元代后继帝王显然不像太祖那样重视道教及全真派，因从帝王到百姓大多信佛教之黄教即喇嘛教，故此长春观的地位也不可能如同从前了。

（二）明代白云观修葺概略

到明代，长春宫的地位空前提高，成为皇家道观。在明中叶前，一直沿用元代称谓曰长春宫，正统间改称白云观。关于白云观的称谓，《新编北京白云观志》云：“用《庄子·天地篇》中‘乘彼白云，至于帝乡’句，名此道院为‘白云观’，盖长春宫藏物之所。”[3]据嘉

[1] 《新编白云观志·长春真人西游记》，第13页。

[2] 《日下旧闻考》卷九四载《郊坰》（元）陈时可著《白云观处顺堂会葬记》。

[3] 《新编北京白云观志》，第17页。

靖时期的刘效祖《白云观重修碑》云：

> 都城宣武门外西三里许，有白云观，为长春邱真人藏蜕处。……创于金，为太极宫。至元太祖以居真人，改长春。入国朝正统年间始易今名。[1]

明英宗重建长春宫后，将整个长春宫改称白云观。据《乾隆御制重修碑记》：长春宫于“明正统三年（1428年）重修，易名曰白云观”[2]。

由于长久失修，特别是元末兵火的摧残，到明初，长春宫已毁大半，只剩下东侧的长春殿。据胡濙《白云观重修记》记载：

> 白云观在都城西南三里许，乃长春邱真人藏蜕之所，岁久倾圮。洪武二十七年（1394年），太宗文皇帝（成祖朱棣）居潜邸时，命中官董工，重建前后二殿、廊庑、库厨及道侣藏修之室。落成于次年（1395年）正月十九日……宣德三年（1428年）御马监及太监刘顺发心，备材命工，创建三清殿，庄塑圣像。正统三年（1438年）正道（道士倪正道）……等各捐己赀，建造玉皇阁……及修葺前后殿宇，焕然一新。正统五年（1440年）复建处顺堂，以奉长春真人，暨营方丈道舍，厨库钵堂……正统八年（1443年）三月，建衍庆殿于玉皇阁之前，奉侍玄天上帝。重修四帅殿及山门，仍建棂星门于外。初观基隘窄，则易民地以广之，缭以周垣，树植嘉木，以为荫映。规模廓大，雄伟壮丽，金碧交辉。兹观至是始克大备，视旧有加矣。[3]

---

[1]　《新编北京白云观志·碑铭志》，第703页。

[2]　《新编北京白云观志·乾隆御制重修碑记》，第706页。

[3]　《新编北京白云观志》载胡濙《白云观重修记》，第697页。

可见，朱棣早在北京当藩王期间，第一次修葺，重建前后殿，但殿名不详。朱棣即位后，于“永乐四年（1406年），亦命工重修（长春宫）其地”[1]。这是第二次重修了。到正统期间数次重修、大规模扩建，奠定了白云观的基本规模。据此，白云观从永乐以后便成为明代皇家道观。到景泰时期，又进行了一次修葺。道士邵以正《重建白云观长春殿碑略》则记载：

旧有殿曰长春，乃清和尹宗师所构以覆遗蜕而奉真人者也。日就倾圮……乃谋新之。殿三楹，既像真人于其中，复图十八大师暨祖师先师之像于其壁，经始于景泰丙子（景泰七年、1456年），落成于次年。

这次修葺，从景泰最后一年开始，到英宗天顺元年（1457年）完成，修缮已经损坏的建筑，并“撤堂拓地，备勒贞珉”[2]，即拆除了处顺堂，拓宽其地，重建长春殿三楹，以供奉邱处机及跟随其赴雪山谒见成吉思汗的十八高徒之像。到明孝宗时期，又一次全面修葺。给事中赵士贤《白云观重修碑》记载：

国朝太宗文皇帝，慨其为古迹，命工修殿宇，俾之壮丽，且于真人诞日，亲幸其地。而仁宗昭皇帝亦尝幸焉。故兹观之盛信于彼时。都城内外观址以千数，白云观实为称首。……岁久日就倾圮。今……司礼监张公诚，复倡率诸勋戚中贵之轻财好义者，各捐资，大加修葺。规制虽仍其旧，而栋榱之坚好，焕然一新，实有非旧比者。功始于弘治甲子（十七年、1504年）春正月，告成于正德丙寅年（元年、1506年）冬十二月。壮丽宏伟，虽章华阿阁弗如也。矧左拱

[1] 《新编北京白云观志》载（清）王常月《重修白云观碑记》，第705页。

[2] 《日下旧闻考》卷九四载《李得晟长春殿增塑七真仙范记略》。

> 天府，右控西山，南带芦沟，北枕西湖，登临瞻顾间，气象万千，阆风披拂，即蓬莱之真境，未必过之。[1]

这次重修，耗时整整三年，使白云观焕然一新。所以认为，其壮丽宏伟超过了汉代的章华宫。此话虽有夸张之嫌，但也说明白云观非同一般，在北京城内外上千座道观中，成为首屈一指的皇家宫观园林。

仅过三年，有些建筑有所损坏，于是再次修缮。道士李得晟于正德十一年（1516年）所撰《长春殿增塑七真仙范记略》云："（李）得晟于正德己巳（正德四年、1509年）拜谒祠下，睹檐牖脱落，日久倾圮，思继先志，召匠鸠材，以坚易朽，补缺为完，比昔加壮丽焉。复命匠氏埏埴增仙像六躯，通原像为北派七真也。"这次修缮，新增六真人像，连同邱处机共七真，就是全真道所谓"北七真"先师。《日下旧闻考》曰：

> 观胡濙、邵以正、李得晟三碑所述，则今之七真殿，正昔之处顺堂，乃邱处机藏蜕地也。《人海记》指今之邱祖殿为处顺堂故址，恐误。此殿在七真殿后、玉皇阁前，正胡濙碑所称正统八年（1443年）重建之衍庆殿在玉皇阁前者是也。[2]

在明代的这三个碑记中，未出现邱祖殿、七真殿这些称谓。据此可知，这是清代所称。七真殿在元代处顺堂旧址上，这是白云观坐标性建筑。在七真殿与玉皇阁之间的衍庆殿就是邱祖殿，何时更名无考。但现存的白云观里，玉皇殿与七真殿之间并无其他殿，三座建筑的前后顺序为玉皇阁、七真殿、邱祖殿（衍庆殿）。这与明代文献记

[1] 《新编北京白云观志》，第699－700页。

[2] 《日下旧闻考》卷九四。

载的七真殿最前，之后是邱祖殿，再后是玉皇阁的顺序也不一致。为何出现这种错位现象？或许文献记载有误，也许与清代多次重修有关，值得详考。明代的白云观到正德年间已经形成了清代沿用时的基本格局，规模宏大，壮丽辉煌，成为京城内外首屈一指的皇家宫观。

到嘉靖年间，对白云观也至少修葺过一至二次。嘉靖朝刑部尚书顾颐寿撰《白云观重修碑》记载：

> 乃今皇上，龙飞江汉，御极中天，七政协符，万灵绥职，郁郁乎其盛矣哉！乃若司设监太监苏公瑾，忠勤匪懈，乃于侍奉之暇，相亲厥址，诹吉兴工。材木初程，则竹松苞荚；经营伊始，则翚军鸟翱翔。圣母章圣皇太后闻之，赐御香，灿灿乎其有终也哉。

顾颐寿，湖南人，于嘉靖五年（1526年）任刑部尚书，翌年六月获罪下狱。这是他在任刑部尚书时所撰，故可推断，重修白云观是在嘉靖四至五年间。

到万历初也修缮过。据刘效祖《白云观重修碑》云：

> 司礼太监冯公，偶兴善修之念，会有闻于两宫圣母暨主上，暨潞王、公主，咸有赐助。工始于二月三日，讫于五月九日。几饰旧者，如殿庭庑若干楹；而移建者，则长生堂、施斋堂；新增者则钟鼓楼，配于方丈也。（落款为）“正德十三年夏之吉”。大清光绪丙戌年（1886年）春三月十九日刘诚印重勒。[1]

应该指出的是刘诚印重勒碑文落款为“正德十三年夏”，有误。

[1] 《新编北京白云观志·碑铭志》，第703页。

一则冯公指冯保，而武宗朝司礼太监似无姓冯者。据《明史》卷三〇五《冯保传》，冯保“嘉靖中，为司礼秉笔太监”，穆宗时为掌印太监，后万历初深得其母后器重。可见，与正德年代无涉。二则碑文提及两宫圣母，在正德年间不存在“两宫圣母”。在嘉靖时虽有两宫太后并存，但世宗朝从不称“两宫圣母”，而称“两宫太后”。因为对孝宗的张皇后，世宗称伯母。万历时期曾有两宫太后同在。《明史》卷一一四《后妃传》记载：穆宗孝安皇后陈氏，“隆庆元年册为皇后。后无子多病，居别宫。神宗即位，上尊号曰仁圣皇太后……（万历）二十四年（1596年）七月崩”。还有就是神宗生母孝定李太后，起初是穆宗宫人，于隆庆元年（1567年）三月封贵妃，神宗即位，“上尊号曰慈圣皇太后。……是时，太监冯保欲媚贵妃，因以并尊奉大学士张居正下廷臣议，尊皇后曰仁圣太后，贵妃曰慈圣皇太后，始无别矣。仁圣居慈庆宫，慈圣居慈宁宫”。神宗生母慈圣皇太后，崩于万历四十二年（1614年）二月。可见，万历时期的两宫“圣母”，同在时间为万历二十四年（1596年）之前。三则提及潞王、公主云云，潞王是穆宗第四子，神宗胞弟，于隆庆六年（1572年）封为潞王。万历十七年（1589年）之藩卫辉。但他仗着皇太后亲子，当朝皇帝的胞弟，长期住京城，不去就藩。

冯保修缮白云观，向两宫太后、皇帝及潞王等禀报，得到皇家准许和支持，这只能是万历时期的事，与正德时期无涉，也不是嘉靖时期的事。况且，这个碑只能是在万历二十四年（1596年）仁圣太后崩驾之前的事。换言之，该碑落款时间应为“万历十三年（1585年）夏”。可见，显然是清人重新刻碑时将“万历”误为“正德”。因为，撰原碑文者刘郊祖，在正德时期还未出生，不可能撰碑文；他在万历年间撰此碑文，不可能将当朝误写成“正德”。

明代不仅多次重修、扩建白云观，同时历朝皇帝也很重视白云观中藏经传经。据《赐经之碑》：

图 5-24 北京白云观牌坊景观（张薇 / 摄）

> 正统十二年（1447年）八月十日，今上皇帝刊印道藏经成，颁赐天下，用广流传，及以一藏安奉白云观，永充供养。……太宗文皇帝临御之日，尝命道流，合道藏诸品经，纂辑校正，将锓梓以传，而功未就绪，奄忽上宾。肆今皇上……追尊先志，于是重加订正，增所未备，用寿诸梓，计五千三百五卷，通四百八十函。[1]

可见，白云观从明初开始就成为皇家重要藏经之所。

由于白云观是全真派的祖庭，这里崇奉的神灵除了道教普遍尊奉的神灵外，还有主祀邱处机。这与其他皇家道观，显然有别。

（三）白云观皇家园林

白云观不仅是明代皇家著名道观，而且也是皇家在北京的最大的

[1] 《新编北京白云观志》，第698页。

图 5-25　北京白云观景观（张薇 / 摄）

宫观园林。

1. 白云观建筑空间布局

白云观坐落于地势较高、环境较为开阔处，其西边还有一座小土丘。《倚晴阁杂抄》云："白云观西土阜高丈余，周围百步。"[1]这个土丘高3米多，周围有180余米（1步=6尺）。白云观为大型建筑群，占地面积颇具规模，平面呈丁字形，坐北朝南。空间上以左、中、右三路，南北纵向摆布。明初，以处顺堂为中心重建宫观。永乐之后历朝皇帝曾多次重修和扩建，使白云观达到新的规模。建筑布局严谨有序，庄重肃穆，突出皇家建筑以中轴线为中心的特点，重要建筑置于中路，其他建筑以对称形式左右分布，平面整体呈现"T"字形。

中路建筑，以最南端山门外的照壁为起点。按照明代有关白云观重修碑的记载，由南到北依次是山门、四帅殿、七真殿、邱祖殿（衍庆殿）、玉皇阁、三清殿等。但经过清代多次重修，现存的白云观中

[1]《日下旧闻考》卷九五《郊坰》摘《倚晴阁杂抄》。

轴线上主要建筑的次序及名称，与明代有了明显变化，依次是山门、灵官殿（四帅殿）、玉皇殿、老律堂（七真殿）、邱祖殿，最后是三清阁（四御殿）。这里主要是玉皇殿的位次出现了大的变化，明代的玉皇阁在七真殿和邱祖殿之后，现存的玉皇殿则摆在这二殿之前了。明代所建的是（玉皇）阁，而非殿；（三清）殿，而非阁。

可以断定的是，中路四大殿（四帅殿、七真殿、邱祖殿、玉皇阁）位次及名称的变化，在清代乾隆五十三年（1788年）以后的事情。《日下旧闻考》按云：白云观与《人海记》所记不同的是，“今观后玉皇阁及殿名、相设小异耳。前殿奉灵官，不名玉历长春；中殿奉七真，不名翕光；后殿奉邱像，不名处顺、贞寂。盖诸殿皆无额，易失其故名也”[1]。

这个记载提供了许多有价值的信息。首先，到乾隆五十三年（1788年），明代白云观中路四大殿的位次没变，即前殿为灵官殿（四帅殿），之后是中殿七真殿，后殿是邱祖殿，最后是玉皇阁。因为《日下旧闻考》是乾隆五十三年刊印的。可见，四殿位次发生变化，形成现存顺序，是在此以后的事情。其次，提供了殿名不同记载的原因，即诸殿原来无殿额，从而失去故名。其三，澄清了一些误记。如邱祖殿并非处顺堂，玉皇阁此时还未更名为玉皇殿，而且在观后，不在灵官殿与七真殿之间。

中路最南端的是照壁，又称影壁，位于观前，正对牌楼。此壁始建于明代，长20余米，高约8米，红底绿字。壁上嵌有“万古长春”四个绿色琉璃大字，为唐代颜真卿字体。（按：据《新编北京白云观志》载：白云观现有“万古长春”字体，为元代大书法家赵孟頫书体。因20世纪六七十年代颜体字被毁，故换成赵体字。）

向北则是棂星门，俗称牌楼。白云观棂星门，据胡濙《白云观重修记》，复建于明正统八年（1443年），为木结构。现在的棂星门为清

[1] 《日下旧闻考》卷九四按。

代所重建，典型的中国古典建筑风格，朱漆四柱，七层七色彩绘。歇山顶，灰瓦覆顶，雄伟峻峨，华美绝伦。牌楼正面匾额为书金“洞天胜境”，背面额题匾“琼林阆苑”。

棂星门正北则是山门，明代正统八年（1443年）重建，为白石砌的朱红色斗拱三洞券门，单檐歇山屋顶式门楼，上覆灰瓦。山门正中上方有石刻横匾“敕建白云观”，为明英宗所赐。弧形石门洞上方，其正面和背面均有浮雕。正面的石雕为“坎离匡城廓图”，两旁雕有流云及六只仙鹤飞翔图案；背面的雕刻为正中是南极仙翁、童子、神鹿和蝙蝠，两旁刻有法论、法螺、法伞、法盖、法花、法瓶、法鱼、法盘等所谓“八宝”法物。正门基座上也雕刻奇花异兽，如麒麟、梅花鹿、猴子和聚宝盆、摇钱树、桂花树等等。

山门东西两侧墙上，亦镶嵌砖雕仙鹤等飞禽及牡丹、芍药、葵花、月季等花卉盆景图案。其刀法浑厚，造型精美，惟妙生动。山门气势宏伟而又精美华贵。门前两边，有雄狮蹲踞，华表耸立，展现皇家建筑的标志。门前古柏苍翠，老松挺拔。山门建筑显然是一道引人注目的风景线。

进入山门后，则到窝风桥，为清康熙四十五年（1706年）所建单孔石拱桥。再北即四帅殿，清康熙元年（1662年）重修时改称现名灵官殿，为中路宫殿建筑的第一个宫殿。“四帅”指马胜、赵公明、温琼、岳飞（清代以关羽代替岳飞）。现普遍以为，此殿始建于英宗正统八年（1443年）。但胡濙于正统九年（1444年）《白云观重修记》云：“正统八年三月建衍庆殿于玉皇阁之前，奉祀玄天上帝。重修四帅殿及山门，仍建棂星门于外……”

据此，四帅殿在正统八年是重修，而非始建；可见，此殿在正统之前就已存在。四帅殿于景泰七年（1456年）又重修。神像为明代木雕，高约1.2米，比例适度，造型精美。红脸虬髯朱发，三目圆睁，金甲红袍，左手掐诀，右手执鞭，形象威猛，栩栩如生。其左边墙壁上为赵公明和马胜画像，右边墙壁上为温琼和岳飞画像。这就是道教四大护法元帅。

再往北就是七真殿，始建于元代，称处顺堂。明英宗正统五年（1440年）重建处顺堂，奉祀长春真人（邱处机）像。据明正德十一年（1516年）李得晟撰《长春殿增塑七真仙范记略》载，景泰丙子（七年、1456年），道士邵真人“撤堂拓地，备勒贞珉”，就是拆除处顺堂，扩大占地面积重建，并在石头上镌刻画像。正德己巳（四年、1509年），由李得晟主持重建，“以坚易朽，补缺为完，比昔壮丽焉”。并增塑六尊“真人”相，连同邱处机共七真像祀奉，并改称“七真殿”。所谓七真，指全真道“北派七子”，即全真派祖师王重阳的七大弟子：中为邱处机，左边依次为刘处玄、谭处端、马钰，右座依次为王处一、郝大通、孙不二。

清康熙元年（1662年）又重修，赐匾“七真翕光殿”。之后清代高道王常月曾奉旨在此主讲道法，开坛传授戒律，便将七真殿改称“老律堂”，即传授戒律之殿堂。七真殿的建筑规制与四帅殿相同，单层殿宇，砖木结构，歇山顶覆盖灰瓦；面阔三间，进深一间；正面三开门，朱漆棂花窗牖；两面山墙整体也以朱漆木制窗棂为之。檐梁七色彩绘，俨然是宫廷式建筑，肃穆庄严。建筑面积较大，是观内道士举行宗教活动的地方，在殿前相对敞阔。

再往北则是邱祖殿，建于明英宗正统八年（1443年），为专祀道教最高神灵而建。对邱祖殿，胡濙《白云观重修记》未提及，而是说在玉皇阁之南七真殿之北新建衍庆殿，专祀玄天上帝，即老子。唐代皇帝封老子为元天或玄天上帝。明代七真殿与玉皇阁之间只有衍庆殿，无其他殿宇，故《日下旧闻考》说衍庆殿即邱祖殿。而且，现存白云观已经没有衍庆殿了，但何时将衍庆殿、贞寂堂改为邱祖殿不详。不过，应是在正统八年（1443年）之后的事了。有说邱祖殿即处顺堂旧址，也有误。据胡濙《白云观重修记》，正统五年，复建处顺堂，八年建衍庆殿。李得晟《长春殿增塑七真仙范记略》记载，景泰七年（1456年）“撤堂拓地，备勒贞珉”[1]，说明英宗重修处顺堂后过了13年才拆掉处顺堂，改建七真殿。因此，邱祖殿并非处顺堂旧址。

邱祖殿居于整个建筑群的中心，为主体建筑；砖木结构，面阔三间，正中开有一门，朱漆棂花窗牖；歇山顶式单层殿宇，屋面覆以灰瓦；七色彩绘檐梁。殿内奉祀全真龙门派始祖长春真人邱处机。与正殿连体的东西两个副殿，分别开有一门，与正殿一起形成三门，通向殿后。高度略低于正殿而规制基本相同。邱祖殿是个一进式四合院建筑群，南面为邱祖殿包括副殿，其后是个宽敞的院落；院落北端就是三清大殿。三清殿是宣德三年（1428年）所建。院落东西两侧有长条客堂将邱祖殿和三清殿连接，形成完全闭合式四合院。

再北则是玉皇宝阁，始建于明英宗正统三年（1438年）。[2]《新编白云观志》说，玉皇阁于“清康熙元年（1662年）重修，原名‘玉历长春殿’，四十五年（1706年）改称今名”[3]即玉皇殿，奉祀玉皇大帝。但《日下旧闻考》记载：“玉皇阁恭悬圣祖（康熙）御书额曰紫虚真气。”[4]可见，玉皇阁改称玉皇殿，不在康熙年间，也不在乾隆五十三年（1788年）之前。因为，《日下旧闻考》于乾隆五十三年才刊印，此时还称“玉皇阁”而未称“玉皇殿”。究竟何时更名，待考。

同时，明代玉皇阁在邱祖殿之后，而现存玉皇殿则在灵官殿（四帅殿）之后，位次向南跨越了邱祖殿和七真殿，变成坐落于砖石台基上，面阔三间，砖木结构，单檐歇山顶覆灰瓦，正面为朱漆棂花窗牖的玉皇殿。前面有三出式较大月台。神像为明代木雕，高约1.8米，身着九章法服，头戴十二行珠冠冕旒，手捧玉笏，端坐龙椅。左右两侧的六尊铜像均为明代万历年间所铸造，他们即是玉帝阶前的四位天师和二侍童。殿壁挂有南斗星君、北斗星君、三十六帅、二十八宿的绢

---

[1] 《日下旧闻考》卷九四《郊坰》。

[2] 《新编北京白云观志》，第697页。

[3] 《新编北京白云观志》，第72页。

[4] 《日下旧闻考》卷九四《按》。

丝工笔彩画共八幅，均为明清时代佳作。

三清大殿，位于邱祖殿之北。何时创建，有两种记载。胡濙《白云观重修记》说是宣德三年（1428年）创建三清大殿。但正德朝给事中赵士贤《白云观重修碑》云："宣德三年（1428年），太监刘顺捐金重建三清殿。"两个碑文，一说创建，另一说重建。但现在一般都说创建于宣德三年，恐怕过于武断。清代变成三清阁与四御殿，为单层宫殿式建筑。清康熙元年（1662年）改建成二层楼，上层奉祀三清，下层奉祀玉皇大帝。三清为道教最高三神的代称，即玉清圣境元始天尊、上清真境灵宝天尊和太清仙境道德天尊。三清像为明朝宣德年间所塑造，高2米余，神态安详超凡，色彩鲜艳如初，富丽而又不失古朴。因清代改建，明代的三清殿的具体情况，已无从考据。

现存白云观中轴线上还有三官殿、药王殿等，均为清代所建。最北端为后院，是清光绪十六年（1890年）所建，有些还是近现代所建，而非明代建筑。在中轴线上的这些建筑，形成主体建筑骨架，奠定了白云观建筑群的基本格局。而东西两侧的建筑，成为对称的两翼，逐步增加；特别是到清代后所增建的建筑，绝大多数都摆在两侧。

在这些建筑中，钟鼓楼是明代万历时的建筑。在古代大型建筑群中一般都建有钟鼓楼，其功能就是报时，即晨钟暮鼓。钟楼和鼓楼一般都按东钟西鼓的方位营造，表示晨钟与太阳升起的方位相应，暮鼓则与夕阳西下方位相一致。但白云观的钟鼓楼位置正好相反，这不是有意为之，而与白云观的沿革有关。

早期长春宫建筑，钟楼肯定在东边，但元末战火中原来的长春宫基本荒废，而在东侧所建处顺堂保存下来。明永乐以它为中心新建白云观后，长春宫的钟楼依旧留下，在对应的东侧重建鼓楼，所以二者位置颠倒。据刘效祖《白云观重修碑》，鼓楼于明万历十三年（1585年）新增。现有的三官殿、财神殿、宗师殿作为玉皇宝阁的东西两庑，都是清代所建。

进入"T"字形平面布局的上"横"，实际上是较宽的四方形平面，上有两组建筑。第一组是以七真殿为中心，左侧有救苦殿、斗府宫、功德祠等，再东有斋堂等；西侧有药王殿、土府宫、执事房及再西边的祠堂、功德堂等附属建筑。这些建筑基本都是清代所建。第二组为以邱祖殿和三清大殿为中心，东侧有南极殿，西侧有元君殿、文昌殿、八仙殿、吕祖殿等等附属建筑。这些东西两侧的建筑均为清代及以后所建，从而形成今天的布局和规模。

总之，如嘉靖时的都御史顾颐寿所记：

> 白云观者，元真人邱长春所建也。我太宗文皇帝，定基于燕，载新兹宇，山祇效灵，川若贡祥，太和收委，荣光攸烛，穆哉休矣。仁宗昭皇帝，尝幸其地，眺西山之紫翠，敞南薰之蓬渤，沨沨乎其宏远也。宣宗章皇帝时，饰新崇美，规定亦伟矣，涣涣隆哉。英宗睿皇帝时，邃阁重题，回廊秘基，广哉熙熙乎，乃今皇上龙飞江汉，御极中天，七政协符，万灵绥职，郁郁乎其盛矣哉。[1]

这就是明代从永乐开始直到嘉靖、万历朝，不断修葺扩建白云观，使其完好常新，香火旺盛。

2. 白云观园林景观

白云观建筑，作为皇家道观园林，无论是空间布局还是建筑艺术及风格，都堪称典范。它充分展现了皇家建筑的规制和气派，同时也展现了道观建筑的特色：既气势恢宏，又华美璀璨；既庄严肃穆，又美轮美奂；错落有致，收放有序。因此，它历来既是道侣仙友修炼身心之所，也是善男信女烧香拜神之处，更是大众百姓游览赏景的园林胜地。

白云观作为皇家道观园林，其优美的自然环境与建筑相映生辉，

[1] 《新编北京白云观志·碑铭志》载顾颐寿《白云观重修碑》，第704页。

图 5-26 北京白云观古树景观（张薇 / 摄）

构成独特的自然景观和人文环境氛围，从而产生强大的吸引力。由于年代久远，明代白云观园林的自然生态景观，现在很难想象。但从一些历史资料中，可以解读到当时的一些微弱信息；用仅存的史料，可有限复原白云观当时的园林景色。

早在元代时，长春观也是大都的一大景观，游人如织。元人虞集于大德八年（1304年）《游长春宫诗序》云："国朝初作大都于燕京……京师民物日以阜繁，而岁时游观尤以故城为盛。独所谓长春宫者，压城西北隅，幽迥亢爽，游者或未必穷其趣，而幽人奇士乐于临眺，往往得益乎其间。"[1]正月十九日为邱处机诞辰。"今都人正月十九致浆祠下，游冶纷沓，走马蒲博，谓之燕九节。又曰宴丘。相传是日，真人必来，或化冠绅，或化游士冶女，或化乞丐。故羽士十百，结圜松下，冀幸一遇之。"[2]

可见，长春观当时就是一个重要的风景游览区，为京师全真道第

[1] 《日下旧闻考》卷九四《郊坰》摘《道园学古录》。
[2] 《帝京景物略》卷三《白云观》。

一丛林。所以，元、明、清历代文人骚客，留下了他们当年的碑记和游览白云观时的许多诗词歌赋。这些文献，一方面记录了白云观的宏阔壮丽，另一方面也记录了白云观当时的风光景致和游人挤肩的盛况。

在宣德初，白云观还保留着相当的原生态自然环境。“地附都城，平衍爽垲。四顾则冈峦起伏，萦纡环抱，若飞凤舞朝拱之状，真胜景也。其香火之胜，岂偶然哉！”在明正统间，梁潜作《同游长春宫遗址诗序》，对重建之前的长春宫遗址周边环境作了生动的描绘：

> 长春宫在北京城西南十里，金故城白云观之西也。……今其宫既毁，独其遗址存，据平陆巍然以高。登而览之，犹足以尽夫都邑之胜。盖其东则都城台阙府库之壮，其南则旷然原陆，而蓟门高邱之间，荒台遗沼之可见者，皆昔者辽与金所尝经营其间者也。其西则西山之崖，苍翠绀碧，隐然烟霞之中。其北则连山崔巍，雄关壮峙，凡仕于朝与居于城中者，盖未尝知。唯闲暇登览于此而后得之也。[1]

这是当时的自然大环境，按中国古典风景园林理论，这里描绘出了白云观可以因借之四景。从这里也看出，当时的长春观，周围没什么建筑，可以远眺四面的景物，直至西山烟景。

特别是正统八年（1443年）三月对白云观进行扩建，在玉皇阁之前建衍庆宫，重修四帅殿、山门、棂星门等建筑时，因当时白云观的占地面积狭窄，“则易民地以广之，缭以周垣，树植佳木，以为荫映。规模廓大，雄伟壮丽，金碧交辉。兹观至是始克大备，视旧有加矣”[2]。这次不仅扩大了规模，新建了一些殿堂及附属建筑，还种植花草树木，美化了环境，使之更加园林化，从而奠定了后世的基本风貌。

又如正德元年（1506年）兵科给事中赵士贤所撰《白云观重修

[1]《日下旧闻考》卷九四《郊坰》载梁潜《游长春宫遗址诗序》。

[2]《日下旧闻考》卷九四《郊坰》载胡濙《白云观重修记》。

图 5-27　北京白云观后花园景观（张薇 / 摄）

碑》记载，白云观重修后面目一新：

> 壮丽宏伟，虽章华阿阁弗如也。矧左拱天府，右控西山，南带芦沟，北枕西湖，登临瞻顾间，气象万千，阆风披拂，即蓬莱之真境，未必过之。[1]

章华，即章华台，楚灵王离宫，始建于楚灵王六年（前535年）。《水经注·沔水》记载："（离）湖侧有章华台，台高十丈，基广十五丈……穷土木之技，单府库之实，举国营之数年乃成。"考古界认为遗址在今湖北潜江市西南，古云梦泽畔，为古代著名帝王园林。所谓"阿阁"，据《辞海》解，一般指四面有栋，有檐霤的阁楼。李善注："阁有四阿，谓之阿阁。"金鹗《求古录礼说》卷三谓："屋之四隅曲而翻起为阿，檐宇屈曲谓之阿阁。"

这里形容白云观风景胜过章华台，与蓬莱仙境可比。此说虽嫌文

[1]《日下旧闻考》卷九四《郊坰》载赵士贤《白云观重修记》。

学夸张，但也表明其建筑宏伟，景色绮丽，不同凡响。尤可远眺四野，东望皇宫，西眺西山，南瞰卢沟，北瞻西湖，满眼风光。明代张养浩《过长春宫诗》："层楼复观此谁构，只疑天巧非人工。绕檐松影黑于海，步惊栖鹤翔云中。"[1]可见，当时的白云观不仅宫观巍峨雄壮，巧夺天工，而且古树繁茂，松柏常青，仙鹤盘飞，游人徜徉，一派闲适祥和景象。

明代白云观景物，四季可赏。蔡士吉《游白云观》诗："春灯市罢散千红，驰射当年太极宫。蛛带日光飞野马，兔丝古木蔓游龙。"[2]这是描绘白云观举行春节、元宵灯市盛会的情景：五颜六色的各式彩灯，万紫千红，将辽金时期的太极宫即白云观照得绚烂多姿；蜘蛛灯、野马灯、兔子灯和龙灯等五花八门的动物造型的华灯，千姿百态，情趣盎然，令人目不暇接；观赏灯会的人们，陶醉于白云观迷人的景色和眼花缭乱的彩灯，更是乐不思归。可见，白云观园林景观不论在绿草芳菲的春夏，还是霜雪纷飞的秋冬，都可览可赏；而且，每当盛大节日，举办灯会，夜晚也成游览胜地，真可谓"众乐乐"也！

3. 皇家在白云观的活动

白云观作为皇家道观，帝王及其皇族在这里常有活动。现在，从一些少而简单的史料中，我们也可以搜寻到他们当年在这里活动的一鳞半爪。白云观早在金元时期就是皇家时而游幸之处。《金史·章宗纪》载："承安元年（1196年）九月朔，幸天长观。二年七月，幸天长观建普天大醮。泰和元年（1201年）二月，幸天长观。"[3]这说明，金章宗于在位（1190－1208年）的18年中，至少曾三次光临天长观，有时是来烧香拜佛，有时举办大型的宗教仪式，有时则是来游幸赏景，寻闲散心。

明初，洪武二十七年（1394年）重修白云观后，"太宗文皇帝车

[1] 《日下旧闻考》卷九四《郊坰》载张养浩《过长春宫诗》。

[2] 《帝京景物略》卷三《城南内外·白云观》。

[3] 《日下旧闻考》卷九四《郊坰》。

驾亲临降香。越明年是日，仁宗昭皇帝为世子时，亦诣观瞻礼，屡建金箓大斋”[1]。永乐帝在藩王时下令重建白云观，而且在落成之日亲临白云观上香。这一天也正是邱处机的诞辰，所以举行了隆重的落成典礼。朱棣的这一举动，也给后世作了示范。因此，第二年的同日，他的儿子，后来的仁宗朱高炽也来这里照此瞻礼，还多次举办了大型的斋醮活动。

可见，白云观是皇家的重要道场。朱高炽即位后，尤其喜欢临幸白云观，观赏风景。“仁宗昭皇帝，尝幸其地，眺西山之紫翠，敞南薰之蓬勃，沨沨乎其宏远也。”[2]明代的其他皇帝，也效法祖上，时有到白云观进香观景。英宗御题“白云观”匾额，并敕刊印道经5000余卷入藏。

白云观虽然是皇家道观，但它是开放式的，黎民百姓也可自由光临。每当佳节吉日，白云观举行宗教活动或举办各式庙会，诸如春节灯会、燕九节之类。届时，都城百姓扶老携幼，观景游览，或烧香拜神。明代《宛署杂记》记载：

> 阜城门外有白云观，相传金道人丘长春修炼之所。正月十九日。士女往观，自是，岁以为常。是日天下伎巧毕集，走马射箭，观者应给不暇。……都人至正月十九日，致酹祠下，为燕九节。车马喧阗，游人络绎。或轻裘缓带簇雕鞍，较射锦城濠畔。或凤管鸾箫敲玉版，高歌紫陌村头。已而夕阳在山，人影散乱归，许多烂醉之神仙矣。

邱处机的生日正月十九日，北京人称之为燕九节，成为民俗节。这些生动有趣的记载，给人展现一种全民佳节的景象。还如《燕京岁时杂咏》描绘：“寻观争开燕九筵，丛坛无复遇神仙。平沙十里松千

[1] 《新编北京白云观志》胡濙撰《白云观重修记》，第697页。
[2] 《新编北京白云观志》载顾颐寿撰《白云观重修碑》，第703页。

尺，怒马雕鞍几少年。”[1]传说，燕九节可能遇到神仙。但都人在燕九节并没有遇到什么神仙，见到的只是达官贵族，或巨贾富商之家的纨绔子弟锦衣雕鞍、扬鞭策马、寻花问柳的场面。可见，明代的白云观是人气十分旺盛的园林旅游场所。

三　皇家其他宫观园林

明代帝王多数人笃信佛教，而只有少数人才真正信道，因此皇家道观相比佛寺少得多。尽管如此，在北京除了明初的白云观以外，历朝皇室也还建了不少道教宫观。其中，就一些规模较大、园林化程度颇高、影响较广者，在此作为典型概述于下。

（一）洪恩灵济宫

洪恩灵济宫位于皇城西。《明成祖实录》载：“永乐十五年（1417年）三月，建洪恩灵济宫于北京，祀徐知证及其弟知谔。”徐知证、徐知谔为何许人也？朱棣为何将徐氏兄弟当做神灵，建宫观崇奉呢？《明成祖实录》有简述：

> 初，徐温事吴杨行密，及温养子徐知诰代杨氏有国，封知证为江王、知谔为饶王。尝帅兵入闽靖群盗，闽人德之，为立生祠于闽县之鳌峰，累著灵应。宋高宗敕赐祠额灵济宫。入国朝，灵应尤著。上闻，遣人以事祷之，辄应。至是命立庙皇城之西，赐名洪恩灵济宫，加封知证为九天金阙明道达德大仙显灵普济清微洞元冲虚妙感慈恩护国庇民洪恩真君，知谔为九天玉阙宣化扶教上仙昭灵博济高明宏静冲湛妙应仁惠辅国佑民洪恩真君。

[1]　《新编北京白云观志·文物、景物趣事志》，第595页。

这里记载的事，追溯到唐末五代十国。徐氏兄弟原本为五代十国时期吴国将领。吴国为庐州合肥（今安徽合肥）人杨行密所建。杨行密原是唐朝淮南节度使，趁唐末天下大乱，打败江左各路割据势力，占据了江南扬州、宣州、润州、滁州、和州、常州诸地，于897年（唐昭宗乾宁四年）建立吴国，共传4代46年。传到杨渭，于937年被部下徐温养子徐知诰夺占其位。徐知证、徐知谔是徐知诰之弟，封为王，并被派往福建镇压所谓“群盗”。当地为他们立祠纪念，并将他们神化。此后，北宋高宗将徐氏祠命名为灵济宫，赋予皇家名分。《帝京景物略》载：

> 按南唐书：徐知证，义祖第五子，仕吴，历州刺史，至节度使。烈祖姓李，名昪，吴丞相徐温养子，（后）晋天福二年（937年）称帝，国号（南）唐。……知证初封江王，改魏王……卒年四十二。知谔，义祖第六子，初封饶王，进梁王，镇润州，兼中书令。好珍异物，所蓄不可计，尝曰：“人年七十为修，吾生王家，穷极欢乐，一日可世人二日，年三十五其死乎？”至期卒，如其言。二王皆不至闽及燕，亦不闻雅意道术，其殁也，则为明神。[1]

这一记载，却与其他史料大相径庭，不仅对二徐的做人为官不以为然，连到闽靖盗等基本史实都不予认可，更不用说修道成仙了，对明人将二徐当神灵崇拜，嗤之以鼻。

然而，从永乐时开始变本加厉，捧为神灵，大为加封，在北京为其建洪恩灵济宫。其冠冕堂皇的理由是，徐氏兄弟有求必应，十分灵验。《晋安逸志》载：“男子曾甲，世居闽县金鳌峰下灌园。园中有破祠，其神常栖箕，自称兄弟二人，南唐徐知诰之弟知证、知谔也。

[1] 《帝京景物略》卷四《灵济宫》。

晋开运二年（945年）率师入闽，秋毫无犯，闽人祀我于此。自是书符疗病，验若影响。永乐间，成祖皇帝北征不豫，昭曾甲入侍，运箕有验，遂封知证清微洞元真人。”[1]但《帝京景物略》记载的却与此不同：“永乐十五年（1417年），文皇帝有疾，梦二真人授药，疾顿瘳。乃敕建宫祀，封玉阙真人、金阙真人，封其配曰仙妃。十六年改封真君。”[2]“神父封翊亮真人，继又进封为真君。神母曰淑善仙妃，金阙配曰真应仙妃，玉阙配曰恭敬仙妃。”[3]

以上三种历史记载，虽然所说的具体内容、细节有所不同，但是结果是一致的。永乐之后，明代后继帝王延续祖制，崇奉有加，多次重修其宫观。《明英宗实录》载：“正统元年（1436年）正月，御制洪恩灵济宫碑文。”该碑较详细记载了徐知证、徐知谔被神化的事因：

> 初奉命守金陵，后俱奉命率师入闽，爱民之至，民用慕戴，建生祠于金鳌峰之北，图像致敬，如严父焉。一日谓众曰：来岁我与汝别，然不忍汝违。及期相继化去。未几，神降于人，言并奉上帝命，列职斗宫。于是闽人益虔祀礼。……我皇曾祖太宗文皇帝临御，常梦二神人言南处海滨，来辅家国。上异之，明日适有礼官言闽中灵济二真君事，正符所梦，遂专使函香迎请神像至于北京，而于宫城之西南作洪恩灵济宫以奉祀事。因神旧号，加以徽称。惟神至仁，有祷辄应。岁时荐祭，式礼以严。皇祖仁宗昭皇帝、皇考宣宗章皇帝率循旧章，咸隆祗礼。朕承天序，仰体先志，增崇祠宇，宾奉威灵。复加神号曰九天金阙明道达德大仙显灵溥济清微洞元冲虚妙感慈惠护国庇民隆福洪恩真君。[4]

---

[1] 《日下旧闻考》卷四四《晋安逸志》。

[2] 《帝京景物略》卷四《灵济宫》。

[3] 《日下旧闻考》卷四四《西园闻见录》。

[4] 《日下旧闻考》卷四四《御制洪恩灵济宫碑文》

成化二十二年（1486年），改封上帝。……岁元旦、日短至及真人诞辰，遣太常寺堂上官行礼。朔望，宫道士行礼。……福州先有灵济宫，自永乐十五年（1417年）例，每六年，遣博士，赉袍服往祭告。万历四年（1576年）奏罢，命本省藩司祭告，具袍服。其北京灵济宫，礼如初。[1]

这又是一个天神辅助永乐的神话。

但到了弘治朝，上述情况发生了些变化。有些朝廷官员对灵济宫的祭祀不断升级提出了异议。据《西苑闻见录》载："弘治元年（1488年）八月，礼部侍郎倪岳言：'金阙上帝、玉阙上帝、神父圣帝、神母元后、金阙元君、玉阙元君，诞妄不经，一年数祀，不无烦黩。且惟皇上帝，主宰于天，而兄弟并称上帝，其僭已甚。况父母及妃并受隆名，称帝称君，僭拟益甚。所有名号，乞依永乐中封者为正，以后加增一切祭祀，俱宜罢革。'"于是孝宗下旨："灵济宫祭祀照旧，真君及父母妻仍旧封号，新加上帝等号俱革去。"虽然对徐氏二神的头衔减少了，但奉祀规制继续。到弘治十八年（1505年）十一月冬，又要"遣祀灵济宫。大学士刘健等言：'灵济宫冒名僭礼，惑世诬民……乞将前项祭祀革罢，免令臣等行礼。'"但孝宗认为，灵济宫的祭祀，"先朝行之已久，姑仍其旧"[2]。不过，行祀官员的级别降低了，由内阁重臣改为太常寺官。可见，灵济宫的地位逐步下降。

明中叶后，灵济宫变成了培训朝臣礼仪的场所。《春明梦馀录》载：

灵济宫在皇城西，祀玉阙、金阙二真人。永乐十五年（1417年）建，成化十六年（1480年）重增宏丽。凡遇大礼，朝臣先习仪于朝天宫，宫毁，乃习仪于此。崇祯十五年（1642年），科臣左懋第疏言："二真人乃叛臣之子，不宜受

[1] 《帝京景物略》卷四《灵济宫》。
[2] 《日下旧闻考》卷四四《明孝宗实录》。

朝臣拜跪，请以帐幕隔之。”报可。

所谓叛臣，即指徐知诰，他篡夺了南唐皇位，故称；但“二徐乃其弟，非其子也。徐知诰之养父徐温，乃唐臣，亦非叛臣”[1]。到明末，当天下大乱、王朝风雨飘摇之时，所谓上帝、真人都不灵了，保护不了大明王朝的土崩瓦解命运了。所以，一些朝臣进一步清醒，认识到二徐是叛臣，是人更不是神，但为时已晚。

由于历朝帝王的修葺与维护，灵济宫一直兴旺，殿宇雄伟壮丽，风景静秀，为一直伴随明朝的皇家重要宫观园林。“皇城西，古木深林，春峨峨，夏幽幽，秋冬岑岑柯柯，无风风声，日无日色，中有碧瓦黄甃，时脊时角者，灵济宫。”但具体规模、建筑以及景观等，未见详实记载。

明人费宏《过灵济宫》诗云：

匹马春行困驰逐，巍然仙宫惊在目。
檐牙高啄总涂金，殿址重铺皆砌玉。
雕墙画壁拥周遭，栀茜为泥间青绿。
诸天相去仅尺五，世界依稀藏一粟。

明人李梦阳《冬日灵济宫十六韵》有：

琳琅摇绣栱，松柏荫丹墀。
瓶内金花踊，龛前紫凤垂。
晴还日月秘，暝则鬼神悲。

湖广麻城梅国桢《游灵济宫》云：

[1] 《春明梦余录》卷六六《寺庙》。

步步随花转，仙源此处通。
鬓兼松影绿，酒与药栏红。
野致尘声远，羁愁醉梦空。
故园春草色，低首意无穷。

《再游灵济宫》云：

名理延清昼，玄都禁苑西。
千门一柳暗，岐径杂花迷。
地可招松鹤，乡难问碧鸡。
啼莺同客意，歌板逐高低。[1]

灵济宫树木繁茂，绿草成茵，花香鸟鸣，神秘幽静，为文人墨客、善男信女游览或进香之所。这些诗词描绘的园林景色，正是当时灵济宫风光的缩影。

灵济宫到清代已经废弃。《日下旧闻考》卷四四有按曰："灵济宫久废，今世人呼灵济宫者即其旧址。济呼为清，声之转也。"可以想见，到清代乾隆年间时，洪恩灵济宫已经废弃很久了。

（二）大德显灵宫

据《春明梦馀录》记载："大德显灵宫在皇城西，永乐时建。成化中更拓其制，又建弥罗阁。嘉靖中复建昊极通明殿，东辅萨君殿曰昭德，西弼王帅殿曰保真。西殿有柏，为雷所劈，其枝委地如屏。"[2]对大德显灵宫的营建，据《青谿漫稿》载：

永乐中，杭州道士周思得以灵官之法，显于京师，附体

[1] 《帝京景物略》卷四《灵济宫》。
[2] 《春明梦馀录》卷六六《寺庙》。

降神，祷之有应，乃于禁城之西建天将庙及祖师殿。宣德中改为火德观，奉萨真人为崇恩真君、王灵官为隆恩真君。又建一殿崇奉二真君，左曰崇恩殿，右曰隆恩殿。成化初，改观为宫，加“显灵”二字。每岁万寿节、正旦、冬至及二真君示现日，皆遣官致祭，崇奉可谓至矣。

从永乐开始为所谓的显灵真君建庙宇，并加封和供奉。“真君”道号是道教龙虎派的序列。“按道家之言，崇恩真君姓萨氏，讳守坚，西蜀人。在宋徽宗时尝从虚靖天师张继先及灵素传学道法。而隆恩真君则玉枢火府天将王灵官也。尝从萨真君传授符法。”[1]

成祖之所以如此轻信道士周思得冒充灵官显法之类江湖骗术，加封建庙，隆重异常，这与营建武当山宫观、崇奉真武神的心境是一致的。《燕都游览志》记载：“永乐间周思得者，以王元帅法显京师。元帅世称灵官，天将二十六，居第一位。文皇祷辄应，乃命祀神于宫城西。”成祖祈祷后如何灵验的，不得而知，但后世帝王信以为真，极力效法，对天将庙不断进行了扩建。

大德显灵宫，永乐初建时称天将庙。但何时改称大德显灵宫，有两种记载。《燕都游览志》说：“宣德初，拓其祠宇，书额曰‘大德显灵宫’，后有东西二阁。”而《春明梦馀录》说：“成化初年，改观曰宫，加‘显灵’二字。”这与《青谿漫稿》的记载一致：“宣德中改为火德观……成化初，改观为宫，加‘显灵’二字。”

由于从永乐开始对道教予以厚待，后继皇帝当然不能马虎。对大德显灵宫的奉祀，每年开销颇巨：

递年四季更换袍服，三年一小焚化，十年一大焚化，又复易以新制，珠玉锦绮，所费不资。每年万寿圣节、正旦、

[1]《日下旧闻考》卷五〇《青谿漫稿》。

> 冬至及二真君示现之日，皆遣官致祭，其崇奉可谓至矣。今就其言议之，萨真人之法，因王灵官而行；王灵官之法，因周思得而显，其法之所自皆宋徽宗时林灵素辈之所传。一时附会之说，浅谬如此，本无可信。况近年附体降神者乃钦发充军顾珏、顾纶之父子，其为鄙亵尤甚。往年祷雨祈晴，杳无应验，则其怪诞可知。但经累朝创建，一时难便废毁。所有前项祭告之礼，俱各罢免。其四时袍服，宜令本宫住持并库役人等于每年应换之日，仍会同道禄司掌印官照旧依期更换，如法收贮，不必焚化，永为定例。伏乞敕内府衙门，以后袍服宜令本宫住持制造，如此则国用不至于妄费，而邪术可以少贬矣。[1]

可见，对这种敬神拜鬼的事，朝臣已有反感。然而，到嘉靖时期，大德显灵宫还在扩建。《大政记》载："嘉靖三年（1524年）二月，营龙虎殿于显灵宫，以奉真武。"[2]

据以上文献记载，大德显灵宫规模宏大。其主要建筑，永乐时建有祖师殿；宣德时增建二殿，左曰崇恩殿，右曰隆恩殿；成化时又扩建，建有弥罗阁；嘉靖时再增建龙虎殿、昊天通明殿、昭德殿、保真殿等等。这是按皇家宫观的规格营建的，配套设施齐备，占地面积可观。

显灵宫作为皇家宫观，园林环境十分佳丽，不仅吸引诸多善男信女，而且，众多文人雅士也时常观光游览，吟诗作赋，欣赏宏殿风物。如冯琦《登显灵宫阁作》云："极目长空雁影南，千峰当槛落晴岚。清秋斜日窥金像，古木寒烟锁石龛。地迥楼台三岛接，天低烟树万家含。虚疑缥缈缑山顶，时有箫声驻鹤骖。"何景明《过显灵宫》诗云："不到元宫久，桃源更此行。行知瑶水近，坐望赤霄平。洞草

[1] 《日下旧闻考》卷五〇《春明梦馀录》。
[2] 《日下旧闻考》卷五〇。

秋先长，坛云昼自生。双双玉箫发，风引度仙城。”[1]

（三）朝天宫

明代有两座朝天宫，南京和北京各一座。南京朝天宫始建于洪武时期，北京朝天宫则建于宣德年间。据《帝京景物略·朝天宫》记载：

> 太祖高皇帝于冶城旧址，建朝天宫，奉上帝，时维洪武十有七年（1384年）。宣宗章皇帝仿南京式，建宫皇城西北，靓深亢爽，百物咸具。建三清殿，以奉上清、太清、玉清。建通明殿，以奉上帝。建普济、景德、总制、宝藏、佑圣、靖应、崇真、文昌、玄应九殿，以奉诸神。东西建具服殿，以备临幸。于是两京两朝天宫。宫成于宣德八年（1433年）闰八月戊午。是夕，景星见西北方。西北方，天门也。御制诗文，勒碑纪事。诗曰：“巍巍太极至道宗，元始一气开鸿蒙。上玄清都九天重，勾陈环御紫微宫。帝居玉清天之中，主宰气机权化工。……一心绥怀副高旻，都城乾位宫宇新。精洁祀事居明神，既落厥夕瑞应臻。”

可见，宣宗所建北京的朝天宫虽然是仿造南京的，但在北京却是首创。朝天宫所供奉的玉皇大帝及三清神，都是道教崇奉的至高神。朝天宫当是明代始建的最大皇家宫观。

在宣宗之后，宪宗成化间，对朝天宫进行了重修。“宪宗纯皇帝承太祖、宣宗朝天之心，于成化十七年（1481年）六月重修，御制诗文，勒碑纪事。诗曰：……禁城西北名朝天，重檐巨栋三千间。创自我祖宣皇时，朕今承继载新之。辉煌不减先成规，神祇下上鸾凤随。百官预于兹肄仪，羽士日于兹祝釐。”从宪宗的诗文可知，这次重修，

[1] 《日下旧闻考》卷五〇。

规模较大，基本上全面整修。而且，对朝天宫的功能也作了提示，一方面是朝廷百官在此学习礼仪。“习仪庆寿寺、灵济宫也”[1]。建朝天宫后，便改为在此习仪。另一方面，是道众在此举行各类宗教仪式，包括为皇家举行庆典。《日下旧闻考》卷五二《城市》按曰：朝天宫“盛于嘉靖时，斋醮之及无虚日”。但到天启间，朝天宫付之一炬。“天启六年（1626年）六月二十夜，朝天宫灾，有异状，无火而延，十三殿齐火，不以次第及，烬不一刻，无所存遗。”[2]但因大明气数将尽，无力重修。

朝天宫地址，原为元代天师府旧址。“朝天宫在皇城西北，元之天师府也。”[3]到清乾隆年间，朝天宫的残垣破壁依稀尚存。《日下旧闻考》说：“今阜成门东北虽有宫门口东廊下、西廊下之名，其实周回数里大半为民居矣。西廊下有关帝庙，乃土人因其馀址而葺之者。然止大殿三楹，殿前甬道绵亘数百武，砌石断续，犹见当时规制。宫后尚存旧殿三重，土人呼为狮子府，盖即元天师府也。今皆废。”[4]这说明清代没有重修朝天宫。

据以上文献，北京朝天宫由宣宗于宣德八年（1433年）闰八月在元代天师府旧址上所建，位于皇城西北隅，阜成门东北处。因奉祀玉皇大帝，故选择西北，即按《周易》八卦方位，西北为乾位，乾则代表天。所以，西北门也称天门。北京朝天宫是仿造南京的朝天宫，主要建筑有十三殿，即三清殿、通明殿、普济殿、景德殿、总制殿、宝藏殿、佑圣殿、靖应殿、崇真殿、文昌殿、玄应殿，以及东西具服殿等。主体建筑，所谓三大殿即三清殿、通明殿和普济殿，其甬道就有连绵数百武，即数百米长，可见其规模恢宏。成化十六年（1480年）六月，进行了一次全面整修，保持了原有的辉煌，所谓“重檐巨栋三

[1] 《帝京景物略》卷四《朝天宫》。

[2] 《帝京景物略》卷四《朝天宫》。

[3] 《春明梦馀录》卷六六《寺庙》。

[4] 《日下旧闻考》卷五二《城市》按。

千间”。可谓殿宇房屋鳞次栉比，红墙碧瓦辉映日月，浩浩然如宫城。之后，朝天宫历朝不断修葺，至嘉靖时达到鼎盛。世宗常在这里举行大规模的斋醮活动，成为嘉靖朝的重要宗教活动场所，也是文武百官学习礼仪的政治活动基地。

朝天宫为皇家宫观，不仅规模宏大，殿宇壮丽，而且园林景物极佳。当时的达官文士游历其地，留下了大量诗词文赋，颂扬其美景。如颂其景物的有长洲吴宽《游朝天宫》：

扑衣尘雾入门消，修竹奇松步屧遥。
紫府新开延日月，碧岑高筑傍云霄。
城头过鹤招还下，海上来槎坐欲漂。
为忆景星酬帝力，手摩石刻是前朝。

茶陵张治《万寿节朝天宫习仪》有：

曲槛通丹室，长松锁翠烟。
楼台凌绝巘，钟磬发诸天。
瑞荚生尧日，绯桃入汉年。

江宁顾起元《朝天宫》：

黄金仙阙绛河开，白玉丹台碧落回。
树杪鹤从辽海集，池边龙自葛陂来。
甘泉已奏扬雄赋，汾水还歌汉主才。

可见，朝天宫内修竹奇松，桃红柳绿，楼台曲阑通幽；黄殿金阙，丹陛玉阶，金碧辉煌，烟雨楼台，风光绮丽。当时，百官习仪修礼，也是一道风景。田一儁《朝天宫习仪遇雪》云：“星垂殿阁月

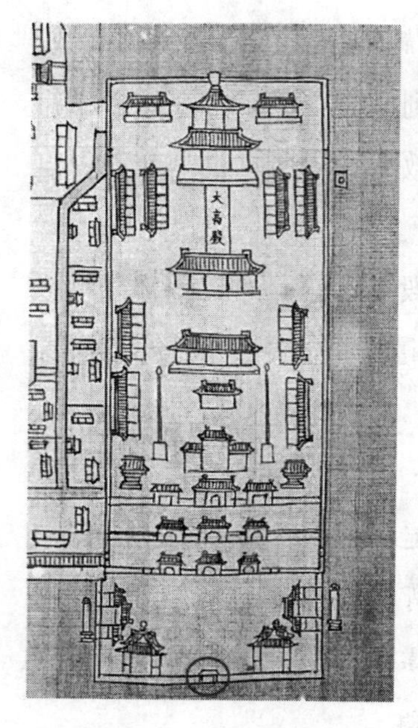

图5-28　北京大高玄殿平面图
（清康熙时绘图）

垂枝，又是千官拜舞时。凤阙未瞻周黼扆，龙宫先试汉威仪。罏烟袅袅分中禁，冠珮锵锵俨法墀。班彻共趋墀左右，载赓宣庙宪皇诗。”[1]从这些诗词中，当时的胜景可见一斑。

（四）大高玄殿

大高玄殿，又称大高元殿，是明嘉靖间在西苑所建的一处重要建筑，位于万岁山（景山）西侧、琼华岛东边、紫禁城外西北角，与筒子河相隔。《长安客话》载：大高玄“殿迤东有万岁山，与琼华岛相望。……嘉靖末，世宗常于玄殿斋居”[2]。

大高玄殿始建于嘉靖十八年（1539年），初名钦天殿，建成后称大高玄殿。《酌中志》载：

> 北上西门之西，大高玄殿也。其前门曰始青道境，左右有牌坊二，曰先天明境、太极仙林，曰孔绥皇祚、宏祐天民。又有二阁，左曰灵明阁，右曰栩灵轩。内曰福静门，曰康生门，曰高元门、苍精门、黄华门。殿之东北曰无上阁，其下曰龙章凤篆，曰始阳斋，曰象一宫，所供象一帝君，范金为之，高尺许，乃世庙玄修之御容也。[3]

大高玄殿为明世宗奉祀道教神灵和进行斋醮活动的场所。《明世

[1]《帝京景物略》卷四《朝天宫》。
[2]《长安客话》卷一《皇都杂记》。
[3]《酌中志》卷一七《大内规制纪略》。

宗实录》记载："嘉靖二十一年（1542年）夏四月庚申，上于西苑建大高玄殿，奉事上元。"该殿落成后，朝廷举行了盛大典礼。

> 至是工完，将举安神大典。谕礼部曰："朕恭建大高玄殿，本朕祗天礼神为民求福一念之诚也。今当厥工初成，仰戴洪造……自今十日始，停刑止屠，百官吉服办事，大臣各斋戒至二十日止。仍命官行香于宫观庙，其敬之哉！"

营建大高玄殿，用了三年多时间。世宗宣称建大高玄殿，祭天礼神，为的是给百姓祈福。为庆祝大高玄殿落成，命朝廷百官用十天时间举行斋戒活动，不仅"停刑止屠，百官吉服办事，大臣各斋戒"，而且大小官员都到宫观行香。嘉靖帝不仅自己信道，而且要求朝廷百官都与他一起崇道，连后宫女眷也都学道习礼。《万历野获编》说："西苑斋宫，独大高玄殿以有三清像设，至今崇奉尊严，内官宫婢习道教者俱于其中演唱科仪，且往岁世宗修元御容在焉，故得不废。"穆宗即位后拆毁了西苑内许多仙道场所，但未拆除大高玄殿，因殿内供奉着世宗修道的黄金塑像，从而幸免于难。

大高玄殿的主要建筑，据《芜史》记载：

> 北上西门之西，大高玄殿也。其前门曰始青道境。左右坊各二，曰先天明镜，曰太极仙林，曰孔绥皇祚，曰弘祐天民。又阁二，左曰灵真阁，右曰枬灵轩。殿之东北曰象一宫，中供象一帝君，范金为像尺许，乃世庙玄修之玉容也。

大高玄殿后有无上阁，"始阳斋在无上阁左，象一宫在无上阁右"。据《金鳌退食笔记》：象一宫"门前二亭，钩檐断桷，极尽人巧，中官呼为九梁十八柱"[1]。可见，建筑艺术精湛绝伦。夏言《雪夜

[1] 以上均引自《日下旧闻考》卷四一。

召诣高玄殿》诗云:

> 迎和门外据雕鞍，玉蛛桥头度石栏。
> 琪树琼林春色静，瑶台银阙夜光寒。
> 炉香缥缈高玄殿，宫烛荧煌太乙坛。
> 白首岂期天上景，朱衣仍得雪中看。[1]

所谓象一帝君像，就是用黄金做成的高尺许之嘉靖皇帝修玄雕像。

大高玄殿近在宫城边，不仅成为世宗的修仙场所，也是西苑的重要景观之一。围绕主体建筑大高玄殿，空间上布局形成了庞大的景园建筑群。《金箓御典文集》记载得更具体，大高玄殿共有大小建筑数十座，其主要建筑有：始青道境、都雷帝阙、高玄门（殿之正门）、苍精门（左门）、黄华门（右门）、钟楼、鼓楼、覆载殿、大高玄殿、琼都殿、璇霄殿、三元殿、四圣殿、统雷殿、妙道殿、瑞仙堂、始阳斋、象一宫、真庆殿、寿昌门、宁安门、福静门、康生门、大吉门、金安门、左坊、右坊、炅真阁、枬灵轩。[2]还有一座建筑曰无上阁。《桂洲集》："始阳宅在无上阁左，象一宫在无上阁右。"[3]可见，无上阁位于象一宫和始阳宅之间。

大高玄殿建成不久，便于嘉靖二十六年（1547年）毁于火，巨额人力、物力、财力，付之一炬，当时无力重建。过了半个世纪，于万历二十八年（1600年），明神宗重修大高玄殿。

大高玄殿不仅在嘉靖朝是皇帝斋醮的场所，甚至是长住的地方。自从嘉靖二十一年（1542年）发生"宫婢之变"之后，世宗干脆搬到西苑，整日炼金丹求长生，常在大高玄殿修道，不务朝政。到万历朝，大高玄殿也与朝廷的所谓"国本之争"扯上了干系。

---

[1] 《日下旧闻考》卷四一《桂洲集》。

[2] 单士元著：《明北京宫苑图考》《金箓御典文集》，紫禁城出版社2009年，第267页。

[3] 《日下旧闻考》卷四一《桂洲集》。

> 万历中，皇三子生，郑贵妃即乞怜于上，欲立为太子。北上西门之西有大高玄殿，以祠真武，贵妃要上诣殿行香，设密誓，御书誓词，缄玉合中，存贵妃所。后廷臣敦请建储，慈圣又坚主立长，上始割爱，立皇长子。既立，遣人往贵妃处索玉合至，封识宛然，内所书已蚀尽，止存四腔素纸而已。上悚然异之，嗣是不复请大高玄殿。[1]

郑贵妃得宠于神宗，生皇三子，企图立子为太子，于是以到大高玄殿行香为由，拉神宗一起去，在真武神像前逼神宗写下将来立皇三子为太子的保证书，装在玉盒中，存放于郑贵妃处。后因朝臣的强大压力和皇太后的干预，郑贵妃的图谋未能得逞。

对明代大高玄殿，清代一直沿用为皇家道观。《日下旧闻考》卷四一按曰：

> 大高玄殿在神（玄）武门西北，明嘉靖中建，本朝雍正八年（1730年）修，乾隆十一年（1746年）复修。第一重门外南面牌坊，外曰乾元资始，内曰大德曰生。第二重门额曰大高玄门，正殿额曰大高玄殿，又额曰元宰无为。联曰：烟霭碧城，金鼎香浓通御气；霞明紫极，璇枢瑞启灿仙都。后殿额曰九天万法雷坛。再后层高阁，上圆下方，上额曰乾元阁，下额曰坤贞宇，皆皇上（乾隆）御书。

可见，康熙时期的大高玄殿，就是明代万历时重建的原物。清代虽然多次重修大高玄殿，但仍保留了明代的基本格局和建筑风格。但到乾隆中期，明代大高玄殿的一些配套建筑已不复存在了。如“至

[1] 《日下旧闻考》卷四一《皇城》。

《芜史》所称始青道境额及灵真等阁今俱无考”。“始阳斋、无上阁、象一宫，俱无考。门前二亭所谓九梁十八柱者，今焕然也。”到乾隆后期和嘉庆二十三年（1818年）又修葺过，恢复了明代大高玄殿的基本格局，保持至今。

据以上文献及《明代北京宫殿图》和康熙年间大高玄殿图示，大高玄殿为坐北朝南、四面围墙的长方形宫殿院落。墙垣为红墙绿瓦，南北长264米，东西宽54米，占地面积1.5万平方米；其空间布局可分为三进院落，主体建筑按中轴线依次坐落。

第一进院落，南端院墙至第一道山门之间。在南墙中开一山门，门内两侧有习礼亭，东曰炅真阁，西曰枂灵阁。亭身正方形、五花阁式三重檐歇山式，覆黄琉璃瓦，上置琉璃宝顶。习礼亭是朝臣及宫婢们学习斋醮礼仪的场所，俗称“九梁十八柱”，与紫禁城角楼形似。20世纪50年代初为扩建道路已拆除。习礼亭之北，在高玄殿院落东西院墙边，有两座四柱三间九楼式楠木牌坊，朝东朝西相对坐落；左边牌坊上题匾先天明镜、太极仙林，右边牌坊上题匾孔绥皇祚、弘祐天民。第一进院落比较空旷。据多数文献记载，明代大高玄殿院落前只有两座横向牌坊，而《芜史》记载有四座，门前左右各有两座，并指名为先天明镜、太极仙林、孔绥皇祚、弘祐天民，这可能是笔误。清乾隆年间重修时在正南临筒子河新建一座牌楼，题匾为“乾元资始”，“大德曰生”，与明代牌坊呈“品”字形布局。

第二进院落，包括两道门。第一道门有三个门洞，俗称“三座门”，坐落于东西向随墙上，绿琉璃瓦红墙单檐拱券门。第二道门也有三个门洞，坐落于东西向随墙上，中门曰始青道境，绿琉璃红墙单檐拱券门；左边为福静门，右边为康生门。第一道门和第二道门，第二道门与高玄门之间形成两片狭长的空间，使整个大高玄殿院落显得更加深邃而幽静，增加了神秘感。

第三进院落，包括高玄门以内整个空间。高玄门为三间过厅式拱券门，绿琉璃歇山顶。两边各一门，左为苍精门，右为黄华门。其北有牌坊，左右为钟楼、鼓楼，均二层黄琉璃瓦，单檐歇山顶。在牌坊后即屏门，其北就是主体建筑大高玄殿，坐落于崇台之上，面阔五间，黄琉璃瓦单檐歇山顶，前出月台；殿前三座石桥。在殿后则是无上阁，二层，上圆下方。清代称上层为乾元阁，蓝琉璃瓦；下称坤贞宇，黄琉璃瓦。其东为始阳斋，西为象一宫。在院落东西两侧各有配殿。

大高玄殿是明代中后期皇家重要道观园林，其主要建筑都坐落于中轴线上，两侧对称布局了配套建筑，显得主次分明，井然有序，构成严整肃穆美。几重院落的重叠设计，使院落的空间由南到北逐步展开，层层递进，拉长纵深，显得起伏跌宕，神秘幽深，富有变化。各种建筑色彩纷呈，斑斓夺目。丰富而规制严明的建筑形制，展现了明代皇家园林建筑的高超艺术。进入大高玄殿，不仅神秘凝重的宗教氛围使人肃然起敬，而且富丽堂皇的宫观建筑让人目不暇接，心神愉悦。

就单体建筑而言，习礼亭九梁十八柱，颇具特色，堪称一大风景；无上阁是一座亮丽建筑，上圆下方，独具魅力；始阳斋在无上阁左，象一宫在无上阁右，三座建筑构成一组景观。夏言《始阳斋赞》曰："大哉乾元，万物资始。浩浩其天，纯亦不已。无极太极，动而生阳。乘龙御天，变化无方。於皇圣人，与天合一。有斋道存，神明之室。"这首诗，借咏始阳斋，阐发《周易》原义，颂扬王道，描绘了嘉靖朝紫禁城玄气蔓缈的盛况，颇可玩味。

大高玄殿不仅建筑黄瓦红墙，雕梁画栋，金碧辉煌，与紫禁城竞相辉映，宏伟壮观，而且院内树木葱茏，玉桥横波，流水潺潺。又处于太液池畔、万岁山之侧，绿树掩映，清波荡漾，幽静雅丽的环境，被借来作为外景。"玄殿前有古桧一株，传是金时遗植。苍劲夭娇，望之若虬龙，似有神物护之者然。殿迤东有万岁山，与琼华岛相望。"[1]故也成为帝王、朝臣及后宫妃嫔和文人骚客畅游之所。

大高玄殿无论外部风光，还是内部景观，均堪比蓬莱仙境。正如

[1]《长安客话》卷一《皇都杂记》。

吴兴金廷珍有诗曰：

御园玄殿依云开，古桧龙蟠白玉台。
万岁山连琼岛出，九城门抱紫宸回。
风生太液晴波动，云近蓬瀛海色来。
却笑周王驰八骏，何如明世颂台莱。[1]

嘉靖时期礼部尚书夏言《雪夜召诣高玄殿》诗云：

迎和门外据雕鞍，玉蝀桥头度石栏。
琪树琼林春色静，瑶台银阙夜光寒。
炉香缥缈高玄殿，宫烛荧煌太乙坛。
白首岂期天上景，朱衣仍得雪中看。

嘉靖后的几位晚明皇帝，崇道程度大不及世宗，所以，大高玄殿失去往日风采。正如杨四知的诗《高玄殿》所表现的幽闷气氛："高玄宫殿五云横，先帝祈灵礼太清。凤辇不来钟鼓静，月明童子自吹笙。"[2]可见大高玄殿在明末的萧条。

大高玄殿到清代，因避讳康熙皇帝名字，改称大高元殿。雍正八年（1730年）、乾隆十一年（1746年）间曾对高玄殿进行了扩建，增建了"乾元资始"牌坊、九天应元雷殿等，还扩建了主殿，由五间变为七间，重檐庑殿顶。两侧的配殿由五间变为九间等等。但保持了明代的基本格局。

（五）东岳庙

东岳庙是祭祀东岳泰山之神的庙宇。北京东岳庙为道教正一派北

[1] 《长安客话》卷一《皇都杂记》。
[2] 《日下旧闻考》卷四一《皇城》。

方地区最大庙宇，也是明代皇家重要的宫观园林之一。

泰山在山东省泰安州（今泰安市），称东岳或岱宗，为五岳之首。道教崇奉自然之神，认为泰山是群山之祖。泰山之所以成为五岳之宗，并不是因它比其他四岳高大雄伟，而是按照五行理论，它位居东方，属木，代表春，意为万物繁生。“天下之岳有五，而泰山居其东。民之所欲莫大于生，而东则生之所从始。故《书》称泰山曰岱宗，以其生万物为德，为五岳之尊也。庙而祀神于城之东，示欲厚民生也。”[1]其“书”指《尚书》。《尚书·舜典》谓：“岁二月，东巡守，至于岱宗，柴。”这是记载舜于当年二月，东巡到泰山并祭祀之事。

对东岳之神（俗称东岳大帝），自尧舜开始，历代帝王都顶礼膜拜，封王尊帝，奉祀不辍。据《唐会要》：“唐开元十三年（725年）十一月壬辰，封泰山神为天齐王。”《文献通考》载：“宋大中祥符元年（真宗年号，1008年），封禅礼毕，诏加号泰山天齐王为仁圣天齐王。五年（1012年）诏加上东岳曰天齐仁圣帝。”《元史·祭祀志》：“元至元二十八年（1291年）春，加上东岳为天齐大生仁圣帝。”[2]明太祖虽然革除前代所封东岳神帝王号，依然封神祭祀。洪武“三年（1370年）诏定岳镇海渎号。略曰：‘为治之道，必本于礼。岳镇海渎之封，起自唐、宋……今依古定制，并去前代所封名号。五岳称东岳泰山之神’”[3]。

明代北京的东岳庙，始建于元代。元代赵世延《昭德殿碑》记载：

玄教大宗师张开府留孙于延祐末买地城东，拟建东岳庙。事即闻，仁宗命政府庀役。开府辞曰：“臣愿以私钱为之，傥费国财劳民力，非臣之所以报效也。”上益嘉赏，遂敕有司护持，毋得阻挠。方得涓吉鸠工，而开府遽厌世。嗣

[1] 《日下旧闻考》卷八八《明英宗碑略》。

[2] 以上均引自《日下旧闻考》卷八八。

[3] 《明史》卷四九《礼志三》。

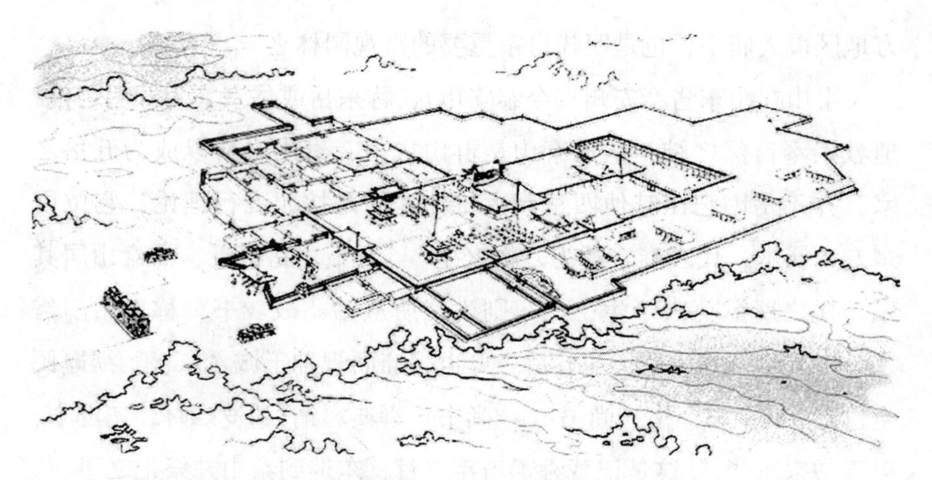

图 5-29 北京东岳庙布局示意图（引自李路珂等《北京古建筑地图》）

> 宗师吴特进念师志未毕，竭心经管，不惜劳费，于至治壬戌（元英宗二年，1322年）春，成大殿，成大门；癸亥（三年，1323年）春，成四子殿，成东西庑，诸神之像各如其序，而后殿则未遑也。泰定乙丑（泰定帝二年，1325年）……大长公主东归，过祠有祷，捐缗钱若干缗，竟其所未竟者。天历改元（文宗元年，1328年）皇上入纂正绪，主来朝，适后殿落成，事彻宸听，赐名昭德。[1]

可见，元代东岳庙始建于仁宗延祐（1314—1320年）末，到元文宗时已经较完备了。明代沿用元代北京东岳庙。“东岳庙在朝阳门外二里，元延祐中建，以祀东岳天齐仁圣帝。殿宇廓然……帝像巍巍然，有帝王之度。其侍从像，乃若尤深思远者，相传元昭文馆学士艺元手制也。”[2]由于东岳庙建成时，距明朝建立不到半个世纪时间，所以明中叶以前未加大的修葺。据《明史》载：“今朝阳门外有元东岳旧庙，国朝因而不废。夫专祭封内，且合祭郊坛，则此庙之祭，实

[1] 《日下旧闻考》卷八八《赵世延昭德殿碑》。

[2] 《帝京景物略》卷二《东岳庙》。

为烦渎。”但到英宗正统年间，东岳庙建成已有120年时间了，损毁严重，故予以重修。正统十二年（1447年）五月，英宗动意重修：

> 乃诏有司治故地于朝阳门外，规以为庙，中作二殿，前名岱岳，以奉东岳泰山之神，后名育德，俾作神寝。其前为门，环以廊庑，分置如官司者八十有一，各有职掌。其间东西左右特起如殿者四，以居其辅神之贵者，皆肖像如其生。又前为门者二，旁各有祠，以享其翊庙之神，有馆以舍其奉神之士。庙之广深，凡若千亩，为屋总若干楹，盖始于正统十二年五月，落成于八月。[1]

据《帝京景物略》：“正统中，益拓其宇，两庑设地狱七十二司。后设帝妃行宫，宫中侍女十百，或身乳保领儿婴以嬉，或制具，妃将饍……”[2]这次在原址上重修，主殿有二，前为岱岳殿，主祀泰山神；后为育德殿，作为东岳大帝后妃寝宫。二殿环绕有廊庑，四面又建四殿，从祀诸神，以及其他配套设施。重修后，规模宏大，占地近千亩。

到了万历年间，曾进行两次修葺。第一次是万历三年（1575年）。从正统重修到此时，已有近120年时间了。“百余年来，庙寝颓圮。圣母慈圣皇太后捐膏沐紫若干，皇上亦出帑储若干，工始于万历乙亥（三年，1575年）八月，周岁而落成。”[3]第二次重修，主要是按照神宗生母李太后的谕旨，皇室出资修葺的。第一次重修东岳庙时，神宗年幼，十二三岁而未亲政，朝政主要由李太后和张居正指掌。于万历三年（1575年）动工，用时一年，于万历四年八月竣工。过了十七年，再次重修。

---

[1] 《日下旧闻考》卷八八《明英宗实录》。

[2] 《帝京景物略》卷二《东岳庙》。

[3] 《日下旧闻考》卷八八《张居正敕修东岳庙碑略》。

图 5-30 东岳庙景观

迨今壬辰（二十年，1592年），又十七年矣。皇上寤寐灵岳，敬祀益虔。复出帑储，命司礼监太监张诚选委内臣陈朝用缮葺藻饰，更于寝殿左右作配殿，缭以楼疏，前树绰楔，赐额曰宏仁锡福。经始于二月二十六日，落成于次年三月十一日。上命立石庙廷，诏臣志皋为之记。[1]

所谓“绰楔”指很宽的柱子。这次修葺，工程量不大，一年时间便完成，从而形成了清代沿用的东岳庙规模。

到清代，对东岳庙进行过数次整修。康熙年间重修。据《圣祖御制东岳庙碑文》：“康熙三十七年（1698年），居民不戒而毁于火。其明年，朕发广善库金，鸠工庀材，命和硕裕亲王董其事……经始于三十九年（1700年）三月，讫工于四十一年（1702年）六月，不三岁而落成。”经过60年，乾隆帝又重修。“斯役也，距皇祖四十一年命将作庀事，垂六十载于今，斤铚其剥陊而溹垩其黖昧。三涂重庑，式垲

[1] 《日下旧闻考》卷八八《赵志皋敕修东岳庙记略》。

式完，支费壹出内帑，鸠工周一岁以成。”[1]《日下旧闻考》按云：“东岳庙在朝阳门外，本朝康熙三十九年（1700年）重建，乾隆二十六年（1761年）复加修葺。正殿曰灵昭发育，圣祖御书……寝宫额曰苍灵替化……后层玉皇阁额曰碧霄宰化，皆皇上御书。”[2]之后，道光年间也修葺过，从而东岳庙至今尚存，作为北京的一座古典宫观园林，成为重要的历史文化遗产。

明代东岳庙坐北朝南，四面围有墙垣。英宗时期扩建定格，占地面积近百亩。空间布局分为三路，建筑按中轴线对称摆布，形成东、中、西三院格局，分别围以院墙。于“康熙庚辰（三十九年，1700年）三月朝阳门外东岳庙灾，殿庑皆烬，独左右道院无恙。庙中仁圣帝、炳灵公、司命君、四丞相皆元时所塑，元最善抟换之法，天下无与比，至是皆毁于火”[3]。实际上，这次火灾是发生在康熙三十七年（1698年），三十九年是开始重修。所以现存的北京东岳庙中路建筑，均为康熙年间重建。东西道院当时虽然免遭厄运，但经漫长岁月，多次修葺，基本属于清代所重建。不过，庙宇基本格局和建筑风格，仍保持了明代的风貌。

中路上，最南端为黄彩琉璃牌坊，为万历三十年（1602年）所建，三门四柱七层，歇山顶，正脊两端装有鸱吻与螭吻，中饰火焰宝珠，高大绚丽。牌坊正面书有“秩祀岱岳”，背面书有“永延帝祚”石制匾额。此匾额相传为严嵩所书，此论存疑。严嵩为嘉靖朝臣，嘉靖四十一年（1562年）五月既已罢官，而立此牌坊则在万历三十年，相隔60年。何况，万历时严嵩已臭名昭著，也不可能留其墨迹于此。

琉璃牌坊两旁还各有一座木制牌坊，左右对称。牌坊之北即山门，与其他皇家寺庙牌坊相类，1988年因扩建朝外大街而拆除。其北面东西两侧为钟楼、鼓楼，上书“鲸音”“鼍音”匾。再往北有两道

[1] 《日下旧闻考》卷八八载乾隆《御制东岳庙重修落成碑记》。

[2] 《日下旧闻考》卷八八。

[3] 《日下旧闻考》卷八八《香祖笔记》。

棂星门，砖石结构，绿琉璃瓦歇山顶，红门。因山门拆除，康熙所书“东岳庙”匾，现挂在此门额。

沿中路御道再往北，即瞻岱门，清代称戟门、龙虎门或瞻岱殿，为过庭式殿堂，面阔五间，琉璃瓦庑殿顶，中间三间为穿堂。此门为岱宗宝殿院落的正门，入门后御道两侧有两座黄琉璃瓦顶碑亭，两边是回廊式庑殿72间，为地狱七十二司、八十四神。再北有三茅真君堂、吴全节祠堂、张留孙祠堂、山府君祠堂、嵩里丈人祠堂等。

岱宗宝殿又称仁圣宫，坐落于院落靠北处，面阔三间，单檐庑殿顶，绿琉璃瓦，屋面饰金龙与和玺彩绘。正面檐下悬有“岱岳殿”匾额，四周饰金龙。大殿前出月台，立有铜香炉、五石供等，台前两侧还有焚炉。大殿两侧东有广嗣殿、太子殿，西有阜财殿、太子殿。大殿之后是育德殿，又称寝殿，是东岳庙另一主殿，与大殿以长廊相连，前有门；面阔五间，绿琉璃瓦庑殿顶，前出抱厦，饰龙凤天花板。内奉东岳大帝、淑明坤德帝后像。最后院落为二层罩楼、玉皇殿、碧霞元君殿、娘娘殿、斗姆殿、大仙爷殿、关帝殿、灶君殿、文昌帝君殿、喜神殿、灵官殿、真武殿等。

东路建筑，又称东道院，主要有伏魔大帝殿、江东殿、丫鬟山九娘娘殿等，回廊相连。院内种植奇花异草，美如花园。西路亦称西道院，有东岳庙祠堂、玉皇阁、三皇殿、药王殿、显化殿、马王殿、妙峰山娘娘殿、鲁班殿、三官殿、瘟神殿、阎罗殿、判官殿等等。院内还存有诸多历代石刻碑碣，为宝贵文物。现存东岳庙建筑，布局密集，大多为清代所重建，特别是东西两路的多数建筑，都是清代所始建。东岳庙的建筑形制，悉如皇家宫殿，气宇轩昂，基本都覆绿琉璃瓦，与红墙朱门相辉映，显得生机勃勃，呈现独特的风格，成为与众不同的园林景观。各类宫殿、楼宇、回廊、碑亭，鳞次栉比，但层次分明，坐落有致，严整有序，形成深沉肃穆、威严壮丽而神秘幽静的氛围。

明代东岳庙园林风光秀丽迷人，独具魅力。庙院内苍松翠柏挺拔，绿瓦红墙栉比，香火瑞气缥缈，奇花异草墁地。元末时，东岳庙内道士植杏千余株，成为一大景观。“元时杏花，齐化门外最繁。东岳庙石台，群公赋诗张谯，极为盛事。”每当春暖杏开、风清气朗、蜂蝶绕飞时，文人骚客及道士杏林看花，吟诗作画，相互酬唱。虞道园有《城东观杏花》诗云：

明日东城看杏花，丁宁儿子早将车。
路从丹凤楼前过，酒向金鱼馆里赊。
绿水满沟生杜若，暖云将雨少尘沙。
绝胜羊傅襄阳道，归骑西风杂鼓笳。

果啰洛易诗云：

上东门外杏花开，千树红云绕石台。
最忆奎章虞阁老，白头骑马看花来。

所谓“虞阁老”即指虞道园。吴师道《城外见杏花》曰：

曲江二十年前会，回首芳菲似梦中。
老去京华度寒食，闲来野水看东风。
树头绛雪飞还白，花外青天映更红。
闻说琳宫更佳绝，明朝携酒访城东。[1]

在明代，这里不仅是皇家道观及道教著名丛林，也是民俗乐园。每年春天，京城人在这里举行盛大的游历活动，称之为“帝游”。“三月二十八日帝诞辰，都人陈鼓乐、旌帜、楼阁、亭彩，导仁圣帝游。

[1] 《日下旧闻考》卷八八。

帝之游所经，妇女满楼，士商满坊肆，行者满路，骈观之。帝游聿归，导者取醉松林，晚乃归。”[1]所谓“仁圣”即仁圣宫，东岳庙的别称。可见当时盛况无比。

东岳庙现已成为国家重点文物保护单位。

（六）皇家部分著名宫观园林

明代皇家宫观园林，当然不止以上所列，对其他著名的宫观园林，择部分列简表，详见表5－1。

表 5-1 部分皇家宫观园林简表

序号	名称	地点与营建时间	营建状况及主要景观	主要文献依据
1	东西红庙	德胜门外正黄旗牧场北，西红庙建于明武宗正德初，东红庙建于景泰年间。	东红庙为明代团营所祀之武神庙，团营建制是“土木之变”后于谦掌兵权期间实行的。在此庙西边也有一座武神庙，武宗建团练，祀元天上帝，俗称为东西红庙。重门涂朱，棁宇金碧，光耀夺目。其规模宏阔，庙宇巍峨，金碧辉煌，威武庄严。	《日下旧闻考》，《五城寺院册》
2	大慈延福宫	在朝阳门内齐化门大街北思城坊，成化年间建。有弘治十七年（1504年）敕勒于石。	始建于明成化十七年（1481年），次年落成，历经弘治、正德、嘉靖时期，数次重修。所奉神曰三官之神，即天地水之神。弘治十年，以昌平汤山庄地二百顷赐大慈延福宫，敕建道观一所，额曰崇虚。大慈延福宫为大型宫观之列，占地面积甚广，规模宏大。清乾隆三十五年（1770年）又进行了一次大修。	《日下旧闻考》卷一三五，《黄图杂志》，《顺天府志》
3	元福宫	在德胜门北30里，始建于弘治十七年(1504年)，正德十年（1515年）五月告成。	初称元福观，俗称回龙观，正德改称元福宫。地处居庸关至天寿山必经之路，并居中。此地有朝廷马场。其功能：一为朝廷驿站，次为奉祀元武之神，正殿及前依次是左右殿、龙虎殿、钟鼓楼以及内外两道山门。宫内还建有方丈、道舍等。宫观围以院墙。宫旁边及前面，建有营房，作为车马店，以居牧马旗军；又给草场地六十顷以供香火。宫观建筑十分巍峨壮观，“琳宫贝宇，杰出霄汉，轮奂完美，城之北一伟观云”。山门前凿井汲水，以济人用。	《日下旧闻考》卷一〇七、一三五《明武宗元福宫碑略》，《昌平山水记》，《五城寺院册》，《昌平州志》

[1] 《帝京景物略》卷二《东岳庙》。

续表 5-1

4	玉皇庙	在城南盆儿胡同，宏仁万寿宫遗址之西，明万历中建。	神宗圣母弗豫，荣昌公主命祷之，有应，遂建玉皇庙，供奉玉皇大帝。山门西向，前殿三楹，严玉皇像；后殿三楹，严文昌像。膳堂、内库、云舍、香厨咸备。创始于万历二十九年（1601年）春，落成于四十八年秋，工期长达20年。玉皇庙为庞大庙宇，皇家道教宫观应有之所有建筑物，一应俱全，功能完备，殿宇宏丽，为京城南都城胜境。清顺治十四年（1657年）出内帑一千两重修，千楣万拱，碧炫金辉，极人天之壮丽。	《五城寺院册》，《日下旧闻考》卷六〇
5	宏仁万寿宫	在城南盆儿胡同之西隙地，万历四十三年（1615年）敕建。	宏仁万寿宫分东、西宫，东宫规模略大，中为文昌殿，额曰崇真保运。左以祀诸葛孔明，封号曰天枢上相，右以祀文信国，封号曰天枢左相；皆目之曰真君。祀雷神于后殿，设礼斗台。最后建高阁十三楹，曰太极造运宝阁，以安昊天上帝。有神宗皇帝御制碑文。西宫有关帝殿三楹，吕祖殿三楹。其后斗姥阁三层，高四五丈。东西宫之间有“百余武”，到清代乾隆时已倾圮，留存遗迹。	《日下旧闻考》卷六〇，《行国录》

第二节 皇家佛寺园林

佛教原产生于印度，中国的佛教是从印度传来的宗教，是外来文化。一般认为，于东汉明帝永平三年（60年），佛教从古天竺国即印度传入中国。起因很蹊跷，史传汉明帝一夜梦见一金人，身长六尺，顶有白光，飞行殿庭。帝要群臣解梦。大臣傅毅对曰，乃天竺之佛。于是，明帝派遣18个使臣去天竺，求经请佛。从此，佛教逐步传播于中国。

但国人知有佛教，其时更早。《列子》载：“孔子曰：‘丘闻西方有圣者焉，不治而不乱，不言而自信，不化而自行，荡荡乎人无能名焉。’”有学者认为，这是孔子闻知有佛的证据。在此且不说此说成立与否，但知孔子与佛教创始人释迦牟尼是同时代人。孔子生于公元前551年，逝于前479年；而佛祖生于公元前565年，逝于前486年；孔子小14岁，他俩都活70多岁，共生时间达65年。所以，孔子生活的春秋战国时期，中国人已知有佛是可能的。

佛教传入中国后，经历了坎坷的发展之路。其中，历代的帝王对待佛教的态度，也是不尽一致，甚至大相径庭。在中国历史上也曾发生过数次灭佛事件。明代的帝王有些虽然也崇奉道教，但他们更热衷于佛教。太祖朱元璋从年轻时就是一个佛教徒，曾在皇觉寺出家为僧。正因如此，明朝皇家倾心佛事，在北京建有大量的皇家佛寺，远远超过了道观。故而皇家佛寺园林也空前发达。

佛教在中国的广泛传播，其象征不仅是信徒与日俱增，而且，寺庙遍地林立。这种局面，第一次高峰曾在南北朝出现。所以，唐代著名诗人杜牧有首名篇《江南春》描绘："千里莺啼绿映红，水村山郭酒旗风。南朝四百八十寺，多少楼台烟雨中。"杜牧极言南朝帝王崇信佛教，萧寺遍及，掩映于烟雨。明代建国，始都金陵，但为时短暂；永乐迁都北京后，在京城大修皇家寺庙。所谓皇家寺庙者，必具备两点：一则无论是创建或重建之庙宇，凡皇帝敕建者，应属皇家寺院。再则凡是皇室大量出资创建、重修的寺院，皆属皇家寺院；皇室包括皇帝、皇太后、皇后及宫妃、太子等皇家主要成员。而皇亲国戚、大臣太监等出资修建的庙宇，皆不属于皇家寺院之列。

北京建城3000年，建都800年，而佛教建寺有1500余年历史。到明代时，由于帝王笃信佛教，寺院更是遍布各地，比起南朝有过之而无不及。据"永乐年间撰修的《顺天府志》登录了寺111所、院54所、阁2所、宫50所、观71所、庵8所、佛塔26所，共计300所。到成化年间，京城内外仅赐建的寺、观已达636所，民间建置的则不计其数"[1]。但整个明代，北京究竟有多少寺院，没有准确统计；有种说法是有千余所。清代乾隆年间的《帝京岁时纪胜》记载，当时京城内外"庙宇不下千百"。还有《乾隆京城全图》标记，寺庙多达1300余座。这与

[1] 《中国古典园林史》，第438页。

明代的记载大体相同。其中，皇家寺庙园林知多少？

据《明典汇》记载，仅英宗“自正统至天顺，京城内外建寺二百余区”。这个时间段，有正统、景泰、天顺三个年号，共不到四十年，竟建200余所寺院，可谓不少。当然，不全是皇家寺院。

中国古代庙宇由于建筑材料是砖木为主，寿命比较短；但往往是圮而复建，尤其那些名寺古刹，更是如此。特别是历代皇家庙宇，易于香火延续，往往久经风霜甚至改朝换代而不衰。清代的许多寺院，都是明代所建，因此，清代寺院的数量大体反映出明代的规模。

明代北京的寺庙，主要集中于两处，一处是城内；另一处则集中于北京西部，尤其是西郊三山一湖，即西山、香山和瓮山及西湖。从金代开始大规模开发西郊风景区，以寺观建筑为主。所以，寺庙星罗棋布，形成景区群落。正如《日下旧闻考》所云：“西山岩麓，无处非寺，游人登览，类不过十之二三耳。”那么，西山究竟有多少寺院？王子衡诗曰：“西山三百七十寺，正德年中内臣作。”仅正德年间，内臣所建寺庙就有如此之多矣！由此可以管中窥豹。而何仲默诗云：“先朝四百寺，秋日遍题名。”郑继之诗却说：“西山五百寺，多傍北邙岑。”总之，“其后增建益多，难以更仆数矣”[1]。在这些寺院中，皇家寺院占有一定的比重，其数量相当可观。对繁若星海的明代皇家寺庙，据其园林化程度，按所建时间顺序，选择具有代表性的一些寺院，简要记述如下：

一　都城内皇家寺庙园林

明代的皇家寺庙园林，在都城内应不少。但正是因其在城内，所以真正长期保存下来的几率，相对而言比郊野的寺庙要稍逊些。郊野的寺庙，因其不与其他世俗建筑争地，人为拆毁的几率会很低，故可

[1] 《日下旧闻考》卷一〇六《郊垌・辛斋诗语》。

数代沿用；而城内的寺庙，往往遭到各种人为因素的左右，故长期保存的风险较大，如遭不测，其文献资料或偏少，或散失。目前，文献资料稍多的城内皇家寺庙园林，较典型者如庆寿寺、护国寺、天宁寺、大慈仁寺等。

（一）庆寿寺

庆寿寺为明代佛家第一丛林，始建于金大定二十六年（1186年），称庆寿宫；元代沿用，改称庆寿寺。到明时有几种称谓，续称庆寿寺，或曰大慈恩寺，一名双塔寺。《春明梦馀录》载："元庆寿寺即双塔寺，在西长安街。有二塔：一九级，一七级。"《帝京景物略》对双塔寺说得更具体：

> 西长安街双砖塔，若长少而肩随立者，其长九级而右，其少七级而左。九级者，额曰特赠光天普照佛日圆明海云佑圣国师之塔。七级者，额曰佛日圆照大禅师可菴之灵塔。……双塔地，元庆寿寺也，海云、可菴，元僧也。……按今射所，亦庆寿寺址也。文皇初欲为姚少师建第，少师固辞，居庆寿，后更大兴隆名。旧有石刻金章宗"飞渡桥""飞虹桥"六大字[1]。

在金代称庆寿宫，到元代改称庆寿寺，因建僧人海云、可菴的两座灵塔，所以明代称为双塔寺。双塔像兄弟二人一样并立。所谓"灵塔"，即作为陵墓的塔。"射所"即该寺于嘉靖间废弃后改作练武射箭场地。在佛教、道教中，僧道圆寂、羽化后，往往葬于塔下，或在陵墓上建塔。成祖朱棣的谋士道衍即姚广孝曾住过庆寿寺，在"靖难之役"中姚广孝为第一功臣。《明成祖实录》载："姚广孝住北平

---

[1] 《帝京景物略》卷四《西城内・双塔寺》。

庆寿寺，事上藩邸。”朱棣在北平当藩王时，姚广孝于洪武十五年（1382年）到达北平。朱棣要为他建府邸，姚广孝婉拒而住在庆寿寺，为朱棣服务。

庆寿寺在明代曾数次易名，这与其多次遭遇火灾有关。《燕都游览志》载：“庆寿寺亦名大慈恩寺，在禁墙西，俗呼曰演象所。初，文皇帝为姚广孝建第，广孝固辞，竟居庆寿寺中，后退居天宁寺。百官遂于庆寿寺习仪。”姚广孝改居天宁寺后，庆寿寺就变成了朝臣们学习礼仪的地方。因为，朱棣夺权登基后，朝廷官员中建文帝旧臣不多，大都是跟随朱棣打天下的幕僚，所以重新学习君臣礼仪。《明史·姚广孝传》说：

> 道衍未尝临战阵，然帝用兵有天下，道衍力为多，论功以为第一。永乐二年（1404年）四月拜资善大夫、太子少师，复其姓，赐名广孝，赠祖父如其官。帝与语，呼少师而不名。命蓄发，不肯。赐第及两宫人，皆不收。常居僧寺，冠带而朝，退仍缁衣。[1]

姚广孝最后于永乐十六年（1418年）三月去世。

可见，庆寿寺在当时非一般寺庙可比，实际上是道衍的官邸；而道衍又是成祖的重要谋臣，特别是“靖难之役”中，道衍居寺谋划，对那场战争的胜负起了重大作用。所以，庆寿寺一度成为机要重地。道衍圆寂后，配享太庙，在庆寿寺也供奉其画像。《明嘉靖祀奠》载：“太庙功臣配享，永乐以来附以姚广孝。今大兴隆寺有广孝影堂相像，削发披缁。”

庆寿寺还有一名，曰大兴隆寺。明英宗正统四年（1439年）庆寿寺第一次遭遇火灾，之后将近十年未修，已经破旧不堪，到十三年

---

[1]　《明史》卷一四五《姚广孝传》。

(1448年）二月重修。《明英宗实录》记载：

> 正统十三年二月，修大兴隆寺。寺初名庆寿，在禁城西。金章宗时所创。太监王振言其朽敝，上命役军民万人重修，费至巨万。既成，壮丽甲于京都诸寺。改赐今额，树牌楼，号第一丛林，上躬临幸焉。十三年十月，工完。督工太监尚义、工部右侍郎王永和、内官黎贤、主事蒯祥，各赏钞有差。

这是有明一代对庆寿寺第一次大规模修葺，并改称“大兴隆寺”，号曰“第一丛林”。到了嘉靖时期，大兴隆寺的命运改变了。嘉靖皇帝笃信道教，而极力排斥佛教，所以对佛寺的兴衰，并不关注，甚至命毁寺庙。

> 十四年（1535年）四月，大兴隆寺灾。御史诸演言：佛者非圣人之法，惑世诬民。皇上御极，命京师内外毁寺宇，汰尼僧，将挽回天下于三代之隆。今大兴隆寺之灾，可验陛下之排斥佛教，深契天心矣。又言，寺基甚广，宜改为习仪祝圣之处。上不可。

这是庆寿寺第二次火灾，但并未全毁，所以，诸演提出将该寺作为习仪祝圣之处的建议。然而，世宗未同意。第二年，嘉靖十五年(1536年）五月，“谕改大兴隆寺为讲武堂”[1]。所谓讲武堂，就是军事学校。不幸的是：

> 嘉靖十七年（1538年）寺灾，石刻亦毁。二十九年，锦衣卫都督陆炳请改大兴隆寺址为射所，寻以金鼓声彻大内，拟改建玄明宫，其射所别于大慈恩寺址（在海子桥，今废为

[1] 《日下旧闻考》卷四三《城市·明汇奠》。

厂)。炳言慈恩亦近禁城，请移民兵教场安定门外，移射所民兵教场，而兴隆故地，于以演象良便。[1]

这是庆寿寺第三次火灾。这次火灾可能比较严重，连石刻都被烧毁。于是就改为射所，即骑马射箭的练兵场。由于该寺离大内太近，金鼓之声响彻紫禁城，影响皇宫安静，所以锦衣卫都督陆炳上奏世宗，提议改建兴隆寺的玄明宫，将射所改到别处。“得旨允行。今人并称射所，演象所云。”[2]世宗同意将大兴隆寺改为演象所。

所谓演象所，就是大象表演的场所，直到明万历时期还在沿用。《万历野获编》说：“今京城内西长安街射所，亦名演象所，故大慈恩寺也。嘉靖间毁于火，后诏遂废之，为点视军士及演马教射之地，象以非时来，偶一演之耳。”[3]可见，因庆寿寺占地面积较广，荒废后主要是当作骑马射箭的习武场地，大象表演，只是偶尔为之。

至于明代演象始于何时，无考。但皇家养象，以象为仪仗，至迟也在成化、弘治年间。《明史·工部志》载：“象房，弘治八年（1495年）修盖。”既然修建象房，可见养象矣。据《长安客话》载：“象房在宣武门西城墙北，每岁六月初伏，官校用旗鼓迎象，出宣武门濠内洗濯。”每当盛夏入伏时，就在护城河里洗象。当时，观看洗象，是京师民众的一大热闹场景。《两京求旧录》记载：“今京师洗象观者且千人。”看这种情势，似乎是倾城而出，观看洗象甚至成为许多文人墨客的诗文题材。徐渭观洗象，作诗云：“帝京初伏候，出象浴城湍。决荡尘泥落，吹喷细雪残。鼻卷荷屈水，牙划藕穿澜。出没旋涡口，崔嵬嶔岸端。”[4]

据《帝京景物略》，王继皋有《六月九日宣武门外看洗象十韵》：

[1]《帝京景物略》卷四《西城内·双塔寺》。

[2]《帝京景物略》卷四《西城内·双塔寺》。

[3]《万历野获编》卷二四《射所》。

[4]《长安客话》卷一《皇都杂记·洗象》。

舞兽蒙恩泽，炎蒸汤沐施。

金吾开卫仗，玉殿辍朝仪。

旗鼓濠池涨，喧阗男女窥。

沉浮山起伏，嘘吸雨纷丝。

垂首欣先浴，前踪恋久嬉。

惊波鱼杳杳，远影燕迟迟。

两岸人如壁，连镳官共随。

明代朝廷养象及用象情况，《万历野获编》记载得比较具体：

象初至京，传闻先于射所演习，故谓之演象所。而锦衣卫自有驯象所，专管象奴及象只，特命锦衣指挥一员提督之。凡大朝会，役象甚多，驾辇、驮宝皆用之。若常朝，则止用六只耳。

可见，朝廷养象，用途广泛。但更重要的是以象为仪仗。

今朝廷午门立仗及乘舆卤簿皆用象，不独取以壮观，以其性亦驯警不类他兽也。象以先后为序，皆有位号，食几品料。每朝，则立午门左右。驾未出时，纵游龁草。及钟鸣鞭响，则肃然翼侍。俟百官入毕，则以鼻相交而立，无一人敢越而进矣。朝毕则复如常。有疾不能立仗，则象奴牵诣他象之所，面求代行，而后他象肯行，不则终不往也。有过或伤人，则宣敕杖之，二象则以鼻绞其足踣地，杖毕始起谢恩，一如人意。或贬秩，则立仗必居所贬之位，而不敢仍常立。……（此景）盖自三代之时已有之。而晋唐丛教之舞及驾乘舆矣。[1]

养象用象完全按规制，使大象变成显示帝王威严的道具。因此，宁以皇家寺院作演象所，足见其重视。

到崇祯时期，又重修庆寿寺。《日下旧闻考》卷四三《城市》按云：清乾隆二十九年（1764年）重修双塔庆寿寺。关帝庙“东北半里许亦有名庆寿寺者，中有明崇祯间重修庙碑记，叙寺名原委，与诸书相同”。可见，明末虽重修，但并非在原址上。庆寿寺自正统间重修后，达到最鼎盛阶段。地域广阔，规模宏大，殿宇壮丽，风光迷人，为名副其实的皇家佛教第一丛林。《人海记》载：“兴隆寺有八景，弘正间都下诸公赋诗成卷，马东田为之跋尾。今询之寺僧，罕有知者。”然而，八景何谓，现已无人知晓。但从现存的一些诗词歌赋中，还可以领略当时的佛寺园林风光。

在元代时，庆寿寺园林风光就引人入胜。据《甑垂瓦集》，著名书法家赵孟頫有《庆寿僧舍即事》诗：“白雨映青松，潇飒洒朱阁。”经过正统间重修，庆寿寺更加宏丽，园林风景迷人。曾启《游庆寿寺》：

岧峣古刹倚城阴，昼静禅扉出梵音。
风度花随泥处着，雨馀山碧望中深。

黄冈王廷陈《双塔寺》云：

双雁何年落殿阴，长留寒影向青岑。
珠茎缀露分仙掌，花铎含飙杂御砧。
双阙星河秋色曙，千家烟雨夕阳沉。

[1] 《日下旧闻考》卷四九《城市·露书》。

> 飞凫欲下吹笙侣，天外遥依识凤林。

武昌吴国伦《双塔寺》曰：

> 石塔参差御苑西，凌空双雁识招提。
> 梵铃风起声相激，仙掌云分势欲齐。[1]

庆寿寺不仅景色迷人，人文环境也十分美妙。内藏一些当时书法名家的字迹，堪称佳景。《秋涧集》载：

> 庆寿精蓝丈室之前，松樾盈庭，景色萧爽。尝引流水贯东西梁。今水堙桥废，止存二石屏，上刻“飞渡桥”、“飞虹桥”六大字，笔力遒婉，势极飞动，有王礼部无竞风格。寺中相传亡金道陵笔也。

《春明梦馀录》卷六六《寺庙》载：庆寿寺“旧有石刻，金章宗“飞渡桥”“飞虹桥”六大字，嘉靖十七年（1538年）毁”。《格古要论补》还说，“北京庆寿寺碑，金党怀英八分书，最妙。正统中惜为人所毁”。据《金史·文艺传》说，“党怀英工篆籀，当时称为第一。”

到明末，崇祯皇帝于十一年（1638年）又重修庆寿寺。

> （关帝庙）又东北半里许亦有名庆寿寺者，中有明崇祯间重修庙碑记，叙寺明原委，与诸书相同。又云，射所中有殿宇，祀北极关帝，西为库藏。岁戊寅（十一年，1638年）修废补缺，于库中得石刻，上镌帝君圣号，遂捐资迁奉，乃建此寺。[2]

---

[1] 以上均引自《帝京景物略》卷六六《西城内・双塔寺》。
[2] 以上均转引《日下旧闻考》卷四三《城市》。

本寺于清乾隆二十九年（1764年）又重修。1955年4月，因扩建西长安街，将该寺拆除，故址在今电报大楼附近。

（二）护国寺

护国寺始建于元代，称崇国寺。《日下旧闻考》卷五三按云："崇国寺在今西四牌楼大街东，德胜门大街西。明宣德年赐名大隆善寺，成化间赐名大隆善护国寺。今其地称护国寺街，每月逢七、八两日有庙市。"《燕都游览志》载："崇国寺在皇城西北隅定府大街。元时有东西二崇国寺，此则西崇国寺也。赵孟頫书有寺碑。宣德间重建，赐额大隆善护国寺，今都人犹称崇国焉。"[1]这一记载谓明宣德间重建，赐大隆善护国寺，失考。因为宣德间称大隆善寺，没有"护国"二字；成化间重修大隆善之后才加了"护国"二字；隆善与护国，由两代皇帝所赐，故有所差别。但后人往往统称大隆善护国寺。如《帝京景物略》记载：

> 大隆善护国寺，都人呼崇国寺者，寺初名也。都人好语讹语，名初名。寺始至元（元世祖忽必烈年号，1271—1294年），皇庆（元仁宗年号，1312—1313年）修之，延祐（元仁宗年号，1314—1320年）修之，至正（元惠宗年号，1341—1368年）又修之。[2]

这说明，崇国寺在元代深受帝王的重视，不到百年曾先后修葺过三次。

在元代，崇国寺的确有两座，如《燕都游览志》说为东西崇国寺；另一说为南北崇国寺，如《帝京景物略》：

---

[1] 《日下旧闻考》卷五三。

[2] 《帝京景物略》卷一《崇国寺》。

> 元故有南北二崇国寺，此其北也。我宣德己酉（四年，1429年），赐名隆善。成化壬辰（八年，1472年），加护国名。正德壬申（七年，1512年），敕西番大庆法王领占班丹、大觉法王着肖藏卜等居此，寺则大作。[1]

依此记，明代护国寺为元代北崇国寺，从成化八年重修后才改称隆善护国寺。这个说法与赵孟頫所记一致。元代大书法家赵孟頫《大崇国寺佛性圆融崇教大师演公碑略》云："故崇国有南北寺焉。"这两种说法，只是对该寺方位的描述有差异。或许二寺一在西北，可称西或北；另一在东南，也可称东或南。因此，实质上一致，明代护国寺原为元代西或北崇国寺。元代的崇国寺："世祖（忽必烈）赐地，传戒大德沙门定演创，凡百余楹。皇庆、延祐（均为元仁宗年号，1312—1320年）间，仁宗皇帝阿南达锡哩皇后赐钞三千定，买地别建三门，寿元皇太后复赐钞五百定，而经营焉。"这百余楹建筑包括大殿、经阁、丈室、廊庑、斋堂、厨库、僧舍等等。可见，当时已具相当规模。这是一座新建的寺院建筑群，因坐落于旧崇国寺之北，故称北崇国寺。到元末，崇国寺毁于战火。

入明后数次重修护国寺，同时也几经改换称谓。明宪宗成化八年（1472年）《大隆善护国寺碑记略》记载：

> 禁城西隅有佛刹曰大隆善寺，成于宣德己酉（四年，1429年），实我皇祖考因旧更新者也。历岁滋久，新者复敝。朕仰思先烈，敢不是葺！乃出内帑金帛，市材僦工，鼎新缔构，逾年而工告成，规模宏壮，差胜于昔。因增其额曰"大隆善护国寺"。[2]

[1] 《帝京景物略》卷一《崇国寺》。

[2] 《日下旧闻考》卷五三。

可见，明代第一次重修，是在宣德四年。到成化七年（1471年）又一次修葺。“成化八年七月，修隆善寺毕工。”[1]这次重修，国库出钱，用时一年多而完工。宪宗于成化八年（1472年）十一月书文立碑。由于寺名过多，如崇国寺、隆善寺、大隆善寺、大隆善护国寺、护国寺等等，而且名称过长，后人往往简称护国寺。由于护国寺是砖木结构建筑，在正常情况下50年左右一般需要重修。所以，成化之后肯定不止修葺过一次。从护国寺内的碑记可知，有正德七年（1512年）敕碑二。之后到明亡还有132年，其间可能也修葺过，但罕有记载。

明代护国寺的主要建筑有，“中殿三，旁殿八，最后景命殿。殿旁塔二，曰佛舍利塔”[2]。“崇国寺佛殿前曰延寿，后曰崇寿，再后曰三仙千佛之殿。”[3]其他配套建筑，一应俱全，规模已超出前代。清代也曾数次重修扩建，鼎盛一时。但基本格局保持明旧，其建筑布局，亦遵循皇家寺院建筑规制，按中轴线对称摆开。坐北朝南，最前为山门，依次为金刚殿、天王殿、延寿殿、崇寿殿、千佛殿、护法殿、功课殿、菩萨楼等。中轴线两侧有两座白色舍利塔。在明清时期，护国寺成为京城皇家名刹。

护国寺内除供奉佛教神灵之外，还收藏有历代修建该佛寺有关的石碑。

> 成化七年（1471年）敕碑二，正德七年（1512年）敕碑二、梵字碑二。……天顺二年（1458年）碑二、西天大喇嘛桑渴巴拉行实碑其一，大国师智光功行碑其一。元遗碑三：断碑一；至正十一年（1351年）重修崇国寺碑其一，沙门雪硐法桢撰；至正十四年（1354年）皇帝敕谕碑其一。……皇庆元年（1312年）崇教大师演公碑其一，赵孟頫撰并书也。

[1]《日下旧闻考》卷五三《明宪宗实录》。

[2]《帝京景物略》卷一《崇国寺》。

[3]《日下旧闻考》卷五三《城市》。

断碑者，断为七，环铁束而立之，至正二十四年（1364年）隆安选公传戒碑，危素撰并书也。[1]

可见，护国寺简直成了名副其实的碑林了。从这些碑中，我们可以了解到护国寺沿革史和坎坷的盛衰历程。

明代的护国寺中，还供奉着“靖难之役”头号功臣姚广孝的木雕塑像。在千佛殿后有僧录司。

司右姚少师影堂。少师佐成祖，为靖难首勋，侑享太庙。嘉靖九年（1530年），以中允廖道南请，罢侑享，移祀大兴隆寺。俄寺灾，移此。今一像一主，主题“推忠报国协谋宣力文臣、特进荣禄大夫、上柱国、荣国公姚广孝”。像精峭，满月面，目炯炯，露顶，袈裟趺坐，有题偈，署独菴老人自题。独菴，少师号也。[2]

本来，姚广孝去世后，成祖念其靖难辅国之功，给了他极高的荣耀，在太庙列其牌位，与列祖同享奉祀。但到了嘉靖九年，廖道南上书，对此提出异议。于是，嘉靖采纳其提议，将姚广孝牌位及塑像移出太庙，转到大兴隆寺。不久该寺火灾，所以又转到护国寺供放，其政治待遇每况愈下。这也反映了朱棣的后续子孙对其祖辈事业的冷漠态度。然而，姚广孝的影响，有明一代是无法磨灭的。在护国寺内还存放一幅少师姚广孝的画像，成为当时该寺的一个景观。《长安客话》载：

京师有姚少师画像，面大方肥，红袍玉戴，髡顶上戴唐帽，今崇国画像犹是僧服，姿容潇洒，双睛如电光之灿。像赞云：“看破芭蕉柱杖子，等闲彻骨露风流。有时摇动龟毛

[1] 《帝京景物略》卷一《崇国寺》。
[2] 《帝京景物略》卷一《崇国寺》。

拂，直得虚空笑点头。”盖本色衲子语。

明代著名文人“三袁”之一的袁宏道《崇国寺游记》云：“崇国寺僧引观姚少师像，像赞皆本色衲子语，少师自题也。”明朝一代名臣王鏊《姚少师像》诗曰：“下马摩挲读古碑，欲询往事少人知。独留满月龛中像，共识凌烟阁上姿。烦隐三毫还可以，功高六出本无奇。金陵战罗燕都定，仍是臞然老衲师。”[1]王鏊诗引经据典，高度评价了姚广孝。“凌烟阁”为汉武帝所建，是供奉汉朝功臣宿将之处。“烦隐三毫”，“功高六出”，指诸葛孔明，用三顾茅庐、六出祁山典故，比喻姚广孝对明王朝来说好比诸葛亮对西蜀，功高盖世。然而，他功成身退，不恋官位，不求荣华，高风亮节，令人高山仰止，钦佩折腰。

护国寺的园林景观，现存文献记载不甚详细，空间布局大体分三路，主要建筑，中路有三大殿，最后为景明殿及殿旁两尊对称佛舍利塔，东西两侧有八座旁殿以及其他配套设施等等，可见，规模不小。其风光景致，从一些文人墨客的诗作中，尚能领略一二。

“三袁”之一的袁宗道《五日饮崇国寺僧房》云：

老僧爱竹石，点缀似山家。
密筱通风邃，流觞径水遐。
看鱼栽藕叶，禁鹿蓄萱花。
一缕林烟歇，阇黎供露芽。

又《夏日黄平倩邀饮崇国寺葡萄林》有：

数亩葡萄林，浓条青若若。

[1] 以上均引自《日下旧闻考》卷五三。

以藤为幡幢，以叶为帷幕。

以蔓为宝网，以实为璎珞。

袁宏道《再游崇国寺》有：

只作幽探计，如来与证明。

出门皆黛色，入寺有泉声。[1]

可见，寺院内泉水潺鸣，曲渠流觞，鱼乐鹿鸣，林竹繁茂，花草如茵。这种自然景色与金碧辉煌的寺庙建筑交相辉映，更显恢宏气派而幽闲恬静。

护国寺到清代前期仍保持完好。据康熙六年（1667年）《圣祖御制崇国寺碑文》："谓兹寺为前代名刹，规模具存。纂葺之工，减于肇构。……经始落成，曾不逾岁。盖栋宇仍旧，而丹雘增焕矣。"[2]可见明寺破损不大，所以这次修葺，工程量不大，不到一年就完成。同时也说明，仍旧明代规模规制，无所增损。到清代后期，该寺逐渐衰败，以致几近荒废。现存建筑物仅金刚殿和后殿的几间配殿。

（三）天宁寺

明代的天宁寺，历史悠久，且历代称谓多变。该寺始建于隋文帝时期，一说开皇（581－600年）年间，另一说在仁寿（601－604年）年间。"隋仁寿间，幽州宏业寺建塔藏舍利。"据《帝京景物略》云：

隋文帝遇阿罗汉，授舍利一裹，与法师昙迁数之，数多数少莫能定。乃七宝函致雍、岐等三十州，州各一塔。天宁寺塔其一也。塔高十三寻，四周缀铎以万计，风定风作，音

[1] 《帝京景物略》卷一《崇国寺》。

[2] 《日下旧闻考》卷五三。

无断际。……塔前一幢，隋开皇中立。[1]

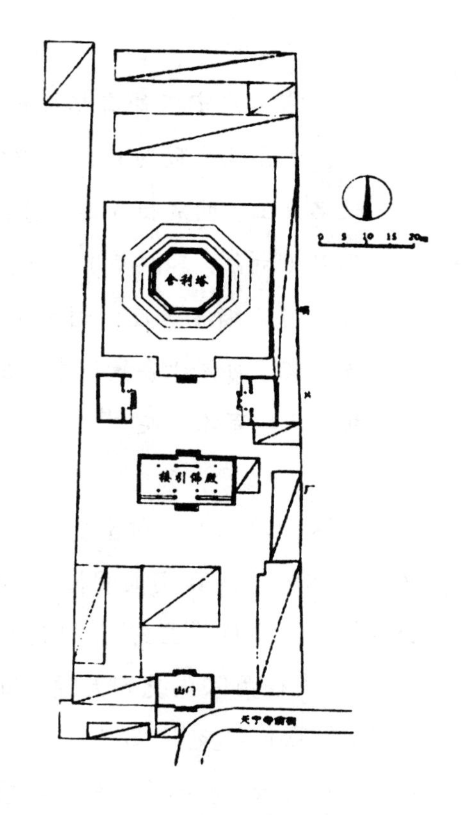

图 5-31　北京天宁寺平面图
（引自李路珂等《北京古建筑地图》）

可见，明代的天宁寺，最早为隋文帝时期的宏业寺。文帝接受印度僧人的一包舍利后，在隋朝所属30个州各建一塔，分藏舍利。宏业寺就是其中一塔。

宏业寺在唐玄宗开元间改称天王寺。据《长安客话》记载：“神州塔传，隋仁寿间幽州宏业寺建塔藏舍利即此。唐开元间，改额天王寺。元末兵燹荡尽。我文皇在潜邸，命所司重修。姚广孝退自庆寿，曾居焉。宣德间敕今名。”[2]据《湛然居士集》，到“金大定二十一年（1181年），改宏业寺为大万安禅寺”。元末毁于战火。

明洪武间朱棣以燕王身份重修，成为皇家寺院。但还是沿用大万安禅寺名称，宣宗赐名天宁寺。“天王寺之更名天宁也，宣德十年（1435年）事也。今塔下有更名碑勒更名敕，碑阴则正统十年（1445年）刊行藏经敕也。”据《析津日记》，金代的大万安寺在“宣德中修之曰天宁，正统中修之曰万寿戒坛，名凡数易”[3]。但是，戒坛称呼广为传用。

清乾隆《御制重修天宁寺碑》概括天宁寺的历史沿革：

[1]　均引自《帝京景物略》卷三《城南内外·天宁寺》。

[2]　《长安客话》卷三《郊垌杂记·天宁塔院》。

[3]　《日下旧闻考》卷九一。

> 京师广宁门外有招提曰天宁寺，中矗起浮图，高十馀丈。考图志，隋时建，寺曰宏业，有僧藏舍利塔中。入唐，改名天王。明成祖分藩，特扩崇构。宣德中改名天宁，正统乙丑（十年，1445年）更名广善戒坛。设宗师十人，岁以四月下旬集缁流听度，谓之圆戒。嗣后乃复今名。一修于正统乙亥，再修于嘉靖甲申（三年，1524年），皆内官监为之，越今又二百馀年矣。[1]

在这一记载中，对正统年间的修葺，记述了两种说法，看来撰文者未加细考。其实很明显，“正统乙亥说”并不成立。明英宗正统年号中，没有“乙亥”，只有乙丑或癸亥。乙亥为景泰六年（1455年），是夹在英宗正统与天顺之间的代宗年代。所以，要么是笔误，将“丑”误作“亥”，要么张冠李戴。关于戒坛，也有两种说法，即或称万寿戒坛，或曰广善戒坛。总之，在明代好几位皇帝数次修缮天宁寺，直到明末，可见该寺为明代皇家重要佛塔之一。这几次修缮不仅扩大了规模，庙堂殿宇更加宏敞，而且设施更加完备，景象更加秀美凝丽。寺院香火旺盛，信男善女、僧侣仙友络绎不绝，游人如织，气象鼎盛。

明代天宁寺的建筑，无详细资料可寻。清代曾几次修缮，“凡门庑殿宇斋堂丈室规制一新”[2]，基本保持了明代的规模和格局。清代中期以后，天宁寺开始衰微。清末民初，寺庙面积为108亩，殿宇房屋有百余间，依此可以看出当年鼎盛时期的轮廓。

寺院建筑布局，现存建筑还是遵循了皇家建筑规制，以中轴线为基准，对称摆布。坐北朝南，前有山门，为灰筒瓦硬山顶，正门为石券门。两侧各有一处券窗。山门内还存有一座须弥殿，面阔五间，进

[1] 《日下旧闻考》卷九一。

[2] 《日下旧闻考》卷九一。

深三间，琉璃瓦黄剪边大硬山式顶。明间为六抹菱花隔扇门，旋子彩画。殿前有月台。殿后有东西殿各三间，房顶为灰筒瓦，箍头脊硬山顶。其后是主殿，现已不存。中轴线的后段为高耸雄伟的佛塔，塔后有大觉殿和广善戒坛，而寺院前部为南苑。

对天宁寺中建的塔有不少史料记载。《艮斋笔记》载："天宁寺塔高二十七丈五尺五寸。"[1]《冷然志》有较详细的记述：

> 京师天宁寺塔建于隋开皇末，规制特异，实其中，无阶级可上。盖专以安佛舍利，非登览之地也。其址为方台，广袤各十二丈，高可六尺，缭以周垣。南北有门，鐍之，台上为八觚坛，高可四尺，象如黄琮，塔建其上，觚如坛之数。塔之址略如佛座，雕刻锦文华葩鬼物之形，上为扶阑。阑四周架铁灯三层，凡三百六十盏。每月八日注油燃之。阑之内起八柱，缠以交龙，墙连于柱，四正瑑为门，夹立天王像。四隅瑑为牖，夹立菩萨像，皆陶甓为之。仰望者疑为燕山夺玉石也。自塔址至柱楣为第一层，其高约全塔三分之一。自是以上，飞檐叠栱，又十二层。每椽之首缀一铃，八觚交角之处又缀一大铃，通计大小铃三千四百有奇。风作时，铃齐鸣，若编钟编磬之相和焉。……最上一层，其南有碑，不知何年所立。……又上露盘相轮鎏金火珠以镇其顶，塔下坛八面，层各安一铁鼎，高丈馀，腹按八方画八卦。明万历年所铸。塔前一石幢，上刻尊胜陀罗尼咒，辽重熙十七年（1048年）立。……塔后第二殿匾曰"大觉"，再后为广善戒坛。亭午日射右扉，倒影落石上，作双椽烛形，盖扉下偶有二隙，光缘此而分也。[2]

[1] 《日下旧闻考》卷九一。
[2] 《日下旧闻考》卷九一。

可见，天宁寺塔是该寺十分突出的一个景观，无论其造型还是装饰、倒影等，都是颇具特色的。

关于塔之倒影，《帝京景物略》有具体描述：

> 塔倒影，在大士殿。日方中，阖殿中门，日入门罅，塔全影倒现石上。昔人云：影从罅入，空中物则旁碍，碍则影束，影束则倒。段成式云：海水倒翻故尔，然是舍利珠影也，珠光上聚，摄入塔影，影入隙光，光则倒受。倒者，光中塔影，非此塔影也。[1]

这里比较详细地解释了寺塔倒影奇观形成的缘由。因为，对这一自然现象，也有一些非科学的解释，成为塔影之谜，从而产生了更大的吸引力。所以，留下了不少相关记载。《太岳集》云：

> 京师天宁寺塔，殿门阖处观之，其影倒悬，人以为异。然沈存中笔谈谓，凡影入窗隙皆倒悬，乃其常理。如阳燧照物皆倒，中间有碍故也。纸鸢飞空中，其影随鸢而移，或中间为窗隙所束，则影与鸢遂相违，鸢东则影西，鸢西则影东。楼塔之影中间为窗所束，亦皆倒垂，与阳燧一也。[2]

对天宁寺的园林风光，一些记载为我们提供了当时的情景。南大吉《瑞泉集·天宁寺行》记述：

> 城西野寺名天宁，遥遥大道临郊垧。
> 多士骊驹停玉策，诸天鱼钥启金扃。
> 金扃窈窕通华殿，桂栱璇题皆可见。

[1] 《帝京景物略》卷三《城南内外·天宁寺》。

[2] 《日下旧闻考》卷九一。

雕衔紫盖覆珍轮，兽吐青莲承宝荐。

宝荐明珠照四隅，修廊广室纷盘纡。

参差铁凤翔高阁，琅珰金铎涌浮图。

浮图万丈凌遥碧，嘉树阴森连广陌。

丹青不道千黄金，土木宁论双白璧？

此都此寺真无比，谁其建者中常侍。

……

君不见年年四月天，倾城车马纷联翩。

兰若上人登宝座，沙门弟子坐青毡。

此时公侯亦罗拜，神钟大磬鸣天外。

这首长诗，点到了许多景物和景观，为我们了解天宁寺春天的园林景色，提供了不少信息。特别是每年的四月，男女老少，倾城而出，到天宁寺观赏踏青，可谓壮观。

还有，沈渊《集天宁寺》诗：

千秋祇苑凤城西，烟树苍苍路转迷。

缥缈龙宫分色相，岧峣雁塔逼云霓。

斋空尽日闻钟梵，坐久深林自鸟啼。

看得出，当时的天宁寺被游人看作佛寺苑囿，树木葱茏，烟霞苍茫，鸟语花香，是典型的夏日寺庙园林景色。而区大相的诗，则描绘了天宁寺秋日风光。区大相《九日集天宁寺》诗曰：

帝京重九日，朋旧共开尊。

地远城西寺，台高蓟北门。

云光移塔影，山势断河源。

忽睹南飞雁，令予思故园。

人到寺庙不念佛而思故乡，可见此地风光太诱人了，以至于凡心沸腾，乡情撩人。在重阳节，天宁寺也是众人集会之处。人们观赏天蓝云淡、秋高气爽之美景，以欢度登高望远、尊老抚幼的良辰吉日。朱国祚《晚过天宁寺》诗亦云：

> 郭外秋山百里晴，日斜深院晚凉生。
> 十三层塔半扉影，一鸟不来风铎鸣。[1]

可见，明代时天宁寺的晚秋也是迷人的。

（四）大慈仁寺（报国寺）

明代的大慈仁寺，人们习惯称报国寺，位于今北京广安门内大街北路。大慈仁寺历史悠久，历经近千年风霜。据《日下旧闻考》卷五九《城市》按：“慈仁寺在广宁门大街之北，门额曰‘大报国慈仁寺’，亦称报国寺。”

大慈仁寺始建于辽天祚帝乾统三年（1103年），元代仍称报国寺。《析津日记》称：“慈仁寺亦呼报国寺，盖先有报国寺在寺之西北隅也。今僧院中尚存辽乾统三年（1103年）尊胜陀罗尼石幢。”[2]即报国寺始建于辽，元代沿用，直到清代，“土人呼为小报国寺”。辽代报国寺的确规模不大，而明代则在辽代报国寺的东南隅另外新建一座寺庙，称大慈仁寺。实际上，新旧两寺形成了统一的寺院建筑群。

报国寺经辽、金、元后，到明初已经破旧不堪。到明成化时进行改建，并改称大慈仁寺。据《排闷录》：“寺建于故报国寺之东南，都人至今目为报国寺，然实非报国旧址。”《大清一统志》记载：“慈仁寺在广宁门内，本辽金时报国寺，明宪宗为孝肃周太后弟改建，俗仍

---

[1] 以上均摘自《日下旧闻考》卷九一。
[2] 《日下旧闻考》卷五九。

呼报国寺。”[1]据此，明代所建大慈仁寺，是对辽代旧寺的改建，修葺原来倾圮的部分建筑，又增建了一部分新建筑。

对这次改建，有两种说法：一种如上所记，是为周太后的弟弟而建。周太后弟弟叫吉祥，出家为僧。又一种说法是为周太后祝寿而建。如《春明梦馀录》转引《蒋德璟记》载：“报国寺在宣武门外可二里，成化中重修，盖宪宗为皇太后祝釐处。”[2]而《排闷录》说：“慈仁寺本为周太后弟吉祥建，而寺有成化二年（1466年）御制碑，止云为周太后祝釐，不及吉祥。盖当时尚讳言及其事。”据此说明，明宪宗重修报国寺，名义上为周太后祝寿而建，实际是为国舅吉祥和尚在此出家为僧而建，只是当时忌讳此事。

不过，明宪宗成化二年（1466年）五月所撰《大慈仁寺碑略》说：“今即宣武门外撤旧建佛寺而新之。发内库之金以市材鸠工，而力役惟佣，不数月而告成焉。”之所以重建新寺，“乃原圣母之志，名曰大慈仁寺，广度僧众，俾居其中，祝釐迎贶。上资福于圣母，益寿且康；下及海宇生灵，咸获利济”[3]。这一碑记说得十分明确，就是为“原圣母之志”，即为圣母还愿，根本就未提及国舅吉祥一字。那么，周天后到底有什么心志愿望呢？

对宪宗重建慈仁寺的动机与因由，《震川集》载《归有光赠大慈仁寺左方丈住持宇上人序》记载了一个有趣的故事：

> 大慈仁寺在京城宣武门外西，寺盖孝肃皇后以其弟为僧，故为太后时建此寺。宪宗皇帝两制碑记，顺奉母后之志也。余舍于寺左方丈，见其长老，云祖师名吉祥，姓周氏，为儿时好出游，尝出复不归家，家亦不知其所在。太后自未入宫，师已与其家不相闻，久之去，祝发于大觉寺。然常游

[1]《日下旧闻考》卷五九。

[2]《春明梦馀录》卷六六《寺庙》。

[3]《日下旧闻考》卷五九。

行市中，夜即来报国寺伽蓝殿中宿。太后意亦若忘之。忽夜梦伽蓝神来言，后弟今在某所，英宗亦同时梦，梦觉相与言皆同，即日遣诸小黄门以梦中所见神言求之。至则见师伽蓝殿中，遂拥以行。小黄门白入见，帝后皆喜。后问所以出游及为僧时，为泣下，因曰："何如今日为皇亲耶？"吉祥不愿也，复还寺。后不能强，厚赐之。英宗晏驾，太子即位，后为太后，出内藏物建大慈仁寺。报国寺故小刹也，今为大寺，其西伽蓝殿犹存云。[1]

从这一记载可知，周太后为满足其弟弟出家为僧的意愿，而明宪宗按其母后意愿，为国舅吉祥出家为僧修建了大慈仁寺。吉祥虽为皇亲国戚，但不愿享受荣华富贵。正如他所谓："一时富贵之不能久，而澹寂者之长存也。"大慈仁寺重建后规模扩大，众僧云集。到孝宗时，周太后成了太皇太后，敕予大慈仁寺皇家庄田数百亩，所以一直到隆庆时期，香火甚旺。"师（吉祥）所招僧至数百人，迨后庆寿寺毁，僧亦来居于此，僧众矣。"大慈仁寺的确成了明代闻名遐迩的皇家大寺院。到清代康乾之际，曾大兴土木，修葺整饬，报国寺仍为京城最大法会庙市之地。

对大慈仁寺的主要建筑和规模，明宪宗成化二年（1466年）碑记云："其宏敞静深，崇严壮丽，与夫像塑绘画，无不尽美，足以起四方万国之具观，而极浮屠之盛莫之能逾也。"明代的大慈仁寺的确规模宏大，殿宇参差，巍峨壮丽。按照皇家建筑规制，以中轴线为基准，对称布局，庄重肃丽。从山门进入，七重大殿，严谨有序；特别是主殿，坐落高台，巍峨崇立，内奉三世佛。黄色琉璃瓦屋顶，朱漆屋面，彩绘回廊等等，一应皇家气派。后面的毗卢阁，登临观景，可收西山烟霞。如《春明梦馀录》转引《蒋德璟记》云："登大毗庐阁，

[1] 《日下旧闻考》卷五九。

三十六级，阁外通廊，环行一周，俯视西山，若在襟袖。”还有各种配殿房屋60余间。

在明代，大慈仁寺就是一个艺术殿堂。寺内收藏有许多绘画作品。“初入东廊，憩禅悦庵，稍迟入寺后总圣门礼佛，两旁名画百二十轴，皆天堂地狱变相，僧云宫内送至寺者。”寺院内景色幽深恬静，富丽堂皇的殿宇及苍松翠柏，显现出皇家寺院的独特园林风景。《燕都游览志》有记：

> 大慈仁寺殿前有二松，相传元时旧植，台石一株尤奇。寺后毗庐阁甚高，望卢沟桥行骑历历可数。阁下瓷观音像高可尺馀，宝冠绿帔，手捧一梵字轮，相好美异，僧云得之窑变，非人工也。……（从东廊进入）遂行观刘公定碑，出总圣门，过正殿，则双松偃盖，皆数百年物。东者可三四丈，有三层；西则仅高二丈，枝柯盘屈，横斜荫数亩，其最修而压地者，以数十红架承之。移榻其下，梳风幂翠，一庭寒色。

可见，寺院的古木，是当时最显眼的景致之一。“京师报国寺古松二株，在佛殿前，低枝曲杆，偃罩各十馀步。望之如青凤展翅，处其下如山间松棚，六月消夏，尤所宜也。”[1]

大慈仁寺作为园林胜境，长期吸引诸多文人墨客、皇亲国戚、名流才子。一年四季都有到此游览观景者，更增添了这里的人望。归有光《报国寺赠宇上人作》云：“慈宫崇象教，构此绝华炫。深严阏香火，危峻瞰郊甸。郁郁虬松枝，低压绕广殿。”高叔嗣《寒食登毗庐寺》诗描绘春景，曰：

> 高楼晴出帝城南，杨柳千家夜雨含。

[1] 以上均引自《春明梦馀录》卷六六《寺庙》。

欲换春衣惊客久，况逢寒食思谁堪。

王崇古《夏日登毗庐阁》则绘出盛夏美景：

佛阁俯层城，登临极望明。
云连双阙迥，树隐四郊平。
坐久夜初寂，风回暑欲清。
何当卧松牖，烟月惬初盟。

俞允文《秋日登毗庐阁和韵》描写秋景曰：

金园宝树含朝爽，寂寞烟萝象外盘。
座上青莲看欲动，兴中白雪和应难。
四山映色依人近，一笛秋声向夕阑。
别有仙坛花未落，更宜留步月中看。[1]

明人不仅对大慈仁寺的四季风光如醉如痴，而且，对寺内的古松也是情有独钟，不吝笔墨。明末大文学家王世贞《渔洋诗集·慈仁寺双松歌》咏曰：

山人出山已三载，复见金元双树在。玃髯石骨青铜姿，古貌荒唐阅人代。长夏苍苍秋气深，风来绝硐蛟龙吟。仙人五粒不可见，但有元鹤来往飞。阴森蚴蟉诘屈宛相向，千曲盘拏气初放。一任支离拔地生，那须夭矫排云上。

施闰章《学馀堂集·慈仁寺松》诗云：

[1] 以上均引自《日下旧闻考》卷五九。

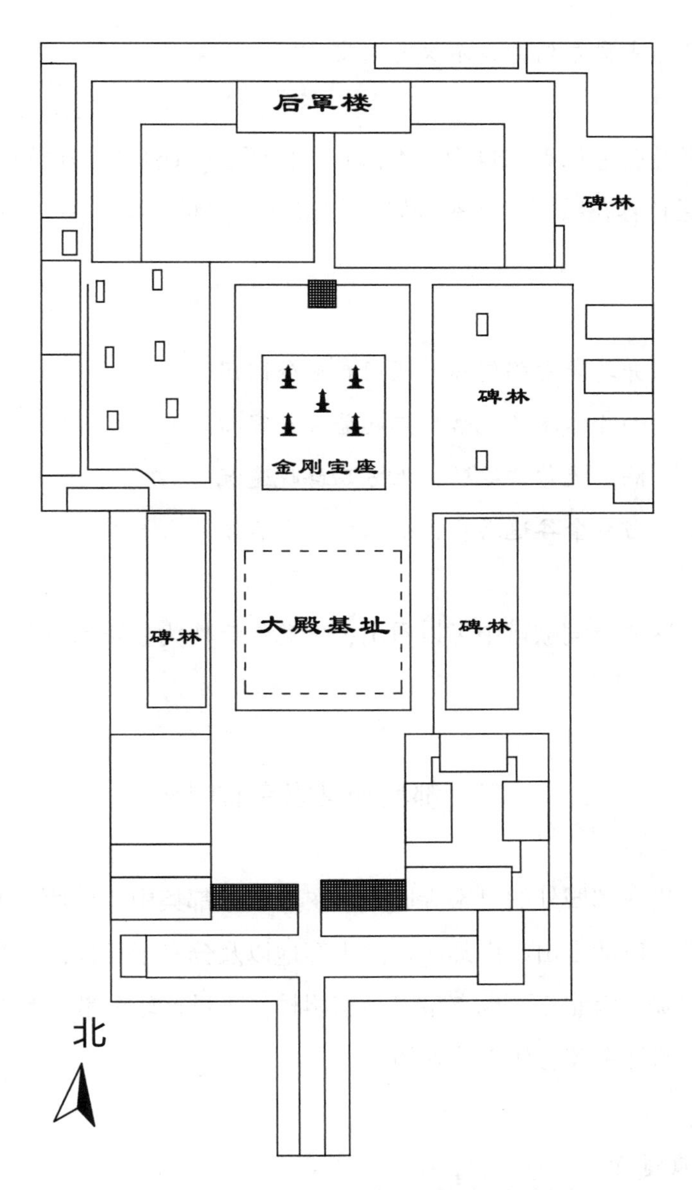

图 5-32 北京正觉寺（五塔寺）平面示意图
（引自李路珂等《北京古建筑地图》）

直欲凌风去，翻从拂地看。

摧残经百折，偃仰郁千盘。

老阅山河变，阴兼日月寒。

支离尔何意，不厌卧长安。[1]

当然，慈仁寺的景物，不仅有古松而已，还有杨柳榆槐，竞相繁茂，更有春花秋实，芳香满院。如宋琬《安雅堂集·慈仁寺看海棠》诗曰：

并马来看锦树林，殿门春尽昼阴阴。
雨馀休沐逢花落，病起登临见客心。
隔叶流莺娇欲歇，上方哀磬晚逾沉。
当年金谷追游地，松柏邱陵自古今。[2]

从这些诗词歌赋中可以看出，大慈仁寺作为皇家佛寺园林，也是大众园林。

二 都城外皇家寺庙园林

明代在都城外的皇家寺庙园林，大部分都集中于城西，尤其以西山居多，包括香山、卢师山、瓮山等地以及分布于玉泉山、马鞍山等地，都城东南北三面也有皇家寺庙园林，不过比较分散。都城外的皇家寺庙园林中较有代表性者如下。

（一）真觉寺

真觉寺原名正觉寺，始建于元代，因建有五座塔，俗称五塔寺，而正式名称却被淡漠。真觉寺位于西直门外二里长河（高梁河）北岸。

真觉寺有两点需要考证的问题。一是始建年代。据一些文献记载，人们一般认为该寺始建于永乐年间。如《帝京景物略》卷五《真

[1] 《日下旧闻考》卷五九。
[2] 《日下旧闻考》卷五九。

觉寺》载："成祖文皇帝时，西番板的达来送金佛五躯，金刚宝座规式，诏封大国师，赐金印，建寺居之。寺赐名真觉。"《析津日记》也说："真觉寺塔规制特奇，寺有姚夔碑记，称永乐中国师五明班迪达召见于武英殿，帝与语悦之，为造寺。"[1]

其实，这些记载并没有说永乐始建。据《燕都游览志》说：

> 真觉寺原名正觉寺，乃蒙古人所建。寺后一塔甚高，名金刚宝座。从暗窦中左右入，蜗旋以跻于颠，为平台。台上涌小塔五座，内藏如来金身。金刚座之左偏又一浮屠，传是宪宗皇帝生葬衣冠处。前临桥，桥临大道，夹道长杨，绿阴如幕，清流映带，尤可取也。[2]

据此，该寺应始建于元代，而永乐时重建。《燕都游览志》是记载北京山水、风土人情、历史遗迹等最早的文献之一，明人孙国敉作。需要顺便考辨的是，有人认为该书作者是元代人，书也是元代的。此论亦误。因为《燕都游览志》记载有明嘉靖时期的事物，如："皇史宬，藏宝训录处也。"[3]皇史宬是嘉靖帝所建。"嘉靖十三年（1534年）秋七月，命建皇史宬于重华殿西，欲置金匮石室其中也。"[4]可见，此书最早可能在嘉靖中期成书，可惜早已轶失。而《帝京景物略》是崇祯八年（1635年）才成书。至于《日下旧闻》和《日下旧闻考》分别是清康熙和乾隆时期的书，离永乐时期更遥远。所以，取当时人及最早的记载为准，更为合理。

二是真觉寺名称的演变。现在有人认为，真觉寺改正觉寺，是为避清雍正帝名讳。此论有误。该寺在元代称正觉寺，永乐赐名真觉

---

[1] 《日下旧闻考》卷七七《国朝苑囿·析津日记》。

[2] 《日下旧闻考》卷七七《国朝苑囿》《燕都游览志》。

[3] 《日下旧闻考》卷四〇《皇城》《燕都游览志》。

[4] 《日下旧闻考》卷四〇《皇城》《大政记》。

寺。据《日下旧闻考》卷七七《国朝苑囿》按:“大正觉寺即朱彝尊原书所谓真觉寺也。明永乐间重建金刚塔,成于成化九年(1473年),凡五浮图,俗因称五塔寺。”朱彝尊原书,指《日下旧闻》,出版于康熙二十五年(1686年)。

可见,该寺在康熙时还称真觉寺。但到乾隆二十六年(1761年)《御制重修正觉寺碑文》记载:“自万寿寺迤东,不二里而近,有招提五塔离立,众因以寺所有名之。实旧志所称大正觉寺也。”所谓“旧志”,可能指明人孙国敉著《燕都游览志》。这说明乾隆时虽亦称大正觉寺,只是恢复元代时的旧名,而并非为避讳雍正帝名改称。

关于金刚塔,据考永乐前并无金刚塔,所以,永乐为始建,而非重建。至于真觉寺沿革,《燕都游览志》说:“真觉寺原名正觉寺,乃蒙古人所建。”此论无误。但佛塔为明永乐创建,清代(满族人)重建,与元代蒙古人无涉。

明成祖笃信佛教,重建正觉寺有一个特殊动因。据成化九年(1473年)《明宪宗御制真觉寺金刚宝座记略》载:“永乐初年,有西域梵僧曰班迪达大国师,贡金身诸佛像,金刚宝座之式,由是择地西关外,建立真觉寺,创治金身宝座,弗克易就,于兹有年。朕念善果未完,必欲新之。命工督修殿宇,创金刚宝座,以石为之,基高数丈,上有五佛,分为五塔,其丈尺规矩与中印土之宝座无以异也。”《帝京景物略》卷五《真觉寺》载:“成祖文皇帝时,西番板的达来送金佛五躯,金刚宝座规式,诏封大国师,赐金印,建寺居之。寺赐名真觉。”“真觉寺塔规制特奇,寺有姚夔碑记,称永乐中国师五明班迪达召见于武英殿,帝与语悦之,为造寺。”[1]据此可知,永乐初西域梵僧进贡永乐帝五尊金佛像和金刚宝塔图式,所以,永乐帝为安顿这位异国大国师和供奉金佛像,敕建真觉寺。但还未完全竣工。明宪宗于成化二年开始,继续修葺和扩建。“于成化三年(1467年)春创建

[1] 《日下旧闻考》卷七七《国朝苑囿·析津日记》。

佛殿，天王伽蓝殿，僧房三十馀间，菜圃果树数百株，义井二。”[1]成化九年（1473年），诏寺准中印度式，建宝座，累石台五丈，藏级于壁，左右蜗旋而上，平顶为台。列塔五，各二丈，塔刻梵像、梵字、梵宝、梵华。中塔刻两足迹。……塔前有成化御制碑。[2]该寺从永乐初开始修建到成化初，相隔四朝，半个多世纪。成化间续建也延续了七年。不仅修建五塔，还重修了庙宇，从而使真觉寺建筑更加完备，为清代重修及延续至今，奠定了基本格局和规模。

明代真觉寺的规模布局，据有关记载，寺庙坐北朝南，以皇家建筑规制，以中轴线为基准，左右对称布局。中线上最南端起，棂星门（牌楼）、山门、天王殿、前大殿（心珠琅宝殿）、金刚宝塔、五佛殿及后照殿等。对称的东西两侧是钟楼、鼓楼、廊庑配殿、僧房、穿堂及厨库等等。这种空间布局，与其他皇家寺庙基本相类，其规模不小。

真觉寺建筑，最有特点的是它的金刚宝塔。成化九年（1473年）加了石头宝座（塔基），即一方五丈高的平台，四面有一层层的台级。平台上建五座塔，各二丈，上刻梵文、佛像等。塔基有暗道，“从暗窦中左右入，涡旋以跻于颠，为平台。台上涌小塔五座，内藏如来金身。金刚座之左偏又一浮屠，传是宪宗皇帝生藏衣冠处”[3]。据《缑山集》，明代的“真觉寺浮屠高五六丈许，而上为塔五方，陟其顶，山林城市之胜收焉”。

真觉寺的自然环境优美。当时京城西直门外，比较空旷。真觉寺坐落于关西长河（今高梁河）北岸，面对一溪清流，遥依葱翠西山；东望金碧皇城，南携无尽烟霞，四面秀丽风光被借来作远景。而寺内景色，正如《帝京景物略》所记，成化御制碑曰：“寺址土沃而广，泉流而清，寺外石桥望去，缭绕长堤，高楼夏绕翠云，秋晚春初，绕

[1] 《日下旧闻考》卷五三载《城市》（清）陈鑑《正觉寺碑略》。

[2] 《帝京景物略》卷五《真觉寺》。

[3] 《日下旧闻考》卷七七《燕都游览志》。

金色界。”[1]可见，四季风光独具。《燕都游览志》记：真觉寺“前临桥，桥临大道，夹道长杨，绿阴如幕，清流映带，尤可取也”。真可谓环境清幽，风光旖旎。

所以，真觉寺也是僧侣信徒、文人墨客、达官贵族徜徉观景去所。他们吟诗作文，为今天留下了了解当年胜景的窗口。如朱衡《真觉寺五塔》诗云：

胜地尘埃少，中天洞壑孤。
云棂欹缥缈，风磴入虚无。
槛外三天界，尊前五岳图。
何当探慧镜，一为照迷途。

何栋《登真觉寺浮屠》诗曰：

凌空垂宝塔，披露出铜盘。
影照青莲色，光寒白露团。
霞标窥日近，风洞泄云寒。
静坐观空界，天花绕石坛。[2]

张瀚《晚春集真觉寺》诗曰：

郭外春犹在，花边坐落晖。
柳深莺细细，桑密燕飞飞。
一水金光动，千林红紫微。
徘徊香满地，约马缓将归。

---

[1] 《帝京景物略》卷五《西城外·真觉寺》。
[2] 以上均转引自《日下旧闻考》卷七七《国朝苑囿》。

临武曾朝节《真觉寺》诗曰：

塔黄山翠色，交入客清樽。
晓日登峰树，秋光匝水村。
法轮空界出，人语半天喧。
高柳堤无尽，终朝立寺门。

安陆何宇度《真觉寺塔》诗曰：

五塔森森立，秋原望不迷。
彤云双阙迥，绿树万行齐。
堤远传蜩急，天空去雁低。
长安此净域，山水满城西。[1]

帝京皇家佛寺园林绮丽风光，跃然纸上。

真觉寺到了清代，仍鼎盛一时。特别是乾隆时期，曾两度重修，为皇太后七十大寿，将寺院的屋顶全部换成黄色琉璃瓦，使其更加气势恢宏，富丽堂皇，庄严肃穆，好一个皇家气派。但清代后期，大真觉寺逐渐衰败，只有金刚宝塔屹立不倒。

（二）功德寺

功德寺始建于金代，元代沿用为皇家寺庙。明宣德时重修为皇家寺院，位于海淀青龙桥西，距玉泉山不到二里。

据乾隆《御制重修功德寺碑记》："考元史，文宗天历二年（1329年）建大承天护圣寺，而都穆南濠集称，功德寺旧名护圣寺。"《元史·文宗纪》载：

---

[1] 以上均引自《帝京景物略》卷五《真觉寺》。

（元天历二年五月）以储庆司所贮金三十锭、银百锭，建大承天护圣寺。九月，市故宋太后全氏田为大承天护圣寺永业。十月，立大承天护圣寺营缮提点所。

可知，元代是重修功德寺，修成后买来宋朝太后所拥有的皇田作为大承护圣寺的田产。《元史·惠宗纪》载："至正初，大承天护圣寺火，有旨更作。"至正初该寺曾毁于火灾，但惠宗不顾朝臣"公私俱乏，不宜妄兴大役"的建言，重修该寺，直到元朝灭亡。

明代沿用，最早于宣德间重修，并改称功德寺。《日下旧闻考》按曰："大承天护圣寺创自元时，规制钜丽，至正初毁而复修。明宣德间修建，改名功德寺，至嘉靖时遂废。"[1]从元惠宗重修该寺到明宣德重修，相隔有80余年，砖木结构的建筑物已破旧损毁，因此，重修也是自然的事。

关于宣德间重修功德寺之事，据《长安客话》载：

西湖上有功德寺，旧名护圣寺，建自金时，元仍旧。……功德寺修于宣德二年（1427年），因改今名。正殿及方丈凡七进，基皆九撰，拟掖庭制度，费数十万缗，皆神僧板庵大觉禅师制木球使者乞诸檀那所得。使者大如斗，圆如球，绘以五采，不胫而走。禅师每遣入侯门戚里，见诸贵人，使者以首点地作叩首状，人皆笑迎之，争为输金，即禁籞清严之地亦入焉。[2]

也就是说，僧人制作木偶，在达官贵人处化缘重修该寺资费。当然，这只是重修资费的来源之一。

从建筑规制上看，寺"拟掖庭制度"，也就是按照皇宫建筑的规

[1] 以上均引自《日下旧闻考》卷一〇〇《郊坰》。
[2] 《长安客话》卷三《郊坰杂记·功德寺》。

制营建的。显然，民间寺庙是不能采用皇家建筑规制的。至于重修功德寺，是否仅靠由僧人自创木偶，以化缘乞讨所得为之？这似乎不尽然。如此规模宏大的皇家寺院，皇家不出资营建是很难想象的。所以，《帝京景物略》说："宣宗召入，命为木球使者，赐金钱，遂建巨刹，曰功德寺，时临幸焉。"[1]宣宗得知僧人以木偶化缘后，将僧人召入，并赐名木偶为"木球使者"，由皇家出巨资才得以修成巨刹。

功德寺的主要建筑，据《南濠集》载：

> 功德寺旧名护圣，前有古台三，相传元主游乐更衣处。或曰此看花钓鱼台也。寺极壮丽，中立二穹碑：其一宣宗章皇帝御制建寺文；其一元旧物，番字莫能读也。毗庐阁崇可数寻，凭阑而眺，一寺之胜皆在目前。该寺依山而创。

明宣宗御制建寺文，今无考；但可以肯定，功德寺乃宣宗皇帝所敕建无疑。

功德寺无论其占地面积的广大，还是殿宇建筑的宏敞壮丽，在当时是群寺之冠。在元代时，护圣寺的田产及其他资产就十分丰厚。据《元史・文宗纪》：

> 至顺元年（1330年）四月，以所籍张珪诸子田四百顷赐大承天护圣寺为永业。二年二月，命田赋总管府税矿银输大承天护圣寺。三月，以籍入苏苏勒巴勒、丹彻尔特穆尔资产赐大承天护圣寺为永业。

从以上记述中足见，护圣寺在元代后期业基雄厚，盛况空前。明宣宗在此基础上重修，其基点甚高是不言而喻的。

[1] 《帝京景物略》卷七《西山下・功德寺》。

功德寺坐落于湖光山色、四野旷达、风景如画的自然环境中。“际湖山而刹者，功德寺。”寺院周围水田连片，“蛙语部传，田水浩浩”。其殿宇楼台鳞次，雄伟壮丽，俨然如皇宫宏制。“寺故金护圣寺，寺七殿，殿九楹，楹以金地，彩其上。”[1]仅殿宇就有七座，寺院纵深足有七进；而且，面阔九楹，是为皇家殿宇中属体量最大者。难怪说“拟掖庭制度”。寺庙建筑富丽堂皇。《怀麓堂集》说：“功德寺甚宏敞，后殿尤精丽，殿柱及藏经笥皆锥金。锥金者，布纯金为地，髹彩其上，以锥画之，为人物花鸟状，若绘画然。又有刻丝观音一轴，悬于梁际，此宋元物，寺僧云禁中所赐也。”如此华丽，非皇家寺院莫能为。

功德寺绿树成荫，松槐遮蔽，古木参天，“功德寺前古木三四十围，半朽腐，若虬蛟出穴，爪鬣撑拏，大皆三四十围。寺两侧皆古松，枝柯青翠，蟠屈覆地，盖塞外别种”[2]。“门外二三古木，各三四十围，根半肘土外。……古干支日，老叶鼓风，两侧偃柏，不成盖阴，亦助其响。”又有清流曲岸，石桥横波，花香鸟语，满目葱茏。因此，这里成为皇亲国戚、善男信女、文人雅士、达官巨贾流连忘返之处。寺院氛围的清幽安闲，园林风光的旖旎宜人，在当时文人墨客的笔下定格成了历史画卷。如徐贯《功德寺》诗描绘当时游人云集、各得其乐的盛况：

> 葱葱树色暗溪桥，满目春光士女骄。
> 林外风暄禽语乐，湖边日暖水痕消。
> 浓槐弱柳阴相代，选石评泉隐各招。
> 回首凤城三十里，肩舆来往亦非遥。

程敏政《自玉泉至功德寺》描绘的春游图是：

[1] 《帝京景物略》卷七《西山下·功德寺》。
[2] 《长安客话》卷三《郊垌杂记·功德寺》。

东风几日到郊垌，岸草汀蒲已自青。
羁客乍来无暇日，野人相见亦忘形。
湖当鹫岭烟光重，路入龙潭水气腥。
闻说先皇曾香跸，红云犹绕玉泉亭。

许有壬的《护圣寺泛舟》【浣溪沙】词，则描绘了泛舟之乐：

花露浓披桂棹香，柳风轻拂葛衣凉，放歌深入水云乡，荷叶杯中倾绿醑，瓜皮船上载红妆，都堂何似住溪堂？

还有许多描绘殿宇瑰丽、湖光山色旖旎的诗作。如蒋山卿《游功德寺》云：

佛宇金银界，虹霓落石桥。
苑墙旋薜古，塔影出林高。

李梦阳有《功德寺》诗云：

立宇表巇嵲，开池荷芰香。
波楼递蹙沓，风松奏笙簧。

王守仁《夜宿功德寺，次宗贤韵》有：

水边杨柳覆茅楹，饮马春流上一亭。
坐久遂忘归路夕，溪云正堕暮山青。

王维桢《功德寺游眺》：

敕寺百年湖水渍，渚花汀柳尚秋芬。

草迎凤辇传前事，柳引龙舟说异闻。[1]

功德寺作为皇家寺院，受到帝王青睐是自然的。据《长安客话》记载：“宣德十年（1435年），宣庙西郊省敛，驻跸功德寺，因留鸾杖寺中。自后遂为列圣驻跸之所。”明宣宗这次临幸功德寺，是他生命最后一年的事。所以，这里成为后世文人达士吊古寻胜之处。如何景明《功德寺》所云：“宝地烟霞上，珠林霄汉间。宣皇留殿宇，今日共追攀。御榻临丹壑，行宫锁碧山。帝城看不远，时见五云还。”[2]

宣宗之后，其张皇后及英宗都曾临幸过功德寺。《琅琊漫钞》记载：

北京功德寺后宫像设工而丽，僧云正统时张太后尝幸此，三宿乃返。英宗尚幼，从之游，宫殿别寝皆具。太监王振以为后妃游幸佛寺，非盛典也，乃密造此佛。既成，请英宗进言于太后曰：“母后大德，子无以报，已命装佛一堂，请致功德寺后宫以酬后恩。”太后大喜，许之。复命中书舍人写金字经置东西房。自是太后以佛及经在，不可就寝，遂不复出幸。[3]

按规制妇人不宜在佛堂住宿，英宗特建佛堂，以此才阻止了游兴颇高的后宫太后及后妃们。如此鼎盛一时的功德寺到世宗朝，却遭到意外厄运。

[1] 《日下旧闻考》卷一〇〇，第1664页。

[2] 《长安客话》卷三《郊垌杂记·功德寺》。

[3] 《日下旧闻考》卷一〇〇《郊垌》。

> 嘉靖中，世庙谒景皇帝陵，有司以金山口路隘，镵阔数十尺，识者谓此功德寺白虎口也。虎口张将不利于寺。既而上驻辇寺中，中饭罢，周行廊庑，见金刚像狞恶，心忽悸而怒，因以宫殿僭逾，坐僧不法，撤去之，寺遂废。[1]

明世宗是在明代皇帝中为数不多的信道不信佛的帝王。在他手上毁过不少寺庙，功德寺就是其中之一。嘉靖此次临幸功德寺是无意为之，而不是专门去进香礼佛或观赏风景的；他本来是去谒代宗皇帝之景陵的，因道路狭窄，需要拓宽施工，因此，他临时临幸功德寺。于是被寺内金刚塑像所吓倒，顿起毁寺恶念。他找不到恰当理由，所以以“逾制”罪名法办寺僧，拆毁庙宇。在明代，“逾制”是大不敬罪，罪大可诛。本来，功德寺是宣宗“拟掖庭制度”建造的，并当成行宫，当然是皇家规格，宫殿模式，何论“逾制”呢？嘉靖的这种恶行，典型的“欲加之罪，何患无辞”，乃十足之莫须有罪。一代名刹，就这样毁于一旦。

到清代，于乾隆三十五年（1770年）重修功德寺。

(三) 卧佛寺

卧佛寺位于京城西郊寿安山，即今海淀区寿安山南麓，创建于唐代，曰兜率寺。明代称寿安寺，后改称永安寺；因寺内有两尊卧佛，故以俗称卧佛寺行名。

寿安山在西山北部，旧称荷叶山、聚宝山等。据《春明梦馀录》：“聚宝山在玉泉山西南，行数里，度两石桥，循溪转至卧佛寺。寺在唐为兜率寺，今名永安，殿前娑罗树来自西域，相传建寺时所植，今大三围矣。”《日下旧闻考》按曰：“玉泉山西南平壤中有冈阜隐起，俗称荷叶山，疑即孙承泽《春明梦馀录》所称聚宝山也。”[2]

---

[1] 《长安客话》卷三《郊坰杂记·功德寺》。

[2] 《日下旧闻考》卷一〇一《郊坰》按。

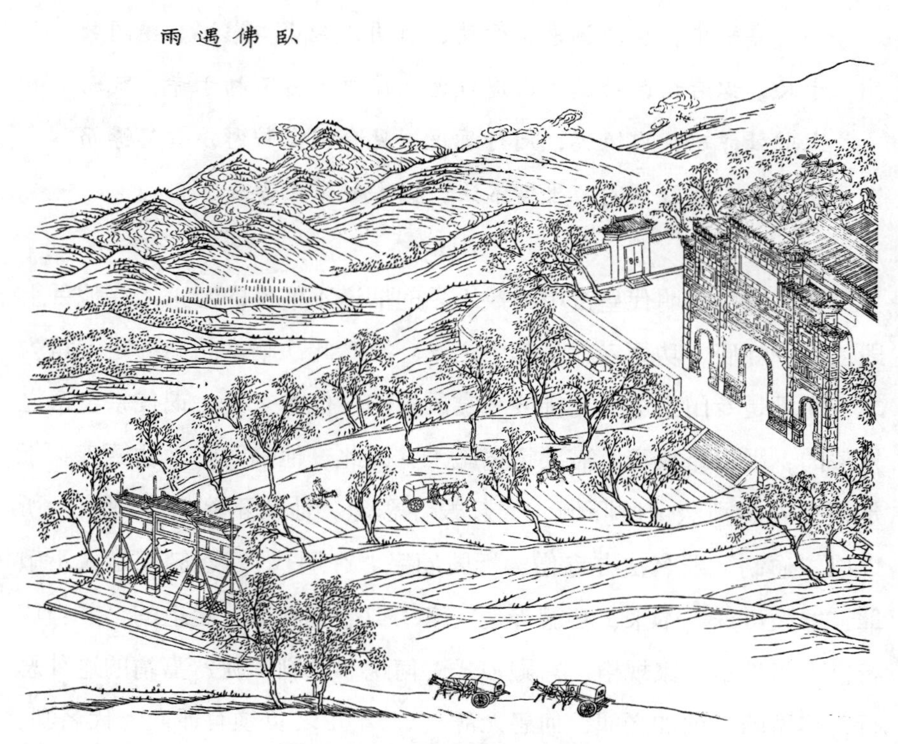

图 5-33　北京卧佛寺景观绘图

（引自（清）麟庆撰文、汪春泉等绘图《鸿雪因缘图记》）

可见，西郊卧佛寺为唐代古刹。《帝京景物略》载：卧佛“寺唐名兜率，后名昭孝，名洪庆，今日永安。以后殿香木佛，又后铜佛，俱卧，遂目卧佛云。”[1]清代称普觉寺。据清《世宗御制十方普觉寺碑文》：

> 西山寿安有唐时古刹，以窣堵波为门，泉石清幽，层岩夹峙，乃入山第一胜景。寺在唐名兜率，后曰昭孝，曰洪庆，曰永安，实一寺也。中有栴檀香佛像二，其一相传唐贞观中造；其一则后人范铜为之；皆作偃卧相，横安宝床，俗

[1] 《帝京景物略》卷六《西山上·卧佛寺》。

称卧佛。

《长安可游记》也记载："卧佛寺名寿安，因山得名，卧佛，俗称也。寺门有胡濙碑。卧佛凡二：一香檀像，唐贞观年造；一铜像，宪宗皇帝时造。"[1]从这些记载看，卧佛寺及檀香卧佛造像，均为唐太宗贞观年间所创。而铜佛像有两种记载，或曰元英宗所造，所记甚详；或为明成化年间所铸。

据《元史·英宗纪》："英宗即位，是年九月建寿安山寺，给钞千万贯。十月，命拜珠督造寿安山寺。"元英宗硕德八剌，延祐七年（1320年）即位，翌年改元至治。改元初，便敕谕建寿安山寺。"至治元年（1321年）春，诏建大刹于京西寿安山。""三月，益寿安山造寺役军。十二月，冶铜五十万斤作寿安山寺佛像。二年八月，增寿安山寺役卒七千人。九月，给寿安山造寺役军匠死者钞，人百五十贯。幸寿安山寺，赐监役官钞，人五千贯。"

这次重建寿安山寺，虽然投资巨额，兴师动众，但并未完成；而且，一开始就不顺利。当时，有众多大臣以"耗材病民"为由谏言反对。于是，英宗杀掉两人，廷杖二人，使得朝廷内部气氛十分紧张。况且，施工艰难，役工死伤不少，耗资巨大。

这些情况是浮以表面的原因；还有其他原由，不得而知。据《元史·泰定帝纪》，泰定帝于泰定元年（1324年）二月，"修西番佛事于寿安山寺，三年乃罢"。泰定帝是继承英宗的，英宗在位三年而未完成寿安山寺建设，而泰定又三年，也未完工。接着到元文宗"天历元年（1328年），立寿安山规运提点所。三年（1330年），改昭孝营缮司"。也就是说，为完成这一工程，朝廷建立了专门的行政管理部门，并且将寺名改为昭孝。

这体现了朝廷的高度重视，也体现了这个寺院在元代的重要地

[1] 《日下旧闻考》卷一〇一《郊坰》。

位。据《元史·文宗纪》，直到文宗“至顺二年（1331年）正月，以寿安山英宗所建寺未成，诏中书省给钞十万锭供其费，仍命雅克特穆尔、萨勒迪等总督其工役；以晋邸部民刘元良等二万四千余户隶寿安山大昭孝寺为永业户”。

可见，寿安山寺从元英宗开始，历经四位皇帝，从1321年至1331年，长达十年还未完工，仍继续督建，人力、物力、财力不断投入，足见其规模宏大，工程浩繁，而且十分艰难。《北京的佛寺与佛塔》一书说：寿安山寺工程“历时12年，‘耗银五百万两，动员役卒万余人’”[1]。而实际耗资耗力，恐大于此数据。

明代，到英宗正统中首次重修，并赐名寿安寺；成化年间再次重修，崇祯年间改称永安寺。《明宪宗寿安寺如来宝塔铭碑》记载：

> 去都城西北半舍许，即香山乡，其地与植，沃衍葱郁。民居、僧舍，联处而不断，盖近圻之胜概也。直乡西北有山曰寿安。山不甚高，而蜿蜒磅礴之势来自太行，至此与居庸诸山相接。山之阳有寺曰寿安禅寺。寺创于唐，其始名兜率，后改名昭孝、洪庆，历年既远，其规制悉毁于兵，漫不可考矣。正统中，我皇考英宗睿皇帝临御日久……因念世道之泰，治化之隆，必有默相阴佑之者……乃眷是寺，鼎新修建，构殿宇以及门庑，杰制伟观，穹然焕然，非复昔之莽苍比矣。已乃敕赐今名，颁《大藏经》一部，置诸殿。值佳时择日，亲御六龙以临幸焉。并赐白金楮币为香火之费。

值得注意的是，这里未提及铸铜佛之事。

明英宗前期在位十四年，天下还算承平。所以，他以为是暗中神灵在庇护，于是热衷于临幸寺院，修庙拜佛；重修昭孝寺，改称寿安

[1] 朱耀廷、崔学谙主编：《北京的佛寺与佛塔》，光明日报出版社2004年，第206页。

寺。该碑记说，明英宗重修寿安寺，“迩来又三十有馀年矣”。明宪宗再修寿安寺，时在成化十八年（1482年）。上溯三十多年，正是正统年间。据此可知，英宗是在正统十四年（1449年）前重修的。该寺在当时可谓是名刹中的巨刹。“盖环都城号为名刹者，曾不及是寺之光显也。”京都周围的名寺都赶不上寿安寺。

宪宗再修寿安寺，在碑记中云：

> 朕惟皇考之志是崇是继，乃暇日因披图静阅，知寺犹有未备者。命即其前高爽之地营建如来宝塔一座，辇土输石，重叠甃砌，既周既密，式坚且好，阑槛云拥，龛室内秘，宝铎悬其檐，相轮覆其危，丹垩之饰，周匝于内外，诸佛菩萨神天之像层见于霄汉间。盖其高以丈计者七，而缩其为尺者一；其阔以丈计者五，而赢四尺；其深比阔杀二丈一尺。蟠固峻峙，巍峨山立……既又于其下构左右二殿，各高二丈而赢四尺。经始于成化壬寅（十八年，1482年）春三月，落成于冬十一月。既成，藏舍利塔中，若昔阿育真相为之者。[1]

舍利塔中供奉印度阿育王像。之后，嘉靖三十五年（1556年）和万历十四年（1586年）也进行过修葺，寺内存有重修碑。

清代对寿安寺进行了重修，并改称十方普觉寺。“卧佛寺，雍正十二年（1734年）世宗宪皇帝赐名十方普觉寺。殿前恭立世宗御制文碑。”《世宗御制十方普觉寺碑文》记载：寿安寺“岁久颓圮，朕弟和硕怡贤亲王以无相悉檀，庀工修建；嗣王弘皎、弘晓继之，舍赀葺治。……因名之曰十方普觉寺，而勒是语于碑”[2]。乾隆年间也进行过一次大规模的修葺扩建。现存的卧佛寺基本保持了明代的格局及建筑风格，同时，清代也增添了不少建筑。但是，乾隆时明代白塔已经倒

[1] 《日下旧闻考》卷一〇一《郊坰》。

[2] 《日下旧闻考》卷一〇一《郊坰》。

塌。《日下旧闻考》卷一〇一按云："十方普觉寺山门旧塔今已无存。"

卧佛寺坐北朝南，后有寿安山，前为平原，视野开阔。作为数代皇家寺院，体量较大，占地4万多平方米，建筑规模宏大。空间布局，按皇家建筑规制，严整有序，主要建筑沿中轴线布置，东西对称摆布其他建筑。寺院依山而建，由南到北地势逐步抬高。寺前最南面为牌坊，之后又是一座四柱七楼五彩琉璃瓦牌坊；再往北有一泓池塘，上面横跨一座白石桥，水池左右为钟鼓楼。

之后是山门殿，明成化时所建白塔在山门附近。"寺当山之矩，泉声不传，石影不逮。行老柏中数百步，有门瓮然，白石塔其上，寺门也。"[1]往北延伸依次是天王殿，面阔三间，单檐歇山顶灰瓦，内奉明代制木质漆金护法韦驮像及四大天王像。

再北为寺院主体建筑三世佛殿，面阔五间，进深三间，单檐歇山顶黄琉璃绿剪边。殿内供奉木质漆金三世佛像，相传为唐代遗物。殿前有月台，东西两侧有配殿。又后为卧佛殿，面阔三间，单檐歇山顶黄琉璃绿剪边，旋子彩画，五彩斗拱建筑。正中供奉元代铸铜释迦牟尼佛，身长5.3米，身围直径约0.8米，重54吨，通体实心。头朝西，侧卧于榻上，铸造工艺精美，佛像庄重安详，体态优美，神色自然，为国宝级文物。

此殿后还有小殿，其中原本还有唐代的檀木卧佛雕像，据传清初已不知去向。卧佛殿后为藏经楼，面阔五间，硬山顶灰瓦。西侧有行宫，西北石崖上是观音堂，堂下岩石，泉流其下，注入岩下潭池。在寺院后面有亭台、石山、林木等，形成小花园。在中轴线两侧对称有东西院落；东路上是僧众的生活区，由南到北依次是大斋堂、大禅堂、霁月轩、清凉馆等，均为四合院式建筑。后面有祖师院，供奉开寺祖师。西路上有三层庭院，均为行宫，主要是清代所建。

卧佛寺以清雅幽静、风光宜人著称。风景尤以卧佛、娑罗树、牡

[1] 《帝京景物略》卷六《西山上·卧佛寺》。

丹花和泉水闻名。卧佛像造型美观别致，面容端庄，神色安详，体态匀称，栩栩如生，工艺精湛考究，堪称我国古代造像艺术的千古杰作。因此，卧佛像本身成为最有吸引力的园林景观之一。《游业》记载："寿安寺白塔卓山门上，入门古桧百章，殿前二娑罗树大数十围，左一海松。后殿卧佛一，又后小殿更置卧佛一，俗遂称卧佛寺。"两棵娑罗树在三世佛殿前。《珂雪斋集》："殿前娑罗树二株，西有泉注于池，池上有石如碧玉。""香山之山，碧云之泉，灌灌于游人。北五里，曰游卧佛寺，看娑罗树，大三围，皮鳞鳞，枝槎槎，根抟抟，花九房峩峩，叶七开蓬蓬，实三棱陀陀，叩之丁丁然。周遭殿墀，数百年不见日月，西域种也。……右转而西，泉呦呦来石渠。"[1]

卧佛寺作为皇家佛寺，园林景色不仅吸引皇亲国戚，也是大众游览之地。金坛王樵诗《卧佛寺》云：

别院对回廊，修门锁花木。
开榭山无人，虚堂自芬馥。
清风无已时，疾徐在深竹。
我就绳床眠，为待烹茶熟。

袁中道《卧佛寺》诗云：

山深双佛榻，铃塔影斜阳。
万畛花为国，千围树是王。
觅泉源更远，寻石径偏荒。
数里新篁路，将无似楚乡。

吴县姚希孟有《卧佛寺听泉》诗云：

[1] 《帝京景物略》卷六《西山上·卧佛寺》。

谁将石齿齿，漱出玉潺潺。

乱泻松涛急，分敲竹韵闲。

嘉兴谭贞默《娑罗树歌》曰："穹山庆谷能可树，树性无过五土赋。此种流传印土国，七叶九华人莫识，梵名却唤娑罗勒。"[1]"卧佛寺多牡丹，盖中官所植，取以上供者。开时烂漫特甚，贵游把玩不忍离去。"歙县汪其俊有诗云：

何意空门里，名花傍酒杯。

恍疑天女散，绝胜洛阳栽。

香与青莲合，阴随贝叶来。

佛今眠未起，说法为谁开？[2]

可见，一殿、一树、一石、一泉、一花都为卧佛寺增添了诱人的魅力。

（四）证果寺

证果寺为一座古刹，创建于唐代，时称感应寺。到元代也曾重修。明代多次重修后改称，景泰间曰镇海，天顺改名证果，到万历时已经萧条。"证果寺唐为感应寺，明景泰间曰镇海，天顺间改名证果。"[3]

证果寺的创建，与所谓大小青龙的神话传说有关。万历中的《长安客话》记载："证果寺甚萧索，前临青龙潭，后有秘魔岩，中空如室，石如偃芝，于此山岩洞中最胜。云是秘魔祖师所居，不知何

[1] 《帝京景物略》卷六《西山上·卧佛寺》。

[2] 《长安客话》卷三《郊垌杂记·卧佛寺》。

[3] 《日下旧闻考》卷一〇四按。

代。”[1]

明代几次重修，都存有碑记。景泰五年（1454年）秋，僧人南浦所撰碑立于寺门东魔崖洞口。证果“寺门东有池，深不盈丈，广约六尺余。池西南隅有吐水龙口，即旧所称青龙潭也”。摩崖洞在卢师山，在京城西一舍许。一舍，古代行军三十里为一舍。至于青龙潭及大小青龙，有一则自唐以来广为流传的神话传说。唐代感应寺的创建，源于这一传说；明代重修也沿袭这一传说。

明代僧人南浦《重修镇海禅寺记》记载：都城一舍许曰西山尸陀林秘魔崖。有僧名卢，不知何许人，从江南乘舟来到卢沟桥桑干河分两岔处，遇见两个童子，自称是龙王子，帮卢僧“来执薪水之劳”。于是，卢僧收为徒弟。后来遇到大旱，“三年不雨，树枯井竭，民甚忧之”。当时，二童子进京，见到黄榜，说谁能祈雨，重以爵赏。于是，二人揭榜而归。看榜官徐某来问，能限雨期？童子说：“三日内甘雨霈施。言讫委身龙潭，须臾化青神龙，一大一小，出没显现。”徐某如实奏闻，“至期，甘雨果作，田畴俱满”。所以，皇帝遣大臣降香，并亲临观顾。这时，卢僧便“示现观音仪像，身挂天衣璎珞，奇祥异瑞”。皇帝极为高兴：

> 赐卢师号曰感应禅师。建殿宇以崇佛像，另启祠室，春秋遣官以礼祭之，额以寺而勒碑记之。时泰定二十六年。至大元年（1308年），重建殿宇，改赐今额。元季，寺毁于兵。洪武庚辰，有福海师于斯修习，至永乐中，德行著闻。太宗文皇帝尝遣近臣顾问。迨洪熙改元，仁宗昭皇帝旨至，问二青龙王始末，师面说无滞。赐牒改名慧宗，别号无相。宣德丁未（二年，1427年）敕建大圆通禅寺殿宇，二青龙现奇异象，祷之有感。于是敕封辅国广泽善行真功宣德济民大青龙

[1] 《长安客话》卷三《郊坰杂记》。

王，佑国溥泽积行崇功施德利民小青龙王，重建祠宇，仍遣官祭之。……正统戊午（三年，1438年）重修佛殿僧房。[1]

这一神话传说的记载，有些内容是不可信的。但记史事部分，含有重要信息。不过，其大小青龙的传说，从元代开始说起。然而年号有误。泰定是元泰定帝的年号，从1324年至1328年，只有五年时间，说泰定二十六年，无从谈起。再则，至大元年（1308年）重修云，与始建时间，前后本末倒置。创建应在前，而重修应在后。至大为元武宗海山的年号，为元代的第三个皇帝；而泰定帝是元代的第六个皇帝，相差三代，而后辈却创建，前辈重修，显然错位。事实上，元代也只是重修而已，不存在创建。可见，这一碑记不甚严谨。

至于卢氏僧人，也称卢师。据《长安客话》载：

下弘教寺循山趾而南，有卢师山，与平坡并峙。诸寺鳞次其间，曰清凉、曰证果、曰平坡，皆古刹也。卢师山以神僧卢师得名，师隋末居此山，能驯服大青、小青二龙。山有潭广丈许，覆以巨石，其下深不可测，二龙潜焉。……旧有寺亦以卢师名，今清凉寺是也。[2]

这说明，大小青龙的传说，始于隋唐而非元代。《北平古今记》说："今京城西三十里卢师山，相传为隋沙门卢师驯伏青龙之地。"《青溪漫稿》载："按碑记，昔有僧名卢，自江东来。寓居西山之尸陀林秘魔崖。一日二童子来拜于前，卢纳之，鬻薪供奉，寒暑无怠。时久旱不雨，二童子白于卢，能限雨期。言讫即委身龙潭，须臾化青龙，一大一小，至期果得甘雨。事闻，赐卢师号曰感应禅师，建寺设像立碑以记其事。……宣德中，敕建大圆通寺，二青龙出现，祷之有

[1] 《日下旧闻考》卷一〇四。

[2] 《长安客话》卷三《郊坰杂记·卢师山》。

应，于是加以封号。”《帝京景物略》也有类似记载。《明宣宗实录》则有：“宣德七年（1432年）三月，以久不雨，遣顺天府尹李庸祭大小青龙之神”，祷雨。

明代，从永乐开始关注这一传说。明宪宗成化时期的吏部尚书姚夔《证果寺重建碑略》言：

> 去都城一舍许，曰西山。层峦叠嶂，盘礴蜿蜒于翠雾苍烟中，实为京师右观。中有尸陀林，昔为卢师卓锡之所。师尝度龙子为沙弥。天宝间，旱甚，二沙弥入潭，化大小青龙，霈甘雨以济群生。人德之，遂立祠于此。既而师示现异象。赐号感应禅师，因名其寺曰感应。景泰间，更名曰镇海。……宣德间，祈雨有感，封二青龙为王。正统间有金缯之赐。于时镇海为兰若之首……天顺改元，赐名证果禅寺。[1]

这一记载，把传说故事置于唐玄宗天宝年间，与上述记载不同。但内容相似。

这些碑记，对大小青龙的故事，均为相互传抄。既然是传说，版本各异；但大同小异。重要的是唐代以来历代以荒诞传荒诞，建寺立庙，香火不断。特别是明代宣宗、英宗和代宗多次重修，改称更名，使该寺成为明代“兰若之首”。兰若，即梵语阿兰若的简称，意为寂静处，泛指寺庙。也就是说证果寺为当时首刹。

虽然如此说，但证果寺的具体规模，主要建筑及园林景观等，鲜有明确记载。明代曾棨游寺诗云：

> 久怀招提游，偶此得寻访。

---

[1]《日下旧闻考》卷一〇一《郊垧》。

图 5-34 北京潭柘寺景观绘图

（引自（清）麟庆撰文、汪春泉等绘图《鸿雪因缘图记》）

岩峦通杳霭，门槛俯虚旷。

飞花出洞中，古柏荫池上。

欲识双青龙，变化尔何状？[1]。

（五）潭柘寺

潭柘寺，全称为潭柘嘉福寺，位于今北京市门头沟区东南部小西山宝珠峰南麓，是京师著名古刹，始建于晋代。据《春明梦馀录》记载：

晋嘉福寺，唐改龙泉寺，即今潭柘寺也。寺两鸱尾自潭

[1] 《长安客话》卷三《郊坰杂记·卢师山》。

> 中涌出，奇伟之甚。昔谓有柘千万章，今亡矣。僧新种者，存其名耳。燕谚谓：先有潭柘，后有幽州。此寺之最古者也。[1]

因为该寺所处环境特点是有潭水，周围有柘树，所以俗称潭柘寺，并以此流传。《帝京景物略》也说：潭柘寺“晋、梁、唐、宋，代有尊宿，而唐华严为著者。……寺先名嘉福，后名龙泉，独潭柘名，传久不衰”[2]。据《游丛》记载：“潭柘寺山环无柘，惟殿左有枯株久仆，云是龙渊遗迹。寺碑胡尚书濙文，夏太常昶书也。寺肇于唐，重饬于金大定，元毁于兵，国朝宣德初更拓，赐名龙泉寺。”该记载认为该寺始建于唐代，其实是重修。

明代先后三次重修潭柘寺。据明谢迁《重修潭柘嘉福寺碑略》记载：

> 距都城西二舍许，马鞍山之西，有泉汇而为潭，土宜柘木，因以得名。在后唐时，有从实禅师与其徒千人讲法于此。后遂示寂于华严祖堂。皇统（金熙宗年号，1141—1149年）间改为大万寿寺。……我朝宣宗章皇帝即位二年（1427年），特命高僧观宗师住持于此。孝诚皇后首赐内帑之储，肇造殿宇。越靖王又建延寿塔。英宗睿皇帝诏为广善戒坛，颁《大藏经》五千卷，并赐今额，迄今五甲子矣。工兴于正统二年（1437年），迨次年九月告成。[3]

依据以上资料，潭柘寺在明代至少重修三次。一次是宣德二年，由皇后出内帑重修。潭柘寺本来就是一座巨刹，后唐（五代十国时期的明宗李存勖）所建，当时就可容千余人修法。元代毁于战火，原有殿宇破旧坍塌，一直没有重建；所以到明宣德间重修时，还建造

[1] 《春明梦馀录》卷六六《寺庙》。

[2] 《帝京景物略》卷七《西山下·潭柘寺》。

[3] 《日下旧闻考》卷一〇五《郊垌·潭柘寺》。

了殿宇，以扩大其规模，但仍旧称龙泉寺。第二次重修是英宗正统二年（1437年）开始，用一年多时间完成，并命名潭柘寺为“广善戒坛”。英宗复辟，改元天顺后，又恢复故名嘉福寺。提到“迄今五甲子”，乃三百年。上溯之，到金熙宗时期。其实，潭柘寺的历史上溯之更远。所以，民谚说“先有潭柘，后有幽州”。燕为幽州的建制，是唐朝的事；当然迟于晋代。第三次修葺，则在弘治十年（1497年），由司礼太监戴良炬“出所积为工食费，又请于上赐金益之”。实际上，还是皇家出资修葺。

总之，潭柘寺始建于晋代，称嘉福寺；唐改称龙泉寺。金世宗大定元年至十三年（1161—1173年）间重修。元代毁于战火，明代宣德、正统、弘治间三次重修，并赐名龙泉寺。从晋到明代，已有千余年的历史了。

在明代之前，金、元皇家都将潭柘寺看作游览胜地或礼佛名刹。如金代僧人重玉于明昌五年（1194年）作《从显宗皇帝幸龙泉寺应制诗》云：“一林黄叶万山秋，銮仗参陪结胜游。怪石斓斒蹲玉虎，老松盘屈卧苍虬。俯临绝壑安禅室，迅落危崖泻瀑流。可笑红尘奔走者，几人于此暂心休。”僧人重玉的这首诗刻在延寿塔后。

可见，金代帝王也常幸此寺。值得一提的是，对这首诗的记载，颇为混乱。在金代帝王的尊号中没有称“显宗”的。金代开国到明昌五年，有79年，其间经历了六个皇帝，分别是太祖、太宗、熙宗、废帝完颜亮、世宗，章宗为第六个皇帝。因此，疑是刻石有误。重玉所陪从的皇帝，应该是金章宗。

在元代，潭柘寺为西山首刹，皇家十分青睐，帝王、后妃、王公贵族常来礼佛进香。《紫柏禅师语录》载：

潭柘寺有元妙严公主拜砖，双趺隐然，几透砖背。相传，妙严为元世祖女，削发居此，日礼观音不辍，遂留此迹。万历壬辰（二十年，1592年），孝定皇太后欲经懿览，贮以花梨木匣，迎入大内，后复送归寺。

元世祖忽必烈的女儿出家到潭柘寺为僧尼，每天跪在砖头上拜菩萨，竟然将砖头几乎跪穿。这个砖头后来成为佛徒们的神物，供放在寺里。所以，明孝定皇太后想拜谒这个神物，专门作了一只花梨木匣子，送到禁宫让其目睹。这个拜砖和木匣一直流传到现代，妙严公主的像设在观音殿内。

到永乐，“靖难之役”的第一功臣姚广孝，不图尘名俗荣，归于潭柘寺。《帝京景物略》卷七《潭柘寺》说：“我明永乐间，则少师道衍……逃墨为元勋，潭柘是终。”这里说道衍圆寂于潭柘寺，但道衍死于何处，还有其他说法。

明代潭柘寺的规模宏大，殿宇崇丽，风光旖旎，为典型的皇家寺庙园林气派。《帝京景物略》对潭柘寺有生动的描绘：

寺去都雉西北九十里，从罗睺岭而险径，登下不可数。过定国公兆十馀里，一道丛棘中，仰天如线。可五六里，颓山四合，东西顾，树古树，壁绝壁，颓山青矣，不见寺也。里许，一山开，九峰列，寺丹丹碧碧，云日为其色。望寺，即已见双鸱吻，五色备，鳞而作，匠或梯之。云五色者，鱼龙虾蟹荇藻，各显其形其色，非匠可手，鸱若置地，过人髻五尺许。[1]

据《日下旧闻考》记载，潭柘寺的主要建筑，寺门外有牌楼，南向，之后依次是大殿、三圣殿、毗庐阁、圆通殿、地藏殿、弥陀殿、楞严坛、大悲坛、观音殿、延清阁、流杯亭及配套建筑，一应俱全，从而奠定了清代及现今的规模。

[1]《帝京景物略》卷七《西山下·潭柘寺》。

从现在的潭柘寺建筑布局中，可以领略昔日的面目。潭柘寺体现了典型的皇家巨刹的建筑格局与风格，寺院坐北朝南，空间布局按东、中、西三路展开。因依山而建，南低北高。在中轴线上，最南端为大牌坊，三门四柱，三层楼式。向北则是一条小溪从龙潭下来，上有小石桥，曰怀远；再北为山门，三洞式券门；两侧环以红墙。

入山门依次是天王殿、大雄宝殿。该殿是主体建筑，坐落于崇台须弥座，前有宽大的月台，围以镂刻图案汉白玉栏杆，前后有石阶出；重檐庑殿顶，黄琉璃瓦绿剪边；殿顶屋脊两端有巨型琉璃鸱吻，高2.9米，比大内太和殿的正吻仅差0.5米，可谓寺观殿宇鸱吻之冠。在鸱吻两侧各盘屈两条金龙，正吻两侧还各用长达两丈的镀金锁链拴住。这个金锁链是康熙皇帝所赐，用意是要拴住龙子。这个鸱吻是元代的原物，这种屋顶装饰，在其他建筑中极为罕见，成为潭柘寺寺院建筑的一个特点。

大殿内供奉释迦牟尼塑像。大殿之后为三圣殿，再后为斋堂院，分上下两部。下面部分前有两棵婆罗树，其中一棵为明代种植的，直径达1米多，有600余岁。上部分也有两棵古树，其中一棵高达30余米，直径4米余，七人方可合围，相传辽代之物，可称千岁树。最后为毗庐阁，硬山顶双层楼阁，大脊正面镂雕八条飞龙戏珠图案；大脊背面则是凤戏牡丹图案，六凤展翅，簇拥牡丹。这种龙凤图案，正展现其皇家特有标志。

在中轴线两侧，对称布局。东侧有行宫院、方丈院、延清阁、石泉斋、圆通殿、地藏殿、舍利塔、竹林院等，均为庭院式建筑。殿宇为朱栏碧瓦，红花翠竹，清幽雅丽。行宫院中有流杯亭，绿色琉璃瓦顶，单檐四角攒尖木结构建筑。在圆通殿与地藏殿之间有金刚延寿塔。明正统二年（1437年）三月谢迁撰《重修潭柘嘉福寺碑略》记有“越靖王又建延寿塔”。

《日下旧闻考》卷一〇五《郊坰》按云：“明越靖王（朱）瞻墉所建延寿塔，今尚存，高五丈馀。”该塔与北京妙应寺白塔极为相似，洁白如雪，十分耀眼。塔后有立于金章宗明昌五年（1194年）的石碣，上刻有金代和尚重玉《从显宗皇帝幸龙泉寺应制诗》。

中路西侧，有楞严坛、戒台大殿、文殊殿、祖师殿、龙王殿、大悲坛、观音殿等等。观音殿坐落于西路最北段，也是最高处，为元代妙严公主礼佛处。其拜砖，已于20世纪六七十年代丢失。祖师殿在观音殿西侧，再西是龙王殿。观音殿南面为戒坛大殿，正方形；坛在大殿内，坛体为品字形三层汉白玉石台，高一丈；每层石台都围以木栏杆。

戒坛大殿内顶部正中为木雕垂花罩，与下面的上层台面相同，上下呼应，浑然一气。戒坛南面，则是楞严坛，是一座重檐攒尖顶木结构圆殿，坐落于八面形汉白玉须弥座上。重檐下檐为八面形，上檐呈伞形，其上为鎏金宝鼎。延清阁坐北朝南，两层，上下面阔各五间。因依地势而建，阁背面利用山体切面，正面为两层，但上层与背面地高齐平，形成新的平台。其上建有财神殿。延清阁在大雄宝殿东侧，西侧与延清阁相对有旃檀楼，与延清阁形式相仿。潭柘寺殿宇宏丽，布局严谨规范，氛围庄严肃穆，气派高迈，格调华贵。

寺院内外，古树苍苍，翠竹修篁，绿荫环绕，小桥横波，溪水潺潺，一派皇家寺院园林风光。永乐间道衍（姚广孝）《秋日游潭柘山礼祖塔》诗云：

策蹇看山朝出城，葛衣已怯秋风清。
白云横谷微有影，黄叶坠涧寒无声。
乍登峻岭宁知倦，古寺重经心恋恋。
潭龙蛰水逾千丈，空鸟去天才一线。
老禅寂灭何处寻，孤塔如鹤栖乔林。
岩峦幛开豁耳目，岚雾翠滴濡衣襟。

郭武《潭柘山》诗云：“潭柘山高处，金银佛寺遥。断崖吹石雨，虚阁贮松涛。”“青山亦无尽，细路转来通。衰草萦残碧，霜梨落半红。炉存前劫火，树老两朝松。无柘无潭寺，年年现雨工。”[1]好一派山水风光图。

潭柘寺到清康熙年间，多次重修并改称岫云寺。康熙间山东茌平县知县吴陈琰《岫云寺莲池记略》载有一段传说：“都城西北有寺曰潭柘，晋曰嘉福，唐曰龙泉，九峰环列。谚云：先有潭柘，后有幽州。则此寺最古。相传寺址本在青龙潭上，有故柘千章，寺以此得名。唐华严师开山于此，青龙听法。一夕大风雨，遁去，潭已平地，有两鸱吻涌出，今殿角鸱是也。自元毁于火，重饬于明。今上临幸是山，发帑重建，规模宏敞，倍于往昔，赐名岫云寺。”[2]这段记载，有虚有实。潭柘寺一直到现在，也是北京的风景胜地。

（六）万寿寺（戒坛）

北京万寿寺，又称戒坛，为中国三大戒坛之一，号称“天下第一戒坛”，位于现北京西郊门头沟区马鞍山山麓，距北京中心城区35公里，为唐代以来著名千年古刹。

所谓戒坛者，据《宛平杂记》云：“戒坛是先年僧人奏建说法之处。”《日下旧闻考》卷一〇五《郊坰》按曰：“戒坛在马鞍山万寿寺内。寺在唐曰慧聚，辽咸雍（1065－1074年）间僧法均始辟戒坛，明正统改寺名万寿。”《长安客话》载：

> 从卢沟桥西北行三十里为灰厂。出灰厂渐入山，两壁夹径，不止百折，行者前后不相见，径尽始见山门。有高阁在山中央，可望百里，浑河一带晶晶槛楯间。山麓至中板桥仅十馀里。阁后有轩度岩上。折而右即戒坛。坛在殿内，甃石为之，中有高座，为每年说戒之地，周回皆列戒神。四月八

[1] 《帝京景物略》卷七《西山下·潭柘寺》。

[2] 《日下旧闻考》卷一〇五《郊坰》。

图 5-35　北京戒台寺景观绘图

（引自（清）麟庆撰文、汪春泉等绘图《鸿雪因缘图记》）

> 日，游僧毕集听戒，闻彼殊不戒，岂尽吞针者耶？……坛创自隋唐间，我国朝重建，东向可眺神州。高视香山倍之，其佳丽视碧云，而规制则碧云所不及也。[1]

据此可知，万寿寺创建于唐，称慧聚寺；而辽道宗时期始辟戒坛，延至于金、元。明英宗正统年间重建该寺，并改称万寿寺。其景色与碧云寺媲美，而规制则超过碧云寺。虽然明代改称万寿寺，清代沿用，但戒坛称谓更通行。寺与戒坛保留至今。有关万寿寺的地理环

[1]　《长安客话》卷四《郊垧杂记·戒坛》。

境及沿革，《燕都游览志》记载得更为详实：

> 戒坛在西山最深处，渡浑河西行可二十里，两崖中通一径，丹林黄叶，与青峦碧涧错出如绣。远望西北一峰如灵璧石，以为戒坛必在其下。过永庆庵，呼山僧问之，曰极乐峰也。西行不五里，石阑丹壁，已至寺门。寺肇自唐武德（618—626年）中，旧名慧聚，至明正统乃易名万寿。[1]

这里对慧聚寺的肇建说得更具体，即唐初，实际上于唐高祖武德五年（622年）所建。万寿寺戒坛，由辽道宗时期的法均和尚所建。《西山游记》：

> 万寿寺在马鞍山，山后一峰遥耸，如紫驼峰，是为极乐峰。辽时祖师法均说戒于寺，加坛焉。崇阶三，砌以石，广甚，容受戒者无算。遗钵是藏塔于坛下，塔倾，得舍利的砾如雨，缁徒什袭，乃得谛观。[2]

可见，当时的戒坛，高三层，以石头砌成，面积较广。

到明代，万寿寺有数次重修记载，即宣德时期、正统六年（1441年）及成化和嘉靖年间。据胡濙《马鞍山万寿大戒坛第一代开山大坛主僧录司左讲经孚公大师行实碑略》记载，明宣宗时，大师如幻（俗姓刘，讳道孚），名震天下。“宣庙在潜邸，每承顾问，恩礼特隆。宣德丙午（元年，1426年）召至京师，馆于庆寿丈室。大师左右朝参，出入禁中，翼翼勤慎，始终如一。”宣宗于二年为其授官，但他固辞不受，却常在文华殿楷书大字，于秘殿开法场，为民祈福。于四年（1429年）出宫，漫游名山古刹，于宣德七年（1432年）还京。

---

[1] 《日下旧闻考》卷一〇五。
[2] 《日下旧闻考》卷一〇五。

他遍历江淮览胜，五台求知修佛。“睹文殊于清凉，办供养于鹫岭。乃曰：一翳在眼，空花遍界。遂号如幻。”从时间上判断，在宣德初七年里，如幻或在朝中，或在外游历，并不在京。因此，宣宗重修万寿寺，让其住持戒坛之事，只可能是宣德七至十年（1432—1435年）间的事了。

至于具体时间，《北京的佛寺与佛塔》书中说：万寿寺于“明宣宗宣德九年（1434年）重建”[1]。这也符合上述推测。所以，胡濙碑记说：

> 京西马鞍山寺修建，思得至人以振宗风。师知此寺乃辽普贤大师所建，四众受戒之所，喟然叹曰：“释迦如来三千馀年，遗教几乎泯绝，吾既为佛之徒，岂忍视其废而不兴耶？”乃往住兹山。于是铲荒夷险，郁起层构，散己资以鸠工，择干僧以董役。……日而不笠，雨而不屐。于是廊庑龙象，焕然一新。

如幻看到万寿寺破废，便出资重修。后来，“英庙闻其名，召之。一见，天颜大悦，呼为凤头和尚。寻升僧录讲经”[2]。

可见，如幻在明宣宗和英宗时期深受皇帝尊崇，于是让其住持万寿戒坛。如幻于景泰丙子（七年，1456年）夏六月十日辞世，终55岁。他死后，“建塔于寺之南原”。《北京的佛寺与佛塔》一书还说，“明英宗正统六年（1441年）如幻又主持重修了戒坛大殿和戒坛，形成了今天的寺院格局”。说的主要是局部重修，然而，从宣德九年到正统六年（1434—1441年）间只有七八年时间，在正常情况下重修两次，不可思议，除非有特殊情况，如火灾之类。但在几个碑记中均未明确提到。

[1]　张连城、孙学雷编著：《北京的佛寺与佛塔》，光明日报出版社2004年，第162页。

[2]　《日下旧闻考》卷一〇五。

于正统间重修万寿寺之事，胡濙碑记未提及，有些蹊跷。特别是中顺大夫胡濙的这一碑记，撰于天顺七年（1463年）之前（胡濙于天顺七年去世），立于成化九年（1473年）[1]。撰碑正是在英宗时期，却未提重修一事。《帝京景物略》也记载：

出阜成门四十里，渡浑河，山肋叠，径尾岐，辨已。又西三十里，过永庆庵，盘盘一里而寺，唐武德中之慧聚寺也。正统中，易万寿名，敕如幻律师说戒，坛于此。[2]

这里也只提改寺名一事，但未提重修。成化间重修万寿寺，据《日下旧闻考》卷一〇五《郊坰》按曰：万寿寺内有明代碑四座，“一为成化五年（1469年）敕谕碑”。嘉靖年间重修，工期长达七年，是为最大规模的修葺。据嘉靖朝大学士高拱《重修万寿禅寺碑略》记载：

马鞍山有万寿禅寺者，旧名慧聚，唐武德五年（622年）建也。时有智周禅师，隐迹于此，以戒行称。辽清宁（1055—1064年），有僧法均同马鸣、龙树，咸称普贤大士，建戒坛一座，四方僧众登以受戒，至今因之。宣德间修葺，又建塔四碑四，而请如幻大士名道孚者主其教。历岁既久，寺复倾圮，发帑重建，经始于嘉靖庚戌（二十九年，1550年）季春，至丙辰（三十五年，1556年）仲夏告竣。[3]

这一记载，对万寿寺的历史渊源，说得更加具体明白，但宣德间修葺的时间，未具体记载；同时，也未提到正统间重修之事。但《日下旧闻考》卷一〇五按曰：“明正统十三年（1448年）中秋日筑坛如

[1] 以上均引自《日下旧闻考》卷一〇五《郊坰》。

[2] 《帝京景物略》卷七《西山下·戒坛》。

[3] 引自《日下旧闻考》卷一〇五。《郊坰》。

幻道孚建。”[1]

到清代，康乾时期曾进行过重修和扩建，并习惯于称戒台寺。

万寿寺坐落于京西马鞍山半山腰，坐西朝东。其建筑群的空间布局，按照中国古典风景园林理论，因地制宜，依地势高低广狭，灵活布置。建筑群分成南北两部分。北部是戒坛院，在中路有山门、千佛阁、戒坛殿、大悲殿、罗汉堂等，主要是明代格局；在南部，大多为清代所建。这些布局体现了明代皇家建筑的风格。“殿宇宏丽，阑楯参差。坛在殿中，以白石为之，凡三级，周遭皆列戒神。出坛而南，至波离殿，殿前辽、金碑各一，皆波离尊者行实也。”[2]戒坛院为长方形院落。

戒坛院山门面阔三间，单檐歇山顶；里面供奉佛祖十大弟子之一“持戒第一”之优波离尊者。其殿在明代称“优波离殿”。殿内有明代佛龛，高4米，长3.7米，宽1.55米；下面为木制须弥座，龛内上方有三个雕龙藻井，玲珑精美；四边饰以云龙花纹；佛龛上共有146条雕龙，堪称精品。

殿后有一座明万历二十七年（1599年）所铸青铜焚炉，为殿前焚香而设，是明神宗母亲慈圣皇太后铸造并赠予戒坛的。炉高3米，上下二层，重达2500公斤。底座为汉白玉须弥座，形似城门楼。上部为炉罩，重檐歇山式殿顶造型，有大脊、兽吻、戗脊、瓦垅；檐下为仿木结构斗拱。其下为镂空仿木窗棂，两侧开门，穹窿形。整个焚炉造型别致，铸造精美，宏制气派。炉身呈长方形、四足双耳，为明代铸造精品。“戒坛之前为明王殿。殿门右石幢二，刻尊胜陀罗尼咒并序。……阶下塔二：右塔为普贤衣钵塔；左塔石刻云辽故崇禄大夫守司空传菩萨戒坛主普贤大师之灵塔。”[3]

戒坛殿位于中央，称选佛场，重檐盝顶而四角尖攒顶木结构，即

[1] 《日下旧闻考》卷一〇五《郊垧》按。

[2] 《日下旧闻考》卷一〇五《郊垧》按。

[3] 《日下旧闻考》卷一〇五《郊垧》按。

四面坡的殿顶，中为平台，平台之中及四周各有黄琉璃顶，形成五顶。上下檐有回廊环绕。殿内屋顶正中为斗八藻井。藻井内雕塑众多饰金木制佛像，正中倒挂一条木雕团龙，围以八只子龙，构筑九龙护顶造型。此殿为明英宗正统年间所创建，展现了明代皇家建筑的高超艺术，为不可多得的精品。殿两侧有36间配殿及五百罗汉堂。千佛阁为二层楼式木构建筑，顶部为三重檐，阁体呈方形，高七丈有奇。上层设有五座阁龛，每个阁龛分28个佛龛，每龛内奉有三尊木雕佛像，共奉420尊。连下层所奉佛，阁中所奉佛像共千余尊，是名副其实的千佛阁。现阁已不存，遗址台基面积达600余平方米。

戒坛殿内有品字形戒坛，高3.25米，坐以须弥座，三层台阶，每层须弥座围以雕刻小佛龛，由下而上按49、36、28个来分布。佛龛内共有手握法器、戴盔披甲、面目狰狞的113尊戒神。戒坛的这些构造和装饰，营造出十分威严凝重的压抑氛围。整个戒坛面积达127平方米，上层面积有32平方米。戒坛西侧有一尊高3.35米的释迦牟尼漆金塑像。戒坛左前方挂一只明景泰年间的大钟，右前方为一面大鼓，为传戒所用法器。

万寿寺作为皇家佛寺，自然环境及园林景观十分优美。寺院位于山林环境中，坐落半山，面向东方，背靠翠崖，青峰环绕；俯视千嶂万壑，平川原野，远峰近流，尽收眼底。四周碧树掩映，古藤青苔，山花烂漫，鸟语泉鸣，石径蜿蜒，仙洞幽深。这是佛寺园林“借”来的外景。院内殿宇崇台，碧瓦红墙，玉栏丹陛，与院外的翠峰碧树，浑然和谐，融为一体。

万寿寺的自然景物，以松著名，所谓“潭柘以泉胜，戒台以松名”。就是说，潭柘寺的泉、戒台寺的松最负盛名。万寿寺的古松奇树，在明代就已闻名遐迩。戒坛，“辽金时所植松今尚在，围抱可四五人，高不三丈，荫布一庭，枝干径二尺。虬曲离奇，可坐可卧”[1]。

[1] 《长安客话》卷四《郊垧杂记・戒坛》。

《潇碧堂集》:“坛在殿内阁前，古松四株，翠枝穿结，覆盖一院。”《日下旧闻考》卷一〇五《郊坰》按说:“千佛阁前松株今尚蔚茂。”《燕都游览志》:明万寿寺“殿墀四松，离奇夭矫，皆数百年物”。对这些千年古松、数百年古树，人们为其取名，诗情画意:曰九龙松、卧龙松、宝塔松、自在松、活动松等等，表现了它们老态龙钟、久经风霜、奇形怪状、顽强生存的特点，也成为万寿寺的一种独特景观。还值得一提的是，在千佛阁后面，有一座花园，即著名的牡丹院。这是清代作为行宫而建的，所以称北宫。清乾隆皇帝曾在这里居住过。牡丹院所种牡丹花、丁香、芍药等，品种多样，万紫千红，香气袭人。这是寺院园林中的皇家花园。

明代万寿寺及戒坛，作为都城远郊寺院园林，是当时人们游览赏景的佳处，更是那些皇亲贵族、达官贵人、文人墨客观光休憩、吟咏作画的场所。所以，他们的诗词歌赋，重现了万寿寺当时的美景。如公鼎《游西山戒坛》诗:“梵宇临芳甸，层台接太虚。九州旋绕地，万仞广严居。山鸟伽陵唤，岩花薝葡舒。大千归墨点，兀坐正愁予。”黄辉望《戒坛》有:“坐月松枝暖，春风记昔游。露尊调白凤，雪曲醉苍虬。”嘉靖时的严嵩虽属奸臣，但描绘万寿寺戒坛，还是十分精彩的，故不应以人非艺。如其《九日登戒台寺阁》诗云:“梵阁千峰里，征骖九日来。松萝禅径入，龙象法筵开。黄菊宁簪帽，青莲独上台。如堪授真戒，吾此息氛埃。……古树寒飙急，幽轩夕翠浓。菊觞违雅集，相忆在高峰。”[1]

万寿寺及戒坛不仅是皇家寺院，也是明代名胜。因而，这里既有佛寺活动，也有大型的民间集会;僧侣佛徒、皇亲国戚、黎民百姓到这里都能找到自己一份精神的寄托或心灵的慰藉和愉悦。每年“四月八日，游僧毕集听戒”[2]，开展大型佛事活动。同时也举行民俗活动，这与北京当时的民间习俗有关。

---

[1] 以上均引自《日下旧闻考》卷一〇五《郊坰》。

[2] 《长安客话》卷四《戒坛》。

据《宛署杂记》记载：民众“四月赏西湖景，登玉泉山游寺，耍戒坛、秋坡、观佛蛇”。其中，在戒坛有四月初八至十五日赶秋坡，四月十二耍戒坛活动。由于佛事活动与民俗活动相叠加，这里便热闹非凡。农历四月，北京正是风和日丽、万物复苏、春暖花开、草木葱茏、莺歌燕舞的最好季节，所以，人们的户外活动开始活跃起来，位于西山的万寿寺及戒坛，自然成为最佳去处之一了。明代万历间，神宗的母亲慈圣皇太后笃信佛教，不仅为万寿寺铸造青铜焚炉，还常到这里上香礼佛，每次都赏赐金钱珍物。直到明末，万寿寺及戒坛香火兴旺，寺运高昌。

（七）慈寿寺

慈寿寺位于今北京市海淀区玉渊潭乡的八里庄，京密引水渠畔，始建于万历年间。据《万历野获编》载：

> 在城外者曰慈寿寺，去阜成门八里，则圣母慈圣皇太后所建。盖正德间大珰谷大用故地，始于万历四年（1576年），凡二岁告成。入山门即有窣堵坡，高入云表，名永安塔，华焕精严。真如游化城乐邦，所费甚多。盖慈圣既捐帑，各邸俱助之，因得速就如此。[1]

窣堵坡，又写窣堵波，为梵语stupa之译音，即佛塔。据此记载可知，此寺为神宗皇帝的生母出资，各王公大臣捐资所建，仅用两年便建成，其地原是明武宗时期大太监谷大用的旧地。

在明代，建造皇家佛寺最多的是万历年间。而且，主要是明神宗母亲慈圣皇太后所敕建，她是最虔诚的佛教徒。《明史·孝定皇后传》载，太后“顾好佛，京师内外多置梵刹，动费钜万，帝亦助施无算。

[1] 《万历野获编》卷二七《京师敕建寺》。

（张）居正在日，尝以为言，未能用也”[1]。这是说，连太后最信任的内阁首辅张居正劝说也不管用。慈寿寺便是较早建的一座。

《涌幢小品》也说：“慈寿寺在阜成门外八里，宣文皇太后所建，成于万历六年（1578年）秋。殿宇壮丽，一塔耸出云汉，四壁金刚像如生。”[2]所谓“宣文皇太后”者，当指慈圣皇太后；但在神宗生母正式传记的尊号中，没有“宣文”二字，不知这一尊号由何来历。张居正所撰慈寿寺碑记中，则称为慈圣文宣皇太后，可见，确有历史依据的。但究竟称“宣文”还是“文宣”，待考。又如《燕都游览志》云：“八里庄慈寿寺，神宗为慈圣皇太后建也，宝藏阁系圣母御笔题。”[3]慈寿寺的营建，动工于万历四年，六年竣工；当时，神宗只有十三四岁，并未亲政，他还无力做主，决定权在皇太后手里，所以，谈不上神宗为母建寺。

至于慈圣皇太后建慈寿寺的动机，据《帝京景物略》记载：“万历丙子（四年，1576年），慈圣皇太后为穆考荐冥祉，神宗祈胤嗣，卜地阜成门外八里，建寺焉。寺成，赐名慈寿，敕大学士张居正撰碑。”[4]穆考指神宗之父穆宗。皇太后建佛寺，目的有两条：一则为穆宗在天之灵求福祉；再则为幼主神宗祈后嗣，以固国本，保证江山社稷后继有人。于慎行《敕建慈寿寺碑略》也证实：

> 圣母慈圣皇太后与皇上永怀穆考在天之灵，思创福地以荐冥祉。乃命内臣卜地，于阜成门外八里，得太监谷大用故地一区。遂出宫中供奉金，潞王、公主、宫眷、内侍各捐汤沐，经始于万历四年（1576年）二月至六年仲秋既望落成，赐名曰慈寿。盖以为圣母祝也。[5]

[1] 《明史》卷一一四《孝定太后传》。

[2] 《日下旧闻考》卷九七《涌幢小品》。

[3] 《日下旧闻考》卷九七《燕都游览志》。

[4] 《帝京景物略》卷五《西城外·慈寿寺》。

[5] 《日下旧闻考》卷九七《榖城山房集》。

这里主要说的是皇太后与皇帝共同的愿望，即为冥冥中的穆宗荐得阴福，但未提到为神宗祈嗣。看来，这些说法，都是作者自己的主观揣度，然而，也不无道理。

慈寿寺在万历年间是一座规模宏大的皇家佛寺园林。其主要建筑，据张居正《敕建慈寿寺碑》记载：

寺在都门阜城关外八里，圣母慈圣宣文皇太后亲出供奉金，委太监杨辉董其役。外为山门、天王殿，左右列钟鼓楼，内为永安寿塔，中为延寿殿，后为宁安阁，旁为伽蓝、祖师、大士、地藏四殿，缭以画廊百楹，禅堂方丈三所。又赐园一区，庄田三十顷食僧众，以老僧觉淳主之，中官王臣典领焉。寺成，名之曰慈寿[1]。

这一记略不是碑记的全文，侧重记述了寺庙的基本情况。从这些记载可以看出，当时的慈寿寺规模颇巨，为典型的皇家园林式佛寺。以南北中轴线布局主要建筑，东西对称摆布附属建筑，与其他明代皇家寺院格局基本相仿。整个建筑群为五进式院落，最前端为山门，依次为天王殿、永安寿塔、延寿殿、宁安阁、毗庐阁；左右两侧是钟鼓楼、碑亭和伽蓝殿、祖师殿、大士殿、地藏殿等，在这四个大殿四周围以百楹画廊。还有佛寺应有的配殿等等。寺院中还辟一处园圃，可谓锦上添花。

寺院中的永安万寿塔，为其一大亮点。《太岳集》记载：

有永安寿塔，塔十三级，崔巍云中。……中延寿殿，后宁安阁，阁扁慈圣手书。后殿奉九莲菩萨，七宝冠帔，坐一金凤，九首。太后梦中，菩萨数现，授太后经曰《九莲经》，

[1] 《日下旧闻考》卷九七《太岳集》。

觉而记忆，无所遗忘，乃入经大藏，乃审厥象，范金祀之。

整个寺院虽在清末已经圮废，但其塔仍然屹立不倒。塔高约50米，为八角十三层密檐实心仿木结构砖石塔，与广安门“外天宁寺隋塔摹也”。塔身呈八面，装饰工艺细腻精湛，结构坚实，气势壮观，被誉为京师群塔之冠，为慈寿寺标志。塔的底座为双束腰须弥座，其上端为两层斗拱与莲花瓣组成的砖石雕砌。须弥座四周饰以精美的石雕，有笙、箫、笛、琴、琵琶等乐器；四面各有一口券门，两侧立有高大木胎金刚像，“四壁金刚，振臂拳胥，如有气旮旮，如叱叱有声”[1]。其余四个斜面上为假券窗，窗两侧立有木胎菩萨像。门楣上浮雕云龙。塔身八面转角处，立浮雕盘龙圆柱。十三层塔身每层密檐，由砖砌斗拱支撑，每个椽柱都挂有铁铸风铎，共有3000多只。同时，塔檐八个角下又各挂一只大风铃，每当风起，大小风铃同声鸣响，悦耳动听，为慈寿寺一大特色。在塔之每层檐下，每面设三个佛龛，共24个佛龛，内供铜佛。整个十三层塔体共有300多尊铜佛。塔顶为覆莲承托的鎏金铜宝鼎，在阳光下熠熠闪光。塔后，东西两侧各立有一座石碑，东侧的是万历十五年（1587年）所立紫竹观音刻像，西侧的是万历二十九年（1601年）所立鱼蓝观音刻像。

慈寿寺在当时是著名的风景胜地。至今还留有许多诗词歌赋，描绘其独特的皇家寺院的宏丽建筑和恬静风光。公鼐《慈寿寺》有：

郭外浮屠插太虚，空王台殿逼宸居。
莲花座与青山对，贝叶经传白马馀。

其诗极言佛寺巍峨高耸。于慎行《慈寿寺观新造浮屠》载：

[1]《帝京景物略》卷五《西城外·慈寿寺》。

凤首莲华九品标，十三层塔表岧峣。

德先胎教人天母，道口坤宁海岳朝。

势挟珠林雄禁苑，影分银汉挂烟霄。

群生福果缘慈佑，辇尽黄金此地销。

诗所描绘的正是该寺最具特色的永安塔。描绘塔景的还有卓明卿《慈寿寺》云：

梵刹凌青汉，幡幢拥碧莲。

法王开宝地，慈后布金年。

画壁光常寂，神灯影倒悬。

臣民瞻大士，圣寿与绵延。[1]

可见，慈寿寺及永安寿塔，的确是闻名遐迩。

（八）万寿寺

在明代，称万寿寺的寺庙，至少有两座：一座是宣德、成化间所建的马鞍山万寿寺，又名戒坛；另一座是万历年间所建万寿寺，位于现北京西三环北路万寿桥东北苏州街内，紫竹院公园的西部。

据《万历野获编》记载：

至（万历）五年（1577年）之三月，今上又自建万寿寺于西直门外七里。先是，京师有番经、汉经二厂，年久颓圮，穆皇命重修，未竟。上移贮汉经于此中。其正殿曰大延寿，阁曰宁安，重楼复榭，隐映蔽亏，视慈寿寺又加丽焉。其后垒石为三山，以奉西土三大士，盖象普陀、清凉、

[1] 《帝京景物略》卷五《慈寿寺》。

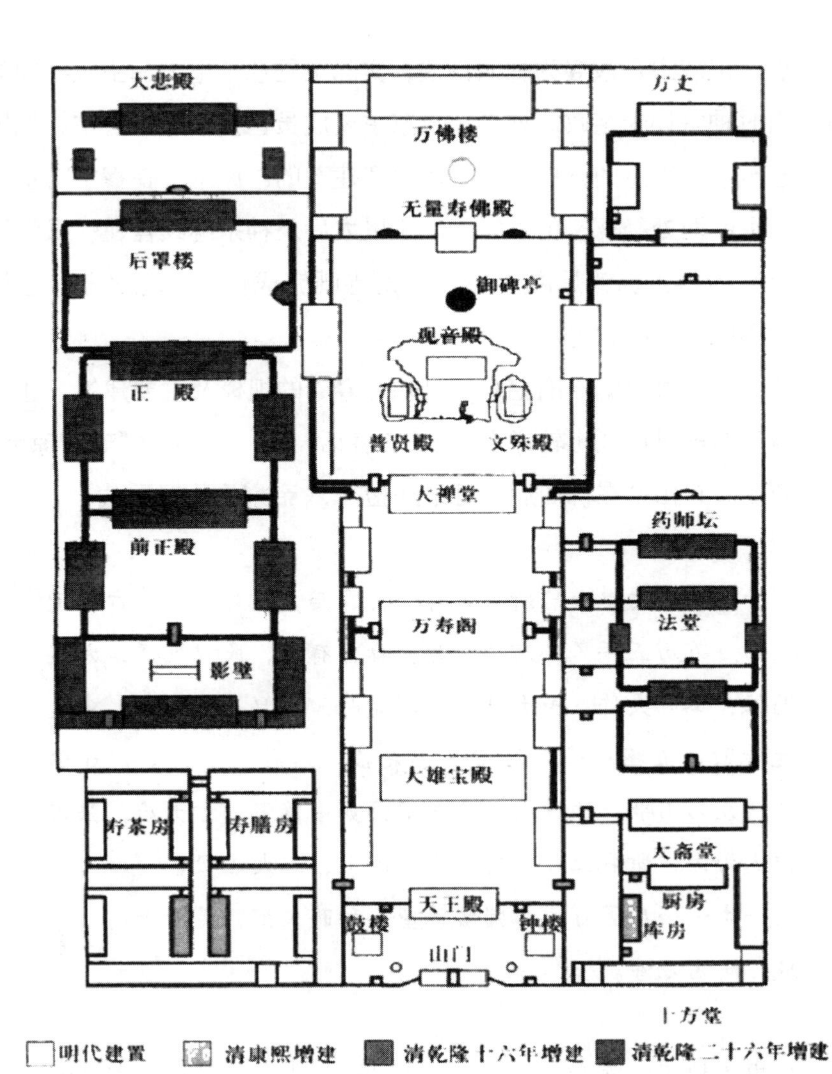

图 5-36　北京万寿寺建筑布局示意图（引自李路珂等《北京古建筑地图》）

峨眉，凡占地四顷有奇，亦浃岁即成。时司礼故大珰冯保领其事，先助万金，潞邸及诸公主诸妃嫔以至各中贵，无不捐资。其藻绘丹雘，视金陵三大刹不啻倍蓰，盖塔庙之极盛，几同《洛阳伽蓝记》所载矣。[1]

[1]　《万历野获编》卷二七《京师敕建寺》。

这一记载说是该寺为神宗自建，实际上是慈圣皇太后主政期间的事，当时神宗还未亲政。该寺是皇家主要成员包括潞王、公主、妃嫔等，甚至宫中得意的一些太监集体出资建造的。原来，在穆宗时重修损毁严重的两处经厂，但未完工。所以太后及神宗继续营建，汉经厂移到万寿寺内。也就是说，营建万寿寺既完成穆宗未竟之业，也如皇太后心愿，一举两得。

从《万历野获编》的记载，可知万寿寺的规模及主要建筑。还有一些当时的史料记载比较详实。《长安客话》说：万寿寺“璇宫琼宇，极其宏丽。有山亭在佛阁后，可结趺坐”。《帝京景物略》载：

> 慈圣宣文皇太后所立万寿寺，在西直门外七里，广源闸之西。万历五年（1577年）时，物力有馀，民以悦豫，太监冯保，奉命大作。虽大作，役不逾时，公私若无闻知。中大延寿殿，五楹；旁罗汉殿，各九楹。后藏经阁，高广如中殿。左右韦驮、达摩殿，各三楹，如中傍殿。方丈后，辇石出土为山，所取土处，为三池。山上，三大士殿各一。三池共一亭……后圃百亩，圃蔬弥望，种莳采掇，晨数十僧。寺成，赐名万寿。[1]

根据《日下旧闻考》按：万寿寺“寺门内为钟鼓楼，天王殿为正殿，殿后为万寿阁，阁后禅堂。堂后有假山，松桧皆数百年物。山上为大士殿，下为地藏洞。山后无量寿佛殿，稍北三圣殿，最后为蔬圃。寺之右为行殿，左则方丈”[2]。对万寿寺的修建，张居正所撰《敕建万寿寺碑》更为具体：

> 皇上践祚（神宗即位）之五年，圣母慈圣宣文皇太后

[1] 《帝京景物略》卷五《西城外・万寿寺》。
[2] 《日下旧闻考》卷七七。

> 出帑储，命司礼监太监冯保卜地于西直门外七里广源闸之西，特建梵刹，为尊藏汉经香火院。中为大延寿殿五楹，旁列罗汉殿各九楹。前为钟鼓楼、天王殿，后为藏经阁，高广如殿。左右为韦驮、达摩殿各三楹，修檐交属，方丈庖湢具列。又后为石山，山之上为观音像，下为禅堂，文殊、普贤殿。山前为池三，后为亭池各一，最后果园一顷，标以杂树，环以护寺地四顷。工始于万历五年（1577年）三月，竣于明年六月，以内臣张进主寺事，赐名曰万寿。[1]

这些记载，对万寿寺的布局和规模描绘得较为清晰，其空间布局，俨然是按中轴线纵深分布主要建筑，左右对称布局其他附属建筑。寺坐北朝南，南临长河即高梁河，东邻正觉寺，“正觉寺西五里许为万寿寺，自正殿后殿宇佛阁凡六层”[2]，也就是南北纵深从山门算起，形成七进式院落，中、东、西三路建筑。中轴线上依次是：山门、天王殿、正殿即大延寿殿、宁安阁、大禅堂、无量寿佛殿和藏经楼；最后为苑圃。东西路上山门内天王殿两侧为钟鼓楼、正殿两侧有罗汉殿，其后有韦驮、达摩殿、方丈院，这些建筑都在中路上的主要建筑两侧对称坐落；在大禅堂后是人工堆砌的假山。

至于规模及占地面积，张居正所撰碑记说“环以护寺地四顷”，“最后果园一顷”。《万历野获编》说：“其正殿曰大延寿，阁曰宁安，重楼复榭，隐映蔽虚。寺后礨石为三山，以奉西方三大士，盖象普陀、清凉、峨眉。凡占地四顷有奇，浃岁即成。”而《帝京景物略》云：“山后圃百亩，圃蔬弥望。”一（市）顷为一百亩，按此计算，万寿寺当时占地总面积近千亩，其中四周护寺地400亩。可见其规模宏大，气势超然。

寺院建筑，无论是体量还是规格，都堪称极致。山门为歇山顶式

[1] 《日下旧闻考》卷七七《太岳集》

[2] 《日下旧闻考》卷七七《五城寺院册》。

门楼，面阔三间，两面砌砖雕八字墙，各留一门；券顶绘饰青天流云百蝠图。天王殿为琉璃瓦歇山顶，面阔三间。大延寿殿面阔五间，庑殿顶，明间后檐有抱厦，九踩斗拱承托；东西两侧配殿即罗汉殿，明代时各九间，清代重修为各三间，歇山顶。宁安阁高广如主殿，清代改名万寿阁、八角形，东有大圆满殿，西为普度众生殿，皆为面阔三间，歇山顶。大禅堂面阔五间，硬山顶，两侧配殿各三间，硬山顶，与宁安阁东西配殿廊房相连。可见，空间布局严整有序，主次分明；殿宇楼阁参差，赤壁黄瓦，雕栋画梁，龙凤呈祥，金碧辉煌；庭院布局，层层递进，步步幽深，形成庄重肃穆的氛围。

万寿寺景观的一个重要特点，就是自带100亩的园圃，中有“三山三池”成为主景。三座假山，象征佛教三大名山普陀山、清凉山（五台山）和峨眉山；每一山前有一池，三山之间沟壑曲回，石桥相通，柳暗花明。每一座山上都建有小殿，面阔三间，中为观音殿，木架结构，悬山雕大脊，金龙枋心，殿饰以旋子彩绘。其山下有洞曰地藏洞地藏宫。左山上为文殊殿，右山上是普贤殿。三殿之间以回廊连接，形成整体。山前三池上有桥梁连结，假山后有八角攒尖碑亭，饰以旋子彩绘。山后的无量佛殿，面阔三间，为重檐方阁。其前及后，各有一座六角重檐碑亭。清乾隆时期重修时，其中立《重修万寿寺碑》，御碑前面刻有汉、满两种文字；御碑后面刻有蒙、梵二种文字。佛殿及碑亭均覆以黄色琉璃瓦。无量佛殿自成院落，前半部分为假山院，后半部分有三圣殿，面阔七间二层，硬山顶。最后是藏经楼，清代重修后改称万佛楼，面阔七间，进深三间。纵观万寿寺，气势宏阔，严谨肃穆而又景色壮丽，风光旖旎，安闲宜人。所以，万寿寺成为帝王后妃们到西山谒陵或游历风光的必经之路和观赏休憩之所。

对万寿寺的园林景物，包括外景与内景当时多有誉词。“自昆明湖循长河而东，缘岸多乔林古木，僧庐梵舍远近相望。广源闸、西万寿寺实为之冠。宏敞深静，规制壮丽。”“长河沿堤一带古刹甚多，惟万寿、五塔两寺内有行殿。”[1]《燕都游览志》更是极言万寿寺可与紫禁城媲美。“万寿寺在真觉寺西二里，神宗朝敕建。丹楼绀宇，几与大内等。盖上幸山陵尝为驻跸地也。”据《帝京景物略》卷五《万寿寺》记载：“万历十六年（1588年），上幸寺，尚食此亭也。”指的是神宗皇帝亲临该寺院，在后面假山前的池亭里用膳。在清代，乾隆在寺院西路设皇帝行宫，可见万寿寺在明清时期的分量。

寺院的再一个特点是，内藏有永乐大钟。“先是，文皇帝铸大铜钟，侈弇齐适，舒而远闻。内外书华严八十一卷，铣于间，书金刚般若三十二分……向藏汉经厂，于是敕悬寺，日供六僧击之。”[2]

关于永乐大钟，《燕邸纪闻》载：

> 大内出一钟，成祖时少师姚广孝监铸，重八万七千斤，径丈有四尺，长丈五尺，铜质甚古。内外刻《华严经》一部，华亭沈度所书。铸时年月日时皆丁未，今徙置之日为六月十六日，亦四丁未相符，事亦奇矣。[3]

这一记载说姚广孝所监铸的永乐大钟，“铸时年月日时皆丁未”，有误。永乐时期共二十二年，其中，并不存在丁未年。而具备“四个丁未”的，只有宣德二年（1427年）。所以，一些学者认为，如果所谓“四个丁未”不错的话，指的应是铸造完成的时间，而非永乐间铸造时。因为，建造如此庞然大物，在当时的冶炼及铸造技术条件下，铸造过程不可能太短。换言之，准备时间会较长，因而推定开工时间可能在永乐十六年（1418年）春天之前。原因是，姚广孝监铸是肯定的；但姚于永乐十六年三月去世，所以准备和开工时间应在此之前。

从开始到宣德二年（1427年）铸造完成有十余年时间，看来的确

[1] 《日下旧闻考》卷七七《国朝苑囿》。

[2] 《帝京景物略》卷五《西城外・万寿寺》。

[3] 《日下旧闻考》卷七七《燕邸纪闻》。

也需要如此长的时间。其中包括谋划、设计、组织工程施工队伍、制造模具、准备材料、开工铸造，尤其刻写20余万字经文等等，诸多环节。此钟起初没有正式名称，只叫铜钟；因传钟上铸有《华严经》，人们就叫华严钟。

此种叫法始见于《春明梦馀录》："永乐时所铸大钟，内外书华严八十一卷……名曰华严钟。"但更习惯于称永乐大钟。至于大钟刻有《华严经》一事，1980年夏，我国文物工作者对钟上的文字进行仔细研究发现，钟上共铸汉文经咒16种，梵文咒语100多种，共23万多字，但无一句《华严经》文。[1]所以，上述文献的记载有误，称"华严钟"则无从谈起了。

永乐大钟铸造于在今北京鼓楼西铸钟胡同内明代京师铸钟厂，铸成后先置于汉经厂（今嵩祝寺一带），万寿寺建成后移到该寺，天启时弃之地上，再不敲击了。理由来自一个荒唐的谣言，据《燕都游览志》说："赐出万石大钟，乃太宗时制，昔悬于楼，迩年有讹言帝里白虎分，不宜鸣钟者，遂卧钟于地。"[2]直到清雍正年间才移到觉生寺，故称大钟寺。永乐大钟体态雄伟壮美，工艺精湛，体量庞大，不仅是明代冶炼铸造水准的体现，也是当时科技水平和生产力的体现。它通高6.75米，最大直径3.3米，重达46500公斤，可谓钟中之王。因此，永乐大钟成为万寿寺的一大景点，吸引着无数僧俗人等，使万寿寺誉满天下，闻名遐迩。明代"公安三袁"之一的袁宏道长诗《万寿寺观文皇旧钟》有：

锥沙画蜡十许年，冶出洪钟二千斛。
光如寒涧腻如肌，贝叶灵文满胸腹。
字画生动笔简古，矫若游龙与翔鹄。
外书佛母万真言，内写杂花八十轴。

[1] 《北京的佛寺与佛塔》，第196页。
[2] 《日下旧闻考》卷七七《燕都游览志》。

金刚般若七千字，几叶钟唇填不足。

从这首诗中也可判断，铸造永乐大钟前后用了十余年时间。胡恒《万寿寺钟》云：

一击渊渊震大千，十万八千灵文全。
我踏春烟春寺前，中官指入桃花烟。
拜手摩挲魂悄然，满字半字弥中边。
金火结成笔墨缘，神工非冶亦非镌。

林养栋《观万寿寺钟》曰：

龙文掀宝藏，雷震下高台。
轰日中天起，惊山应律回。

万寿寺作为皇家佛寺园林，殿宇崇立，玉桥丹墀；杨柳绕殿，古木参天；假山嵯峨，池水荡波；奇果盈硕，异花婀娜。更有梵音袅袅，庭院深深，风景如画。吴伯与《过万寿寺》云：

嵯峨天阙逼，直直阁阴层。
轮转千尊佛，堂齐万寿僧。

张爕《万寿寺》云：

深院鼓传雷洊至，隔林钟报海潮来。
峦危近寺斜窥洞，树古穿篱别有台。[1]

[1]　以上均转引自《帝京景物略》卷五《西城外・万寿寺》。

万寿寺不仅是佛寺名刹，也是当时民俗庙会重地。每年四月初一至十五，这里举行大型庙会，八方游客云集于此，善男信女进香礼佛，络绎不绝，文人墨客流连忘返。

到清代，曾数次重修。特别是乾隆帝在这里修建行宫，并两次为其母祝寿。乾隆《御制敕修万寿寺碑记》云：

> 自昆明湖循长河而东，缘岸多乔林古木，僧庐梵舍远近相望。广源闸、西万寿寺实为之冠。宏敞深静，规制壮丽。考碑志，建自明神宗初，迄今二百馀载矣。……乾隆辛未（十六年，1751年）之岁，恭值圣母……皇太后六旬大庆，海内臣民举行庆典。……（遂）命将作新之，更加丹雘，绣幢宝铎，辉耀金碧，以备临览。[1]

万寿寺迄今仍保留着明代格局，为北京名胜之一。

（九）千佛寺

千佛寺始建于明万历年间。清雍正十一年（1734年）重修后改称拈花寺，沿用至今。《春明梦馀录》记载：

> 千佛寺，万历九年（1581年）孝定皇太后建，内供高丽所供尊天二十四身，阿罗汉一十八身像，像貌诡异。
>
> 孝定皇太后建千佛寺于万历九年。殿供毗卢舍那佛，座绕千莲，莲生千佛，分面合依，金光千朵。时朝鲜国王送到尊天二十四身、阿罗汉一十八身，诏供寺中。其像铜也，而光如漆，非漆也。……所执持器，乘海脱失，築氏补之，非其国制也，厥工逊矣。……寺在德胜门北八步口。[2]

[1] 《日下旧闻考》卷七七。

[2] 《帝京景物略》卷一《城北内外·千佛寺》。

可知，建千佛寺是为供奉高丽国王所送的尊天及阿罗汉塑像。而《帝京景物略》说，过海时塑像手中所持器械脱落掉海。因此，千佛寺所供塑像手持器械，非高丽所造原物，而是粲氏所补作。

据万历九年（1581年）秋《乔应春新建护国报恩千佛寺宝像碑略》：

> 大司礼枢辅冯公上承圣母皇太后命，特建宝刹，于是御马监太监杨君用受徧融上人指，铸毗卢世尊莲花宝千佛，旋绕四向若朝者然，铸十八罗汉二十四诸天，复塑伽蓝天王等像。工始于万历庚辰（八年，1580年），浃岁而告成。

所谓冯公者，指万历朝司礼太监冯保也。

从上述史料可见，明代的千佛寺全称应为护国报恩千佛寺；于万历八年（1580年）动工，到万历九年竣工；是明神宗的母亲孝定皇太后敕谕，太监冯保负责建成；而建佛寺的动因是，为供奉“十八罗汉二十四诸天”佛像而专门新建了这座千佛寺。但对这些佛像的来历，有两种记载：《春明梦馀录》和《帝京景物略》的说法是，当时高丽国王所进贡；而乔应春碑记的说法是，太监杨用所铸。《渌水亭杂识》认为，“当以碑为实也”。看来，这是个悬案。两种说法，各自有何依据，不得而知，所以，不能简单地下结论。

关于营建千佛寺的具体细节，杨守鲁《千佛寺碑记略》说得更详实：

> 西蜀僧徧融自庐山来游京师，御马太监杨君用以其名荐之司礼监冯公保，随贸地于都城乾隅，御用监太监赵君明扬宅也。将建梵刹，迎徧融主佛事，闻于圣母皇太后，捐膏沐资，潞王、公主亦佐钱若干缗，即委杨君董其役。辛巳（万历九年，1581年）秋落成。

也就是说，蜀地僧人徧融从庐山游历到北京后认识了御马监杨用，杨用又将偏融推荐给当朝权宦冯保，并将买太监赵明扬位于皇城西北隅（按八卦方位为乾位）的宅第，建佛寺，由偏融来主持佛事。冯保将此事禀报给皇太后，于是得到了她们几个皇室主要成员的鼎力支持，委派杨用来具体负责营建工程。这实际上，事先几个太监谋划好了，再禀报给皇太后，由皇太后敕建的。

当时，即万历八年（1580年），神宗皇帝还未亲政。他九岁登基，此时只有十六七岁，朝政大事主要是由皇太后和权臣张居正做主。太监冯保服侍皇太后深得宠信，于是呼风唤雨，权倾一时。从这个记载看，建千佛寺似乎与供奉高丽国王进贡的十八罗汉二十四诸天的关系不大，只是千佛寺建起之后，在此寺内供奉了这些佛像而已。

看来，以上几种记载都未将营建千佛寺的来龙去脉说全。综合分析，高丽国王进贡佛像是起因，因为这些佛像供奉于该寺。于是太后命冯保负责建寺，冯保派人勘察选址，后禀报太后定夺。太后恩准，并出资，同时动员潞王、公主等皇室成员捐资，太监杨用具体负责营建千佛寺。

明代的千佛寺，到清代便改称拈花寺。清代时北京拈花寺有南北两座，千佛寺为北拈花寺，位于现在北京市西城区德胜门北大石桥胡同。而南拈花寺则在崇文区广渠门内板厂一带，也是一处名胜地，是清康熙年间的大学士冯溥所建私家园林，著名的“万柳堂别业”。这是仿造元代廉希宪万柳堂别业所建，因栽柳万株得名。千佛寺建筑，在当时也是宏伟壮观。杨守鲁《千佛寺碑记略》云：

> 寺南向为山门、为天王殿、为钟鼓楼，中为大雄宝殿、为伽蓝殿，后为方丈、为禅堂、为僧寮、为庖湢、为园圃，左右侧则有龙王庙及井亭，养老礼宾诸所靡不备。[1]

---

[1] 《日下旧闻考》卷五四《城市》《燕都游览志》。

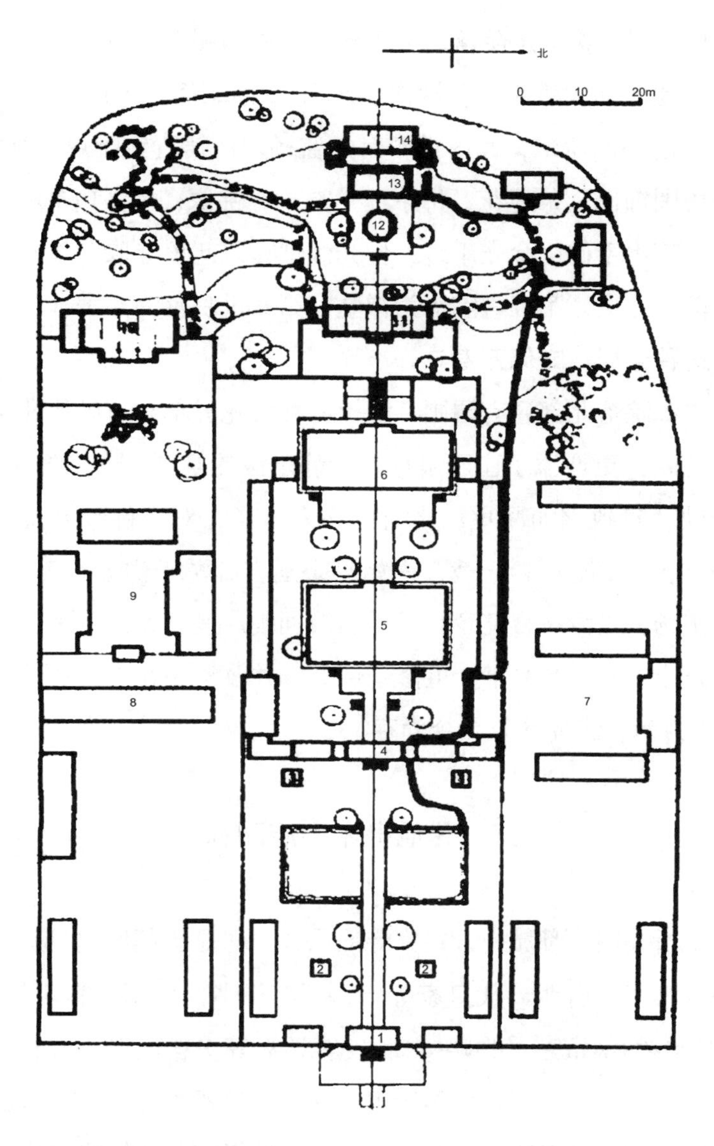

1 山门 2 碑亭 3 钟鼓楼 4 天王殿 5 大雄宝殿 6 无量寿佛殿 7 北玉兰院 8 戒坛
9 南玉兰院 10 憩云轩 11 大慈坛 12 舍利塔 13 龙潭 14 龙王堂 15 领要亭

图 5-37 北京大觉寺平面示意图（引自李路珂等《北京古建筑地图》）

这一记载，将千佛寺当时的基本规模与布局以及主要建筑，记述得比较清楚了。千佛寺坐北朝南，为七进式院落。按南北中轴线布局主要建筑物，东西两侧对称摆布配套建筑，体现了皇家建筑规制。最南为山门，之后第一进院落是天王殿，东西两侧有钟鼓楼。第二进院落为主体建筑即大雄宝殿，殿内供奉有二十四诸天与十八罗汉塑像。第三进院落是伽蓝殿，其内供奉有太监杨用所铸青铜毗卢舍那佛像，其佛座周围饰以千朵莲花，每朵莲上塑一尊佛像，佛高10厘米，共有千尊佛，莲生千佛，金光千缕，佛光灿灿；以此该寺取名千佛寺。第四进院落为方丈，第五进院落为禅堂，第六进院落为僧房，最后是厨房等。这种格局，颇似万寿寺。

千佛寺院落北部还有园圃，种植各种奇花异草，与雄伟壮丽的殿宇交相辉映，更增添了庄严肃穆、清静幽深的氛围。寺院杨柳成荫，松柏掩映，景致端丽凝重。当时的文人才子，对千佛寺风光颂誉有加。《帝京景物略》卷一载，固始县余廷吉《游千佛寺》云："城北天开选佛场，松涛声合梵音长。千层瓣涌毗庐座，万里函来舍利光。"清代雍正十一年（1733年）重修千佛寺，并改称拈花寺，占地面积达6000多平方米，主要建筑至今尚存。

三　其他皇家寺庙园林

以上所述明代都城内外皇家寺庙园林，只是历朝所建具有代表性的13座。其实，有明一代皇家寺庙，还有许多。仅据《春明梦馀录》《日下旧闻考》《帝京景物略》《长安客话》等史料记载，就有百座以上。由于数量庞大，而且资料所限，故不可能悉数详述。但考虑到尽量描绘出明代皇家寺庙园林概貌，在此再选择部分作简略记述。

表 5-2　明代部分皇家佛寺园林简表

序号	名称	地点与营建时间	营建状况及主要景观	主要文献依据
1	大能仁寺	元仁宗延祐间所建。在咸宜坊二牌十铺兵马司胡同。明仁宗重修，正统间再修。	洪熙元年（1425年），仁宗增广故宇而新之，特加赐大能仁之额，命广善大国师智光居之。殿堂楼阁，高明宏壮，像设庄严，彩绘鲜丽，禅颂有室，钟鼓有楼，廊庑、四天王殿，庖湢库庾，幡幢法具，靡不完美。正统八年冬，少监孔哲重新修盖，并塑四天王像。	《明一统志》，《日下旧闻考》卷五〇《城市·五城寺院册》

续表 5-2

2	大圆通寺（平坡寺）	位于京师西郊翠微山，始建于唐代，称平坡寺，明仁宗敕建，宣宗重修。	仁宗洪熙元年（1425年）敕建。宣宗驾幸寺，见金刚面正黑，上笑曰：似火里金刚。一夕火起，金刚毁焉，因重建改称大圆通寺。寺制宏丽，宫阙以为规。殿前后凡三重，因山势为之，愈后则愈高，皆翼以长廊。殿上皆有像，饰以金碧，最后殿去山顶不百步。由殿东南下为方丈，中室祀释迦像。从东廊出前殿，殿左右皆高阁。其左山势既高，阁出其上，凭阑望之，远入无际。西廊后地稍下，北为神堂，其中为厨库，南为禅室凡为殿五层。最上有小殿，极峻险，前俯巨壑。风光旖旎，雄压香山丽，阔掩望湖秀，日霁都城九门三殿隐隐可视。	《日下旧闻考》卷一〇三《明一统志》、《王文端集》，《帝京景物略》卷六
3	灵光寺	位于西山，旧称龙泉寺，金大定二年改称觉山寺，宣德三年重修，成化十四年曾分别重修，改称灵光寺。	宣德间重修，亦称觉山寺。宪宗《御制重修灵光寺碑略》记载：唯兹觉山佛刹，实我皇祖所修，岁久蠹挠，倾废不治。成化十四年（1478年）九月，命官度材，宏广旧规，一木一石之费咸出官帑，不烦于民。兹既告成，足为壮观，特更其额曰灵光。此地远离世俗喧嚣，清幽安闲，云霭悠悠，泉水潺潺，松涛柳荫，黄尘淡淡。显然是养心修佛之佳境。	《日下旧闻考》卷一〇四《御制重修灵光寺碑略》
4	大觉寺	位于西山，为辽金古刹，辽曰清水院，金称灵泉寺。宣德三年重修，称大觉寺，英宗正统十一年再修。	明宣宗重建赐名大觉寺，数临幸焉。正统十一年（1446年）三月，命工部右侍郎王佑督工修大觉寺。寺有弥勒佛殿、正殿、无量佛殿、大悲坛等，旁有精舍、憩云轩等配套建筑。因辽金元及明历代皇家多次重修、扩建，其规模已较大，皇家寺院规范完备，建筑宏丽。山门前有小溪，注入功德池，上横石桥。池中有芙蓉出水，每当盛夏，红、白莲花随风摇曳，犹相争艳，荷香清幽。	《日下旧闻考》卷一〇六，《帝京景物略》卷五
5	普安寺	位于禁垣西北，为宋代古刹，明初重修，嘉靖五年重修，四十三年落成，万历三年又重修。	明初及嘉靖间重修，万历二年（1574年）四月，神宗生母慈圣皇太后发帑金重葺其旧，加造藏经殿五楹，廊坊二十楹。工始于万历三年（1575年）二月，讫于是年五月。因其扩建，规模宏大，佛寺殿宇建筑一应俱全。	《日下旧闻考》卷五八《重修普安寺功德碑略》，卷五二《重修普安寺碑略》

续表 5-2

6	法海寺	位于西山翠微，始建于明正统四年，英宗赐名法海，弘治、正德间重修。	弘治时，朝廷遍访名刹，凡古井圮桥危堤垫路，发内帑修治。自弘治十七年（1504年）至正德元年（1506年），始克告成。这次与西边的龙泉寺一起重修，亦皆焕然。门上有小塔，门内为关帝殿，寺内镌立佛顶尊胜陀罗尼幢一座，上载尊胜真言。环境风光旖旎，殿宇宏阔，景色迷人。	《日下旧闻考》卷一〇三引胡濙等三人所撰三碑文和《重修法海禅寺记略》
7	皇姑寺	在宛平县西黄村，实名保明寺，俗称皇姑寺，天顺间敕建，孝宗重修。	正统十四年（1449年）英宗出居庸关北狩，僧尼吕氏苦谏力阻，叩死于马前，帝不听。及英宗复辟，念之封为御妹。藏天顺手敕三道，建寺赐额保明寺，人称皇姑寺。嘉靖六年（1527年）大拆佛寺，皇伯母及生母干预，以皇姑寺为孝宗所建，似不可毁而幸免，但将英宗所赐寺额及御敕悉数收回。	《燕都游览志》、《春明梦馀录》卷六六《寺庙》
8	大隆福寺	寺在东城大市街西北，景泰四年建成。	景泰三年（1452年）六月，命建隆福寺，役夫万人，四年（1453年）三月工成，闰九月添造僧房，以拆卸英宗南内翔凤等殿石材木料为之，寺门牌坊曰第一丛林。为京师钜刹，朝廷香火院，有三世佛、三大士，处殿二层，左殿三层藏经，右殿转轮，中经毗庐殿，至第五层乃大法堂。白石台栏，周围殿堂，上下阶陛，旋绕窗栊，践不藉地，曙不因天。殿中藻井，制本西来，八部天龙，华藏界具。	《大清一统志》，《明典汇》，《日下旧闻考》卷四五，《帝京景物略》卷一
9	广惠寺	位于崇文门东，成化间敕建，宪宗皇帝赐名广惠寺	天顺元年（1457年），僧人宗喜将道观改建为佛寺，成化十三年（1477年）二月，宪宗敕重建，太监黄赐、覃文等捐资扩建，其大雄殿八楹，后为大士殿八楹，左右为伽蓝祖师之堂十有六楹，前为天王殿钟鼓楼各四楹，辅以长廊，绕以大墉。为山门三，为石梁二。凡位像之设、经幢之饰、香灯之供，法所宜有者，咸备罔缺。	《顺天府志》引《敕赐广惠寺记》，《日下旧闻考》卷八九
10	海会寺	在都城之南左安门外迤西马家村。建于嘉靖十四年，万历元年重修。	世宗、穆宗二庙咸命僧代度于此。穆宗尝于此釐寿庆典。万历元年（1573年），神宗圣母慈圣皇太后出内帑银，即其地更建。会游僧有范成铜像一尊躯，无所庇覆，司礼监太监冯保请移置其地，复出内储大木以为殿材。中为殿三，皆三楹，方丈一，凡五楹，钟鼓楼二，配殿十二，禅堂十，僧房四十有奇。前为山门，缭以周垣，又于外拓地六顷，以为焚修供具之资。万历增修，极其闳丽。	日下旧闻考》卷九〇《太岳集·重修海会寺碑》

续表 5-2

11	承恩寺	在都城南居贤坊，即东四牌楼北八条胡同，始建于万历二年。	万历二年（1574年），神宗命司礼监太监冯保贸地于都城巽隅居贤坊，故太监王成住宅，特建梵刹。工始于万历二年，告成于三年。外为山门、天王殿，左右列钟鼓楼，中为大雄宝殿，两庑为伽蓝祖师殿，后为大师殿，左右库房、禅堂、方丈、香积僧房凡九十五。寺成承恩。	《日下旧闻考》卷四八，明《顺天府志》
12	长椿寺	在宣武门之右，万历二十年为水斋大师敕建。	此寺为苦行僧归空敕建。僧号水斋，一日进斋七日不食，饮水数升，持之五年。曾跪行至五台，足膝流血不知痛。为参古松，燃一指以供文殊。再礼普陀，参大智，燃一指以供观音。后礼峨眉，印通天，燃一指以供普贤。自伏牛山入京，神宗及圣母皇太后赐金冠紫衣，钦命敕建大华严寺于永乐店，再建大祚长椿寺。寺号称京师首刹，规模宏大，有渗金多宝佛塔，高一丈五尺，金色光不可视，而梵像毕具，势态各极。大殿旁小室内藏佛像画十余轴，有九朵青莲花捧一牌，题曰九莲菩萨之位，明神宗母李太后也。一绘女像，具天人姿，戴毗庐帽，衣红锦袈裟，题菩萨号，乃崇祯生母孝纯刘太后也。多宝佛中央，绕三千诸佛。十八阿罗汉及八部天龙。高乃至丈六，始为金轮盘。金绛将金铃，炜煌烛云际。檐檐鸣悬铎，声光相射摇。	《日下旧闻考》卷五九，《帝京景物略》卷三
13	多宝佛塔禅院	位于德胜门土城关外西北里许鹰房村，旧名千佛寺，建于明万历十三年。	慈圣皇太后于万历十一年（1583年），遣内官赉白金七十八两，置地四顷八十七亩有奇，近五百亩地建该寺，规模宏阔，殿宇雄丽。万历十三年（1585年）建成。的寺后七级浮屠，曰华严永固普同塔，内外八十一龛，赐金百镒，梵象千身，亦称千佛寺。万历二十六年（1598年）寺院全部工程竣工，改称多宝佛塔禅院。	《日下旧闻考》卷一〇七《大护千佛寺偏融大师塔院碑略》，《五城寺院册》等
14	慈孝华严寺、 护国崇宁寺、 至德真君庙	位于京畿通州漷县永乐店，万历三十六年敕建。	慈孝华严寺、护国崇宁寺、至德真君庙，俱万历三十六年（1608年）十月敕建，为孝定皇太后祝釐地也。三座寺庙组成一个建筑群，当是规模庞大、体量宏硕、庄严瑰丽、金碧辉煌的皇家寺院景观群。孝定皇太后为漷县人。一年同时营建三座佛寺，均为皇太后祝寿而为。神宗躬承慈命，量度经营，中创慈圣景命殿。前门后阁，缭以周垣，树坊于门外。左为保国慈孝华严寺，右为护国崇宁至德真君庙。爽闿宏壮，足以昭地灵，章浚发，称圣母所为笃念源本之意。	《日下旧闻考》卷一一一《御制漷县景命殿碑文》，明《漷县志》

第六章

明代皇家陵寝园林

中国的陵寝文化源远流长，是中华五千年传统文化中，澎湃流动、绵延未断的主要支脉之一。它的发轫可溯源至洪荒时代的祖先崇拜。从远古开始，无论是氏族部落、帝王将相还是黎民百姓，不分高贵和贫贱，尊重祖先，安顿亡灵，已成为人类的普遍传统。其中，选择吉壤，建立祖陵，被认为是对祖先的崇敬纪念；同时也寄托着家族世代兴旺、永续发达的期待。

帝王作为国家的最高统治者，更期望龙脉不断，江山永固，所以选择所谓上吉风水宝地，大兴土木，建造皇陵。皇帝生前享有雄伟壮丽的宫殿，琼楼玉宇，金碧辉煌，锦衣玉食，妻妾成群，过着豪华奢靡的帝王生活。死后他们也梦想着照样享受帝王生活，于是在活着的时候就选择吉壤建造瑰丽豪华的陵寝。大规模的皇帝陵寝，始于秦始皇。

明代帝王陵寝，主要分布于安徽泗州、凤阳，江苏南京，北京天寿山及西山和湖北钟祥市等六处，成为风光秀美的皇家陵寝园林。

第一节　江淮明三陵

明初建国于南京，而且，开国皇帝朱元璋的祖籍在江淮，因此，明初的三个帝陵，即祖陵、皇陵和孝陵都集中于江淮一带。

一　明祖陵

明祖陵是朱元璋祖父以上三代的陵寝。朱元璋一称帝，便追封上四世祖帝号。洪武元年（1368年），“追尊高祖考曰玄皇帝，庙号德祖；曾祖考曰恒皇帝，庙号懿祖；祖考曰裕皇帝，庙号熙祖；皇考曰淳皇帝，庙号仁祖；妣皆皇后”[1]。据《明史》记载：“太祖即位，追上四世帝号。皇祖考熙祖，墓在凤阳府泗州蠙城北，荐号曰祖陵。”[2]《明会要》说：“熙祖陵，在凤阳府泗州蠙城北。洪武初，荐号曰祖陵，后号其山曰基运。”[3]“皇祖考熙祖”，指的是朱元璋的祖父朱初一、祖母王氏。其陵寝在明代泗州城北十三里淮河之滨、洪泽湖西岸的杨家墩，其南便是朱初一的居住地孙家岗，现属江苏省盱眙县城西北管镇乡明陵村。

明洪武“四年（1371年）建祖陵庙。仿唐、宋同堂异室之制，前殿寝殿俱十五楹，东西旁各二，为夹室，如晋王肃所议。中三楹通为一室，奉德祖神位，以备祫祭。东一楹奉懿祖，西一楹奉熙祖。十九年（1386年）命皇太子往泗州修缮祖陵，葬三祖帝后冠服”[4]。《明会要》也记载：“十九年八月甲辰，命皇太子修泗州盱眙祖陵。又诏礼部制帝后冠服，命太子诣陵寝，行葬衣冠祭告礼。”[5]

泗州祖陵，坐北面南，地俱土冈。西北自徐州绪山发脉，经灵璧、虹县而来，至此聚止，即今基运山。陵北有土冈，南有小冈。小冈之北，间有溪水涨流。其南面小冈之

[1]《明史》卷二《太祖本纪二》。
[2]《明史》卷五八《礼志十二·山陵》。
[3]《明会要》卷一七《礼十二·山陵》。
[4]《明史》卷五八《礼志十二·山陵》。
[5]《明会要》卷一七《礼十二·大政记》。

外，即俯临沙湖，西有陡湖之水亦汇于此。沙湖之南为淮河，自西而来，环绕东流去。祖陵一十三里，惟东南冈势止处俯临平地，有汴河一道，远自东北而来。上有影塔、卢湖、龟山、韩家柯诸湖，及陵北冈后沱沟之水，皆入于河。西面有本冈溪水引入金水河，经陵前东流，亦入汴河。以上诸水，每岁水大则众流会合，从东南直河奔注于淮水；小则汇潴于陵之东、南二面，四时不涸。[1]

杨家墩是个不大的土丘，太祖封为万岁山。建祖陵主要是增添地面建筑，原有坟茔未动，没有开挖地宫重葬。形制上仿照唐宋，三进式院落，中为主体建筑享殿和寝殿，都面阔十五楹，五楹为一室，分别供奉朱元璋的上三代祖神位，即除其父亲以上高三祖。朱元璋的祖辈，世代贫穷，多次流离失所，四处搬迁。上溯四代，最早生活于江苏徐州沛县，后迁移至江苏镇江句容，之后又搬到泗州（今江苏盱眙），到朱元璋时已到了濠州，即明代的凤阳府。所以，朱元璋的高祖不一定留有墓地。但朱元璋当了皇帝后，在泗州营建祖陵，立神位合祀三祖，也只是衣冠冢而已。而且，当时规格也未备，如主体建筑上覆黑瓦等。洪武二十年（1387年）又作泗州祖陵祭典。“永乐十一年（1413年），工部以泗州祖陵黑瓦为言，帝命易以黄，如皇陵制。”[2]“嘉靖十年（1531年）名祖陵曰基运山”[3]，并立碑、建碑亭。也就是将原来的万岁山（杨家墩）又改称基运山。“基运山旧日止有墩阜，后复加土封之，自来惟呼‘万岁山’。嘉靖十年（1531年）世宗荐山号以配方泽，遣官祭告。然山脉迤逦而来，形势尊严，绵亘起伏，所谓‘万马自天而下’者。”[4]这是从嘉靖九年开始，明世宗将以

[1] 《明世宗实录》卷一八二。
[2] 《明会要》卷一七《礼十二》。
[3] 《明史》卷六〇《礼志三十六》。
[4] 《帝乡纪略》卷一《祖陵形胜》。

往不少名称重新命名中的一项。而且，将原有的土丘，人工培土加高，使之成为真正的“山”。嘉靖十三年，“用故所积黄瓦更正殿庑，及增设陵前石仪与凤阳同制”[1]。在整个明代，对明祖陵曾多次修葺。

对明祖陵的建筑形制和空间布局情况，《帝乡纪略》记载：

> 皇城正殿五间，东西两庑六间，金门三间，左右角门二座，后红门一座，燎炉一座。砖城一座，内四门四座各三间，红门、东西角门两座，门外有先年东宫具服殿六间，直房十间，东、西、北三门直房十八间。星门三座，东西角门两座。内御桥一座，金水河一道，石仪从卫侍俱全。天池一口，井亭一座，神厨三间，神库三间，酒房三间，宰牲亭一所，斋房三间。

这与《明会要》略有差异，即正殿和寝殿俱十五楹。陵园围以三重墙垣，形成类似京师三重城布局，最外边为都城，或称外罗城；第二层为砖城；最里边为宫城，又称皇城。外罗城“周长九里三十步”，“外罗城内磨房一所，角铺四座，窝铺四座，砖桥一座”。“城内东祠祭署一所，堂、亭、门、廊、斋房悉备，颇为完美”。祖陵占地，除外罗城以内，还有“城外下马碑一座，东西面御水堤一道，自下马桥起，至施家岗止，共长六百七十五丈五尺。外金水河堤添闸一座”。陵正南，在下马牌后有两座碑亭，即“基运山碑”和“祭告碑”[2]。外罗城外的建筑，也属于陵园范围。“石仪”即石像生等共21对。从整体上看，无论是规模、等级、建筑格局上，比朱元璋父亲的皇陵略逊一筹。

明祖陵于清康熙十八年（1679年）至十九年遭遇洪灾，被洪泽湖

---

[1]　本书编委会：《中国建筑艺术全集》第7册《明代陵墓建筑》，中国建筑工业出版社2000年，第15页。

[2]　《帝乡纪略》卷一《帝迹志·兴建》。

水淹没。之后，一直在水底下。到1963年，洪泽湖水位下降后，才露出水面。经考古发现，明祖陵建筑，坐落于约250米长的南北中轴线上，露出水面的石像生有19对、华表2对，置于约50米长的神道两侧，有麒麟、狮子、望柱、马及牵马人、马官、宫人等等。[1]

明祖陵是明代最早的皇家陵寝建筑。虽然其规模及某些配置略逊于洪武时期的其他陵寝，但是基本规制和特点是一致的，充分体现了皇家气派与风格。特别是选址是精心勘察、反复挑选才确定的所谓风水宝地，是“肇基帝迹，发祥走运”的“吉壤”“龙脉”，背靠青山，面对洪泽湖万顷碧波，山光水色，风景绮丽，可谓典型的江南名胜。正如洪武时期钦天监官所著《泗州祖陵形胜赋》云：

“蠙城直北，汴河西岗，管鲍让金之地，招贤贵士之乡，山名万岁山，河名金水河，周围旋绕九曲罗堂水，势真龙之象。”“观去水，淮泗通流有曲湾。陡湖口、黄龙口，弯曲入海子口。青龙回转下汴河，随势流来左右手。沱沟水在祖陵后，流转东南真罕有。”“陵畔有凤凰之岗，上自马廊，下至龟山、观来山，马廊相连打石山，盱山上有第一山，更有陡山相拱近，一带三山与四山，下口龟山不等闲，弯如牛角样，势非凡。”“土山亦有势，环拱祖陵朝盛地。珠山出宝最稀奇，柳山青翠俱随势。”“山色明，水色秀，山川总是天生就。”

陵寝建筑也具有明代皇家建筑的风范，雄伟壮美，典雅庄重，陵园也是一座只有皇家才能享有的园林环境。朱元璋的上三代祖先们，生前饥寒交迫，颠沛流离，挣扎于人间苦难之中。但是，他们死后却享受到了天堂般的阴宅殿堂和园林。而且，制定了祭典与管理皇陵的制度及官署，“设祖陵祠祭署，置奉祀一员，陵户二百九十三，设皇陵卫，并祠祭署奉祀一员，祀丞三员，陵户三千三百四十二”[2]。这使朱元璋的祖先们在阴曹地府里真正过上了帝王生活。

---

[1] 陈琳：《明祖陵的营建及其特色》，引自《首届明代帝王陵寝、居庸关长城文化研讨会论文集》，科学出版社2000年。

[2] 《明会典》卷一七《礼十二》。

二　明皇陵

明皇陵即朱元璋父亲和母亲陈氏的陵墓。同时，祔葬其三个哥哥和三个嫂子及两个侄子。朱元璋父亲本名朱五四，死于元至正四年（1344年）四月初六，享年64岁；母亲陈氏死于同月二十二日，享年59岁。因流行瘟疫及贫困，相继死去的还有朱元璋的三个哥哥、三个嫂子及两个侄子。所以，当时就简单安葬于濠州城西南。朱元璋参加元末农民大起义，成为有影响力的首领后，才为其父改名为朱世珍。朱元璋即位，便追封其父母："皇考曰淳皇帝，庙号仁祖，妣皆皇后"[1]，并为他们重修了陵寝。《明史》载："皇考仁祖，墓在凤阳府太平乡。"[2]即在今安徽省凤阳县城西南约八公里，建于明朝建国前夕。据《明会要》载：

> 丙午（元至正二十六年，龙凤十二年，1366年）四月丁卯，太祖至濠州，念祖考葬时，礼有未备，乃询改葬典礼、服制于许存仁等。皆以《仪礼》"改葬、缌"对。时有言"发祥之地，灵秀所钟。不宜启迁，以泄山川之气"。太祖然之。乃命增土培其封，置守冢二十家。[3]

也就是说，朱元璋在称帝前到凤阳，就有改葬父母的念头，但在臣下劝说后又怕破坏了现有的风水，才未敢大兴土木改葬，只是在坟茔上培土，定人守陵为止。《明史》载：

> 太祖至濠，尝议改葬，不果。因增土以培其封，令陵旁

[1] 《明史》卷二《太祖本纪二》。
[2] 《明史》卷五八《礼志十二》。
[3] 《明会要》卷一七《礼十二》。

故人汪文、刘英等二十家守视。洪武二年（1369年）荐号曰英陵，后改称皇陵。设皇陵卫并祠祭署，奉祀一员、祀丞三员，俱勋旧世袭。陵户三千三百四十二，直宿洒扫。[1]

《明会要》载："仁祖陵，在凤阳府太平乡。洪武二年（1369年），荐号曰英陵，寻改称皇陵，后号其山曰翊圣。"[2]

朱元璋未下决心改葬父亲，也与当时的战局有关。当时朱元璋正与又一支强大的农民起义军张士诚部争夺江南。濠州正好在张士诚控制下，其大将李济驻守濠州。至正二十五年（1365年）十月，朱元璋命徐达率大军夺取江淮要地，到至正二十六年四月，攻占了通州、兴华、盐城、泰州、淮安、徐州、宿州、濠州、邳州等地。于是，朱元璋立即从应天（南京）到濠州谒陵。朱元璋虽然在军事上势如破竹，捷报频传，但因天下还未完全平定，且战乱造成社会动荡、经济瘫痪、国家满目疮痍，百废待兴。再加上自己还未称帝，大业未定，如动了祖坟的风水，唯恐不利，所以，他虽有重建皇陵的意愿，但还是暂时放弃。洪武二年（1369年），大明已立国，朱元璋有条件重修祖陵了。于是，"是年（洪武二年），修治皇陵。先是度量界限，将筑周垣"，命李善长立碑[3]。这次重修，完全是按照帝王陵寝规制进行的，增添了石兽、石人、华表等石像生以及碑亭、刻字碑等，并定名为"英陵"，三个月后改为皇陵。这是明朝建国后的第一次重修皇陵。

洪武八年（1375年）四月，太祖到已经营建六年即将完工的中都濠州视察，以"劳费"为由，下令停建。并将一部分劳力和财力、物力调来"筑凤阳皇陵城"，洪武"十一年（1378年）四月，命修葺皇陵"[4]。这次修葺，主要包括新建皇堂、皇陵碑、碑亭、石像生、殿宇

[1] 《明史》卷五八《礼志十二》。
[2] 《明会要》卷一七《礼十二》。
[3] 《凤阳新书》卷五《帝诰》。
[4] 《明会要》卷一七《礼十二》。

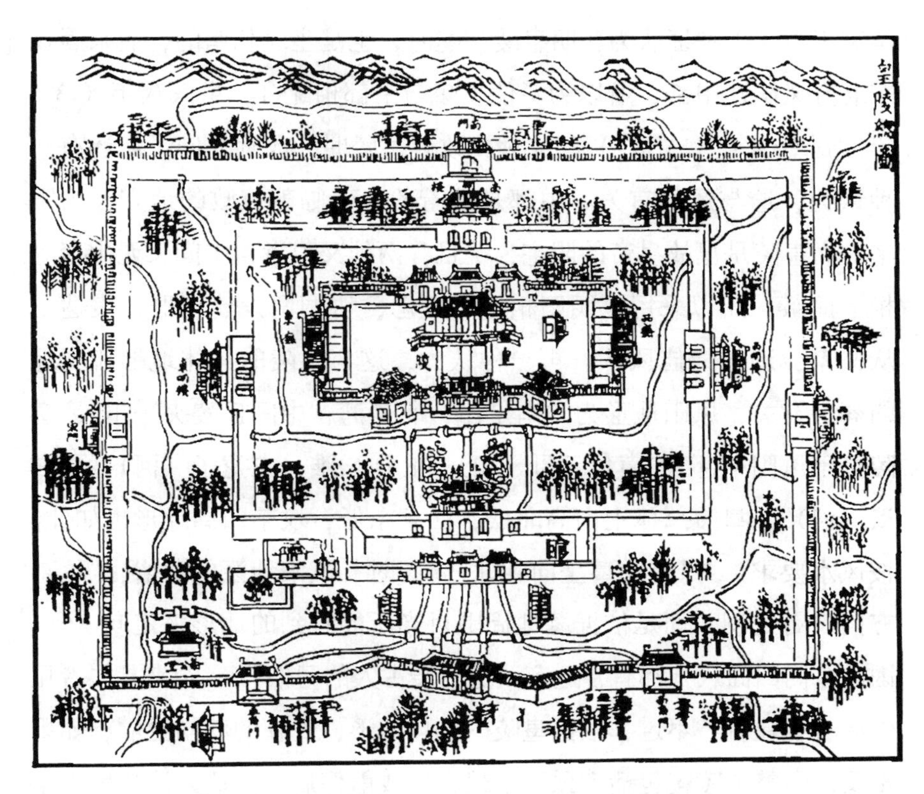

图 6-1　凤阳明皇陵遗址示意图（引自潘谷西主编《中国古代建筑史》转引《中都志》）

等。《明太祖实录》：洪武十一年四月，“是月建皇陵碑。上以前所建碑，恐儒臣有文饰，至是复亲制文，命江阴侯吴良督工刻之”。明末袁文新等所著《凤阳新书》载：洪武十一年“夏四月，命江阴侯督建殿宇、城垣，植冢木，树石人、石兽，勒石建亭”。这次主要是修缮，而立石像生等则应在洪武二年（1367年）。总之，这次修葺皇陵，到洪武十二年（1379年）五月才告竣工，按帝王规格建陵，前后长达十年时间。

明皇陵与其他陵墓不甚相同，其朝向为坐南朝北，正门即陵门则偏向东北。作为帝陵，这种朝向是有悖于古代帝王陵寝规制的。从历史上看，秦、西汉帝陵，一般坐西朝东；而从东汉开始，特别是唐代以后，坐北朝南形成规制。明皇陵正相反，对此，有多种解释。历史学家王英先生考证认为，明皇陵初建时，也是坐北朝南的，后来因在东北方凤阳建中都，所以为了使皇陵与中都相配合，洪武八年（1375年）到十一年（1378年）间大规模改建皇陵时，改为北向了。还有一种认为，这与风水有关。中都是活着的皇帝临朝执政的地方，为阳宅；而皇陵是已故皇帝的阴宅，况且，两处又很近，中间又无山峦等相隔遮蔽，所以采用"阴阳相抱"理念，协调两大建筑群，表达主从关系，追求最佳风水。再一种认为，这与皇陵的具体地形和当地的葬俗有关。凤阳地形为"南是山，北是湾，中间丘陵夹平川"。皇陵位于凤阳中部，"南负云母（山），北抱长淮，左龙子（河），而右濠（河）"，皇陵总体上南高北低，西高东低，坟茔四周地形也如此。按风水要求，"只宜坟墓坐向朝北"。同时，凤阳地区的葬俗，"坟墓方向没有定制，而是依据墓地周围目光所能看到的地形来定向。……因此墓向四面八方都有，这应该是沿袭古人的习俗"[1]。看来是仁者见仁，智者建智。不过，根据皇陵的具体地形，现在的朝向更顺；如果相反，则整个陵寝包括宝顶及享殿，形成前仰后抑，这无论从风水学的角度，还是民居常理，都是不可取的。因地制宜取其佳，本来就是风水学的精髓。

明皇陵在建筑形制上筑有三重城垣，与祖陵同。据明代《凤阳新书·宗祠篇》：最外层为土城，周长28里，合华里32里又140丈，呈方形[2]；四面城墙各有一座门，三开间，单檐歇山顶。旁有值房，面阔三间；每门前各有两座下马碑，铺舍13座。北门亦称正红门，为皇陵正门，两侧开有东角门、西角门。祠祭署衙门（官厅）二座。在东角门外，有值房40座。有44个守陵户，轮流值守。大水关在土城东北角内，其北有一座桥曰皇堂桥，水出土城流入淮河；土城四面共有小水关19座。凤阳即明中都在皇陵的东北方三里，而皇陵朝向是正南正北，与中都形成斜角。为了使皇陵的正门朝向中都凤阳城，将北面城

[1] 孙祥宽：《凤阳名胜大观》，黄山书社2005年，第227页。

[2] 王剑英：《明中都研究》，中国青年出版社2005年，第412页。

墙的中段一节，由东西向改为东南、西北向，形成左斜“Z”型墙，北门坐落其中，从而正对东北向。正红门前神道三里，一直延伸至凤阳城，路两边植松柏。

从土城北面正红门进入，中轴线上神道向南延伸，穿过一小片开阔地，便有由西向东北蜿蜒的水溪。上跨五座石桥，曰红桥。神道从中红桥上向南继续伸展，到棂星门。这是三座并列的单檐门，饰以绿琉璃瓦。两边顺墙上开有角门。棂星门北边，左右为值房，各11间。过棂星门，直通第二重城，即砖城，里外砖筑。砖城呈南北长方形，高二丈，周长六里一百一十八步，合华里7里又148丈（约3.88公里）。[1]砖城位于土城的中心偏南处。城墙四面各开一门，东、西、南门为明楼，明楼两边有值房各五间。四个城门都是三洞券门，城台上是面阔五间的重檐歇山顶城楼。城台东西两侧各开一座小角门，红门外围以瓮城，其前为具服殿六间，膳厨二间，官厅六间，天池一口等。各门左右有值房各五间。其东有神厨五间，神库南北各五间，宰牲厨六间，酒房五间，鼓房一间。在北城门一里，即斋宫。

瓮城是进入砖城的第一道门，再进则大红门，神道一直延伸到皇陵。神道两侧置有32对石像生，由北向南依次是獬豸、狮子（八对）、望柱、马、人牵马、老虎、羊、文臣、武将、宫人等。石像生仪仗庞大，整齐庄肃，栩栩如生。过石像生仪仗，即金水河，上跨五座石桥，在神道上的三座为御桥，两侧为旁桥。

再往南为皇城，是皇陵的第三重，又称内城，砖砌城墙，红土泥饰，高二丈，周七十五丈五尺。坐南朝北，北门为正门，称金门，面阔五间，单檐歇山顶，正对神道，左右庑各11间。正门前两侧对称有两座方形碑亭，三间重檐歇山顶，四面开门。亭内置有龙首龟趺碑，东边的是无字碑，西边的则是朱元璋亲自撰写的“大明皇陵之碑”。皇陵原来有一碑，是由文臣所撰。后来，朱元璋不满意碑文，于是亲

[1]　王剑英：《明中都研究》，中国青年出版社2005年，第415页。

自重新撰写了碑文。洪武十一年（1378年）四月，

> 命修葺皇陵。诏曰："皇堂新造，予时秉鉴窥形，但见苍颜皓首。忽思往日之艰辛，窃恐前此碑记出自儒臣粉饰之文，不足以为后世子孙戒。特述艰难，以明昌运。"乃自制碑文，命江阴侯吴良督工刻之。[1]

朱元璋时常拿镜子照自己，感到面容苍老，从而联想到打天下时的艰辛。但以前文臣所撰碑文，过于粉饰奉承，没有表达夺取江山的千辛万苦，他担心这对他的子孙后代起不到警戒作用，所以亲作碑文，着重记述了祖辈的苦难和建立大明王朝的艰苦经历，告诫后人，铭记为鉴。

皇城是举行祭祀典礼的主要场所,主体建筑是享殿，也称大殿、皇堂。殿内供奉朱元璋父母的神位。享殿坐南朝北，宏大壮丽，位于皇城靠南居中，面阔九间，单檐庑殿顶，黄琉璃瓦。享殿坐落于三层台基上，围以石雕望柱栏杆。现有享殿遗址东西宽43米，南北深约17米，可见其规模。享殿两侧为东西庑，各面阔11间，单檐。享殿西侧有燎炉，皇城南墙中开有红门，为三洞单檐琉璃门，两侧开有角门。

坟茔在皇城城墙外，独立位于皇城后红门南面，砖城南明楼之北。陵台是在原来的坟茔上面培土加高加宽而成，椭圆形，底部宽、上面小，东西长约50米，南北宽约35米，顶高约10米。[2]可见当初十分雄伟。

皇陵建筑以神道为南北中轴线，以享殿为中心布局，建筑规制与形制，充分体现了皇家规格和气派，既继承了唐宋陵寝建筑的传统，又开辟了明代陵寝建筑风格，构建了空间上既空阔疏朗、中心突出、错落有序、瑰丽宏伟，又庄严肃穆、安详幽深的皇家陵寝园林的

---

[1] 《明会要》卷一七《礼十二》。

[2] 《明中都研究》，第425页。

模式。在建筑周围以及大片空闲地带，都种植松柏和其他高大常绿乔木，到明末时，仅农民军烧毁的松林就有30万株。可见，整个陵园就像是林海，郁郁葱葱，翠色欲滴，绿荫匝地，与皇陵建筑的红墙黄瓦互为衬托，金碧相映，增添了神秘与肃穆。陵园中水流潺潺，石桥横卧，亭台点缀，展现了小桥流水的江南风景，使这些生前贫寒交加的皇家祖先，身后享受到了帝王园林生活。

明皇陵在明代修缮过多次，有记载的如永乐间修葺三次，英宗朝修葺五次，景泰间修葺一次，成化间修葺一次，嘉靖间修葺四次，共十四次之多。规模较大的修葺，如《中都志》所记载：

> 陵垣殿宇，年久圮坏，成化丁未（二十三年，1487年）敕南京守备太监郑强、平江侯陈锐、南京兵部左侍郎白昂提督修造……乃募工师六百，匠氏千余，役夫四千有余，皆厚其工直，丰其廪饩，而课其章程……计数年之工，甫及七月而毕。

但到明末，李自成领导的农民起义军席卷大江南北，战争烽火由中原燃烧到江淮。特别是农民军攻进凤阳后，明皇陵遭到灭顶之灾。崇祯八年（1635年）正月“丙寅，贼陷凤阳，凤阳无城郭，贼大至，官军无一人应敌者，遂溃。贼焚皇陵，楼殿为烬，燔松三十万株，杀守陵太监六十余人，纵高墙罪宗百余人”[1]。崇祯八年正月十五日，起义军扫地王张一川、太平王率部进入凤阳，受到民众的欢迎，农民军合力打败了凤阳官军，挖朱元璋祖坟，纵火焚烧了明皇陵享殿，以及朱元璋曾出家为僧的龙兴寺。此后，明皇陵成一片废墟。清代再无重修记载，明皇陵被荒废。

1982年2月，国务院将明中都及皇陵列为全国重点文物保护单位。

[1]　《明史纪事本末》卷七五《中原群盗》。

三 明孝陵

明孝陵是埋葬明代开国皇帝、太祖朱元璋和马皇后的陵墓。洪武三十一年（1398年）闰五月十日，朱元璋崩于西宫，年七十一。“辛卯（二十五日），葬孝陵。”[1]朱元璋死后与马皇后合葬。太祖皇后马氏，早在“洪武十五年（1382年）八月寝疾。……是月丙戌崩，年五十一。帝恸哭，遂不复立后。是年九月庚午葬孝陵，谥曰孝慈皇后”[2]。“孝陵，太祖陵，在南京钟山之阳。后号其山曰神烈。”[3]孝陵位于南京城东，明南京朝阳门（今南京市中山门）外钟山，即紫金山南麓玩珠峰下，茅山西侧独龙阜。孝陵东侧毗邻的是太子朱标的陵墓，即东陵；再往东就是中山陵；西侧是太祖诸妃的陵墓。

至于“孝陵”称谓，有几种说法，如因先葬马皇后而得名，马皇后谥号孝慈，故称；又如太祖要后代以忠孝治国，故谓其陵曰孝陵等。其实，这些说法都是后人的揣度，孝陵名称的来历，未见有历史文献明确记载。现在较普遍的说法是，孝陵因以马皇后谥号“孝慈”而得名。这个说法似难成立。因为，孝陵虽然是太祖和马皇后合葬墓，但它毕竟是帝王陵墓，墓主人首先是皇帝而非皇后，所以不可能以皇后的谥号代替皇帝的墓名，这不符合封建礼制的。如果孝陵为马皇后一个人的陵墓，以其谥号称之，则顺理成章；问题是朱元璋也葬于此，因此不可能以其皇后的谥号掩盖或代替开国皇帝身份。况且，明代其他帝陵也未见以其皇后谥号称其皇陵的，如成祖长陵，也是先葬皇后后葬皇帝，但并未以徐皇后的谥号为墓名。如果太祖墓以皇后谥号为称谓，其他后世皇帝必定会效法，特别是朱棣处处效法太祖，在这个问题上不可能不效法。不仅如此，中国其他朝代的帝王陵也未有以皇后谥号为名称的。可见，无论从哪个角度看，孝陵以马皇后谥

[1] 《明史》卷三《太祖本纪三》。

[2] 《明史》卷一一三《后妃传·太祖孝慈高皇后》。

[3] 《明会要》卷一七《礼十二》。

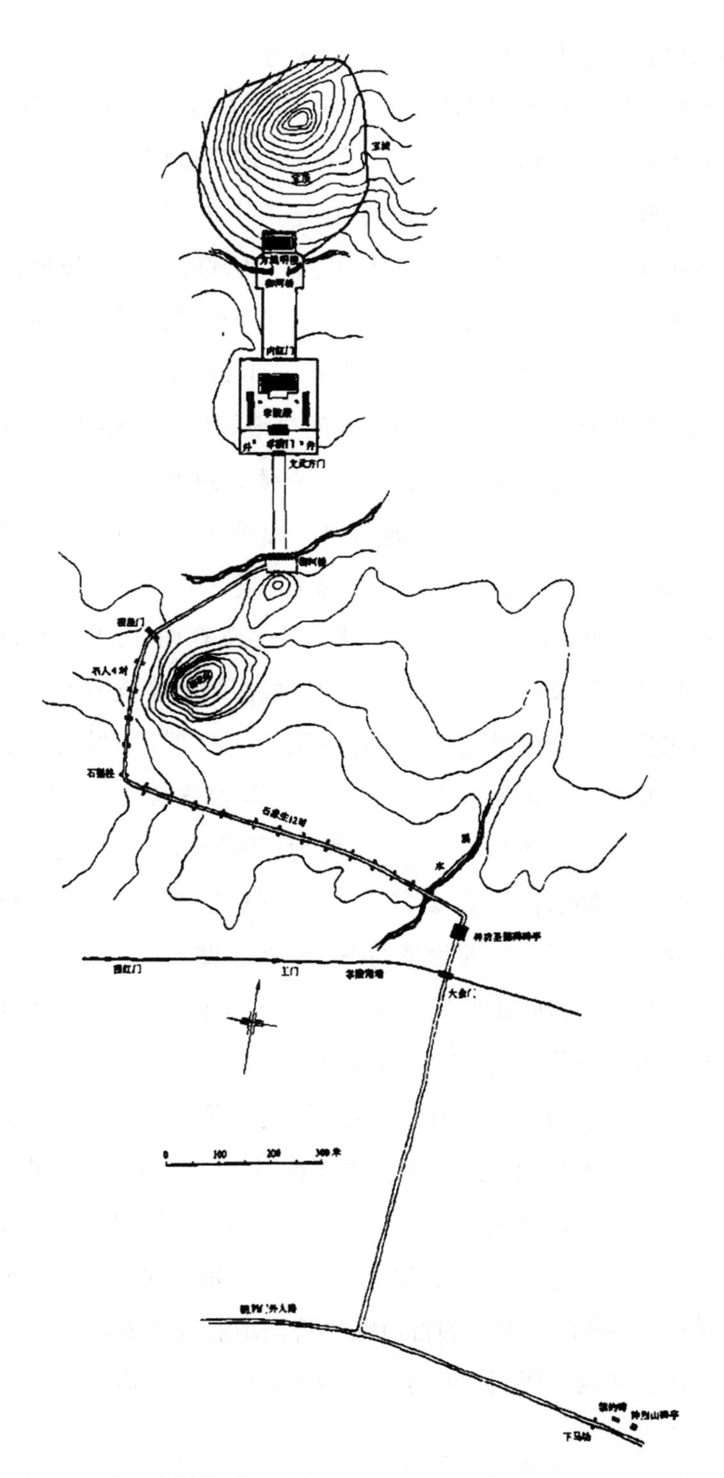

图 6-2　明孝陵总平面图（引自潘谷西主编《中国古代建筑史》）

号为名称的说法难以成立，只是一种附会之说。

明代，随着政权的巩固，社会的日益稳定，以及经济的逐步恢复，从洪武九年（1376年）开始，朱元璋着手营建自己的寿陵。他经多次派人到各处勘察，精心选择，确定了陵址。这一年，他命迁走钟山南麓独龙阜的开善寺（或称蒋山寺），为建陵寝清理场地，开始营建。到洪武十五年（1382年）九月马皇后病逝时，已经具备了在地宫里安放灵柩的基本条件。洪武“十六年（1383年），孝陵殿成。命皇太子以牲醴致祭”[1]。可见此时孝陵的享殿等地面主要建筑已经竣工。又过了十五年，朱元璋才驾崩，葬入孝陵。到永乐十一年（1413年），立“大明孝陵神功圣德碑”，建碑亭。嘉靖十年（1531年）二月，立“神烈山碑”，建碑亭，这些只算是锦上添花了。

孝陵坐北朝南，占地宏阔，建筑群坐落在南北约2600米长线上，外城郭红墙周长22.54公里。陵区范围，最南端的建筑为下马坊,位于现在卫岗东麓下，北到独龙阜，东起孝陵卫，西抵南京城边。于洪武二十六年（1393年）朱元璋下令：“车马过陵及守陵官民入陵者，百步外下马。违者以大不敬论。”[2]下马坊为石雕牌坊，一间两柱冲天式建筑，高9米，宽6米，额书曰“诸司官员下马”匾。东侧有明嘉靖所建神烈山碑亭。下马坊之北为禁约碑，崇祯十四年（1641年）五月由南京神宫监按崇祯帝敕谕所建。碑高3.64米，宽5.31米，碑首雕刻二龙戏珠，碑面镌刻护陵及谒陵的法律条款。

由下马坊偏西向到朝阳门外大桥附近，再往北约一华里余，即孝陵外城郭正门大金门。此门为三洞式券门，门宽26.66米，进深8.09米，单檐歇山顶，黄琉璃瓦，椽子是绿琉璃，门扇朱红双扉。外郭为红色城墙。由大金门进入，往北约70米，立有永乐年间所建“大明孝陵神功圣德碑”，碑高6.7米，螭首龟趺，碑额雕有九条龙。碑亭方形，面阔26.86米，砖砌，四面均开券门，故俗称四方城。碑亭底部为石雕须

[1] 《明史》卷六〇《礼志十四・谒祭陵庙》。

[2] 《明会要》卷一七《礼十二》。

弥座，按明代同类建筑，应为重檐歇山顶黄琉璃瓦，整个碑亭通高8.87米，高大、华丽。碑文由朱棣亲撰，长达2700字，记述乃父一生丰功伟业，歌功颂德。

从神功圣德碑向北不远再向偏西北方向，约80米处为外御河，由东向西流淌，上跨御桥，为单孔砖结构拱桥。过御河桥，即神道，神道先是由东南向西北延伸618米，再转北，至棂星门。因沿梅花山南麓，地势不甚平坦，神道向上起伏伸展。在神道两侧共置石像生32个，类型与皇陵相仿，有狮子、獬豸、骆驼、大象、麒麟、骏马、文臣、武将等，只是与祖陵和皇陵不同的是，每种石像生都是两对。

在皇帝陵寝内布阵石像生，始于汉代，唐代始称石像生。到明代，石像生不仅种类多，数量大，而且成为规范。石像生具有特定的寓意：狮子为百兽之王，象征威严。獬豸为古代传说的独角异兽，象征公正严明。骆驼为北方沙漠中耐寒耐长途的交通运输工具；而像谐音“祥”，象征吉祥，象也是热带交通运输工具，它们象征着帝王打天下之艰难，同时象征帝王江山从南到北，疆域辽阔。麒麟为瑞兽，象征国泰民安。骏马既代表帝王坐骑，也代表军队，象征打天下，坐江山。文武二官，象征朝廷百官忠君报国。这些石像生具有强烈的政治色彩。石像生北端，则是汉白玉华表，开始南北向直线神道。

直线神道上的棂星门，南向偏西，六柱三间，面阔15.73米。从棂星门转向北不到300米，有内御河，也称金水河，由西向东流淌，上跨五座单孔石拱桥，称五龙桥。过桥200米，就是陵园门，又称金门或文武方门，有五个门洞。中为正门，单檐歇山顶覆以黄琉璃瓦，高8.9米，宽27.65米。中间三个门洞，正门券顶高4米，两侧为3.77米。正门东西两侧园墙上开有便门，园墙高约6米，红墙覆琉璃瓦。从五龙桥向北延伸的神道，为陵园中轴线，贯穿陵宫，直达明楼及宝顶。

陵寝由三进式院落构成。进入文武方门为第一进院落，东西长144米，南北宽44.45米。主要有神厨、神库、具服殿、井亭、宰牲亭等东西两侧对称配置的辅助建筑。第二进院落，是以享殿为主体的建筑群。在中轴线上正对文武方门的孝陵门，为第二进院落的正门。孝陵门面阔五间，单檐歇山顶，门坐落于围有雕栏的石制须弥座台基上，台基面阔40米，进深14.6米，前后三出陛。台基上门庭面阔22.3米。从孝陵门沿中轴线石道往北55米处，便是孝陵享殿，面阔九间，进深五间，重檐庑殿顶，覆以黄琉璃瓦，殿外门额上有“孝陵殿”金匾。大殿坐落于朝南向的“凸”字形三层石雕须弥座台基上，向南出月台。台基通高3.3米，底层面阔63米，进深48米，每层台基围以石雕栏杆、望柱及螭首。台基踏跺中间为丹陛，有二龙戏珠浮雕。大殿内供奉朱元璋与马皇后的神位。大殿雄伟壮丽，金碧辉煌，气势豪迈，展现了明代皇家宫殿建筑的风范。孝陵大殿前，东西配殿各15间，帛炉一座等。第一、第二进院落合成一个整体，围以红墙，呈长方形城郭，享殿位于靠北处，坐北朝南。

享殿正北20米处，红墙中开有内红门，为第三进院落门。内红门为单檐歇山顶，三券门洞。第三进院落呈“T”字形，从内红门开始呈现狭长院落向北延伸到方城，形成连接宝城的通道，长133.3米，东西两面有红墙。通道北段是宝城御河，其上有单券石桥，称升仙桥，长57.5米，宽26.6米，有螭首石栏。桥北为方城，即“T”字形的顶部。所谓方城，就是明楼的宽大台基，平面呈方形。方城由大块石条垒砌而成，东西长60米，南北宽34.22米，通高16.25米，坐落于石制须弥座上。方城前面是宽于狭长通道的方形空地，方城两翼有八字形影壁，与方形空地院墙相连，从而形成“T”字形顶部空间，再与狭长通道相连。

方城中间为券门，高3.86米，门洞内有向北上的54级台阶，到达从方城至宝城的夹城，即城墙顶部走道，宽5.6米。这里也有上明楼的台阶。明楼面阔39.25米，进深18.4米；南面有三座拱门，其他三面也各有一座拱门。明楼由方砖墁地，楼身为红墙砖石木结构，单檐歇山顶，覆以黄琉璃瓦。明楼坐落于约六层楼高的方城崇台上，是整个孝陵陵园的至高点。方城及明楼实际上是宝城的门楼。在明楼北面就是宝顶，即朱元璋及马皇后的坟茔，圆形土丘，地面直径约达400米，高约70米，宝顶下则是地宫。宝顶周围筑有圆形砖砌墙垣，就是所谓的宝城。城墙高6.7米，周长约1000米。宝城城墙与方城两边的园墙相连，形成闭合式院落。

纵观孝陵陵园，大体可分为四个景观区。从下马坊到大金门为第一景区，可称引导区。从大金门到文武方门为第二景区，主要包括神功圣德碑亭、外御河桥、石像生、石望柱、棂星门、内御河桥等。这可称之为陵区前院。第三景区为从文武方门开始，整个长方形宫殿区。主要包括文武方门及孝陵殿等整个院落。第四个景区为从内红门开始整个“T”字形区域，包括狭长通道、方城、明楼以及宝城等等。

孝陵整个陵园，因受地形开阔度的影响，建筑群及神道未能形成贯通始终的严格的中轴线。只是根据地形地貌，在孝陵前梅花山南麓，呈弧形蜿蜒伸展；而在局部地势平坦、略显开阔时，再按中轴线布局。如从内御河桥开始到宝城，完全沿中轴线对称布局，不失皇家建筑的规制。这种空间布局，突出了因地制宜、随形就势的园林营造原则，在视觉上富有变化，避免一览无余，从而产生了佳景通幽处、柳暗花明的极佳效果。陵园建筑，金碧辉煌，宏大瑰丽，雕龙画凤，庄重肃穆，一派皇家气韵。正如明李东阳《重谒孝陵有述》云：

龙虎诸山会，车书万国同。
星躔环斗极，王气绕江东。
地涌神宫出，桥分御水通。
丹炉晨隐雾，石马夜嘶风。
日月无私照，乾坤仰神功。
十年瞻望地，云树郁葱葱。

神道两边的石像生，高大雄健，栩栩如生，做工精美，神形俱佳，成为明代皇陵石像生的范例，实为不可多得的艺术精品。

孝陵的外围自然风光，钟灵毓秀，又雄奇多姿，成为孝陵的背景，可谓甲天下。孝陵背靠钟山主峰，锦屏玉翠；东侧是龙山，海拔96米，西侧是虎山，海拔89米，从而形成虎踞龙盘之势。正南方300米处是梅花山，海拔55米，山虽不高，但风景独秀。这是三国东吴开国皇帝孙权与皇后的陵地，原名孙陵岗。孝陵四面青山环抱，泉溪缠绕，绿树葱葱，四季常青。举目远眺，山光云影，尽入眼底，与陵园的红墙黄瓦，殿宇楼台，浑然一体。在陵园中，三条溪水东西横贯，流水潺潺，三组石桥南北飞架。数十万株苍松如海，翠柏成荫，古树鲜花交织，清气沁肺，静谧幽深。而在晨曦暮辉中，千头群鹿，食草逐水，嘶鸣寻欢，真乃明代皇家陵寝园林之典范。

孝陵在清代末期曾遭到太平天国军的破坏。2003年7月被联合国列入世界文化遗产名录。

第二节　昌平十三陵

明十三陵，也称天寿山明帝陵，指的是从明代第三个皇帝成祖朱棣开始的十三位皇帝在北京昌平州的陵寝。这十三个帝陵依次是：成祖长陵，仁宗献陵，宣宗景陵，英宗裕陵，宪宗茂陵，孝宗泰陵，武宗康陵，世宗永陵，穆宗昭陵，神宗定陵，光宗庆陵，熹宗德陵，壮烈帝即崇祯思陵。

十三陵位于北京市北边50公里处的天寿山，距今昌平县城北约10公里。天寿山“列东、西、北三面，山势陡峭，险不可升”，也就是三面环山，南面敞开，山下有方圆约40 平方公里的小盆地，平展如掌。明代十三个帝陵分布其间，外围建有山陵边墙，长达34公里；边墙开有十个口子，以供通行。据《昌平山水记》载：

> 环天寿山凡十口，自大红门东三里曰中山口。又东北六里曰东山口，距州东门八里，有楼，南北二座，三层。又北

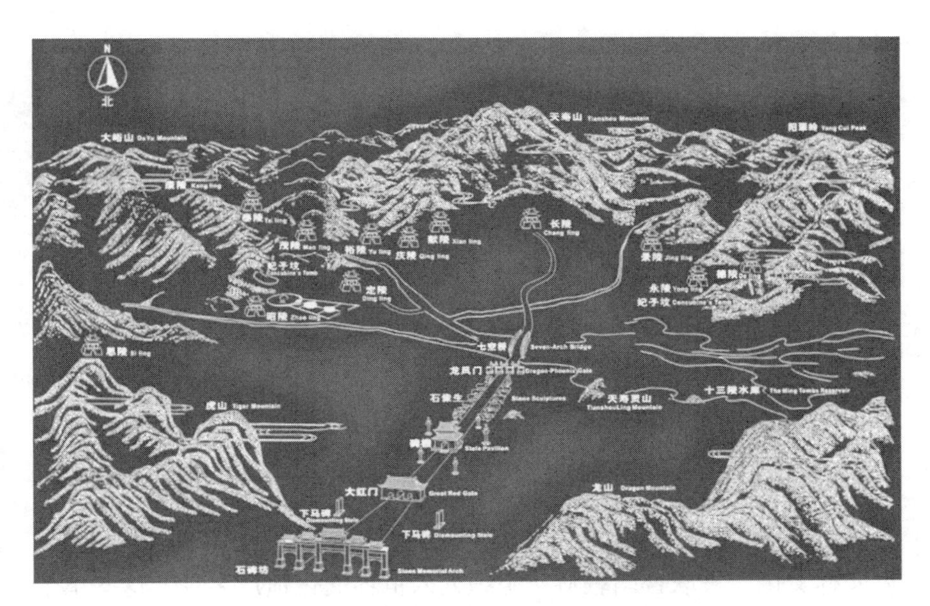

图 6-3　明十三陵总图

而西十里曰老君堂口，距景陵北二里。又西十五里，曰贤庄口，距泰陵北五里。又西三里曰灰岭口。又西南十二里曰锥石口，距康陵东北二里。三口并有垣，有水门。又南十二里曰雁子口，距康陵西北三里。又西南三里曰德胜口，距九龙池四里。有垣，有水门。又东南十里曰西山口，距悼陵南二里。有小红门，距州西门八里。又东二里曰榨子口，距大红门三里。凡口皆有垣。陵后通黄花城。[1]

对十三陵的基本布局，《燕都游览志》有记载：

天寿山陵前有凤凰山，后有黄花镇，左有蟒山，右有虎峪。东西山口两水会流于朝宗河。文皇帝葬所曰康家庄，是为长陵。次皇山，距长陵一里有半，是为献陵。次黑山，距

[1]　《日下旧闻考》卷一三七《京畿・昌平州四》。

献陵三里，是为景陵。次石门山，距景陵六里，是为裕陵。次宝山，距裕陵二里，是为茂陵。次史家山，距茂陵二里，是为泰陵。次金岭山，距泰陵三里，是为康陵。次阳翠岭，距康陵十六里，是为永陵。次大峪山，距永陵九里，是为昭陵。次亦名大峪山，距昭陵一里，是为定陵。次皇山二岭，距定陵五里，是为庆陵。[1]

十三陵是中国最大的帝王陵区，不仅陵寝数量多，而且所占面积大、范围广。但这些单个的陵寝，在一个统一格局中，相互照应，形成整体，成为一座庞大的皇家陵寝园林体系，完整体现了明代皇家陵寝园林文化，被联合国教科文组织列入世界文化遗产名录。这些单个陵寝，虽有各自的特点，但更多的是共性。所以，选择几个重点和具有代表性的陵寝叙述如下。

一　长陵

长陵是昌平天寿山的第一座明代皇陵，即成祖朱棣的陵寝。所以，长陵在十三陵中被称为祖陵。朱棣于永乐十九年（1421年）正式迁都到北京后，打破了明皇陵在南京紫金山的祖制，在北京附近寻找山陵。

永乐五年（1407年）“秋七月乙卯，皇后崩”[2]。“成祖仁孝皇后徐氏，中山王（徐）达长女也。”[3]徐皇后在南京病逝，仅46岁。皇后虽在南京去世，而且南京已有孝陵，但是没有在南京建陵入葬。因为，早已决定要迁都，所以不可能继续用紫金山皇陵区，而必须在北京附近开辟新的皇陵区。

[1] 《日下旧闻考》卷一三七《京畿・昌平州四・燕都游览志》。
[2] 《明史》卷六《成祖本纪》。
[3] 《明史卷》一一三《后妃传一》。

朱棣选择陵址十分挑剔，经过一番周折。据《明典汇》载：

成祖择寿陵，久不得吉壤。七年（1409年），仁孝皇后尚未葬，礼部尚书赵羾以江西术士廖均卿至昌平县，遍阅诸山，得县东黄土山最吉。上即日临视，定议封为天寿山，命武义伯王通董役，授均卿官。或曰，定长陵者王府尹也，亡其名，亦不知何许人。[1]

对这一记载的后一种说法，《长安客话》作了补充：

国初有宁阳人王贤，少遇异人相之，当官三品，乃授以青囊书，遂精其术。永乐七年（1409年），成祖卜寿陵，遍访名术，有司以（王）贤应。贤奉命于昌平州东北十八里得兹吉壤，旧名东祚子山，陵成封曰天寿。贤后累官至顺天府尹。[2]

对朱棣择陵址，有两种说法，一说由廖均卿察看选址；又一种说王贤选址。而且，天寿山在先前称东祚子山。总之，“永乐七年五月，营山陵于昌平县，遂封其山为天寿山”[3]。以天寿山作皇陵，朱棣十分坚决。“文皇帝初卜陵，众议用潭柘寺基，上独锐意用黄土山，即天寿山也。”[4]潭柘寺在西山，当然也是极佳胜地。至于成祖寿陵的称谓来历，文献未有明确记载，通常人们都称长（cháng）陵，但这未必准确。因为天寿山是明代新的皇陵区，而且成祖寿陵是新皇陵区的第一座陵寝，故应称长（zhǎng）陵，意为首陵。

[1] 《日下旧闻考》卷一三七《昌平州四》。

[2] 《长安客话》卷四《天寿山》。

[3] 《日下旧闻考》卷一三七《昌平州四·明典汇》。

[4] 《日下旧闻考》卷一三七《昌平州四·宙载》。

《明史》记载，永乐“七年（1409年）营寿陵于昌平之天寿山，又四年而陵成”[1]。也就是永乐十一年（1413年）正月，经过四年的施工，长陵玄宫建成。当月，成祖派次子汉王朱高煦护送徐皇后梓宫到昌平，二月二十七日葬于长陵。另据《明太宗实录》：永乐十一年五月，“复论初卜吉之功。升知县王侃州同知，赏彩币三表里；升给事中马文素太常寺博士，阴阳训术曾从政、阴阳人刘玉渊皆钦天监漏刻博士，食禄不视事；五官灵台郎吴永，始以僧授，改升僧录司右阐教，各赏彩币一表里、钞百六十锭”[2]。在这一正式记载中，阴阳术士榜上有名，但同为术士，廖均卿、王贤等都未提及初卜山陵有功。永乐“十三年（1415年）九月，昌平寿陵成”[3]。这里指的是陵园地下建筑及方城、明楼，神道上的部分地面建筑等，而不是全面竣工。永乐二十二年（1424年）七月，成祖北征回师至榆木川，“辛卯，崩，年六十有五”。“九月壬午，上尊谥……庙号太宗，葬长陵。”嘉靖十七年（1538年）改庙号成祖。[4]据《嘉靖祀典》：“长陵葬成祖……文皇后徐氏。外一十六妃，谥葬不可考。”[5]这16名妃子是殉葬。

在长陵，永乐二十二年（1424年）时虽然已经安葬了成祖、徐皇后，但地面建筑还未全部完成；直到宣德二年（1427年）营建享殿，十年（1435年）增添石像生等，地面主要建筑才算基本完工，历时26年。之后，按明孝陵的规制进一步完善，历朝陆续增添一些建筑，到成化元年（1465年）正月增建斋房为止，主要建筑全部完工，算来也有56年时间。之后算是锦上添花，如嘉靖间立无字碑，十六年（1537年）将宫城内神路由青砖改铺为条石；十九年（1540年）建大红门之南的白玉石坊；二十一年（1542年）五月，在陵门东侧又建小碑亭等等。

[1] 《明史》卷一一三《后妃传一》。
[2] 《明太祖实录》卷四〇。
[3] 《日下旧闻考》卷一三七《昌平州四·明典汇》。
[4] 《明史》卷七《成祖本纪》。
[5] 《日下旧闻考》卷一三七《昌平州四》。

长陵在十三陵中属规模最大的，占地面积约12万平方米，仅次于孝陵。《燕都游览志》载："长陵在龙凤门正北十二里，居中，其地名山场，乃康家庄也。陵之左，有元时康家坟，存之，春秋赐二祭。（长）陵规制大于诸陵。"[1]龙凤门，即棂星门之俗称，在十三陵陵区大红门内。康家庄为农家村落，明朝建长陵，占用了康家庄地盘，将村落迁出。长陵宫城外的布局：

山陵入路，第一层龙沙带崖，第二层白玉石坊，在红门之南。嘉靖十九年（1540年）建。坊北石桥，桥南二乔松，北瞰流泉，松柏左右列各六行。第三层自坊内行松阴中三里许，至红门下马，步入门内。左为拂尘殿，围墙正殿二层，群室六十馀楹。皇帝谒陵，至此更衣。左右槐树。正、寝二殿，群围房各五百馀间。第四层至龙凤门，黄绿琉璃甃治，门内外白玉石华表柱各二，雕蟠龙，色如乾黄玉。门内外石桥七座，白玉石为栏。第五层至碑楼，洪熙元年（1425年）建，碑高十丈许，无字。第六层至棂星门，门左右列雕龙白玉石柱，石人、石马、麒麟、象、虎、骆驼、犀牛、狮子。[2]

《昌平山水记》记载得略具体：

自（昌平）州西门而北六里至陵下，有白石坊一座，五架。又北有石桥，三空，又二里至大红门，门三道，东西二角门，门外东西各有碑，刻曰：官员人等至此下马。入门一里有碑亭，重檐，四出陛，中有穹碑，高三丈馀，龙头龟趺，仁宗皇帝御制文也。亭外四隅有石柱四，俱刻交龙环

[1]　《日下旧闻考》卷一三七《京畿・昌平州四》。
[2]　《日下旧闻考》卷一三七《京畿・昌平州四・燕都游览志》。

之。其东有行宫。又前可二里为棂星门，门三道，俗名龙凤门。门之前有石人十二：四勋臣，四文臣，四武臣。石兽二十四：四马，四麒麟，四象，四橐驼，四獬豸，四狮子，各二立二蹲，近者立，远者蹲。石柱二，刻云气，并夹侍神路之旁。迤逦而南，以接乎碑亭。碑文后书洪熙元年（1425年）四月十七日孝子嗣皇帝某谨述。盖文成而碑未立。宣德十年（1435年）四月辛酉，修长陵、献陵，始置石人、石马等于御道东西。十月己酉，建长陵神功圣德碑。是时仁孝皇后之葬二十有三年，太宗文皇帝之葬亦十有一年矣。然而始立者，重民力也。棂星门北一里半为山坡，坡西少南有旧行宫，土垣一周。坡北一里有石桥，五空；又北二百步有大石桥，七空。大石桥东北一里许有新行宫，宫有感思殿。宫东南有工部厂及内监公署。大石桥正北二里有石桥，五空。又二里至长陵。殿门神道自嘉靖十五年（1536年）世宗谒陵，始命以石甃。[1]

长陵宫城的主要建筑：

门三道，东西二角门，门内东神厨五间，西神库五间；厨前有碑亭一座，南向，内有碑，龙头龟趺，无字。重门三道，榜曰祾恩门。东西二小角门，门内有神帛炉东西各一。其上为享殿，榜曰祾恩殿。九间重檐，中四柱饰以金莲，馀髹漆。阶三道，中一道为神路，中平外墄。其平刻为龙形，东西二道皆墄。有白石栏三层，东西皆有级，执事所上也。两庑各十五间。殿后为门三道，又进为白石坊一座，又进为石台，其上炉一，花瓶、烛台各二，皆白石。又前为宝城，

[1] 《日下旧闻考》卷一三七《京畿·昌平州四》。

> 城下有甬道，内为黄琉璃屏门一座。旁有级，分东西上，折而南，是为明楼，重檐，四出陛；前俯享殿，后接宝城，上有榜曰“长陵”。中有大碑一，字大径尺，以金填之。碑用朱漆栏画云气，碑头交龙方趺。宝城周围二里。城之内下有水沟，自殿门左右缭以周垣，属之宝城，旧有树。[1]

这些记载，虽然略显粗略，但基本体现了陵园的大致布局。长陵最南端的建筑是白石牌坊,也是整个十三陵的起点。《燕都游览志》载：“山陵入路，第一层龙沙带崖，第二层白玉石坊，在红门之南。嘉靖十九年（1540年）建。”[2]实际上，龙沙带崖是指天寿山陵区入口处两侧的山峦，所谓“左青龙，右白虎”。陵区起点从石坊开始。白石牌坊，五间六柱十一楼式，面阔28.86米，最高处离地面14米，上有瑞兽浮雕，雕刻16条龙、8对狮子滚绣球、麒麟等等，生动威武，精美绝伦。牌坊为仿木结构，其造型之华丽精美，体量之宏大，艺术水平之高，为我国现存石牌坊之最。神道从石牌坊开始向北延伸，其北有一座三孔石桥，再行二里许，是长陵全封闭陵园的正门大红门，单檐庑殿顶，黄琉璃瓦，下承石雕冰盘檐，红墙。门开三洞，面阔37.95米，进深11.75米。大红门东西两侧辟有角门。大红门左右前方有下马碑。

大红门内便是陵园，“至红门下马，步入门内。左为拂尘殿，围墙正殿二层，群室六十馀楹。皇帝谒陵，至此更衣。左右槐树。正寝二殿，群围房各五百馀间”[3]。入门一里，有方形碑亭，重檐歇山顶，四面各开券门。亭基为石雕须弥座，再下是陡板式台基，四出陛，台基四面边长均26.51米。亭高25.14米。亭内穹碑即神功圣德碑，白石，螭首龟趺，碑通高7.91米。碑文是由朱棣长子仁宗朱高炽于洪熙元年（1425年）四月所撰，3500余字，极近歌功颂德。但碑还未立，仁宗便

[1]　《日下旧闻考》卷一三七《京畿・昌平州四》。

[2]　《日下旧闻考》卷一三七《京畿・昌平州四・燕都游览志》。

[3]　《日下旧闻考》卷一三七《京畿・昌平州四・燕都游览志》。

崩。《明宣宗实录》载:“宣德十年(1435年)十月己酉,建长陵神功圣德碑。”[1]也就是说,十年后仁宗的儿子宣宗朱瞻基才完成其父未竟之业,为成祖刻字立碑。这是十三陵中唯一有字之碑。碑亭四隅立有汉白玉擎天柱,俗称华表,高10.81米,与天安门前华表相同,柱体呈八面形,雕有行云盘龙。

“入红门,有殿曰时陟,车驾更衣之所也。神路中石狮子、犀、象、骆驼、麟、马各四,石人十二,擎天柱四,望柱二,碑亭一,而九陵分道焉。长陵当中,正南向,其左为永陵、景陵,右为茂陵、裕陵、献陵、昭陵,惟康、泰二陵稍远,可三十里。”[2]也就是从碑亭向北,为长达7公里的神道。这个神道也是十三陵的总神道,各陵的神道都从这里分出,延伸最远达30里。长陵的神道长800米,东西两侧置汉白玉石像生,从一对白石望柱开始。望柱高7.16米,柱体六边形,雕云纹,龙形柱头。向北依次是12对石兽、6对石人。这些石像生,并不是一开始营建长陵时就有,而是到宣德年间修献陵时才增建的。据《明宣宗实录》:“宣德十年(1435年)四月,修葺长陵、献陵,始制石人、石马于御道东西。”[3]可见,宣德十年为长陵增添了不少建筑,特别是石像生共18对,超过了孝陵的16对,从而进一步完善了长陵。

过石象生,到棂星门,俗称龙凤门。因皇帝皇后入葬必经此门,故称。门向南,三门并列,以红琉璃照壁相连,总阔34.65米,进深4.21米,高8.15米。再北不到一公里处,芦殿坡,西南有旧行宫,即成祖当年选择寿陵吉壤时的行宫,于英宗正统年间被水冲毁,嘉靖十六年(1537年)曾重修。《明世宗实录》记载:“嘉靖十六年三月,上驻跸沙河,视文皇帝行宫遗址。礼部尚书严嵩因言:沙河为车驾展视陵寝之路,南北道里适均,文皇肇建山陵,即建行宫于兹。正统时为水所坏,今遗址尚存,诚宜复修而不容缓者。……上是其议,命即日兴

---

[1] 《日下旧闻考》卷一三七《京畿·昌平州四·明宣宗实录》。

[2] 《日下旧闻考》卷一三七《京畿·昌平州四·小草斋集》。

[3] 《日下旧闻考》卷一三七《京畿·昌平州四》。

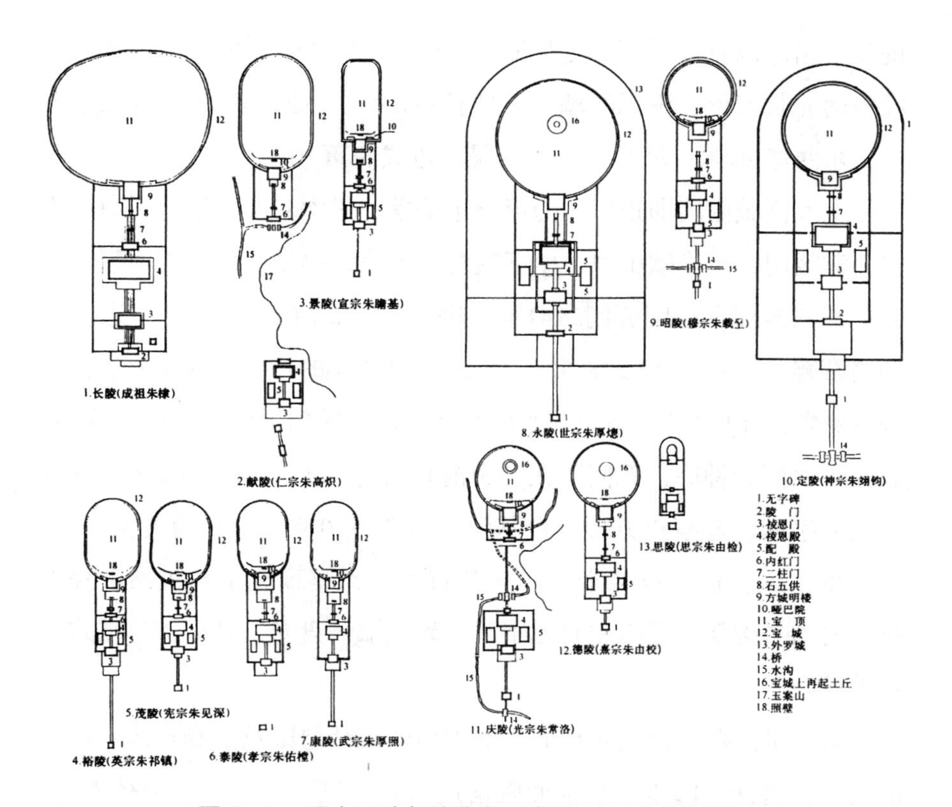

图 6–4　明十三陵各陵分布示意图（故宫博物院提供）

工。”[1]又北行一里，有三座石桥，南面的为五孔，之北约二百步，为七孔桥，又北约三里还一座五孔石桥。建这些桥，不仅是空间布局上增加皇家气势及结构美学的需要，更重要的是出于实际需要。神道是不许凡人及动物横穿跨越的，所以如此密集安排多孔石拱桥，意在留给桥下通道。一方面，天寿山三面环山，雨水下流，要有足够的通道，才能保证神道及陵寝其他设施不被冲毁；另一方面，为人或动物横穿神道，桥下留了出口。最北桥之后二里余，即陵宫。

长陵宫坐落于天寿山主峰下，其背后的山峰或称东祚子山。长陵坐北朝南略偏西，陵宫内的神道，当初是中间御路由城砖铺就，两侧则用碎石或鹅卵石铺成。“殿门神道自嘉靖十五年（1536年）世宗

[1]　《日下旧闻考》卷一三七《京畿·昌平州四·明世宗实录》。

谒陵，始命以石甃。”[1]即改为汉白玉或青石条铺就，路面宽4.7米。宫城为南北长方形，围以红墙，东墙长343米，西墙长327米，稍显不规则；东西宽141米，墙高4.5米。内呈三进式院落。

进入宫城南门即正门，为第一进院落，进深58米。正门居南墙正中，称陵门，单檐歇山顶，檐下额枋、飞椽、单昂三踩斗拱为琉璃构件。开三券门，面阔五间25.44米，进深5.52米；台阶三道，中道嵌有御路石雕，刻有山水云纹图案。陵门前有宽大的月台，阔66.54米，进深13.26米，高1.22米。陵门东西两侧有角门。陵门以内，东侧为神厨，五间；西侧为神库，五间。在神厨前有嘉靖二十一年（1542年）五月所立无字碑，碑亭正方形，台基四面边宽各10.48米，红墙黄琉璃瓦，重檐歇山顶，通高14.42米；四面开有券门，亭顶施单翘重昂七踩斗拱，内为木构架。亭内立有无字碑，碑顶雕一盘龙，碑趺仿龟趺式石雕卧龙。

第二进院落，是长陵地面上的主体建筑祾恩殿及配套建筑。第二进院落，进深151.2米。从前面院落进入第二进院落的门，为祾恩门，即祾恩殿的正门，单檐歇山顶，檐下单翘重昂七踩斗拱。面阔五间31.44米，进深二间14.37米，通高14.37米。明间板门之上金书匾额：祾恩门。门的须弥座台基缭以汉白玉栏杆，栏板雕宝瓶，三幅云式，望柱上雕龙凤图案。台基面阔35.76米，进深18.66米，高1.57米；台基前后三出陛，中间御道台阶石板上浮雕二龙戏珠、海水、海马等。祾恩门东西两侧各辟有一道随墙式琉璃掖门，庑殿顶。院内居中靠后处为祾恩殿，即享殿，为宣德二年（1427年）所建，总面积达1956平方米。祾恩殿和祾恩门的称谓，是嘉靖皇帝所名。嘉靖“十七年（1538年），改陵殿曰祾恩殿，门曰祾恩门”[2]。祾恩殿面阔九间66.75米，进深五间29.31米，通高25.1米；重檐庑殿顶，覆以黄琉璃瓦，正脊两端是十品大龙吻。上檐施以重翘重昂九踩斗拱，下檐施单翘重昂七踩镏金斗

[1] 《日下旧闻考》卷一三七《京畿・昌平州四・昌平山水记》。

[2] 《明会要》卷一七《礼十二》。

拱。殿内有6排32根粗壮高大的金丝楠木梁柱，规整排列，构成柱网。每柱直径一米有奇，高12.58米，中间四个柱子直径达1.17米，三人才能合抱，“中四柱饰以金莲，馀髹漆”[1]。就是绝大多数柱子未饰彩绘，保留楠木本色，形成叠梁式大木结构，蔚为壮观。殿正面重檐之间有“祾恩殿”匾额。殿下台基为围有三层汉白玉栏杆的须弥座，面阔82.56米，进深45.12米，在台基上又有一层高约3米的台座。在台基之前有月台三层，底层面阔25.28米，进深10.15米，高3.11米。台基上围以汉白玉雕栏杆，望柱上雕龙凤，栏板雕宝瓶。月台东、西、南三出陛，南面出陛中间御路三块石雕，有宝山、海水、海马、二龙戏珠等精美图案。祾恩殿东西两侧有廊庑，各15间；廊庑前东西对称有神帛炉，炉高3.8米，进深1.94米，台基面阔2.91米。炉为单檐歇山顶，黄琉璃瓦，檐下施单翘三踩斗拱，炉南面开有券门。炉身通体施黄琉璃。可见，祾恩殿建筑的形制、构件、法式及规格，均为明代皇家建筑的最高等级，与紫禁城皇极殿（太和殿）同类。这也体现了明代帝王生前与死后的同样待遇，始终据有至尊地位。

第三进院落，从祾恩殿后的内红门及两侧院墙开始到明楼，进深131米。内红门形制与陵门相同，门内从棂星门开始，御道向北直到方城明楼。棂星门为二柱门，面阔7.84米，汉白玉柱高6.98米。御道北段至方城前的石祭台，又称石五供。五供即五个石雕祭器，中为三足鼎形香炉，高1.18米；两侧各有一座烛台，高0.61米；两边外侧各有一尊花瓶，高0.58米。

五供祭台后是方城，呈正方形，底边长34.8米，高12.95米，砖石结构。墙基是石制须弥座，方城南面正中开券门，阔3.35米。门内北向有登楼台阶，上可通宝城及明楼。方城上为明楼，呈方形，明楼墙体红色，坐落于约一米高的台基上，楼高20.06米，宽18.06米。重檐歇山顶，覆以黄琉璃瓦，上檐单翘重昂七踩斗拱，下檐重昂五踩斗拱。

[1]《日下旧闻考》卷一三七《京畿·昌平州四·昌平山水记》。

南面上檐下有填金“长陵”匾额。楼内立有螭首龟趺碑，起初上刻“大明太宗文皇帝之陵”。之后嘉靖改朱棣谥号。“嘉靖十七年（1538年）上阅长陵碑，欲更成祖谥号，命锓木加碑上。郭勋上疏，以为宜尽砻旧字更书之，可以垂永久。上不悦曰：“朕不忍琢伤旧号。”下礼部翰林院议，部覆请遵上谕，如式刊制，择吉奉安。诏可。”[1]

成祖驾崩后谥号本来是“太宗”，这是沿用唐宋以来历代帝王谥号惯例。中国皇帝的庙号或谥号，从秦始皇开始，并不规则。到唐代，开始用“祖”、“宗”字排序。开国皇帝一般冠以（高、太）祖，第二代皇帝一般冠以（高、太）宗，之后以宗字延续。这成为惯例，延续到清亡。明代第二位皇帝是建文帝，按序其庙号应冠以“宗”字。然而，建文帝被推翻，失去了合法地位，而且下落不明，因此明朝将朱棣当作第二代皇帝，庙号按惯例称“太宗”。应该说，这已经抬高了朱棣的地位了。但是，嘉靖帝认为这还不够，朱棣堪比太祖朱元璋，所以为其冠以“祖”字庙号。“嘉靖十七年（1538年）九月，改上尊谥……庙号成祖。”[2]所以要改长陵碑刻，他又担心凿伤旧号，便以木刻来覆盖。

> （万历）三十二年（1604年），雷震长陵碑,上命重建。时内臣督工竣事……而首揆沈四明（一贯）又上疏云：“世宗欲改刻成祖碑而未遑，今雷神奋威，乃天意示更新之象，欲皇上缵成祖德，乘此改立新碑。此莫大之孝，亦莫大之庆也。”上优旨允行。[3]

所以，现存的成祖陵碑，是万历时所新制，字为世宗所书。

明楼两侧红墙，南与宫城东西院墙衔接，北同宝城墙垣相连。明

[1] 《日下旧闻考》卷一三七《明典汇》。

[2] 《明史》卷七《成祖本纪》。

[3] 《万历野获编》卷二九《雷震陵碑》。

楼背后，就是宝城及宝顶，下面为成祖及徐皇后的玄宫。宝城呈不规则圆形，最宽处为306米，城高7.15米，城墙顶部马道宽1.9米。宝顶高度基本与城墙齐平。上面植满苍松翠柏，郁郁葱葱。

此外，“长陵门右别有具服殿五间，东向，有周垣。垣南有白石槽五，方而长，名曰雀池，贮水以饮雀”[1]。长陵还有管理机构，如“长陵祠祭署建于神宫监之南，中为公座，左右小房，前为署门，永乐七年（1409年）建”[2]。长陵的其他附属建筑，前引史料已述，此略。

长陵的主要特点，在13个陵寝园林中不仅规模最大，规格最高，而且园林品位也最佳，所以最具代表性。可以说，它是明代紫禁城的浓缩版，或曰朱棣死后享用的“紫禁城”。祾恩殿代表皇极殿（太和殿），明楼代表中和殿，宝城代表保和殿，玄宫为帝王生活区。这就是他们设计陵寝的基本理念，死后也要延续生前的帝王生活和尊位。作为皇家陵寝园林，长陵可以分为三大景区：

第一部分，从石牌坊开始到宫城。这里的主要景观是白石牌坊、石桥、大红门、碑亭、石像生、神道、棂星门（龙凤门）、三座石桥等。这是到达主要景区的引导区。从石牌坊开始，把人步步引向庄严、肃穆、幽静、神秘而深邃的境界。一路上这些建筑物件，无论是规制、规格，还是艺术内涵，均为精美绝伦，令人震撼，乃至赞叹不已。第二部分，从祾恩门开始的整个宫城。其核心或精华就是祾恩殿，它本身就是一件美轮美奂的建筑艺术品。体量宏阔，金碧辉煌，雄伟壮观，堪称是明代皇家建筑的典范。特别是殿内的32根金丝楠木柱，大木梁架结构，气魄空前，弥足珍贵，在其他古代建筑中绝难可见。可谓是中华建筑珍宝，令人荡气回肠，流连忘返。第三部分，是方城、明楼和宝城。无论是设计规制、建筑形制，还是艺术内涵，都为其他陵园的范例。

如果说建筑是园林的骨骼，自然生态则是园林的面容和肌肤。长

---

[1] 《日下旧闻考》卷一三七《昌平山水记》。

[2] 《日下旧闻考》卷一三七《昌平州四》。

陵的自然生态和风景，也是特别令人称道的。总体上是依群山而面平野，山环水绕，绿树连荫；殿宇楼台，红墙黄瓦，交相辉映；形成安详幽静、庄重肃穆而又气派博大、神秘莫测的皇家陵寝园林独特氛围。从石牌坊开始，整个陵园掩映于苍松翠柏中。明代皇家陵寝绿化有规制，在石像生两侧，各种植六行松柏。《燕都游览志》记载，白玉石“坊北石桥，桥南二乔松，北瞰流泉，松柏左右各列六行”[1]。在明代晚期，“自大红门以内，苍松翠柏无虑数十万株”[2]。可见，当年的长陵山环水绕，是一片林海。松柏掀涛，流泉潺潺，野花争艳，群鹿伏谷，百鸟鸣树，园林宏阔而幽静，风光旖旎而恬淡。

对长陵的景物，当时的达官文人也多有赞颂。张循占《天寿山》诗：

圣朝陵寝枕居庸，春祀秋尝肃上公。
凤舞龙盘钟此地，万年佳气郁巃嵸。

徐中《行山陵道中风雨》云：

鼎湖晓度千峰雨，黍谷春馀万壑冰。
阁道阴森盘树杪，宫墙缭绕隔云层。
东瞻海色迷玄菟，西望边峰暗白登。
忽忆高皇歌猛士，大风萧瑟起诸陵。

长陵的宏伟气势，使人不由得联想到雄才大略的汉高祖刘邦，高歌“大风起兮云飞扬……”冯琦《陪祀长陵》诗云：

文皇陵墓枕居庸，王气连云正郁葱。

[1] 《日下旧闻考》卷一三七《燕都游览志》。
[2] 《日下旧闻考》卷一三七《小草斋集》。

原庙衣冠千古泪，帝图襟带万山雄。[1]

边贡《冬至长陵》诗云：

中峰隐隐下朝阳，复嶂层崖起曙光。
观阙昭回森象魏，山河表里奠金汤。
陵门月映千年树，寝殿风飘五夜香。
长至祠臣窃供奉，拟书云物记陵祥。

屠应埈《朝陵》诗：

本朝宫寝居庸北，百二山河枕上都。
隧道阴阴连大漠，金舆寂寂闷蓬壶。
天留碣石为华表，永绕桑乾作鼎湖。
欲写神功镌峄颂，穷崖绝壁倚天孤。[2]

这些诗描绘整个山陵的雄伟壮丽风貌，这也是当年天寿山及长陵的宏天气势、瑰丽风光和独具氛围的生动写照。

长陵是十三陵中的祖陵，后继帝王曾多次修缮，至今保存完好。

二　献陵

献陵是朱棣的长子仁宗朱高炽的陵寝。献陵是十三陵中最俭朴的一座，开创了成祖之后诸帝陵规制。朱高炽于洪武十一年（1378年）七月出生在凤阳；洪武二十八年（1395年）册立为燕王世子，永乐二年（1404年）立为太子。永乐二十二年（1424年）八月即位，次年改

[1] 《长安客话》卷四《郊坰杂记·天寿山》。
[2] 《日下旧闻考》卷一三七《昌平州四》。

元洪熙。即位不到一年，于洪熙元年（1425年）五月便驾崩，他是明代仅次于“一月天子”朱常洛在位时间最短的皇帝。

仁宗即位时间过短，还未想到或未来得及为自己营造陵寝，就突然去世。所以，献陵与其他皇陵不同，是仁宗死后由其儿子宣宗即位后才匆忙建造并安葬的。《明史·蹇义传》记载，宣宗即位后“欲遵遗诏从俭约，以问（蹇）义、（夏）原吉。二人力赞曰：‘圣见高远，出于至孝，万世之利也。’帝亲为规画，三月而陵成，宏丽不及长陵，其后诸帝因以为制。迨世宗营永陵，始益崇侈云”[1]。宣宗按照仁宗的遗嘱，从俭营造帝陵，并成为定制。“明自仁宗献陵以后，规制俭约。世宗葬永陵，其制始侈。”[2]可见，从俭建陵风气从仁宗开始，一直延续到武宗。因此，仁宗及之后的帝陵在规模、规格及豪华程度上都比长陵大为逊色。但到嘉靖建永陵时才追求奢华，破了俭约的祖制。故此，献陵代表了除长陵之外，明代晚期之前帝陵的规矩。对此，《昌平山水记》记载得更具体：

> 十三陵制献陵最朴，景陵次之。洪熙元年（1425年）五月，上疾大渐，遗诏有曰：“朕临御日浅，恩泽未浃于民，不忍重劳。山陵制度，务从俭约。”是日升遐。皇太子即皇帝位。及营仁宗皇帝山陵，上谕尚书蹇义、夏元（原）吉等曰：“国家以四海之富葬其亲，岂惜劳费？然古之帝王皆从俭制，孝子思保其亲之体魄于久远，亦不欲厚葬。秦汉之事，足为明鉴。况皇考遗诏，天下所共知。今建山陵，宜遵先志。”义等对曰：“圣见高远，发于孝思，诚万世之利。”于是命成山侯王通、工部尚书黄福总其事。其制度皆上所规画也。

[1] 《明史》卷一四九《蹇义传》。

[2] 《明史》卷五八《礼志十二·山陵》。

宣宗不仅坚持了仁宗节俭建陵的遗志，而且亲自规划实施。

营造献陵，工期最短，于洪熙元年（1425年）七月戊寅（十一日）动工兴建献陵，九月竣工，仅用三个月便建成。因以俭约为规制，“于是建寝殿五楹，左右庑、神厨各五楹，门楼三楹。其制较长陵远杀，皆帝所规画也”[1]。据载：

> 献陵在天寿山西峰之下，距长陵西少北一里，自北五空桥北三十馀步分，西为献陵神路。至殿门可半里，有碑亭一座，重檐，四出陛，内有碑，龙头龟趺，无字。亭南有小桥门三道，榜曰祾恩门，无角门。殿五间，单檐，柱皆朱漆直椽。阶三道，其平刻为云花。石栏一层，东西有级。两庑各五间，馀如长陵。殿有后门，为短檐，属之垣。垣有门，垣后有土山曰玉案山，故辟神路于殿西。玉案山之右有小桥，前数步又一小桥跨沟水。沟水自陵东来过桥下，会于北五空桥。山后桥三道皆一空。又进为门三道，并如长陵，而高广杀之。甬道平，宝城小，冢半填，榜曰“献陵”，馀并如长陵。山之前门及殿山之后门及宝城各为一周垣，旧有树。[2]

这个记载说明了献陵的主要建筑和空间布局，以及与长陵的异同情况。献陵占地4.2万平方米，位于长陵西北侧一里黄山寺一岭。其神道是从长陵神道的最北五孔桥衔接，向西北延长约一公里。陵寝地貌不够平坦，所以宫城即祾恩殿和方城明楼、宝城分割成两处，不在一个完整的平面上相连，中间隔有小土山玉案山。神道上最前面是三座单孔小桥，再往北神功圣德碑，之北则是宫城享殿，即祾恩殿。殿后是玉案山，再北才是明楼及宝城宝顶。神道是从祾恩殿西侧向北到明楼的，明楼前神道上又有三道单孔桥。献陵除了基本构件与长陵相同

[1] 《明史》卷五八《礼志十二・山陵》。

[2] 《日下旧闻考》卷一三七《京畿・昌平州四》。

外，其余配套建筑皆免，如石像生、牌坊等等。而且，这些基本构件如祾恩殿、方城明楼、宝城等等，与长陵相比，其尺度都明显缩小，名符其实地体现了俭朴定制。

实际上，营建献陵的全部工期不算短。所谓三月而建成，指的是献陵的玄宫，而全部竣工长达18年之久。直到仁宗张皇后于正统七年（1442年）十月去世，明英宗正统八年（1443年）入葬，才最后填满正式竣工。这是因为按规制，皇后未入葬之前，先前入葬的皇帝陵寝宝顶不能填满。张皇后身经明初五代六位皇帝，即太祖、建文帝、成祖、仁宗、宣宗及英宗。她于“洪武二十八年（1395年）封燕世子妃。永乐二年（1404年）封皇太子妃。仁宗立，册为皇后。宣宗即位，尊为皇太后。英宗即位，尊为太皇太后”[1]。仁宗张皇后是宣宗生母、英宗的祖母。仁宗诚孝皇后张氏，是位杰出的女性，辅佐仁宗，教育、扶持宣宗和英宗，限制外戚干政，教诲朝廷体恤民情等等方面，做出了很大贡献，对明朝仁宗朝到英宗前期的朝政稳定，功不可没。《明史》说：仁宗当太子时，因身体肥胖，不能骑射，成祖很不满意，“至减太子宫膳，濒易者数矣，卒以后故得不废。及立为后，中外政事莫不周知”。朱棣不喜欢这个太子，为让减肥，减少其膳食，而且几次差点废掉，就是因为太子妃张氏的缘故，才未另立太子。宣宗即位后，尊为皇太后。“宣德初，军国大议多禀听裁决。”“宣宗崩，英宗方九岁，宫中讹言将诏立襄王矣。太后趣召诸大臣至乾清宫，指太子泣曰：‘此新天子也。’群臣呼万岁，浮言乃息。大臣请太后垂帘听政，太后曰：‘毋坏祖宗法。第悉罢一切不急务，时时勖帝向学，委任股肱。’以故王振虽宠于帝，终太后世不敢专大政。”[2]太后虽辅助幼主，秉持朝纲，但不执政。所以，太后去世后，宦官王振才得以专权，导致“土木之变”的重大政治危机。

仁宗宫妃不多，只有七人。其中，有四人随仁宗殉葬。《明典汇》

[1] 《明史》卷一一三《后妃传·仁宗诚孝张皇后》。
[2] 《明史》卷一一三《后妃传·仁宗诚孝张皇后》。

说：“七妃三葬金山，馀皆从葬。”《嘉靖祀典》记载：“其恭靖贤妃、恭懿惠妃、贞静敬妃葬金山，外一妃谥葬不可考。”两种记载略有出入。金山即指京西金山。

献陵作为皇家陵寝，虽然规模不大，规格不算很高，但是园林意味更浓。它是天寿山十三陵景区不可或缺的组成部分。

首先，献陵空间布局上，打破了皇家建筑群严格的按中轴线对称布局的规制，而更体现了依山傍水、随形就势、顺其自然布局的原则，形成前后两处景区。而且，因地制宜，两个区域并未用同一中轴线贯穿。宝城背靠天寿山西峰，坐北朝南，三面环山，南面敞开，形成相对独立的景区。前面的小土山，对宝城而言，如同一道屏风，使明楼及宝城若隐若现，形成避免一览无余的变化，更显神秘。小土山对祾恩殿建筑，又成为靠山，也形成独立的景区，别具风格。

其二，突破皇家陵寝建筑在同一平面区域内连成一体的格局，分体建造，但又分而不离，隔而不断，相依互应。宝城及祾恩殿两组景区，在气息和布局上互通呼应，互为组成部分。这为陵寝园林带来明显变化，营造出“山重水复疑无路，柳暗花明又一村”之意境，令人耳目一新。

其三，神道既有南北纵向，又有蜿蜒笔直交替，类似曲径通幽之妙趣。神道从东边的长陵神道最北的五孔石桥附近衔接，先向西，再转弯西北，经祾恩殿西侧折向西北，过石桥再向东北到明楼。几经曲直变换，这比笔直贯通，一目了然，更显现自然通幽之美。

其四，山环水绕，绿树掩映，小桥流水，与建筑精巧、庄重相辉映，犹如江南景色。献陵宝城东西两侧各有一条溪水流过，在明楼前三道石桥下通过，并回合，从祾恩殿西侧向南；殿的东侧又有一条溪水，由东北向西南，到祾恩殿右前方汇合，水流两畔松柏成行，花草繁茂，风清气爽。正如杨士奇《谒陵》诗中所云：“春柳春花浑似昔，献陵陵树复层层。”

总之，献陵开一代帝陵新风范，又营造了园意浓烈的帝王陵寝。

三 永陵

永陵为明世宗朱厚熜的陵寝，位于天寿山阳翠岭南麓，原名十八道岭，世宗更为今名。世宗是明代第十一位皇帝，正德二年（1507年）八月十日“生于兴邸”，即兴献王府。其父兴献王朱祐杬，为宪宗皇帝次子，孝宗皇帝弟弟。“弘治七年（1494年）甲寅，兴献王之国安陆州（今湖北钟祥市）”[1]，即到安陆当藩王。世宗朱厚熜的青少年时代是在安陆州（钟祥市）度过的。孝宗的儿子武宗无后嗣，武宗于正德十六年（1521年）三月十四日病死。按照如在位皇帝无后嗣，则“兄终弟及”的明制，由武宗的堂弟朱厚熜来继承皇位，于四月二十二日即位，为明世宗，次年改元嘉靖。他是明代在位时间之长仅次于明神宗的皇帝，于嘉靖四十五年（1566年）十二月十四日去世，享年60岁，葬于永陵。

世宗前后共立三位皇后，与其合葬的有二位皇后即陈氏和方氏，还有康嫔杜氏。废后张氏另葬。有的史书和当今的文献上说杜氏为“孝恪皇后”，如《芹城小志》载，永陵葬世宗皇帝、圣肃皇后陈氏，卫圣皇后方氏、恭顺皇后杜氏[2]。《万历野获编》说：“上（穆宗）生母为孝恪后杜氏，亦迁（陵）祔（庙）焉。永陵亦有三后同穴，一如茂陵故事。”这些说法均有误，杜氏未当过皇后。杜氏为“穆宗生母也，大兴人。嘉靖十年（1531年）封康嫔。十五年（1536年）进封妃。三十三年（1554年）正月薨……帝命比贤妃郑氏故事，辍朝二日，赐谥荣淑，葬金山。穆宗立，上谥曰孝恪……皇太后，迁葬永陵，祀主神霄殿”[3]。实际上杜氏生前只是世宗所封康妃，葬在西山，穆宗即位后才追尊孝恪皇太后，又迁葬到永陵。所以，最后与世宗合葬的只是

---

[1] 《明史纪事本末》卷五〇《大礼议》。

[2] 《日下旧闻考》卷一三七。

[3] 《明史》卷一一四《孝恪杜太后传》。

二后一妃。

嘉靖第一个原配皇后陈氏，元城人。“嘉靖元年（1522年）册立为皇后。”于嘉靖七年（1528年）十月，因惊吓流产而死。《明史》记载：“帝性严厉。一日，与后同坐，张、方二妃进茗，帝循视其手。后恚，投杯起。帝大怒。后惊悸，堕娠崩，七年十月也。”陈皇后的死，是由夫妻间的“琐事”引起的。张、方二妃上茶时，世宗顺便看了一眼她们的手，陈皇后顿时醋性大发，非常生气，当场摔茶杯于地，愤然而起。这对脾气暴烈的世宗而言，是极大的冒犯和不敬。于是世宗“大怒”，但怒到什么程度，不得而知，显然是使身怀有孕的陈皇后十分惊愕，酿成悲剧。

孝洁皇后陈氏死后“谥曰悼灵，葬袄儿峪”[1]。其陵在定陵西北，名为悼陵，“东南向，孝洁皇后陈氏初谥悼灵，葬此，后迁世庙永陵”[2]，因为当时还未营建永陵。当然，世宗对陈氏仍有余怒，所以对陈皇后的葬礼规格降低。当时，“礼部上丧祭仪，帝疑过隆。议再上，帝自裁定，概从减杀”[3]。世宗对礼部按规制提出的丧葬礼，亲自决定降格简化，也不听一些朝臣的建议。到嘉靖“十五年（1536年），礼部尚书夏言议请改谥。时帝意久释矣，乃改谥曰孝洁。”陈皇后死了七八年了，世宗对她的不满情绪早已释怀，于是才同意改谥号。穆宗即位后，按照礼臣“孝洁皇后，大行皇帝原配，宜合葬祔庙”的建议，“迁葬永陵”[4]。

世宗的第二位皇后是张氏，陈皇后死的第二月，即“十一月丙寅，立顺妃张氏为皇后”[5]。但到嘉靖“十三年（1534年）正月废居别宫，十五年（1536年）薨”。[6]为何废张氏，其因不详。张氏死后，依

[1]　《明史》卷一一四《后妃传・世宗孝洁陈皇后》。
[2]　《日下旧闻考》卷一三七《昌平山水记》。
[3]　《明史》卷五九《礼志十三・皇后陵寝》。
[4]　《明史》卷一一四《后妃传・世宗陈皇后》。
[5]　《明史》卷一七《世宗本纪》。
[6]　《明史》卷一一四《后妃传・世宗陈皇后》。

礼为其另修陵寝，不袝庙。

“孝烈皇后方氏，世宗第三后也，江宁人。”嘉靖十年（1531年）三月，世宗因即位十年未有子，按张璁的建议，选了一批宫女，并册封九嫔，方氏为九嫔之一。嘉靖十三年（1534年）“张后废，遂立为后”。在嘉靖二十一年（1542年）的“宫婢之变”中，方氏救了世宗一命。嘉靖二十六年（1547年）十一月方皇后死，“葬地曰永陵，谥孝烈”[1]。到嘉靖二十七年五月入葬。

嘉靖四十五年（1566年）十二月穆宗立，将生母杜氏上谥为孝恪皇太后，迁葬永陵，同时也将惊吓而死的陈皇后迁入永陵合葬。《明会典》记：“隆庆元年（1567年），奉安世宗梓宫，乃自天寿山西南袄儿峪迁孝洁皇后梓宫合葬。孝恪皇后亦自金山迁袝焉。”

明代从朱元璋开始，一直实行殉葬制度。“高庙、文庙、仁庙、宣庙皆用人殉葬，至英宗大渐，召宪庙谓之曰：‘用人殉葬，吾不忍也。此事宜自我止。’后世子孙勿复为之。至今遂为定制。”[2]明代的殉葬制度从英宗开始废除了。《明史》卷一二《英宗后纪》也记载，天顺八年（1464年）正月庚午，明英宗驾崩。“遗诏罢宫妃殉葬。”因“自英宗止宫人从葬，于是妃墓始名”。也就是妃嫔们另外立墓并名。到嘉靖时已经不实行殉葬制了，所以其嫔妃得以善终。世宗“二十六嫔，惟五妃葬袄儿峪，馀俱金山”[3]。在袄儿峪的悼陵，虽然迁走了陈皇后，“而其封兆尚存，旁有沈、文、卢三妃之墓，至今犹曰悼陵云”[4]。袄儿峪实际上成了嘉靖妃嫔陵寝了。

永陵在长陵东南三里，为十三陵中在规模、规格及奢华程度上，仅次于长陵的第二大陵寝。永陵是世宗生前就建造好了的陵墓。嘉靖七年（1528年）陈皇后死时，世宗命大学士张璁、礼部尚书方献夫、

[1] 《明史》卷一一四《后妃传・世宗方皇后》。
[2] 《日下旧闻考》卷一三七《否泰录》。
[3] 《日下旧闻考》卷一三七《明典汇》。
[4] 《日下旧闻考》卷一三七《昌平山水记》。

工部尚书刘麟及兵部员外郎骆用卿为皇后寻找陵地，同时也为世宗卜选陵寝吉壤。当时嘉靖帝只有23岁。

骆用卿为浙江永嘉人，在嘉靖朝以通晓风水闻名。张聪等人看好天寿山袄儿峪、橡子岭和十八道岭等三处，并绘图以进，供世宗选择。世宗决定将陈皇后安葬于袄儿峪，称悼陵。这应算是营建永陵的前期准备。

到嘉靖十五年（1536年）三月二十一日，既非清明，又非祭节，但世宗平生首次到天寿山谒陵。其真正目的在于实地察看吉壤。他之所以此时启动察看吉壤，是想利用九庙营建工程即将竣工之际，顺便用其军匠、役夫等工程队伍，建造自己的陵寝。他匆忙举行谒陵祭祀仪式后，于三月二十四日（己卯）带群臣到十八道岭实地察看，次日又到橡子岭，并由群臣议。大家以为十八道岭风水尤佳。于是，世宗决断："适观吉地咸可为陵。朕唯祖宗所遗此，本诸天赐。既越列圣之地，恐朕未可当。今日既定，宜无他适。还京可议营造，卿等齐力赞之。"[1]

陵地选址虽已决定，但世宗还不放心，或者不是十分满意。所以，第三天，即三月二十六日，又下旨礼部尚书夏言："朕观天寿山已建陵矣。若又拘此山，恐非所以万世之计。卿宜访求精通地理之人，于畿辅近地或与天寿山相近之处，博选吉壤，以备后用。"世宗的本意，认为天寿山的风水宝地已被占完了，所以最好还是另选别处作为他的陵地。夏言一方面尽量说服世宗坚持原定方案，回奏："看得天寿山形胜，天造地设，诚为国家亿万载根本之地。但列圣陵席卜建已多，此外尽善尽美之地已少，兹不可不预加访求，诚有如圣谕者。"另一方面，按照世宗的要求，建议寻找为成祖卜选长陵的术士廖俊卿等人的后人："江西赣州府兴国县人廖瑀，精识地理，几有仙

[1]《明世宗实录》卷一八五。

道；而杨筠松、曾文辿俱奕世之明师。”[1]让他们来，再察看吉壤。经世宗批准，对廖文政、曾邦旻、曾鹤宾三个风水师进行考试后认可了他们的学识，并授以钦天监官职，到天寿山卜选吉壤，结果还是认为十八道岭风水最佳。

但是，世宗还是没有直接作出动工兴建的决断。他本意是迫不及待地动工兴建，而又担心“大礼仪之争”的后遗症犹存，舆论对己不利，感到用的政治把戏还不到位。于是，嘉靖十五年（1536年）四月初九，他假惺惺地对大学士李时说：“山陵拟建已定，但朕恐德泽不曾沾民，遂自图以重劳民力。又未知将来公论如何。朕心实愧惧。今可敕问臣民，许我否？[2]”经过“大礼仪之争”政治风暴洗礼的群臣，也了解了世宗刚愎自用、一意孤行的性格，大家吃一堑长一智，应对皇帝方面学乖了，讨论也是一种形式而已，所以一味迎合。最后决定“修理陵殿，并预建陵墓，俱即以四月二十二日兴工”[3]。

同时，世宗下旨更名十八道岭为阳翠岭。嘉靖十五年（1536年）四月二十日，世宗率群臣祭告祖陵，申时正式开工营建永陵。武定侯郭勋、辅臣李时总理营建工程。永陵的建设并非一帆风顺，中间曾有停工。据《明世宗实录》卷二五六记载，修陵工程中断后，于嘉靖二十年（1541年）十二月重新开工。竣工时间，据《明会典》，最早也到嘉靖二十七年（1547年）二月才竣工，时间跨度达12年之久。

至于永陵的规模，世宗本想参照长陵修建，但又碍于祖制，不好完全与长陵等量。于是，他采取了一些手法，掩盖或淡化他超过长陵以下其他祖陵规模的事实。在营建永陵的同时，大造舆论，说以前所建其他陵寝规模小了，过于俭约等等，并加以修葺或扩建。这样，永陵与其他先祖陵寝之间的差别会缩小，可以部分掩饰后陵超前陵

[1] 胡汉生著：《明代帝陵风水》《兴邑衣锦三廖氏族谱·文政公行程实录记》，北京燕山出版社2008年，第171页。

[2] 《明世宗实录》卷一八六。

[3] 《明世宗实录》卷一八六。

的越制嫌疑。“嘉靖十五年（1536年）四月，上亲诣景陵，语郭勋等曰：景陵规制独小，又多损坏，其与宣宗皇帝功德之大弗称。当重建享殿，增崇基构。”[1]“天寿七陵，惟景陵规制独小。嘉靖十五年（1536年），稍廓大之。”[2]同时，对其他祖陵也进行了修葺。所以，整个天寿山到处大兴土木，遍地都是工地。

世宗十分关心陵寝建设，在营建期间曾多次临幸天寿山。如嘉靖十五年（1536年），“秋九月庚午，如天寿山”。“十六年（1537年）春二月癸酉，如天寿山。三月甲申，还宫。丙午，幸大峪山视寿陵。夏四月癸丑还宫。”“十七年（1538年）春二月戊辰，如天寿山。壬申，还宫……夏四月庚戌，如天寿山。甲寅还宫……九月乙未，如天寿山。丁酉还宫……十二月壬子，如大峪山相视山陵，甲寅还宫。”十八年（1539年）夏四月，“甲子，幸大峪山，丙寅还宫……九月辛未，如天寿山。冬十月丙寅还宫”[3]。可见从嘉靖十五年（1536年）至十八年（1539年）的四年中，世宗幸天寿山，非常密集。有的一年去了四次。其中，除了春秋大祀山陵必去，顺便巡幸营建寿陵工程外，其他时间去的，都算专程为其寿陵营建事宜。有人统计，世宗前后十一次亲临天寿山考察陵地[4]，可见其重视程度。

永陵的名称，在营建期间一直未定，而是竣工之后才命名的。嘉靖二十六年（1537年）十一月，方皇后病逝。“二十七年（1538年）二月，作永陵。时大行皇后将葬，上以陵名未定，下礼官议。于是尚书费寀言：‘太祖葬孝慈皇后于孝陵，成祖葬仁孝皇后于长陵，皆命名在先，卜葬在后。载《实录》中。’上乃自定孝烈皇后陵曰永陵。”[5]是年“夏五月丙戌，葬孝烈皇后”[6]。

[1] 《明世宗实录》卷二五六。

[2] 《日下旧闻考》卷一三七《今言》。

[3] 《明史》卷一七《世宗本纪》。

[4] 《北京的墓葬和文化遗址》，第139页。

[5] 《明会要》卷一七《礼十二·明会典》。

[6] 《明史》卷一八《世宗本纪二》。

至于永陵的规模与布局，据《昌平山水记》载：

永陵在十八道岭，嘉靖十五年（1536年）改名阳翠岭。距长陵东南三里，自七空桥北百馀步分，东为永陵神路，长三里，有石桥，一空，有碑亭一座如献陵，而崇巨过之。碑亭南有石桥三道，皆一空，门三道，门内东神厨五间，西神库五间，重门三道，东西二小角门，又进，复有重门三道，饰以石阑，累级而上，方至中墀。殿七间，两庑各九间，其平刻左龙右凤，石阑二层，馀悉如长陵。殿后有门，两旁有垣，垣各有门，明楼无甬道，东西为白石门，曲折而上，楼之三面皆为城堞。榜曰“永陵”。享殿明楼皆以文石为砌，壮丽精致，长陵不及也。宝城前东西垣各为一门，门外为东西长街，而设重垣于外，垣凡二周，皆属之宝城，其规制特大。[1]

永陵的规模的确很大，仅次于长陵。占地25万平方米，位于长陵东南三里。永陵形制仿长陵，豪华程度超过长陵。永陵神道从长陵神道上北七孔桥附近衔接，向东南延伸三里。中有一座单孔石桥，再往北有三道石桥，其北为碑亭，形制仿效献陵，但体量高大而过之。再往北，便到永陵外垣重门。

永陵有三道院墙，外围院墙呈长方形，但北端依宝顶形状，呈半圆形。在当初永陵设计方案中，没有外围院墙，是临时增加的。“永陵成，世宗登阳翠岭顾谓工部臣曰：‘朕陵如是止乎？’部臣仓皇对曰：‘外尚有周垣未作。’乃筑垣，诸陵所无也。后定陵效之。”[2]这个外罗城，其“壮大，甃石之缜密精工，长陵规划之心思不及也”。也就是在细节上都超过了长陵。世宗向来对自己陵寝的营建要求苛刻，

[1] 《日下旧闻考》卷一三七《昌平山水记》。
[2] 《日下旧闻考》卷一三七《北游纪方》。

本想与长陵媲美，但又不敢明目张胆、赤裸裸地提出来，他对部臣们说：“陵寝之制量仿长陵之规，必重加抑杀，绒衣瓦棺，朕所常念之。”实际上，虽然建筑规模略有缩减，但在豪华程度上有过之而无不及。

永陵外垣正门，即陵门，为三道重门。单檐歇山顶，面开三洞券门，红墙黄琉璃瓦。门内东侧神厨五间，西侧神库五间。这是第一层院落，包裹了陵园所有建筑。再往北，又有三道重门，旁有东西角门，为第二层院落。呈南北长方形，最北端与宝顶的圆形城墙相接。再往里，到祾恩门，也是三道门。第三层院落为祾恩殿。大殿坐落于二层崇基上，围以汉白玉石栏杆，正面御路有十二级台阶，路中巨大陛石浮雕，超乎各陵。刻有龙凤戏珠、海浪、山岳图案，生动活脱，精美绝伦。祾恩殿面阔七间，两庑各九间。祾恩殿的形制甚至用材都与长陵完全相同，也是以楠木构筑，只是体量上减少了两间。

清乾隆朝重修十三陵时，将永陵的祾恩殿由七间改为五间。这是因为，乾隆皇帝看中了所用楠木，以其他木料代替，重建祾恩殿。永陵祾恩殿用的楠木，比长陵祾恩殿的大柱还粗大。乾隆皇帝从永陵中偷换下来的这些楠木，后来成为圆明园楠木殿的珍贵材料。这就是民间所传“乾隆盗木”。

永陵祾恩殿后小红门，与东西两侧宫墙相连。往北则是棂星门，神道延伸至明楼前石五供。明楼东西又白石门。楼上三面堞墙，明楼南面上檐下榜曰“永陵”。明楼内石碑刻有“大明世宗肃皇帝之陵”。明楼的营建，尤重建筑材料的优质，其建筑为内部发券的砖石结构，斗拱、额枋、椽飞、榜额均以石制，再饰以彩绘，展现木构效果。所用石料，均用河南善化山花斑石，质地特别坚硬，虽经400余年的风霜雨雪，仍显棱角如初。明楼背后是宝顶，周长800米，仅次于长陵。《朱文懿奏议》说，“永陵宝城八十一丈，外加方墙围护，特异诸陵”[1]。宝城的这个尺寸可能指直径，据《明会典》说，宝城直径为

[1] 《日下旧闻考》卷一三七《朱文懿奏议》。

八十一丈，合约270米，两种记载相吻合，可谓大矣。

永陵建筑的华贵奢侈，被当时人所赞叹。明晚期的《昌平州志》记载，永陵“重门严邃，殿宇宏深，楼城巍峨，松柏苍翠，宛若仙宫。其规制一准于长陵，而伟丽精巧实有过之”。明代人公鼐在《谒永陵》诗中说：“规模千古上，制作百王新。”“桃花流磵壑，长见永陵春。”清初著名学者王源慨叹：永陵明楼“玓珎磷磷烂烂，冰镜莹洁，纤尘不留，长陵莫逮也。故莫丽于永陵”[1]。可见，建筑布局严整宏阔，空间疏朗，气势雄伟，形制华丽，达到天寿山陵寝园林的极致。

永陵的园林景物，不仅建筑宏丽辉煌，自然风景也堪称优甲天寿。陵园内松柏参天，杨柳拂地。《燕都游览志》记载：“世宗肃皇帝陵曰永陵，在长陵东南。享殿前后凡五重墙，内外皆植栝子松，祾恩殿后之左有松卧而复起，西向三折而始上，宝城顶有杏有桑。”永陵地理环境优越，幽深恬静，植被丰茂，溪水长流。这是世宗亲自反复实地考察，与其他陵寝地比较评估后确定的吉壤。但他还是不够称心，又数次派风水师考察论证，再三斟酌，才定夺的宝地。可以说，这是在选址上下功夫最多的一个陵寝，所以，自然胜于其他诸陵。

永陵背靠阳翠岭，山虽不高，却雄健突兀；东有蟒山和汗包山，西则西峰、祥子岭，形成三面环抱。陵园东西两侧都有溪水流淌，东边远近两支水流由左边环抱而西南；西边从阳翠岭下来的水流从右边包抄向东南，汇入十三陵水库。因而，山水相依，抚育水光山色，别具风情。特别是敞阔而幽静，除了流泉潺鸣、松柏啸咽、野鸟欢歌的天籁之音，别无它响。

永陵大规模的营建工程，花费巨额。一种说法是，建造永陵，在长达十一二年时间里，每月耗资白银万两。[2]营建永陵的劳役，仅官军三大营，每天上工的竟达4万余人。

永陵虽经多次修缮，但毕竟日久年长，岁月沧桑，陵寝许多建筑

[1] 王源：《居业堂文集・十三陵下》。

[2] 《北京的墓葬和文化遗址》，第138页。

现已倾圮，包括祾恩殿。至今比较完好的就是明楼和大红门等少数建筑物。

四 定陵

定陵为明代第十三位皇帝神宗朱翊钧的陵寝。神宗是明代在位时间最长的皇帝，为明穆宗朱载垕的第三子，生于嘉靖四十二年（1563年）八月，于隆庆二年（1568年）三月仅六岁，立为太子。隆庆六年（1572年）五月，穆宗崩，六月即皇位，年仅九岁，次年改元万历。万历四十八年（1620年）七月神宗崩，享年57岁，十月三日葬于定陵。

“定陵在大峪山，距昭陵北一里，自昭陵空桥东二百步分，北为定陵神路，长三里，路有石桥，三空。陵东向。碑亭东有石桥三道，皆一空，制如永陵。其不同者，门内神厨库各三间，两庑各七间，三重门旁各有墙，墙有门，不升降中门之级。殿后有石栏一层，而宝城从左右上，榜曰‘定陵’。殿庑门为贼所焚，树亡。”[1]定陵位于十三陵区中部偏西处，大峪山东麓。万历十一年（1583年）神宗仅20岁，就开始卜选陵地。二月四日，礼部祀祭司员外郎陈述龄、工部主事阎邦、钦天监张邦垣、风水师连世昌等人，奉命首次到天寿山察勘吉壤，拉开了修建神宗陵寝的序幕。之后，经过多次勘察，预选了三处，特别是对其中的形龙山和大峪山两处的优劣特点详细进行了比较。如《万历起居注》载，万历十一年八月二十四日，定国公徐文璧、大学士申时行上奏：

臣等谨于八月二十一日恭诣天寿山，将择过吉地逐一细加详视，尤恐灵区奥壤伏于幽侧，又将前所献地图自东徂西

[1] 《日下旧闻考》卷一三七《昌平山水记》。

> 遍行复阅，随据监副张邦垣等呈称，原择吉地三处，除石门沟山坐离朝坎，方向不宜，堂局稍隘，似难取用外，看得形龙山吉地一处，主峰高耸，叠嶂层峦，金星肥圆，水星落脉，取坐乙山辛向，兼卯酉二分，形如出水莲花，案似龙楼凤阁，内外明堂开亮，左右辅弼尊严，且龙虎重重包裹，水口曲曲关阑，诸山皆拱，众水来朝，诚为至尊至贵之地。又看得大峪山吉地一处，主势尊严，重重起伏，水星行龙，金星结穴，左右四辅，拱顾周旋，六秀朝宗，明堂端正，砂水有情，取坐辛山乙向，兼戌辰一分。以上二处，尽善尽美，毫无可议。

主持陵地卜选事宜的定国公徐文璧以及大学士申时行，向神宗皇帝重点推荐了形龙山和大峪山两处，最后由皇帝本人定夺。因为，每位皇帝陵寝的选址，都是朝廷的一件重大事宜，而且都伴随着不同主张的激烈争论。所以，神宗于万历十一年（1583年）“九月甲申，如天寿山谒陵”[1]。即九月六日神宗率后妃及朝臣谒长陵等祖陵，然后到形龙山和大峪山，亲登主峰勘察，最后决定“寿宫吉壤，用大峪山”。其实，真正的大峪山在穆宗昭陵背后，而神宗所选地叫小峪山，但他历来好大喜功，不喜欢“小”，所以改称大峪山。

但这仅仅是神宗的倾向性意见，其实选吉壤的事情还没完，朝臣中仍有争议。所以，神宗于万历十二年（1584年）“九月丙戌，奉两宫皇太后如天寿山谒陵。己丑，作寿宫”[2]。即九月十三日，神宗侍奉两宫太后，并率后妃及有关朝臣又一次到天寿山谒陵，九月十六日登“大峪山”察看，结果太后们也认为此山最吉。于是，十一月六日陵寝工程破土，正式动工。

然而，在陵寝的规模与形制上，也有争议。这主要是皇帝的意图

[1] 《明史》卷二〇《神宗本纪二》。

[2] 《明史》卷二〇《神宗本纪二》。

超越了礼制，所以一些朝臣不赞成皇帝的主张。“万历十三年（1585年）八月，作寿宫于大峪山。命礼部侍郎朱赓往视，中官示帝意，欲仿永陵制。赓言：‘昭陵在望，制过之，非所安。’疏入，久不下。已竟如其言。”[1]朱赓坚持不逾制，但明神宗也和其祖父世宗一样，刚愎自用，我行我素；建陵寝又贪大求奢，力图尽善尽美。因此，定陵的规模和奢华程度，可与永陵比肩。

然而，营建过程与选址一样，一波三折，枝节横生。在开挖玄宫中发现，正好安放棺椁的位置上遇到一块巨石，这又引起一番选址对错之争。当初，选陵址时，御史李植等人就反对徐学谟、申时行推荐的大峪山为吉壤的建议。据《明史·李植传》：“帝用礼部尚书徐学谟言，将卜寿宫于大峪山。植扈行阅视，谓其地未善。欲偕（江）东之疏争，不果。”本来，明代到嘉靖、万历时期朝廷中党派林立，“门户之争”空前激烈。任何朝政事宜，都可能成为党派争议的借口，以此打击对方。何况皇陵涉及江山社稷的万年大计，更是成为党争的重大议题。

现在，在陵寝施工中又发现了新的问题，李植等人好像抓住了徐、申等人的把柄，“寿宫地有石，（申）时行以（徐）学谟故主之，可用是罪也。乃合疏上言：‘地果吉则不宜有石，有石则宜奏请改图。乃学谟以私意主议，时行以亲故赞其成。’”认为这“非大臣谋国之忠也”。但是，申时行也为自己强力辩护，言：“车驾初阅时，（李）植、（江）东之见臣直庐，力言形龙山不如大峪。今已二年，忽创此议，其借事倾臣甚。”

神宗对李植等人对申时行的攻击倒不以为然，反过来指责他们“不宜以葬师术责辅臣，夺奉半岁”。不过，对李植、江东之和羊可立等人认为安放棺椁的位置上有巨石不吉利的说法，神宗十分重视，又亲自跑到天寿山实地看个究竟。万历十三年（1585年）闰九月，“帝

[1]《明史·朱赓传》。

犹以（李）植言寿宫有石数十丈，如屏风，其下皆石，恐宝座将置于石上。闰（九）月，复躬往视之，终谓大峪吉，逐三人于外”[1]。神宗坚持原地继续营建，李植等人被贬谪下去。经过六个年头的施工，于万历十八年（1590年）六月神宗陵寝终于竣工，这离神宗崩驾还有整整30年时间。

定陵比永陵规模略小，但比除长陵外的其他皇陵都要大，为十三陵中仅次于长陵和永陵的第三大陵寝，占地面积18万平方米。其形制极尽效法永陵，十分奢华。定陵坐西朝东偏南30度，其神道从昭陵五孔桥向西延伸三里，过三座汉白玉桥，到碑亭。周围有祀祭署、宰牲亭、定陵监等建筑300余间。再向西就是外罗城及陵门。定陵外罗城呈长方形，三进式院落，最西端为圆形宝城，形成全封闭型陵园。陵门即大红门为三重，进入便是第一进院落，内有神厨、神库及配殿。经过并排的五道汉白玉石桥，到祾恩门。

第二进院落从祾恩门开始，入门沿神道西去，到祾恩殿。该大殿坐落于汉白玉台基上，有宽大的月台。大殿面阔七间，规制与永陵同，十分雄伟壮丽。大殿前两侧有左右配殿。

过祾恩殿后进入第三进院落。在神道上有棂星门和神功圣德碑，也是无字碑。再后是石五供，高大华丽的明楼。定陵明楼的形制与建筑材料同永陵一样，也全部是砖石仿木结构，不仅美观，而且异常坚固。楼内有碑，刻有“大明神宗显皇帝之陵”。明楼后是宝顶，围以砖砌高墙即宝城，周长750米。宝城垛口与永陵一样，也是用花斑石砌成。

在定陵，与神宗合葬的有皇后王氏和皇贵妃王氏。神宗皇后王氏，余姚人，万历六年（1578年）册封为皇后。万历四十八年（1620年）四月崩，谥号孝端皇后。因与神宗前后去世，一并合葬定陵。神宗皇贵妃王氏，为光宗生母，“初为慈宁宫宫人。年长矣，帝过慈宁，

[1] 《明史》卷二三六《李植传》。

私幸之，有身”。但是，开始时神宗不承认。有一次，神宗侍奉慈圣皇太后用宴，太后问到王氏宫女身孕一事，神宗仍不应。

于是，“慈圣命取内起居注示帝，且好语曰：‘吾老矣，犹未有孙。果男者，宗社福也。母以子贵，宁分差等耶？’十年（1582年）四月封恭妃。八月，光宗生，是为皇长子”。王氏作为宫女，虽然生了皇长子，但不是神宗所爱，只是因一时兴起偶然得子。所以，长子立为太子了，神宗对太子生母还是迟迟不予进封，到万历三十四年（1606年），太子有了儿子，才将王氏“始进封皇贵妃”。

万历三十九年（1611年），皇贵妃王氏病死。当时，大学士叶向高上言：“皇太子母妃薨，礼宜从厚。”在大臣们的一再要求下，神宗才答应将王氏葬于天寿山。光宗即位后很想按照穆宗给自己的生母康妃的礼遇为惯例，重新加谥号，以厚礼。但未来得及，便去世。光宗的儿子熹宗即位，为祖母上尊谥曰孝靖皇太后，“迁葬定陵”[1]。

定陵作为神宗皇帝精心营建的陵寝，不仅规模宏大，建筑奢华，形制规范完美，而且，自然风光也值得称道。神宗之所以力排众议，坚持以此地为寿宫，这也是其中原因之一。按风水学的要求，定陵备受争议，但自然风光不完全与风水划等号。有的所谓风水宝地，不一定是自然风光最佳处；而有的不一定是最好的风水地，但自然风光却堪称胜地。二者有共性，但也有异处。

定陵作为皇家陵寝园林，十分精道。定陵的建筑，在空间布局上坐落于统一而完整的地面平台上，一气呵成。一条神道为中轴线，建筑对称布局，主次分明。加之营造精细，建筑庄重而华丽。在天寿山的宏观自然环境中，定陵形成自己独立的微观环境。坐西朝东，三面环山，背后的主峰高耸，层峦叠嶂，形如出水芙蓉；定陵两侧群山拱卫，且地势险要。“大峪山寿宫宝城左至龙山脚下，涧沟计四十丈五尺；右至西井界域，计四十丈五尺，总计八十一丈。”[2]众水汇于陵

[1] 《明史》卷一一四《孝靖王太后传》。

[2] 《日下旧闻考》卷一三七《朱文懿奏议》。

前，草木葱茏，气象万千。正如叶向高在《谒定陵》诗中所云：“风传天语来三殿，日丽宸章下九霄。谩说深宫娱晚岁，尤勤睿虑几曾消。一望陵京气郁葱，萧萧松柏起悲风。长留日月光天壤，更借烟云护寝宫。仿佛翠华驰道里，凄凉清跸梦魂中。”[1]营建如此豪华的陵宫，动用军民工役无数，耗资白银八百万两，可谓劳民伤财。

作为帝王陵寝园林的定陵，与明王朝一样，明末以后多次遭到劫难。崇祯十七年（1644年）春，李自成领导的农民军进攻都城北京时，经过十三陵，将对明王朝的仇恨发泄到其祖坟上，放火焚烧了十二个陵的享殿。这是第一次严重破坏，定陵当然是在劫难逃。接着，清军入关，进一步破坏了明皇陵。

明末，东北的后金（清朝入关前的政权）崛起。万历朝为了征服女真族，竟愚蠢地以为破坏女真族的祖陵风水，就能压制他们的崛起。于是，把位于北京房山县境内的金代皇陵拆毁。所以，摄政王多尔衮率清军入关后，采取以牙还牙的报复措施，将定陵的祾恩殿全部拆掉。

后来，乾隆朝为了笼络汉族官僚和百姓，于乾隆五十（1785年）至五十二年（1787年）重修了明代十三陵。定陵的祾恩殿虽然也重修了，但规模缩小，由原来的七间变为五间，建筑材料也不如原来所建。到1914年，当地土豪放火烧毁定陵祾恩殿，将重修的大殿化为灰烬。因此，现存的定陵地面建筑，只有明楼较完整，其他大多为断垣残壁了。

新中国成立后，对十三陵采取保护与开发并重，以保护为主的政策措施。1956年，为了深入研究明史，选择定陵作试点，对地宫进行了发掘，取得了丰富的珍贵历史文物，使明代皇帝的地下宫殿重见天日，见证了明代历史文化的灿烂辉煌。

---

[1] 《日下旧闻考》卷一三七。

五　其他九陵

明代十三陵中，除了上述四陵之外，还有九陵，大同小异，所以，一并简要记述如下。

（一）景陵

景陵为明代第五位皇帝宣宗朱瞻基之陵，位于长陵东侧，天寿山东峰下即黑山西南麓，其东是永陵。明宣宗朱瞻基是明仁宗的长子，生于建文元年（1399年）二月，永乐九年（1411年）十一月立为皇太孙。永乐二十二年（1424年）“仁宗即位，（十月）立为皇太子”。洪熙元年（1425年）六月仁宗崩，“庚戌（十二日），即皇帝位”。次年改元宣德元年（1426年）。宣宗在位仅十年，于宣德十年（1435年）正月初三，“崩于乾清宫，年三十有八……庙号宣宗，葬于景陵”[1]。明宣宗逝世得比较突然，生前还没有开始建造陵墓。宣宗逝世后，年仅九岁的英宗即位，实权在太后手中，便派人到天寿山为宣宗卜选陵址，于宣德十年（1435年）正月十一日建造景陵工程正式开工。太监沐敬、丰城侯李贤、工部尚书吴中、侍郎蔡信等奉命督工，成国公朱勇、新建伯李玉、都督沈清及内务府和各衙门、锦衣卫等紧急调用军民、工匠、役夫共计十万人，经半年时间，地下灵宫修成。所以，宣宗逝世半年，即六月二十一日才葬入景陵。景陵的修建，断断续续历经28年时间，直到天顺七年（1463年）三月才全部竣工。

景陵在明代十三陵中，属于规模最小且最朴实的一座。据《昌平山水记》：“十三陵制，献陵最朴，景陵次之。”这是遵循了仁宗遗训的具体体现。宣宗即位后曾对尚书蹇义、夏元吉说：“国家以四海之富葬其亲，岂惜劳费？然古之帝王皆从俭制，孝子思保其亲体魄于久远，亦不予厚葬。秦汉之事，足为明鉴。况皇考遗诏，天下所共知。

[1]《明史》卷九《宣宗本纪》。

今建山陵，宜尊先志。”[1]宣宗遵循仁宗遗训，俭朴建造献陵，英宗也遵照宣宗的意愿，俭朴建造了景陵。《日下旧闻考》卷一三七引《今言》记载：“天寿七陵，惟景陵规制独小。嘉靖十五年（1536年），稍廓大之。”这是针对明前期从永乐到孝宗的七位帝陵而言的。实际上，在整个十三陵中，景陵也在最小之列。景陵的规模小，建筑俭朴，除了宣宗主张俭朴以外，还有一个客观原因，就是宣宗生前根本就没有作修建陵寝的准备，突然去世，使朝廷措手不及。人死以入土为安，尸体不可长期存放。更何况当时没有现代冷藏条件。所以，抢时间，能简则简。就这样赶进度，宣宗逝世半年才安葬。这也给后世皇帝提供了教训，所以，不少皇帝一即位，还很年轻，便着手修建陵寝，以防不测，有备无患。

对景陵的规模及建筑，《昌平山水记》记载：

> 景陵在天寿山东峰之下，距长陵东少北一里半，自北五空桥南数步分，东为景陵神路，至殿门三里，碑亭门庑如献陵。殿五间，重檐，阶三道，其平刻为龙形，殿有后门不属垣。殿后门三道并如献陵。甬道平，宝城长而狭，榜曰“景陵”。周垣如长陵。宝城前存树十五株，冢上一株。

从这个记载可以看出，景陵的规模和空间布局与献陵基本相同。其神道从长陵神道北五孔桥分出，约三里长，中有一座单孔石桥。景陵坐北偏西南，占地约2.5万平方米。宝城呈狭长形，这与其他皇陵的圆形宝城略显不同，主要是受地势所限。前为二进式院落，与宝城连为一体，在中轴线上建有祾恩门、祾恩殿、棂星门、方城、明楼等，其他配套建筑齐全。景陵虽然俭朴，但“麻雀虽小，五脏俱全”，按皇陵规制，应有尽有，只是少了一些锦上添花的东西罢了。

---

[1] 《日下旧闻考》卷一三七《昌平山水记》。

后世皇帝曾多次修缮过景陵，有的甚至进行了扩建。据《明世宗实录》记载：“嘉靖十五年（1536年）四月，上亲诣景陵，语郭勋等曰：‘景陵规制独小，又多损坏，其与宣宗皇帝功德之大，殊为弗称。当重建享殿，增崇基构，以隆追报。’”[1]当时增建了神功圣德碑亭。还有《帝京图说》记载，经过重修后的祾恩殿，“殿中柱交龙，栋梁雕刻，藻井花鬘，金碧丹漆”，殿中暖阁三间，黼座（帝座）地屏直到康熙年间犹有存者。现存的祾恩殿台基，乃为嘉靖年间所建。从遗存的檐柱柱础看，其面阔五间（31.14米），进深三间（16.9米），后有抱厦一间（面阔8.1米，进深4,03米），前面出阶的御路石雕刻有二龙戏珠图案，比献陵的更精美。清乾隆五十至五十二年（1785－1787年）间重修明十三陵时，对祾恩殿及祾恩门缩小重修，两庑配殿和神功圣德碑亭因已倾圮而拆除，遗迹犹存。

宣宗先后立有两位皇后，但与其合葬于景陵的只有孝恭皇后孙氏，而第一位皇后胡氏则葬于金山。“宣宗恭让皇后胡氏，名善祥，济宁人。永乐十五年（1417年）选为皇太孙妃。已，为皇太子妃。宣宗即位，立为皇后。时孙贵妃有宠，后未有子，又善病。三年（1428年）春，帝令后上表辞位，乃退居长安宫，赐号静慈仙师，而册贵妃为后。”胡皇后被迫辞位，一则无子，二则多病，三则孙贵妃夺宠，于是只好出家。但宣宗的生母“张太后悯后贤，常召居清宁宫。内廷朝宴，命居孙后上。孙后常怏怏。正统七年（1442年）十月，太皇太后崩，后痛哭不已，逾年亦崩，用嫔御礼葬金山。胡无过被废，天下闻而怜之。宣宗后亦悔。尝自解曰：‘此朕少年事’”。天顺六年（1462年），孙太后即宣宗第二个皇后孙氏死，英宗的皇后钱氏对英宗说，胡皇后贤而无罪，废为仙师，人已死了，因人们怕孙皇后不高兴，所以殓葬时礼数未到。英宗征求了大学士李贤的意见后，于天顺七年（1463年）七月，“上尊谥曰恭让诚顺康穆静慈章皇后，修陵寝，

---

[1] 《日下旧闻考》卷一三七。

不祔庙”[1]。虽然恢复了皇后尊号，但是未按皇后礼仪与宣宗合葬。

宣宗第二个皇后孙氏，山东邹平人。幼有美色。十几岁就被选入宫，由成祖的徐皇后养育。宣宗即位后封贵妃。在明代，皇后享有金印金册，但“贵妃以下，有册无宝。妃有宠，宣德元年（1426年）五月，帝请于太后，制金宝赐焉。贵妃有宝自此始”。实际上孙氏也无子，“阴取宫人子为己子，即英宗也”。英宗即位后尊为皇太后。英宗北狩，被蒙古俘虏，景帝即位，尊为上圣皇太后。景泰七年（1456年），石亨等人发动“夺门之变”时，先秘密禀告孙太后同意。英宗复辟后，“上徽号曰圣烈慈寿皇太后。宫闱徽号亦自此始”。孙氏于天顺六年（1462年）九月薨，与宣宗“合葬景陵，祔太庙。”[2]

至于从葬的妃嫔，有几种记载。《明典汇》记载：“八妃，一葬金山，馀皆从葬。”朱彝尊著《日下旧闻》按语说，宣宗死后，有十个妃子从葬：

> 宣德十年（1435年）三月庚子，赠何氏为贵妃，谥端静；赵氏为贤妃，谥纯静；吴氏为惠妃，谥为贞顺；焦氏为淑妃，谥庄静；曹氏为敬妃，谥庄顺；徐氏为顺妃，谥贞惠；袁氏为丽妃，谥恭定；诸氏为恭妃，谥贞靖；李氏为充妃，谥恭顺；何氏为成妃，谥肃僖。谥册有曰：兹委身而蹈义，随龙驭以上宾。宜荐徽称，用彰节行。是从葬者盖有十妃，祀典、典汇皆误也。

朱氏认为，《明祀典》《明典汇》的记载都不准确，看来他的记载是有据可查的。《明英宗实录》卷三的记载，与此相符。

宣宗在明代，算是有作为的皇帝，但他的陵寝却规模小，又俭朴。不过，基本规制还是能体现皇家陵寝园林的特色。据清代梁份的

[1] 《明史》卷一一三《宣宗恭让胡皇后传》。

[2] 《明史》卷一一三《宣宗孝恭孙皇后传》。

《帝鉴图说》，景陵的外郭椭圆形，这与其他陵寝的方形外郭不同，这主要是因地形而为，遂成特色。陵园三面环山，翠峰碧嶂，树木成荫；前面开阔，白桥清溪，绿草如茵。整个陵寝建筑，小巧玲珑，精致可称，庄严肃穆，天籁幽静。正如许国《谒景陵》诗所云：

> 宣宗黄屋閟青山，十载雍熙想像间。
> 睿藻向来金匮秘，宸游长罢玉泉闲。
> 苍林回合春流断，紫雾冥蒙画殿关。
> 始信霸陵留俭德，试看阶玉点苔斑。[1]

景陵现存的建筑只有明楼、三道陵门、棂星门等地面设施，祾恩殿及祾恩门早已不存。

（二）裕陵

裕陵是明代第六位皇帝英宗朱祁镇的陵墓。朱祁镇生于宣德二年（1427年）十一月，为宣宗长子，其母为孙贵妃。英宗“生四月，立为皇太子，遂册贵妃为皇后”。其实，英宗的真正生母是宫女，但史无记载为何人。孙贵妃本无子，据《明史·孙皇后传》记载，贵妃孙氏无子，“阴取宫人子为己子，即英宗也”。“宣德十年（1435年）正月，宣宗崩，壬午即皇帝位。”朱祁镇于天顺八年（1464年）正月“庚午（十七日）崩，年三十有八。二月乙未，上尊谥，庙号英宗，葬裕陵”。明英宗不仅身世诡秘，而且短暂的一生，却起伏跌宕，当过蒙古军队的俘虏，也被其弟弟景帝软禁于南苑，成为明朝的囚徒；后又东山再起，重登皇位，一生两次登基，使用正统、天顺两个年号。明英宗对中国帝王的丧葬制度作出过重大贡献，即废除了延续几千年的殉葬制度。临死前，“遗诏罢宫妃殉葬”[2]。

---

[1] 《日下旧闻考》卷一三七《许文穆集》。

[2] 《明史》卷一二《英宗本纪》。

英宗在生前未建陵寝。他死后第二个月即二月二十九日，由太监黄福、吴昱，抚宁伯朱永，工部尚书白圭，侍郎蒯祥、陆祥奉命督工，紧急调用八万多军民工匠赶造陵墓。据《明英宗实录》：“天顺八年（1464年）六月，裕陵成。其制，金井宝山城池一座，明楼花门楼各一座，俱三间。享殿一座，五间，云龙五彩贴金朱红油。石碑一，祭台石一，烧纸炉二。神厨正房五，左右厢房六，宰牲亭一，墙门一，奉祀房三，门房三，神路五百三十八丈七尺。神宫监前堂五间，穿堂三间，后堂五间，左右厢房四座二十四间，周围歇房并厨房八十六间。楼一，门房一，大小墙门二十五，小房八，井一，神马房、马房二十，歇房九，马椿三十二，大小墙门六，白石桥三，砖石桥二，周围包砌河岸沟渠三百八十八丈二尺，栽培松树二千六百八十四株。”[1]应该说，这个记载已经很详实了。如此众多的建筑物，仅用四个月就全部竣工了。其中，营造玄宫用时两个月，二月二十九日开工，到五月八日就将英宗入葬玄宫。又用两个月，到六月二十日，整个陵寝地面工程全部竣工。裕陵占地2.62万平方米，比景陵略大点儿，但比献陵小1.5万余平方米，按占地面积算，属倒数之列。

裕陵位于长陵西北二公里的石门山下，离献陵西一公里余，自献陵碑楼前向西延伸出裕陵神路。《昌平山水记》载：“裕陵在石门山，距献陵西三里，自献陵碑亭前分，西为裕陵神路，路有小石桥，碑亭北有桥三道，皆一空，平刻云花。殿无后门。榜曰‘裕陵’。馀并如景陵。宝城如献陵。垣内及冢上树存一百七十株。”[2]在裕陵与英宗合葬的有两位皇后，即皇后钱氏和贵妃周氏。英宗钱皇后，海州人。正统七年（1442年）立为后，品质贤良，不为族谋。“帝悯后族单微，欲侯之，后辄逊谢。故后家独无封。英宗北狩，倾中宫赀佐迎驾。夜哀泣吁天，倦即卧地，损一股。以哭泣复损一目。英宗在南宫，不自得，后曲为慰解。后无子，周贵妃有子，立为皇太子。英宗大渐，

[1] 《日下旧闻考》卷一三七《昌平山水记》。
[2] 《日下旧闻考》卷一三七《昌平山水记》。

遗命曰：‘钱皇后千秋万岁后，与朕同葬。’”宪宗即位后，上尊慈懿皇太后。成化四年（1468年）六月，钱太后崩，周太后不让与英宗合葬。但廷臣力争合葬，宪宗在母后与朝臣之间左右为难，迟迟不能定。先是彭时、刘定之等人坚持以礼合葬，之后又要“吏部尚书李秉、礼部尚书姚夔集廷臣九十九人议，皆请如（彭）时言”。还无结果，于是，百官巳时至申时（从上午9点到下午5点）伏哭文化门外，宪宗只好让步。是年七月上尊号为孝庄睿皇后，祔太庙。“九月合葬裕陵”[1]。虽然合葬了，但没有按礼制与英宗同一玄宫主室，而在玄宫左配殿内，并且将与主室间的通道堵死。宪宗生母周氏，在英宗在世时并没有立为皇后。“孝肃周太后，宪宗生母也，昌平人。天顺元年（1457年）封贵妃。宪宗即位，尊为皇太后。”[2]周氏于弘治十七年（1504年）三月崩，与英宗合葬裕陵。对此，有人说这开辟了明代一帝陪葬两后之先河。如《万历野获编》说：“本朝（指明）大行山陵，止一后祔葬，至英宗元配孝庄钱后崩，时宪宗压于生母孝肃周后，几不得祔葬裕陵。大臣力争之，始虚孝肃玄宫以待，而二后并祔自此始矣。”[3]其实，这个说法不准确。因为，英宗在世时，周氏只是贵妃而已，并非皇后。太后是宪宗封的，所以不能算作“二后”，准确地说，就是一后一妃而已。而且，同样情形即先帝时为妃，其子即位后封为太后，死后祔葬于先帝陵者，还有嘉靖时期的康妃杜氏，穆宗即位后封为太后，迁葬于永陵。所以，《万历野获编》的说法不准确。

英宗的嫔妃众多，有记载的十八人。据《明典汇》，英宗“十八妃，一葬绵山，馀俱金山”。《嘉靖祀典》：“其靖庄安穆宸妃、庄僖端肃安妃、端庄昭妃、恭安和妃、恭僖成妃、荣靖贞妃、恭靖庄妃、恭庄端惠德妃、庄和安靖顺妃、昭肃靖端贤妃、端靖安和惠妃、端靖安荣淑妃、安和荣靖丽妃、昭静恭妃、僖恪充妃、惠和丽妃、端和懿

[1] 《明史》卷一一三《英宗孝庄钱皇后传》。

[2] 《明史》卷一一三《孝肃周太后传》。

[3] 《万历野获编》卷三《帝后祔葬》。

妃，俱葬金山。贞顺懿恭惠妃葬桃山。”[1]

当时的裕陵，景色秀美。陵寝建筑与其他陵园大同小异，但是因占地面积小，而各类建筑又齐全，所以在空间布局上更显得紧凑，小巧玲珑。其自然环境，在天寿山陵区宏观环境下，自成体系，苍松翠柏，幽雅静谧。仅当时所栽植的松树就有2600余株，还有其他树种，可见树木掩映，景色迷人。

（三）茂陵

茂陵是明代第八位皇帝宪宗朱见深的陵寝，位于距长陵西北三公里的聚宝山下，裕陵西侧。宪宗朱见深是英宗长子，生于正统十二年（1447年）十一月，初名见濬。正统十四年（1449年）八月，英宗被蒙古瓦剌部俘虏后，当月“皇太后命立为皇太子。景泰三年（1452年），废为沂王。天顺元年（1457年）复立为皇太子，改名见深。天顺八年（1464年）正月，英宗崩。乙亥，即皇帝位”。以明年为成化元年。成化二十三年（1487年）八月崩，年四十一。“九月乙卯，上尊谥，庙号宪宗，葬茂陵。”[2]宪宗与其父英宗一样，命运起落无常。仅两岁被立为太子，英宗被俘，景帝即位后就将五岁的太子朱见深废为沂王；英宗复辟后又恢复太子地位，年仅10岁。18岁顺利当上皇帝，但寿命不长，英年早逝。

宪宗在位时未兴建陵寝，他死后其子孝宗为其开始建陵。礼部侍郎倪岳及钦天监监正李华等人奉命卜选陵址，宪宗崩驾后的第二个月，即九月十九日开始动工营建茂陵。保国公朱永，工部侍郎陈正和内官太监黄顺、御马监太监李良等奉命督工。整个陵园建筑，于弘治元年（1488年）四月二十四日全部竣工，工期七个月有余，占地面积2.56万平方米。十二月十七日葬宪宗于茂陵。

在茂陵与宪宗合葬的有一位皇后和两位妃子，即孝贞皇后王氏，

[1] 《日下旧闻考》卷一三七《嘉靖祀典》。
[2] 《明史》卷一四《宪宗本纪》。

淑妃纪氏和贵妃邵氏。孝贞皇后王氏，上元人。天顺八年（1464年）十月立为皇后。孝宗即位，尊为皇太后。武宗即位尊为太皇太后，正德十三年（1518年）二月崩，“合葬茂陵，祔太庙”[1]。据《明史·孝穆纪太后传》，“孝穆纪太后，孝宗生母也，贺县人。本蛮土官女。成化中征蛮，俘入掖庭，授女史，敏通文字，命守内藏”。成化四年（1468年）的某一天，宪宗偶然到内藏察看，纪氏“应对称旨，悦，幸之，遂有身”。当时，万贵妃得宠专横，凡宫中有孕者，都治其堕胎。万贵妃得知纪氏有孕，又恨又怒，派宫女治她。而宫女谎报纪氏为“病痞”，才免于堕胎，将她贬居安乐堂。孝宗朱祐樘出生后，万贵妃得知，要太监张敏将其淹死，但张敏将孝宗藏于他处，被宪宗所废皇后吴氏得知，便秘密抚养，但宪宗一直不得知。悼公太子死后，宪宗很长时间未有后嗣。到成化十一年（1475年），宪宗有一天要太监张敏梳理头发，“照镜叹曰：‘老将至而无子！’敏伏地曰：‘死罪。万岁已有子也。’帝愕然，问安在”。于是，将太监怀恩潜养皇子于西内，已有六岁而不敢报的实情禀报给宪宗。宪宗喜出望外，当即派使接子来见，并派怀恩告知内阁，立为太子，颁诏天下。也将纪氏移居永寿宫，宪宗数次召见。然而，这使万贵妃恼羞成怒。成化十一年（1475年）六月，纪氏突然暴死，其死因众说纷纭，或曰万贵妃所害，或曰自杀。太监张敏也畏惧自杀。纪氏死后，“谥恭恪庄僖淑妃”，葬于金山。孝宗即位后，为生母淑妃上尊谥为孝穆纯皇太后，“迁葬茂陵，别祀奉慈殿”[2]。

据《明典汇》：“孝穆皇后纪氏，孝宗生母也。初葬金山，孝宗即位，迁合葬。孝惠皇后邵氏，兴献帝生母也。初葬金山，世宗即位，迁合葬。十四妃，一葬陵之西南，馀俱葬金山。废后吴氏亦葬金山。”[3]孝惠邵太后为昌化人，兴献王生母即嘉靖皇帝的祖母。其家

[1]《明史》卷一一三《宪宗孝贞皇后传》。

[2]《明史》卷一一三《孝穆纪太后传》。

[3]《日下旧闻考》卷一一三《京畿·昌平州》。

贫，其父将女儿邵氏卖给杭州镇守太监，因而入宫。“成化十二年（1476年）封为宸妃，寻进封贵妃。”嘉靖帝入继大统后，尊为皇太后。嘉靖元年（1522年）十一月去世，尊谥孝惠皇太后，嘉靖“七年七月改称太皇太后。十五年（1536年）迁主陵殿，称皇后，与孝肃、孝穆等”[1]。在茂陵西南葬的这位，就是宠冠后宫的万贵妃。《嘉靖祀典》：“恭肃端顺荣靖皇贵妃亦葬天寿山。”也就是说，纪氏和邵氏最初都葬于金山，后来才移葬于茂陵；而万贵妃虽然未与宪宗合葬，但葬于天寿山，实属破例。

据《昌平山水记》：“茂陵在聚宝山，距裕陵西一里，自裕陵碑亭前分，西为茂陵神路。路有石桥一空，制如裕陵，榜曰‘茂陵’。园内外及冢上树千馀株。十二陵惟茂陵独完，他陵或仅存御榻，茂陵则簨虡之属独有存者。”[2]茂陵规模比裕陵大些，而陵寝园林的基本形制与裕陵相仿。其景物也十分清幽，金碧辉煌的陵寝建筑，掩映于青山绿树中。如程敏政《望茂陵》诗曰：“茂陵宫殿郁参差，已近先皇发引时。上界鸾声应载道，北山龙脉又分支。”而薛惠《谒茂陵祀孝贞太后》诗云：“茂陵多碧草，春日自芳菲。”作为安顿帝王幽灵之所，茂陵亦是十分可人的园林了。

（四）泰陵

泰陵位于笔架山东南路，“孝宗敬皇帝陵曰泰陵，在茂陵之西”[3]。孝宗朱祐樘是明代第九位皇帝，宪宗第三子。“母淑妃纪氏，成化六年（1470年）七月生帝于西宫。”成化十一年（1475年）“十一月，立为皇太子”。成化三十三年（1487年）八月，宪宗崩，九月六日孝宗即位，年十七，明年改元弘治。十八年（1505年）五月七日

[1] 《明史》卷一一三《孝惠邵太后传》。

[2] 《日下旧闻考》卷一三七《京畿·昌平州》。

[3] 《日下旧闻考》卷一一三《燕都游览志》。

崩，年三十六，“葬泰陵”[1]。孝宗死后，其子武宗朱厚照即位。

孝宗在位十八年，但未营建自己的陵寝，武宗便于当年六月五日开始为孝宗营建泰陵。据《明武宗实录》：“弘治十八年（1505年）六月，营泰陵于天寿山，敕太监李兴、新宁伯谭祐、工部左侍郎李鐩提督，发五军等三营官军万人供役。”[2]耗时四个月才建成玄宫，于十月十九日葬孝宗。

营建泰陵玄宫并不顺利，围绕梓宫有无出水，掀起一场不大不小的风波。据孙绪《无用闲谈》记载：“泰陵金井内，水孔如巨杯，水仰喷不止。杨名父亲见之，归而疏诸朝，请易地。事下工部。汤阴李司空鐩怒其多言害成功，阴令人塞其孔，以诽谤狂妄奏。”在传统的风水理论中，放置棺椁的金井漏水，是不祥之兆，不可用的，必须另选陵地。于是，武宗命锦衣官校押杨名父赴陵验看，当然结果可想而知了。因为，督工的太监李兴和工部左侍郎李鐩早就作好了堵漏工作，否则他们是罪责难逃。所以，杨名父被押赴泰陵验看，临行赋诗云：“禁鼓无声晓色迟，午门西畔立多时。楚人抱璞云何泣？杞国忧天竟是痴。群议已公须守实，众言不发但心知。殷勤为问山陵使，谁为朝廷决大疑？”他自比战国时期的楚国人卞和向楚王进献美玉一样，不被人理解，自嘲实属杞人忧天。这是当时野史记载的一种版本。

另一种说法是明代祝允明在《九朝野记》所述：“初建泰陵，都下盛传其地有水，吏部主事杨子器直言其事。时督工太监李兴有殊宠，势焰薰灼，遂下杨锦衣狱，莫敢救者。”当时，昌平知县邱泰到京上疏说：“盖泰陵有水，通国皆云，使此时不言，万一梓宫葬后有言者，欲开则泄气，不开则抱恨终天。今视水有无，此疑可释。”因此，武宗即派司礼监太监萧敬押着杨子器到泰陵，核实究竟。督工太监李兴恼羞成怒，要锤死杨子器，太监萧敬劝阻才得免。萧敬回奏无水，于是众人以为杨子器必死无疑。此事传到禁中，“太皇太后闻之

[1] 《明史》卷一五《孝宗本纪》。

[2] 《日下旧闻考》卷一三七。

曰：‘无水则已，何必罪之？’遂得还职”[1]。无论何种版本，无风不起浪，说明还是存疑。

在泰陵，与孝宗合葬的是孝康皇后张氏。张皇后，兴济人，“成化二十三年（1487年）选为太子妃。是年孝宗即位，册立为皇后”。武宗即位，上尊号为慈寿皇太后。嘉靖即位，先是加上“昭圣康惠慈寿。已，改称伯母。十五年（1536年）复加上昭圣恭安康惠慈寿。二十八年（1549年）崩”[2]。泰陵的全部工程，到正德元年（1506年）三月二十二日均竣工，为时九个月。据《昌平山水记》：“泰陵在史家山，距茂陵西少北二里。自茂陵碑亭前分，西为泰陵神路，路有石桥，五空，贤庄灰岭二水径焉。碑亭北有桥三道，皆一空，制如茂陵。榜曰‘泰陵’。垣内及冢上树百馀株。存御座、御案、御榻各一。承陈皆五色花板，多残缺，而茂陵、泰陵独完。”[3]

据《明武宗实录》，泰陵的地面建筑主要包括：“金井宝山明楼、琉璃照壁各一所，圣号石碑一通。罗城周围为丈一百四十有二，一字门三座。香殿一座为室五，左右厢纸炉各二座，宫门一座为室三，神厨、奉祀房、火房各一所，桥五座，神宫监、神马房、果园各一所。”这些建筑体现了明代帝王陵规制，与其他陵寝大同小异，也构成了皇家陵寝园林的基本要素。

或许孝宗作为中兴皇帝，业绩可称。《明史》赞曰：“明有天下，传世十六，太祖、成祖而外，可称者仁宗、宣宗、孝宗而已。仁、宣之际，国势初张，纲纪修立，淳朴未漓。至成化以来，号为太平无事，而晏安则易耽玩，富盛则渐启骄奢。孝宗独能恭俭有制，亲政爱民，兢兢于保泰持盈之道，用使朝序清宁，民物康阜。”[4]尽管国势富盛，但康陵还是比较俭约，这与孝宗的恭俭有关。

[1] 《日下旧闻考》卷一三七《九朝野记》。
[2] 《明史》卷一一四《孝宗康皇后张氏传》。
[3] 《日下旧闻考》卷一三七《京畿·昌平州》。
[4] 《明史》卷一五《明孝宗本纪》。

或许孝宗竭力中兴，使人感佩；或许泰陵景物更有园林气概，令人触景生情；明代士大夫们每每拜谒泰陵，以诗赋赞美。徐贞卿《长陵西望泰陵》诗云：“新宫犹霭霭，白露已苍苍。讵识神灵远，徒悲创舄藏。阴风连大漠，落日照渔阳。稽首攀松柏，云天洒泪长。”汴贡《望泰陵》诗：“徒倚东峰下，西陵望郁然。元宫深阏日，玉座回浮烟。风雨清明候，乾坤正德年。攀龙无处所，空有泪潺湲。”“夕日昏阡陌，春风长涧蘩。祠官如可乞，长奉泰陵园。”何瑭《望泰陵作》：“乱峰残照玄猿哭，衰草寒烟石兽闲。载笔小臣凝望久，玉楼瑶殿倚空山。”[1]可见，虽然陵园不大，但气象万千。

（五）康陵

康陵是明代第十位皇帝武宗朱厚照的陵寝，位于长陵西南约五公里的金岭山东麓。金岭山，又称莲花山。朱厚照为孝宗长子，弘治四年（1491年）九月生，“弘治五年，立为皇太子”。弘治十八年（1505年）五月，孝宗崩，武宗即位，明年为正德元年。武宗可称得上是明代最荒淫无度的皇帝，他“耽乐嬉游，昵近群小，至自署官号，冠履之分荡然矣。犹幸用人之柄躬自操持，而秉钧诸臣补苴匡救，是以朝纲紊乱，而不底于危亡”。武宗于正德十六年（1521年）三月“丙寅（十四日），崩于豹房，年三十有一”[2]。

武宗的死，并非得病所致，而是与其游乐成性有关。正德十四年（1519年）六月，宁王朱宸濠反叛。朱宸濠是朱元璋第十七子宁王朱权之后，封国于江西南昌。本来已派副都御史王守仁前去应敌，但武宗还要亲率大军讨伐。帝师未到，王守仁擒获朱宸濠，已平定叛乱。而武宗借机游玩江南，到扬州、南京游乐整整一年。武宗尤其喜欢驾小船捕鱼。十四年“冬十一月乙巳，渔于清江浦”。十五年七月从南京出发，到镇江，幸大学士杨一清府邸，“九月己巳，渔于积水池，

[1]《日下旧闻考》卷一三七《京畿·昌平州》。

[2]《明史》卷一六《武宗本纪》。

舟覆，救免，遂不豫”。武宗驾船捕鱼，船翻落水，救上岸后过饮冷酒，便吐血，从此一病不起，命归黄泉。

这位一生荒唐的皇帝，临死了倒有几分清醒，说：“以朕意达皇太后，天下事重，与阁臣审处之。前事皆由朕误，非汝曹所能预也。”并遗诏：“罢威武团营，遣还各边军，革京城内外皇店，放豹房番僧及教坊司乐人。戊辰，颁遗诏于天下，释系囚，还四方所献妇女，停不急工役，收宣府行宫金宝还内库。”[1]鸟之将死，其鸣也哀；人之将亡，其言也善。武宗在临死时留遗诏，解散团营，让其回到各自的边营；革除京城内的皇家店铺，遣散豹房的僧人和教坊司乐人及收罗来的妇女，释放在押犯人，停建不太急迫的工程建设，归还拿到宣府去的宫廷珍宝等等，归天之前总算认识和纠正了一些错事，但清醒得太晚。

武宗去世的第二个月，即四月三十日开始营建泰陵。工部侍郎赵璜、太监邵恩、武定侯郭勋奉命提督营建工程，经四个多月的施工，到九月玄宫建成，九月二十二日，葬武宗于康陵。康陵全部工程，到嘉靖元年（1522年）六月十七日竣工，为期一年又四十余天，占地面积2.7万平方米。

据《燕都游览志》记载：“武宗皇帝陵曰康陵，在泰陵正西。田大受谒康陵记：康陵西去红门三十里，十二陵中最辟远者。陵背负五峰，形如青菡萏，旧名莲花山，灌莽阴森，望之不见土石，长松大者至数十围。”[2]《昌平山水记》：“康陵在金岭山，距泰陵西南二里。自泰陵桥下分，西南为康陵神路，山势至此折而南，故康陵东向。路有石桥五空，锥石口水径焉。又前有石桥三空，制如泰陵。榜曰‘康陵’。明楼为贼所焚。垣内外树二三百株。”[3]

与武宗合葬于康陵的是孝静皇后夏氏。夏皇后，上元人，正德元

[1] 《明史》卷一六《武宗本纪》。

[2] 《日下旧闻考》卷一三七《燕都游览志》。

[3] 《日下旧闻考》卷一三七。

年（1506年）册立为皇后。嘉靖元年（1522年）上尊称曰孝肃皇后。“十四年（1535年）正月崩，合葬康陵，祔庙。”[1]康陵与泰陵、裕陵等，在十三陵中都属中等规模的陵寝，规制相同。陵园景物也体现了皇家陵寝园林的总体特色，建筑与自然环境融为一体，相得益彰，表现了庄严肃穆、幽静安详及神秘色彩。马汝骥《望康陵》诗云：“康陵接泰陵，西极紫云层。暮倚金门柏，秋攀玉殿藤。”[2]

到明末，康陵遭到兵火破坏。崇祯十七年（1644年）李自成农民军攻入北京，捣毁明皇陵时，将康陵的明楼付之一炬。清乾隆时期修复明十三陵时，其明楼四壁和祾恩门被拆除或缩小重建。

（六）昭陵

昭陵是明代第十一位皇帝穆宗朱载垕的陵寝，位于大峪山东麓。穆宗是世宗的第三子，嘉靖十六年（1537年）正月生，十八年（1539年）二月封裕王。世宗长子庄敬太子未成人就死去，世宗次子景王封藩。嘉靖“四十五年（1566年）十二月庚子，世宗崩。壬子，即皇帝位”。以明年为隆庆元年。隆庆六年（1572年）五月二十六日“崩于乾清宫，年三十有六。七月丙戌，上尊谥，庙号穆宗，葬昭陵”[3]。

昭陵是旧物利用，原称显陵。其玄宫修建于嘉靖时期，原本是世宗为其父母献皇帝、皇后准备的。最初，世宗本想将母亲安葬于大峪山，同时将父亲遗骸从钟祥移葬至大峪山，实现父母同穴，试图将父母列入明朝正统帝王之列，淡化旁支入统的印象，所以，在大峪山营建了显陵。据《明嘉靖实录》载，嘉靖“十七年（1538年）十二月癸卯，章圣太后崩。先是上营寿陵于大峪山，将奉献皇帝改葬焉。至是谕礼部曰：‘兹事重大，不可缓。其遣重臣于大峪山营造显陵；一面南奉皇考梓宫来山合葬。’”又曰：“朕皇考献皇帝显陵，在湖广承天

[1] 《明史》卷一一四《武宗孝静皇后夏氏传》。

[2] 《日下旧闻考》卷一三七。

[3] 《明史》卷一九《明穆宗本纪》。

府。……山川浅薄，风气不蓄，堂隧狭陋，礼制未称。且越阻千里，宁免后艰。每一兴思，惕然伤怛。比三岁春秋展祀山陵，朕周览川原，于我成祖长陵之右南，得一支山曰大峪。林茂草郁，冈阜丰衍，别在诸陵之次，实为吉壤，朕心惬焉。兹欲启迎皇考梓宫迁祔于此。”尽管朝臣上疏劝阻，但世宗还是坚持己见，命武定侯郭勋、工部尚书蒋瑶等提督，并特谕：“圣母大行慈驾遐升，卿等谓事莫重于山陵。此孝子第一大事，诚不可缓。其即天寿山大峪处建造显陵。”[1]

嘉靖十七年（1538年）十二月二十四日动工，营建了大峪山显陵玄宫。后来，世宗自己觉得迁葬皇考不妥，才将母亲送到钟祥显陵与父合葬。这样，大峪山显陵成为空穴，穆宗死后，于隆庆六年（1572年）九月十九日就葬于为献皇帝准备的墓穴里,改称昭陵。昭陵的地面建筑，于六月十五日动工，经一年的施工建成。占地面积3.46万平方米，耗费150万两白银。

昭陵地面建筑形制与规模与康陵相同，但是，占地面积大三分之一。据《昌平山水记》：“昭陵在大峪山，距长陵西南四里，自七空桥北二百许步分，西为昭陵神路，长四里，路有石桥，五空，德胜口水径焉。又西有石桥，一空。陵东向。碑亭西有桥三道，皆一空，馀如康陵。榜曰‘昭陵’。明楼为贼所焚，树亡。”[2]昭陵的神路，从长陵神路的七空桥分出，长四里，中有五孔石桥一座。陵园坐西北朝东南，过牌楼，有三座单孔桥。

在昭陵合葬的有两位皇后和一位贵妃，即孝懿庄皇后李氏、孝安皇后陈氏、贵妃（孝定皇太后）李氏。孝懿皇后李氏，昌平人。穆宗作裕王时选为妃，生宪怀太子。“嘉靖三十七年（1558年）四月薨。……葬金山。穆宗即位，谥曰孝懿皇后。”神宗即位，上尊谥，“合葬昭陵，祔太庙”[3]。孝安皇后陈氏，通州人。“嘉靖三十七年（1558年）

[1] 《明世宗实录》卷二一九。

[2] 《日下旧闻考》卷一三七《京畿·昌平州》。

[3] 《明史》卷一一四《穆宗孝懿李皇后传》。

九月选为裕王继妃。隆庆元年（1567年）册为皇后。后无子多病，居别宫。神宗即位，上尊号曰仁圣皇太后，六年（1578年）加上贞懿，十年（1582年）加康静”。神宗虽然不是她所生，但非常尊重陈皇后，每天早晨到生母处请安后，必到陈皇后处请安。神宗“即嗣位，孝事两宫无间”。陈皇后于万历二十四年（1596年）七月薨，合葬昭陵。[1]贵妃即孝定皇太后李氏，漷县人，是为神宗生母。“隆庆元年（1567年）三月奉贵妃。生神宗，即位，上尊号曰慈圣皇太后。”万历“四十二年（1614年）二月崩……合葬昭陵，别祀崇先殿”[2]。万历生母李氏，为先皇贵妃而非皇后，故按礼不能祔太庙。

昭陵占地面积较大，布局更疏朗、大气，尤其山川灵秀，风景优美，尽显皇家陵寝园林气色。正如黎邦琰《昭陵》诗云：“松楸郁郁锁崔巍，寂寞春山帐殿开。鸾辂恍从霄汉下，龙宫深注夜涛回。虚疑银海群鸟浴，无复瑶池八骏来。六载垂衣歌圣泽，攀髯何限鼎湖哀。”[3]昭陵于明末被李自成农民军破坏，明楼焚毁，陵园树木被烧。

（七）庆陵

庆陵是明代第十四位皇帝光宗朱常洛的陵寝，位于天寿山西峰右边的黄山岭南麓。光宗是神宗的长子，万历十年（1582年）八月生，不久宠妃郑贵妃也生皇三子朱常洵。由于郑贵妃欲立己子为太子，于是“储位久不定，廷臣交章固请，皆不听”。朱常洛作为皇长子，理应立为太子。所以，群臣“争国本”，但神宗一直拖延，最后神宗生母孝定李太后出面干预，神宗才不得已，到万历“二十九年（1601年）十月，乃立为皇太子”。万历四十八年（1620年）七月，神宗崩。八月一日光宗即位，以明年为泰昌元年。九月“崩于乾清宫，在位一月，年三十有九……庙号光宗，葬庆陵”。

[1]《明史》卷一一四《穆宗孝安陈皇后传》。

[2]《明史》卷一一四《孝定李太后传》。

[3]《日下旧闻考》卷一三七《京畿·昌平州》。

光宗不仅生命短暂，在位时间更短，而且命运坎坷，身后留下许多“迷案”。立为太子，一波三折。立为太子后，于万历四十三年（1615年）五月四日傍晚，一男子持棍闯入太子官邸慈庆宫，一直打到前殿檐下，企图谋害太子，史称“梃击案”。此案，因神宗干预，不了了之。光宗即位不久，内医崔文升进药，光宗便腹泻不止；九月甲戌，大渐，“是日，鸿胪寺官李可灼进红丸”[1]。当天夜间，光宗便去世，史称“红丸案”。

由于光宗刚刚即位，死得又突然，况且神宗还未入葬，其陵寝还在营建中，所以紧急卜选陵址，为光宗营建陵寝。这样，出现了两位皇帝相隔一个月先后去世，同时营建两座陵寝的局面，对明朝廷产生了强烈的政治冲击，而且建陵之事，措手不及，增加忙乱。据《明光宗实录》卷二记载，泰昌元年（万历四十八年，1620年）十月十日，熹宗派大学士刘一燝和礼部尚书孙如游到天寿山卜选陵址。经反复察看，上奏熹宗：“皇山二岭最吉，癸山丁向，至贵至尊，所有潭峪、祥子岭都不能及。”同时进了地形图。熹宗很满意，下令择日营建。

庆陵陵址，实际上是景帝为自己准备的陵寝原址，曰景泰洼，并已安葬了皇后杭氏。英宗复辟，将景泰帝废为郕王，并拆毁其陵寝，夷为平地。据《日下旧闻考》：“景皇帝临御日，自建寿陵，寻毁之。”“光宗贞皇帝陵曰庆陵，在裕陵西南，俗传为景泰洼是也。先是，景泰中建为寿宫，英宗复辟，景皇帝遂葬西山之麓，陵址遂虚。光宗上宾既速，仓促不能择地，乃用此为陵。”[2]庆陵就是在景泰陵废墟上重建的。

庆陵从天启元年（1621年）正月开始动工，经半年，于七月建成玄宫，九月四日葬光宗，死后等了整整一年才安葬。之所以时间较长，是因为建玄宫并不顺利，在开穴中发现山石。所以，朝臣中引起挪不挪穴位的争论。经过风水术的鉴定，才继续开挖，因而拖延了工期。

[1] 《明史》卷二一《明光宗本纪》。

[2] 《日下旧闻考》卷一三七《昌平州》。

陵寝的全部工程，到天启六年（1626年）六月才竣工，为期六年半。

与光宗合葬的有三位后妃，即孝元皇后郭氏、熹宗生母王氏和崇祯帝生母刘氏。王氏和刘氏，在生前都不是光宗的皇后。郭皇后，顺天人，“于万历二十九年（1601年）册为皇太子妃。四十一年（1613年）十一月薨，谥恭靖”。熹宗即位，上尊谥孝元贞皇后，“迁葬庆陵，祔庙”[1]。熹宗生母王太后，顺天人。“万历三十二年（1604年）进才人。四十七年（1619年）三月薨。”熹宗即位，上尊谥曰孝和皇太后，“迁葬庆陵，祀奉先殿”[2]。“孝纯刘太后，壮烈帝生母也，海州人，后籍宛平。初入宫为淑女。万历三十八年（1610年）十二月生壮烈帝。已，失光宗意，被谴，薨。”光宗曾后悔对刘氏的处置，但又怕神宗知道，“戒掖庭勿言，葬于西山”。崇祯即位后，上尊谥曰孝纯皇太后，“迁葬庆陵”[3]。

庆陵建筑的空间布局，据《昌平山水记》：“庆陵在天寿山西峰之右，距献陵西北一里，自裕陵神路小石桥下分，东北为庆陵神路，长二十馀步。有桥一道，一空，制如献陵，平刻龙凤，殿柱饰以金莲。殿无后门，殿后缭以垣门一道，门北有桥三道，皆一空。其水自殿西下，殿门西又有一小桥为行者所由。殿北过桥有土冈，自东而来，至神路而止。冈后周垣门三道，如献陵。宝城东西直上，至中复为甬道而入。榜曰‘庆陵’。殿门前及垣内树五百株。”[4]庆陵坐北朝南，略偏西，占地面积2.76万平方米。

庆陵的建筑规制与规模，原定按照昭陵建。在营建中，礼部左侍郎周道登察看工程，认为庆陵的地形地貌与献陵更相似。于是，他在天启元年（1621年）提出参照献陵的建议：“昭陵旧制，祾恩殿正当龙砂之上，形家不可损伤，有谓献陵享殿亦在龙砂之外。今营建规制

[1] 《明史》卷一一四《光宗孝元皇后郭氏传》。

[2] 《明史》卷一一四《熹宗孝和王太后传》。

[3] 《明史》卷一一四《壮烈帝孝纯刘太后传》。

[4] 《日下旧闻考》卷一三七《昌平山水记》。

原仿昭陵，而斟酌地势，兼参献陵。”[1]所以，庆陵与献陵规制相仿。地面建筑分成两大部分，即祾恩殿建筑群与明楼、宝城不相连，中间有小山隔开。

庆陵的这种格局为另一类陵寝园林风格。两组建筑，互为衬托，彼此照应，依地势地貌而为，更显自然流畅，又富于变化。中有小山相隔，前引后依，山水相间，布局灵巧，为庆陵带来独特风光。朱国祚《恭谒庆陵》诗云：“枚卜缠宣三殿麻，深宫遽晏五云车。翠微色映长陵树，金粟堆开景帝洼。北去重关遮鸟道，西来一水抱龙砂。白浮村下园官近，未夏雕盘已荐瓜。”[2]陵园内数百株松柏，郁郁葱葱，山环水绕，柳暗花明。

（八）德陵

德陵是明代第十五位皇帝熹宗朱由校的陵寝，位于天寿山潭峪岭西麓。朱由校为光宗长子，万历三十三年（1605年）十一月生。“光宗崩，遗诏皇长子嗣皇帝位。”万历四十八年（泰昌元年，1620年）九月六日即位，明年为天启元年。天启七年（1627年）八月崩，年二十三，“冬十月庚子，上尊谥，庙号熹宗，葬德陵”[3]。

熹宗是明代胸无大志、目无江山的最无能皇帝。他既没有扶大厦于将倾的雄心壮志，也没有治国安邦的大才伟略。到天启时期，明朝内忧外患加剧，农民纷纷起义，女真族东北崛起，大明江山进入风雨飘摇期。但他“性至巧，多艺能，尤喜营造”，注意力不在治国理政上，而迷于技巧，玩物丧志，天柄委于魏忠贤之类奸佞，搞得政治黑暗，国势残弱，亡国征兆显露无遗。

熹宗的陵寝，是他死后即天启七年（1627年）九月开始修建的。第二年即崇祯元年（1628年）三月八日，德陵玄宫建成，并入葬熹

[1] 《日下旧闻考》卷一三七《明熹宗实录》。
[2] 《日下旧闻考》卷一三七《介石斋集》。
[3] 《明史》卷二二《熹宗本纪》。

宗。到崇祯五年（1632年）二月，德陵的全部工程竣工，历时四年半，占地面积3.1万平方米。《燕都游览志》:“熹宗哲皇帝陵曰德陵，在永陵之东北，即永陵之虎砂也。陵西向，与昭、定二陵相对，旁有窦禹锡手植槐。”“德陵在潭子峪，距永陵东北一里，自永陵碑亭前分，北为德陵神路，陵西南向。碑亭前有桥三道，皆一空，制如景陵。平刻龙凤，殿柱饰以金莲，殿无后门。榜曰‘德陵’。殿楼门亭俱黄瓦。”[1]德陵的总体布局和规制，仿照景陵；但一些建筑物倒是仿照庆陵的，如牌楼前的三座门阖、宝城内的琉璃照壁等。

德陵是明朝在天寿山营建的最后一座皇陵。崇祯九年（1636年）清兵攻进天寿山，焚毁了德陵。清兵撤后，明朝又复建德陵。清乾隆五十至五十二年（1785－1787年）修缮明十三陵时，改变了德陵部分建筑的原有形制。

在德陵合葬的有熹宗皇后张氏，祥符人。“天启元年（1621年）四月册为皇后。性严正，数与帝前言客氏、魏忠贤过失。”客、魏痛恨张皇后，得知皇后有身孕后，派人“竟损元子”，因而熹宗无嗣。“及熹宗大渐，折忠贤逆谋、传位信王者，后力也。”崇祯即位后，上尊号为懿安皇后。崇祯“十七年（1644年）三月，李自成陷都城，后自缢。顺治元年（1644年），世祖章皇帝命合葬熹宗陵”[2]。张皇后的入葬德陵，还是清朝顺治皇帝安排的。

德陵的营建，遇到的最大困难是费用短缺。工部上奏:“各陵，长陵、永陵、定陵为壮丽，而皆费至八百馀万。今议照庆陵规制，可省钱粮数百万。查庆陵曾发内帑百万，谨援例以请。”但新即位的崇祯帝也无奈，最后按照工部建议，一方面继续开纳事例银，又加各运司盐课银；还按建三大殿的先例，要朝廷大小官员捐资；同时，向各州县加派等措施，勉强凑齐营建德陵的经费。

虽然，营建德陵经费紧缺，但皇家陵寝园林的规格、规模都未

[1]《日下旧闻考》卷一三七《昌平山水记》。

[2]《明史》卷一一四《熹宗懿安皇后张氏传》。

减。三道单孔桥，牌楼、三道陵门、五孔桥、祾恩殿、各类配殿、碑亭、明楼等等地面建筑，应有尽有。而且，红墙黄瓦，殿宇轩昂，金碧辉煌；雕梁画栋，龙盘凤舞。德陵风光，青山环抱，绿水长流，松柏苍茂，碧草如茵。皇家陵寝建筑的庄严巍峨与自然环境的秀美和谐统一，形成了静谧、神秘、幽寂的奇特氛围。吴惟英《长陵道中望德陵》诗云："一望长陵路线盘，葱青秀色马头看。烟岚掩映依元隧，松桧逶迤拥翠峦。梧野乍含秋气肃，鼎湖遥带夕阳寒。神孙咫尺龙升处，惆怅临风泪不干。"[1]

（九）思陵

思陵是明朝亡国之君崇祯皇帝朱由检的陵寝，位于天寿山西南隅的鹿马山南麓。此地又名锦屏山、锦壁山。这个墓，原本是崇祯帝田贵妃的陵墓。据《国榷》记载："崇祯十五年（1642年）七月癸未，皇贵妃田氏薨，辍朝三日。十七年（1644年）正月壬子，葬皇贵妃田氏。"[2]崇祯死后，也葬入此墓。

崇祯帝朱由检，光宗第五子，万历三十八年（1610年）十二月生。天启二年（1622年）封信王，天启七年（1627年）八月，其皇兄熹宗死后继皇帝位，改明年为崇祯元年。崇祯帝在位的十七年，是明王朝风雨飘摇、江山欲倾的艰难岁月。《明史·庄烈帝本纪》说："帝承神、熹之后，慨然有为。即位之初，沈机独断，刈除奸逆，天下想望治平。惜乎大势已倾，积习难挽。在廷则门户纠纷，疆埸则将骄兵惰。兵荒四告，流寇蔓延。遂至溃烂而莫可救，可谓不幸也已。然在位十有七年，不迩声色，忧勤惕励，殚心治理。"但大厦将倾，回天无力。

崇祯十七年（1644年）三月十九日李自成领导的农民军攻入皇宫，"帝崩于万岁山，王承恩从死"。崇祯皇帝仓皇逃到皇宫北面的万

[1] 《日下旧闻考》卷一三七《墨响斋集》。
[2] 《日下旧闻考》卷一三七。

岁山（今景山），上吊自尽；身边只剩近侍太监王承恩，随崇祯殉亡。崇祯皇帝临死前“御书衣襟曰：‘朕凉德藐躬，上干天咎，然皆诸臣误朕。朕死无面目见祖宗，自去冠冕，以发覆面。任贼分裂，勿伤百姓一人。’”崇祯帝周皇后在前一天晚上也死去。李自成于二十日发现崇祯在万岁山自缢身亡，于是为崇祯帝及周皇后身着皇帝、皇后衣冠，将遗体在东华门外停放数日后才“迁帝、后梓宫于昌平。昌平人启田贵妃墓以葬”[1]。

关于昌平人入葬崇祯于田贵妃墓之事，顺天府昌平州署吏赵一桂在《肃松录》中有具体记载：崇祯十七年（1644年）三月二十五日，李自成大顺政权顺天府官李纸票责令昌平州官吏，“动官银雇夫，速开田妃圹，安葬崇祯先帝及周皇后梓宫。四月初三日发引，初四日下葬，勿违时刻”。当时，礼部主事、监葬官许作梅因葬期紧迫，而又州库如洗深感发愁。所以，赵一桂只好动员好义之士十人捐资三百四十千，雇人完成安葬之事。他们启开田贵妃墓室，“将田妃移于石床之右，次将周后安于石床之左，后请崇祯先帝之棺居于中。……见故主有棺无椁，遂将田妃之椁移而用之……当时掩土地平，尚未立冢。至初六日，率捐葬乡耆等祭奠”。又“差人传附近西山口地方，拨夫百名，各备掀掘筐担，舁土筑完”。赵一桂和生员孙繁祉“捐资五两，买砖修筑周围冢墙，高五尺有奇”。清朝入关后，“特遣工部复将崇祯先帝陵寝修建享殿三间，群墙一周”[2]。

崇祯帝生前还未来得及建陵寝。据《罪惟录》记载：“崇祯初年，遍求天寿无吉壤。至十三年（1640年）始召刘诚意孔昭（诚意伯刘孔昭）及张真人甲（张甲），协视地，得蓟州凤台山（清代称丰台岭或昌瑞山，即今河北遵化清东陵所在地）。云地善而难得治陵起工之吉，吉在甲申（崇祯十七年）以后，不及事。”所以，帝后合葬于田贵妃陵。

田贵妃，祖籍陕西，后迁至扬州。“妃生而纤妍，性寡言，多才

[1] 《明史》卷二四《庄烈帝本纪》。

[2] 《日下旧闻考》卷一三七《肃松录》。

艺，侍庄烈帝于信邸。崇祯元年（1628年）封礼妃，进皇贵妃。”田贵妃在崇祯皇帝还在当信王时，就进了王府，知书达理，对崇祯帝关照体贴，心细入微，得到皇帝的称心。但因“尝有过，谪别宫省愆。所生皇五子，薨于别宫，妃遂病。十五年（1642年）七月薨。谥恭淑端惠静怀皇贵妃，葬昌平天寿山，即思陵也”[1]。田氏死后第三年，即崇祯十七年（1644年）正月二十三日，才将其入葬天寿山陵区鹿马山南麓的墓内。当时，陵墓只有地下玄宫，地面建筑还未建起。

据《昌平山水记》：“鹿马山有田贵妃墓，南距西山口一里。崇祯壬午（十五年，1642年），妃薨葬此。遣工部左侍郎陈必谦等营建，未毕而都城失守。贼以帝后梓宫至昌平州，士民率钱募夫葬之田妃墓内，移田妃于右，帝居中，后居左。以田妃之椁为帝椁，斩蓬藋而封之。门外右为司礼太监王承恩墓，以从死祔焉。”[2]可见，思陵始建于崇祯十五年七月田贵妃死后。经一年多的营建，建成了玄宫，但还未来得及建地面建筑，明王朝就灭亡了。崇祯自缢景山后，李自成农民军为崇祯及皇后收尸，入葬思陵。当年五月，清兵攻入北京，“以帝礼改葬，令臣民为服丧三日，谥曰庄烈愍皇帝，陵曰思陵”[3]。崇祯皇帝的庄烈帝谥号及思陵名称，均由清王朝所赋。

思陵的规模与布局，据《肃松录》记载：

> 思陵碑亭南北四丈八尺，东西如之。宫门三，距亭十一步，阶三，唯中门有栋宇，广二丈四尺，修三丈。飨殿距门十三步，阶三，无台。殿三楹，广七丈二尺，修四丈二尺。内香案一，青琉璃五器全设。一神牌高三尺五寸，石青地雕龙边，以金泥之，题曰明钦天守道敏毅敦俭宏文襄武体仁致孝庄烈愍皇帝。中楹为暖阁，长槅六扇，中供木主三，中则

---

[1] 《明史》卷一一四《庄烈帝恭淑贵妃田氏传》。

[2] 《日下旧闻考》卷一三七。

[3] 《明史》卷二四《庄烈帝本纪》。

庄烈愍皇帝，左则周后，右则田妃，外俱用椟冒之……配殿三楹俱黑瓦，殿前大杏树一株，陵寝门三，距殿址四步，穴墙为门，中广二丈四尺，修一丈二尺，旁则户矣。明楼距门十一步，不起楼，阶四，中开一门，左右夹窗二。碑石广一丈六尺，修六尺，雕龙方座高丈许，题曰庄烈愍皇帝之陵。石几距楼十步，长五尺，博二尺。几前石器五，俱高八尺，方式雕龙，中一方鼎，与诸陵异，皆列在地。宝城距几甚近，无城，周回用墙高六尺，中以石灰起冢，高四尺，缭以短墙，左松八株，右松七株。[1]

思陵的这些地面建筑，是顺治十六年（1659年），清朝为笼络汉地人心，募集资金所修，但“一切明楼、享殿之制未大备”。明楼与明朝其他皇帝陵寝，不可同日而语，既简陋，又狭小。思陵占地面积只有0.65万平方米，是十三陵中规模最小的。在布局上，是一狭窄长方形，二进院落。第一进为享殿及左右配殿；第二进则是明楼及坟冢。清乾隆时期曾两次修缮思陵。乾隆十一年（1746年）修葺时，因配殿久已倾圮，没有重修。五十至五十二年（1785－1787年）大规模修缮十三陵时，对享殿和明楼扩建与重建，但享殿没有台基，明楼无石阶，宝城无城，皇陵失去了皇家气派，只是一种道义象征。

第三节　西山景帝陵

景帝即景泰帝是明代第七位皇帝朱祁钰，宣宗次子。生于宣德三年（1428年）八月。其母为贤妃吴氏。朱祁钰与英宗是异母兄弟，英宗即位，他封郕王，封藩京师。正统十四年（1449年）八月，英宗被蒙古瓦剌部也先俘去，“皇太后命（郕）王监国”。“九月癸未（六

[1]　《日下旧闻考》卷一三七《肃松录》。

日），王即皇帝位，遥尊皇帝为太上皇帝，以明年为景泰元年。”景帝重用于谦、石亨等人，保卫京师，击退瓦剌部的进犯，稳定了大局，度过了明朝又一次重大危机。景泰七年（1456年）底，景帝重病，卧床不起。景泰八年春正月，英宗趁机复辟，“二月乙未（一日）废帝为郕王，迁西内，皇太后吴氏以下悉仍旧号。癸丑（十九日），王薨于西宫，年三十。谥曰戾。毁所营寿陵，以亲王礼葬西山”[1]。

吴氏为景帝生母，正统十四年（1449年）十二月，景帝“尊母贤妃为皇太后”。景帝废后，其母皇太后吴氏，也仍复原号贤妃。《双槐岁抄》对此记载略细：“天顺元年（1457年）二月乙未朔，废景泰帝仍为郕王，归西内，皇太后制谕也。戊戌，命郕王所立皇太后吴氏仍号宣庙贤妃，皇后汪氏复为郕王妃，怀献太子（朱）见济为怀献世子，肃孝皇后杭氏及贵妃唐氏，俱革其名号。癸丑，郕王薨，祭礼如亲王，谥曰戾。唐氏等妃嫔俱赐红帛自尽以殉葬。”[2]简言之，一切恢复到英宗北狩之前。

英宗所毁的景帝寿陵，在天寿山景泰洼。景帝于景泰七年（1456年）营建。《华泉集》记载：“景皇帝临御日，自建寿陵，寻毁之。”后来，在其废墟上建造了光宗的庆陵。据《芹城小志》：“先是，景泰中建为寿陵宫，英宗复辟，景皇帝遂葬西山之麓，陵基遂虚。光宗上宾既速，仓卒不能择地，乃用此为陵。”[3]天寿山是皇帝陵区，朱祁钰临死前既然废为郕王，当然没有资格入葬天寿山帝陵了。所以，边贡《过寿陵故址》诗云：“玉体今何在？遗墟夕霭凝。宝衣销野燐，碧瓦蔓沟藤。成戾当年谥，恭仁葬后称。千秋同一毁，不独汉唐陵。”[4]这是赋吊景帝身前死后境遇的历史。“成戾当年谥”，说的是景帝死后，英宗为他上的谥号“戾”，有贬义；“恭仁葬后称”，指的是宪宗为景帝

[1] 《明史》卷一一《景帝本纪》。

[2] 《日下旧闻考》卷一〇〇。

[3] 《日下旧闻考》卷一三七。

[4] 《日下旧闻考》卷一三七《华泉集》

恢复帝号，上谥号曰“恭仁康定景皇帝”。天顺元年（1457年），在京西金山口诸王、妃嫔及公主墓地，临时营建陵寝，以亲王礼葬朱祁钰。

到成化十一年（1475年）十二月，宪宗谕旨：“朕叔郕王践祚，戡难保邦，尊安宗社，殆将八载。弥留之际，奸臣贪功，妄兴谗构，请削帝号。先帝旋知其枉，每用悔恨，以次抵诸奸于法，不幸上宾，未及举正。”[1]宪宗的这些话是否符合事实，是否英宗本意，难以考证。他把英宗废景帝的责任全部推给所谓“奸臣贪功生事，妄兴谗构”上，但是他要为郕王复名正位，予以皇帝待遇是真的。据《明宪宗实录》：宪宗于“成化十一年（1475年）十二月戊子，命复郕王帝号”。理由说了一大堆，概括起来三条：一则正面肯定了景帝受命于危难之时，“比当多难之秋，俯徇群臣之请，临朝践祚，奋武扬兵。却寇势于方张，致銮舆之遄复。尊安宗社，辑宁邦家”，云云。再则景帝“及寝疾临薨之际，奸臣贪功生事，妄兴谗构，请去帝号。先帝寻知诬枉，深怀悔恨，以次抵奸于法。不幸上宾，未及举正”。也就是说，先帝英宗上了奸臣的当，后来知道冤枉了景帝，想纠正却来不及了。所以，恢复景帝帝号，是先帝本意。看来有所牵强。三则“间以帝号之复，请于圣母”，诸圣母皇太后也以为“宜即举行”。所以，宪宗要“伏承慈旨”，“用成先志”，“上尊谥曰恭仁康定景皇帝”[2]。并敕有司缮陵寝，祭飨视诸陵。因此，朱祁钰的陵寝也称景帝陵。

当然，这些理由，有的的确是言不由衷的，英宗真想要“举正诬枉”，有的是时间，不存在来不及的问题。这显然是为英宗开脱，更为顺应世人舆论。“景皇陵在金山口，距西山不十里。陵前坎陷，树多白杨及椿，皆合三四人抱，高可二十丈。凡诸王公主夭殇者，并葬金山口，其地与景皇属。”[3]具体地点在今颐和园与香山之间的称为“娘娘府”的地方。成化十一年（1475年）以帝陵规格与规制，改扩

---

[1] 《明史》卷一一《景帝本纪》。

[2] 《日下旧闻考》卷一〇〇。

[3] 《长安客话》卷四《郊坰杂记》。

建景帝陵，增建了神道、碑亭、祾恩殿、神库、神厨、宰牲亭、内官房等等。嘉靖十五年（1536年）三月癸未，世宗“谒恭让章皇后、景帝陵。是日还”[1]。世宗谒景帝陵后，下令修缮景帝陵。“上谕尚书夏言，景帝陵碑偏置门左，非，宜建亭于陵门之外、大门之内，庶称尊崇。于是（夏）言请作亭盖覆。报可。”[2]当时，对景帝陵的碑亭进行了改建，将绿瓦改为皇帝所用黄瓦。《帝京景物略》记载：“未入金山，有甃垣方门中，绿树幽晻，望暖暖然，新黄甓者，景帝寝庙也。世宗谒陵毕，过此，特谒景帝，易黄甓焉。”[3]

尽管宪宗为景帝恢复帝号，按帝陵规制与规格修葺景帝陵，但还有诸多不到位的，如面积狭小，比不上十三陵的任何一陵。据《帝鉴图说》记载，主体建筑祾恩殿（享殿），十三陵的均为五楹，而景帝陵的只是三楹，严格说来不够皇帝陵寝规格，未能享有“九五之尊”。在规制上，地面建筑不齐全。虽有享殿、神厨、神库、牺牲亭、祠祭署、内官房、碑亭等建筑，还“缭以环堵，植以松柏，守以寺人，祀以四时”，但“未砌宝城，未建明楼，又偏侧地势，规制狭小，气脉不佳”。

作为皇家陵寝园林，从自然环境而言，金山口也可谓风景优美、藏风聚气的宝地。《帝鉴图说》云：“金山盖西山之麓一小山也。太行山势逶迤北走，叠嶂层峰，忽起忽伏，绵延千数百里也。其直京城之西者，谓之西山，绕名也。金山地势发自西山，四峰并峙，而簇拥于培塿，高可四五仞。”但作为帝陵，金山“势斜而斗，土色枯燥，草木颓萎，融结之所，方广不足五十步，局促实甚。庶人之葛沟已耳，非可为山陵”。也就是说，论风水，作普通人的墓地还可以；但作为皇帝陵寝，还逊一筹。这是从所谓风水理论而言的。此地虽有不足，也非平民百姓所能占有的，而是皇族龙种、妃嫔贵人的天堂地

[1] 《明史》卷一七《世宗本纪》。

[2] 《日下旧闻考》卷一〇〇《嘉靖祀典》。

[3] 《帝京景物略卷》卷五《西城外·黑龙潭》。

府。作为皇家陵寝园林，其自然风光、陵寝建筑、空间布局、陵园景物等等，足可称道。陵园古树参天，环境幽雅静宓。在明代万历时，已是“树多白杨及椿，皆合三四人入抱，高可二十丈”。明代李梦阳到景帝陵，赋诗吊古：“北极朝廷终不改，崩年亦在永安宫。云车一去无消息，古木回岩凄阁风。”[1]

景帝陵规模及规制，虽然略逊其他皇陵，但布局紧凑，建筑仍然是雕栋画梁，金碧辉煌，本身也堪称华丽景观。加之外部环境的秀丽和陵园植物的茂密葱茏，也不失为皇家陵寝园林的风貌。

第四节　钟祥明显陵

显陵位于今湖北省钟祥市东北15公里的松林山南麓，为明世宗朱厚熜的父亲兴献王朱祐杬陵寝。嘉靖十年（1531年）二月，世宗“亲制显陵碑，封松林山为纯德山，从祀方泽，次五镇，改安陆州为承天府”。从而钟祥成为与北京的顺天府、南京的应天府齐名的中央直属的三大府之一。

朱祐杬为“宪宗第四子。母邵贵妃”。生于成化十二年（1476年）七月，“成化二十三年（1487年）封兴王。弘治四年（1491年）建邸德安，已，改安陆”[2]。“弘治七年（1494年）甲寅，兴献王之国安陆州。”[3]即九月就藩，到安陆州（今湖北钟祥市）。朱祐杬“嗜诗书，绝珍玩，不蓄女乐，非公宴不设牲醴”。正德十四年（1519年）六月薨，谥曰献，故称兴献王。

武宗死后，兴献王之子朱厚熜继堂兄即皇位，为世宗，改元嘉靖。世宗即位后立即面临一个重大的礼制问题，就是以什么身份继统，作为皇太子身份，还是世子身份。世宗未被立为太子，当然不承

[1] 《长安客话》卷四《郊垧杂记・景皇陵》。
[2] 《明史》卷一一五《睿宗兴献皇帝传》。
[3] 《明史纪事本末》卷五〇《大礼议》。

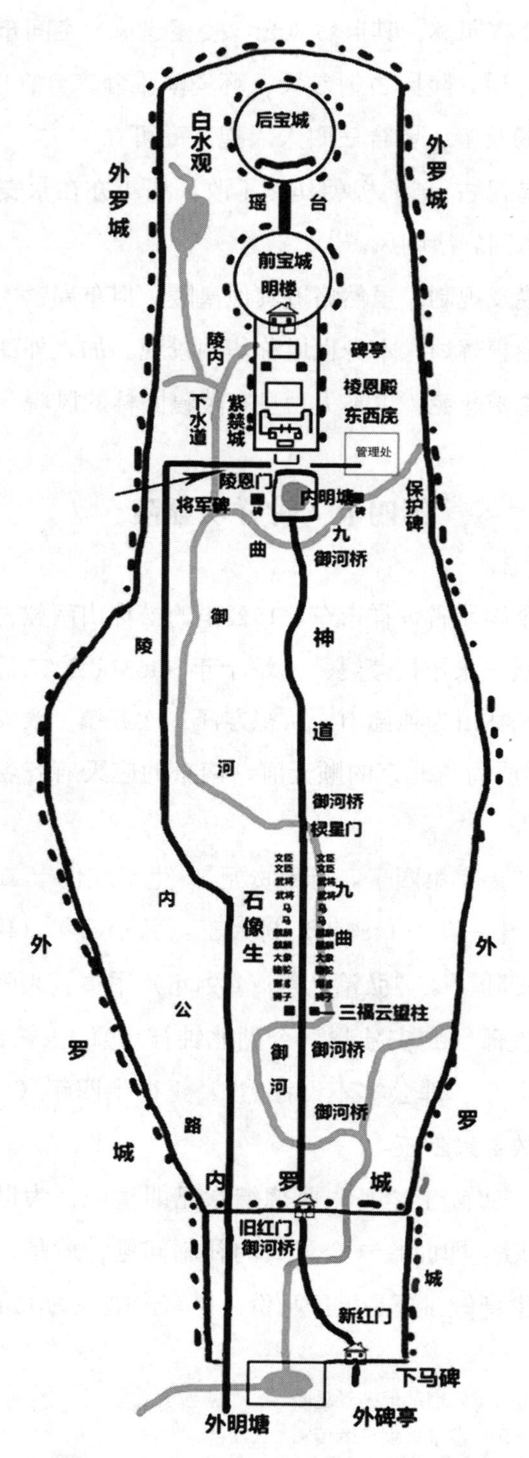

图 6-5　明显陵总平面图（故宫博物院提供）

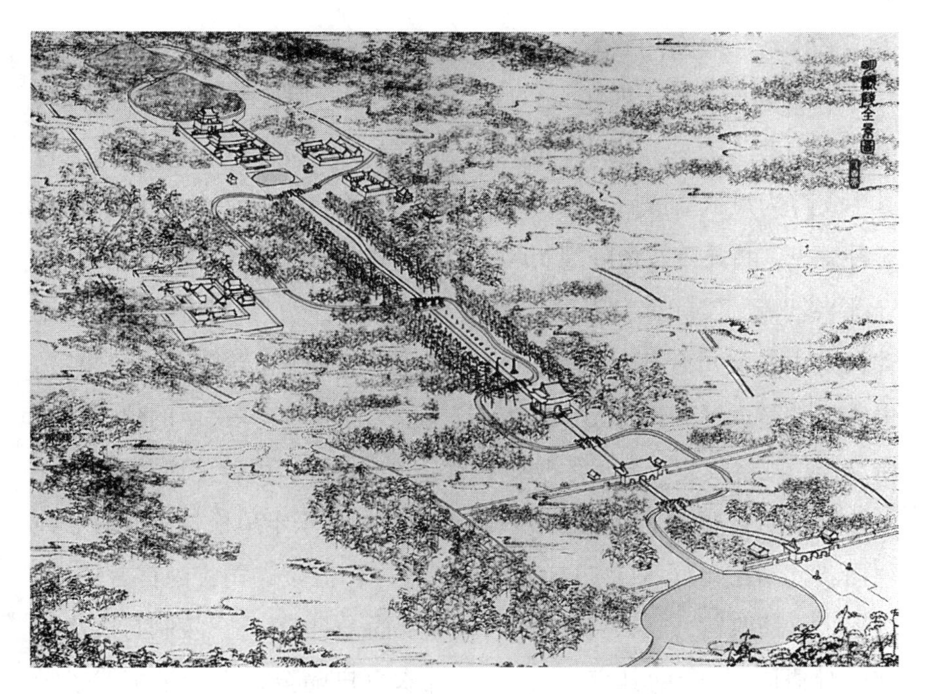

图 6-6　明显陵全景图（钟祥市明显陵管理处提供）

认这个身份；而且，认同太子身份，就意味着将伯父孝宗皇帝当成皇考，即生父，而把自己的生父兴献王只能当作皇叔考。其背后的核心问题是世宗皇帝身份是否正统。要解决这个问题的关键，就是如何认定兴献王的地位。围绕这个礼仪问题，嘉靖初在朝廷中展开了激烈的、旷日持久的“大礼之争”。争论的结果，当然是皇权获胜。嘉靖元年（1522年）“冬十月己卯朔，追尊父兴献王为兴献帝，祖母宪宗贵妃邵氏为皇太后，母妃为兴献后”。嘉靖三年（1524年）夏四月庚戌，“上兴国太后尊号曰本生圣母章圣皇太后。癸丑，追尊兴献帝为本生皇考恭穆献皇帝”。“九月丙寅，定称孝宗为皇伯考，昭圣皇太后为皇伯母，献皇帝为皇考，章圣皇太后为圣母。”嘉靖十七年（1538年）九月，“上太宗庙号成祖，献皇帝庙号睿宗”[1]。世宗最终还是取

[1] 《明史》卷七《世宗本纪》。

得了“正宗”地位，于是，就为生父兴献王以皇帝身份修建陵寝。

兴献王于正德十四年（1519年）六月病逝后，葬于显陵。所以，显陵原为藩王陵墓，建成于正德十五年（1520年）春。世宗即位，将其生父尊为兴献皇帝后，在为父修陵上，又有一番长达十余年的争论。一种意见，将显陵按帝陵规制改建；另一种意见，在天寿山另建帝陵，迁葬兴献帝。实际上有三种选择，一是改建显陵，父母合葬；二是迁葬天寿山，父母合葬；三是父母异葬，重修显陵和新建大裕岭寝宫。世宗最初赞成迁葬天寿山，进入帝陵区，后听了一些大臣的建议，有所动摇。几经反复，最后才改变主意，放弃迁葬，而改建原陵园。

据《明会要》:“献皇帝陵在承天府钟祥县东十里松林山。后号纯德山。嘉靖三年（1524年），葺陵庙，荐号曰显陵。司香内官言：‘陵制狭小，请改营，视天寿山诸陵。’工部尚书赵璜言：‘陵制与山水相称，难概同。’帝纳其言。”九月，锦衣百户隨全、光禄录事钱子勳“请改葬天寿山。事下工部，（赵）璜以为：‘改葬不可者三：皇考体魄所安，不可轻犯，一也；山川灵秀所萃，不可轻泄，二也；国家根本所在，不可轻动，三也。昔太祖不迁皇陵，太宗不迁孝陵。愿以为法，不敢轻议。’十月，礼部尚书席书会廷臣集议，上言：‘显陵先帝体魄所藏，不可轻动。昔高皇帝不迁祖陵，文皇帝不迁孝陵。（遒）全等谄谀小人，妄论山陵，宜下法司按问。’”但这个建议不合世宗的预期，心里有所不甘，说：“先帝陵寝在远，朕朝夕思念，其再详议以闻。”礼部尚书席书又一次“复集众议，极言不可”[1]。所以，迁陵之争，到此告一阶段。

然而，世宗迁葬兴献帝的初衷并未改变，其母后死后，又燃此念。嘉靖“十七年（1538年）十二月癸卯，章圣太后崩。先是上营寿陵于大峪山，将奉献皇帝改葬焉。至是谕礼部曰：‘兹事重大，不可缓。其遣重臣于大峪山营造显陵；一面南奉皇考梓宫来山合葬’”[2]。

---

[1] 《明会要》卷一七《礼十二》。

[2] 《明会要》卷一七《礼十二》。

世宗“谕礼、工二部将改葬献皇帝于大峪山，以驸马都尉京山侯崔元为奉迎行礼使，兵部尚书张瓒为礼仪护行使，指挥赵俊为吉凶仪仗官，翊国公郭勋知圣母山陵事”[1]。可见，一切都安排妥当了，世宗还亲幸大峪山相视山陵工程。但还是有不少人不赞成迁葬。当时，直隶巡按御史陈让上言合葬之举：“臣闻葬者藏也，欲令不得见也。今出皇考体魄于所藏之地，窃非所宜。……疏入，上责其阻挠成命，黜为民。”然而，世宗自大峪山还宫后，经过一夜的思想斗争，改变了主意。“谕辅臣曰：‘迁陵一事，朕中夜思之。皇考奉藏体魄将二十年，一旦启露于风尘之下，撼摇于道路之远，朕心不安，圣母尤大不宁也。今欲以礼之正，莫如奉慈宫南诣，合葬穴中。令礼臣再议以闻。’”[2]

当时的礼部尚书严嵩等人认为：“灵驾北来，慈宫南诣，共一举耳。大峪可朝发夕至，显陵远在承天，恐陛下春秋念之。臣谓如初议便。”严嵩揣度世宗本意，建议还是迁葬天寿山。所以，世宗决定先去勘察显陵地宫，可否移动其父遗骨，“令赵俊往，且启视幽宫”。第二年，即嘉靖十八年（1539年）正月，锦衣卫指挥赵俊从钟祥回京，“谓献陵不吉”，即奏报地宫进水。于是，一些朝臣又提出显陵北迁，争论再次激化。所以，世宗要南巡，亲自前往看个究竟。虽然朝臣纷纷疏谏，但世宗不听，说：“朕岂空行哉，为吾母耳。”三月十三日世宗谒显陵，登上陵后的纯德山，“立表于皇考陵寝之北，周阅久之，命改营焉”。世宗亲临显陵详察后，下决心不迁陵，而要改建显陵。于是下诏增筑显陵外围墙垣，确定新玄宫制式。他还敕工部侍郎兼都察院副都御史顾璘同内官监太监袁享督理营建事务，并对顾璘说：“朕皇考睿宗献皇帝显陵之建有年，自朕入承祖统，嗣守天位，瞻望亲园，每兴感怆。比因慈驭升遐，朕心惶惶，故南北之议久焉未决。今朕躬视纯德山，仰睹皇考神寝之制置已详，严体之尊安已定，兹当

[1]《明史》卷一七《世宗本纪》。

[2]《明会要》卷一七《礼十二·世宗实录》。

图 6-7 明显陵鸟瞰景观（钟祥市明显陵管理处提供）

恭奉皇妣梓宫合葬于此，是为万世永永之图。所有二圣玄宫、宝城宜遵照今降图式建置……尔等殚竭心力，综理区画，务要尽善尽美，刻期完工。”[1]

不过，四月还京路过庆都尧母墓后，又有所触动。世宗说：“帝尧父母异陵，可知合葬非古。”又开始动摇送母合葬念头，一则启开显陵玄宫合葬父母，怕泄风气；再则迁陵天寿山，父母合葬，怕其父遗骨惊吓。何况古代圣人父母，未必非合葬不可。所以，世宗回到北京后，四月二十七日又一次察看大峪山陵工程，作为生母陵寝。经比较感到“大峪不如纯德。遂定南祔之议。闰五月庚申，葬献皇后于显陵。”[2]世宗一直摇摆不定，最后送生母到显陵，与父合葬。

其实，此时大峪山寿陵玄宫已建成，但暂时封闭未用，后来作为世宗的儿子穆宗的陵寝，即昭陵。从嘉靖三年（1524年）起心迁陵，经过15年的反复争论，左摇右摆，最终还是以原显陵为基础，按帝陵规制和规格改扩建了兴献帝陵。

[1] 《明世宗实录》卷二二二。

[2] 《明会要》卷一七《礼十二》。

显陵原为亲王墓，正德十四年（1519年）始建。朱厚熜即位后，从嘉靖元年（1522年）开始不断改扩建，一直延续到嘉靖三十八年（1559年）。这30余年的陆续建设，大致分三个阶段。

第一阶段，从嘉靖元年（1522年）到三年（1525年）。主要是小改小增地面建筑。嘉靖元年正月，尊“园”为陵，按规制建黄屋、监、卫等官署。二年二月，易兴献帝陵庙为黄瓦，修石桥，筑河堤，营铺舍。闰四月，奉祀所，建神厨。三年八月，显陵司香太监杨保进言：“陵制狭小，请改营，视天寿山诸陵。”工部尚书赵璜言：“陵制与山水相称，难概同。”帝纳其言。[1]所以，按照天寿山诸皇陵的规制规模扩建的建议搁浅，却掀开迁陵问题争论的序幕。

第二阶段，从嘉靖四年（1525年）至十七年（1538年），对显陵进行了大规模的改扩建，初具帝陵规模。这期间一方面进行着要不要迁陵的争论，另方面紧锣密鼓地改扩建显陵。嘉靖四年（1525年）三月，工部奏请“盖造恭穆献皇帝陵寝明楼，树碑、镌题如制”。接着提高显陵官署等级，司香署为神宫监，安陆卫改为献陵卫。提高建筑形制等级，殿宇都改为黄琉璃瓦，增建大红门、神厨等。嘉靖六年（1527年）十二月，世宗命修显陵如天寿山诸陵陵殿、明楼、石碑、设石像生、定圆塘之制。之后几年又增建了睿功圣德碑及碑亭、凿水关、墩坝等。嘉靖十七年（1538年）十二月改享殿称祾恩殿。

第三阶段，从嘉靖十八年（1539年）至三十八年（1559年），陵寝更加完备。经过多年的争论、犹豫，特别是兴献皇太后去世后最后定夺南祔合葬，显陵以世宗皇考陵寝的规制进行了大的改建。地面建筑，于十八年三月壬午，世宗命修显陵围垣（外罗城）。嘉靖二十年（1541年）二月，由瑶台相连的前后宝城竣工；同年九月，修葺祾恩殿。嘉靖三十五年（1556年）三月，又一次重修祾恩殿，形制也由单檐改为重檐式。地下玄宫，于嘉靖十八年（1539年）三月，世宗在南

[1] 《明会要》卷一七《礼十二》。

巡承天府期间，钦定新玄宫图式，并限期五个月完工；七月建成，闰七月庚申兴献帝与帝后合葬。到嘉靖三十八年（1559年）九月，整个显陵改扩建工程全部完工。

显陵作为独立的帝王陵园，其规模和空间布局，与十三陵的单个陵寝比，有其自己的特点。陵寝坐北朝南，外罗城与天寿山的诸陵形制上明显不同，呈半椭圆形，即正南面为整齐的东西向直线墙，而东西两侧及北面围垣呈半椭圆形，形似“净瓶”。外罗城为红墙，围绕整个纯德山，随山势而起伏；周长一千零四十七丈五寸（约合3350.56米），墙高4～6米，厚1.8米，黄琉璃瓦覆盖。外罗城东西最宽处464米，最窄处则是约300米；南北通深1656.5米。陵园内建筑，依山势台地依次布列，层层推进。

陵寝最南端为敕封纯德山碑亭一座，单檐歇山顶，面阔及进深均6.5米。前开券门，内有汉白玉石碑，螭首须弥座，通高3.59米，上书“纯德山”。纯德山东侧天子岗屏山北侧山脚下，立有螭首龟趺敕谕碑亭一座，单檐歇山顶，面阔及进深均7.2米，四面开券门，碑文记载了陵区的范围、官署、管理、课赋供给等。由敕谕碑开始往北，进入神道。在外罗城内，形成三进式院落。陵寝外罗城最南端东西直线墙上开有新红门，三个门洞门，砖石结构，面阔18.5米，进深8米，单檐歇山顶，檐下四周为仿木结构的金黄色与翠绿色琉璃砖柱，下为汉白玉须弥座。红门东西两侧开有掖门。内置门房，东西各三间。新红门开始第一进院落。

显陵的神道有直有曲，但整体上是蜿蜒如龙的所谓龙形神道，与其他皇陵明显不同。新红门过后，经一段弯曲神道，到第二座红门，即旧红门，形制与新红门相同。两个红门形成东西长方形封闭院落，其间有一道九曲河，上有第一座三道并列的单孔石拱桥，中间桥长16.2米，宽4.8米，高2.8米，左右桥长13米，宽3.5米。桥上两边设栏板，龙凤望柱。

过旧红门，开始第二进院落。旧红门以北为第二座石拱桥，形制

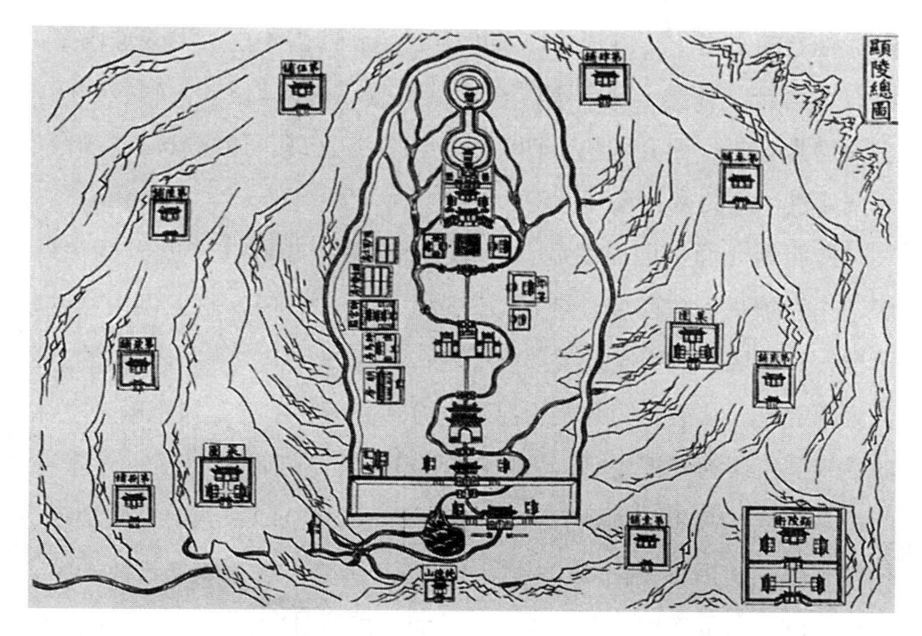

图 6–8 明显陵总图（钟祥市明显陵管理处提供）

与第一座相同。桥上坐落睿功圣德碑亭，呈方形，一层台基，面阔及进深均为20.7米。台基上汉白玉须弥座歇山顶碑楼，四面设券门，有四龙戏珠和海山石图案。碑亭内竖立螭首龟趺睿功圣德碑，碑文由世宗亲撰，为父歌功颂德。碑亭往北，为第三座石桥，与第一座形制相同。过桥后，由一对望柱起始，神道两侧为共12对石像生。望柱通高6.48米，柱身六面形，饰流云纹，顶部饰云龙纹，柱头为龙头圆盖。石像生依次为狮子、獬豸、骆驼、大象、卧姿麒麟、立式麒麟、卧姿马和立式马等各一对；还有武将、文臣各两对。

石像生相夹的神道北端是棂星门，即龙凤门，六柱三门冲天牌坊。中门高，两侧门矮。三座大门之间，由石制的须弥座相互连接，四个石座上各有黄绿琉璃影壁，上覆黄色琉璃瓦。棂星门往北，即第四座御河石拱桥并继续往北蜿蜒的龙形神道，长290米，到达第五座石拱桥，即金水桥。过桥，神道正中有一口圆形池塘，直径33米，称内明塘，青砖护岸，塘口设四级台阶，塘沿之外以青条石压面，形成内圆外方的平面，正方形内以鹅卵石铺墁，四隅构出二龙戏珠图案。塘左右两侧，各建一座碑亭，东曰瑞文碑，通高3.18米，碑亭面阔、进深均为6.3米，西开券门；西为纯德山祭告文碑，通高3.08米，碑亭面阔、进深均6.3米，东开券门。

内明塘北面，即内罗城，为第三进院落。其中主要建筑为祾恩门、东西燎炉、东西庑、祾恩殿、陵寝门、二柱门、石五供、方城、明楼、月牙城、前宝城及宝顶、瑶台、后宝城及宝顶等。内罗城内可分为两部分，从祾恩门开始为前院，方形院落，主要是祾恩殿为主体的建筑群，作为祭祀场所；后院以明楼开始，圆形院落，为两座宝城即帝后寝宫。祾恩门面阔三间15.9米，进深二间11.2米。单檐歇山顶，须弥宝座，前后各三出陛，中间一出各有御路石雕，雕饰云龙图案。前后均设汉白玉护板、龙凤望柱。祾恩门前有月台，面阔23.15米，进深17.83米，东西南三面各出两踏台阶。祾恩门两边分别建有琉璃影壁，黄色琉璃瓦覆盖。祾恩殿面阔五间31.1米，进深四间17米，重檐歇山顶。棱花格扇，朱红重漆，地墁金砖。殿内暖阁三间，供奉帝后神牌。殿宇台基一层，须弥座，后设抱厦一间。前设月台，月台前面及左右两侧各有踏跺，正面踏跺中有雕饰云龙的御路石雕。殿宇周围有汉白玉栏板、云龙望柱环绕。后院的方城，下为正方形须弥座，台基一层。城上明楼，为重檐歇山顶，方梁斗科。四面各开一道券门。楼中竖有圣好碑，上书“大明恭睿献皇帝之陵”。碑身为汉白玉，通高4.55米，宽1.29米。旧宝城在前，为兴献帝玄宫，呈椭圆形，周长一百二十丈（约合396米），东西宽112米，南北长125米。宝城高一丈八尺，面宽九尺九寸；设马道，外墙设雉垛。新宝城为兴献皇后玄宫，呈圆形，周长一百零五丈（约合332米），直径110米。其形制与前宝城相同，有月牙城、琉璃照壁等。前后宝城之间建有瑶台相连，瑶台呈长方形，长十五丈（约合39.5米），宽四丈三尺余（约合14.2米）。内罗城外东侧建有神厨、神库各一所及配套建筑，围以红墙。院内东南角上建有宰牲亭一座，重檐歇山顶。神道石像生之西，建有其他配套设施，包括神宫监、陵户军户值房、巡山铺等等。外罗城外还有果园、菜园等等，一应俱全。

显陵作为独立的皇家陵寝园林，有自己的特点。一是规模宏大。整个显陵的陵寝建筑、规制与十三陵完全相符，建筑规模堪比长陵，而占地面积2740余亩（约183公顷），却比长陵大得多。建筑物甚至比长陵还多，除了帝陵规制所定建筑外，又增设了一些建筑，如各类碑亭繁多，超过了天寿山各陵。如敕谕碑、睿功圣德碑、纪瑞文碑、纯德山祭告碑、尊谥记文碑、御敕祭文碑、御敕谥册志文碑等等。二是规格高。主体建筑及材料、皇家标志性装饰，都采用最高的标准。建筑台基、须弥座、护栏、石桥、石像生、石柱等等，均采用汉白玉石，并主要采之于湖北枣阳。尤其所用主要木材为十分贵重的金丝楠木，只有长陵、永陵等少数皇陵才用了这种木料。显陵的金丝楠木，多采于鄂、川、黔等省份的深山峻岭，采伐、运输都十分艰难；但采用在所不惜。主体建筑体量也是依规制，按最大尺寸设计建造的。三是投入人力、物力、财力巨额。“显陵的营建，计耗白银近千万两，其费用之巨与长陵、永陵不相上下……在工程高潮时，每日参加陵工劳作的军民匠役多达二三万人。”[1]四是空间布局疏朗开阔，主次分明，因地势而富于变化。因为显陵占地面积大，建筑物的布局充分利用了自然空间和视觉空间，形成磅礴大气的风格。特别是神道的设计别出心裁，采用蜿蜒曲折的龙形态势，全长1360米，既体现了帝王文化元素，又迎合了视觉上的别具一格的审美心理；尤其跳出了帝陵神道的故有模式，具有开拓性。

显陵的自然风光旖旎，山川相宜，钟灵毓秀；陵寝与山水相称，相得益彰。纯德山为终南山延脉，峰峦绵延，苍松翠柏四季常青，雨水充沛，生机盎然，具有典型的古楚山水风韵。陵园中，御河九曲，南北蜿蜒，东西迂回，如一条巨龙盘踞。红色建筑，黄色金瓦，白色

[1]　杨可夫等编著：《世界文化遗产明显陵》，湖北人民出版社2008年，第76页。

图 6-9 明显陵正面景观（钟祥市明显陵管理处李斌提供）

玉座，青山绿水，交相辉映，营造了显陵神秘、恬静、庄严、肃穆的帝王陵寝园林独特氛围。

到明末，显陵遭到李自成农民军的严重破坏。据《明史》记载，崇祯十五年（1642年）十二月己巳，"李自成陷襄阳，据之。左良玉本承天，寻走武昌。贼分兵下德安、彝陵、荆门，遂陷荆州。癸巳，焚显陵"[1]。但这个记载过于简略，焚其何物，内容不详。《世界文化遗产明显陵》一书，对这一史实进行了辨析：崇祯十五年（1642年）十二月中旬李自成攻取承天府，分兵攻打明显陵。守陵明将御史李振声、总兵钱中选、副将徐懋德"栅木以守"。所谓栅木，指构筑木城。原来，在显陵外罗城东南端，因有外明塘即水塘，城墙留有近百米的豁口。为了加固城防，当时军方在此处构建了木城，堵住豁口。十二

[1] 《明史》卷二四《明庄烈帝本纪》。

月三十日，起义军架云梯攻城，火烧木城，攻克了显陵，但并未烧毁其他陵园建筑。崇祯十六年（1643年）元旦，李自成进入显陵后，坐定寝殿，大会诸将。《平寇志》记载："闯贼以元旦大会群贼，坐陵殿，（李）振声、（钱）中选东西侍，为荆、襄将吏首。"《钟祥县志》也记载：李自成元旦分兵破陵，坐定"寝庙大殿"云云。可见，攻打显陵时，焚烧的是外罗城缺口处临时搭建的"木栅"，显陵陵寝建筑并未受到大的损坏，更谈不上"焚烧"。

不过，后来李自成的确拆毁了显陵主要建筑。崇祯十六年（1643年）二月，李自成在襄阳建立大顺政权，将襄阳定为襄京。因襄王宫殿被毁，他需要重建，于是拆掉显陵及兴王府，将木材运往襄阳用以重建宫殿。《钟祥县志》卷二八《附录》记载，李自成"拆家庙正殿，忽暴雨大注，殿倾坏"[1]。同年七月，李自成攻打西安，调走承天军队，显陵其他木结构建筑化为灰烬。

明显陵于1988年被国务院公布为全国重点文物保护单位，2000年11月，被联合国教科文组织列入《世界文化遗产名录》。

---

[1] 《世界文化遗产明显陵》，《显陵明末遭毁考析》，第122页。

第七章

明代皇家园林特性及功用

第一节　明代皇家园林的特性

中国皇家园林，始于先秦，而历代皇家园林既有共性，也有个性。明代皇家园林在继承和发展历代皇家园林的基础上，具备了自身的特点，主要表现在以下几方面。

一　承前性

中国以君主专制集权为根本特征的封建社会，到明代已经走过了1500多年的发展历程，其政治制度、国家体制、经济制度、社会结构、文化生态等达到了巅峰。与此相适应的皇家园林，继承和发展了历代皇家园林文化，堪称集大成，充分体现出其传承性。所谓传承性，就是既有继承的一面，又有发展的一面；既有共性的一面，又有个性的一面。明代皇家园林的传承性主要从皇家园林功能、皇家宫苑形制、皇家园林类型和皇家园林文化上体现。

（一）皇家园林功能上的传承

中国皇家园林的基本功能，无论是皇家宫苑，还是祭祀园林、陵寝园林以及寺观园林，都是彰显帝王的至尊地位，或为帝王提供游山玩水的休憩娱乐场所和享受皇家生活情趣的自然环境。

两千多年来，皇帝是中国社会的最高统治者，国家成为一人或一姓的家天下。所以，帝王的地位和皇权的合法性，需要以各种方式来展现。皇家园林正是宣扬皇家地位、身份的高贵性与独特性的一种“招牌”，也是展现皇权至尊和合法性的重要场所。作为社会的自然人，人们都有自身的生活。而中国的皇帝自誉为“天子”，与凡夫俗子绝然不同。他们要享受人间最美好的生活，既有三宫六院、妻妾成群的家庭生活，也要花天酒地、山珍海味的美食生活，还要游山玩水、歌舞骑射的园林生活。所以，从秦始皇开始，历代帝王包括明代帝王，都大兴土木，营造皇城宫殿；同时，不惜国力民脂，大造仙山琼阁、行宫别苑，以满足奢侈无度的行乐需求。明代的宫廷园林，承载了历代皇家园林共有的功能，就是为皇家提供生活享乐，或宣扬皇权至尊地位。

明代皇家祭祀园林，其功能也传承了历代祭祀园林。祭祀制度，是中国自产生国家以来的最基本制度之一，属礼制范畴。《明史》说：“《周官·仪礼》尚已，然书缺简脱，因革莫详。自汉史作《礼制》，后皆因之，一代之制始的然可考。”中国封建礼制，始创于西周，定型于西汉，其中包括祭祀制度。其间虽然各代依据当时社会政治生态、经济发展等不同情势，有所异同嬗变，但万变不离其宗。有一条主线贯穿下来，就是传承性。明代当然不例外,就祭祀制度而言，“洪武元年（1368年）命中书省暨翰林院、太常司定拟祀典。乃历叙沿革之由，酌定郊社宗庙议以进。礼官及诸儒臣又编集郊庙山川等仪及中古帝王祭祀感格可垂鉴戒者，名曰《存心录》”。这是基本典章之一。

可见，明代的祭祀制度传承了历代祭祀制度，归纳为“五礼”。明代祭祀礼分大、中、小三等。“明初以圜丘、方泽、宗庙、社稷、朝日、夕月、先农为大祀……凡天子所亲祀者，天地、宗庙、社稷、山川。”[1]

[1]　《明史》卷四七《礼志一》。

这些承担祭祀功能的园林，显然也是传承了秦汉以降历代祭祀园林的功能，并且在历代基础上更加规范和完善。

明代的皇家陵寝园林，其主要功能，与其说是为帝王提供冥间的园林享乐，倒不如说是炫耀帝王的至高无上地位，生为人王，死而阴主。为体现这种理念与愿望，生前就大兴修陵寝之风，始于秦始皇。之后历代帝王如法炮制，长盛不衰。所以，帝王陵寝园林的这种功能，两千年来一脉相承，明代则达到了高峰。

（二）皇家宫苑形制上的传承

中国帝王园林在“三代”时期主要为“囿”，即规模宏大的集祭祀、游猎、种植、筵宴、娱乐功能于一身的开放式园林。从秦汉开始，帝王园林的形制发生了变化，出现了宫廷建筑加山水景观的皇家宫苑，创始了新的皇家园林形制，如上林苑、建章宫、长乐宫等。

这些宫苑，面积广大，方圆数百里，有自然山水、飞禽走兽、花草蔬果；同时，苑中有宫，宫外又有离宫别苑，以供帝王狩猎、游宴、行乐，所以，保存了“囿”的一些特征。同时，因增加了宫廷建筑群，帝王可在宫苑内居住，甚至处理朝政，所以，宫廷园林不仅形制发生了变化，而且功能又扩大了。

秦汉以后的皇家宫苑，其山水园林的形制，与“囿”也有不同的一面。“囿”主要以自然环境中的山水风景为主，而宫苑则是既有自然山水，又有人造山水，还有殿宇楼阁、亭台轩榭；有些朝代皇家宫苑，则是以人工山水为主，如北宋时期的艮岳。自秦始皇以后，中国的帝王都渴望长生不老，以永享荣华富贵，所以，多数人追求长生不死，化仙成佛。

于是，他们模仿神仙所居“一池三山”，即瑶池和蓬莱、瀛洲、方丈，营造人间仙境。瑶池为古代神仙传说中西王母所居昆仑山地名。《穆天子传》：“乙丑，天子觞西王母于瑶池之上。”[1]蓬莱、瀛洲、

[1] 《穆天子传》卷三。

方丈，在神话传说中均为海中神山，出自《史记·秦始皇本纪》："齐人徐市等上书言：海中有三神山，名曰蓬莱、瀛洲、方丈。"所谓"一池三山"，就是模拟秀美的自然风光，营造有山有水的人造环境。明代的皇家宫苑，正是传承了自秦汉以来帝王山水宫苑的园林形式，营造了宫后苑、万岁山、西苑、东苑、南苑等皇家山水园林。

（三）皇家园林类型上的传承

中国皇家园林自秦汉以后在类型上逐渐完备，以不同功能形成皇家宫苑、祭祀园林、陵寝园林、寺观园林等等。到明代，皇家园林的这些类型不仅俱全，而且更加规范和完善。

随着封建社会祭祀制度的完善，明代的国家祭祀场所超过了以往许多朝代，而且园林化程度都很高，并且制度化即坛壝制。这些坛壝不只是单纯的祭祀场所，在功能上既为举行祭祀活动之用，又为帝王及皇室观景赏物服务。

明代的皇家陵寝，尤其明显传承了唐宋以来的帝王陵寝的模式。不仅注重建造富丽堂皇的地下宫殿，而且十分讲究地面建筑的形制、规模、布局以及宏伟壮丽等风貌，并形成一种程式。还营造成自然山水、花草树木、亭台楼阁、桥廊殿堂俱全的独特园林。尤其是寺观园林，如武当山这样的巨型皇家寺观园林的出现，在历代皇家寺观园林中，不愧为之冠。尽管南朝佛寺园林也很发达，所谓"南朝四百八十寺，多少楼台烟雨中"[1]，但与明代相比，算是小巫见大巫了。可见，明代皇家园林的类型，不仅传承了历代，而且有了发展。

（四）皇家园林文化上的传承

园林本身就是一种文化载体。中国的帝王园林，承载了中国传统文化的诸多要素。其中，在文化构成上，既有儒家文化的要素，也有

---

[1]（唐）杜牧：《江南春》绝句。

道教文化和佛教文化的要素。在价值取向上，皇家园林极力彰显“君权神授”“皇权至上”主义，宣扬专制集权制和社会等级观念的神圣性和合法性。

明代皇家园林在传承历代皇家园林的政治内涵方面，有过之而无不及，这与明代的专制集权制度的空前强化有直接关系。就园林本身的文化意蕴而言，明代皇家园林，将中国自然式风景园林的传统发扬光大，并推向高峰，更加完善了中国自然式风景园林的独特风格。不仅在皇家宫苑中，而且在祭祀园林、陵寝园林和寺观园林中，也充分利用自然山水为景观要素。尽管皇家园林也要大兴土木，人工营造，但是贯穿了“虽由人作，宛自天开”[1]的最高园林艺术境界，最大限度地还原自然山水的风貌，达到“境仿瀛壶，天然图画”[2]的最高审美境界。

值得提出的是，明代皇家园林在造园艺术和风格上，深受江南私家园林的影响，崇尚自然山水风韵，借鉴秀美、雅致的文人气格，与宏大壮观的皇家气派相结合。之所以如此，原因是多方面的。明代皇帝本身是出自江淮，深受江南人文熏陶；江南私家园林从东晋以后形成规模，到明代时已经十分发达，显现了中国山水风景园林成熟的主要特色与风格，影响力与日俱增；明朝迁都北京时，宫城建筑的规划设计、施工建造的工匠，主要是来自江南。包括明代皇家陵寝、武当山等寺观园林的规划、设计、施工的工匠，主要也靠江南人。北京的皇家祭祀坛壝，都仿南京的规制建造，其园林风格顺理成章地吸收了江南私家园林的特色。明代皇家园林的这些蕴涵，归根结底，贯穿了中国文化“天人合一”的基本理念，以人与自然和谐相处为审美情趣，体现了回归自然的生存观。

---

[1] （明）计成：《园冶》卷一《园说》。

[2] （明）计成：《园冶》卷一《屋宇》。

二　启后性

明代皇家园林的特性，不只是传承性，还表现为启后性，即它继承了中国历代皇家园林的基本要素，同时将这些基本要素留给了清代，成为清代皇家园林的基础。

朱偰先生在《明清两代宫苑建置沿革图考》自序中说："有明一代，宫殿苑囿之盛，远逾清世。当时皇城之内，皆为宫苑及内府衙署所占；大内之外，复有'南内'，'西内'，其规模之宏壮，创造力之伟大，殊非满洲所可比拟。"他的这一论断，至少完全符合清代初期的状况。清朝入主中原，成为统一的中央政权后，在前期全盘接收了明代皇家园林。其中包括故宫宫后苑、慈宁宫花园、西苑、东苑、万岁山、南海子等明代皇家宫苑。同时，还有天坛、地坛、日坛、月坛、先农坛、太庙、社稷坛、孔庙、东岳庙等等所有祭祀园林，以及绝大部明代皇家寺观园林。

清代从康熙以后，在这一基础上开启了皇家园林的新局面，从而更上一层楼。尽管明代的诸如东苑、兔园等宫苑在清代消失，但清朝新建了诸如圆明园、颐和园、畅春园、静宜园、静明园、避暑山庄等等著名宫苑类皇家园林。同时在陵寝园林上，继承了明代陵寝园林的形制与特点。清东陵和西陵，与明十三陵十分相似，可谓如出一辙。概括起来，这些主要是体现了"外表"的继承。

更重要的是，明代皇家园林"内涵"，对清代产生了直接和深刻的影响。这种影响，集中体现在皇家园林的文化上，如皇家园林的政治理念、基本功能、传统文化元素等等，因而中国皇家园林出现了更大规模，形态更加完备，令世界各国感叹。毋庸置疑，明代皇家园林的启后作用是显而易见的。

三　开创性

明代的有些帝王不乏开拓创新精神。如太祖朱元璋对中央集权政治体制进行了大幅度改革，废除了延续一千多年的丞相制度，空前强化了君主专制皇权。嘉靖皇帝对沿用了一百多年的“祖宗之法”，进行了大规模的改革。明代皇帝的这种开创精神，在皇家园林中也有鲜明的体现。

一是在祭祀园林形制的创新，使其定型，从而上升为规制。祭祀是人类祖先开创的表达敬仰、敬畏、祈祷心理的古老的行为之一。这种行为形成一种制度，特别是形成国家制度，三代已始。然而，历代有别，规制无定。正如《明史》卷四七曰：“欧阳氏云：‘三代以下，治出于二，而礼乐为虚名。’要其用之郊庙朝廷，下之闾里州党者，未尝无可观也。惟能修明讲贯，以实意行乎其间，则格上下、感鬼神，教化之成即是矣。”所以，明朝在历代祭祀制度的基础上，制定了具有自身特点的完整规范的祭祀规制。在这些规制中，不免有不少创新。

朱元璋尊古，但不泥古。在洪武初，李善长等建言：“王者事天明，事地察，故冬至报天，夏至报地，所以顺阴阳之义也。祭天于南郊之圜丘，祭地于北郊之芳泽，所以顺阴阳之位也。”“今当遵古制，分祭天地于南北郊。”“太祖如其议行之。”然而，朱元璋并不死守成规。洪武十年（1377年），太祖看到天下灾异频仍，“谓分祭天地，情有未安，命作大祀殿于南郊”。他认为“人君事天地犹父母，不宜异处。遂定每岁合祀于孟春，为永制”[1]。这是对古人分祀天地制度的改进。之后，嘉靖又对合祀制度进行改革，实行天地分祀制。可见，他们对自古以来的祭祀制度，因地因时进行调整，不拘泥于古制。尤其嘉靖皇帝，对祭祀制度进行了大范围改革。明代的祭祀园林，在具体规制方面，也是创新的。如圜丘坛和大祀殿的形制，为以往的朝代所没有。北京圜丘坛的具体尺度，嘉靖突破了《存心录》和《大明集礼》的规定，新定尺寸，既不泥古，也不泥祖，更体现了敢于突破的

[1] 《明史》卷四八《礼志二》。

创新精神。先农坛在整个明代的变化，也体现了不断调整、创新、发展的轨迹。通过这些调整、变化和创新，明代的皇家祭祀园林形成了完备的形制，成为历代皇家祭祀园林形制的集大成。

二是创新帝王陵寝园林规制，使其更趋宫殿化，变成典型的园林。在中国古代“陵”是墓葬的最高形式，只有皇帝才能有权享有。中国帝王陵寝，发端于三代，但最早不称陵。

> 古王者之葬，称墓而已。……及春秋以降，乃有称丘者。楚昭王墓谓之“昭丘”，赵武灵王墓谓之“灵丘”，而吴王阖闾之墓亦名“虎丘”。盖必其因山而高大者，故二三君之外无闻焉。《史记·赵世家》：“肃侯十五年（前335年），起寿陵。”《秦本纪》：“惠文王葬公陵，悼武王葬永陵，孝文王葬寿陵。”始有称陵者。至汉，则无帝不称陵矣。[1]

可见，中国帝王墓称陵是从战国中期少数国家开始的，而汉代以后才普遍称陵，陵成为皇帝墓葬的专用称谓。“秦名天子冢曰山，汉曰陵，故通曰山陵矣。《风俗通》曰：陵者，天生自然者也。”[2]

明代帝陵，在历代帝陵的基础上，外从形制，内到规制，都有所创新，使其真正成为阴宅中的大内。历代帝王都建有本朝皇帝陵区，但在帝陵区的整体布局上，有所不同。西汉连太上皇万年陵在内共12个皇帝陵，分散在两处。在西汉长安城东郊，东南处白鹿原和杜东原上有文、宣二帝陵；在渭水之阳咸阳原上有10座帝陵，西自兴平县南位乡，东到高陵县马家湾，加之往东三原县徐木原上的太上皇的万年陵，绵延上百里，大体上一字长蛇阵，西南到东北向斜线摆布。在帝陵的宏观布局上，实行所谓“昭穆之制”。这种规制，实际上是确定陵寝先后左右排列次序的规制。《周礼正义》卷四一《春官》：“冢

[1] 顾炎武：《日知录》卷一五《陵》。
[2] 《水经注》卷一九《渭水》。

人掌公墓之地，辨其兆域而为之图，先王之葬居中，以昭穆为左右。”帝王陵寝不仅讲究风水吉凶，还要体现尊卑长幼伦次，实质是体现等级制度。

可见，“昭穆之制”是发端于西周康王时期的帝王陵区宏观布局规制。西周建国，从武王开始，下有成王。当时灭商，立国未稳，百废待兴，规制草创，可能还未建有集中的帝王陵区。从康王开始，制定和逐步完善西周礼乐制度。所以，在安葬周天子时，其陵寝以康王为先王，其次周昭王居左，再其次周穆王居右，再次周恭王又其左，谓昭位；再次是周懿王在右，谓穆位，以此类推。“昭穆亦名贯鱼者，谓左穴在前，右穴在后，斜而次之，如条穿鱼之状也。又《礼》曰：冢人奉图先君之葬，君居其中，昭穆居左居右也。”[1]西周确定的这种“昭穆制度”，为中国帝王陵区的宏观布局奠定了礼制规范。汉代关中地区的帝陵区，基本遵循了这种规制。唐朝也基本遵循汉制，实行“昭穆之制”。开始时，唐代由于有北魏鲜卑的影响，“因此在陵区秩序上首先考虑使用鲜卑北魏的族葬制度”。“到唐玄宗时代，唐政府在陵地秩序的原则上转而选用了关中西汉陵区的制度。”[2]“北宋皇陵基本继承唐陵的墓仪制度，其平面布局基本上沿袭唐陵的制度。”[3]

然而，明代帝陵区的宏观布局，却打破了自古以来的“昭穆之制”，完全按照帝王本人的意愿，寻找所谓理想的吉壤来营造陵寝。就以明十三陵的宏观布局来说，长岭是祖陵，应居中。在其左昭位上应该是仁宗的献陵，但仁宗献陵却到长陵右边穆位上。宣宗的景陵理应在穆位上，在长陵右边，却到左边昭位上，与献陵调了个儿。所以，之后的顺序彻底被打乱，基本上体现了先下手为强的原则。嘉靖皇帝特别挑剔，勘察许多墓址，总感到不称心，曾经还想到黄土山以外另选吉壤。可见，明代皇家陵寝园林，在陵区布局上是不泥古制，

[1] 《图解校正地理新书》卷一三《步地取吉穴》。

[2] 《唐陵的布局·空间与秩序》，北京大学出版社2009年，第93页。

[3] 《唐陵的布局·空间与秩序》，第173页。

敢于从实际出发，因地制宜安排。

明代在单体帝陵园的形制上，也有创造。汉代的帝王陵寝，一般不营建围墙，常以竹木篱笆围之，以示陵园边界，此称之为“行马”或屏篱。东汉明帝显节陵、章帝敬陵、和帝慎陵、安帝恭陵、顺帝宪陵等陵园，俱“无周垣，为行马，四出司马门，石殿、钟虡在行马内”[1]。《资治通鉴》卷六九说：“魏、晋之制，三公及位从公，门施行马。程大昌曰：行马者，一木横中，两木互穿，以施四角，施之于门，以为约禁也。”可见，行马是朝廷公卿大官以上者阳宅、阴宅通用的设施。唐陵建有院墙，其内称司马院，即陵院。四面设门曰司马门。《三辅黄图》卷二记载：“司马门，凡言司马者，宫垣之内，兵卫所在。司马主武事，故谓宫之外门为司马门。”汉唐在陵园内，建有衙殿、寝殿、便殿等建筑设施。唐颜师古云：“寝者，陵上正殿，若平生露寝矣。便殿者，寝侧之别殿耳 。”唐太宗昭陵寝宫称崇圣宫，其四周有墙垣。“很可能昭陵司马院墙垣采取的是东汉明帝显节陵行马的方式，即施以木制警戒设施。北宋皇陵基本继承唐陵的墓仪制度，其平面布局基本上沿袭唐陵的制度。”[2]据此，汉唐及北宋的皇家陵寝，一般有两道墙垣，外有行马，看来有些简朴。但明代废除行马之制，陵寝一般筑有三道高大的黄顶红漆墙垣，俨然如京城、皇城、紫禁城，更显皇家威严和气派。而且，陵寝建筑形制程式化、制度化，表现帝王的尊贵和至高无上。

明代皇家陵寝，在园林化方面远胜于汉唐宋历代帝陵，不仅是皇帝的阴宅，更像是皇帝的花园。汉唐以后的帝陵，大体分两大类，一类：“凿山为陵”，无坟丘；另一类是“堆土为陵”，有坟丘。凿山为陵，主要依托自然山丘的风景，在地面上，人工造园的成分较少。堆土为陵者，则人造风景略多，但其出发点主要是取吉避凶的迷信观念。如唐陵多植柏树，认为可驱逐食死者肝脏之罔象。“《周礼》：方

[1]（宋）徐天麟著:《东汉会要》卷七《帝陵》。
[2]《唐陵的布局·空间与秩序》，第173页。

相氏驱罔象。罔象好食亡者肝，而畏虎与柏。墓上树柏，路口致石虎，为此也。”[1]所以，“以陵寝经界，在柏城之内，非远于陵地也”[2]。因帝陵多植柏树，又称柏城。唐陵中还多植有白杨树，认为此树乃坟冢植物。《隋唐嘉话》载有一则典故：

> 司稼卿梁孝仁，高宗时造蓬莱宫，诸庭院列树白杨。将军契苾何力，铁勒之渠率也，于宫中纵观。孝仁指白杨曰：“此木易长，三数年间宫中可荫映。”何力一无所应，但诵古人诗云：“白杨多悲风，萧萧愁杀人。”意谓此是冢间墓木，非宫中所宜种。孝仁遂令拔去，更树梧桐也。[3]

可见，在唐陵中也种植白杨。然而，明代的皇家陵园，遍植青松、翠柏、国槐等常青树或长寿树，间以莳花绿草，以美化环境为要指。加之宫殿、明楼及配套建筑的红墙金瓦，气宇轩昂的建筑风格，比之汉唐陵寝更加耀眼夺目，雄伟壮丽。

三是寺观园林的创新。寺观园林，历朝历代帝王各有所建，而且可谓蔚为壮观。其多在一寺一观的规模与豪华上彰显皇家气派和风格，明代亦无不如此。然而，明代也不尽满足于此，更有突破。永乐时期，“北修皇城，南修武当”，当属天下之最。在中国所谓佛教名山、道教名山，实属不乏。其之所以成为名山，或在山中有诸多闻名于世的寺观建筑，或此山以大德名师著称，或有皇家封赐定位等等。而武当山成为道教名山，不仅是因为其宫观庵庙遍地，更是因永乐皇帝亲手打造，可谓“天字号工程”。

武当山名副其实地成为皇家寺观园林的创举，一则规模超大，天下无双。武当山方圆八百里，跨州越府；千嶂万壑，遍布皇家宫观庵

---

[1] 《酉阳杂俎》前集卷一三《尸穸》。

[2] 《唐会要》卷二〇《陵议》。

[3] 《隋唐嘉话·朝野佥载》。

庙。这是其他佛道名山所望尘莫及的，所以是空前绝后。虽然有些佛道名山，论规模与武当山或许不相上下，伯仲之间，但并非是皇家园林，而整座山为皇家宫观园林，天下第一，只有武当山当之无愧。再则集中营建大型皇家宫观，数量为最。武当山大型宫观，号称“九宫八观”，33座建筑群。这无论在中国佛教和道教发展史上，还是在历代皇家寺观园林中，是绝无仅有的。三则单座宫观体量大，规格高，在历代皇家宫观中也是罕见的。其“九宫八观”在皇家寺观园林中算得上是“巨无霸”。这充分体现了明成祖的雄才大略，在营建皇家寺观园林上也是敢为人先，追求“前无古人后无来者”，从而创造了皇家寺观园林的奇迹。

第二节　明代皇家园林格局形成原由

明代皇家园林的格局及其特性的形成，原因是多方面的。概括起来，主要有四点。

一　外部军事压力的牵制

明代皇家宫苑，分布范围小，始终围绕紫禁城周围，而且行宫御苑仅南苑一处。同时，总体而言，所有皇家园林选址都未超出长城以北。这与同是以北京为都城的清朝，形成鲜明对照。这种状况，并不说明明代皇帝对游山玩水、春游秋猎、郊野赏景、筵宴取乐不感兴趣。恰恰相反，在明代17个皇帝中，专心理政，励精图治，真正有作为的只有少数，大部分皇帝兴致怪诞，迷于游乐，昏庸腐靡，于政无心。

开国皇帝朱元璋，戎马倥偬，经过浴血奋战建立了大明王朝。他为君半生，殚精竭虑，勤奋理政，俭朴廉洁，不恋酒色，不贪安逸，奠定了江山基业。明朝第三任皇帝成祖朱棣，在明代属守成之君，但是在一定意义上也可谓创业之帝。他发动“靖难之役”，以武力夺取侄儿的皇位后，迁都北京，开创了明朝新天地。他一生背负了沉重的“非正统”质疑的政治负担和心灵折磨，勤勉于朝政，节俭廉政；派郑和多次下西洋，扩大天朝影响力；数次亲征漠北，巩固疆域，堪称雄才大略。

然而，明代其余皇帝，都属守成之君，有所作为的凤毛麟角。或过于短命，来不及有所作为；或生不逢时，无力回天。在他们中，更多的人腐朽昏庸，迷于酒色犬马，醉生梦死；或不理朝政，笃信旁门左道，耽于炼丹成仙，祈求长生不死。他们的主要精力都消耗在帝王享乐生活上。

总体而言，明代的经济比前代更发达，财力更雄厚，皇帝有条件效法前代帝王，大兴土木，建造更多的离宫别苑，以供享乐。但事实上并没有如此，仅有的几处宫苑，也只能紧靠皇城大内，不敢出都城营建以娱乐为功用的皇家宫苑。究其原因，重要的一点就是迫于外部军事压力，导致不敢越雷池一步。

北京靠近北部边陲，并且长期处于元朝残余势力的军事威胁下。尽管成祖朱棣数次北征，追剿元朝北撤到漠北的残部，企图一举消除对明朝的军事威胁，然而，出师未捷身先死，未能完成这一重大使命。之后，英宗也想解决这个问题，但不仅没有重创蒙古军事力量，反而被俘虏，成为明朝敌对势力阶下囚的耻辱皇帝，导致国威扫地，国势大伤。从此，明朝皇帝都成为惊弓之鸟，畏敌如虎。在北部，明朝在军事上长期处于守势。

与此相应，蒙古军队经常骚扰边境，甚至数次直逼北京。在明代276年的统治期间，北部蒙古贵族一直是最大的军事威胁。其中，威胁最大的几次是正统十四年（1449年）八月的“土木之变”，英宗被俘。嘉靖二十九年（1550年）六月的“庚戌之变”，蒙古俺答部直逼北京，在京城外任意杀戮抢掠八天后扬长而去。之后，在整个嘉靖时期，俺答部多次进犯，直到隆庆后期才缓和。俺答部的南犯，长达近半个世纪。在万历时期，蒙古察哈尔部崛起，林丹汗先后征服了喀喇沁部、土默特部和鄂尔多斯部等，“东起辽西，西尽洮河，皆授插（察哈尔）要约，威行河套以西”[1]。这对明朝当然也是威慑。然而，从万历时期开始，东北建州满族逐步崛起，成为明朝的另一个军事威胁。特别是万历四十七年（1619年）八月，努尔哈赤在萨尔浒大败明军，拉开了与明朝的直接军事冲突，成为明朝更大的军事威胁。

总之，明朝一直处于来自北面的蒙古和女真政权的军事威胁。有时，这种威胁直逼京城。因此，明朝皇帝不敢在都城外兴建供其游乐的离宫别苑，特别是不敢跨过长城建离宫，从而形成了以皇家后花园为主的宫苑格局。但同样以北京为京师的清朝，与此完全不同。他们征服了北部地区的所有游牧民族，彻底消除了军事威胁。因而，在长城外的承德营建大型离宫别苑避暑山庄，享受江南美景于塞外。可见，明代皇家园林的分布格局，是当时地缘政治的影响造成的。

二　特定政治需要的产物

明代的绝大多数皇帝都信奉宗教，所以，修建皇家寺观园林成为一种表达宗教信仰的重要表现形式。但有的寺观园林的营建，超出了宗教信仰的动机，如明成祖营建武当山皇家宫观园林，出于特殊的政治目的。明代的皇家寺观园林发达，首屈一指，当属武当山。成祖朱棣不惜国力民生的承受能力，动用庞大的施工队伍，耗费巨大的物力、财力及漫长时间，在武当山修建大型皇家宫观园林，却是出于特定的政治需要。

其实，朱棣并不信道，但因崇奉真武大帝而修建了武当山皇家宫观园林。所以，信仰与动机存在着明显的非一致性。真武大帝是道教神灵序列中的北方之神，但其地位并不高。朱棣之所以大修武当，渲染真武大帝飞天成仙的神话，就是要营造“真武信仰”舆论。他演绎

[1]　彭孙贻：《山中闻见录》卷八《西人志》。

出真武大帝是明朝皇帝的保护神的神话，从而附会“君权神授”的信条，企图以真武大帝的“权威”掩人耳目，庇护自身。他信誓旦旦地说：“重惟奉天靖难之初，北极真武玄帝显彰圣灵，始终佑助，感应之妙，难尽形容，怀报之心，孜孜未已。”不管他把信仰的理由说得多么充分而又冠冕堂皇，编造的神话故事多么生动而又逼真，但最终的目的只有一个，就是企图证明以武力夺取皇位的正当性，即皇权交替结果是完全符合封建正统规范的。那么，他为何非要证明这一点呢？说到底，他当了皇帝反而内心十分恐惧，恐惧天下人指责他“弑君夺位，大逆不道”的舆论，恐惧青史留下“谋逆篡权”的恶名，所以拿真武大帝和武当山当遮羞布，拿道教来瞒天过海。

当然，朱棣大修武当，还有一个重要由头，即所谓报答父皇太祖朱元璋：“朕仰惟皇考太祖高皇帝、皇妣孝慈高皇后劬劳大恩，如天如地；惓惓夙夜，欲报未能。”而报答父皇为何要修武当呢？有人编造朱元璋夺取天下，得到真武大帝的阴祐，所以，为真武大帝修道场，就是报答太祖，最终还是落到真武崇拜上。

朱棣大修武当第三个理由是所谓为民祈福，说：“以天下之大，生齿之繁，欲为祈福于天，使得咸臻康遂，同乐太平。”[1]一方面，他把对上报答真武阴祐之恩与父母养育之恩并列起来；另一方面，把为黎民百姓和天下太平祈福挂起钩来，说的真是滴水不漏，天衣无缝。而所有这一切，都是围绕“靖难之役”的合理化、合法化展开的。

朱棣把武当山的地位抬高到五岳之上。他重新赐名武当山和金殿：“武当山古名太和山，又名大岳，今名为大岳太和山。大顶金殿，名大岳太和宫。”[2]正由于明成祖与真武大帝、真武大帝与武当山的这种特殊关系，武当山从永乐朝开始，真正成了中国首屈一指的道教圣地，天下名山，皇家第一道观园林。可以说，没有朱棣的打造，就没有武当山的盛况，武当皇家宫观园林，就是因朱棣的政治需要而

[1] 《武当山志》卷九《永乐十年三月初六日敕右正孙碧云》，第332页。

[2] 以上均摘自《武当山志》卷九《文献选录》，第333页。

应运而生的。

三　经济文化发达的结晶

通览中国数千年君主集权专制社会，有一种规律性的现象，就是盛世兴园林。中国社会到明代，又进入了一个经济文化大繁荣期。这为皇家园林的发展达到巅峰，创造了物质与文化上的客观条件。

明代前期，是重建社会政治、经济秩序，医治战争创伤，恢复社会生产力的开局阶段。到中期，社会各方面元气已经回复，进入经济、文化高速发展阶段。农业高度发达，大兴水利工程，治理水患，扩大农田耕种面积，改进生产工具，提高耕作技术，粮食产量逐年提高，已经成为农业高度发达的国家。到明末，田土面积达7837524顷；粮食（水稻）“明代的亩产量达到了传统技术条件下的最高点”。“最高人口数已接近2亿”[1]，劳动力居于世界之首。棉花种植业和桑蚕业进一步发展，手工业进一步发达，纺织业、制陶业、造纸业、印刷业、矿冶业发展达到新的高度；商品经济空前繁荣，特别是资本主义生产方式开始萌芽。总之，生产总值达世界第一，社会经济实力十分强大，这为以国当私家的帝王来说，有了雄厚的财力来源，从而有实力大兴土木，营建新的都城、皇城和宫殿以及皇家园林。

就皇家祭祀园林来说，明朝因前后建有两座京师，所以，所谓“九坛八庙”的祭祀场所，在南京和北京均有兴建，成为典型的重复建设。明代万岁山（今景山），本身也是北京皇宫建筑的副产品，是由拆毁元朝旧宫殿的建筑垃圾堆积成山，并营造为园林的。在紫禁城周围的宫苑，虽说沿用了金、元皇家园林，但明代只是利用了原有的山水环境，而新建了大量的宫殿屋宇、亭台楼阁，增加了奇花异木、珍禽怪兽等许多景观。况且，中国园林建筑基本都是砖木结构为主，

[1]　高寿仙著：《明代农业经济与农村社会》，黄山书社2006年。

寿命周期较短，不可能一劳永逸，过一段时间后都需要修葺。

所以，没有足够的财力是难以维持的。尤其是皇家陵寝园林，耗费巨大。每座陵寝少则花费数百万两，多则上千万两。明代四处二十余座帝王陵，再加上后宫嫔妃、皇子、公主陵寝，仅建造费用就是天文数字。而且，经常维护及修缮，花费如流水，难以计数。可见，明代皇家园林是由强大的经济实力所承载，民脂民膏堆积而成的。明代的寺观园林空前发达，皇帝敕建的寺庙和宫观数以千计。朝廷把经济发展的成果大量投入到寺观园林建设中，没有雄厚的财力是难以支撑的。

当然，光有经济实力并不一定就能铸就皇家园林的辉煌，还有相应的科技与文化来支撑。明代是继唐宋以后，中国社会又一个科技文化发展的高峰期。无论是农业、手工业、制造业、医药、建筑等领域的科技，还是在哲学、社会科学以及文学艺术等等文化领域，都达到空前发达程度。

在科技方面其他勿论，就建筑而言，明代是将中国古典建筑艺术发展到了极致。在园林建筑上，继承并发展了历代的规划、设计理念以及营造艺术，使之更加规范、华贵和经典化。在所有建筑的布局与设计上，都充分贯穿皇权至上理念，以中轴线、建筑形制、色彩、数字符号、图腾符号等等要素来体现。这方面比前代更具全面性、典型性和定式化。特别是在祭祀园林和陵寝园林建筑上，明代创造了新的模式，发展了皇家园林文化，为后世清代所效法。

社会经济文化的这种繁荣，反射到园林建设，出现了以江南地区为代表的私家园林的空前发展。明末著名造园家计成总结古典造园艺术与经验撰写的《园冶》一书，成为我国古典造园理论与实践的集大成之作。《园冶》的问世，反映了明代园林业及园林文化发展的盛况。

明代江南私家园林，特别是文人园林的繁兴，对皇家园林产生了积极影响。不仅通过园林文化的辐射，而且经过造园工匠的实际营建，将江南园林的元素直接置入于皇家园林。明朝建国初期在南京的皇家祭祀园林和陵寝园林，其规划设计、施工营造的工匠艺人，主体都是江南人。迁都北京后，仿照南京的园林建筑规制重建皇家园林，包括皇家宫苑、祭祀园林、寺观园林和陵寝园林，工匠艺人主体仍是江南人。他们在有意无意中把江南园林文化渗透到北京皇家园林的建设中。所以，明代皇家园林不单纯追求宏大、壮重、华丽、高贵的所谓皇家气派，而且吸收了私家园林尤其是江南文人园林的典雅、灵巧、精致、活泼的特点，形成了与前代皇家园林有所不同的崭新风格，展现了新的皇家园林风韵。

四　园林遗产的承袭与发展

明代最主要的皇家宫苑为西苑，即北海、中海和南海三海为中心的皇家园林。而西苑并非始建于明代，明代只是沿用而已。

北京在战国时代为燕国都城，称“蓟”；秦、汉、唐时期为北方军事重镇，经济和商业中心。因此，金灭辽后迁都至燕京，更名为中都；元朝在金中都的基础上营建宫城，作为大都。

明代皇家西苑中的中海和北海，在金代称金海，在原有自然湖泊的基础上进一步开挖整修而初具规模。金海远离皇宫，位于皇城外东北隅。元代将金海包裹在皇城内，其大内就建在金海东岸，并将金海扩充，效法汉代上林苑中的太液池，改称太液池。

金代在金海北面人工堆土筑岛，在上面叠石造假山，植树种花，营造宫殿、亭台楼阁，作为皇家园林，并称为琼华岛。元初扩建沿用，改名万岁山。忽必烈在琼华岛上修建宫殿，居住于此。之后，这里就成为元大都的最重要的皇家园林，直至元朝灭亡。

明永乐中，成祖朱棣迁都北京，在元大都皇宫遗址偏东处，即太液池东边新建皇宫，仍保持太液池、万岁山（琼华岛）等元代皇家园林基本格局，在局部进行改扩建，如开挖南台，扩建南海后沿用为皇家园林。之后，后继皇帝不断增建宫殿及亭台楼阁，移栽奇花异木，收养珍禽异兽，增加园林景观。唯一一座行宫御苑的南海子，原本也是元代的飞放泊，明代沿用，并扩建为皇家园林。明代的宫观园林，正如前面所述，也有不少是辽金元时期的寺庙或宫观，入明后直接沿用或重修，成为皇家园林。

可见，北京的皇家园林，到明代已经是历经三代了，加上清朝沿用，经历了金、元、明、清四个朝代700余年，成为中国延续时间最长的皇家园林。这都是后代王朝继承和发展前代皇家园林的结果。

第三节　明代皇家园林的功用

皇家园林的功用，主要是由其本身的类型所决定的，不同类型的园林，其功用也有别。有些园林如祭祀园林、陵寝园林、寺观园林等，其功能是专一的。皇家祭祀园林是专门举行祭祀礼仪的场所，陵寝园林则是皇帝及嫔妃的墓地，寺观园林是宗教活动场所，这些园林一般不具备更多功能。而皇家宫苑，属于皇家花园性质，其功能往往是多方面的，包括生活的、政治的、军事的、文化的等等。具体而言，皇家宫苑的功用主要如下。

一　帝王的休憩游宴之处

由于明代皇帝个人的秉性和兴趣爱好有所不同，所以对风景园林这一特殊环境的利用也有所区别。但有一点是共同的，就是将皇家风景园林作为游憩宴乐的主要场所，其休憩游玩的形式繁多。

一是观赏山水风景。在风景园林中休憩游宴，皇帝并不独自进行，或侍奉上辈如太皇太后以及太后游玩宴乐，或召大臣及近臣游览。这主要是永乐以后的皇帝在北京的皇家园林中经常所为，而开国皇帝朱元璋及建文帝在南京是否也如此，未见记载。客观地分析，朱元璋唯恐政权未稳，全心理政，无心游山玩水，甚至他反对并坚决制止不务朝政、奢靡享乐风气的发生。而建文帝仅作四年皇帝，其中三年都是应对朱棣的“靖难之役”，既无暇也无心游山玩水。

永乐间，随着政权的稳固，朱棣有时也到园林中游憩。据《翰林记》：“永乐七年（1409年）三月，车驾至北京，命学士胡广，谕德杨荣、金幼孜，修撰王英等从游万岁山。”这个万岁山，是指太液池琼华岛。金幼孜《春日陪驾游万岁山》诗记略此事：

凤辇游仙岛，春残花尚浓。
龙纹蟠玉砌，莺语度瑶宫。
香雾浮高树，祥云丽碧空。
五城双阙外，宛在画图中。

胡广《春日陪驾游万岁山》诗云：

巀嶪临丹阙，迢遥跨紫台。
龙香浮日动，凤盖拂云来。
叠巘参差出，层崖隐映开。
幽情不可极，临眺重徘徊。

胡俨《次韵胡学士（广）陪驾游万岁山》诗云：

凤辇宸游日，祥云夹道红。
香风传别殿，飞翠绕行宫。
径转千岩合，波回一镜空。
忽看鸾鹤起，声在半天中。

阁道云为幄，仙山玉作台。
更无凡迹到，只有异香来。

柳拂金舆度，花迎宝扇开。

太平多乐事，扈从得徘徊。[1]

明初的万岁山即琼华岛，还基本保持着元代风貌。在春光明媚之际，朱棣率众臣游览琼华岛等西苑风光，展现一派祥和气氛。尽管此时朱棣登基不久，还未迁都北京，况且北征战事紧迫，但还是抽空欣赏太液池园林风光，这对他是难得的。

明宣宗时，天下承平，是明代内政外交最好时期。所谓“仁宣之治”，其实，仁宗在位仅一年，谈不上治，主要还是宣宗时期。所以他曾多次游览皇家园林，有时侍奉太后游幸。《明宣宗实录》记载：“宣德三年（1428年）上奉皇太后游西苑。上亲掖太后舆上万岁山，奉觞上寿。太后悦，酌酒饮上，且曰：‘今天下无事，吾母子得同此乐，皆天与祖宗之赐也。天下百姓皆天与祖宗之赤子，为人君但能保安百姓，使不至于饥寒，则吾母子斯乐可永远矣。’”嘉靖“戊戌（十七年，1538年）上奉慈宁泛西苑。召郭翊公勋，李、夏二少傅，顾少保从。后居西苑斋宫，四臣与分宜相不时宣召，至夜分，多寓宿苑内，时未有直庐也”。这是世宗侍奉其母游览西苑。

明代皇帝更多时候是率众臣同游，特别是宣宗和英宗游览西苑、东苑最多。《翰林记》记载：

宣德三年（1428年）三月，上命尚书蹇义，内阁学士杨士奇、杨荣等十有八人同游万岁山，许乘马，将从者二人，登山周览。复赐登御舟，泛太液池。中官挐舟网鱼，有旨人赐御酿玉醅一瓯，饮既，复命乘马游小山。

宣宗这次游览，陪同者及服务者等数十人，浩浩荡荡，又骑马，

[1] 《日下旧闻考》卷三六《明宫室四》。

图 7-1 《明宣宗朱瞻基行乐图》（全卷）（故宫博物院提供）

又划船，游太液池、琼华岛及兔儿山。杨荣《泛太液池作》记此事曰：

太液春波暖，承恩泛彩舟。

轻盈兰棹发，荡漾玉虹流。

帘影移宫树，茶香出御瓯。

此中多胜境，况是从宸游。

《明英宗实录》载：“天顺四年（1460年）九月，新作西苑殿宇轩馆成……上临幸，召文武大臣从游，欢赏竟日。”[1]天顺年间，英宗也带群臣游览东苑，回望幽禁岁月。嘉靖时期，西苑无逸殿和豳风亭成，世宗召朝臣游宴，赋“七月诗”，等等。

二是登高远眺形胜。明代皇家园林中山水相依，所以也是皇帝登高远眺、饱览风景处。可供皇帝登高者如北海有琼华岛，南海有南台，西苑还有兔儿山，玄武门北之万岁山（煤山）以及宫后苑堆绣山等。彭时《赐游西苑记》：

西苑在宫垣西，中有太液池，周十馀里，池中架桥梁以通往来。桥东为圆台，台上为圆殿，殿前有古松数株。其北即万岁山，山皆太湖石堆成，上有殿亭六七所，最高处，广寒殿也。池西南又有一山，最高处为镜殿，乃金元时所作。其西南曰南台，则宣庙常幸处也。[2]

这里点了宣宗经常登临的几处，如北海万岁山（琼华岛）及广寒殿、南海南台等。

宣德七年（1432年）七月，上登万岁山，坐广寒殿，召翰林儒臣，传命周览都畿山川形势。既毕，上曰：“兹山兹宇，元顺帝所日宴游者也，岂不可感？”侍臣叩首曰：“殷之迹，周之监也。”[3]

[1] 以上均引自《日下旧闻考》卷三六《明宫室四》。

[2] 《日下旧闻考》卷三五《明宫室三·可斋笔记》。

[3] 《日下旧闻考》卷三六《明宫室四·翰林记》。

宣宗率儒臣登广寒殿，不仅是欣赏山川形胜，更重要的是总结历朝历代兴亡的历史经验教训，体会奢侈浮靡必亡的古训。从殷亡周兴，到元灭明立，要群臣以史为鉴。

紫禁城北面的万岁山（煤山）是皇城的制高点，也是最理想的登高处。“山上有土成磴道，每重九日驾登山觞焉。”[1]由于万岁山与紫禁城更近便，所以明代皇帝登高游览，更多地选择万岁山。特别是每逢重阳节，皇帝常在此登高。兔儿山在西苑的西南角上，距离稍偏远，但那里有高耸的假山和旋磨台，所以也是九九重阳时皇帝登高的选择之一。《金鳌退食笔记》记载：“明时重九（皇帝）或幸万岁山，或幸兔儿山清虚殿登高。宫眷内臣皆著重阳景菊花補服，吃迎霜兔、菊花酒。”皇帝登高游览，不仅有美酒佳肴，还有看戏听曲，内容丰富多彩。《天启宫词注》记载：“兔儿山即旋磨台。天启乙丑（五年，1625年）重阳，车驾临幸，钟鼓司邱印执板唱《洛阳桥记·攒眉黛锁不开》一阕。次年复如之。”正如陈悰有诗曰：“美人眉黛月同弯，侍驾登高薄暮还。共讶洛阳桥下曲，年年声绕兔儿山。”[2]当然，除了重阳以外，平时游览园林，登高远眺，一览山水风光，也是皇帝游乐的一种常态。

三是骑射游猎围场。明代皇家大规模的行宫别苑极少，南海子是唯一的一个。然而，也可供皇帝驰马引弓，进行田猎。所谓田猎，实际上是一种大型的狩猎野兽的游戏活动。大凡中国的帝王，俱爱此道，明代皇帝亦不例外。游猎场所可有两种，一种在荒郊野外，另一种就是专门供帝王狩猎的场所，即围场。

明代没有专门的皇家狩猎围场，所以，皇帝将京畿的别苑南海子，姑且当作游猎场所。据《帝京景物略》记载：“永乐中，岁猎以时，讲武也。天顺二年（1458年），上出猎，亲御弓矢，勋臣、戚臣、武臣应诏驰射，献禽，赐酒馔，颁禽从官，罢还。正德十二年（1517

[1]《日下旧闻考》卷三五《壶书》。

[2]《日下旧闻考》卷四二。

年)，上出猎。”[1]据《明会要》载，永乐“十三年（1415年）十月甲申，猎于近郊”。所指就是在南海子狩猎。在明代皇帝中，英宗和武宗是最热衷于在南海子游猎者。英宗于“正统十年（1445年）十月丙午，猎南海子”。他复位的第二年，即“天顺二年（1458年）十月甲子，猎南海子”[2]。武宗游乐成性，特别是即位后的后期，年年游猎于南海子。正德“十二年（1517年）正月己丑，大祀天地于南郊，遂猎于南海子，夜中还”。十三年（1518年）正月“庚戌，大祀天地于南郊，遂猎于南海子。辛亥，还宫”。这次游猎，兴致颇高，三天才还宫。十四年（1519年）二月“丁丑，大祀天地于南郊，遂猎于南海子”[3]。可见，皇家园林承载了狩猎场的独特功能。

四是垂钓行船游乐。太液池水域宽阔，碧波荡漾，两岸绿树成荫，殿宇亭台错落，风景迷人。所以，这里是理想的水上乐园。明代皇帝都喜欢坐龙船凤舸，或带后宫嫔妃、内臣游览，或召诸臣垂钓游戏。为此，在北海东岸专门建有船坞及水殿，在南台也建有御用码头，随时为皇帝游览提供服务。《翰林记》记载，宣德三年（1428年）三月，宣宗在尚书蹇义，内阁学士杨士奇、杨荣等18人的陪同下，游万岁山（即琼华岛）。先乘马游览，后登山，“复赐登御舟，泛太液池，中官拏舟网鱼，有旨人赐醖玉醅一瓯。饮既，复命骑马游小山(即兔儿山)”[4]。这次游览西苑，既登山又下海，既徒步又乘马，吃喝玩乐，兴师动众，好不热闹。武宗性好逸乐，建造了巨大的乌龙船，在太液池寻欢作乐。嘉靖建造了更豪华的龙船凤舸，多次在太液池中游憩。“嘉靖十五年（1536年）五月，召辅臣李时、礼官夏言、武定侯郭勋泛舟西苑。帝以五日率先朝故事，泛舟西苑，特召时、言、勋侍行。先命太监韦霦赐以艾虎、彩索、牙扇等物。帝至，御龙舟，命

[1] 《帝京景物略》卷三《南海子》。

[2] 《明会要》卷一六《大政记》。

[3] 《明史》卷一六《武宗本纪》。

[4] 《日下旧闻考》卷三六《明宫室四・翰林记》。

图 7-2　明人《入跸图》（局部）（台北故宫博物院藏，故宫博物院提供）

时、言一舟，自芭蕉园历金鳌玉蛛桥至澄碧亭，颁赐御肴，又命楫人荡桨近龙舟顾问，已而赐宴无逸殿，乃还。”[1]当时夏言作《御舟歌》曰:“御舟北，臣舟南。积翠堆云山似玉，金鳌玉蛛水如蓝。臣舟南，御舟北。云龙会合良及时，鱼水君臣永相得。”[2]

在水上游乐，还讲节令。每当端午时，皇帝往往坐船游乐于太液池。明熹宗酷爱水上游乐，因而差点儿把身家性命也搭上。“上数同中官泛轻舠于西苑，手操篙橹，去来便捷。乙丑（天启五年，1625年）用绛缯小舟，首尾龙形，上亲持划，同内侍刘思源、高永寿溯流。俄而风起，云雾四塞，舟覆，二珰溺死。太监谭敬急往扶驾出水。”陈悰曾作诗调侃云:“琉璃波面浴轻凫，艇子飞来若画图。认著君王亲荡桨，满堤红粉笑相呼。风掠轻舟雾不开，金鳞吹裂彩帆摧。须臾一片欢声动，捧出真龙水面来。”[3]真可谓是“真龙”游水了。

明朝末代皇帝崇祯，尽管国难当头，身处危局，李自成领导的农民战争烈火已经燃烧到家门口了，仍然不忘在太液池中作乐。“崇祯十五年（1642年）春，上游西苑，召内阁、五府、六部、都察院、锦

[1]　《日下旧闻考》卷三五《明宫室三・翰林记》。

[2]　《日下旧闻考》卷三五《桂洲集》。

[3]　《日下旧闻考》卷三五《天启宫词注》。

衣卫诸大臣从。先于上舟行礼毕，赐馔，分舟而游。日晡，复登上舟谢，乃退。”[1]

水上游乐，在冬季变成了冰上游乐。每当天寒地冻，太液池结冰时，皇帝就率太监们在太液池上滑冰取乐。《天启宫词注》记载：“西苑池冰既坚，以红板作柁床，四面低栏亦红色，旁仅容一人。上坐其中，诸珰于两岸用绳及竿前后推引，往返数里。”[2]

五是舞文弄墨，吟诗作画，故弄风雅。皇家风景园林的青山绿水，亭台楼阁，旖旎风光，往往使人触景生情，文思涌动，诗兴大发。明代的皇帝率文臣儒士游览皇家园林时，不乏雅兴。

永乐间，成祖几次临幸东苑，观赏击球射柳，“命儒臣赋诗”。王直有诗《忆去年东苑从幸车驾观击球射柳》云：“云开山色浮仙仗，风送莺声绕御筵。今日独醒还北望，何时重咏柏梁篇。”[3]可见，当时游东苑曾作柏梁诗。琼华岛不仅风光独佳，而且环境幽静，是读书写诗的好地方。宣宗皇帝崇文好学，把广寒殿变成了御用图书馆。宣德八年（1433年）四月，他对杨士奇、杨荣说：“朕于宫中所在皆置书籍楮笔，今修葺广寒、清暑二殿及琼华岛，欲于各处皆置书籍。卿二人可于馆阁中择能书者，取‘五经’‘四书’及《说苑》之类，每书录数本，分贮其中，以备观览。”[4]宣宗喜爱绘画，在此读书、写字、绘画，岂不美哉！

嘉靖间，世宗喜欢在西苑等皇家园林中偕文臣游览，并常命随臣吟诗作词，以示风雅。《肃皇外史》记载：嘉靖十年（1531年），西苑无逸殿和豳风亭落成，嘉靖在无逸殿设宴庆贺。“今用宴以落成之，经筵日讲官俱与，仍各进讲《七月》诗《无逸》书各一篇。”《万历野获编》也说：“世宗初建无逸殿于西苑，翼以豳风亭，盖取《诗》

[1] 《日下旧闻考》卷三五《崇祯遗录》。
[2] 《日下旧闻考》卷三五《天启宫词注》。
[3] 《日下旧闻考》卷四〇《王文端集》。
[4] 《日下旧闻考》卷三六《明宣宗实录》。

《书》义以重农务，而时率大臣游宴其中，又命阁臣李时、翟銮辈坐讲《豳风·七月》之诗，赏赉加等，添设户部堂官专领穑事。”[1]这就是在西苑无逸殿落成之际，要阁臣给在场的众臣演讲《诗经》中十五国风之《豳风·七月》，其内容是歌颂农务的。同时，众臣以劝农为主题，吟诗作词，歌颂世宗劝农亲桑的功德，以取悦皇帝。“嘉靖十二年（1533年）四月，上行西苑，御宝月亭，召张孚敬等同游。御清馥殿、翠芬亭，赐茗、酒、锦囊、诗扇、红药花，制古乐府五七言绝句各一章命和。”“张少师孚敬、李少保时、方少保献夫、翟殿学銮于癸巳岁（嘉靖十二年，1533年）赐游万岁山诸处，有《春游唱和集》。”[2]

嘉靖与文臣吟诗作词，还有一个重要主题，命大家写“青词”，就是颂扬神灵、长寿成仙之类。这些所谓词臣多达数十人，并住宿于西苑，随时为世宗撰写青词。《凤洲笔记》记载：“己亥（嘉靖十八年，1539年）时赐无逸殿左右厢分居，多应制供青词之作。”[3]嘉靖间，“一时词臣以青词得宠眷者甚众”。为世宗写青词的朝臣，有记载者多达24人。“时每一举醮，无论他费，即赤金亦至数千两。盖门坛扁对，皆以金书，屑金为泥，凡数十碗，其操笔中书官预备大管，泚笔令满，故为不堪波画状，则袖之，又出一管，凡讫一对，或易数十管，则袖中金亦不下数十铢矣。”[4]

总之，明代皇帝充分发挥了皇家风景园林游宴功能，游山玩水，形式多样，花样百出，极尽其效，与历代帝王比毫不逊色。

目前发现的明人所绘明代皇帝行乐图有：故宫博物院所藏《明宣宗朱瞻基行乐图》、中国国家博物馆所藏《明宪宗元宵行乐图》和台湾周海圣先生个人收藏的《四季赏玩图》，这些画作生动地证明，明

[1] 《万历野获编》卷二《无逸殿》。

[2] 《日下旧闻考》卷三五《嘉隆闻见纪》。

[3] 《日下旧闻考》卷三六《凤洲笔记》。

[4] 《万历野获编》卷二《嘉靖青词》。

图 7-3 《明宪宗元宵行乐图》（局部）（国家博物馆藏，故宫博物院提供）

代宫廷园林的确发挥了为皇家提供享乐的重要作用。《明宣宗朱瞻基行乐图》以运动竞技娱乐为主题场景；《明宪宗元宵行乐图》以元宵节庆游乐为主题场景；《四季赏玩图》则以四时园林赏玩为主题场景，即以春之牡丹、夏之荷花、秋之菊花、冬之梅花四季四大名花为主景，配以碧水奇石、青松苍梧等花木和亭台楼阁、碧瓦红墙等园林建筑以及茶酒游戏器具，展现了宛如仙境的皇家园林景观。这里成为了明代皇家享受园林美妙生活的重要场所。

图 7-4-1　《四季赏玩图 · 荡秋千》（台湾周海圣收藏提供）

图 7-4-2　《四季赏玩图 · 春景》（台湾周海圣收藏提供）

图 7-4-3　《四季赏玩图 · 夏景》（台湾周海圣收藏提供）

图 7-4-4　《四季赏玩图 · 秋景》（台湾周海圣收藏提供）

二　笼络朝臣的政治工具

明代的皇家园林，不仅为皇帝提供优美的生活环境和游山玩水的宴乐场所，而且被帝王巧妙运用为笼络朝臣、改善君臣关系的政治工具。皇家园林，本质上是帝王独享的私人场所，是典型的“独乐乐”之地，他人未经允许，是绝不可以涉足的。所以，皇帝让朝臣“赐游”，甚至赐同游，那将是天降恩赐，皇恩浩荡；那些朝臣感激涕零，无上荣耀，更加拥戴皇上。明代皇帝熟谙此道。

“永乐十五年（1417年）十一月壬申，金水河及太液池冰凝，具楼阁龙凤花卉之状。上赐群臣观之。”[1]冬天，太液池结出各种图案的冰花，本为平常事。但成祖让朝臣前来参观，通过这一简单举措，既表明了永乐朝天示祥兆，成祖乃真龙天子，又体现了皇帝的莫大恩惠，岂不一箭双雕？

宣宗是成祖朱棣的孙子，多次聆听其治国教诲，所以处处模仿其祖父的政治手腕。“宣德三年（1428年）七月，召尚书蹇义、夏元吉、杨士奇、杨荣同游东苑。”[2]“宣德八年（1433年）三月，少保黄淮辞归，上宴饯于西苑太液池，亲洒宸翰制诗送之，仍赐金织衣一袭。”[3]这是皇帝为为黄淮饯行。《翰林记》也记载：“宣德八年（1433年）四月二十六日，上命勋旧辅导文学之臣游西苑。翰林则少傅杨士奇、杨荣，少詹事王英、王直，侍读学士李时勉、钱习礼，时少保黄淮来自退休与焉。”[4]这次是黄淮退休后来谢恩。宣宗对卸官归乡的臣下，专门在太液池安排饯行酒宴，或让文臣陪同赐游西苑。如此恩典，朝臣能不感激万分？宣德朝少詹事王直《记略》记载，宣德八年（1433年）“六月七日，陪少师少保及诸学士于太液池上，焚三朝实录草

[1] 《日下旧闻考》卷三六《明宫室四・明成祖实录》。

[2] 《日下旧闻考》卷三六《宫室四・翰林记》。

[3] 《日下旧闻考》卷三六《明宫室四・大政记》。

[4] 《日下旧闻考》卷三五《明宫室三・翰林记》。

本，诏许游万岁山，观金、元遗迹"[1]。这些文臣撰写完成了三朝皇帝实录，因此，皇帝以赐游西苑作为褒奖，以示功莫大焉。杨士奇《赐游西苑诗序》也记载："宣德八年四月，上以在廷文武大臣日勤职事，不遑暇逸，特敕公、侯、伯、师傅、六卿、文学侍从游观西苑。偕行凡十有五人。"[2]宣宗如此频繁赐游，可见用心深远。

英宗历经生死劫难，复辟后更重视笼络朝臣，巩固皇位，所以也多次恩赐朝臣游西苑。李贤《赐游西苑记》："天顺己卯（三年，1459年）首夏月，上命中贵人引贤与吏部尚书王翱数人游西苑。"[3]韩雍《赐游西游记》也说："天顺三年（1459年）四月，赐公卿大臣以次游西苑。"[4]

嘉靖以旁支入统，一开始就因"大礼仪之争"，与朝臣的关系十分紧张。所以，他恩威并用，一方面严厉打击反对派，另一方面极尽拉拢扶植忠于自己的政治势力，所以，也多次与朝臣同游或赐游皇家园林。"张少师孚敬、李少保时、方少保献夫、翟殿学銮于癸巳岁（嘉靖十二年，1533年）赐游万岁山诸处，有《春游唱和集》。"嘉靖为了在政治上笼络朝臣，不仅让儒臣进驻西苑，而且经常赏赐各种物件，以示皇恩和政治上的信任。《金鳌退食笔记》记载："明世宗晚年爱静，常居西内。勋辅大臣直宿无逸殿，日有赉赐，如玲珑雕刻玉带、金织蟒服、金嵌宝石斗牛绦環、彩绒护膝、独角兽補子、貂鼠暖耳、清油雨笠、御制药酒五味汤、御药如意汤、橙橘瓜果之类。严分宜记赐画扇有海榴罂可寸许，穴其腹，藏象刻物器一百事，工巧异甚。又有水晶及牙仙人坠子。"[5]概言之，明代皇帝将让朝臣游览皇家园林，当作信任、褒奖和笼络朝臣的一种政治手段，屡用不弃，从而皇家园林成为一种特殊的政治工具。

---

[1]《日下旧闻考》卷三五《明宫室三》王直《记略》。
[2]《日下旧闻考》卷三五《明宫室三·翰林记》。
[3]《日下旧闻考》卷三五《明宫室三·古穰集》。
[4]《日下旧闻考》卷三五《明宫室三·韩襄毅集》。
[5]《日下旧闻考》卷四二《皇城》。

三 练兵习武的军事教场

明代皇家风景园林，还有一个功能，就是在园林中练兵习武，使园林成为教场。明代的几处皇家园林中，都有习武之处。西苑西北角上有教场，中海西岸有射台；东苑有射柳场所，在万岁山有观德殿，也是跑马射箭之所。

这个传统始于永乐时期。《大政记》记载："永乐十一年（1413年）五月癸未，端午节，车驾幸东苑，观击球射柳，听文武群臣、四夷朝使及在京耆老聚观。分击球官为两朋，驸马都尉广平侯袁容领左朋，宁阳侯陈懋领右朋，自皇太孙而下诸王大臣以次击射。皇太孙击射连发皆中，上喜，命儒臣赋诗，赐群臣宴及钞帛有差。"《明典汇》记载："永乐十四年（1416年）端午节，上御东苑观击球射柳。"王直《端午忆去年从幸东苑击球射柳赐诗赐宴》诗，记其事："千门晴日散祥烟，东苑宸游忆去年。玉辇乍移双阙外，彩球低度百花前。"[1]可见，当时每逢端午，都组织朝廷官员进行击球射柳比赛，皇帝亲临观赏。这不是简单的游戏，而是十足的练兵习武。

明武宗好武，组建"威武团营"，把西苑当作练兵习武场所。《西元集》记载：

> 太液西堤出兔园东北，台高数丈，中作团顶小殿，用黄瓦，左右各四楹，接栋稍下，瓦皆碧。南北垂接斜廊，悬级而降，面若城壁，下临射苑，背设门牖，下瞰池，有驰道可以走马，乃武皇所筑阅射之地。[2]

万岁山东侧的观德殿，前有射箭所。《悫书》记载，万岁山"山

[1] 《日下旧闻考》卷四〇《皇城》。
[2] 《日下旧闻考》卷三六《明宫室四》。

左宽旷，为射箭所，故名观德”[1]。皇帝在此观摩朝臣或皇家子弟驰马射箭，考察其政治和军事素养，所以这里成了比武修德的考场。在北海西岸西北隅，有嘉乐殿。“再西则亲军内教场也”[2]，将皇家风景园林当作习武练兵场所，这是明代皇帝赋予的独特功能。

四　皇帝寻欢淫乐之所

明代皇帝，从中叶开始日益腐糜昏庸，最典型的莫过于明武宗了。他以极其荒淫无度著称于史。武宗在31年短暂的一生中，干了许多荒唐事，其中在西苑构建豹房，从各地搜罗美女，夜以继日地淫乐，此事载入了《明史·武宗本纪》。

武宗即位后不久就急急忙忙着手在北海西岸营建淫乐场所：正德二年（1507年）“秋八月丙戌，作豹房”。《明武宗实录》也记载：“正德二年（1507年）八月，盖造豹房宫廨前后庭房，并左右厢歇房。上朝夕处此，不复入大内矣。”“七年（1512年），添修豹房屋二百余间，费银二十四万两。”[3]所谓“豹房”，即仿唐人所称。《榖城山房笔麈》注解曰：“唐时给役禁中多名为小儿……五坊小儿是也。五坊者，德宗所立，曰雕坊、鹘坊、鹞坊、鹰坊、狗坊。汉有狗监，正德中豹房，皆是此意。”[4]

武宗即位时面临许多军国大事，但他却大兴土木，修建淫逸场所，并将出巡时从各地收进宫里和进献的美女安置在豹房或腾禧殿等处，“御旦燕游，万机不理”[5]。“纵观禁掖，窥龙颜于豹房，分天香于御苑。”[6]正如王世贞《正德宫词》所云：“玉水垂杨面面载，豹房官

[1]《日下旧闻考》卷三五《明宫室三》。

[2]《日下旧闻考》卷三六《明宫室四·金鳌退食笔记》。

[3]《日下旧闻考》卷四二《明武宗实录》。

[4]《日下旧闻考》卷四二《榖城山房笔麈》。

[5]（清）谷应泰：《明史纪事本末》卷四九。

[6]《明史纪事本末》卷四三。

邸接天开。行人莫爱缠头锦，万乘亲歌压酒杯。”[1]武宗在豹房与众美女日夜淫乐，醉生梦死；而且还招来许多僧人，混杂其间，使山清水秀的西苑，变成了乌烟瘴气的龌龊之地。所以，引起朝臣的激烈抗争。正德九年（1514年）十月，刑部主事李中上言，历数正德间国政失误，说得十分尖锐：

> 盖以陛下惑于异端也。夫禁掖严邃，岂异教所得杂？今乃于西华门内豹房之地，建护国佛寺，延住番僧，日与亲处。异言日沃，忠言日远，则用舍之颠倒，举错之乖方，政务之废弛，岂不宜哉！[2]

武宗在西苑的淫乐场所不止豹房一处，还有腾禧殿。《金鳌退食笔记》说：“腾禧殿覆以黑琉璃瓦，明武宗西幸，悦乐伎刘良女，遂载以归居此，俗呼为黑老婆殿。”[3]武宗巡游无度，所到之处，扰民劫色，天怒人怨。“每夜行，见高屋大房即驰入，或索饮，或搜其妇女，居民苦之。”

所谓“西幸”，指从正德十二年（1517年）八月开始，先后三次以各种名义到（山西）宣府、石州、文水、太原，陕西榆林、绥德等地巡游。当时，江彬因投武宗所好而得宠，在宣府为武宗修建所谓“镇国府第”，“复辇豹房所储诸珍宝，及巡游所收妇女实其中”。武宗称其为“家里”。正德十三年（1518年）九月，他怀念宣府“家里”，第三次西巡，十月渡黄河到陕西榆林、绥德，十二月又东渡黄河到山西石州、文水、太原。太原有晋王府乐工杨腾妻、乐户刘良之女，“色姣而善讴”。对这位有夫之妇、能歌善舞的美女，武宗见而悦之，“遂载以归”，“宠冠诸女，称美人，饮食起居必与偕。左右或触上怒，

---

[1] 《日下旧闻考》卷四二《弇州山人稿》。
[2] 《日下旧闻考》卷四二《明武宗实录》。
[3] 《日下旧闻考》卷四二。

阴求之，辄一笑而解”。近臣称之为“刘娘娘”[1]。腾禧殿便成为武宗与刘良女寻欢作乐之所。朱彝尊在《日下旧闻》中记载了武宗于正德十四年（1519年）二月南巡时，约定中途召刘良女，上演了缠绵情深的童话故事：

> 康陵载刘良女归，号曰夫人。及南巡日，帝期以中途召之。夫人脱簪予帝以示信。帝骑过卢沟亡之，大索不得也。行至临清，念夫人，召之。以不见簪不往，帝不获已，兼程抵潞河，载夫人偕南。……然夫人在途常谏帝游猎，非专以色固宠者。[2]

武宗在天寿山的陵寝称康陵，故“康陵”者，即明武宗也。古人有时用帝王陵寝的称谓，代指其墓主人。

从这段记载中可见，武宗与刘良女像是正在初恋中的缠绵情人。武宗外地巡游，也要半路邀约，而刘氏则不见信物不约会，正如胡缵宗《拟古诗》云：“惊喜君王至，西华夜启扉。后车三十乘，载得美人归。”[3]不过，这位刘良女还不算坏，她并不是一味蛊惑皇帝淫乐，而常常劝解武宗宽容对人，游猎有度，发挥正面作用。刘良女死后葬于金山。

明武宗最后“崩于豹房，年三十有一”。武宗临死，“罢威武团营，遣还各边军，革京城内外皇店，放豹房番僧及教坊司乐人。戊辰，颁遗诏于天下，释系囚，还四方所献妇女，停不急工役，收宣府行宫金宝还内库”[4]。临死才醒悟，为时已晚。

[1] 《日下旧闻考》卷四二《皇城·明武宗外纪》。
[2] 《日下旧闻考》卷四二《朱彝尊原按》。
[3] 《日下旧闻考》卷四二《鸟鼠山人集》。
[4] 《明史》卷一六《武宗本纪》。

五 斋醮炼丹的宗教道场

明代的皇家风景园林，还发挥了皇帝求神拜佛，建斋醮、炼金丹、求长生的重要基地作用。明代皇帝，有的信佛，有的则信道。他们除了营建皇家佛寺道观、礼佛拜仙外，特别喜欢在皇家风景园林中从事宗教活动，其中嘉靖皇帝尤为典型。

在西苑中，嘉靖时期营建或修葺的道教建筑最多，如大高玄殿、大光明殿、兔儿山清虚殿、万寿宫、朝天宫等等。而且，他把西苑、东苑、宫后苑的许多原有建筑更姓换名，赋予道教意味浓厚的名称。《明世宗实录》记载："嘉靖二十一年（1542年）夏四月庚申，上于西苑建大高玄殿，奉事上元，至是工完，将举安神大典。"[1]这次安神大典十分隆重，规定"自今十日始，停刑止屠，百官吉服办事，大臣各斋戒，至二十日止。仍命官行香于宫观庙，其敬之哉。因遣英国公张溶等分诣朝天等宫及各祠庙行礼"。可见兴师动众如庆重大节日，延续十天之久。《万历野获编》说："今西苑斋宫独存大高玄殿，以有三清像，至今崇奉尊严，内官宫婢习道教者，俱于其中演唱科仪。"[2]大高玄殿不仅是嘉靖皇帝修行道教的场所，其后万历间成为内官、宫婢学习、修演道教的培训基地。

嘉靖皇帝从"壬寅宫变"，即嘉靖二十一年（1542年）宫女谋害嘉靖未遂事件后，搬出紫禁城，到仁寿宫（万寿宫）居住，一直到死。所以，仁寿宫被称之为西内或西宫。《万历野获编》记载：

> 万寿宫者，文皇帝旧宫也，世宗初名永寿宫，自壬寅从大内移跸此中已二十年，至四十年（1561年）冬十一月之二十五日辛亥，夜，火大作，凡乘舆一切服御及先朝异宝，尽付一炬。相传上是夕被酒，与新幸宫姬尚美人者，于貂帐中

[1] 《日下旧闻考》卷四一《明世宗实录》。

[2] 《万历野获编》卷二《斋宫》。

试小烟火，延灼遂炽。[1]

这次火灾后，紧接着又重修万寿宫。世宗长居西内，除了处理朝政事务外，就是建醮炼丹。

> 世庙居西内事斋醮，一时词臣以青词得宠眷甚众，而最工巧、最称上意者，无如袁文荣炜、董尚书份，然皆谀妄不典之言。如世所传对联云："洛水玄龟初献瑞，阴数九，阳数九，九九八十一，数数通乎道，道合元始天尊一诚有感……岐山丹凤两呈祥，雄鸣六，雌鸣六，六六三十六，声声闻于天，天生嘉靖皇帝万寿无疆。"此袁所撰，最为时所脍炙，他文可知矣。[2]

又如蒋山卿宫词云："君王亲著紫霞裳，白玉冠簪八宝光。夜半碧坛星月冷，九天仙乐下鸾皇。"又"碧殿瑶坛礼上清，桂花凉露浸银屏。双双玉女扶青案，跪启琅函讽道经。"兔园兔儿山上清虚殿，其南是旋磨台，这里都是世宗举行道教礼仪的场所。小山子"又南为瑶景、翠林二亭，古木延翳，奇石错立，架石通东西两池。南北二梁之间曰旋磨台，螺盘而上，其巅有甃，皆陶埏云龙之象，相传世宗礼斗于此"[3]。礼斗，就是祭拜星斗的宗教仪式。可见，世宗在这里设道场，建斋醮，拜星斗。

总之，如《万历野获编》卷二《帝社稷》所云：

> 自西苑肇兴，寻营永寿宫于其地，未几而玄极、高玄等宝殿继起，以玄极为拜天之所，当正朝之奉天殿；以大高玄

[1] 《万历野获编》卷二九《万寿宫灾》。

[2] 《万历野获编》卷二《嘉靖青词》。

[3] 《日下旧闻考》卷四二《金鳌退食笔记》。

为内朝之所，当正朝之文华殿；又建清馥殿为行香之所，每建金箓大醮坛，则上必日躬至焉。凡入直撰元诸臣，皆附丽其旁，即阁臣亦昼夜供事，不复至文渊阁。盖君臣上下，朝真醮斗几三十年，与帝社稷相始终。

西苑宫殿，自十年（1531年）辛卯渐兴，以至壬戌（四十一年，1562年），凡三十余年，其间创造不辍，名号已不胜书。至壬戌万寿宫再建之后，其间可纪者，如四十三年（1564年）甲子重建惠熙、承华等殿，宝月等亭，既成，改惠熙为玄熙延年殿。四十四年（1565年）正月，建金箓大典于玄都殿，又谢天赐丸药于太极殿及紫皇殿，此三殿又先期创者。至四十四年重建万法宝殿，名其中曰寿憩，左曰福舍，右曰禄舍，则工程甚大，各臣俱沾赏。至四十五年（1566年）正月，又建真庆殿；四月，紫极殿之寿清宫成，在事者俱受赏，则上已不豫矣；九月，又建乾光殿；闰十月紫宸宫成，百官上表称贺，时上疾已亟，虽贺而未必能御矣。[1]

西苑的这些建筑，大部分都是为嘉靖办斋醮、炼丹丸所用，弄得西苑一时乌烟瘴气，变得宛如一座大道场。

六　亲桑劝农的示范园地

明代皇帝从太祖朱元璋开始就重视农业发展，制定了相关政策措施，鼓励农民安居乐业。同时，祈求神灵，建有专门的社稷坛、祈谷坛、地坛等祭祀场所，祭祀地祇谷神，祈祷风调雨顺，五谷丰登。

嘉靖帝在前期，也十分热心农业，在西苑开辟荒地劝农，皇后亲

[1] 《万历野获编》卷二《斋宫》。

桑坛场，为天下示范。《万历野获编》记载："嘉靖十年（1531年），上于西苑隙地立帝社帝稷坛……内设豳风亭、无逸殿。其后添设户部尚书或侍郎专督西苑农务。又立恒裕仓，收其所获，以备内殿及世庙荐新先蚕等礼，盖又天子私社稷也。""嘉靖时，建无逸殿于西苑，翼以豳风亭，盖取《诗》《书》义以重农务，而时率大臣游宴其中。""至尊于西成时，间亦御幸，内臣各率其曹作打稻戏。凡播种收获以及野馌农歌征粮诸事无不入御览，盖较上耕耤田时尤详云。"也就是说，每当秋收季节，皇帝都亲自到场，内臣带领所属表演打稻戏，举行隆重的庆丰收仪式。而且，对西苑农务，从播种到收获的全过程，皇帝都亲自过问。据《明世庙圣政纪要》：

> 嘉靖十年（1531年）八月，帝御无逸殿之东室，曰："西苑旧宫是朕文祖所御，近修葺告成，欲于殿中设皇祖位祭告之，祭毕宜以宴落成之。"又曰："《无逸》之作，虽所以劝农，而勤学之意亦在其中。"[1]

嘉靖皇帝这样做的目的，就是劝农。而皇后亲桑，是嘉靖皇帝的创举。"国初无亲蚕礼。嘉靖九年（1530年），敕礼部曰：'耕桑重事，古者帝亲耕、后亲蚕以劝天下。自今岁始，朕亲耕，皇后亲蚕，其具仪以闻。'""上命筑亲蚕坛于安定门外。十年三月，改筑坛于西苑仁寿宫侧……十四年（1535年）皇后亲蚕于内苑。"[2]《万历野获编》评说："嘉靖之制虽未尽合古，然农桑并举，固帝王所重也。"可见，西苑成为皇帝劝农、皇后亲桑的示范基地。

[1] 《日下旧闻考》卷三六。

[2] 《日下旧闻考》卷三六《明典·礼志》。

第八章

明代皇家园林艺术风格

明代的皇家园林，是历代皇家园林艺术的集大成者，并使中国皇家园林艺术达到新的高度。它不仅继承了历代皇家园林的艺术成就，而且具有创新性。同时，由于明代社会、经济、文化的发展，私家园林尤其文人园林蓬勃兴起，对皇家园林艺术产生了积极影响。故此，明代皇家园林不仅具有一般古典园林所共同的艺术风格，还有其自身独特的艺术风格。

第一节　气势恢宏，彰显皇家风度

明代皇家园林与汉唐皇家园林相比，虽然单体宫苑类园林在规模上稍逊，略显微巧，但毕竟是皇家园林，其艺术特色首先是气势恢宏，彰显皇家气派。这一艺术风格集中体现在如下四个方面：

一　规模宏阔，气势磅礴

明代皇家宫苑，包括宫后苑、西苑、东苑、南苑、慈宁宫花园、万岁山等，分布于大内，总体规模宏阔。尤其是在元代基础上扩建了太液池，新开凿了南海水面积，从而使北、中、南三海连成一体。西苑总面积达12000亩，其中水面积6550亩。这比辽、金、元代皇家园林，规模有了明显增加。明代大内御苑有如此大面积水域，在历代皇家园林中可谓首屈一指。明东苑和万岁山的规模也是相当可观，万岁山总面积达34000公顷，（51万亩）。就皇家园林单体规模而言，秦、汉、唐的上林苑，或许堪称天下之最，明代的大内御苑不可比拟，但皇家寺观园林、陵寝园林和祭祀园林却是首屈一指的。如武当山皇家宫观园林，方圆八百里，在历代皇家寺观园林中是仅见的。明代皇家陵寝园林最集中的就是天寿山。整个山脉被13个皇帝陵寝所占据，可谓蔚为壮观，只有清代的东陵可与之一比高下。这些各种类型的皇家园林，有一种共同的神韵，就是气势磅礴。无论总体规模而言，还是园林景点景物而论，都体现出震撼人心的外在张力。这种神韵或张力，形成磅礴气势，只有在皇家园林中才能体会得到。因此，这不失为皇家园林才独具的艺术风格。

二　体量硕大，巍峨雄壮

建筑是园林的重要组成部分。明代皇家园林，不仅是在空间上占地面积大，而且在景观布局和景点规模上也显得气势恢宏。尤其殿宇宫馆、亭台楼阁等园林建筑群，体量庞大，鸿篇巨制；再加上红墙黄瓦、飞檐斗拱、金碧辉煌的外观及形制，更显美观大气，体现了中国皇家园林建筑的成熟风韵。明代皇家园林以建筑的宏阔壮美、气势的轩昂和规制的完美而彰显皇家气派。

作为皇家园林建筑，比起私家园林建筑，体量都大得多。无论是皇家御苑、祭祀园林，还是陵寝园林、寺观园林，其主要单体建筑面阔五间或三间；进深一般三间，而且高大雄伟。这在明代社会经济和生产力条件下，已属豪华型。更为重要的是，充分体现出皇家建筑的独有规制。而且，每个景区、景观群及景物点，都由诸多宫殿、亭台楼阁、路桥牌垣、动植物等景观要素组合而成，显得巍峨壮丽，从外观上充分体现其皇家身份。皇家园林建筑之所以追求高大雄伟，蔚为壮观，特定规制，是因为不如此不足以体现皇家气派。这是皇家园林与其他园林之间的显著差别之一，也是皇家园林所追求的重要艺术风格之一。

三　规格高致，登峰造极

中国的古典园林，因其园林主人的社会地位、家族背景、经济状况的不同，存在明显的等级差别。同样是私家园林，王公贵族、皇亲国戚等达官显赫者的园林，其规格明显高于那些富甲一方的大商巨贾、财主富豪的私家园林。而皇家园林规格，则更高于所有私家园林，代表了当时的国家最高规格。

园林规格的高低，是由社会政治制度决定的，是社会等级制度在园林建设中的体现，而不是园林营造者单纯的艺术追求或个性风格所能主宰的。在君主专制时代，皇帝是最高统治者，处在社会等级结构的最高层。所以，皇家园林规格与此相匹配，成为最高规格。所谓规格，主要体现在园林建筑规划设计的规制和建筑形制以及所负载的风格特质上。

如同样是寺观园林，皇家寺观园林在空间布局上一般都强调中轴线对称布局，而其他寺观园林的空间布局，往往因地制宜，随形而就，不一定严格遵循中轴线及对称布局结构。建筑规制上，面阔和进深遵循三、五、七、九阳数，建筑色彩大多选用红墙立面和黄琉璃瓦顶，采用皇家独具的形制。在装帧方面，在梁柱、屋檐、踏垛、栏杆、望柱以及藻井等处，不乏雕绘的龙凤图案等等。这些都体现着皇家规格。

皇家祭祀园林、陵寝园林的建筑规格，则是按特定的礼制进行设计和布局，其园林艺术风格是皇家独有。一些达官贵人或富甲一方的富豪也斥资建造园林式佛寺或道观，也营建自家园林化的祖坟，但是，不得按皇家规格营造，否则就会犯天威违法。包括园区格局、建筑形制、装饰模式以及某些建筑材料的采用等等，不能与皇家园林等同。至于祭祀园林，皇家规制更加严格，如天坛、地坛、社稷坛等等祭祀坛壝，是国家礼仪制度的体现，其布局、形制、尺寸、营造法式、装帧式样等等，都有礼制规范。营建这些祭祀园林，是国家行为，所以私人更不能模仿。如建筑尺寸采用九或五、三，瓦用黄琉璃瓦，装饰用龙凤图案或雕塑，用华表或棂星门，坟茔院落内置石像生等等，是皇家园林建筑的特殊规制，也是最高规格。因此，皇家园林的规格是皇权至高无上地位的象征，这种规格体现了皇帝神圣的地位。

四　体系完备，类型多元

明代皇家园林在类型上已经达到完备，既有提供游乐的皇家宫苑中的大内御苑和行宫御苑，也有皇家祭祀园林、寺观园林以及陵寝园林等,这与明代国家制度的高度发达相一致。为帝王提供游乐为主要功能的宫苑，自秦汉以来逐步发展、成熟，成为都城皇宫的重要组成部分。然而，随着君主专制集权制度的逐步强化，帝王追求豪华奢侈生活的欲望也不断膨胀，大内御苑就不能满足其需求了，于是，出现了行宫御苑、离宫别苑。明代的皇家宫苑，以大内御苑为主体，仅有南苑一处行宫御苑。正如我国著名的北京皇家园林学者朱偰先生在《明清两代宫苑建置沿革图考》自序中说："有明一代，宫殿苑囿之盛，远逾清世。当时皇城之内，皆为宫苑及内府衙署所占。"宫苑一般建在皇城以内，或围绕大内布局建造，这种皇城大内御苑，不管是大一统的强大王朝，还是分裂割据的弱势王朝，或者由少数民族建立的局部王朝，中国历代历朝都有。如西汉一统王朝的长安上林苑、未央宫、建章宫。魏晋南北朝时期，各个大小政权为表明各自的正统性或合法性，都大规模营造大内御苑。魏明帝时期在汉代旧苑基础上扩建芳林园，位于洛阳城内北隅偏东。据《三国志》记载，景初元年

(237年),“帝愈增崇宫殿,雕饰观阁。凿太行之石英,采穀城之文石,起景阳山于芳林之园,建昭阳殿于太极之北,铸作黄龙凤凰奇伟之兽,饰金墉、陵云台、陵霄阙。百役繁兴,作者万数,公卿以下至于学生,莫不展力,帝乃躬自掘土以率之”。

而离宫别苑盛于汉唐,历代效法。唐代开元初,玄宗将自己的藩邸兴庆宫辟为离宫,即南内。其内流水池沼、花草树木、殿宇楼台,一应俱全,玄宗常与杨贵妃居住行乐。唐代最著名的离宫数华清宫,位于距今西安市35公里的临潼县。在两宋时期,南宋的离宫别苑最多。如聚景园,在南宋都城临安(今浙江杭州)清波门外,与西湖相通,旧名西园,外御园之一。屏山园,在临安(今浙江杭州)钱湖门外南新路口,外御园之一。因该园正对南屏山,故名,又称翠芳园。集芳园,在都城临安城外葛岭,据山临湖,宫殿林立。金代有琼林苑,位于金中都(今北京)城外东北方,今北海区域。大定十九年(1179年),金完颜亮大兴土木,构筑宫苑,称大宁宫,后改称琼林苑。据《金史·地理志》:“京城北离宫有大宁宫……明昌二年(1191年)更为万宁宫。”同样以北京为都城的清代,不仅沿用明代的宫苑,而且还大量地营造了颐和园、圆明园、避暑山庄之类的大型离宫别苑,更加丰富了皇家园林。可见,历代帝王大多建有离宫别苑,是一种普遍现象。明代17个皇帝在276年的统治中,虽然处于特殊的或不利的地缘政治环境,却仍建有离宫别苑。

在微观上,即明代皇家园林每一座个体,显得气势恢宏,以十分大气的艺术风格彰显皇家气派。这在某种程度上与历代皇家园林有共性。而在宏观上,历代有过的皇家园林种类,到明代基本具备,尤其是明代皇家祭祀、寺观和陵寝等类型园林及其发达,具备了皇家园林类型完整性的元素,呈现出园林种类的多元化。这种局面的产生,一方面是皇家追求唯我独尊,体现至高无上的权力与地位的政治理念使然;另一方面,是皇家运用国家权力,贪大求全,以举国之力,不惜耗费巨额财力、物力和人力来营建皇家工程,并将其最大限度地园林化，以满足一家之需的结果，从而建立了完备的园林体系。

第二节　象天法地，展示皇家风韵

园林是一种文化载体。明代皇家园林在艺术风格上追求象天法地，极力展现皇家文化。

一　敬天崇神，宣扬“皇权神授”

明代皇家园林，继承历代皇家园林的艺术特色，充分体现“天人合一”理念。由于理学始于宋代，盛于明代，“天人合一”理念已经成为皇家哲学。明代皇家园林体现的“天人合一”理念，既有一般意义上说的人与自然融为一体、和谐相处的概念，也有将“天”当作神灵、天国里的上帝来崇拜；“人”指的也不是普通人，而是皇帝，因而彰显天与皇帝合二为一的意涵。

皇家宫苑如西苑的三海、北海的琼华岛、紫禁城背后的万岁山等等，通过人工掇山理水，营建富丽堂皇的宫殿楼宇、亭台廊阁，种植奇花异木，养殖珍禽怪兽等等，营造出融入秀丽的自然风光和宜人的生态环境的宫苑景观，使人赏心悦目，神情愉悦，达到人与自然的和谐。包括寺观园林和陵寝园林，都能体现同样的意境。这就是通常意义上的“天人合一”，即人与自然环境的和谐统一。

然而，还有一个层面的“天人合一”。帝王利用“天人合一”理念，宣扬“皇权神授”，皇帝是“上天之子”，是上帝在大地上的代理人，所以“奉天承运”，皇帝按照上天的意志来统治国家和百姓。也就是“天”和皇帝成为统一体。因此，在皇家园林中极力体现“天”的存在，极力体现敬天的意蕴。因为“天”就是皇帝，敬天就是尊崇皇帝、尊崇皇权。

由于“天”是抽象的，表示它的存在，只能用特定的符号来替代。如在皇家祭祀园林中，祭天的场所就是皇帝与“天”相通并存的地方。所以，专门营建了天坛，皇帝每年都要亲临天坛郑重其事地行祭天之礼。每当这时，“天”与皇帝合二为一了。这既能彰显天的威力，也能体现皇帝的尊严。很显然，明代皇帝以园林艺术形式体现“天人合一”，一方面使皇帝及其皇族享受大自然的美妙景色；另一方面以“天人合一”做大旗，张扬皇权的神圣和合法性。

至于崇神，在明代皇家园林中随处可见。全部祭祀园林，都是崇神场所。包括天坛、地坛、日坛、月坛、社稷坛、先农坛等等，主祀的都是神灵。寺观园林祭祀的也都是佛教和道教的神灵。皇帝之所以如此崇神，目的就是宣扬“皇权神授”理念，表明皇权的神圣性。

二　道法自然，体现造园法则

皇帝自以为是上天之子、大地之主，因而对天地格外尊崇。明代皇帝对天地的尊崇，不仅体现在礼仪和心理层面上，应该说体现在方方面面，包括皇家园林艺术上。《老子》说宇宙间有四大，即：“道大，天大，地大，人亦大。域中有四大，而人居其中焉。人法地，地法天，天法道，道法自然。”十分敬畏天地的明代皇帝，在营建皇家园林中当然是法天、法地、法自然。

然而，“道法自然”，在园林中的“道”为何物？概而言之，就是造园法则，即依据自然规律制定的法度与规则。在造园实践中，这种法度与规制，往往转化成一种理念或意识，指导造园实践，用法度与规则规范园林实体。这就是道法自然的过程。中国自然式风景园林，以模仿自然山水或曰客观世界为最高法度与规制。在中国的传统文化中，这些造园法度与规则已经形成一种观念形态。在明代皇家园林中，体现“道法自然”，贯彻造园法则最充分、最完美。在陵寝园林中，宝城的形制都是圆形，宝城前的陵园城墙为方形，体现了天圆地方理念。皇帝虽然去世，并埋入地下了，但将此谓之“宾天”，意为升入天堂。所以将坟茔筑成圆形，效法“天圆”；陵园城垣建成方形，这里是活人举行祭祀等活动的场所，故效法“地方”。这里“圆”和“方”，就是自然之“道”。

在皇家祭祀园林中，象天法地、道法自然的艺术风格体现得更加充分。天坛是“象天”的典型，主要建筑如祈年殿、皇穹宇、圜丘等，都是圆形，效法“天圆”；建筑所覆琉璃瓦为蓝色，效法天色；建筑尺寸用的是三、五、七、九等阳数，在《易经》卦爻中乾为阳，乾指天。可见，在天坛的园林建筑中无处不“象天”。

至于“法地”，地坛建筑可称典型。其方泽坛形制，壝墙均为方形，以体现“地方”；皇祇室、神库、神厨、宰牲亭、墙垣等建筑均覆以黄色琉璃瓦，效法土地颜色。与天坛以阳数表示天一样，地坛用阴数象征地。祭台中心是用36块方石板铺面，纵横各6块；围绕中心点，上层铺8圈石板，最里一圈是36块（6的倍数），并以每圈8块递增，最外一圈是92块（4的倍数），共548块石板。下层同样铺8圈石板，最里一圈是100块（4的倍数）；也以每圈8块递增，最外一圈为156块（6的倍数），共1024块石板；两层共计1572块石板，（6的倍数）。而2、4、6、8是阴数，在《易经》卦爻中阴数象征坤，指地。这虽然只是一种象征手法，从形象审美的角度，这未必是美，但从意涵上来说，这不是简单的自然奇数或偶数，它代表了意念中的“自然法则”，即阴阳之道。这种表现手法，在明代皇家园林中得以充分体现，从而构成了帝王文化的要素。

明代，在祭祀天地神的园林场所，运用一切象征手法来表达对天地的尊崇与敬畏。这种高度智慧的处理手段，使皇家园林的象天法地艺术达到出神入化的境界。

三　人作天开，创立艺术新境

中国自然式风景园林，无论是皇家园林还是私家园林，其最高的艺术境界，就是道法自然，而又胜似自然。道法自然，不是简单地效法或模仿自然，做到形似，而是“虽由人作，宛自天开”[1]，甚至胜似天开。

明代是自然式风景园林艺术达到高峰时期，尤其皇家园林的艺术成就最高。其表现就是虽由人作，胜似自然。永乐迁都北京营建皇宫时，用元代皇宫的建筑瓦砾和宫殿建筑施工废土所堆筑的万岁山，峰峦起伏，高低错落，松柏苍翠，杨槐阴森，俨然一座自然山峦。西苑中的三海，三块水面自然连成一体，曲岸蜿蜒，清波荡漾，绿柳垂条，碧草藏花，宛若自然湖泊。皇家这些自然式风景园林，堪称是道法自然的杰作。

宋代的大文豪苏东坡曾评价唐代诗人王维的诗画作品说：“味摩诘之诗，诗中有画；观摩诘之画，画中有诗。”[2]而自然式风景园林是立体的画、有形的诗。这种如诗如画的胜景，是真正的“天然图画”。值得称道的是，皇家竟然把安葬死人的陵寝、举行宗教祭祀活动的场所都营造成山水胜境，并予以深厚的文化意涵。如明代的皇家陵寝，自然环境都十分优美。在风水说的引导下，选择山环水绕的自然环境，以借景的手法，将远近山水纳入陵寝园林布局中。同时，因地貌地势、水系山脉，随形就势，人工营造自然景观。极力避免人造痕迹，展现自然风貌，使建筑的红墙黄瓦、白色台基、围栏与青山绿水浑然协调；远处的山光水影与近处的殿宇楼阁、碧树青草的装点遥相呼应；形成安祥、幽静、神秘的环境，造就特殊的园林景致。这说明，无论是神仙还是鬼灵，死人还是活人，尤其皇帝把自然山水风景视作诸多享乐中的重要部分，因此为鬼神营造师法自然、胜似自然的园林环境。这也体现了明代帝王崇尚自然、融入自然的文化取向。

明代皇家园林的这种独特的艺术风格，更加凸显了中国自然式风景园林的魅力，成为世界风景园林中的佼佼者，不愧为世界三大园林

---

[1] （明）计成：《园冶》卷一《园说》。

[2] （宋）苏轼：《题跋・书摩诘〈蓝关烟雨图〉》。

体系之一。

第三节　庄严精致，体现皇家风范

明代的皇家园林不仅继承和发展了历代皇家园林的艺术成就，而且私家园林尤其文人园林蓬勃兴起，对皇家园林艺术也产生了积极影响。使得明代皇家园林形成以其布局严整、建筑壮丽、装饰精美的庄严精致的艺术特征，体现了皇家风范。

一　布局严整，显示皇家规制

皇家园林与私家园林相比，在空间布局上十分注重严整有序。明代皇家园林总体布局很讲究章法，皇家宫苑、祭祀园林等主要集中于紫禁城内外、皇城以内；陵寝园林则主要集中于昌平天寿山。明代皇家园林中的主体建筑，大都坚持中轴对称设计法，主要建筑和景点设在中轴线上；其他配套景观和设施在中轴线两侧对称布局，整个景区显得严整规范，井然有序。这种艺术特点，在祭祀园林、陵寝园林和寺观园林中尤为明显。如武当山道观园林中，尽管山地地形复杂，平坦地面十分有限，局部场景空间狭小，而对于规模稍大一点儿的宫殿、道观建筑群，尽量按中轴线对称布局规制，使得道观园林布局显现出皇家风格。明十三陵景区，在宏观布局上以一条总神道为中轴，十三座皇陵在两边分布，也体现了宏观空间布局的有序性。具体到每座陵寝园林，则更是以统一皇陵规制营建，包括各类单体建筑的配置及其形制与尺度、位置、装帧等；还有园林环境的布置，按风水要求筑山理水，甚至植树种草、建桥铺路都有统一规制，只是在规模与规格上略有差异。至于祭祀园林，如天坛、地坛、社稷坛等等，空间布局的规整性是不言而喻的，从而展现皇家园林的庄严。

明代皇家园林的严整对称布局，是社会等级秩序在皇家园林中的体现，同时，也体现了帝王的庄重、威严。帝王希望在他统治下，政治社会严整有序，即阶级等级制度不能紊乱；伦理次序严整有序，所谓“君君、臣臣、父父、子子”，“三纲五常”不能紊乱；人格道德上贵贱尊卑严整有序，封建主义的思想文化不能紊乱。只有有序，旧有的秩序得以稳固，皇帝才能居于至高无上的统治地位。所以，在皇家园林中极力表现庄严的艺术风格。

同时，与历代皇家园林相比，明代皇家园林分布相对集中。明代主要的皇家宫苑均围绕紫禁城周围分布，北有万岁山，西有西苑，东有东苑，形成东、西、北三面半月形环绕大内的格局。这样，不仅与大内相通便利，而且，形成皇城园林的核心组成部分。

明代皇家宫苑布局不仅严整，而且不乏精巧。园林个体的微观布局，则崇尚精巧灵动，吸收了江南园林的布局手法。江南私家园林的空间布局，追求的是“构园无格”[1]，因地制宜，“临机应变”[2]。所以，利用空间的自由度更大，显得错落有致，灵活多变。“虽仅咫尺天地，却有清流碧潭、千岩万壑、亭台楼阁之胜，兼有曲径通幽、柳暗花明之趣，恍入嫏嬛仙境、世外桃源”[3]，以典雅取胜。明代皇家园林同样追求自然风景式园林格局，在自然山水环境中将宫殿楼宇、亭台路桥、花木植被、珍禽异兽等园林要素有机配置，合理布局。如无论是东苑还是西苑，在有限的空间里，因地制宜，构园得体，精而合宜。其布局紧凑，在西苑有点睛之笔。从秦代开始“一池三山”已成为皇家园林的一种模式，但各代的设计与营造手法不尽相同。明代借鉴宋代皇家园林的尚意手法，将“一池三山”浓缩在一池——太液池之中，营造三山——北海琼华岛、圆坻瀛洲、南海南台，产生了一种聚焦效应，形成西苑的核心景区。

[1] （明）计成：《园冶》卷三《借景》。
[2] （明）计成：《园冶》卷一《立基·书房基》。
[3] 曹林娣著：《中国园林文化》，中国建筑工业出版社2005年版，第137页。

二　建筑壮丽，张扬皇家气度

明代皇家园林壮丽的艺术风格，体现得最充分的是其建筑。明代皇家园林建筑是中国古典建筑的巅峰，其艺术成就独步天下。在各类园林建筑中，明代皇家园林建筑不仅规模宏阔，而且单体建筑的体量高大雄伟；特别是造型美观，品相华贵，成为中国古代建筑的经典。

在皇家祭祀园林建筑中，天坛的建筑尤其独特和别致。嘉靖时所建大享殿（祈年殿），呈圆形，三层檐，上层覆蓝色琉璃瓦，中层覆黄色琉璃瓦，下层覆绿色琉璃瓦，蓝、黄、绿三色象征天地万物。鎏金攒尖顶，三层高台，围以汉白玉栏板，云龙望柱，显得格外华丽高贵，“被誉为中国古代艺术性与技术性最高的建筑”[1]。明代皇家园林的地面建筑形成完整的一套建筑形制，庄严肃穆，是一种有形的皇家礼制。主要殿宇坐落于崇台须弥座，气宇轩昂；有重檐庑殿顶、重檐歇山顶或单檐歇山顶，覆以黄色琉璃瓦，红墙赤宇朱牖，汉白玉石围栏，显得分外庄重威严。如帝王陵寝中，明孝陵是明代帝陵的开山之作，对明代帝陵具有定制定型的典范作用。陵前下马坊牌坊石雕高达9米，宽6米，一间两柱冲天式，庄重而雄伟。陵园正门大金门，俗称大红门，券门三洞，面阔26米有奇，进深8米余，单檐歇山顶，绿色琉璃椽子，黄色琉璃瓦覆顶，双扉朱红大门。进入陵宫的大门即文武方门，有五道，宽大雄伟。中间正门高近9米，宽27米余，单檐歇山顶，覆黄色琉璃瓦；设有三个券顶门洞，中间最高4米。第三道门是陵门，即孝陵门，面阔五间，单檐歇山顶，坐落于须弥座台基，东西通阔40米，进深近15米，汉白玉石雕栏围其台基，三出陛，正面设踏跺（丹陛）。陵园门的这种设计，十分威严气派，成为后世帝陵的基本形制。主体建筑享殿，面阔九间，进深五间，坐落于凸字形三层须

---

[1]　孟凡人著：《明代宫廷建筑史》，紫禁城出版社2010年，第442页。

弥座台基上，均围以汉白玉石雕栏板，重檐庑顶，覆黄色琉璃瓦，格外巍峨壮丽。方城即明楼台基，坐落于须弥座，由大石块垒砌，正面通高16米余，面阔60米，进深34米余；方城中开券门，高近4米，门洞内有登上明楼的54 个台阶。明楼面阔39米余，进深18 米余，四面开门，南向开有三座拱门，其余各开一座拱门；重檐歇山顶，覆黄色琉璃瓦。明楼巍峨耸立，为孝陵最高点。神道两侧24对石像生，生动威严，神气四射。明十三陵的建筑基本以孝陵为范本，黄顶红墙，庄重威严。皇家寺观、庙宇建筑，均采用宫廷建筑形制，以皇家建筑语汇表明其高贵身份。

在皇家大型山水风景园林西苑内，除了千顷碧水、奇石秀山、柳烟松涛外，分布于各个景区景点的雄伟华丽的宫殿建筑群，个个宫殿、楼台、亭阁气宇轩昂，彰显着皇家壮丽的建筑园林艺术风格，体现了独一无二的皇家气派。

三　装饰华贵，展示皇家风致

明代的皇家园林与私家园林不同的显著特点之一，就是装饰风格的差异。私家园林，特别是具有代表性的江南文人园林追求的是典雅、清丽、俭约、舒适；而皇家园林更显铺张奢靡，张扬豪华亮丽。

首先，明代皇家园林建筑及装饰材料的选用上追求珍稀、昂贵、极品。如采用的木料，都是从湘、鄂、川、黔、闽、赣等地区的深山老林中采伐的高大、珍稀上等木材。不少园林建筑使用价钱极为昂贵、而且资源稀少的金丝楠木，如皇家祭祀园林和陵寝园林中，像天坛、成祖的长陵、世宗的永陵都大量使用楠木。天坛大享殿（祈年殿）用28根楠木大柱；长陵祾恩殿梁柱均用楠木，有32根粗壮高大的金丝楠木柱子。皇家园林殿宇内陈设，也十分华贵，家具用黄花梨、紫檀、乌木等名贵红木制成。在皇家园林建筑中还大量使用汉白玉石，如殿宇及亭、台、楼、阁台基及栏杆、栏板，台基出陛御道石雕、华表、桥梁、石碑，甚至牌坊、石像生等，大量用汉白玉石作成。在开采技术、切割手段、运输能力还极为低下的条件下，大量采用这些珍贵建筑材料，非皇家不能为。长陵祾恩殿内采用“金砖”铺地。所谓“金砖”虽然并非黄金，但与黄金等价。殿内也大量用黄金装饰，最大四柱用金箔包裹，金龙盘柱；殿重檐之下檐施单翘重昂七踩镏金斗拱等等。总之，祾恩殿的形制及装饰是在明代皇家建筑中与北京紫禁城皇极殿、太庙享殿相当，金碧辉煌，属最高规格的。其他皇陵虽比长陵稍逊，但基本格调是一致的。在皇家宫观园林中，武当山的宫观建筑的装饰也很典型，特别是金顶上的金殿，通体铜铸鎏金，金光灿烂，极尽豪华。天坛大享殿（祈年殿）最上面是鎏金圆顶（宝顶），在阳光下烁烁生辉。在皇家风景园林中，叠山一般都由太湖石、灵璧石等名贵石材堆筑而成，不仅资源稀有，取材艰难，而且价值连城，华贵无比。概而言之，皇家园林中以稀世珍品装点，而私家园林既不可求，更不可得。

其次，大量采用精美绝伦的雕饰、彩绘装潢，艺术价值极高。皇家园林建筑的出陛、围栏、望柱等，一般都用汉白玉石，浮雕云龙飞凤；在台基踏跺（出陛）御道石上刻有浮雕二龙戏珠，生动欲飞；在华表、棂星门、御桥栏板等等建筑上也采用大量的浮雕、镂雕或平雕艺术，或龙飞凤舞，或海浪汹涌，或山川巍峨，或芙蓉婀娜、牡丹绽放，栩栩如生。特别是陵寝园林的石像生，雕塑技法炉火纯青，人与动物欲言似动，生动活脱。

明代皇家园林建筑的彩绘艺术精湛超绝。明朝规定，庶民居舍不得饰彩绘。所以，建筑装饰彩绘，成了皇亲国戚、达官贵人的专利。尤其是皇家建筑的彩绘装饰，独占风光。其彩绘主要有三种，即和玺彩画、旋子彩画和苏式彩画。皇帝、皇后使用的殿宇，祭祀园林、陵寝园林主要建筑，一般用和玺彩画，绘龙凤图案，边缘处辅助花卉纹样，大多采用沥粉贴金，显得富丽堂皇。其他亭台楼阁一般用苏式彩画，花鸟虫鱼，山水风景，历史典故等等题材多样，图案精美生动，技法高超，以青绿色为主色调，冷艳庄重，使建筑锦上添花。

其三，以五彩缤纷的色彩装点，使皇家园林魅力无穷。明代皇家园林运用的色彩十分丰富，主色调是黄、红、白、绿、蓝。各类园林建筑多数采用黄色琉璃瓦，整个建筑群看上去一片金黄灿灿。建筑墙体如殿宇墙面、围墙、门窗等都用朱红色，显得威严庄重。皇家园林主要建筑的丹陛、栏杆、御桥扶栏、华表、牌坊等等，大量使用汉白玉石，显得纯洁高贵。绿色主要是花木布景，或山清水秀，天光云影；或在红墙黄瓦的殿堂楼阁间，成片的绿树成荫、鲜花灿烂、青草如茵，显得生机盎然，如入仙境。蓝色如圜丘坛建筑覆以蓝色琉璃瓦，与天相约，于地生辉。明代皇家园林娴熟运用色彩艺术，装点景物，使各类园林色彩斑斓，明丽华贵。

总之，明代皇家园林取用稀世珍材，运用雕饰彩绘装潢和缤纷的色彩艺术装点，形成华贵精美的园林景物装饰，再加之运用明代已经成熟的造园手法营造景观，配置奇花异草、松柏竹桧、珍禽异兽，平添自然山水意蕴。显然，这种营造皇家园林精致华丽的程度，超越了前代，展示了皇家独有的华贵艺术风韵。

第九章
明代皇家园林文化

一切园林都是一种文化载体。中国古典园林的代表类型皇家园林，是为中国传统文化的一种重要载体，形成独特的皇家园林文化，成为中国传统文化的重要组成部分。明代皇家园林文化，继承和发展了历代皇家园林文化，达到皇家园林文化的新高度，可谓集大成，博大精深。从文化构成上看，丰富多彩，海纳百川，为后世留下了宝贵的文化遗产。

第一节　皇家园林的儒家文化

儒家是产生于中国本土的原生文化流派，源远流长，在长时期不间断的发展过程中，吸纳其他各家文化营养，成为中国传统文化的主干，滋润了中国两千多年的文明。在这漫长的历史长河中，皇家园林以儒家文化作为最主要的精神支撑，儒家文化养育了两千多年的帝王园林文化。这些文化意涵，往往以观念形态或符号形态存在并表现。

一　“天人合一”观

“天人合一”是中国传统文化的最基本理念之一，也是中国人最早的世界观和宇宙观。产生于本土的儒家和道家都重视天人关系，即自然与人之间的关系。儒家强调人格的自然化，道家则强调自然的人格化，二者相辅相成，都认为人与自然应和谐统一，共生共存。这一观念，在儒家的经典和道家学说中都有阐述。

关于“天人合一”的文字表述，在古代文献中有不同的形式。据《春秋维·握城图》，孔子称“天人之际”。“孔子作《春秋》，陈天人之际。”[1]庄子的提法是“天人并生为一”：“天地与我并生，而万物与我为一”[2]；或曰“万物一体”[3]；或谓“万物一也”[4]。万物当然包括天和人。《周易》是儒家主要经典之首，《周易》说：“仰则观象于天，俯则观法于地。”[5]中国人很早就注意到天人关系，古代先民在长期的生产生活实践中，细心观察，深入思考人类所处的客观环境，得出了对宇宙空间中存在的天、地、人等要素之间关系的基本认识，提出：“夫大人者，与天地合其德，与日月合其明，与四时合其序，与鬼神合其吉凶。先天而天弗违，后天而奉天时。天且弗违，况于人乎？况于鬼神乎？”[6]这是对“天人合一”宇宙观最早的全面、完整的表述。这里指的“天”，不是超自然的、主宰宇宙的神灵，而是自然界。以上对天、地、人、日、月、四时、鬼神等要素之间关系的表述，贯穿了一个统一的认知，即以人为中心，与对应的各要素之间实现“合”，从而产生“合一”局面，形成自然与人的统一体。汉代的董仲舒说：“天人之际合而为一。”[7]《吕氏春秋》的说法是天人大同：“天地万物一人之身也。此之为‘大同’。”[8]南宋朱熹：“天人一物，内外一理；

[1] 《春秋维·握城图》。
[2] 《庄子·齐物论》。
[3] 《庄子·德充符》。
[4] 《庄子·知北游》。
[5] 《周易·系辞下》。
[6] 《周易·乾·文言》。
[7] 《春秋·繁露·深察名号》。
[8] 《吕氏春秋·有始》

流通贯彻，初无间隔。”[1]以上这些不同时代的大儒贤者对天人关系的表述文字有所不同，但内涵都是一致的。“天人合一”，合什么？就是人的道德及行为要与自然规律相契合，即人道与天道相一致。

儒家对自身的定义，就以天人合一为尺度。何为儒？荀子说：“通天地人，曰儒。”[2]汉代哲学家扬雄谓：“通天地人曰儒，通天地而不通人曰伎。”[3]《淮南子》的说法，正好对此做了注解：“遍知万物而不知人道，不可谓智。”[4]而直接用“天人合一”这个提法的是宋代哲学家张载，“儒者则因明致诚，因诚致明，故天人合一，致学而可以成圣，得天而未始遗人”[5]。可见，“天人合一”观在传统文化中的重要地位。

无论天地也好，万物也罢，指的都是自然。人是自然的产物，也是大自然不可分割的一部分，本与自然同为一体。“天人合一”，就是要对自然持有敬畏心理，要敬天畏地，人才能与天地和谐，共为一体，否则会得到天地自然的惩罚。这种理念，在明代皇家园林中体现得很充分。自称“天子”的皇帝，对天地十分敬畏。所以，设有专门祭祀天地的园林，即天坛和地坛（方泽）。而且，皇帝建立了一整套完整的祭祀礼仪制度，每年都要定时、定点、定式地举行国家祭祀仪式,以祈求天地保佑其江山稳固，满足风调雨顺的愿望。

当然，古人包括帝王对“天”的认知，大体有两个层面。一方面，把“天”看作自然；另一方面，又将其看作超自然力。人在大自然或超自然力面前，同样都是弱势，因而崇拜和敬畏天地。帝王除了一般意义上的敬天畏地，更有与天地共存共荣、与日月同辉永存的祈求，以保江山永固的帝王心态。所以，极尽渲染敬天畏地理念，并把这一理念体现于园林营造中。如在祭祀园林中极力渲染天地日月的无

[1]（宋）朱熹：《语类》。

[2] 荀子：《非十二子篇》。

[3] 扬雄：《法言·君子》《淮南子》。

[4]《淮南子·主术训》。

[5]（宋）张载：《正蒙·乾称》。

比崇高和各种神灵的神通广大，营造令人生畏的园林氛围，从而体现自然力和超自然的神灵无处不在、与人息息相关的境界。

同时，皇家园林的“天人合一”理念，体现在园林中尽量营造出人与自然亲密接触的环境氛围，建造出绮丽的自然风光，有青山绿水、碧树修篁、奇花异草、珍禽怪兽、仙亭琼阁、瑶台玉殿等等美景，以呼吸新鲜空气、寻求登山游水、欣赏泉声鸟鸣、放松心神、心灵愉悦等等置身于自然、享受自然为最高境界。所以，皇家园林无论是宫苑、祭祀园林，还是寺观园林、陵寝园林，都模拟自然山水，营造风光旖旎的园林景观，将天下胜地美景集于一处，从而置人于大自然之中，融于天地环境，达到“天人合一”。

在造园法式上，贯彻“虽由人作，宛自天开”的理念，构图布局最大限度地贴近天生状态，营造出自然式境域。其山水形制，以自然形态为最高追求，配置奇花异木、珍禽怪兽等自然景物，再加上宫殿屋宇、楼榭亭台、桥梁栈道、曲径墁道等等园林建筑，红墙黄瓦，朱门赤牖相映生辉，自然与人工园林要素有机融合，人间仙境活脱再现。

二 “阴阳之道”

阴阳理论是中华先民对宇宙及天地万物构成基本要素的早期认知。阴阳本意是日照的向背，是指自然现象。“阴者见云不见日，阳者云开而见日。”[1]但作为理念形态的“阴阳”概念，一般认为最早产生于远古的伏羲时代。阴阳理论诞生后，便成为古人观察自然万物的基本方法，即认为一切事物都由矛盾统一的两个因素构成，并以在一定条件下相互转换与变化为生成、发展法则。阴阳作为符号出现于夏朝，即《易经》最早版本《连山易》中的阳“—”和阴“--”。《周易》云：“一阴一阳之谓道。”[2]即阴阳构成为自然法则。《素问·阴阳

[1] 《韩非子·定法》。

[2] 《周易·系辞上》。

应象大论》也说："阴阳者，天地之道也，万物之纲纪，变化之父母，生杀之本始，神明之府也。"可见，阴阳之道成为儒家对万物生息变幻关系的哲学解析，将它看作基本法则之一。

当然，道家也接受并运用阴阳理论。《老子》谓："万物负阴抱阳，冲气以为和。"认为阴阳理论解释一切事物。正如著名史学家冯天瑜先生所说："阴阳说解释宇宙的起源，五行说解释宇宙的结构，尽管两者都带有主观臆想和迷信色彩，但它们以积极的态度探索自然，其中不乏天才的思想因子，孕育了中国古代科学思想的萌芽。"[1]可见，阴阳理论在中国古代社会，影响十分广泛而深刻。

在明代皇家园林中，阴阳之道随处体现。皇帝把家天下称为江山社稷。这里的"江山"，从自然地理概念延伸为社会或国家概念。在阴阳之道中，山属阳，江属阴。自然山水是园林构成的主要要素之一，体现了阴阳相合、万物勃生的理念；而万物生生不息，谓之"大美"。这既是大自然的大美，也是园林审美的大美。中国风景园林，没有山水就不能成其为园林，更无大美可言。

天和地，即《周易》中的乾与坤，也代表阳和阴。理解阴阳理念是打开《周易》理论的重要门径。"子曰：'乾坤，其《易》之门邪？乾，阳物也；坤，阴物也。阴阳合德而刚柔有体，以体天地之撰，以通神明之德。'"[2]在明代皇家园林中，乾坤理念也十分突出。在祭祀园林中，天坛和方泽（地坛）就是帝王尊乾坤、通神灵的专门礼仪场所。朝日坛与夕月坛，也是一对阴阳。朝日坛为祭祀太阳的场所，为阳；夕月坛为祭祀月亮的地方，为阴。日月又谓太阳太阴。龙和凤是代表皇帝和皇后的特定图腾，在皇家园林中随处可见。皇帝为男即阳，皇后为女即阴。所以，龙为阳、凤为阴，龙凤呈祥，即阴阳和合，象征国泰民安，江山永固。此类象征还有许多，不必赘述。

体现阴阳之道，最具象入微的数圜丘与方泽的建筑尺寸。圜丘

[1]　冯天瑜等著：《中华文化史》，上海人民出版社1990年，第393页。

[2]　《周易·系辞下》。

(天坛)为祭天场所，建筑中只用阳数，又称天数；方泽（地坛）为祭地场所，只用阴数，又称地数。二者阴阳分明，不可混用。所用阳数为一、三、五、七、九或其倍数；所用阴数为二、四、六、八或其倍数。其详情后述，此略。

三 皇权至上理念

儒家文化从孔子开始就非常重视人文秩序，强调秩序建设，包括社会秩序、政治秩序、伦理秩序等等。中国最早比较成熟的以阶级为基础的等级制度是西周的礼乐制度。

礼乐制度本质上就是一种社会政治与伦理秩序。所以，“非礼无以辨君臣、上下、长幼之位也；非礼无以别男女、父子、兄弟之亲，昏姻、疏数之交也”[1]。到了春秋时期，旧的社会政治秩序开始紊乱，出现了所谓“君不君、臣不臣、父不父、子不子”[2]的“礼崩乐坏”局面。所以，孔子提出要“正名”，就是要以“克己复礼”为己任，主张恢复礼乐制度。

汉武帝“罢黜百家，独尊儒术”后，儒家适应皇权不断强化的局面，对社会、政治、伦理秩序提出更明确的纲领，即所谓“三纲五常”:“君为臣纲，父为子纲，夫为妻纲”,“仁义礼智信”。“三纲”是社会等级纲领，在这些等级秩序中，“君”即帝王始终是居于最高地位。因此，君权至上是儒家的重要政治观点之一，也是中国专制集权制延续两千多年的理论支点之一。“君权至上”理念，使帝王的统治合法化，将等级制度理想化。

到明代，皇权更加强化。所以，皇权至上理念有了更强烈的表现。皇家园林本身，就是彰显皇权至上理念和皇家气派的场所，彰显皇权至上也贯穿到园林景观的细节中。如皇家园林建筑的规制，在空

[1] 《礼记·哀公问》。
[2] 《论语·颜渊》。

间布局上，主要建筑坐落于中轴线上，其他配套建筑都以中轴线为中心，左右对称摆布。特别是宫后苑（御花园）、祭祀园林、寺观园林以及陵寝园林建筑，这种规制尤为明显。

在皇家园林建筑中，突出“景观中心”、“中轴线”。中轴线体现着景观与视觉流线的关系，是视域线所及的景观焦点，历来是帝王至尊的象征。帝王建都要选择天地中心，以显示帝王是天下的主宰。《周礼·考工记》提出：“日至之景，尺有五寸，谓之地中，天地之所合也，四时之所交也，风雨之所会也，阴阳之所和也。然则百物阜安，乃建王国焉。”《吕氏春秋·慎势》也说：“古之王者，择天下之中而立国，择国之中而立宫。”《中庸》说：“中也者，天下之大本也。”这些说法，强调的都是皇权中心。这种理念贯穿到皇家建筑布局中，通过建筑的这种威严、规整、对称的布局，以中轴线代表权力中心，体现帝王权威地位。

在皇家园林中建筑体量的布排，主体建筑都巍峨宏大，成为建筑群的制高点，俯视四方。而其他建筑则形成四面朝觐恭维态势，犹如众星捧月，从而体现了皇权的威严与至高无上。在建筑物组合结构上往往采用进深三间、面阔五间的“三”和“五”数字为尺寸。最大的尺度为面阔九间、进深五间，采用九和五两个数字，以体现皇帝是所谓“九五”至尊，体现帝位至高无上。

四　天圆地方观

阴阳是古人认为的宇宙起源，五行是古人认为的宇宙结构，天圆地方理念则是古人认为的宇宙形态。先人们“仰以观于天文，俯以察于地理”[1]，认为天是圆形的，地是方形的。这样，中国古人形成了完整的原始宇宙观。

[1] 《周易·系辞上》。

“天圆地方”说，有一个演变与发展过程。起初，并没有“天圆地方”这一明确表述，而只有“四表”或“四方”之说。《尚书·尧典》曰“光被四表，格于上下”，这是歌颂帝尧德政的话。光，当横、广、充满解；被，意同披，覆盖；格：至。这句话意为帝尧的名声充满于天地四方[1]。可见，《尚书》认为天和地上下都是四方的，而不是天圆地方。战国百家之一的名家尸佼（公元前390—前330）认为“天地四方曰宇”。据《淮南鸿烈解·地形训》，西汉的刘安认为宇宙是：“六合之间，四极之内。”六合指上下和东西南北六维，上下指天和地。四极指四个方位的极致。这实际上还是认为天地都是方的。正式提出“天圆地方”概念较早的是《晋书·天文上》，说：“天圆如张盖，地方如棋局。”宋代哲学家邵雍在《皇极经世》中将其精炼，提出：“天圆而地方。”

对天圆地方观念，中国的帝王是十分相信的。因为，他们以为自己是上天之子，大地之主，所以要象天法地，奉天驭民。对此，明代皇帝比起前代帝王有过之而无不及。因而在明代皇家园林中，天圆地方观念有着突出的体现。象征天圆观念最典型的是天坛。

明初，太祖朱元璋在南京建圜丘，作为祭天场所。成祖迁都北京后，按南京圜丘规制在京城南偏东处建天地坛，天地合祭。嘉靖九年（1530年）分祀天地，改天地坛为天坛，建圜丘。嘉靖二十四年（1545年）又建成祈谷坛和大享殿即祈年殿。祈年殿外形为圆形，圆形尖攒顶，上覆圆形镏金宝顶，象征天圆观念。而且，上覆蓝色琉璃瓦，与天同色。皇穹宇外形也是圆形，其顶亦圆形，状如伞盖。外有圆形围墙。祈谷坛还是圆形，尖攒顶，蓝色琉璃瓦，象征天的颜色。圜丘坛圆形，形圆象天。当然，天坛不仅是象征天圆，还有地方的象征。天坛外墙，北边为圆弧形，南边为方形，故称天地墙，表现天圆地方理念。祈年殿围墙为方形，圜丘坛两道围墙，外方内圆；也都是象征天

[1] 慕平译注中华经典藏书《尚书·尧典》注释，中华书局2009年。

圆地方。由于这是祭天场所，主题是表现天圆观念。

表现地方观念的典型是地坛，是祭祀地神的场所。方泽坛即拜台为正方形，这里的院墙和一切建筑都以方形为主，集中体现地方观念。明代的建筑是覆以绿色琉璃瓦，象征植物的颜色，也是寓意为大地。清代换成了黄色琉璃瓦，同样也象征大地的颜色。与大地相关的还有社稷坛，为正方形三层平台。其围墙也是方形，均象征地方观念。上铺五色土，象征东西南北中五方土，为大地的象征。其他一些祭祀园林，也有不少体现天圆地方观念的。在紫禁城宫后苑（御花园）内的亭子如万春亭和千秋亭，便是重檐攒尖顶，上圆下方，象征天圆地方理念。这说明天圆地方观念是皇家园林中的重要文化内涵。

第二节　皇家园林的宗教文化

中国的宗教文化是中国传统文化不可分割的组成部分，也是皇家园林文化的重要组成部分。中国社会发展到明代，基督教、天主教等宗教纷纷传入，再加上早期传入的伊斯兰教和佛教以及中国本土的道教，世界上的五大宗教可谓俱全了。然而，明代皇室信奉的主要是道教和佛教，其他宗教主要是在局部地区或民间流行，未能成为主流宗教。因此，明代皇家园林的宗教文化，主要是道教和佛教文化。在明代皇家园林中，寺观园林即道观园林和佛寺园林占有重要成分。它们本身就是宗教文化的重要载体。

一　园林建筑的泛宗教化

建筑本身就是一种文化符号，明代皇家园林建筑的宗教文化特性尤为明显。因为宗教园林建筑的基本功能，就是通过提供宗教活动场所，彰显宗教自身的主旨，宣扬宗教的价值观、世界观，传播宗教文化。中国的宗教建筑源远流长，到明代时已经十分发达了。所以，明代皇家宗教园林建筑的宗教化水平，达到新的高度。

明代皇家宗教园林建筑，在功能上与一般的宗教场所不同。除了开展日常宗教活动，为信徒提供进香拜神礼佛场所，表达心灵与精神寄托等服务外，更重要的是为皇家举行祭祀、举办道场等皇室宗教活动服务。明代皇家其他类型园林也有宗教化倾向。如紫禁城宫后苑（御花园）本属皇宫里的后花园，主要是为皇帝及皇宫嫔妃休闲游乐之用。然而，御花园中的钦安殿，就是供奉真武大帝的殿宇，在宫苑中加入了道教建筑。在嘉靖时期，曾在御花园里举办过大型斋醮活动，皇家宫苑变成了宗教场所。所以，皇帝后花园蒙上了一层宗教文化的氛围。在皇太后居住的慈宁宫花园中，也设有专门供礼佛的殿宇。

还有嘉靖时期在西苑内所建的许多建筑，道教色彩十分浓厚。如永寿宫，原为朱棣当燕王时的府邸，几经重修，嘉靖改称永寿宫，又称西宫，其中的玄极殿就是拜天之所。西苑中还有清馥殿、万法宝殿、大高玄殿、玉虚宫、朝天宫、清虚殿等等，都是举办斋醮、皇帝修行炼丹或供奉仙道神灵的地方。显然，明代宫廷园林中的宗教建筑随处可见，宗教文化以建筑载体的形式贯穿于皇家园林之中。

至于祭祀园林，其建筑几乎与寺观建筑无二。著名的圜丘、方泽、朝日坛、夕月坛等等祭祀园林建筑，实际上都是举行宗教色彩浓厚的祭祀仪式的场所。其中，主体大殿奉祀神灵。这些祭祀建筑，都有一套具有宗教文化功能的完整的建筑设施，都设有三洞式棂星门，中门为神门，均是与神灵联系的通道。皇家陵寝园林，都设有宽阔而漫长的主干道，称为神路或神道。而且，在陵园门前，也设有棂星门，这些都属宗教设施，展示着宗教文化。总之，明代皇家园林建筑体现出泛宗教化的倾向。

二 园林山水的宗教意蕴

自然山水是风景园林的主要载体，它本身并不蕴涵任何人文色彩，然而，皇家园林却带有浓厚的人文精神。这种人文精神，往往蕴含宗教文化。如武当山是大型的自然山水胜景，经朱棣大修武当宫观殿宇，使其成为充满着道教文化的风景名山。这是依托原有自然山水修建的大型皇家宗教园林，是自古以来就有的风景园林模式之一。

另一种模式是按照宗教文化意涵，模拟自然山水营造的园林。最典型的是根据神仙传说，营建“一池三山”，即所谓西王母的瑶池和东海蓬莱、方壶、瀛洲三神山。中国皇家“一池三山”园林模式始于秦始皇，后续汉、隋、唐、宋、辽、金、元、明、清等历代都营建，贯穿整个君主集权专制王朝，是历代皇家园林的主体模式。神仙传说产生于远古，起初并不属于任何一种宗教，属于自然和祖先崇拜的混合物。但到东汉末期产生道教后，道教继承原始宗教的神仙崇拜传统，依托老庄道家理论，创建了一整套神仙序列，并以“一池三山”“三十六洞天，七十二地府”为神仙居住的仙山琼阁、世外仙境。道教这种文化，正迎合了历代帝王祈求长生不老、永享帝王生活的愿望。于是，历代帝王都把传说中的“一池三山”搬到人间，享受神仙生活，世代相传。明代以“一池三山”模式营建的皇家园林的代表之作是西苑。

由此可见，道教文化对中国皇家风景园林的影响力最大，而佛教文化相比为次之。但是，到了清代有所不同。清代帝王更热衷于佛教，于是佛教文化对清代皇家园林的影响力空前加强。清代的不少皇家宫苑，以佛教文化为主，如避暑山庄、颐和园等都是如此。

三　皇家园林的宗教活动

明代皇家园林是帝王举行宗教活动的重要场所，无论是专门的宗教园林，还是其他类型的皇家园林，都涉及皇室的宗教活动。

一是举行国家祭祀。明代的祭祀制度定于洪武，“明太祖初定天下，他务未遑，首开礼、乐二局，广征耆儒，分曹究讨。洪武元年

(1368年)命中书省暨翰林院、太常司，定拟祀典乃历叙沿革之由，酌定郊社宗庙议以进”。之后，历朝有所增益简繁，最后形成“五礼”，即吉礼、嘉礼、宾礼、军礼和凶礼。其中，首先是吉礼，即坛壝之制，分大、中、小三种祭祀。“明初以圜丘、方泽、宗庙、社稷、朝日、夕月、先农为大祀。”祭祀对象的具体分类，后来有所更动，具体内容也有所变化，特别是嘉靖朝的礼制改革，与明前期较大不同，但大的规制如初。“凡天子所亲祀者，天地、宗庙、社稷、山川。……每岁所常行者，大祀十有三。”[1]总之，明代的国家祭祀活动既种类、次数繁多，又内容繁杂、程序复杂。平时一年四季、特殊情况下如每逢喜事吉事，或灾祸凶异，随时举行相应的祭祀。这些祭祀活动，都在祭祀园林中举行。

二是因各种灾祸，举办道场斋醮。皇家寺观园林的功用之一，就是皇家举行诵经礼佛或举办斋醮。这与祭祀不同，没有严格的日期和次数规定，随机性较强。而皇家其他类型的园林，有时也举行宗教活动。这些宗教活动，有些是皇帝亲自主导，而有些活动则是皇太后或皇后主办。如宫后苑，本是皇帝和后宫嫔妃平时观赏、游憩的宫内花园，但皇帝却将它变成道场。这种活动在弘治时期就有了。“弘治十一年(1498年)七月，太监李广奏钦安殿设斋醮常用旛竿，工部尚书徐贯等谓非祖宗旧制，且宫禁之内不宜用此。上曰：‘是，勿其造。’”[2]虽然未用旛竿之类，但钦安殿的斋醮活动搞得兴师动众。《明史纪事本末》载：嘉靖“二年(1523年)夏四月，暖殿太监崔文以祷祀诱帝，乾清诸处各建醮，连日夜不绝。”这次斋醮，延续了一个月，只因“天时饥馑，斋祀暂且停止”。大内几处都曾作为道场，包括乾清宫、坤宁宫，更不用说宫后苑了。正如给事中郑一鹏上言：“乾清、坤宁诸宫，各建斋醮。西天、西番、汉经诸厂，至于五花宫、西暖阁、东次阁亦各有之。或连日夜，或间日一举，或一日再举，经筵俱

[1] 《明史》卷四《礼志·吉礼一》。

[2] 《日下旧闻考》卷三五《明宫室三》引《明孝宗实录》。

虚设而无所用矣。”嘉靖十年（1531年）十一月，“遣行人召大学士张孚敬还朝，建祈嗣醮钦安殿，以礼部尚书夏言充醮坛监礼使，侍郎湛若水、顾鼎臣充迎嗣导引官。文武大臣递日进香，上亲行初、终两日礼”。这是嘉靖皇帝为求子而举行的一次较大规模的宗教仪式。世宗在位四十五年，笃信道教，年年斋醮不断。正如户部主事海瑞于嘉靖四十四年（1565年）十月上言：陛下“二十馀年不视朝政，法纪弛矣。……乐西苑而不返大内，人以为薄于夫妇。今愚民之言曰：‘嘉者，家也；靖者，尽也。’谓‘民穷财尽，靡有孑遗也’。然而内外臣工，修斋建醮，相率进香；天桃天药，相率表贺。陛下误为之，群臣误顺之”[1]。

三是平时的敬神拜佛。这类活动主要在道观或寺庙中进行。明代皇帝多数人信佛教，少数信奉道教。佛教信徒中，尤其后宫皇后或皇太后们最多，而且虔诚。所以，她们每逢过年过节、婚丧生辰、天象灾异等等，都到寺庙进香礼佛；或举办道场，诵经礼佛。在皇家道观园林中，除了嘉靖皇帝以外，进香拜神的皇帝为数甚少。成祖花大力气修建的武当山，朱棣本人从未临幸；也许因路途遥远，来往艰难等等各种原因，明代其他后世皇帝也都未临幸。但一些皇帝还是派大臣代表皇帝到武当山祭山拜神，其中世宗最突出。

总之，明代皇家园林的宗教文化，表现形式多样，其核心是神灵崇拜，功能是渲染皇权的神圣性和合法性，昭示所谓“皇权神授”的信条。最终目的，还是维护天朝帝国的兴旺与稳固，统治者们祈求神灵的保佑，得到心灵的慰藉。

第三节 皇家园林的风水文化

在中国的皇家园林文化中，风水文化占有重要地位。明代的皇家

[1] 《明史纪事本末》卷五二《世宗崇道教》。

园林文化，由于继承和发扬了历代皇家园林文化传统，自然蕴涵着丰富的风水文化。深入了解明代皇家园林的风水文化，是掌握中国园林文化精髓的一把钥匙。

一 风水文化概说

风水学是中华民族最古老的关于人居（包括生前死后）环境的学说。何为风水？自古以来众说纷纭，莫衷一是；而且，随着时代的发展，对风水的定义与时俱进，赋以新意。风和水本来是自然界的普通物质。但“风水”这个概念，不是自然的风与水两种物质的简单相加，而是对自然环境优劣进行选择与评估的判断理念，是一种思维方式。

一般认为“风水”概念最早出现于风水文化经典《葬书》，或曰《葬经》。“《经》曰：气，乘风则散，界水则止。古人聚之使不散，行之使有止，故谓之风水。”那么，《葬经》究竟何人所著，在历史上主要有两种说法：一谓郭璞著；一谓南宋人假托郭璞名所著。清代《四库全书》考辨《葬书》说：“惟《宋·志》载有璞《葬书》一卷，是其书自宋始出，其后方技之家竞相粉饰，遂有二十篇之多。蔡元定病其芜杂，为删去十二篇，存其八篇。”

可见，《葬经》是郭璞著的说法出自宋代。但《宋史》所谓郭璞《葬书》从何而来却不得知。郭璞（276—324年）是东晋人，所以《四库全书·葬书》提要考辨：“《汉书·艺文志》形法家以宫宅地形与相人相物之书并列，则其数自汉始明，然尚未专言葬法也。”考证郭璞本传，“不言其尝著《葬书》”。很明显，《四库全书》都未认定汉代有葬法，《郭璞传》也未记载他著有《葬书》。而且，冠有《葬书》之名的书在唐末才出现，唐代之前未曾出现：“唐末有《葬书·地脉经》一卷，《葬书·五阴》一卷，又不言为（郭）璞所作。”可见郭璞著《葬书》的可能性被一一排除。但为何假托郭璞之名？或许他是东晋时期堪舆大师的缘故。

据《四库全书·葬书》考辨，近年来国内学者研究认为，《葬书》并非郭璞所著，而是宋代人托名之作。郭彧在《风水史话》中说："'晋郭璞撰'的《葬书》，出于宋代。这是一本假托郭璞之名专言如何为死者选择墓地的'风水'书。今天我们在《四库全书》里所见到的本子，是先经南宋蔡元定修改，后又由元吴澄厘定的本子。其注释部分则是吴澄弟子刘则章和其后的学者所为。"[1]实际上，《宋史》记载的所谓郭璞《葬经》，就是假托郭璞之书，但这个《葬经》何时出现的？《四库全书》说"是其书自宋始出"。据此，郭彧先生说假托郭璞之书"出于宋代"。

但南宋人蔡元定修改的《葬经》，已经不是一卷本的假托郭璞书，而是二十卷本的山寨版《葬经》，这与最初的托名郭璞《葬经》相去甚远。所以，《四库全书》所载《葬经》，虽然仍冠名郭璞，但不是假托郭璞所著《葬经》原书。郭彧先生认定："由历史记载可知，给堪舆、地理书冠以'风水'之名，始出于宋代。"[2]这个结论的依据，只能是《葬经》出于宋代的论断。这只能说明"风水"这个概念产生的大约时间，并非说风水学产生的时间，因为堪舆在三代之前就存在了。

虽然"风水"之名出现较晚，但风水学发端于远古，可以追溯到伏羲氏时代，与相宅占卜文化联系在一起，并称之为"相宅"或"堪舆"。相宅是一种勘察住宅地点与环境活动的概括性说法，"堪舆"则带有理论概念意味了。"堪舆"之说，在秦汉已流行。最早见于《史记·日者列传》，孝武帝问占家"某日可取妇乎？""五行家曰可，堪舆家曰不可。"西汉扬雄《甘泉赋》也有"属堪舆以壁垒兮……"[3]张晏注释："堪舆，天地总名也。"孟康解释："堪舆，神名，造图宅书者。"可见，所谓"堪舆"，就是"造图宅书"之神名谓。

有文字或文物记载的相宅或堪舆实践，最早见诸殷商时期。殷墟

[1]　《风水史话》，第4页。

[2]　《风水史话》，第39页。

[3]　《汉书·扬雄传》卷上。

出土的甲骨文以及《诗经》《尚书》等，属于最早涉及风水的文献。《诗经·大雅·公刘》曰："笃公刘，逝彼百泉，瞻彼溥原，乃陟南冈，乃觏于京。""既溥既长，既景乃冈。相其阴阳，观其流泉。"这里记载的是古代周族首领公刘，在夏代末期率领部族由邰（今陕西武功）迁徙到豳（古时亦称邠县，今陕西旬邑县西南）时，占卜择居之事。可见，距今3500年前，不仅已有风水理念，而且也有风水实践了。《尚书·召诰》载："太保朝至于洛，卜宅。厥既得卜，则经营。"说的是公元前771年，西周被西域氏族犬戎打败，次年周平王东迁洛邑（洛阳），建立东周政权时占卜相地、选址营建宫邑之事。可见，风水学起源于占卜。

而占卜又始于伏羲《易》。《易经·系辞下》曰："古者包牺氏之王天下也，仰则观象于天，俯则观法于地，观鸟兽之文，与地之宜，近取诸身，远取诸物，于是始作八卦，以通神明之德，以类万物之情。"伏羲作《易》创八卦，开创了占卜文化。作为符号或文字记载的《易》，有三：神农时代的《连山易》、黄帝时代的《归藏易》和《周易》，即"文王拘而演周易"。《周礼·春官》记载："大卜掌三《易》之法：一曰《连山》，二曰《归藏》，三曰《周易》。"《连山》、《归藏》早已失传。1993年，湖北江陵县王家台15号墓出土了秦简《归藏易》[1]，古经见天日。

占卜是夏商周三代社会的主流文化，涵盖了社会生活的方方面面。官方的朝政大事，包括政治、经济、军事、文化、外交活动，必先占卦问卜才能展开，并成为礼制。而普通百姓的日常生活，包括衣食住行，婚丧嫁娶，生老病死，农耕渔猎等等，都要占卜吉凶，无所不卦。这是由当时的生产力发展水平和人们认识客观世界水平所决定的。

在占卜文化中，人们卦问生存环境（生前居住、死后阴居）吉凶的实践，促进了风水学的发展。人类进入文明社会的重要标志之一，

---

[1]　《文物》1995年第1期，第37－43页。

就是居住条件的不断改善。在巢居、穴居阶段，人类的生存和发展充满着风险。人们由于应对自然的能力极差，洪水猛兽、风雨雷电都可能是致命的。所以，选择安全、适宜的居住环境成为重要生存保障。于是，以占卜吉凶作为主要手段，运用风水寻找安全居所，即所谓“吉地”，以避免灾祸。由此，风水学变成了选择优良居住环境与条件的学问。

中国古代的风水典籍，浩如烟海，可谓汗牛充栋。《永乐大典》《四库全书》《古今图书集成》等大型丛书，基本收录了流传下来的风水书籍。洪丕谟先生所著《中国古代风水术》，根据《中国丛书综录》术数类所列“堪舆之属”及其他所见，列出古代风水学典籍《黄帝宅经》《葬经》《青囊海角经》《地理精语》《堪舆谱概》《玄空秘旨通》《玄机赋通释》等等，多达112本数百卷。虽然以上这些不可能是古代风水典籍的全部，但也能看出主要典籍之大概面目。这些典籍，记载了中国古代风水学发展的完整历程，是中国传统文化的重要宝库。

“风水”概念强调“藏风得水”“聚集生气”。“气”是风水理论的核心概念。《葬书》说：“葬者，乘生气也。”“气乘风则散，界水则止，古人聚之使不散，行之使有止。”那么，何为“气”?《葬书·内篇》云：“生气即一元运行之气，在天则周流六虚，在地则发生万物，天无此则气无以资，地无此则形无以载。故磅礴乎大化，贯通乎品汇，无处无之，而无时不运也。”中国古人认为，气是宇宙构成的基本要素，是一种隐而不显、有形无体而存在的神奇物质。《葬经翼》说：“气者形之微，形者气之著，气隐而难知，形显而易见。”《管氏地理指蒙》则认为：“万物之生，以乘天地之气。”“生气”又称五气。“五气即五行之气，乃生气之别名也。夫一气分而为阴阳，析而为五行，虽运于天，实出于地，行则万物发生，聚则山川融结。融结者，即二五之精妙合而凝也。”一气即元气，元气分而生阴阳二气，阴阳二气分而生五行气，五行构成万物。这种“气论”，实际上从《易经》理论中衍生而来：“《易》有太极，是生两仪，两仪生四象，四象生八卦，八卦定吉凶，吉凶生大业。”[1]

“气”与风水的关系是“内气萌生，外气成形，内外相乘，风水自成”[2]。这里的“气”，不是指空气，而应指超自然的力量，即所谓“元气”“王气”“运气”等。实际上，古人保证使所谓“运气”不散、不走的思路与行为，视之为“风水”。使生气聚而不散，止而不泄，就要靠四象，即左青龙、右白虎、南朱雀、北玄武，群山环抱。这就是“气”与四象的关系。显然，这是选择理想生存环境的理念，只是覆上一层神秘色彩而已。

在我国，风水学的称谓有很多，诸如堪舆、地理、阴阳、卜宅、图宅、相宅、形法、青囊、青乌等等。对风水学内涵的理解，随着时代的前进和科技的发展，逐步在深化，并仁者见仁，智者见智。古建筑学家罗哲文先生认为，“风水在建筑选址上实际是一门地质、地形、地貌选择的科学”。“风水对建筑和风景名胜来说，实际上是一门环境的选择与优化的科学。”[3]天津大学建筑系教授王其亨先生经过多年的研究和考察，认为“风水实际上集地质地理学、生态学、景观学、建筑学、伦理学、美学等于一体的综合性、系统性很强的古代建筑规划理论”[4]。

在国际上对中国风水学的认知，也日趋广泛和科学。英国著名的中国科学史专家李约瑟（j·Needham）在《中国科学文明史》一书中说：“风水在某些方面很有好处，如它提倡种树或竹作为屏障，住宅要靠近水流。尽管在另一方面它发展成为完全的迷信，但它也有美学成分，因为在中国美丽的山谷、村庄、农田、房舍比比皆是。”[5]美国

---

[1] 《周易·系辞上》。

[2] 《青乌子先生葬经》。

[3] 胡汉生著：《明代帝陵风水说》代序：罗哲文作《风水与我国古代建筑的规划营造》，北京燕山出版社2008年。

[4] 王其亨：《风水术圆满破译千古之谜》，《新民晚报》1988年9月24日。

[5] [英]李约瑟著，柯林、罗南改编，上海交通大学科学史系译：《中华科学文明史》第一卷，上海人民出版社2001年，第209页。

学者凯文·林奇指出，中国的风水理论，“是受景观制约的一门复杂的学问”，“它对环境的分析是开放式的”，“是专家们在各方面进行探索的一个广阔领域”[1]。

总之，风水学作为中华传统文化的不可或缺的重要组成部分，是古典居住环境理论的经典，是我们理解和传承古典建筑和景观艺术理论与实践的学术利器，也是解读明代皇家园林文化的重要非物质遗产。当然，风水学中带有迷信色彩是毋庸置疑的，关键是剔除其杂质，保留其精华，应持“吹尽黄沙始到金”的科学态度。

二　皇城选址的风水

中国的风水文化发展到明代，已经是达到炉火纯青的巅峰状态。在明代，风水理论已经成为上至帝王、下至黎民百姓都普遍笃信不疑的大众文化。尤其是明代皇帝，将风水理论捧若至宝，在建都选址、营造皇宫、营建皇家宫苑、祭祀及陵寝选址等等重大建设中，虔诚地以风水理论为指导，唯恐不符不及。因而，风水学成为明代皇家的至学之一。

明代的皇家园林风水文化，不能不涉及皇城风水。明代曾有两座京师，先是立都于南京，永乐时迁都于北京。两次建都，在选址上，除了考虑其政治、经济、军事、人文、气候、交通等等主要因素外，还有一条重要因素，就是都城的风水。中国的风水文化延续了几千年，从风水理论和实践看，风水局面应分为两种，一为大风水或宏观风水，另一种为局部风水或微观风水。帝王都城风水，既讲大风水，即从全国的角度看风水，又讲局部风水，即从所在地具体环境论风水。

就帝王都城的大风水而言，选址建都有两大原则：

[1]　[美]凯文·林奇著，方益萍、何晓军译：《城市意向》，华夏出版社1999年，第210页。

一曰山河共载之“地中说”。《周礼·地官·大司徒》提出，立邦建都于地中：“惟王建国，辨正方位，体国经野……以求地中。”何为地中？“日至之景，尺有五寸，谓之地中。天地之所合也，四时之所交也，风雨之所会也，阴阳之所和也。然则百物阜安，乃建王国焉。”《吕氏春秋·慎势》说：“古之王者，择天下之中而立国，择国之中而立宫，择宫之中而立庙。天下之地，方千里以为国，所以极治任也。”所谓“地中”，既有国土疆域的自然地理概念，也有政权中心的政治概念。为何要在地中建都呢？除了帝王自身的天下之主，唯我独尊的中心意识外，还有便于统治国家，巩固政权的客观效用。在农耕文明条件下，国都建于国家版图中心地带，在自然环境、四时气候、物产流通、交通运输、出征讨伐等等方面，都会适中得益，便于控制天下，协调四方。

择地中建都，商代已始。《诗经·商颂·玄鸟》载：“邦畿千里，维民所止，肇域四海。”商朝把国土分为五方，即东西南北四土及中商，中商为商朝本土，天下中心。周人把天下分为九州，周天子居中。而汉代人提出“大举九州之势以立城郭”。因此，中国历代国都，地理方位基本符合这个原则。如咸阳、西安、洛阳、开封、南京等大一统政权的国都，基本都位于当时统治区域的中心地带，构成中国的疆土圆心。这显然是着眼于全国疆域而定都的。元明清三朝国都北京，略显特殊。元和清两朝，国土幅员辽阔，北京在南北方向上，大略也居于中心；只是东西方向上偏东。这种局面与游牧民族入主中原，统一中国这一特点有关。明代本以南京为国都，因燕王朱棣夺取皇位，出现重大政治变故，才改变国都的。南宋国都临安（杭州），是北宋灭亡后被迫迁都，不是主动选择的结果。

二曰天地对应之“感应说”。这一原则，源于“象天法地”、“天人感应”、“天人合一”理念。中国古人往往把“天”看作空间方位，将天空分为三垣、二十八宿、三十一个区。三垣即太微垣、紫微垣和天市垣。“垣”既是天空区，又是星官名。太微垣又称上垣，是天帝的朝会区，位于北斗之南。《晋书·天文上》曰："太微，天子庭也，五帝之坐也……一曰太微为衡。衡，主平也。"《春秋纬·文耀钩》称："太微宫有五帝星座。苍帝春起受制，其名灵威仰。赤帝夏起受制，其名赤熛怒。白帝秋起受制，其名白招矩。黑帝冬起受制，其名汁光纪。黄帝夏六月火受制，其名含枢纽。"《淮南子·天文训》认为，五帝是太皋、炎帝、黄帝、少昊和颛顼。五帝中，黄帝轩辕居中。这实际上是空间的东西南北中五个方位，把人祖轩辕黄帝作为天上的中心。天市垣为天帝的经营市场区，《正义》注："天市二十三星，在房心东北，主国市聚众交易之所。"

对三垣的功能，《管窥辑要》说："盖中垣紫微，天子之大内也，帝常居焉。上垣太微，天子之正朝也，帝听政则常居焉。下垣天市，天子畿内之市也，每一岁帝一临焉。凡建国，中为王宫，前朝而后市，盖取诸三垣也。"[1]紫微垣也称中垣或紫宫，是天帝的居住区。《晋书·天文上》曰："紫宫垣十五星，其西藩七，东藩八，在北斗北。一曰紫微，大帝之坐也，天子之常居也，主命主度也。"元代的风水大师刘秉忠说："中天北极，紫微星垣，天星之辰极，太乙之常居也。北极五星正临亥地，为天帝之最尊，所以南面而治者也。"[2]"南面而治"，指帝王统治。古人把紫微垣看作是天帝的宫殿区，天空对应大地，帝王的宫殿就是天上的紫微垣。所以，自称天子的帝王，将宫城称作紫禁城。大凡古代都城，都遵循了以上宏观风水原则进行选址、布局而营建。一方面宣扬帝王是上天之子，王权天授；另一方面祈求王朝与日月同辉，共天地永存。

明朝先后有两个京师，风水形胜均为甲天下。南京是明朝的第一个都城，虽略偏东南，但在中国风水大格局中，属当时疆域内圆心范围。朱元璋笃信风水，在元至正十六年（1356年），他采纳谋士陶安

[1] 《古今图书集成·历象汇编》卷四四，中华书局、巴蜀书社影印1985年，第1232页。

[2] （元）刘秉忠撰：《镌地理参补评林图诀全备平沙玉尺经》上卷，《续修四库全书·子部·术数类》，上海古籍出版社2002年，第128页。

提出的夺取金陵、兵临四方的建议，攻占了金陵。陶安说："金陵帝王之都，龙蟠虎踞，限以长江天险。若据其形势，出兵以临四方，则何向不克！此天所以资明公也！"朱元璋称帝后改集庆路为应天府，取"天人相应，感应天象"之义。在天下将定之时，朱元璋考虑建都有几种方案，而南京并非首选。实际上，朱元璋曾考虑做都城的还有长安、洛阳、开封，甚至探讨过燕京可否。明初攻下元大都后，朱元璋问大臣可否在此建都。翰林院修撰鲍频等人认为，胡主起自大漠，立国在燕，及其百年，地气已尽。南京兴王之地，不必改图。这个建议，也是依据风水理论提出的。

然而，明代以南京为都，其争论的交点之一就是风水问题。有一些人认为南京风水不佳：郑淡泉认为，金陵形势"山形散而不聚，江流去而不留，非帝王都也，亦无状元宰相者，因世禄之官太多，亦被他夺去风水"[1]。还如以史为据，认为以金陵为都，国运不长，少则几十年，多则百年，因而不吉利。东吴以建业（今南京）为都，存在仅52年；东晋前后103年；南朝宋、齐、梁、陈国运平均50年左右 。在迷信盛行的古代，这种短命王朝的覆辙，的确是不祥之兆。再如有人信其龙脉已断，王气不在。秦始皇当年巡幸山东，听说东南有王气。于是下令斩断龙脉，在金陵四周山中开凿秦淮河，进入金陵城。所以，在明以前以南京为都的政权，都未能统一全国。

但另一派认为，金陵是风水宝地、理想的帝王之都。早在三国时的诸葛亮通晓天文地理，"因观秣陵山阜曰：'钟山龙盘，石头虎踞，此帝王之宅也。'"[2]永乐时期名臣杨荣认为："天下山川形胜，雄伟壮丽，可为京都者，莫逾金陵。至若地势宽厚，关塞险固，总握中原之夷旷者，又莫过燕蓟。虽云长安有崤函之固，洛邑为天下之中，要之帝王都会，为亿万年太平悠久之基，莫金陵、燕蓟若也。"[3]这里，杨

[1] 周漫士：《金陵琐事》上卷《形势》。
[2] 《建康实录》引张勃《吴录》。
[3] 《日下旧闻考》卷五《形胜・杨文敏集》。

荣点了可为都城的四个地方，即燕京、长安、洛阳和金陵，并作了比较。长安有崤山和函谷关隘的险固。崤山在今河南省洛宁县北。函谷关在今河南灵宝市南，为秦朝的东关，地势险要。洛阳在地理位置上居于当时国家版图中部。但综合比较，还是金陵和燕京更合适为京都。杨荣撰《皇都大一统赋》，说南京形势："维皇明之有天下也，於赫太祖，受命而兴。龙飞淮甸，风云依乘。恢拓四方，弗遑经管。既度江左，乃都金陵。金陵之都，王气所钟。石城虎踞之险，钟山龙蟠之雄。伟长江之天堑，势百折而流东。炯后湖之环绕，湛宝镜之涵空。状江南之佳丽，汇万国之朝宗。此其大略也。"[1]这是对南京风水要略的概括。赞许南京风水的堪舆家认为，其龙脉由东南沿长江上溯绵延于中国中部，四象具备，左青龙有钟山，右白虎有石头城及鸡笼、覆舟诸山，北面长江回抱，北岸金山、焦山縱萃，再有秦淮河、玄武湖左右映带，而江淮诸山合沓内向，形成马蹄形环绕拱卫之势。以为这种形势，符合紫微垣星局，为帝王所居。可见，同样论南京风水，结果截然不同，各执一词，牵强附会，为我所用。

都城选址风水十分强调"龙脉"。什么叫"龙"？风水学说的龙，就是指山脉。《管氏地理指蒙》云："指山为龙兮，象形势之腾伏。"《人子须知》称："地理家以山名龙，何也？山之变态千形万状，或大或小，或起或伏，或逆或顺，或隐或显，支垅之体段不常，咫尺之转移顿异，验之于物，惟龙为然，故以名之。"北京大学于希贤教授说："以中国的四条大河来划分龙脉，叫作三大干龙。长江以南为南龙，长江、黄河之间为中龙，黄河、鸭绿江之间为北龙。三大干龙的起点为昆仑山。每条干龙从起点到入海又按远近大小分远祖、老祖、少祖，越靠近起点越老，越靠近海边越嫩。山老了无生气，嫩山才有生气。"[2]以此而论，南京和北京风水最佳。

早在明朝立国之初，为建都，朱元璋命刘基相地选址，当然也遵

[1]　《日下旧闻考》卷六《形胜》。

[2]　于希贤：《象天法地—中国古代人居环境与风水》，中国电影出版社2006年，第117页。

循了大风水原则。但对南京宫城的微观风水，朱元璋并不称心，甚至心有余悸。据《明太祖实录》，1366年朱元璋命通晓风水的“刘基卜地，定新宫于神山阳”。《松窗梦语》也记载，朱元璋定鼎金陵，召刘基选址筑宫室，刘基度地置椿。太祖将此告知太后，太后曰：“天下由汝自定，营建殿庭何取决于刘也！”当夜太祖派人更改刘基所置，次日太祖召刘观之，刘知其已改，说“如此故好，但后世不免迁都耳”。明南京宫城是在钟山之阳填燕雀湖而筑，后因地基沉降，形成南高北低之势。所以，朱元璋慨叹：“朕经营天下数十年，事事按古有绪。惟宫城前昂中洼，形势不称。本欲迁都，今朕年老，精力已倦。又天下新定，不欲劳民。且废兴有数，只得听天。惟愿鉴朕此心，福其子孙。”[1]或许是历史的巧合，后来的“靖难之役”和永乐迁都北京，应了刘基的预言，也验了太祖的担心。

至于北京的风水，自古论者颇众。北京虽然偏离中原，但古代风水师仍慧眼识珠。据《人子须知》，较早的如唐代著名风水师杨益认为：“燕山最高，象天市，盖北干之正结。其龙发昆仑之中脉，绵亘数千里……以入中国为燕云，复东行数百里起天寿山，乃落平洋，方广千馀里。辽东辽西两枝，黄河前绕，鸭绿后缠，而阴山、恒山、太行山诸山与海中诸岛相应，近则滦河、潮河、桑乾河、易水并诸无名小水，夹身数源，界限分明。以地理之法论之，其龙势之长，垣局之美，千龙大尽，山水大会，带黄河、天寿，鸭绿缠其后，碣石钥其门，最是合风水法度。以形胜论，燕蓟内跨中原，外控朔漠，真天下都会。形胜甲天下，山带海，有金汤之固。”所谓“象天市”，即像天上三垣之一的天市垣，意即符合天人感应论。宋代理学家朱熹慨叹说：冀都是正天地中间，好个大风水。“冀都山脉从云中发来，前则黄河环绕，泰山耸左为龙，华山耸右为虎，嵩为前案，淮南诸山为第二重案，江南五岭诸山为第三重案。故古今建都之地莫过于冀。所谓

[1]（明）朱国祯：《涌幢小品·宫殿》卷一。

无风以散之，有水以界之也。”[1]这是从全国地理的宏观角度论风水。

冀都指的就是燕京。元代更是以燕都龙盘虎踞，形势雄伟，南控江淮，北连朔漠而定都。“元世祖尝问刘秉忠曰：今之定都，惟上都、大都耳，何处最佳？秉忠曰：上都国祚近，大都国祚长。遂定都燕之计。”“幽燕自昔称雄，左环沧海，右拥太行，南襟河济，北枕居庸。苏秦所谓天府百二之国，杜牧所谓王不得不可为王之地。……盖真定以北，至于永平，关口不下百十，而居庸、紫荆、山海、喜峰、古北、黄花镇险厄尤著，会通漕运便利，天津又通海运，诚万世帝王之都。”[2]总之，“燕蓟为轩黄建都之地，扆山带海，形势之雄伟博大，甲于天下”[3]。

所以，赞同朱棣迁都北京者大赞其风水。如杨荣《皇都大一统赋》曰：“眷兹北京，山川炳灵。其为形势也，西接太行，东临碣石。钜野亘其南，居庸控其北。势拔地以峥嵘，气摩空而崱屴。复有玉泉漫流，宛若垂虹，金河澄波，雪练涵空。膏渟黛蓄，浩渺冲融。包络经纬，混混无穷。贯天河而为一，与瀛海其相通。尔其派连析津，源分潞水。既环抱以萦回，亦弥空而清泚。……而其为都也，四方道里之适均，万国朝觐之所同。梯杭玉帛为都邑之会，阴阳风雨当天地之中。”[4]所以，杨荣认为：“天下山川形胜，雄伟壮丽，可为京都者，莫逾金陵。至若地势宽厚，关塞险固，总握中原之夷旷者，又莫过燕蓟。虽云长安有崤函之固，洛邑为天下之中，要之帝王都会，为亿万年太平悠久之基，莫金陵、燕蓟若也。”[5]

成祖朱棣营建紫禁城，形制虽然仿照南京宫城，但选址却按北京风水形势而定的。堪舆家认为，紫禁城在北京中心而应天象。《帝京景物略·叙》云：“都，应垣也。燕之应极，垣有三焉，极一而已

[1] 《日下旧闻考》卷五《形胜·朱子类语》。
[2] 《春明梦馀录》卷二《形胜》。
[3] 《日下旧闻考》卷五《形胜·按语》。
[4] 《日下旧闻考》卷六《形胜·杨文敏集》。
[5] 《日下旧闻考》卷六《形胜·杨文敏集》。

矣。”《治平略》说：“北京上应北辰以象天极，南面而听天下，天险地利佳于关中。”[1]北辰即北极星，古人以为北辰位于天的中心，皇宫对应天位。“北极，北辰最尊者也。其纽星，天之枢也。天运无穷，三光迭耀，而极星不移，故曰：‘居其所而众星共之。’”[2]按星象分野论，天上二十八宿，主宰地上九州，幽州的星象分野为尾箕，又名析木，在东北方。所以，北京位于星象分野的东北方。因此，北京又称析津，此谓天人感应。孔子曰：“为政以德，譬如北辰居其所而众星共之。”按照《易经》八卦方位，“今之京师，居乎艮位，成始成终之地，介乎震坎之间。出乎震而劳乎坎，以受万物之所归。……自古建都之地，上得天时，下得地势，中得人心，未有过此者也”[3]。

总之，按照古代风水家的解释，北京暨紫禁城，上应天象，居于天市垣天帝所；下备四象，青龙、白虎、朱雀、玄武俱佳，风水甲天下。可见，论风水文化，莫过于帝王之家了。

三　陵寝园林的风水

中国的帝王向来十分注重陵寝的风水。其实，在远古时代，殡葬风俗十分简单而朴实。据《易经·系辞下》载：“古之葬者，厚衣之以薪，葬之中野，不封不树，丧期无数，后世圣人易之以棺椁，盖取诸《大过》”。“大过”，为《周易》六十四卦之一。远古时，人死后以草裹尸，葬于荒野，后来才用棺椁。中国的厚葬之礼，始于春秋。自孔子大力倡导孝道之后，厚葬先人之风开始流行。与此同时，风水理念的渐兴，阴宅的选址逐步神秘化，帝王陵寝尤甚。

明代，讲山川形胜的形法成为选择风水宝地的主要理论。明代帝王重风水，不仅重阳宅（都城及宫城）风水，也重阴宅即陵寝风水。

---

[1] 《日下旧闻考》卷五《形胜·治平略》。

[2] 《晋书·天文上》卷一一。

[3] 《日下旧闻考》卷五《形胜·大学衍义补》。

为找到所谓最佳风水宝地作为陵寝，往往煞费苦心，踏破铁鞋；而且，不惜民脂民膏，大兴土木，营建规模宏大的陵墓。

那么，为何注重阴宅风水呢？按风水理论，基于两大原理：一曰阴阳转换。《周易·系辞上》说："《易》有太极，是生两仪，两仪生四象，四象生八卦，八卦定吉凶，吉凶生大业。"唐代孔颖达注解云："太极谓天地未分之前元气混而为一，即是太初，太一也。"[1]北宋哲学家周敦颐《太极图说》曰："太极动而生阳，动极而静，静而生阴，静极复动，一动一静，互为其根。分阴分阳，两仪立焉。阳变阴合，而生水火木金土。"古人认为，人是灵魂与肉体的结合，人的生死是一种阴阳转换过程，人生活在阳间，死后到阴间，即灵魂不死。所以，视死如生。死是生的转换，也是生的延续。帝王生前享尽人间荣华富贵，权极位尊；死后到另一个极乐世界，也要享受阴间富贵。故阴宅风水与阳宅同样重要。二曰荫祐后代，即成大业。堪舆理论认为，阴宅风水的优劣，决定子孙后代的吉凶祸福。所谓"八卦定吉凶，吉凶生大业"。《葬书》说："葬者乘生气也……盖生者之气聚，凝结者成骨，死而独留。故葬者，反气入骨，以荫所生之法也。"人的骸骨是生前的阳气聚集而留下的，如果把骸骨埋葬于藏风聚气的风水宝地，将会荫祐子孙后代。据此，帝王选择天下最佳风水宝地，以期盼荫祐其子孙永保江山社稷，以至万代。

具体而言，明代皇陵分六处，都是所谓风水吉壤。因景帝死后按亲王规格下葬的，故在此省略西山景帝陵风水不论。

（一）明祖陵风水

明祖陵作为朱元璋上三世祖的陵墓，当初是普通百姓家的墓葬，按说谈不上什么风水。因为，朱元璋祖辈世代为穷人，而且多次搬迁，其祖上过世后随域而葬的。只是朱元璋称帝后追封其上祖，其墓

[1]（唐）孔颖达：《周易正义》。

才称为陵。实际上，朱元璋早先并不知道祖上的墓地在何处。由于他的高祖父母、曾祖父母曾居住过距南京四十里的句容县通德乡朱家村，有人就告知朱氏祖茔在朱家村。朱元璋信以为真，在朱家巷筑万岁山，亲临祭拜，结果变成一场闹剧。之后也找过几处，但都未确定。据《天府广记》，洪武十七年（1384年）十月十二日，太祖宗人朱贵告老还乡后查找族谱，并禀告朱元璋，确定其祖茔在泗州（今江苏泗洪县）城北的杨家墩。于是，太祖派太子朱标在原地按皇家规格营建了祖陵。

显然，明祖陵并非是察砂点穴、有意选择的风水墓地。然而，祖陵于洪武十九年（1386年）营建竣工后风水附会之说四起，而且皇家自导自演，推波助澜。当时，钦天监官奉太子朱标之命作《泗州祖陵形胜赋》，为祖陵套上了许多神秘光环。如说"蠙城直北，汴河西岗，管鲍让金之地……周围旋绕九曲罗堂水，势真龙之象"。说这里是春秋时期的管仲与鲍叔牙分金处，后来还建有分金亭。这里的水系像真龙盘绕，"青龙回转下汴河"云云。汴河，非指开封之汴河，而是隋炀帝开凿的通济渠。

万历年间的泗州知州曾惟诚所撰《帝乡纪略》，描绘了一个有关太祖祖父朱初一的神话故事：当年，朱初一作农活累了，在屋后杨家墩（土丘）下的一个土窝里躺着休息时，两个道士路过。其师父指着这个土窝说："若葬此，必出天子。"弟子不明其故，师父说："此地气暖，试以枯枝栽之，十日必生叶。"道士又怕朱初一听见，叫他起来，他却装作熟睡不动。于是，道士在朱初一身边插一枯枝离去。十天后朱初一来看，果然枯枝生叶。他诧异，便拔掉树枝，换上一枯枝。正好道士也来看，见是仍为枯枝。但道士看到朱初一也在场，心已明白，并对朱初一说："汝有福，殁当葬此，出天子。"说完不见了。朱初一死后果然葬此。《帝乡纪略》还说："又堪舆家云：'天下有三大干龙。惟中干龙最尊，以北干又次面（南）干，而祖陵则为中干龙。'""基运山（即杨家墩，嘉靖时改封）之周围，旋绕皆山也。

龙脉凡几千里。跌落平阳，近穴贴身若无山者。然前迎盱眙诸山，后拱沱沟诸岗，蜿蜒磅礴，冈阜萃篷。……瞻拜四顾，凡有目者莫不云惟帝王亿万年之閟宫可当之。”

万历时，总理河道官潘季训在《河防一览》中也附会说：“夫祖陵风水，全赖淮、黄二河会合于后，风气完固，为亿万年无疆之基。地方乡乘载吴桂芳语云：‘凤、泗皇陵，全以黄、淮合流入海为水会天心，万水朝宗，真万世帝王风水。’”崇祯时的礼部侍郎蒋德璟著《凤泗记》，大谈明祖陵风水形胜，尽附会之能事：

> 龙脉西自汴梁，由宿虹至双沟镇，起伏万状，为九冈十八洼。从西转北，亥龙八首，坐癸向丁，一大坂土也。殿则子午。陵前地平垄数百丈，皆高数尺。……又前为大淮水，水皆从西来，绕陵后东北入海。……又前二百余里为大江。……又后二百里为黄河。又数百里为泰山。大约五百里之内，北戒带河，南戒杂江。……千里结穴，真帝王万年吉壤[1]。

该书为了证明明祖陵的风水，竟然将方圆五百里以内的山水硬拉强扯到风水格局中，变成了祖陵的所谓龙、砂、水、穴，吹捧其为亿万年帝王吉壤。

然而，天不遂人愿。如此“上佳风水宝地”，“但遇淮水泛滥，则西由黄岗口，东由直河口，弥漫浸灌，与诸湖水合，遂淹及岗足”[2]。据《帝乡记略》记载，万历八年（1580年），淮河泛滥，“明祖陵下马桥水深八尺，旧陵嘴水深丈馀，淹枯松柏六百馀株”。更甚者，到康熙十八年（1679年）的大洪水中，祖陵被淹入洪泽湖水下，与明王朝一同成为历史沉积物。

---

[1]（清）孙承泽：《天府广记》卷四〇《陵园·凤泗记》。
[2]《明世宗实录》卷一八二。

（二）明皇陵风水

位于凤阳县城西南十六里的皇陵，是朱元璋父母的陵寝。元至正四年（1344年）春四月，朱元璋父亲朱世珍（五四）、母亲陈氏因瘟疫，在钟离县（凤阳）太平乡孤庄村先后去世。朱元璋向田主刘继德几经乞求，才要到一块地安葬父母。朱元璋曾回忆当时情形说："田主德不我顾，呼叱昂昂，既不与地，邻里惆怅。"后因田主兄刘继祖的"慷慨，惠此黄壤"，勉强为坟地，简单安葬。"殡无棺椁，被体恶裳，浮掩三尺，奠何肴浆。"[1]埋葬时既无棺椁，破衣裹尸，更无酒菜祭奠，覆上三尺黄土，勉强为坟。当时，朱元璋年仅十七，穷困潦倒，能有一块地安葬父母，已是很不错的了。所以，皇陵并非按风水要求，择地点穴营建的。朱元璋称帝后，将原有坟茔按皇家规格重修。然而，对皇陵的所谓风水，一些人又是牵强附会，编造了许多神秘的故事。

明代人重风水格局的形胜，尤重龙脉。把中国的南、北、中三大山脉体系看作三大干龙，皇陵的龙脉属中干龙，"发源于岷、峨之山。历川、陕，逾太行，延蔓荆楚，透迤于英、霍之区，起伏隐见，绵亘千万里，至翔圣山太平冈而龙脉结焉"[2]。可见，硬是把千万里以外的山脉扯到一起，说成皇陵的龙脉。说得更玄的是，明代王文禄《龙兴慈记》卷一记载："仁祖崩，太祖舁至中途，风雨大作，索断，土自壅为坟。人言葬九龙头上。"真是阿谀之文，荒诞至极！

钟离县（凤阳）太平乡本来就是多山地区，皇陵自然四面环山。皇陵南面为翔圣山，东边是云母山、平路岭，西面也有团山、大人山、画山等等。皇陵坐南朝北，凤阳城内的凤凰山、万岁山就充当了案山。再看皇陵的水脉，左有南濠水、龙子河，右有西濠水、东濠水，前有北濠水和淮河，形成左、右、前三面有界穴之水的风水格

[1]（明）朱元璋撰：《大明皇陵碑文》，引自《第六届明史国际学术讨论会·凤阳名胜》，皖内部图书97－041号，1997年，第10页。

[2]（明）袁文新、柯仲炯：《凤阳新书》卷九《外篇·奏议·致仕指挥尹令奏书》。

局。所以，一些人就把四方山岭和水系按风水要求，对号入座，得出皇陵青龙、白虎、朱雀、玄武四象齐备，龙、砂、穴俱佳的结论。其实，朱元璋自己都未说皇陵祖坟是风水宝地，只是地主恩赐的普通“黄壤”而已。

（三）明孝陵风水

孝陵是明代第一座真正的皇帝陵，而且是太祖生前较早卜选陵址、定穴营建的，所以，完全是按风水理论行事，但也不免神秘化。

据明人张瀚《松窗梦语》卷五记载：孝陵原来是一座僧人墓地，因风水好，太祖占之。当年，朱元璋与刘基往钟山卜选葬地，登览久之。太祖少憩僧人冢上，问刘基：“汝观穴在何所？”刘曰：“龙蟠处即龙穴也。”太祖惊起曰：“僧奈此何！”刘曰：“以礼迁之。”但太祖认为“普天吾土，何以礼为！”命令打开此墓。墓内有两个瓮一上一下相扣，启瓮发现僧人颜面如生，鼻柱下垂至膝，指爪旋绕周身，结跏趺坐于中。众人惊愕不已，不敢前发。太祖拜告，遂轻举移葬于五里外。

还有明人张岱所著《陶庵梦忆》记载，洪武初年太祖卜选陵址，听说钟山有王气，乃真龙天子藏身之所，于是，率刘基、徐达、汤和等重臣前往察看，选择穴址。经一番仔细察看，太祖让三人各自写出选定穴点，并藏于袖中。结果，拿出一看，三者相同，遂定陵址。孝陵地宫处，原来是南朝梁代宝志和尚塔，下面即和尚墓。打开墓穴发现和尚“真身不坏”，情景如《松窗梦忆》所云类似。太祖便将其移至灵谷寺建塔以金棺银椁葬之，并以庄田三百六十亩为香火地。这些记载，为孝陵增添了许多神秘色彩。

按风水理论，孝陵显然是风水宝地。孝陵《禁约碑》文说：“祖脉发自茅山，鲜原开于钟阜。龙蟠凤翥，属万年弓箭之藏。虎踞牛眠，衍千载园陵之祚。”据明崇祯《实录》，崇祯十四年（1641年）四月，礼部侍郎蒋德璟对崇祯帝说：“龙脉从茅山来，历燕冈、武岐、华山、白云峰、龙泉庵一带至陵，可九十里。”孝陵在钟山之阳玩珠峰下独龙阜，背后有东、中、西三座高峰排列，钟山主峰北高峰为龙脉中的“少祖山”，北高峰前的玩珠峰为“父母山”。孝陵宝城左右群山拱卫，左边有龙山为左砂，右边有虎山为右砂，分别构成青龙、白虎象。陵前的梅花山为案山，梅花山西南有前湖，为朱雀象，从而形成了完备的风水四象即左青龙、右白虎、南朱雀、北玄武护卫格局。

这四象不仅方位恰当，而且高低、走势、形态俱佳。孝陵背后群峰耸立，重峦叠嶂，山势奔腾起伏，郁郁葱葱，生气勃勃，形成可靠屏障；左右砂均南北走势，为主峰山脊的向下延伸，两面护卫孝陵，与背后玩珠峰形成簸箕形空间。孝陵正坐落其中，而陵前的案山对簸箕形空间封而不死，从而达到藏风聚气的最佳效果。这种格局，是天然形成的环境，而非人为所致。正如刘基《析髓经》所云：“龙虎左右弯环抱，前宾后主皆相照。”

藏风得水是风水学的两大要义。风水家更重得水。《葬书》云：“风水之法，得水为上，藏风次之。”藏风，即聚气。水是万物之生命之源，山有水则灵。孝陵的水势格局，形成三道界水，体现风水要求。宝城两侧水流汇于明楼前的石桥下，再流入前湖，作为第一道界水；从孝陵东侧的龙山向西南流淌的溪水，经过在梅花山北、孝陵文武门之前神道上并列的三座石桥下，再注入前湖，形成第二道界水。这两道界水是人工理水形成的，为的是更好地体现风水格局。在孝陵南，更远处还有一条河流。从而界水重复，再加之南京地区雨水充沛，使得孝陵山清水秀，生机盎然，不愧万年吉壤。

（四）明十三陵风水

北京昌平的十三陵是明代皇陵集中区，是成祖在迁都前就精心卜选的风水吉壤。据《明太宗实录》卷九二记载：“永乐七年（1409年）五月……己卯，营山陵于昌平县。时仁孝皇后未葬，上命礼部尚书赵羾以明地理者廖均卿等择地，得吉（壤）于昌平县东黄土山。车驾临视，遂封其山为天寿山。是日遣武安侯郑亨祭告兴工，命武义伯王通董役事。均卿等咸受官赏。”

由于成祖笃信风水，选择陵地十分严格，煞费苦心，花费两年时间在北京周围择地。为了能找到理想的风水吉壤作寿陵，首先到处物色风水师。除了廖均卿外，还有王贤。明人叶盛著《天寿山记》云：“国初有宁阳人王贤，少遇异人相之，当官三品，乃授以《青囊》书，遂精其术。永乐七年（1409年），成祖卜寿陵，遍访名术，有司以贤应。贤奉命于昌平州东北十八里得兹吉壤，旧名东榨子山，陵成封曰天寿，贤后累官至顺天府尹。”《长安客话》卷四《郊坰杂记·天寿山》也有类似记载。参与卜选吉壤的还有数人。据《明太宗实录》卷一四〇记载：“永乐十一年（1413年）五月……复论初卜吉之功，升知县王侃州同知，赏彩币三表里、钞二百锭，升给事中马文素太常寺博士，阴阳训术曾从政、阴阳人刘玉渊皆钦天监漏刻博士，食禄不视事；五官灵台郎吴永始以僧授，改升僧录司右阐教，各赏彩币一表里、钞百六十锭。”彩币，即彩缎。可见，成祖卜选吉壤可谓兴师动众。

在这些风水师中，最主要的是廖均卿。因主持了长陵的勘测并参与营建，在长陵前的石碑，记述其事。嘉靖时期的郑晓著《今言》记载：“廖均卿，江西人，精地理。成祖择寿陵，久不得吉壤。永乐七年（1409年），仁寿皇后尚未葬，礼部尚书赵羾以均卿至昌平县，遍阅诸山，得县东黄土山最吉。成祖即日登临视定议，封为天寿山。”这个记载，与《明太宗实录》记载一致。廖是江西兴国县衣锦乡（今梅窖镇）三僚村人，字兆保，号玉峰，是当时著名的风水师，因对营建长陵有功，于永乐八年（1410年）受封钦天监灵台博士。死于永乐十一年（1413年）五月二日，葬于江西省兴国县衣锦乡。墓今尚在，墓前有碑。

关于卜选长陵陵址的细节，据廖均卿之子廖信厚于永乐十二年（1414年）四月所撰《均卿太翁钦奉行取插卜皇陵及行程回奏实录》：永乐五年（1407年），成祖与礼部尚书赵羾言曰：“朕居南位，移旋北地，干戈宁静，国泰民安。朕观此地地脉厚重，山峰拱顾，可为长久之计，但未卜寿陵，倘得精阴阳者足矣！”尚书赵羾曰：“查得唐时杨筠松、廖瑀、曾文辿精通地理，有仙道之机。查得乃江西人也。即行文到省、府、县。”廖奉命到北京后察看昌平、密云、平谷、通州诸地，其中三次复看黄土山。之后到南京禀报给成祖，并上所绘图纸。永乐七年（1409年）四月和闰四月，廖又两次随成祖到黄土山察看，最后才点穴营建长陵。

成祖卜选吉壤，不仅为自己的寿陵长陵选址，而且还着眼于子孙后代的陵地。所以，经过再三比较、筛选，确定整个天寿山都属风水吉地。据《均卿太翁钦奉行取插卜皇陵及行程回奏实录》，廖均卿考察黄土山等诸地后，面奏成祖：“臣廖均卿面奏穴事。臣观黄土山，势如鸾凤之奔腾，穴似金盘之荷叶，水绕云从，位极至尊。经云：仰掌金盘荷叶中，谁知波浪有仙踪。形似铜盘，臣有冒奏：必插响处，始为二盖响中之穴，以其声名于天下。”

廖均卿在北京周围先后考察过五次，于永乐六年（1408年）六月第二次考察黄土山后，八月一日向成祖上《朝献山图表》，对天寿山风水形势大加赞颂，说：

> 臣受杨师秘传术，谬参造化玄机。此奉我皇圣旨，卜取御陵，臣与礼部尚书赵羾相视营陵，敢不披肝吐胆以尽忠言！
>
> 详察各处山川，堪建陵基者惟昌平州东黄土山一十八道岭峰美丽，真堪陵室根基。其脉天皇出世，天市降形，贪狼木火以为宗，势若鸾翔而起，主天乙双降屹立于斗牛之间，天乙呈祥奋迅于奎娄之位。三台、华盖拱帝座以弥高，四辅紫微面坎宫而作极。东黄土景堂堂乎三阳开泰，十八岭峰巍巍乎四势呈祥。形肖铜锣，穴居中央。礼部尚书赵羾相六秀皆足，八贵堪评。天门山拱震垣，地户水流囚谢。凤阁龙

> 楼，卓列罗城。捍门华表，镇塞星河。山如万马奔趋，水似黄龙踊跃。内有圣人登殿之水，世产明君；外有公侯拜舞之山，永丰朝贡。四维趋伏，八极森罗。青龙奇特，白虎恭降。太微天马尊于银潢之南；少府紫微，起于天河之北。维皇作极，俾世其昌。发龙气旺，帝业最胜。山河巩固，地势宽平。艮亥脉作癸山丁向，卦例相合，五星聚会，主大臣股肱协力。木火得局育玉叶庆，衍蕃昌悉合仙经。

在十三陵的风水格局中，天寿山是北干龙的一部分。据《人子须知》，唐代风水师杨益认为："燕山最高，象天市，盖北干之正结。其龙发自昆仑之中脉，绵亘数千里……以入中国为燕云，复东行数百里起天寿山，乃落平洋方广千馀里。"《长安客话》卷四《郊垌杂记》云：

> 皇陵形胜，自其近而观之，前有凤凰山如朱雀，后有黄花镇如玄武，左蟒山即青龙，右虎峪即白虎。且东西山口两大水会流于朝宗河，环抱如玉带三十余里，实为天造地设之区。自其远而观之，山虽起自昆仑，然而太行、华岳连互数千里于西，山海以达医无闾，逶迤千里于东，唯此天寿山本同一脉，乃奠居至北正中之处。此固第一大形胜，为天下之主也。

可见，古人的确将天寿山的风水看作天下最佳。整个十三陵陵园区方圆80平方公里，北面天寿山重峦叠嶂，巍峨雄健，绵延起伏，好一道天然屏障；东、西两侧群山拱卫，气势磅礴；南面龙山、虎山分列左右。从而三面环山形成坐北朝南的簸箕状空间，中间是平坦的小盆地，土壤肥厚，主流水脉温榆河自西北蜿蜒流向东南，支流纵横。小盆地自然形成小气候，周围群山郁郁葱葱，广袤平野上草木繁盛，生机盎然，好一派风光秀丽、幽静安详的自然环境。这正是风水家所赞赏的藏风聚气的理想吉壤。在这大风水环境下，十三个皇帝陵分布在天寿山向盆地延伸的支脉前，错落有致，环绕盆地。因明代皇帝个个都笃信风水，所以每一位皇帝在营建陵寝之前，都派风水师仔细勘察卜选，在陵区内寻找理想吉壤，做到青龙、白虎、朱雀、玄武四象俱全，龙、砂、穴、水、向五大要素俱佳。

（五）明显陵风水

明显陵是嘉靖皇帝父亲的陵墓，原本是一座藩王陵，论其风水与皇帝陵是有差别的。嘉靖父亲兴献王病逝后，其妻蒋妃派人卜选陵址，在安陆府（今湖北钟祥市）城东北的松林山营建陵墓。兴献王作为藩王，须按藩陵规制选择寿陵吉壤，只能在自己的领地内卜选。不过，在有限范围内，松林山一带称得上是最佳风水地了。

然而，世宗即位后将父封为兴显皇帝，特别是生母死后面临是在显陵合葬还是将显陵迁至天寿山，实现父母合葬的问题。世宗是在明代皇帝中最迷信风水术的了。他称帝后并不满意显陵原有陵地，除了对其规模小、规格低、未入皇陵区、与兴显皇帝身份不符等因素不称心外，还认为显陵风水不及天寿山，因而起心迁陵，引起朝臣争论。

嘉靖十八年（1539年）三月，世宗到钟祥谒显陵，并决定改建时，带了廖文政等七位风水师，重新勘察了显陵风水。廖文政是当时最著名的风水师，江西兴国县衣锦乡三僚村人。据《兴邑衣锦三僚廖氏族谱·文政公行程实录记》：三月十五日祭祀显陵后，君臣商议营建新玄宫事宜。世宗问廖文政："显陵定向么穴？向何如？"廖文政回奏："原向丑山未向"，"老向太偏过左"。所以，廖文政建议将玄宫改"作艮山坤向。明堂方正，四势端明，山水相称"。针对显陵玄宫渗水问题，廖文政又认为："老穴低了，必定生水。宜默上十馀丈，直至柏树下方是真穴。"世宗同意廖的意见。当然，这些微调，对显陵的风水格局无大影响。

对显陵风水形势，当时的都察院副都御史、工部左侍郎顾璘等所修《兴都志》曰：“左瞻聊屈，右眺三山，章山表其南，花山峙其北，沔、汉之水方数千里地而西来走其下，萦绕如带，汇浸如襟，舟航辐辏，今古所称。至夫兹山之体，则峻而不激，雅而不缓，层峦叠岫，含藻蕴奇，虎踞而龙蟠，鸾翔而凤舞，然后翼翼绵绵盘纡前结，实为天子之冈。”“古者，葬必于北，所以就阴也。故孔子葬于鲁城北。又曰：于邑北。今纯德在都城之北，斯三代之达礼也。春秋含文嘉曰：天子坟高三仞，树之以松。今纯德旧名‘松林’，得其所宜树也。征之人事，察之地理，考之经传，瑞应符合，岂非天哉。”这一记述，虽不免阿谀奉承之嫌，但对显陵的风水格局说得还是十分到位的。

对显陵风水，万历间内阁首辅张居正在《陵寝记》中说：

> 按舆志，郢荆之山发自终南、大华（华山），而桐柏总其要，会折而北为厉山，神农之所育也。折而东南，为大洪山，结秀于纯德，则我献皇帝之剑履藏于斯焉。扶舆清淑之气钟于斯焉。左瞻聊屈，右眺三山，章山表其南，花岭踞其北。又有沔、汉之水，方数千里际天而来，萦绕前后。山趋水会，风翥龙翔，信乾坤之奥区，阴阳之福地。盖天作高山以为我二圣栖身之幽宅，以荫我皇上福祚于无疆者也。[1]

张居正的说法，与《兴都志》的记述大同小异，对显陵风水格局中龙、砂、穴、水、向五大要素，逐一点到。显陵背后是纯德山，与终南山、华山向东南方的桐柏山连绵，转而南，与随州的厉山、大洪山续脉，蜿蜒起伏，作为来龙；左边龙砂曰聊屈山，右边虎砂为三山，南面案山则是章山，从而形成群山环抱之势，陵园坐落于平缓而开阔的坪地上。汉水、沔水从西北奔来，在纯德山背后绕到东、又转南、再转而西，形成马蹄形，半环绕显陵后转东南流去。而陵园内左

[1] 《江陵张文忠公全集·陵寝记》。

后方和右面各有一道水溪，在陵前右侧汇合。陵园内九曲蜿蜒，到外明塘，再向西南流去。四象齐备，青山绿水相映，虽说没有天寿山的宏阔气派，但也具备独特的雅致，至少是王权才能得到的吉壤。

第四节　皇家园林的五行文化

五行文化是中国传统文化的重要组成部分，因而也是皇家园林文化的重要组成部分，同时也体现出中国皇家园林的主要特质。明代的皇家园林，蕴含着丰富的五行文化。

一　五行文化之肇始

中国五行文化肇始于远古时代，是先人们对大自然早期认识的结晶。随着人类的不断进化，人们开始注意所生存的“自然界究竟由哪些元素构成的”这一基本问题。对此，文明最先发达的民族，有相似的认知。

古印度的哲学认为，世界万物由地、水、风、火四种基本物质构成。后来佛教也认同这个观点，佛教讲的“四大”，指地、水、风、火是宇宙四种最重要物质，所以称“大”，但又将其“虚无”化，认为“四大皆空”。古希腊哲学家恩培多克的观点与此类似，他认为万物的本源是水、火、土、气四大元素。

中国的古人对这个问题的认识，可追溯到三代之前，与阴阳说基本同时产生。台湾大学著名哲学家方东美先生认为：“五行之说是春秋战国高度的哲学思想尚未产生之前，流行在夏商时代，也就是成周以前一千年左右的原始思想。”[1]“阴阳说解释宇宙的起源，五行说解释宇宙的结构。”[2]《管氏地理指蒙》则认为：“万物之生，以乘天地之

[1] 方东美：《原始儒家道家哲学》，中华书局2012年，第63页。

[2] 《中华文化史》，第393页。

气。”“生气”又称五气。“五气即五行之气，乃生气之别名也。夫一气分而为阴阳，析而为五行，虽运于天，实出于地，行则万物发生，聚则山川融结。融结者，即二五之精妙合而凝也。”一气即元气，元气分而生阴阳二气，阴阳二气分而生五行气，五行构成万物。五行说认为世界是由五种基本物质构成。五行，最早不称五行，而曰五材。“五行”提法最早见诸古代文献的，则在《尚书·洪范》中。《尚书》产生于距今3000年前后，并经过了古人不断完善的过程。之后，在中国传统文化经典中，五行学说也有大量的记载。

二　五行文化的哲学意蕴

五行学说原本是自然哲学，是对自然界结构及构成要素的运行和相互之间转换的哲学阐释。但中国的帝王们将五行学说运用到国家治理当中，将其变成一种思想文化和哲学理论。就以最早记载五行理论的《尚书·洪范》来看，五行理论已经完成了由自然哲学转变为思想理论和政治哲学的过程。

“《尚书》是传统‘五经’之一，记载了中国上古的历史，其中很多篇章保留了原始的政治公文面貌，可称信史。”[1]其《尚书·洪范》是周武王与箕子有关治理天下的对话。箕子说，“五行”是天帝给禹治理天下的“九畴”之一，即“大法九章”之一：“初一，曰五行”。即九章大法的第一章就是“五行”。所谓“五行，一曰水，二曰火，三曰木，四曰金，五曰土。水曰润下，火曰炎上，木曰曲直，金曰从革，土爰稼穑”。“大法九章”本来是治国章法，却把五行作为第一章，可见其具有“纲领”性地位，是贯通其他章法的思想理论。五行的五指的是自然界的五种物质；那么，“行”者何谓？行者谓其动也，变也。

古人把这五种物质称之为“五行”，有其深刻的哲理。古人认为，

[1]　慕平译注：中华经典藏书《尚书》“前言”，中华书局2009年。

世界不仅是由这五种物质构成，而且它们不是静止的，孤立的，而是运动的，变化的；它们之间又存在相互作用，相生相克关系。所谓变指：水“润下作咸”，火“炎上作苦”，木“曲直作酸”，金“从革作辛”，土“稼穑作甘”。人们从它们的相互关系中总结出相生原理，即木生火，火生土，土生金，金生水，水生木，从而形成循环相生关系。然而，这种循环不是单一方向的，反之亦然循环，故称相生。相克即木克土，土克水，水克火，火克金，金克木，从而形成循环相克关系。古人从五行中对应引申出许多意蕴，如颜色、方向、时辰、味道、天干、地支等等。五行理论与阴阳理论密不可分，与《易经》八卦相互对应，也与风水理论紧密联系。可见，五行理论博大精深，奥妙无穷。

三 皇家园林布局的五行文化

五行文化在明代皇家园林中可谓无处不在。由于五行与风水紧密关联，特别在皇家祭祀园林和陵寝园林中非常明显。如皇家祭祀坛庙的布局，就是严格按照五行方位形成的。天坛是祭天场所，天属阳，方位为火，所以建在皇城南隅。地坛是祭祀地祇的地方，地属阴，方位为水，所以建于皇城之北。日坛是祭祀太阳的场所，太阳从东方升起，方位属东，东为木，所以建在皇城东隅。月坛是祭祀月亮的场所，月亮为太阴，方位在西，西属金，所以建在皇城西隅。紫禁城居中，为帝王之所，方位属中，中属土。汉代的董仲舒《春秋繁露·五行相生》中云：“中央土者，君宫也。”这是北京皇城祭祀场所宏观上的五行布局。

在皇家陵寝园林中，五行文化也很丰富。皇家陵寝是皇帝的阴宅，是帝王在阴间的居所，所以，与阳宅同等重要，认为这关系到帝国的永世兴盛和子孙万代的兴旺。因此，在皇家陵寝园林的空间布局上，遵循五行理论。如陵寝园林一般都坐北朝南，以符合五行方位。

唯如此才能保证最佳风水，即所谓大吉，否则就是凶兆。故最避讳方向错位，即不得违背五行理论。皇家陵寝园林的五行与风水格局的四象相配，代表方位和颜色：东为木，青龙；南为火，朱雀；西为金，白虎；北为水，玄武。五行与风水理论结合，可判定吉凶祸福。

在祭祀场所的微观布局中，也贯彻了五行理论，最典型的是社稷坛。社稷坛是祭祀社（土地）神和稷（五谷）神的场所。坛的顶层平面分成五块，上面铺垫有五色土，象征五行。东为青色土，代表木；南为红色土，代表火；西为白色土，代表金；北为黑色土，代表水；中间是黄色土，代表中央土，即帝王方位或皇权。这五色五方土寓意为天下万物由五行构成，也代表全国疆土，而归结到"普天之下莫非王土"。所以，五行也成为皇家阳宅和阴宅选址、营建的一种理论依据。

实际上，五行理论不仅是对皇家，也是普通百姓选择人居环境的指导原则，或曰处理人与自然关系的一种理论依据，并且，直到今日还发挥着深远影响。

中国皇家园林之所以崇尚五行文化，一方面，五行代表着宇宙，象征着国家。五行理论认为，宇宙是由五行构成，而国家是宇宙的一部分，也是由五行构成，这主要指地理版图，所谓"普天之下莫非王土"。"普天"包括东西南北中，也是五行方位。可见，从五行文化中引申出国家及帝王统治的概念。另一方面，五行相克相生理论，表明万物生生灭灭，周而复始，永无止境，象征君主专制集权国家的兴旺发达和永世不灭。这种理念，正好符合帝王的心理诉求。故此，五行文化成为皇家园林的主要精神支柱之一。

第五节　皇家园林的图腾文化

一　图腾文化之渊源流变

图腾文化是人类早期原始文化形态之一。人们把某种自然物或想象中的超自然物，作为崇拜的偶像而逐步形成图腾文化。“图腾”之说源于上古中华，美洲印第安人的“图腾”一语乃由中华传入。图者，文也；腾者，媵也，婚媾也；图腾是“联姻双方的氏族标志的整合图符”[1]。可见，图腾是原始人们生育和族群凝聚、兴旺发达的象征。

在中华大家庭的各族祖先中，图腾崇拜较为普遍。许多民族都有自己的图腾，甚至同一民族的不同部落也有不同的图腾。这些图腾文化是原始文化构成的重要元素之一。原始文化是指儒、道之前的文化，或者三代及之前的文化。儒家、道家文化是后三代文化，它们是春秋战国时期形成并从原始文化中发展而来，最终成为中国传统文化的两大主流。所以，中国传统文化与原始文化是源流关系，图腾文化是中华传统文化的渊源之一。

中华民族被誉为龙的传人，在原始文化中，龙凤成为共同崇拜的图腾。但随着国家的产生和王权的强化，龙凤逐渐变成帝王的象征或符号，成为神化帝王的身份表征。所以，在中国的帝王文化中，最崇拜的图腾莫过于龙凤图腾了。

何为龙？关于龙的形象，《尔雅翼·释龙》曰：“角似鹿，头似驼，眼似鬼，项似蛇，腹似蜃，鳞似鱼，爪似鹰，掌似虎，耳似牛。”闻一多先生在《伏羲考》一文中说：“龙是一种图腾并且只是存在于龙图腾中，而不存在于生物界的一种虚拟的生物。因为它是由许多不同图腾合成的一种综合体。”

据考古发现，龙图腾的出现可上溯到距今6000年的仰韶文化。仰韶文化因在河南省渑池县仰韶乡境内发现的新石器时代文化遗址而得名。仰韶文化的范围包括以河南、陕西、晋南为中心，南至汉水流域，北达河北中部及内蒙古河套地区，东到鲁西，西达甘肃河西走廊的广大地区。其中，在河南省濮阳西水坡45号墓内发现的人体骸骨两侧，以蚌壳摆放出十分形象的龙与虎的图案。龙身长1.78米，活脱生

---

[1] 王大又、王双有著：《图说中国图腾》，人民出版社1997年，第9页。

动。这是已经发现的龙的最早造型。

与仰韶文化基本同时期的5000年（一说8000至6000年）前的红山文化，也孕育了龙图腾。。红山文化因首次发现于内蒙古赤峰市红山而得名。其文化遗址包括辽西地区和内蒙古赤峰市范围，面积达20万平方公里。1981年，在辽宁省朝阳市的凌源市与建平县交接处的牛河梁发现了红山文化晚期遗址，距今有5500至5000年。这里出土了号称“中华第一龙”的玉猪龙，长7.2厘米，宽5.2厘米，材质为岫岩软玉，呈白色。这是迄今为止发现的最早的龙图腾实物，也是最早的原始龙文化。

在夏商周三代文化中，龙图腾进一步受到崇拜。至晚为商代早期、距今4800年至2800年的蜀国都邑遗址三星堆（今四川省广汉市城西南兴镇）出土文物中，有一件青铜神树，高达3.95米，由底座、树和龙组成。这是在中国境内出现国家后，发现的最早的龙图腾。还有，在商代都城及王陵遗址，即河南省安阳西北小屯村一带的“殷墟”西北冈墓出土的中柱旋龙盂，材质为青铜，高15.7厘米，口径25.7厘米。盂内中心有一柱，柱顶有六瓣花形装饰，柱的中部有四只翘首的立体蟠龙环绕。这是最早龙图腾与王权结合的物证。

春秋战国时期楚国称霸时的都城纪南城遗址（今湖北荆州市江陵区），从遗址周围许多墓葬中发掘出众多珍贵文物，其中荆州院墙湾一号墓中出土的玉佩，上面刻有一人两侧分别有两龙、两凤构成的图案，显然是王室的佩饰物。这是龙凤图腾并列的较早发现。

在山东省淄博市临淄区齐都镇，有春秋战国时期的齐国都城临淄遗址。临淄在公元前859年至前221年被秦灭止，一直是齐国都城。1979年在都城遗址西南墓中出土了一块方铜镜，高115厘米，宽58 厘米，厚1.5厘米，重达56.5公斤。铜镜背面有龙凤图案。可见，齐鲁王室及达官贵族十分崇拜龙凤图腾。

龙凤图腾不仅在战国七雄中受到尊崇，在一些小国也一样。地处中原的中山国古城遗址灵寿城，在今河北省石家庄市平山县三汲乡东部。中山国建于春秋末期，公元前296年灭亡。据1975年至1979年间对古城遗址的两座大型陵墓（一座为中山王墓）的考古发掘，出土的金银镶嵌龙凤形方案，器物圆圈上有蟠螭绕成的四龙四凤。此物为王室之器。

至于见诸文字的龙，在殷商遗址出土的甲骨文中，已有“龙”字出现；青铜器上的金文中“龙”字更形象化了。在中国最早的文献中，龙已经成为一种祥瑞之物。如《周易》乾卦《象》曰：“大明终始，六位时成；时乘六龙以御天。”“初九：潜龙勿用。”“九二：见龙在田，利见大人。”“九五：飞龙在天，利见大人。”等等。可见，龙凤图腾崇拜的原始文化，源远流长。

二　皇家园林的图腾类型

明代的皇家园林，堪称传统文化的集大成者，其中图腾文化随处可见。在明代皇家园林中，最主要的图腾有“龙凤”、“四象”、“四灵”等类型。

龙凤是中国皇帝和皇后特有的图腾象征，所以，龙凤雕塑、龙凤装饰图案是皇家园林建筑不可或缺的组成部分。无论是祭祀园林、陵寝园林、寺观园林，还是宫廷花园，凡有皇家建筑的地方，都有龙凤雕塑或图案。如主体建筑中，供皇帝、皇后歇息、居住处，都有龙凤图腾，如云龙宝座、盘龙梁柱、盘龙藻井、御道云龙、盘龙望柱，华表、桥梁、牌坊等等建筑物和构筑物上的龙凤图案，满目皆是。这些龙凤雕饰，强烈地显示皇权的至高无上。

在明代皇家园林文化中，还有一种十分崇拜的图腾，就是风水中的“四象”，即青龙、白虎、朱雀、玄武。这四种图腾，主要集中于皇城建筑、祭祀园林、陵寝园林的选址与营建上。这四种图腾本是五种动物，但中华先民们将它们与天象、四季、方位等等联系起来，从而使之神秘化。值得一提的是，龙是一种虚拟的神物，地球生物界无此物；而玄武实际也是龟与蛇的复合体，是由两种动物构成的。四象的寓意是多元的。其一，它们代表星宿。古人把天空划分为四区，包含二十八宿，四象则是星象，即东苍龙、西白虎、南朱雀、北玄武。其二，代表地理方位，即东西南北四个方向。其三，代表时令四季，苍龙代表春，白虎代表秋，朱雀代表夏，玄武代表冬。这是古人将对自然界的认识归结成四种图腾，从而形象化。

我国最早的青龙、白虎图形出现在距今6000多年的仰韶新石器文化中，即河南省濮阳西水坡45号墓内发现的墓葬图案，第一次发现龙虎图案同时出现。墓内人体骸骨东侧是龙的图案，西侧是虎的图案；这是用蚌壳摆放而成的立体图案，长度基本与骸骨相当。这说明，远古时人们已经将左龙右虎模式与墓葬联系起来。在商代武丁时期的甲骨文里，记录有火、鸟等星宿。《周礼・考工记》记载："龙旂九斿，以象大火也。鸟旟七斿，以象鹑火也。熊旗六斿，以象伐也。龟蛇四斿，以象营室也。"这里记述的四象，与后来的四象有所区别，除了龙、鸟（雀）、龟蛇（玄武）外，没有虎，而是有熊。但是，据《十三经注疏》之《周礼注疏》说："大火，苍龙宿之心。"大火指东方苍龙星宿。"鹑火，朱鸟宿之柳。"鹑火指南方朱雀之柳宿。"熊虎为旗……伐为虎，金色。"古人熊虎并提，为伐宿。金色指西方。"玄武宿……此星一名室壁，一名营室。"龟蛇即玄武，北方星宿。这是四象与星宿、四个方位对应的明确记载。

在明代皇家园林中，还有其他图腾，如古人还有"四灵"之说。《礼记・礼运》称麟、凤、龟、龙为四灵。这种原始文化图腾，随着社会的发展愈发强化，成为风水理论的基本要素，也成为明代皇城宫廷园林、祭祀园林和陵寝园林、寺观园林中经常出现的重要图腾。

第六节 皇家园林的符号文化

符号是人类文化的起源。任何一种文化的产生、发展和传播，都离不开符号；符号是文化的细胞，也是传承文化的载体。不同的文化有不同的符号，所以它是一种特定的标示或标志，本质上是一种信息，是具有特定内涵的文化密码，在一定条件和环境下，都有可能变化成为特定的文化符号。

中国是具有5000千年文明史的国家，符号文化极为丰富。我们的祖先在远古时代就开始创造了符号文化。阴阳是远古的一种符号文化，“一阴一阳之谓道”[1]。其符号为“——”“—”，这是中国文化的源头。阴阳是八卦的构成要素，称之为卦画。八卦也是最早的符号文化，据传是伏羲所创：“古者包牺氏之王天下也，仰则观象于天，俯则观法于地，观鸟兽之文，与地之宜，近取诸身，远取诸物，于是始作八卦，以通神明之德，以类万物之情。”[2]

可见，中国的符号文化源远流长，并且，随着时代的发展，越发丰富和发达。所以，符号文化成为明代皇家园林文化的重要组成部分。这里举其要者，概述如下。

一 动物符号文化

在明代皇家园林中，以动物为帝王或皇权象征的符号文化很发达。其中，不少动物也是一种图腾，图腾本身也是一种符号。作为帝王文化符号的动物，常见的有龙、凤、龟、蛇、鹤、麒麟、狮、虎、象、马、雀等等。在图腾文化中，强调龙凤是象征帝王或皇权的特定图腾，龟、蛇是代表玄武，风水格局中的四象之一。在皇宫殿前或宝座前方两侧立有龙首龟与仙鹤雕塑。龟象征长寿，曹操有《龟虽寿》诗云：“灵龟虽寿，犹有竟时。”中国传统文化与龟的联系很密切，黄帝轩辕又称龟帝；二十八星宿中，土星为中央黄帝土；轩辕星其形状像龟，黄帝又谓龟蛇之象。古人以龟甲作为卦卜神物，以为可预测吉凶祸福。鹤在道教中是一种神鸟，在中国文化中象征着长寿、吉祥。

[1] 《周易·系辞上》。
[2] 《周易·系辞下》。

《淮南子》有“鹤千年，龟万载”之说。所谓仙人乘鹤，就是长生不老。麒麟是瑞兽，也是帝王象征。《史记·索隐》称：“雄曰麒，雌曰麟。其状麋身，牛尾，狼蹄，一角。”《春秋感精符》说：“麟一角，明海内共一主也。”虎是风水格局中的四象之一，即右白虎；朱雀是风水四象之一，它们是皇家风水文化的象征。在皇家陵寝园林中所立石像生，有麒麟、狮子、大象、骏马、骆驼、羊等动物雕塑，象征着祥瑞、仁义、威严、吉祥、成功等等，是皇家陵寝中特有的以动物为形的符号文化。

在明代皇家园林中，大型宫殿建筑的垂脊上都装有脊兽，一般是龙、凤、狮、天马、海马、押鱼、狻猊、獬豸、斗牛等。龙、凤为帝王象征，体现祥瑞；狮子为百兽之王，象征勇猛无敌；海马游海、天马行空，象征所向披靡；狻猊、獬豸，象征刚勇正义、驱邪避祸；押鱼、斗牛，象征灭火消灾等。这些脊兽是皇家建筑的特定装饰，寓意丰富，显示皇家标志。

总之，皇家园林中的动物形象，都体现为具有相应意涵的符号，传达出特有的文化信息。

二　植物符号文化

与动物符号一样，明代皇家园林亦以植物作为皇家文化的特定符号。最常见的植物乔木主要有松、柏、槐等。松柏在中国的传统文化中代表着坚定、坚韧、无惧、正直、永恒等等道德品格，同时它们也象征着健康长寿，所谓“寿比南山不老松”“千年松树万年柏”是也。《礼记·礼器》说，人“如松柏之有心也……故贯四时不改柯易叶”。《庄子》云：“天寒既至，霜雪既降，吾知松柏之茂。”说的都是松柏的不畏霜雪严寒，四季常青的特质，比兴君子品行。“松柏为百木长也，而守宫阙。”所以，各种类型的皇家园林中，普遍都种植松柏。有些场所规定必须种植松树。如皇家陵寝的宝顶上种植的主要是松树。古人有天子坟茔植松的习俗，“春秋含文嘉曰：天子坟高三仞，树之以松”[1]。皇家陵寝种植松柏，预示着皇室如松柏常青，以荫子孙，王气永存。因此，明代皇家园林中，至今还有不少明代的苍松翠柏，生机盎然。社稷坛两道墙垣，内垣中古树繁茂，郁郁葱葱。据史书记载，“社”内必须种植松、柏、栗、梓、槐五种树，按五行方位排列。这些树，或四季常青，或长生不死，或寓意高贵。槐树是北京地区最常见的树种，在古代它代表门第高贵。《花镜·槐》云：“槐，一名櫰，一名盘槐，一名守宫槐。”《地理心书》称：“中门种槐，三世昌盛。”所以，在明代皇家陵寝园林、祭祀园林、寺观园林及宫苑中普遍都种植槐树。在园林中种植这些常绿或长寿树种，不仅美化了环境，营造了秀丽风光，而且传达着文化信息。

在明代皇家园林中，一些水生花卉也是一种文化符号。最典型的是以荷花作为皇家园林文化符号。荷花名称繁多，有芙蓉、水芙蓉、草芙蓉、莲花、芙蕖、水芙蕖、菡萏、水芝、水芸、君子花等等。《群芳谱·荷花》曰：“花生池泽中最秀。凡物先花而后实，独此花实齐生，百节疏通，万窍玲珑，亭亭物表，出污泥而不染，花中之君子也。”给荷花以人格界定最典型者，数宋代理学家周敦颐之《爱莲说》：“水陆草木之花，可爱者甚蕃。……予独爱莲之出淤泥而不染，濯清涟而不妖，中通外直，不蔓不枝，香远益清，亭亭净植，可远观而不可亵玩焉。……莲，花之君子者也。”此花形态典雅、娇贵，花色缤纷艳丽，是一种美的化身。所以，人们把亭亭玉立的美女形容为“出水芙蓉”。荷花生长于泥水中，但出水绽放，光彩照人。正因其“出淤泥而不染”，人们给荷花赋予高尚的道德品格，说她是花中君子。所以，皇家园林种植荷花，或在一些皇家宫殿建筑的楹柱、廊道上雕刻或描绘荷花图案，以石头雕琢成荷瓣形当基座等等，都是雕刻荷花作为装饰；诸如此类，就是标榜帝王是如同花中君子的寓意。

[1] （明）顾璘：《兴都志》。

荷花还有圣洁、崇高的寓意。《华严经探玄记》说："如世莲花，在泥不染，譬如法界真如，在世不为世法所污。"在佛教文化中，荷花是圣洁、极善的象征。佛祖用莲花座，莲花也是佛花。所以，皇家佛寺园林建筑中常用荷花图形来装饰。坐式佛像雕塑，往往是落座于荷花花瓣形佛座，寓意佛的圣洁和超凡脱俗。

在明代皇家园林中，五谷也是一种文化符号。处于农耕文明时代，明代皇帝为了鼓励百姓发展农业生产，每年都要举行劝农礼仪。太祖时在南京建有山川坛，永乐迁都北京后，在城外南郊按南京山川坛规制也建了山川坛。嘉靖年间改一坛多神的祭祀制度，增建了太岁殿、天神坛、地祇坛；嘉靖十一年（1532年）改山川坛为天神地祇坛；万历年间改为先农坛。其规模达到130万平方米（1950亩），围以三公里长的墙垣。

先农坛建于嘉靖年间，位于院墙的西北隅；坛的东南有观耕台。每年三月上亥日，皇帝率领文武百官在此举行藉田礼和躬耕礼，即祭祀先农神，而且皇帝下田亲耕，之后三公九卿藉田。这里就是皇帝的所谓"两亩三分地"。其实，在先农坛的庄稼，都是专人代种的，皇帝躬耕只是一种重视农耕、率先垂范的姿态而已。但是，这里种植出的五谷，通常情况下长势都很好，它代表着皇帝的行为与意志，也昭示着五谷丰登，国泰民安。

与此相似的还有蚕桑，也是农耕文化的符号。嘉靖年间制定了先蚕礼，并修建了先蚕坛。按夏言的建议，将各宫庄田改为亲蚕厂、公桑园，种植桑树养蚕。世宗认为"天子亲耕，皇后亲蚕"，这也是帝王重农，"母仪天下"的一项内容。每年三月，皇后率后宫佳丽行先蚕礼。所以，桑麻也成了农耕文化的符号。

三 数字符号文化

数字是人类最早使用的抽象概念。"上古结绳而治，后世圣人易之以契。”[1]远古时，先人们以结绳记事，后世圣人刻在甲骨或木头上，变成了文字。《周易》全部卦爻符号体系就是以数字编制而成的。所以，无论是结绳记事也好，刻文治事也好，都是古老的数字符号。

但在皇家文化中，数字又是个具有特殊蕴涵的符号。它已经不仅仅是表示事物量的符号，也是特定事物的代码。这里数字成为皇帝或皇权的象征，或成为天地的符号，或为宇宙生成的阴阳代码，或预示吉凶祸福的标志等等。如“九五”，就是帝王的代码，而不是表示数量的九和五；“九五”又是至高无上的权力和地位的象征，在封建时代寓意皇帝的地位与权力。在《周易》中，一个划“—”就是阳，两个短划“——”就是阴，阳代表天，阴代表地。而“象天法地”是贯穿明代皇家园林的重要理念。

明代皇家园林建筑的尺寸，包括陵寝园林、祭祀园林、道观园林以及宫苑建筑，特别是主要宫殿，基本都用九、五或其倍数，以示其尊位，如面阔九间，进深五间或三间等。或用阳数一、三、五、七、九这些数字表示皇家身份。可以说，在明代皇家园林中，这些特定的数字，作为皇家文化符号，无所不在，举不胜举。如龙是皇帝的图腾，也是动物符号。但龙也有所区别，代表皇帝的龙是五爪龙；而皇族王公大臣享用的龙符号，只能是三爪龙。虽同为龙，但其形态以数字区分其尊卑。

“三”是《周易》卦画的基础，阴阳搭配的三画一组，组成八卦，两个三画卦组合构成六十四个后天卦，以此解析天、地、人之间错综复杂的变化关系。《周易》认为天、地、人是构成宇宙的三大要素，“《易》之为书也，广大悉备，有天道焉，有人道焉，有地道焉，兼三材而两之，故六。六者非它也，三材之道也”[2]。所以，“三”是《易》学文化的重要基础要素。孔子曰：“一贯三为王。”汉代的董仲舒说，古之造文者，三画而连其中谓之王。三者，天地人也。也就是三横一

[1] 《周易・系辞下》。

[2] 《周易・系辞下》。

竖成王字。许慎《说文解字》说："三，天地之道也"，"王，天下所归也"。所以，"三"代表天地人，而贯穿于天地人，并居中者为王。从而引申出"三者王也"，即代表帝王。同时，三在十个自然数中为奇数，为阳。五也是奇数，为阳。在《周易》六十四卦中，每一卦有六个爻位即六个画，自下而上的称谓："初、二、三、四、五、上"，其中，二、四、上为偶数，为阴；初、三、五为阳，五位于最高，所以象征帝王尊位。古人认为，皇帝是天上紫微星下界，代表上天统治国家的，所谓"奉天承运"。故，皇帝称"天子"。而天上有五个帝座，即五帝星座，对应管理人间事务:"太微宫五帝星座。苍帝春起受制，其名灵威仰。赤帝夏起受制，其名赤熛怒。白帝秋起受制，其名白招矩。黑帝冬起受制，其名汁光纪。黄帝夏六月火受制，其名含枢纽。"五帝占据天上东南西北中五个方位，黄帝居中即紫微垣，为天下君主，乃中国帝王所属。所以，"五"也象征皇帝居中至上的尊位。

明代北京的圜丘坛是皇帝祭天的场所，所以，用"九"最多。因为九是最高阳数，是上天的符号，是"天数"。圆形坛为三层，上层直径为九丈，取"一九"；中层直径为十五丈，取"三五"；下层直径为二十一丈，取"三七"。而一、三、五、七、九是阳数，契合天为阳。每层以九的倍数用汉白玉石栏板围成，上层有72块栏板，中层有108块栏板，下层有180块栏板，三层共有360块石板，象征周天为360度。坛四面出陛，每面九个台阶。坛的上层中心是一块圆形石板，称"太极石"或天心石，围绕天心石共铺九圈扇形石板，第一圈九块，然后以九的倍数递增到第九圈81块，共405块。中层从第十圈开始以九的倍数递增，也有九圈，共1134块石板。下层从第十九圈到二十七圈，按九的倍数递增，共有1863块石板。三层共铺扇形石板3402块，包含378个"九"。所以，在这里数字充分体现为天子的符号。

在中国古代，九和五简直成了帝王的代号或专用数字。"九"是自然数字之最，而"九五"则是《易经》卦爻位名称，九，阳爻；五，第五爻。《易·乾》："九五，飞龙在天，利见大人。"因此，数字成为区分贵贱、尊卑的一种符号。九五在皇家园林中，体现了帝王的尊位，是君主专制集权社会等级制度的反应。

四 颜色符号文化

在明代的皇家园林中，颜色作为文化符号，也富有表现力。其中，符号特征比较强的颜色有黄、紫、红、白、黑、青、蓝等。黄色是帝王的代表性颜色。帝王尚黄，与尚中观念有关。《中庸》说：“中也者，天下之大本也。”《武顺》曰：“天道尚左，日月西移；地道尚右，水道东流；人道尚中，耳目役心。”《吕氏春秋·慎势》说：“古之王者，择天下之中而立国，择国之中而立宫，择宫之中而立庙。”古人以为天下中心在黄河流域的中原，这里曾是人文祖先轩辕黄帝统一华夏部落，立邦建宫之处；黄河、黄土地是中华文明的摇篮。在五行说中，土为黄色，居中；其他四种颜色以黄色为中心，分居四方。因为在传统文化中黄色受到特别尊崇，所以，帝王身着黄色龙袍，宫殿金碧辉煌。皇帝以黄色作为帝王身份、权力的代表色。北宋开国皇帝赵匡胤发动“陈桥兵变”，“黄袍加身”就意味着成为皇帝。历代帝王坐朝听政坐黄金宝座，举行大朝的地方称金銮殿，皇宫建筑覆以黄色琉璃瓦，皇帝陵寝建筑也是以黄色琉璃瓦覆顶等等。黄色不仅代表最高等级的色彩，而且成为帝王独享颜色，文武百官是不能随便用黄色的，更不用说平民百姓了。

紫色是道教的代表性颜色，认为紫气是祥瑞之色，所谓紫气东来，预示祥瑞降临。所以，在皇家道观园林中广泛使用，包括建筑的装修、道士的着装、道场的布置等等。紫色在风水理论中还代表高贵和吉祥，是代表帝王的一种颜色。在天宫三垣中，天帝居所谓紫微垣。故象天法地，帝王居所称紫禁城。《南史·宋文帝纪》谓：“江陵城上有紫云，望气者皆以为帝王之府，当在西方。”因此，帝王崇拜紫色。当然，皇亲国戚、达官贵人、黎民百姓、和尚道士也迷信紫气，这是中国传统文化营造出的一种神秘氛围。

在明代皇家园林中的青、白、红、黑、黄五色，代表五行说中的木金火水土五材。所以，在明代皇家园林中，这五种颜色具有丰富的符号含义，既可以代表五材，也可以代表东西南北中五个方位。其中，青、红、白、黑四种颜色，还可代表春夏秋冬四个季节，又可代表风水格局的龙、朱雀、虎、玄武四象等等。

中国古代礼制规定，颜色表示尊卑贵贱等级。《礼记》记载："楹，天子丹，诸侯黝，大夫苍，士黈。"楹是大门两边的立柱，天子漆以红色，诸侯漆以黝黑色，大夫漆以青色，士漆以灰绿色。红色又有喜庆、庄重、威严、辟邪等寓意，所以，皇家园林建筑都是黄瓦红墙，门、窗都用朱漆。蓝色在明代皇家园林中有独特的含义，它是天的色彩符号。运用蓝色最独到之处，就在天坛。因为这里是祭天之所，所以主要建筑如祈年殿、皇穹宇等，殿顶都覆蓝色琉璃瓦，以示天色。这是象天法地理念的具体运用，具有强烈的指意性。

五　其他符号文化

明代皇家园林中不仅有动物、植物、数字和颜色等文化符号，而且一些皇家园林特有的建筑形制、构筑物、器物等也都成为皇家文化符号。如皇家祭祀园林中的坛庙建筑形制，皇家陵寝园林中的享殿、明楼的建筑形制，都代表皇家规制而成为一种特定的文化符号。

在皇家园林中，成为文化符号典型的构筑物是华表，在皇宫建筑、宗庙建筑、陵寝建筑以及宫观、寺庙前建有华表。华表又称望柱，最早由一根木柱为之；后来在木柱靠近顶部处加一横板，立于交通要道，起到路标作用；或立于朝堂上，用以让人书写谏言，故也称柜表。因远看似花，而花与华相通，故称华表。帝王墓前立华表，始于战国时的燕昭王，到西汉时已经流行。东汉时华表改用石头。到南朝梁代时，出现了石柱上端刻有莲花纹卷盖及蹲坐的辟邪。宋代开始，帝王陵墓的华表通体雕刻龙纹，柱顶有承露盘和望天犼，犼头朝外，表示望君归。所以，宋以后华表成为皇家构筑物的一部分。到明代，华表已经成为代表皇家身份的建筑符号了。

在明代皇家陵寝园林、祭祀园林中都建有棂星门。棂星门源于古代的“乌头染”。据《史记》载：“正门阀阅一丈二尺，二柱相去一丈，柱端安瓦筒，黑染，号乌头染。”之后称之为棂星门。据《后汉书·礼仪志》载，棂星指星宿名称，即龙星左角之星，曰天田星，号曰灵星。《永乐大典》载古赋题句曰：“灵星名门，王者之制也。灵星垂象，王制之本也。欲知王者所法之制，当识灵星所垂之象。”灵星与棂星相通，所以，棂星门为王者符号，也是神灵符号。

皇家所用的器具，特别是皇帝专用的器具往往是独一无二的，因而成为皇家文化的符号。如皇帝的宝座，无论是三大殿内的宝座，还是皇家园林建筑中的皇帝宝座，都代表皇帝的身份、地位、权力。所以，皇帝的宝座成为附有政治内涵的皇家器具，是最高政治地位和权力的文化符号。

主要参考文献

1.《周易》。

2.《国语》。

3.《左传》。

4.《释名》。

5.《尔雅》。

6.《庄子》。

7.《周礼·考工记》。

8.《论语》。

9.《春秋》。

10.《礼记》。

11.《道德经》。

12.《尚书》。

13.《诗经》。

14.《孟子》。

15.(西汉）司马迁著《史记》，中华书局1982年版。

16.(西汉）刘安等撰、陈广忠 译注《淮南子》，中华书局2011年版。

17.(东汉）班固著《汉书》，中华书局1990 年版。

18.(南朝）范晔著《后汉书》，中华书局1965年版。

19.(北魏）郦道元著《水经注》，中华书局2009年版。

20.(晋) 陈寿著《三国志》，中华书局2006年版。
21.(唐) 李延寿著《南史》，中华书局1975年版。
22.(唐) 郑处诲著《皇明杂录》，上海古籍出版社版1985年版。
23.(唐) 杜宝著《大业杂记》，三秦出版社2006年版。
24.(后晋) 刘昫著《旧唐书》,中华书局1975年版。
25.(宋) 宋祁、欧阳修、范镇、吕夏卿等撰《新唐书》，中华书局1975年版。
26.(宋) 司马光著《资治通鉴》，中华书局1956年版。
27.(宋) 李肪著《太平御览》，中华书局1960年版。
28.(宋) 孟元老著《东京梦华录》，中华书局1962年版。
29.(宋) 洪迈著《容斋续笔》，中华书局2009年版。
30.(元) 脱脱等撰《金史》, 中华书局1975年版。
31.(元) 陶宗仪著《南村辍耕录》，中华书局1958年版。
32.台湾中央研究院历史语言研究所校勘《明实录》，台湾影印本1962年版。
33.(明) 余继登著《典故纪闻》，中华书局1981年版。
34.(明) 蒋一葵著《长安客话》，北京古籍出版社1982年版。
35.(明) 刘若愚 (清) 高士奇著《金鳌退食笔记》，北京古籍出版社1982年版。
36.(明) 刘侗、于奕正著《帝京景物略》，北京古籍出版社1983年版。
37.(明) 顾炎武著《天下郡国利病书》，上海书店1986年版。
38.(明) 顾起元著《客座赘语》，中华书局1987年版。
39.(明) 计成著《园冶》，中国建筑工业出版社1988年版。
40.(明) 申时行等修《大明会典》，中华书局1989年版。
41.(明) 邓士龙辑《国朝典故》，北京大学出版社1993年版。
42.(明) 刘若愚著《酌中志》，北京古籍出版社1994年版。
43.(明) 沈德符著《万历野获编》，北京古籍出版社1994年版。
44.(明) 丘浚著《大学衍义补》，京华出版社1999年版。
45.(明) 何乔远著《名山藏》，福建人民出版社2010年版。
46.(清) 龙文彬纂《明会要》，中华书局1956年版。
47.(清) 夏燮纂《明通鉴》，中华书局1959年版。

48.（清）张廷玉等撰《明史》，中华书局1974年版。
49.（清）谷应泰撰《明史纪事本末》，中华书局1977年版。
50.（清）于敏中等编纂《日下旧闻考》，北京古籍出版社1983年版。
51.（清）麟庆撰文，汪春泉等绘图《鸿雪因缘图记》（3集6册）道光年版。藏于日本早稻田大学图书馆，北京古籍出版社1984年版。
52.（清）[日]岡田玉山等编绘《唐土名胜图会》，嘉庆十年(1805)刻本，北京古籍出版社1985年版。
53.（清）孙承泽撰《文渊阁四库全书·春明梦馀录》（影印本）。
54.（清）钱谦益著《国初群雄事略》，中华书局2004年版。
55.（清）赵翼著《廿二史札记》，中华书局1984年版。
56.（清）陈梦雷编《古今图书集成》，中华书局、巴蜀书社影印1985年版。
57.（清）周凯《周凯及其武当纪游二十四图》，富阳市政协文史委编，浙江人民美术出版社1994年版。
58.（清）吴长元辑《宸垣识略》，北京古籍出版社2000年版。
59.（清）乾隆刻本《陕西通志》
60.吴晗著《朱元璋传》，生活·读书·新知三联书店出版社1965年版。
61.林正秋、金敏著《南宋故都杭州》，中州书画社1984年版。
62.刘敦桢著《中国古代建筑史》（第二版），中国建筑工业出版社1984年版。
63.韦庆远主编《中国政治制度史》，中国人民大学出版社1985年版。
64.汤纲、南炳文著《明史》（上下册），上海人民出版社1985年版。
65.徐苹芳编著《明清北京城图》，地图出版社1986年版。
66.阎崇年主编《中国历代都城宫苑》，紫禁城出版社1987年版。
67.葛晓音编著《中国名胜与历史文化》，北京大学出版社1989年版。
68.朱偰著《明清两代宫苑建置沿革图考》，北京古籍出版社1990年版。
69.朱偰著《元大都宫殿图考》，北京古籍出版社1990年版。
70.冯天瑜等著《中华文化史》，上海人民出版社1990年版。
71.周维权著《中国古典园林史》，清华大学出版社1990年版。
72.王光德、杨立志著《武当山道教史略》，华文出版社1993年版。

73. 张承安主编《中国园林艺术词典》，湖北人民出版社1994年版。
74. 武当山志编纂委员会《武当山志》，新华出版社1994年版。
75. 于倬云主编《紫禁城建筑研究与保护》——故宫博物院建院70周年回顾，紫禁城出版社1995年版。
76. 许邦惠著《明皇陵》，皖内部图书号:97060号。
77. 王大又、王双有著《图说中国图腾》，人民出版社1997年版。
78. 李治亭、林乾主编《明代皇帝秘史》，山西人民出版社1998年版。
79. 马振铎等著《儒家文明》，中国社会科学出版社1999年版。
80. [美]凯文·林奇著，方益萍、何晓军译《城市意向》，华夏出版社1999年版。
81. 北海景山公园管理处编《北海景山公园志》，中国林业出版社2000年版。
82. 王振复著《中国建筑的文化历程》，上海人民出版社2000年版。
83. [英]李约瑟著，柯林、罗南改编，上海交通大学科学史系译,《中华科学文明史》，上海人民出版社2001年版。
84. 傅熹年主编《中国古代建筑史》，中国建筑工业出版社2001年版。
85. 潘谷西著《中国古代建筑史》（第六版），建筑工业出版社2001年版。
86.《续修四库全书》编委会编《续修四库全书》，上海古籍出版社2002年版。
87. 李养正编著《新编北京白云观志》，宗教文化出版社2003年版。
88.《世界文化遗产——明十三陵》，北京出版社2003年版。
89. 褚良才著《易经·风水·建筑》，学林出版社2003年版。
90. 单士元著《故宫史话》，新世界出版社2004年版。
91. 朱耀廷、崔学谙主编《北京的墓葬和文化遗址》，光明日报出版社2004年版。
92. 朱耀廷、崔学谙主编《北京的皇家园林》，光明日报出版社2004年版。
93. 朱耀廷、学谙主编《北京的佛寺与佛塔》，光明日报出版社2004年版。
94. 朱耀廷、崔学谙主编《北京的宫殿坛庙与胡同》，光明日报出版社2004年版。
95. 高友谦著《中国风水文化》，团结出版社2004年版。
96. 何清谷撰《三辅黄图校释》，中华书局2005年版。
97. 曹林娣著《中国园林文化》，中国建筑工业出版社2005年版。
98. 王剑英著《明中都研究》，中国青年出版社2005年版。

99. 王子林著《紫禁城风水》，紫禁城出版社2005年版。
100. 孙祥宽著《凤阳名胜大观》，黄山书社2005年版。
101. 卿希泰、唐大潮著《道教史》，江苏人民出版社2006年版。
102. 于希贤编著《象天法地—中国古代人居环境与风水》，中国电影出版社2006年版。
103. 郭彧著《风水史话》，华夏出版社2006年版。
104. 胡汉生著《图说明朝帝王陵》，北京燕山出版社2006年版。
105. 童寯著《园论》，百花文艺出版社2006年版。
106. 陈植著《中国造园史》，中国建筑工业出版社2006年版。
107. 汪菊渊著《中国古代园林史》（上下），中国建筑工业出版社2006年版。
108. 高寿仙著《明代农业经济与农村社会》，黄山书社2006年版。
109. 张薇著《<园冶>文化论》，人民出版社2006年版。
110. 高巍著《漫话北京城》，学苑出版社2007年版。
111. 林徽因著《风生水起：风水方家谭》，团结出版社2007年版。
112. 洪钊主编《中国历史宫殿——故宫之谜》，哈尔滨出版社2007年版。
113.《北京先农坛史料选编》，学苑出版社2007年版。
114. 景山公园管理处沈方、张富强主编《景山》，文物出版社2008年版。
115. 黄忏华著《中国佛教史》，东方出版社2008年版。
116.[日]冈大路著、瀛生译《中国宫苑园林史考》，学苑出版社2008年版。
117. 洪丕谟、姜玉珍著《中国古代风水术》，上海古籍出版社2008年版。
118. 阎崇年著《中国古都北京》，中国民主法制出版社2008年版。
119. 韩养民、唐群著《尊佛的皇帝》，山东画报出版社2008年版。
120. 何晓昕、罗隽著《中国风水史》，九州出版社2008年版。
121. 胡汉生著《明代帝陵风水说》，北京燕山出版社2008年版。
122. 火越著《五行风水解读》，团结出版社2008年版。
123. 吕明伟编著《中国园林》，当代出版社2008年版。
124. 昨夜清风编著《至尊风水帝王阴宅之谜》，团结出版社2008年版。
125. 白钢著《中国皇帝》，社会科学文献出版社2008年版。

126.杨可夫、费晓洪、李斌编著《世界文化遗产——明显陵》，湖北人民出版社2008年版。
127.罗哲文、柴福善编著《中华名寺大观》，机械工业出版社2008年版。
128.武少辉、董岩编撰《园林史话》，中国大百科全书出版社2009年版。
129.王子林著《皇城风水》，紫禁城出版社2009年版。
130.单士元著《明北京宫苑图考》，紫禁城出版社2009年版。
131.李路珂、胡介中、李菁、王南等编著《北京古建筑地坛》（上中下），清华大学出版社2009年版。
132.潘谷西著《中国古代建筑史》第四卷，建筑工业出版社2009年版。
133.张明著《中国名城风水》，湖北人民出版社2009年版。
134.沈睿文著《唐陵的布局·空间与秩序》，北京大学出版社2009年版。
135.张觉明著《中国名墓风水》，湖北人民出版社2009年版。
136.陈旭、李小涛著《北京先农坛研究与保护修缮》，清华大学出版社2009年版。
137.中国建筑工业出版社编《帝王陵寝建筑》，中国建筑工业出版社2010年版。
138.程建军著《风水与建筑》，中央编译出版社2010年版。
139.孟凡人著《明代宫廷建筑史》，紫禁城出版社2010年版。
140.郑永华著《姚广孝史事研究》，人民出版社2011年版。
141.赵永福著《古都寻访》，长春出版社2012年版。
142.蒋维乔著《中国佛教史》，武汉大学出版社2012年版。
143.方东美著《原始儒家道家哲学》，中华书局2012年版。
144.杨宪金主编《中南海胜迹图》，西苑出版社2012年版。
145.相关学术论文。

附件 1

武当十咏

题记

予从20世纪80年代初起，因各种原因，先后十余次上了武当山。每次上山，都被它的旖旎风光和蕴含的深厚文化底蕴所陶醉和震撼。于是，心潮澎湃而不能自抑，常常有所得句。近几年又撰写明代皇家园林史，详细阅读了作为皇家宫观园林的武当山之文献资料，将多年所得佳句进行提炼，形成十首词，记之。

郑志东于2014年冬

（一）玉楼春　金顶 [1]

攀登绝壁寻真武，[2]

金顶忽闻天帝语。

东南紫气半空来，

紫禁城中烟似幕。[3]

七十二岭朝天柱，[4]

五岳三山同认祖。[5]

金铜熔铸九龙庭，

万仞高峰尊道主。[6]

注：

[1] 金顶，即武当山主峰天柱峰峰顶，因上有金殿而得名。

[2] 真武，即武当山主神真武大帝，属北方神，又称玄武或玄帝。明成祖朱棣为供奉真武大帝而大修武当。

[3] 紫禁城：又称红城或皇城，在天柱峰顶所筑城郭，因仿制北京皇城紫禁城而得名。永乐十七年（1419年）建，红墙黄瓦，墙高数米，周长约345米，其中建有金殿。紫禁城属太和宫范围内。在金殿中香火十分旺盛。

[4] 天柱即天柱峰，海拔1612米。武当山有七十二峰，其走势均朝向主峰，故有“七十二峰朝大顶”之说。

[5] 武当山又称大岳或太岳，在明代其尊在五岳之上，故谓。

[6] 九龙庭：指金顶上的金殿。该殿是由铜铸鎏金而成，如同皇帝的金銮殿。内供奉有真武神铜像。道主，指真武大帝，供奉于金顶金殿内。真武神是武当山的主神。

（二）玉楼春　紫禁城

太和绝顶皇宸宇，[1]

紫气常萦玄帝处。[2]

苍穹咫尺筑仙宫，

四面天门云锁路。

悬崖险壁红墙矗，

金殿嵯峨雷电顾。[3]

楼台殿宇玉阶环，

不吝民膏修道府。[4]

注：

[1] 皇宸宇：指皇宫，这里指金殿。

[2] 武当山又称太和山。绝顶，即天柱峰，为武当山主峰。

[3] 金殿是太和宫的正殿，因由金属构筑，雷电从未伤及，常有雷电交加而殿内佛灯安然。

[4] 道府：道教洞府。这里指武当山宫观。

（三）玉楼春　三太峰[1]

三峰岧峣飞天外，

勿问何人封顶戴。[2]

鸾鸣鹤立紫霄前，

阅尽人间千百态。

天塌地陷成东海，

女帝补天曾未采。

遥向金顶拱揖姿，[4]

日月同辉一万载。

注：

[1] 三太峰，即太师峰、太傅峰、太保峰，均以官职命名，在紫霄宫前。

[2] 顶戴，指官帽。三太峰名均为官职称谓，故云。

[3] 女帝，指女娲。有女娲补天的史前传说。

[4] 三太峰在天柱峰东边，属武当山七十二峰之列，朝向金顶，故云。

（四）玉楼春　紫霄宫[1]

展旗峰下三重殿，[2]

碧瓦红墙松柏弇。

云光霞色漫琼台，

绿水苍流回榭馆。

飞檐丹陛迎日展，

雾霭香烟常绕幔。

人间谁信九霄宫，[3]

落入太和成道观。[4]

注：

[1] 紫霄宫，位于东神道展旗峰下，始建于北宋宣和中。明永乐十年（1412年）重修，是现存最完善的宫殿之一。

[2] 三重殿，指紫霄宫建筑体量大，其主体由龙虎殿、紫霞殿和朝拜殿三大部分组成，故云。

[3] 九霄宫：指天上宫阙。

[4] 太和，即太和山，武当山的别称。

（五）玉楼春　南岩宫[1]

南岩宫落南山壁，

劈垭开石天半立。

俯观脚下白云飞，

四面群峰滴翠碧。

青石宫殿连丹陛，

龙首敬香神鬼泣。[2]

天一宫里睡龙床，[3]

太子修成真武帝。

注：

[1] 岩宫在南岩，位于紫霄宫之上西南，始建于元代。永乐十年（1412年）重修，是武当山宫观中地势最为险要的，劈山建宫，其下万丈深壑。

[2] 龙首敬香，即建于悬崖上的两仪殿之前之龙首石，俗称龙头香，面对金顶，下临深涧。该石形似龙头，临空伸出近两米，前端上有小香炉，看人敬香，使人心惊胆战。没有超强的胆量，不敢上香。

[3] 天一宫，全称天一真庆宫，为武当山最大石殿。内有木雕金盘龙，长2米，栩栩如生。木雕真武少年像，头枕金龙而卧，神态自若。此即“太子睡龙床”也。相传太子为古净乐国国王之子，后修炼成仙，称真武神。

（六）鹧鸪天　太子坡[1]

狮子山前太子坡，

殿堂瑰丽映天河。

亭台楼榭如鳞次，

紫禁皇宫又若何？

山碧翠，鸟欢歌。

细流深涧荡清波。

虔诚太子修成道，

玄帝飞天传美说。[2]

注：

[1] 太子坡，又称复真观，位于东神道上狮子山前，面对千丈幽壑，是至今保存较为完整的大观之一。在紫霄宫下东北处。

[2] 相传，太子出家在此修炼，后得道成仙，后称玄帝。

（七）鹧鸪天　净乐宫

武当山阴净乐宫，[1]

均州城里半其中。[2]

曾传净乐国王子，

不恋王权恋道功。

金殿灿，陛阶彤。

亭台楼阙紫霞风。

千年古迹湖中没，[3]

神秘传说今古通。

注：

[1] 净乐宫，即净乐国王宫。净乐国，相传是古代一小国，在今丹江口市境内。

[2] 均州，又名均县，即古净乐国国都，现在的丹江口市。相传，净乐宫规模宏大，曾占都城均州半边城。

[3] 净乐宫遗址，已被丹江水库淹没。1968年10月丹江水库大坝截流后，武当山有157座古建筑遗址被淹没。

（八）鹧鸪天　朝圣道[1]

朝圣须攀百里山，

台阶万步上青天。[2]

两边碧树掩红日，

脚下石蹬壑上悬。

青板路，绿苔藓。

南天门外白云前。

心诚跋涉临金顶，

远去红尘近似仙。

注:

[1] 朝圣路，武当山到金顶的登山道有东西两条。从均州城到达金顶约七十余公里。

[2] 明代修建的登山道，均为采之当地的青石构筑，在绝壁悬崖间修建成台阶，两边有青石护栏，如皇宫内汉白玉栏杆，工艺精美。

(九) 鹧鸪天　玉虚宫[1]

武当工程大本营，[2]

玉虚宫外尽兵丁。[3]

山峦环绕烟霞里，

地势如盆似掌平。[4]

松柏郁，殿连楹。

飞金流碧宛如京。

井然有序皇家气，[5]

富丽堂皇当冠名。

注:

[1] 玉虚宫，位于武当山北麓，是武当山大型宫观之一。

[2] 在明代重修武当山宫观时，工程指挥部在玉虚宫，故称大本营。

[3] 永乐修武当时，这里是役卒所驻扎处。在明清两代，这里常驻军队，故称老营。

[4] 玉虚宫地势为小盆地，方圆5平方公里，平坦如掌。

[5] 此句谓建筑规制。因地势平坦，玉虚宫建筑群布局按中轴线摆布，体现了皇家建筑的规制。

(十) 鹧鸪天　咏修武当

永乐堪称一代雄，

南修武当北修宫。[1]

调来工匠三十万，[2]

耗费十年国库空。[3]

宫九座，观八穹。[4]

千楹庙宇遍山中。

红墙碧瓦连天际，

胜过阿房秦帝功。[5]

注：

[1] 北修宫，指修建北京皇宫。明成祖朱棣发动“靖难之役”推翻建文帝后称帝，并以北京为京师。同时营建北京皇宫和修建武当山宫观。

[2] 这是修建武当山时所动用的劳力总数，包括各地采伐木材、石料，烧制砖瓦等役工。

[3] 十年，指修建武当山宫观的大体时间，实际上用时12年有余。

[4] 九宫八观，是明代重修武当山的主要宫观。

[5] 阿房（e páng），指秦始皇修建的阿房宫。

附件2

插图目录

后记

自2008年我们接受撰写《明代宫廷园林史》任务，历经七年多终于完稿，颇有完成一项艰难而重要的使命之感。从主观而言，由于繁忙的教学科研工作和一些社会活动，真正坐下来研究、撰写本书的时间，不免受到压缩；加之需要搜集查阅文献资料、阅读参考书籍和实地调研等等准备工作量之大，耗费时间之多，制约了撰稿进度，以致断断续续拖延了数年。好在我们全家动员齐上阵，协力攻关。我们曾是武汉大学历史系的同窗学友，又是生活中的伉俪，有共同的学业基础，研究皇家园林自然成为我们的共同使命和爱好。而且，我们的儿子郑翔南也参与本书的誊稿和插图设计、编辑等工作，经同心合力，促成书稿的完成。这本书成为我们共同学习、研究和奋斗的见证。

我们为得到撰写本书的机会而十分庆幸、珍惜和欣慰。所以，要非常感谢故宫博物院领导和“明代宫廷史研究丛书”项目组的负责人和相关同仁们，感谢他们的信任与厚爱，将这项非常有意义的重要任务交给我们。这里要特别感谢赵中男先生，他在多方面为完成本书的写作提供了诸多帮助和指导；还要感谢北京故宫博物院信息资料部门的同仁们和周耀卿、杨新成等有关诸位，不辞麻烦为我们提供了珍贵的图片资料；还要感谢北京先农坛公园管理处、北京景山公园管理处、武当山旅游经济特区管委会和明显陵管理处等单位提供了所需的相关资料；感谢中南海画册编辑委员会杨宪金主任、武当文化研究会的王永国先生、武当山旅游经济特区发改局的卢家亮先生等提供的相关资料；感谢沈方、沈海宁、姚安、郭道明等好友给予的帮助。尤其要感谢为本书的出版付出心血和劳动的编辑、设计等相关人员，他们认真辛勤的校正，避免了本书的一些遗憾，他们严谨负责的精神，令我们感动；也要感谢帮我查找、整理资料的博士生刘李琨、张大鹏和硕士生易莲红、韩俊等。

写作本书对我们来说是一件快乐的事情。我们愿为中国皇家园林史的研究探路，但愿本书能为明史和园林史的研究添砖加瓦，成为有益的尝试；对风景园林学界的教学科研工作者和业界的实际工作者以及园林爱好者，有所裨益。

作者于武昌水果湖桃山村书斋
二〇一五年十月

图书在版编目（CIP）数据

明代宫廷园林史 / 张薇，郑志东，郑翔南著．—
北京：故宫出版社，2015.11
（明代宫廷史研究丛书）
ISBN 978-7-5134-0808-0

Ⅰ.①明… Ⅱ.①张… ②郑… ③郑… Ⅲ.①宫廷
—园林建筑—建筑史—中国—明代 Ⅳ.①TU-098.42

中国版本图书馆CIP数据核字(2015)第245022号

明代宫廷园林史

著　　者：张　薇　郑志东　郑翔南
出 版 人：王亚民
责任编辑：艾珊歌
装帧设计：李　猛
设计制作：杜英敏
出版发行：故宫出版社
地址：北京市东城区景山前街4号　邮编：100009
电话：010-85007808　010-85007816　传真：010-65129479
网址：www.culturefc.cn　邮箱：ggcb@culturefc.cn
印　　刷：保定市中画美凯印刷有限公司
开　　本：787毫米×1092毫米　1/16
印　　张：49.25
字　　数：650千字
版　　次：2015年11月第1版
2015年11月第1次印刷
印　　数：1~2,000册
书　　号：ISBN 978-7-5134-0808-0
定　　价：86.00元